Wangzikun

王梓坤文集 | 李仲来 主编

04

# 论 文（下卷）

王梓坤 著

北京师范大学出版集团
BEIJING NORMAL UNIVERSITY PUBLISHING GROUP
北京师范大学出版社

# 前　言

王梓坤先生是中国著名的数学家、数学教育家、科普作家、中国科学院院士。他为我国的数学科学事业、教育事业、科学普及事业奋斗了几十年，做出了卓越贡献。他是中国概率论研究的先驱者，是将马尔可夫过程引入中国的先行者，是新中国教师节的提出者。作为王先生的学生，我们非常高兴和荣幸地看到我们敬爱的老师8卷文集的出版。

王老师于1929年4月30日（农历3月21日）出生于湖南省零陵县（今湖南省永州市零陵区），7岁时回到靠近井冈山的老家江西省吉安县枫墅村，幼时家境极其贫寒。父亲王肇基，又名王培城，常年在湖南受雇为店员，辛苦一生，受教育很少，但自学了许多古书，十分关心儿子的教育，教儿子背古文，做习题，曾经凭记忆为儿子编辑和亲笔书写了一本字典。但父亲不幸早逝，那年王老师才11岁。母亲郭香娥是农村妇女，勤劳一生，对人热情诚恳。父亲逝世后，全家的生活主要靠母亲和兄嫂租种地主的田地勉强维持。王老师虽然年幼，但帮助家里干各种农活。他聪明好学，常利用走路、放牛、车水的时间看书、算题，这些事至今还被乡亲们传为佳话。

王老师幼时的求学历程是坎坷和充满磨难的。1940年念完初小，村里没有高小。由于王老师成绩好，家乡父老劝他家长送他去固江镇县立第三中心小学念高小。半年后，父亲不幸去世，家境更为贫困，家里希望他停学。但他坚决不同意并做出了他人生中的第一大决策：走读。可是学校离家有十里之遥，而且翻山越岭，路上有狼，非常危险。王老师往往天不亮就起床，黄昏才回家，好不容易熬到高小毕业。1942 年，王老师考上省立吉安中学（现江西省吉安市白鹭洲中学），只有第一个学期交了学费，以后就再也交不起了。在班主任高克正老师的帮助下，王老师申请缓交学费获批准，可是初中毕业时却因欠学费拿不到毕业证，更无钱报考高中。幸而学长王寄萍出资帮助，才拿到了毕业证并且去县城考取了国立十三中（现江西省泰和中学）的公费生。这事发生在 1945 年。他以顽强的毅力、勤奋的天性、优异的成绩、诚朴的品行，赢得了老师、同学和亲友的同情、关心、爱护和帮助。母亲和兄嫂在经济极端困难的情况下，也尽力支持他，终于完成了极其艰辛的小学、中学学业。

1948 年暑假，在长沙有 5 所大学招生。王老师同样没有去长沙的路费，幸而同班同学吕润林慷慨解囊，王老师才得以到了长沙。长沙的江西同乡会成员欧阳伯康帮王老师谋到一个临时的教师职位，解决了在长沙的生活困难。王老师报考了 5 所学校，而且都考取了。他选择了武汉大学数学系，获得了数学系的两个奖学金名额之一，解决了学费问题。在大学期间，他如鱼得水，在知识的海洋中遨游。1952 年毕业，他被分配到南开大学数学系任教。

王老师在南开大学辛勤执教 28 年。1954 年，他经南开大学推荐并考试，被录取为留学苏联的研究生，1955 年到世界著名大学莫斯科大学数学力学系攻读概率论。三年期间，他的绝大部分时间是在图书馆和教室里度过的，即使在假期里有去伏尔加河旅游的机会，他也放弃了。他在莫斯科大学的指导老师是近代概率论的奠基人、概率论公理化创立者、苏联科学院院士柯尔莫哥洛夫（А. Н. Колмогоров）和才华横溢的年轻概率论专家杜布鲁申（Р. Л. Добрушин），两位导师给王老师制订了学习和研究计划，让他参加他们领导的概率论讨论班，指导也很具体和耐心。王老师至今很怀念和感激他们。1958 年，王老师在莫斯科大学获得苏联副博士学位。

学成回国后，王老师仍在南开大学任教，曾任概率信息教研室主任、南开大学数学系副主任、南开大学数学研究所副所长。他满腔热情地投身于教学和科研工作之中。当时在国内概率论学科几乎还是空白，连概率论课程也只有很少几所高校能够开出。他为概率论的学科建设奠基铺路，向概率论的深度和广度进军，将概率论应用于国家经济建设；他辛勤地培养和造就概率论的教学和科研队伍，让概率论为我们的国家造福。1959 年，时年 30 岁还是讲师的王老师就开始带研究生，主持每周一次的概率论讨论班，为中国培养出一些高水平的概率论专家。至今他已指导了博士研究生和博士后 22 人，硕士研究生 30 余人，访问学者多人。他为本科生、研究生和青年教师开设概率论基础及其应用、随机过程等课程。由于王老师在教学、科研方面的突出成就，1977 年 11 月他就被特别地从讲师破格晋升为教授，这是“文化大革命”后全国高校第一次职称晋升，只有两人（另一位是天津大学贺家李教授）。1981 年国家批准第一批博士生导师，王老师是其中之一。

1965 年，他出版了《随机过程论》，这是中国第一部系统论述随机过程理论的著作。随后又出版了《概率论基础及其应用》(1976)、《生灭过程与马尔可夫链》(1980)。这三部书成一整体，从概率论的基础写起，到他的研究方向的前沿，被人誉为概率论三部曲，被长期用作大学教材或参考书。1983 年又出版专著《布朗运动与位势》。这些书既总结了王老师本人、他的同事、同行、学生在概率论的教学和研究中的一些成果，又为在中国传播、推动概率论学科发展，培养中国概率论的教学和研究人才，起到了非常重要的作用，哺育了中国的几代概率论学人（这 4 部著作于 1996 年由北京师范大学出版社再版，书名分别是：《概率论基础及其应用》，即本8卷文集的第5卷；《随机过程通论》上、下卷，即本8卷文集的第6卷和第7卷）。1992年《生灭过程与马尔可夫链》的扩大修订版（与杨向群合作）被译成英文，由德国的施普林格（Springer）出版社和中国的科学出版社出版。1999年由湖南科技出版社出版的《马尔可夫过程与今日数学》，则是将王老师1998年底以前发表的主要论文进行加工、整理、编辑而成的一本内容系统、结构完整的书。

1984年5月，王老师被国务院任命为北京师范大学校长，这一职位自1971年以来一直虚位以待。王老师在校长岗位上工作了5年。王老师常说："我一辈子的理想，就是当教师。"他一生都在实践做一位好教师的诺言。任校长后，就将更多精力投入到发展师范教育和提高教师地位、待遇上来。1984年12月，王老师与北京师范大学的教师们提出设立"教师节"的建议，并首次提出了"尊师重教"的倡议，提出"百年树人亦英雄"，以恢复和提高人民教师在社会上的光荣地位，同时也表达了全国人民对教师这一崇高职业的高度颂扬、崇敬和爱戴。1985年1月，全国人民代表大会常务委员会通过决议，决定每年的9月10日为教师节。王老师任校长后明确提出北京师范大学的办学目标：把北京师范大学建成国内第一流的、国际上有影响力的、高水平、多贡献的重点大学。对于如何处理好师范性和学术性的问题，他认为两者不仅不能截然分开，而且是相辅相成的；不搞科研就不能叫大学，如果学术水平不高，培养的老师一般水平不会太高，所以必须抓学术；但师范性也不能丢，师范大学的主要任务就是干这件事，更何况培养师资是一项光荣任务。对师范性他提出了三高：高水平的专业、高水平的师资、高水平的学术著作。王老师也特别关心农村教育，捐资为农村小学修建教学楼，赠送书刊，设立奖学金。王老师对教育事业付出了辛勤的劳动，做出了重要贡献。正如著名教育家顾明远先生所说："王梓坤是教育实践家，他做成的三件事情：教师节、抓科研、建大楼，对北京师范大学的建设意义深远。”2008年，王老师被中国几大教育网站授予改革开放30年“中国教育时代人物”称号。

1981年，王老师应邀去美国康奈尔（Cornell）大学做学术访问；1985年访问加拿大里贾纳（Regina）大学、曼尼托巴（Manitoba）大学、温尼伯（Winnipeg）大学。1988年，澳大利亚悉尼麦考瑞（Macquarie）大学授予他荣誉科学博士学位和荣誉客座学者称号，王老师赴澳大利亚参加颁授仪式。该校授予他这一荣誉称号是由于他在研究概率论方面的杰出成就和在提倡科学教育和研究方法上所做出的贡献。

1989年，他访问母校莫斯科大学并作学术报告。

1993年，王老师卸任校长职务已数年。他继续在北京师范大学任职的同时，以极大的勇气受聘为汕头大学教授。这是国内的大学第一次高薪聘任专家学者。汕头大学的这一举动横扫了当时社会上流行的“读书无用论”“搞导弹的不如卖茶叶蛋的”等论调，证明了掌握科学技术的人员是很有价值的，为国家改善广大知识分子的待遇开启了先河。但此事引起极大震动，一时引发了不少议论。王老师则认为：这对改善全国的教师和科技人员的待遇、对发展教育和科技事业，将会起到很好的作用。果然，开此先河后，许多单位开始高薪补贴或高薪引进人才。在汕头大学，王老师与同事们创办了汕头大学数学研究所，并任所长6年。汕头大学的数学学科有了很大的发展，不仅获得了数学学科的硕士学位授予权，而且聚集了一批优秀的数学教师，为后来获得数学学科博士学位授予权打下了坚实的基础。

王老师担任过很多兼职：天津市人民代表大会代表，国家科学技术委员会数学组成员，中国数学会理事，中国科学技术协会委员，中国高等教育学会常务理事，中国自然辩证法研究会常务理事，中国人才学会副理事长，中国概率统计学会常务理事，中国地震学会理事，中国高等师范教育研究会理事长，

《中国科学》《科学通报》《科技导报》《世界科学》《数学物理学报》等杂志编委，《数学教育学报》主编，《纯粹数学与应用数学》《现代基础数学》等丛书编委。

王老师获得了多种奖励和荣誉：1978 年获全国科学大会奖，1982 年获国家自然科学奖，1984 年被中华人民共和国人事部授予“国家有突出贡献中青年专家”称号，1986 年获国家教育委员会科学技术进步奖，1988 年获澳大利亚悉尼麦考瑞大学荣誉科学博士学位和荣誉客座学者称号，1990 年开始享受政府特殊津贴，1993 年获曾宪梓教育基金会高等师范院校教师奖，1997 年获全国优秀科技图书一等奖，2002 年获何梁何利基金科学与技术进步奖。王老师于 1961 年、1979 年和 1982 年 3 次被评为天津市劳动模范，1980 年获全国新长征优秀科普作品奖，1990 年被全国科普作家协会授予“新中国成立以来成绩突出的科普作家”称号。

1991 年，王老师当选为中国科学院院士，这是学术界对他几十年来在概率论研究中和为这门学科在中国的发展所做出的突出贡献的高度评价和肯定。

王老师是将马尔可夫过程引入中国的先行者。马尔可夫过程是以俄国数学家 A. A. Марков 的名字命名的一类随机过程。王老师于 1958 年首次将它引入中国时，译为马尔科夫过程。后来国内一些学者也称为马尔可夫过程、马尔柯夫过程、Markov 过程，甚至简称为马氏过程或马程。现在统一规范为马尔可夫过程，或直接用 Markov 过程。生灭过程、布朗运动、扩散过程都是在理论上非常重要、在应用上非常广泛、很有代表性的马尔可夫过程。王老师在马尔可夫过程的理论研究和应用方面都做出了很大的贡献。

随着时代的前进，特别是随着国际上概率论研究的进展，王老师的研究课题也在变化。这些课题都是当时国际上概率论研究前沿的重要方向。王老师始终紧随学科的近代发展步伐，力求在科学研究的重要前沿做出崭新的、开创性的成果，以带动国内外一批学者在刚开垦的原野上耕耘。这是王老师一生中数学研究的一个重大特色。

20 世纪 50 年代末，王老师彻底解决了生灭过程的构造问题，而且独创了马尔可夫过程构造论中的一种崭新的方法——过程轨道的极限过渡构造法，简称极限过渡法。王老师在莫斯科大学学习期间，就表现出非凡的才华，他的副博士学位论文《全部生灭过程的分类》彻底解决了生灭过程的构造问题，也就是说，他找出了全部的生灭过程，而且用的方法是他独创的极限过渡法。当时，国际概率论大师、美国的费勒（W. Feller）也在研究生灭过程的构造，但他使用的是分析方法，而且只找出了部分的生灭过程（同时满足向前、向后两个微分方程组的生灭过程）。王老师的方法的优点在于彻底性（构造出了全部生灭过程）和明确性（概率意义非常清楚）。这项工作得到了苏联概率论专家邓肯（Е. Б. Дынкин，E. B. Dynkin，后来移居美国并成为美国科学院院士）和苏联概率论专家尤什凯维奇（А. А. Юшкевич）教授的引用和好评，后者说："Feller 构造了生灭过程的多种延拓，同时王梓坤找出了全部的延拓。"在解决了生灭过程构造问题的基础上，王老师用差分方法和递推方法，求出了生灭过程的泛函的分布，并给出此成果在排队论、传染病学等研究中的应用。英国皇家学会会员肯德尔（D. G. Kendall）评论说："这篇文章除了作者所提到的应用外，还有许多重要的应用……该问题是困难的，本文所提出的技巧值得仔细学习。"在王老师的带领和推动下，对构造论的研究成为中国马尔可夫过程研究的一个重要的特色之一。中南大学、湘潭大学、湖南师范大学等单位的学者已在国内外出版了几部关于马尔可夫过程构造论的专著。

1962 年，他发表了另一交叉学科的论文《随机泛函分析引论》，这是国内较系统地介绍、论述、研究随机泛函分析的第一篇论文。在论文中，他求出了广义函数空间中随机元的极限定理。此文开创了中国研究随机泛函的先河，并引发了吉林大学、武汉大学、四川大学、厦门大学、中国海洋大学等高校的不少学者的后继工作，取得了丰硕成果。

20 世纪 60 年代初，王老师将邓肯的专著《马尔可夫过程论基础》译成中文出版，该书总结了当时的苏联概率论学派在马尔可夫过程论研究方面的最新成就，大大推动了中国学者对马尔可夫过程的研究。

20 世纪 60 年代前期，王老师研究了一般马尔可夫过程的通性，如 0-1 律、常返性、马丁（Martin）边界和过分函数的关系等。他证明的一个很有趣的结果是：对于某些马尔可夫过程，过程常返等价于过程的每一个过分函数是常数，而过程的强无穷远 0-1 律成立等价于过程的每一个有界调和函数是常数。

20 世纪 60 年代后期和 70 年代，由于众所周知的原因，王老师停下理论研究，应海军和国家地震局的要求，转向数学的实际应用，主要从事地震统计预报和在计算机上模拟随机过程。他带领的课题小组首创了“地震的随机转移预报方法”和“利用国外大震以预报国内大震的相关区方法”，被地震部门采用，取得了实际的效果。在这期间，王老师也发表了一批实际应用方面的论文，例如，《随机激发过程对地极移动的作用》等，还有 1978 年出版的专著《概率与统计预报及在地震与气象中的应用》（与钱尚玮合作）。

20 世纪 70 年代，马尔可夫过程与位势理论的关系是国际概率论界的热门研究课题。王老师研究布朗运动与古典位势的关系，求出了布朗运动、对称稳定过程的一些重要分布。如对球面的末离时、末离点、极大游程的精确分布。他求出的自原点出发的 $d$（不小于 3）维布朗运动对于中心是原点的球面的末离时分布，是一个当时还未见过的新分布，而且分布的形式很简单。美国数学家格图（R. K. Getoor）也独立地得到了同样的结果。王老师还证明了：从原点出发的布朗运动对于中心是原点的球面的首中点分布和末离点分布是相同的，都是球面上的均匀分布。

20 世纪 80 年代后期，王老师研究多参数马尔可夫过程。他于 1983 年在国际上最早给出多参数有限维奥恩斯坦-乌伦贝克（OU，Ornstein-Uhlenbeck）过程的严格数学定义并得到了系统的研究成果。如三点转移、预测问题、多参数与单参数的关系等。次年，加拿大著名概率论专家瓦什（J. B. Walsh）也给出了类似的定义，其定义是王老师定义的一种特殊情形。1993 年，王老师在引进多参数无穷维布朗运动的基础上，给出了多参数无穷维 OU 过程定义，这是国际上最早提出并研究多参数无穷维 OU 过程的论文，该文发现了参数空间有分层性质。王老师关于多参数马尔可夫过程的开创性工作，推动和引发了国内对于多参数马尔可夫过程的研究，如中山大学、武汉大学、南开大学、杭州大学、湘潭大学、湖南师范大学等的后继研究。湖南科学技术出版社 1996 年出版的杨向群、李应求的专著《两参数马尔可夫过程论》，就是在王老师开垦的原野上耕耘的结果。

20 世纪 90 年代至今，王老师带领同事和研究生研究国际上的重要新课题——测度值马尔可夫过程（超过程）。测度值马氏过程理论艰深，但有很明确的实际意义。粗略地说，如果普通马尔可夫过程是刻画“一个粒子”的随机运动规律，那么超过程就是刻画“一团粒子云”的随机飘移运动规律。王老师带领的集体在超过程理论上取得了丰富的成果，特别是他的年轻的同事和学生们，做了许多很好的工作。

2002 年，王老师和张新生发表论文《生命信息遗传中的若干数学问题》，这又是一项旨在开拓创新的工作。1953 年沃森（J. Watson）和克里克（F. Crick）发现 DNA 的双螺旋结构，人们对生命信息遗传的研究进入一个崭新的时代，相继发现了“遗传密码字典”和“遗传的中心法则”。现在，人类基因组测序数据已完成，其数据之多可以构成一本 100 万页的书，而且书中只有 4 个字母反复不断地出现。要读懂这本宏厚的巨著，需要数学和计算机学科的介入。该文首次向国内学术界介绍了人类基因组研究中的若干数学问题及所要用到的数学方法与模型，具有特别重要的意义。

除了对数学的研究和贡献外，王老师对科学普及、科学研究方法论，甚至一些哲学的基本问题，如偶然性、必然性、混沌之间的关系，也有浓厚兴趣，并有独到的见解，做出了一定的贡献。

在“文化大革命”的特殊年代，王老师仍悄悄地学习、收集资料、整理和研究有关科学发现和科学研究方法的诸多问题。1977 年“文化大革命”刚结束，王老师就在《南开大学学报》上连载论文《科学发现纵横谈》（以下简称《纵横谈》），次年由上海人民出版社出版成书。这是“文化大革命”后中国大陆第一本关于科普和科学方法论的著作。这本书别开生面，内容充实，富于思想，因而被广泛传诵。书中一开始就提出，作为一个科技工作者，应该兼备德识才学，德是基础，而且德识才学要在实践中来实现。王老师本人就是一位成功的德识才学的实践者。《纵横谈》是十年“文化大革命”后别具一格的读物。数学界老前辈苏步青院士作序给予很高的评价：“王梓坤同志纵览古今，横观中外，从自然科学发展的历史长河中，挑选出不少有意义的发现和事实，努力用辩证唯物主义和历史唯物主义的观点，加以分析总结，阐明有关科学发现的一些基本规律，并探求作为一名自然科学工作者，应该力求具备一些怎样的品质。这些内容，作者是在‘四人帮’[①] 形而上学猖獗、唯心主义横行的情况下写成的，尤其难能可贵……作者是一位数学家，能在研究数学的同时，写成这样的作品，同样是难能可贵的。”《纵横谈》以清新独特的风格、简洁流畅的笔调、扎实丰富的内容吸引了广大读者，引起国内很大的反响。书中不少章节堪称

① 指王洪文、张春桥、江青、姚文元.

优美动人的散文，情理交融回味无穷，使人陶醉在美的享受中。有些篇章还被选入中学和大学语文课本中。该书多次出版并获奖，对科学精神和方法的普及起了很大的作用。以至19年后，这本书再次在《科技日报》上全文重载（1996年4月4日至5月21日）。主编在前言中说：“这是一组十分精彩、优美的文章。今天许许多多活跃在科研工作岗位上的朋友，都受过它的启发，以至他们中的一些人就是由于受到这些文章中阐发的思想指引，决意将自己的一生贡献给伟大的科学探索。”1993年，北京师范大学出版社将《纵横谈》进一步扩大成《科学发现纵横谈（新编）》。该书收入了《科学发现纵横谈》、1985年王老师发表的《科海泛舟》以及其他一些文章。2002年，上海教育出版社出版了装帧精美的《莺啼梦晓——科研方法与成才之路》一书，其中除《纵横谈》外，还收入了数十篇文章，有的论人才成长、科研方法、对科学工作者素质的要求，有的论数学学习、数学研究、研究生培养等。2003年《莺啼梦晓——科研方法与成才之路》获第五届上海市优秀科普作品奖之科普图书荣誉奖（相当于特等奖）。2009年，北京师范大学出版社出版的《科学发现纵横谈》（第3版）于同年入选《中国文库》（第四辑）（新中国60周年特辑）。《中国文库》编辑委员会称：该文库所收书籍“应当是能够代表中国出版业水平的精品”“对中国百余年来的政治、经济、文化和社会的发展产生过重大积极的影响，至今仍具有重要价值，是中国读者必读、必备的经典性、工具性名著。”王老师被评为“新中国成立以来成绩突出的科普作家”，绝非偶然。

王老师不仅对数学研究、科普事业有突出的贡献，而且对整个数学，特别是今日数学，也有精辟、全面的认识。20世纪90年代前期，针对当时社会上对数学学科的重要性有所忽视的情况，王老师受中国科学院数学物理学部的委托，撰写了《今日数学及其应用》。该文对今日数学的特点、状况、应用，以及其在国富民强和提高民族的科学文化素质中的重要作用等做了全面、深刻的阐述。文章提出了今日数学的许多新颖的观点和新的认识。例如，“今日数学已不仅是一门科学，还是一种普适性的技术。”“高技术本质上是一种数学技术。”“某些重点问题的解决，数学方法是唯一的，非此‘君’莫属。”对今日数学的观点、认识、应用的阐述，使中国社会更加深切地感受到数学学科在自然科学、社会科学、高新技术、推动生产力发展和富国强民中的重大作用，使人们更加深刻地认识到数学的发展是国家大事。文章中清新的观点、丰富的事例、明快的笔调和形象生动的语言使读者阅后感到是高品位的享受。

王老师在南开大学工作28年，吃食堂42年。夫人谭得伶教授是20世纪50年代莫斯科大学语文系的中国留学生，1957年毕业回国后一直在北京师范大学任教，专攻俄罗斯文学，曾指导硕士生、博士生和访问学者20余名。王老师和谭老师1958年结婚后育有两个儿子，两人两地分居26年。谭老师独挑家务大梁，这也是王老师事业成功的重要因素。

王老师为人和善，严于律己，宽厚待人，有功而不自居，有傲骨而无傲气，对同行的工作和长处总是充分肯定，对学生要求严格，教其独立思考，教其学习和研究的方法，将学生当成朋友。王老师有一段自勉的格言：“我尊重这样的人，他心怀博大，待人宽厚；朝观剑舞，夕临秋水，观剑以励志奋进，读庄以淡化世纷；公而忘私，勤于职守；力求无负于前人，无罪于今人，无愧于后人。”

本8卷文集列入北京师范大学学科建设经费资助项目，由北京师范大学出版社出版。李仲来教授从文集的策划到论文的收集、整理、编排和校对等各方面都付出了巨大的努力。在此，我们作为王老师早期学生，谨代表王老师的所有学生向北京师范大学、北京师范大学出版社、北京师范大学数学科学学院和李仲来教授表示诚挚的感谢！

杨向群　吴　荣　施仁杰　李增沪

2016年3月10日

# 目　录

数学进展，1982，11(3)

# 布朗运动与牛顿位势

## §1. 概 论

**1.1** 现代概率论的重要进展之一是发现了马尔可夫过程(简称马氏过程)与位势理论(简称势论)之间的深刻联系. 这一发现使得势论中的许多概念和结论获得了概率意义，同时也使马氏过程获得了新的分析工具，因而促进了两者的发展，丰富了它们的内容. 这种联系的萌芽最早见于 S. Kakutani[13] 及 J. L. Doob[7]，前者证明了：平面上 Dirichlet 问题的解可以用二维布朗运动的某些概率特征来表达. Doob 等人的大量工作发展了这方面的研究；而把这种联系推广到相当一般的马氏过程(所谓 Hunt 过程)，则主要是 G. A. Hunt 的贡献.

近来这方面的文献很多，初学时不容易了解它们的背景. 本文试图通过比较简单具体的布朗运动和牛顿位势，对一般理论作一前导. 由于前者是后者的思想泉源，这样也许有助于对一般理论中的概念和定理的理解. 由于布朗运动与势论的内容都很丰富，我们不可能深入各自的领域中去，而只把讨论的重点放在两者的联系上；同时也叙述一些近期发表的新结果．这种联系反映在 Dirichlet 问题的解、Green 函数、平衡势等问题上．在本文主干上的定理，基本上都作了详细证明．主要参考文献为[15][18].

随着布朗运动所在的相空间 $\mathbf{R}^n$（$n$ 维欧氏空间）的维数 $n$ 不同，布朗运动的概率性质也有显著差异．以后会看到，当$n\leqslant 2$时，它是常返的（Recurrent），对应于对数势；当 $n\geqslant 3$ 时，它是暂留的（Transient），对应于牛顿势．本文主要讨论 $n\geqslant 3$ 的情形.

**1.2 势论大意** 古典势论起源于物理，后来抽象成为数学的一个分支．根据电学中的库仑定律，两个异性电荷互相吸引，引力方向在其连线上，力的大小为

$$F=C\frac{Qg}{r^2},$$

其中 $Q$，$g$ 分别为两电荷的数量，$r$ 为两者在 $\mathbf{R}^3$ 中的距离，$C$ 为某常数，与单位有关．为了研究引力，可以引进势的概念．设在点 $x_0$ 处有一电荷 $g_0$，它在任一点 $x(x\neq x_0)$处所产生的势，等于把一单位电荷从无穷远移到点 $x$ 处所做的功．势与此电荷在到达 $x$ 以前所走的路径无关，势的值为

$$\frac{1}{2\pi}\frac{g_0}{|x-x_0|}, \tag{1.1}$$

常数$\frac{1}{2\pi}$依赖于单位的选择，并非本质.

今设有 $m$ 个电荷 $g_i$，分别位于点 $x_i$，$(i=1, 2, \cdots, m)$，可视

$$\begin{pmatrix} x_1 & x_2 & \cdots & x_m \\ g_1 & g_2 & \cdots & g_m \end{pmatrix} \tag{1.2}$$

为一离散的电荷分布．这组电荷在点 $x(x\neq x_i)$处所产生的势仍

定义为把单位电荷自无穷远处移到 $x$ 所做的功. 由于力及功都是可加的，故此势为

$$\frac{1}{2\pi}\sum_{i=1}^{m}\frac{g_i}{|x-x_i|}. \tag{1.3}$$

现在假设电荷按照测度 $\mu$ 而分布，由上式的启发，自然称由 $\mu$ 所产生的在点 $x$ 的势为

$$G\mu(x)\equiv\frac{1}{2\pi}\int_{\mathbf{R}^3}\frac{\mu(\mathrm{d}y)}{|x-y|}. \tag{1.4}$$

以后会证明，若 $\mu(\mathbf{R}^3)<+\infty$，则关于勒贝格测度 $L$，对几乎一切 $x$，$G\mu(x)<+\infty$(见引理 3).

(1.4)定义一积分变换 $G$，它把测度 $\mu$ 变为函数 $G\mu$. 下面会看到，变换的核 $\frac{1}{2\pi|x-y|}$ 恰好等于三维布朗运动转移密度对时间 $t$ 的积分. 这正是把布朗运动与牛顿势联系起来的桥梁之一.

在物理中，势论所研究的，主要是电荷分布 $\mu$、势，以及借助于它们而定义的各种量间的关系. 作为这种量的例，可举出电荷分布 $\mu$ 的能 $I_\mu$(Energy). 它是势对此 $\mu$ 的积分，即

$$I_\mu\equiv\int_{\mathbf{R}^3}G\mu(x)\mu(\mathrm{d}x)=\frac{1}{2\pi}\int_{\mathbf{R}^3}\int_{\mathbf{R}^3}\frac{\mu(\mathrm{d}y)\mu(\mathrm{d}x)}{|x-y|}, \tag{1.5}$$

电荷分布的全电荷是 $Q\equiv\mu(\mathbf{R}^3)$. 如果把全部电荷 $Q$ 散布在某导体上，它们便会重新分布，使得在此导体所占的集 $A$ 上，势是一常数. 记此新分布为 $\mu_0$，它具有下列能的极小性：

$$I_{\mu_0}=\min_{\mu}(I_\mu:\ \mu(\mathbf{R}^3)=Q,\ L^\mu\subset A),$$

其中 $L^\mu$ 表 $\mu$ 的支集(Support)，它是一切使 $\mu(U)=0$ 的开集 $U$ 的和的补集. $\mu_0$ 所决定的分布形态，在物理中称为平衡态. 对紧集 $E(\subset\mathbf{R}^3)$，若存在 $\mu$ 使 $L^\mu\subset E$，而且 $G\mu(x)=1$，$(\forall x\in E)$，则称 $G\mu$ 为 $E$ 的平衡势；具有平衡势的集称为平衡集；而

$\mu(E)$则称为 $E$ 的容度，记为 $C(E)$. 因此，导体 $E$ 的容度，是为了在此导体上产生单位势的全电荷. 以上诸概念来自物理，以后还要从数学上重新定义. 下面简述古典势论中的一些结果，其中有些以后会用概率方法证明，下设 $\mu$ 为有穷测度.

**电荷分布的唯一性** 势 $G\mu$ 唯一决定 $\mu$.

**势的决定** $G\mu$ 被它在 $L^{\mu}$ 上的值所决定.

**平衡势唯一** 一集最多有一平衡势.

**平衡势的刻画** 设平衡集 $E$ 的平衡势为 $G\mu_0$，则

$$G\mu_0(x)=\inf(G\mu(x)\text{：}G\mu(x)\geqslant 1,\ \forall x\in E). \tag{1.6}$$

**平衡势的能** 若平衡集 $E$ 的能有穷，则在所有支集含于 $E$、全电荷等于 $E$ 的容度的电荷分布 $\mu$ 所对应的势中，平衡势 $G\mu_0$ 的能 $I\mu_0$ 极小；亦即

$$\begin{aligned} I\mu_0 &\equiv \int_{\mathbf{R}^3}(G\mu_0)\,\mathrm{d}\mu_0 \\ &= \min_{G_\mu}\left\{\int_{\mathbf{R}^3}(G\mu)\,\mathrm{d}\mu : L^{\mu}\subset E, \mu(E)=C(E)\right\}. \end{aligned} \tag{1.7}$$

**控制原理** 两势 $h=G\mu$，$\bar{h}=G\bar{\mu}$ 若处处满足 $h\geqslant\bar{h}$，则 $\mu(\mathbf{R}^3)\geqslant\bar{\mu}(\mathbf{R}^3)$.

**投影(Balayage)原理** 设已给势 $h=G\mu$ 及闭集 $E$，则存在势 $\bar{h}=G\bar{\mu}$，满足

$$\bar{h}(x)=h(x),\ (\forall x\in E);\ \bar{h}(x)\leqslant h(x),\ (\forall x\in\mathbf{R}^3); \tag{1.8}$$

$$L^{\bar{\mu}}\subset E;\ \bar{\mu}(\mathbf{R}^3)\leqslant\mu(\mathbf{R}^3). \tag{1.9}$$

此外，还满足：$\forall x$

$$\bar{h}(x)=\inf_{\nu}(G\nu(x)\text{：}G\nu(x)\geqslant h(x),\ \forall x\in E;\ L^{\nu}\subset E) \tag{1.10}$$

$$=\sup_{\nu}(G\nu(x)\text{：}G\nu(x)\leqslant h(x),\ \forall x\in E;\ L^{\nu}\subset E) \tag{1.11}$$

称 $\bar{h}$ 为 $h$ 的投影势(Balayage Potential).

**下包络原理** 诸势的逐点下确界也是势.

**1.3 若干引理** 考虑 $n$ 维欧氏空间 $\mathbf{R}^3$，其中的点记为 $x=(x_1, x_2, \cdots, x_n)$，它与原点的距离为 $|x|=\sqrt{\sum_{i=1}^{n} x_i^2}$. 对 $r>0$，记

$$B_r \equiv (x: |x| \leqslant r); \mathring{B}_r \equiv (x: |x| < r);$$
$$S_r \equiv (x: |x| = r),$$

它们分别是以原点为中心、以 $r$ 为半径的球、开球和球面.

**引理 1** 设 $f(y)$ 为一元函数，$y \geqslant 0$，若下式左方积分存在，则

$$\int_{B_r} f(|x|)\mathrm{d}x = \frac{2\pi^{\frac{n}{2}}}{\Gamma\left(\frac{n}{2}\right)} \int_0^r s^{n-1} f(s)\mathrm{d}s \tag{1.12}$$

其中 $\Gamma$ 表 Gamma 函数.

**证** 为计算

$$\int_{B_r} f(|x|)\mathrm{d}x = \int\limits_{\sum_{i=1}^{n} x_i^2 \leqslant r^2} \int \cdots \int f\left(\sqrt{\sum_{i=1}^{n} x_i^2}\right)\mathrm{d}x_1 \mathrm{d}x_2 \cdots \mathrm{d}x_n,$$

引进极坐标

$$x_1 = s\cos\varphi_1, \quad x_2 = s\sin\varphi_1\cos\varphi_2, \quad \cdots,$$
$$x_n = s\sin\varphi_1\sin\varphi_2\cdots\sin\varphi_{n-2}\sin\varphi_{n-1},$$

得

$$\int_{B_r} f(|x|)\mathrm{d}x = \int_0^r s^{n-1} f(s)\mathrm{d}s \cdot \int_0^{\pi} \sin^{n-2}\varphi_1 \mathrm{d}\varphi_1 \cdots$$
$$\int_0^{\pi} \sin^2\varphi_{n-3}\mathrm{d}\varphi_{n-3} \cdot \int_0^{\pi} \sin\varphi_{n-2}\mathrm{d}\varphi_{n-2} \cdot \int_0^{2\pi} \mathrm{d}\varphi_{n-1}.$$

利用公式

$$\int_0^{\pi}\sin^{a-1}\varphi \mathrm{d}\varphi=\frac{\sqrt{\pi}\Gamma\left(\frac{a}{2}\right)}{\Gamma\left(\frac{a+1}{2}\right)}$$

化简后即得(1.12).

在(1.12)中取 $f=1$ 并利用公式

$$\Gamma(x+1)=x\Gamma(x) \tag{1.13}$$

即得球 $B_r$ 的体积 $|B_r|$ 为

$$|B_r|=\frac{\pi^{\frac{n}{2}}r^n}{\Gamma\left(\frac{n}{2}+1\right)}. \tag{1.14}$$

对 $r$ 微分，得球面 $S_r$ 的面积 $|S_r|$ 为

$$|S_r|=\frac{2\pi^{\frac{n}{2}}r^{n-1}}{\Gamma\left(\frac{n}{2}\right)}. \tag{1.15}$$

球面 $S_r$ 上的勒贝格测度记为 $L_{n-1}(\mathrm{d}x)$. 以 $U_r(\mathrm{d}x)$表 $S_r$ 上的均匀分布，即

$$U_r(\mathrm{d}x)=\frac{L_{n-1}(\mathrm{d}x)}{|S_r|}. \tag{1.16}$$

**系 1** 设函数 $K(x)(x\in\mathbf{R}^n)$的积分有意义，则

$$\int_{\mathbf{R}^n}K(x)\mathrm{d}x=\frac{2\pi^{\frac{n}{2}}}{\Gamma\left(\frac{n}{2}\right)}\int_0^{+\infty}\left[\int_{S_r}K(x)U_r(\mathrm{d}x)\right]r^{n-1}\mathrm{d}r. \tag{1.17}$$

**证** 左方积分等于

$$\int_0^{+\infty}\int_{S_r}K(x)L_{n-1}(\mathrm{d}x)\mathrm{d}r=\int_0^{+\infty}\left[\int_{S_r}K(x)U_r(\mathrm{d}x)\right]|S_r|\mathrm{d}r,$$

以(1.15)代入即得(1.17).

**引理 2** 下列积分是 $y$ 的有界函数，

$$A(y)=\int_{B_r}\frac{\mathrm{d}x}{|x-y|^{n-2}}\quad(n\geqslant 2). \tag{1.18}$$

**证** 以 $\chi_D(x)$表集 $D$ 的示性函数，它等于 1 或 0，视 $x\in D$

或 $x\overline{\in}D$ 而定．则对任意 $\delta>0$，有

$$A(y)=\int_{\mathbf{R}^n}\frac{\chi_{B_r}(x)}{|x-y|^{n-2}}\mathrm{d}x=\int_{\mathbf{R}^n}\frac{\chi_{B_r}(x+y)}{|x|^{n-2}}\mathrm{d}x$$

$$\leqslant\int_{|x|\leqslant\delta}\frac{\mathrm{d}x}{|x|^{n-2}}+\int_{|x|>\delta}\frac{\chi_{B_r}(x+y)}{|x|^{n-2}}\mathrm{d}x.$$

由(1.12)，右方第一积分等于$\dfrac{\pi^{\frac{n}{2}}\delta^2}{\Gamma\left(\frac{n}{2}\right)}$；第二积分不大于

$$\frac{1}{\delta^{n-2}}\int_{|x|>\delta}\chi_{B_r}(x+y)\mathrm{d}x\leqslant\frac{1}{\delta^{n-2}}\int_{\mathbf{R}^n}\chi_{B_r}(x+y)\mathrm{d}x=\frac{|B_r|}{\delta^{n-2}}.$$

**注 1**　其实，易见 $A(y)$的上确界在 $y=0$ 达到.

以“$V$-a. e.”表“关于测度 $v$ 几乎处处”；以 $\beta^n$表 $\mathbf{R}^n$ 中全体 Borel 集所成的 $\sigma$ 代数；($\mathbf{R}^n$，$\beta^n$)上的勒贝格测度记为 $L$.

**引理 3**　设 $\mu$ 为($\mathbf{R}^n$，$\beta^n$)上有穷测度，$n\geqslant2$，则

$$\int_{\mathbf{R}^n}\frac{\mu(\mathrm{d}x)}{|x-y|^{n-2}}<+\infty\quad L\text{-a. e.}.\tag{1.19}$$

**证**　以 $K$ 表(1.18)中 $A(y)$的一上界，有

$$\int_{B_r}\int_{\mathbf{R}^n}\frac{\mu(\mathrm{d}x)}{|x-y|^{n-2}}\mathrm{d}y=\int_{\mathbf{R}^n}\left(\int_{B_r}\frac{\mathrm{d}y}{|x-y|^{n-2}}\right)\mu(\mathrm{d}x)$$

$$\leqslant K\mu(\mathbf{R}^n)<+\infty,$$

故(1.19)中积分在 $B_r$ 上有穷 $L$-a. e.，再由 $\mathbf{R}^n=\bigcup_{r=1}^{+\infty}B_r$($r$-正整数)即得证(1.19).

以 $C_0$ 表 $\mathbf{R}^n$ 上全体连续而且满足 $\lim\limits_{|x|\to+\infty}f(x)=0$ 的函数 $f(x)$的集.

**引理 4**　设 $f\in C_0$，而且 $L$-可积，则当 $n\geqslant3$ 时，有

$$g(y)\equiv\int_{\mathbf{R}^n}\frac{f(x)}{|x-y|^{n-2}}\mathrm{d}x\in C_0.$$

**证**

$$|g(y)-g(y_0)|=\left|\int_{\mathbf{R}^n}\frac{f(y+x)-f(y_0+x)}{|x|^{n-2}}\mathrm{d}x\right|$$

$$\leqslant 2\|f\|\int_{|x|<\delta}\frac{\mathrm{d}x}{|x|^{n-2}}+\frac{1}{\delta^{n-2}}\int_{|x|\geqslant\delta}|f(y+x)-f(y_0+x)|\mathrm{d}x, \tag{1.20}$$

其中 $\|f\|=\sup\limits_x|f(x)|$. 对任意 $\varepsilon>0$，如引理 2 证明所述，可选 $\delta>0$ 充分小，使(1.20)中右方第一项小于$\frac{\varepsilon}{2}$. 固定此 $\delta$，由勒贝格收敛定理，当 $y\to y_0$ 时，第二项趋于 0. 此得证 $g(y)$ 的连续性.

为证 $\lim\limits_{|y|\to+\infty}g(y)=0$，任取 $0<r<s$，则

$$g(y)=\left(\int_{|x|\geqslant s}+\int_{s\geqslant|x|>r}+\int_{r\geqslant|x|}\right)\frac{f(x+y)}{|x|^{n-2}}\mathrm{d}x.$$

对任意 $\varepsilon>0$，由于 $f$ 可积，可选 $s$ 充分大，以使

$$\left|\int_{|x|>s}\frac{f(x+y)}{|x|^{n-2}}\mathrm{d}x\right|\leqslant\frac{1}{s^{n-2}}\int_{\mathbf{R}^n}|f(x)|\mathrm{d}x<\frac{\varepsilon}{3};$$

次取 $r$ 充分小，以使

$$\left|\int_{r\geqslant|x|}\frac{f(x+y)}{|x|^{n-2}}\mathrm{d}x\right|\leqslant\|f\|\int_{r\geqslant|x|}\frac{\mathrm{d}x}{|x|^{n-2}}<\frac{\varepsilon}{3};$$

最后

$$\left|\int_{s\geqslant|x|>r}\frac{f(x+y)}{|x|^{n-2}}\mathrm{d}x\right|\leqslant\frac{1}{r^{n-2}}\int_{s\geqslant|x|}|f(x+y)|\mathrm{d}x.$$

由于 $\lim\limits_{|z|\to+\infty}f(z)=0$，存在 $a>0$，当 $|y|>a$ 时，上式右方项小于$\frac{\varepsilon}{3}$. 综合上述，当 $|y|>a$ 时，$|g(y)|<\varepsilon$.

# §2. 布朗运动略述

**2.1 定义** 设$(\Omega, \mathscr{F}, P)$为概率空间，其中$\Omega=(\omega)$是基本事件$\omega$所成的集，$\mathscr{F}$为$\Omega$中子集的$\sigma$代数，$P$为$\mathscr{F}$上的概率测度. 考虑定义在此空间上的随机过程$\{x(t, \omega), t\geqslant 0\}$，它取值于$\mathbf{R}^n$. 有时也记$x(t, \omega)$为$x_t(\omega)$或$x(t)$或$x_t$.

称$X$为$n$维布朗运动，如果它满足

(i) 对任意有限多个数$0\leqslant t_1<t_2<\cdots<t_m$，

$$x(t_1), x(t_2)-x(t_1), \cdots, x(t_m)-x(t_{m-1})$$

相互独立；

(ii) 对任意$s\geqslant 0$，$t>0$，增量$x(s+t)-x(s)$有$n$维正态分布，密度为

$$p(t, x)=\frac{1}{(2\pi t)^{\frac{n}{2}}}\exp\left(-\frac{|x|^2}{2t}\right), (x\in \mathbf{R}^n). \tag{2.1}$$

(iii) 对每固定的$\omega$，$t\to x(t, \omega)$连续.

给出开始分布后，由柯尔莫哥洛夫的测度扩张定理，可见存在随机过程满足(i)(ii)；由(ii)还可以证明：若取此过程的可分修正，则此可分过程的样本函数以概率1连续($n=1$时的证明可见[22]§3.4). 清除一零测集后，此过程满足(iii). 因此，满足条件(i)(ii)(iii)的过程确实存在.

(2.1)给出$x_{s+t}-x_s$的密度；至于$x_t$的分布，则依赖于开始分布，即$x_0$的分布. 设

$$\mu(A)=P(x_0\in A), A\in \beta^n,$$

由$x_t=(x_t-x_0)+x_0$及(i)和卷积公式，得

$$P(x_t \in A) = \int_A \left[\int_{\mathbf{R}^n} \frac{1}{(2\pi t)^{\frac{n}{2}}} \exp\left(-\frac{|x-y|^2}{2t}\right)\mu(\mathrm{d}x)\right]\mathrm{d}y. \tag{2.2}$$

为了强调开始分布 $\mu$ 的作用，记

$$P_\mu(x_t \in A) = P(x_t \in A). \tag{2.3}$$

**引理1(正交不变性)** 设 $H$ 是 $\mathbf{R}^n$ 中正交变换，则 $HX \equiv \{Hx_t, t \geqslant 0\}$ 也是 $n$ 维布朗运动.

**证** 由于

$$Hx_{s+t} - Hx_s = H(x_{s+t} - x_s)$$

只依赖于 $x_{s+t} - x_s$，故由 $X$ 的增量独立性即得 $HX$ 的增量独立性. 其次，$X$ 对 $t$ 连续，故 $HX$ 亦然. 最后，由(2.1)，$x_{s+t} - x_s$ 有特征函数为

$$E\mathrm{e}^{\mathrm{i}(x_{s+t}-x_s, y)} = \mathrm{e}^{-(y,y)\frac{t}{2}}, \quad (y \in \mathbf{R}^n). \tag{2.4}$$

由于正交变换保持内积不变，并利用(2.4)以及 $H^{-1}$ 也是正交变换，得

$$\begin{aligned} E\mathrm{e}^{\mathrm{i}(H(x_{s+t}-x_s), y)} &= E\mathrm{e}^{\mathrm{i}(x_{s+t}-x_s, H^{-1}y)} = \mathrm{e}^{-(H^{-1}y, H^{-1}y)\frac{t}{2}} \\ &= \mathrm{e}^{-(y,y)\frac{t}{2}}, \end{aligned} \tag{2.5}$$

故 $Hx_{s+t} - Hx_s$ 也有分布密度为(2.1).

类似易见

**平移不变性** 设定点 $a \in \mathbf{R}^n$，则 $\{x_t + a, t \geqslant 0\}$ 也是布朗运动；

**尺度不变性** 设常数 $c > 0$，则 $\left\{\frac{x(ct)}{\sqrt{c}}, t \geqslant 0\right\}$ 也是布朗运动.

**2.2 转移密度 $p(t, x, y)$ 的性质** 定义

$$p(t, x, y) \equiv p(t, y-x) = \frac{1}{(2\pi t)^{\frac{n}{2}}} \exp\left(-\frac{|y-x|^2}{2t}\right), \tag{2.6}$$

其中 $t>0$，$x\in\mathbf{R}^n$，$y\in\mathbf{R}^n$．由(2)可见，若 $x_0(\omega)\equiv x$，或 $\mu$ 集中在点 $x$ 上，并记 $P_\mu$ 为 $P_x$，则有

$$P_x(x_t\in A)=\int_A p(t,x,y)\mathrm{d}y, \tag{2.7}$$

故直观上可理解 $p(t, x, y)$为：做布朗运动的粒子，自点 $x$ 出发，于时刻 $t$ 转移到点 $y$ 附近的转移密度．显然，它关于 $x$，$y$ 是对称的．

下列简单定理是布朗运动与牛顿位势重要联系之一，因为 $g(x, y)$正是牛顿位势的核($n\geqslant 3$ 时)．

**定理 1**

$$g(x,y)\equiv\int_0^{+\infty}p(t,x,y)\mathrm{d}t=\begin{cases}\dfrac{C_n}{|x-y|^{n-2}}, & n\geqslant 3,\\ +\infty, & n\leqslant 2,\end{cases} \tag{2.8}$$

其中 $C_n$ 为常数，

$$C_n=\frac{\Gamma\left(\frac{n}{2}-1\right)}{2\pi^{\frac{n}{2}}}$$

$$=\begin{cases}\dfrac{1}{2\pi}, & n=3,\\ \dfrac{1}{2\pi^2}, & n=4,\\ \dfrac{1\times3\times\cdots\times(2k-3)}{(2\pi)^k}, & n=2k+1>3,\\ \dfrac{1\times2\times\cdots\times(k-2)}{2\pi^k}, & n=2k>4.\end{cases} \tag{2.9}$$

**证** 对 $s>0$ 有

$$\int_0^s p(t,x)\mathrm{d}t=\frac{1}{(2\pi)^{\frac{n}{2}}}\int_0^s\frac{1}{t^{\frac{n}{2}}}\exp\left(-\frac{|x|^2}{2t}\right)\mathrm{d}t$$

$$=\frac{|x|^{2-n}}{(2\pi)^{\frac{n}{2}}}\int_{\frac{|x|^2}{2s}}^{+\infty}u^{\frac{n}{2}-2}\mathrm{e}^{-u}\mathrm{d}u,\left(u=\frac{|x|^2}{2t}\right). \tag{2.10}$$

注意，当且只当 $a>0$ 时，$\int_0^{+\infty} u^{a-1}\mathrm{e}^{-u}\mathrm{d}u$ 收敛．在上式中令 $s\to+\infty$，即得

$$\int_0^{+\infty} p(t,x)\mathrm{d}t=\begin{cases}\dfrac{C_n}{|x|^{n-2}}, & n\geqslant 3,\\ +\infty, & n\leqslant 2,\end{cases}\tag{2.11}$$

$$C_n=\frac{1}{2\pi^{\frac{n}{2}}}\int_0^{+\infty} u^{\frac{n}{2}-2}\mathrm{e}^{-u}\mathrm{d}u=\frac{\Gamma\left(\frac{n}{2}-1\right)}{2\pi^{\frac{n}{2}}},\tag{2.12}$$

以 $y-x$ 代入（2.11）中的 $x$ 即得（2.8）．

比较§1（1.15），可见

$$C_n=\frac{2}{(n-2)|S_1|}.\tag{2.13}$$

设 $f(x)$ 为定义在 $\mathbf{R}^n$ 上的函数．令

$$\begin{cases}B=(f\text{：有界，}\beta^n\text{可测})；\\ C=(f\text{：}f\in B\text{，}f\text{ 连续})；\\ C_0=(f\text{：}f\in C\text{，而且 }f(+\infty)\equiv\lim\limits_{|x|\to+\infty}f(x)=0)\end{cases}\tag{2.14}$$

又令 $\|f\|=\sup\limits_x|f(x)|$．对 $f\in B$，定义变换 $T_t$

$$T_tf(x)=\int_{\mathbf{R}^n}f(y)p(t,x,y)\mathrm{d}y,\quad(t>0)\tag{2.15}$$

显然

$$\|T_tf\|\leqslant\|f\|,\quad\|T_t\|\leqslant 1.\tag{2.16}$$

**引理 2** （i）$T_tB\subset C$；　（ii）$T_tC_0\subset C_0$．

**证** 对 $f\in B$ 有

$$\begin{aligned}&|T_tf(x)-T_tf(x_0)|\\ \leqslant&\|f\|\frac{1}{(2\pi t)^{\frac{n}{2}}}\int_{\mathbf{R}^n}\left|\mathrm{e}^{-\frac{|x-y|^2}{2t}}-\mathrm{e}^{-\frac{|x_0-y|^2}{2t}}\right|\mathrm{d}y.\end{aligned}$$

由勒贝格定理，当 $x\to x_0$ 时，右方趋于0．此得证（i）．

对 $f\in C_0$ 及 $N>0$，有

$$|T_t f(x)| \leqslant \int_{|y|\geqslant N} \frac{1}{(2\pi t)^{\frac{n}{2}}} \exp\left(-\frac{|x-y|^2}{2t}\right) |f(y)| \mathrm{d}y + \|f\| \int_{|y|<N} \frac{1}{(2\pi t)^{\frac{n}{2}}} \exp\left(-\frac{|x-y|^2}{2t}\right) \mathrm{d}y.$$

由于 $f(+\infty)=0$，对 $\varepsilon>0$，当 $N$ 充分大时，右方第一积分小于$\frac{\varepsilon}{2}$；固定此 $N$，当 $|x|$ 充分大时，第二积分$<\frac{\varepsilon}{2}$，此得证 $T_t f(+\infty)=0$. 联合(i)即得证(ii).

**引理 3** 设 $f$ 均匀连续，则

$$\lim_{t\to 0} \|T_t f - f\| = 0. \tag{2.17}$$

**证** 对 $\varepsilon>0$，由假定，可选 $\delta>0$，使对一切 $y$，有

$$\sup_{x:\,|x|<\delta} |f(x+y)-f(y)| < \frac{\varepsilon}{2},$$

于是

$$\begin{aligned}
&\|T_t f - f\| \\
&\leqslant \sup_y \left(\int_{|x|<\frac{\delta}{2}} + \int_{|x|\geqslant\frac{\delta}{2}}\right) \frac{1}{(2\pi t)^{\frac{n}{2}}} \exp\left(-\frac{|x|^2}{2t}\right) |f(x+y)-f(y)| \mathrm{d}x \\
&\leqslant \frac{\varepsilon}{2} + 2\|f\| \int_{|x|\geqslant\frac{\delta}{2}} \frac{1}{(2\pi t)^{\frac{n}{2}}} \exp\left(-\frac{|x|^2}{2t}\right) \mathrm{d}x \\
&= \frac{\varepsilon}{2} + 2\|f\| \int_{|z|\geqslant\frac{\delta}{2\sqrt{t}}} \frac{1}{(2\pi)^{\frac{n}{2}}} \exp\left(-\frac{|z|^2}{2}\right) \mathrm{d}z.
\end{aligned}$$

当 $t$ 充分小时，第二积分小于$\frac{\varepsilon}{2}$.

**注 1** 若 $f\in C_0$，则 $f$ 均匀连续，故(2.17)对 $f\in C_0$ 成立. 由(2.17)的启发，补定义 $T_0 f=f$，$T_0=1$(恒等算子).

上引理讨论了 $t\to 0$ 的情形；至于 $t\to+\infty$则有

**引理 4** 若 $f\in C_0$，则 $\lim\limits_{t\to+\infty} \|T_t f\|=0$.

**证** 对 $\varepsilon>0$，存在 $r>0$ 使 $x\overline{\in} B_r\equiv(x:|x|\leqslant r)$时，

$|f(x)|<\frac{\varepsilon}{2}$. 于是

$$\begin{aligned}\|T_tf\| &< \frac{\varepsilon}{2}+\sup_y\int_{B_r}\frac{1}{(2\pi t)^{\frac{n}{2}}}\exp\left(-\frac{|x-y|^2}{2t}\right)f(x)\mathrm{d}x\\ &\leqslant \frac{\varepsilon}{2}+\sup_y\|f\|\int_{t^{-\frac{1}{2}}(B_r-y)}\frac{1}{(2\pi)^{\frac{n}{2}}}\exp\left(-\frac{|z|^2}{2}\right)\mathrm{d}z\\ &\leqslant \frac{\varepsilon}{2}+\|f\|\int_{t^{-\frac{1}{2}}B_r}\frac{1}{(2\pi)^{\frac{n}{2}}}\exp\left(-\frac{|z|^2}{2}\right)\mathrm{d}z,\end{aligned}\tag{2.18}$$

其中

$$a(B_r-y)=(a(x-y):x\in B_r).$$

因而 $B_r-y$ 是以 $-y$ 为中心，以 $r$ 为半径的球. 当 $t$ 充分大时，(2.18)中最后一项 $<\frac{\varepsilon}{2}$.

为讨论对 $t$ 的连续性，先证 $T_t$ 的半群性.

**引理 5** $T_{s+t}=T_sT_t(s\geqslant 0,\ t\geqslant 0,\ T_0=1)$.

**证**

$$\begin{aligned}&T_sT_tf(z)\\ &=(2\pi s)^{-\frac{n}{2}}(2\pi t)^{-\frac{n}{2}}\iint \mathrm{e}^{-|y-z|\frac{2}{2s}}\mathrm{e}^{-|x-y|\frac{2}{2t}}f(x)\mathrm{d}x\mathrm{d}y\\ &=(2\pi s)^{-\frac{n}{2}}(2\pi t)^{-\frac{n}{2}}\iint\exp\left[-\frac{\left|y-\frac{zt+xs}{s+t}\right|^2}{\frac{2st}{s+t}}\right]\cdot\\ &\qquad\exp\left[\frac{-|x-z|^2}{2(s+t)}\right]f(x)\mathrm{d}y\mathrm{d}x,\end{aligned}$$

其中 $\int=\int_{\mathbf{R}^n}$. 利用

$$\left[\frac{2\pi st}{s+t}\right]^{-\frac{n}{2}}\int\exp\left[-\frac{\left|y-\frac{zt+xs}{s+t}\right|^2}{\frac{2st}{s+t}}\right]\mathrm{d}y=1,$$

知上式右端等于

$$[2\pi(s+t)]^{-\frac{n}{2}}\int\exp\left[-\frac{|(x-z)|^2}{2(s+t)}\right]f(x)\mathrm{d}x = T_{s+t}f(z).$$

由(2.16)及引理 5 知$\{T_t,\ t\geqslant 0\}$构成作用于 $B$ 上的线性算子压缩半群，(2.16)表压缩性.

**引理 6** 若 $f$ 均匀连续，或 $f\in C_0$，则 $T_tf(x)$对 $t\geqslant 0$ 均匀连续，而且此连续性对 $x\in\mathbf{R}^n$ 也是均匀的.

**证** 利用 $T_t$ 的半群性、压缩性、引理 3 及注 1，对 $h>0$ 有

$$\begin{aligned}\|T_{t+h}f-T_tf\| &\leqslant \|T_t\|\cdot\|T_hf-f\|\\ &\leqslant \|T_hf-f\|\to 0,\ (h\to 0);\end{aligned}$$

对 $h=-k<0$ 有

$$\begin{aligned}\|T_{t+h}f-T_tf\| &\leqslant \|T_{t-k}\|\cdot\|T_kf-f\|\\ &\leqslant \|T_kf-f\|\to 0,\ (h\to 0).\end{aligned}$$

按范$\|\cdot\|$的收敛称为强收敛，记为 slim. 令

$$D_A=\left\{f:\ f\in B,\ \text{存在}\operatorname*{slim}_{h\to 0^+}\frac{T_hf-f}{h}=g\in B\right\},\tag{2.19}$$

简记

$$\operatorname*{slim}_{h\to 0^+}\frac{T_hf-f}{h}=g\ \text{为}\ Af=g,$$

称 $A$ 为半群$\{T_t,\ t\geqslant 0\}$或过程 $X$ 的强无穷小算子，称 $D_A$ 为 $A$ 的定义域.

下述定理把布朗运动与拉普拉斯方程联系起来.

**定理 2** 设 $f$ 有界、二阶连续可微，二阶偏导数有界而且在 $\mathbf{R}^n$ 上均匀连续，则 $f\in D_A$，又

$$Af(x)=\frac{1}{2}\sum_{i=1}^{n}\frac{\partial^2 f(x)}{\partial x_i^2}\left(\equiv\frac{1}{2}\Delta f(x)\right),\tag{2.20}$$

其中 $x=(x_1,\ x_2,\ \cdots,\ x_n)$.

**证** $T_tf(x)=\dfrac{1}{(2\pi t)^{\frac{n}{2}}}\displaystyle\int\exp\left[-\frac{|y-x|^2}{2t}\right]f(y)\mathrm{d}y$

$$= \frac{1}{(2\pi t)^{\frac{n}{2}}} \int \mathrm{e}^{-\frac{z^2}{2}} f(x + z\sqrt{t}) \mathrm{d}z. \qquad (2.21)$$

令 $f_i = \frac{\partial f}{\partial x_i}$，$f_{ij} = \frac{\partial^2 f}{\partial x_i \partial x_j}$，利用泰勒展开式，得

$$f(x + z\sqrt{t}) = f(x) + \sqrt{t} \sum_{i=1}^{n} z_i f_i(x) + \frac{t}{2} \sum_{i,j=1}^{n} z_i z_j f_{ij}(x) +$$

$$\frac{t}{2} \sum_{i,j=1}^{n} [f_{ij}(\tilde{x}) - f_{ij}(x)] z_i z_j,$$

$\tilde{x}$ 的坐标在 $x$ 与 $x + z\sqrt{t}$ 的坐标之间，以此代入(2.21)，得

$$T_t f(x) = f(x) + \frac{t}{2} \Delta f(x) + (2\pi)^{-\frac{n}{2}} \frac{t}{2} J(t, x), \qquad (2.22)$$

其中

$$J(t,x) = \int \mathrm{e}^{-\frac{z^2}{2}} \sum_{i,j=1}^{n} [f_{ij}(\tilde{x}) - f_{ij}(x)] z_i z_j \mathrm{d}z.$$

令

$$F(x, z, t) = \max_{i,j} | f_{ij}(\tilde{x}) - f_{ij}(x) |,$$

则对任意 $s > 0$ 有

$$| J(t,x) | \leqslant \int \mathrm{e}^{-\frac{z^2}{2}} \sum_{i,j=1}^{n} F(x,z,t) \frac{z_i^2 + z_j^2}{2} \mathrm{d}z$$

$$= n \int F(x,z,t) \mathrm{e}^{-\frac{z^2}{2}} z^2 \mathrm{d}z$$

$$\leqslant n \int_{|z|<s} F(x,z,t) z^2 \mathrm{e}^{-\frac{z^2}{2}} \mathrm{d}z +$$

$$2 \max_{i,j} \| f_{ij} \| n \int_{|z| \geqslant s} z^2 \mathrm{e}^{-\frac{z^2}{2}} \mathrm{d}z.$$

由于 $f_{ij}$ 的均匀连续性，当 $t \downarrow 0$ 时，第一项对 $x$ 均匀地趋于 0，故

$$\overline{\lim_{t \to 0+}} \sup_{x} | J(t,x) | \leqslant 2 \max_{i,j} \| f_{ij} \| n \int_{|z| \geqslant s} z^2 \mathrm{e}^{-\frac{z^2}{2}} \mathrm{d}z.$$

由§1引理 1，当 $s \to +\infty$ 时，右方趋于 0，故

$$\lim_{t\to 0}\sup_{x}|J(t,\ x)|=0.$$

由此及(22)得

$$\lim_{t\to 0+}\left\|\frac{T_t f-f}{t}-\frac{1}{2}\Delta f\right\|=0.$$

**注 2** 若 $f$ 有界、二阶连续可微，则在任一紧集 $K(\subset \mathbf{R}^n)$ 上，均匀地有

$$\lim_{t\to 0+}\frac{T_t f(x)-f(x)}{t}=\frac{1}{2}\Delta f(x) \tag{2.23}$$

实际上，只要在上述证明中，改$\sup\limits_{x}$为$\sup\limits_{x\in k}$，改“均匀”为“在 $k$ 上均匀”，改 $\|f\|$ 为$\sup\limits_{x\in k}|f(x)|$.

**2.3 作为马氏过程的布朗运动** 考虑$(\Omega,\ \mathscr{F},\ P)$上的布朗运动$\{x_t(\omega),\ t\geqslant 0\}$. 不妨设 $x_0(\omega)\equiv 0$，因而 $P(x_0(\omega)=0)=1$ (否则考虑$\{x_t(\omega)-x_0(\omega),\ t\geqslant 0\}$，它显然也是一布朗运动). 自然地称它为自 0 出发的布朗运动. 令 $N_t^s$ 为$\{x_u(\omega),\ s\leqslant u\leqslant t\}$所产生的 $\sigma$ 代数，记 $N_t=N_t^0$，$N^s=N_{+\infty}^s=\bigcup\limits_{t\geqslant s}N_t^s$，$N=N_{+\infty}^0$.

今对每个 $a\in\mathbf{R}^n$，定义 $x_t^a(\omega)\equiv x_t(\omega)+a$. 由平移不变性，知 $X^a\equiv\{x_t^a(\omega),\ t\geqslant 0\}$也是布朗运动. 自然地称它为自 $a$ 出发的布朗运动. 注意，由$\{x_u^a(\omega),\ s\leqslant u\leqslant t\}$产生的 $\sigma$ 代数也是 $N_t^s$. 以 $P_a$ 表 $X^a$ 在 $N$ 上产生的概率测度，它是满足下列条件的唯一测度：对任意 $0\leqslant t_1<t_2<\cdots<t_m$ 及 $A_i\in\beta^n$，

$$\begin{aligned}&P_a(x^a(t_1)\in A_1,\ x^a(t_2)\in A_2,\ \cdots,\ x^a(t_m)\in A_m)\\&=P(x(t_1)+a\in A_1,\ x(t_2)+a\in A_2,\ \cdots,\ x(t_m)+a\in A_m)\\&=\int_{A_1}p(t_1,a,\mathrm{d}a_1)\int_{A_2}p(t_2-t_1,a_1,\mathrm{d}a_2)\cdots\int_{A_m}p(t_m-t_{m-1},a_{m-1},\mathrm{d}a_m),\end{aligned} \tag{2.24}$$

其中 $p(t,\ x,\ y)$由(2.6)定义，在 $N$ 上 $P$ 重合于 $P_0$.

全体 $X^a(a\in\mathbf{R}^n)$构成一马氏过程 $X=(x_t,\ N_t,\ P_a)$，这里

的 $x_t$ 应理解为全体 $x_t^a$，$(a\in\mathbf{R}^n)$，它的转移密度为(2.6)中的 $p(t,x,y)$. 此马氏过程是由自各点出发的布朗运动所共同组成. 于是可以利用马氏过程的理论. 以后所说的布朗运动，无特别声明时，均指此马氏过程. $X$ 有下列性质：

(i) 由引理 2(i)及轨道 $x_t$ 对 $t$ 的连续性，知 $X$ 是强马氏过程([8]中定理 3.10).

(ii) 由引理 2 及[8]中定理 3.3，过程 $X'=(x_t, N_{t+}, P_a)$ 也是强马氏过程；这里 $N_{t+}=\bigcap\limits_{u>t}N_u$. 又由[8]中引理 3.3，关于过程 $X'$，$\tau$ 为马氏时间的充分必要条件是：$\forall t\geqslant 0$，$(\tau<t)\in N_t$.

(iii) 以 $\overline{N}_t$ 表 $N_t$ 关于一切 $P_a(a\in\mathbf{R}^n)$ 的完全化 $\sigma$ 代数，$\overline{P}_a$ 表 $P_a$ 在 $\overline{N}$ 上的延拓，则$(x_t, \overline{N}_{t+}, \overline{P}_a)$也是强马氏过程([8]中定理 3.12).

# §3. 首中时与首中点

**3.1 首中时** 现代马氏过程论中的一个极重要的概念是首中某集 $B$ 的时间. 对 $n$ 维布朗运动 $X$ 及集 $B\in\beta^n$，定义

$$h_B(\omega)=\begin{cases}\inf(t>0,\ x_t(\omega)\in B), & \text{右集非空},\\ +\infty, & \text{反之};\end{cases}\tag{3.1}$$

称 $h_B(=h_B(\omega))$ 为 $B$ 的首中时(Hitting time)或 $B^c(=\mathbf{R}^n-B)$的首出时(Exit Time).

$h_B$ 是马氏时间. 此结论当 $B$ 为开集时极易证明：实际上，由轨道的连续性，对 $t>0$，

$$(h_B<t)=\bigcup_{\text{有理}r<t}(x_r\in B)\in N_t,$$

但对一般的 $B\in\beta^n$，则证明相当困难而要用到 Choquet 的容度论(见[1]或[23]中附录).

在$(h_B<+\infty)$上考虑 $x(h_B)(=x(h_B,\ \omega))$，它是随机变量，取值于 $\mathbf{R}^n$. 称它为集 $B$ 的首中点. 显然，如 $B$ 是紧集，则 $x(h_B)\in B$. 对一般的 $B$，只有 $x(h_B)\in\overline{B}$($B$ 的闭包).

**引理 1(0-1 律)** 设 $A\in\overline{N}_{0+}$，则

$$P_a(A)=0\text{ 或 }1.$$

**证** 以 $\theta_t$ 表 $X$ 的推移算子(见[8])，因 $\theta_0A=A$，故由马氏性得

$$\begin{aligned}P_a(A)&=P_a(A\theta_0A)=\int_A P_a(\theta_0A\mid\overline{N}_{0+})P_a(\mathrm{d}\omega)\\&=\int_A P_{x(0)}(A)P_a(\mathrm{d}\omega)=[P_a(A)]^2.\end{aligned}$$

既然$(h_B=0)\in\bigcap_{\varepsilon>0}N_\varepsilon=\overline{N}_{0+}$，故由引理 1

$$P_a(h_B=0)=0 \text{ 或 } 1.$$

在后一情况，称 $a$ 为 $B$ 的规则点；否则称为非规则点，直观地说，自 $a$ 出发，做布朗运动的粒子能立刻击中 $B$ 的点是 $B$ 的规则点；因此，容易想象，$B$ 在规则点附近不能太稀疏．以 $\mathring{B}$ 表 $B$ 的内点所成的集．由 $X$ 的轨道的连续性，若 $a\in\mathring{B}$，则 $a$ 是 $B$ 的规划点；若 $a\in(\overline{B})^c$（$c$ 表补集运算），则自 $a$ 出发，必须在开集$(\overline{B})^c$ 中停留一段时间而不能立即击中 $B$，故 $a$ 是 $B$ 的非规则点．以 $B^r$ 表 $B$ 的规则点的集，由上述得

$$\mathring{B}\subset B^r\subset\overline{B}, \tag{3.2}$$

剩下只是边界 $\partial B(=\overline{B}\cap\overline{B^c})$ 上的点，它们可以是规则点，也可以是非规则点．

如 $B$ 有内点，由(3.2)知 $B^r$ 非空，可见对一般的集，规则点应很多而此集中的非规则点则较少．的确，以后会证明（§3 定理 4），$B$ 中的非规则点集 $B\cap(B^r)^c$ 的 $L$ 测度为 0．

一个极端情况是 $B^r=\varnothing$（空集），此时 $B$ 必无内点而呈稀疏态．称 $B$ 为疏集，如存在 $D\in\beta^n$，$B\subset D$，$D^r=\varnothing$．由此定义

$$P_a(h_B=0)\leqslant P_a(h_D=0)\equiv 0,$$

故自任一点 $a$ 出发，都不能立即击中疏集 $B$.

更极端的情况是自任一点出发都永不能击中的集．称 $B$ 为极集，如 $P_a(h_B<+\infty)\equiv 0$.

显然，极集是疏集．以后证明：紧集是极集的充分必要条件是它为疏集（§11，定理 2）；$B$ 为极集的充分必要条件是它的容度等于 0（§11，定理 4）．

**3.2 首次通过公式**　此公式甚为重要，设 $\tau$ 为马氏时间，对 $\tau$ 用强马氏性，得

$$P_a(x_t\in A)$$

$$= P_a(x_t \in A, \tau > t) + \int_0^t \int P_b(x_{t-s} \in A) P_a(\tau \in \mathrm{d}s, x_\tau \in \mathrm{d}b). \tag{3.3}$$

因而对可积函数 $f(x)$，有

$$E_a f(x)$$
$$= E_a(f(x_t), \tau > t) + \int_0^t \int E_b f(x_{t-s}) P_a(\tau \in \mathrm{d}s, x_\tau \in \mathrm{d}b), \tag{3.4}$$

其中 $\int = \int_{\mathbf{R}^n}$，$E_a$ 表对应于 $P_a$ 的数学期望.

特别，若取 $\tau = h_B$，则因 $x(h_B) \in \bar{B}$，故此时(4)中的积分 $\int$ 可换为 $\int_{\bar{B}}$.

**3.3 球面的首中时** 对一般的 $B$，求出 $h_B$ 的分布是相当困难的问题；对首中点 $x(h_B)$ 也如此. 只是对某些特殊的 $B$，问题可以解决，例如球面 $S_r = (x: |x| = r)$，$r > 0$. 简记 $S_r$ 的首中时为 $h_r$.

**定理 1** (i) $P_a(h_r < +\infty) = 1$，$(|a| \leqslant r)$；

(ii) $E_0 h_r = \dfrac{r^2}{n}$；

(iii) $E_a h_r$ 当 $|a| \leqslant r$ 时有界.

**证** 由(3.4)，

$$E_0 f(x_t)$$
$$= E_0(f(x_t), h_r > t) + \int_0^t \int_{S_r} E_b f(x_{t-s}) P_0(h_r \in \mathrm{d}s, x(h_r) \in \mathrm{d}b), \tag{3.5}$$

特别，取 $f(x) = |x|^2 = \sum_{i=1}^n x_i^2$. 由于 $x(u)$ 的每个分量 $x_i(u)$ 在开始分布 $P_{b_i}$ 下有 $N(b_i, \sqrt{u})$ 一维正态分布，故

$$E_{b_i}[x_i(u)]^2 = b_i^2 + u,$$

$$E_b f(x_u) = \sum_{i=1}^{n} E_{b_i}[x_i(u)]^2 = |b|^2 + nu. \tag{3.6}$$

以(3.6)代入(3.5)得

$$nt = E_0(|x_t|^2, h_r > t) + \int_0^t \int_{S_r} [|b|^2 + n(t-s)] P_0(h_r \in \mathrm{d}s, x(h_r) \in \mathrm{d}b).$$

当 $b \in S_r$ 时，$|b| = r$ 是一常数，故

$$nt = E_0(|x_t|^2, h_r > t) + r^2 P_0(h_r \leqslant t) + nE_0(t - h_r, h_r \leqslant t),$$

亦即

$$\begin{aligned} &ntP_0(h_r > t) + nE_0(h_r, h_r \leqslant t) \\ &= E_0(|x_t|^2, h_r > t) + r^2 P_0(h_r \leqslant t). \end{aligned} \tag{3.7}$$

当 $h_r > t$ 时，$|x_t|^2 < r^2$，故

$$ntP_0(h_r > t) + nE_0(h_r, h_r \leqslant t) \leqslant 2r^2. \tag{3.8}$$

令 $t \to +\infty$，可见 $P_0(h_r > t) \to 0$，或

$$P_0(h_r < +\infty) = 1. \tag{3.9}$$

同理，当 $t \to +\infty$ 时，得 $E_0 h_r < +\infty$. 由于

$$E_0 h_r = \int_0^t s\mathrm{d}F(s) + \int_t^{+\infty} s\mathrm{d}F(s) \geqslant \int_0^t s\mathrm{d}F(s) + tP_0(h_r > t),$$

其中 $F(s) = P_0(h_r \leqslant s)$，从而 $tP_0(h_r > t) \to 0$，$(t \to +\infty)$. 由此及(3.9)，于(3.7)中令 $t \to +\infty$，即得 $nE_0(h_r) = r^2$，此即(ii).

今考虑一般的 $a$，$|a| \leqslant r$. 以 $S_u(a)$ 表以 $a$ 为中心、$u$ 为半径的球面. 选 $u$ 充分大，使一切 $S_u(a)$，$(|a| < r)$ 都含 $S_r$. 以 $h_u(a)$ 表 $S_u(a)$ 的首中时，$h_u = h_u(0)$，则

$$P_a(h_r < h_u(a)) = 1.$$

由布朗运动的平移不变性，

$$P_a(h_r < +\infty) \geqslant P_a(h_u(a) < +\infty) = P_0(h_u < +\infty) = 1.$$

最后，

$$E_0 h_r \leqslant E_a[h_u(a)] = E_0 h_u = \frac{u^2}{n}.$$

以 $e_B$ 表 $B$ 的首出时，即 $e_B=h_{B^c}$.

**系 1** 设 $B\in\beta^n$ 有界，则 $E_a(e_B)$ 对 $a\in B$ 有界.

**证** 只要取充分大的球包含 $B$，并仿上证即可.

**注 1** 若 $B$ 无界，则问题复杂，例如，设 $n=2$，

$$B_\alpha=(x:\ x\in\mathbf{R}^2,\ x\neq 0,\ 0<\theta<\alpha),$$

$\theta$ 是 $x$ 与向量(1，0)的交角. 可以证明：

$$E_a(e_{B_\alpha})<+\infty(\text{一切 } a\in B_\alpha)\text{等价于 } \alpha<\frac{\pi}{4}.$$

对一般的连通开集 $B$，则可证明：$E_a(e_B^{\frac{p}{2}})<+\infty$ 对某 $a\in B$、因之对一切 $a\in B$ 成立，等价于存在调和于 $B$ 中的函数 $u$，使 $|x|^p\leqslant u(x)$，$x\in B$. 见[2；$2_1$].

**注 2** 至于 $h_r$ 的分布，则在[4]中证明了

$$P_0(h_r>a)=\sum_{i=1}^{+\infty}\xi_{ni}\exp\left(-\frac{q_{ni}^2}{2r^2}a\right),(a\geqslant 0) \qquad (3.10)$$

其中 $q_{ni}$ 是 Bessel 函数 $J_v(z)\left(v=\frac{n}{2}-1\right)$ 的正零点，又

$$\xi_{ni}=\frac{q_{ni}^{v-1}}{2^{v-1}\Gamma(v+1)J_{v+1}(q_{ni})}, \qquad (3.11)$$

那里还发现了一个有趣的事实：以 $T_r^{(n+2)}$ 表 $n+2$ 维布朗运动在 $n+2$ 维球 $B_r=\left(x:\sum_{i=1}^{n+2}x_i^2\leqslant r^2\right)$ 内的停留时间，以 $h_r^{(n)}$ 表 $n$ 维布朗运动首中球面 $S_r=\left(x:\sum_{i=1}^{n}x_i^2=r^2\right)$ 的时间，则关于 $P_0$，$T_r^{(n+2)}$ 与 $h_r^{(n)}$ 同分布，故 $P_0(T_r^{(n+2)}>a)$ 也等于(3.10)之右方值. 这些结果为[$10_1$]所发展；例如，求出了 $h_r$ 的拉氏变换：

$$E_b\mathrm{e}^{-\lambda h_r}=\left(\frac{r}{|b|}\right)^v\frac{I_v(\sqrt{2\lambda}\,|b|)}{I_v(\sqrt{2\lambda}r)},\ (n\geqslant 2) \qquad (3.12)$$

其中 $I_v$ 为 Modified Bessel 函数，$v=\frac{n}{2}-1$，$0<|b|<r$；而

$$E_0 \mathrm{e}^{-\lambda h_r}=\frac{(r\sqrt{2\lambda})^v}{2^v I_v(r\sqrt{2\lambda})\Gamma(v+1)},\ (n\geqslant 2) \tag{3.13}$$

在上两式中 $\lambda>0$.

**3.4 球面的首中点** 今讨论首中点 $x(h_r)$ 的分布. 由定理 1(i), $P_a(x(h_r)\in S_r)=1$, $|a|\leqslant r$. 下面证明：关于 $P_0$, $x(h_r)$ 有球面上的均匀分布 $U_r$, $U_r$ 由§1(1.16)定义.

设 $H$ 为 $\mathbf{R}^n$ 上正交变换，它把点 $x$ 变为点 $Hx$，把集 $A$ 变为集 $HA=(Hx: x\in A)$. $\beta^n$ 上的测度 $U$ 称为关于 $H$ 不变，如 $U(A)=U(HA)$, $A\in\beta^n$.

**引理 2** 设 $U$ 为 $S_r$ 上之概率测度，它对任一保留原点不动的正交变换(或旋转) $H$ 不变，则 $U=U_r$.

**证**(i) 设 $\varphi$ 为 $U$ 之特征函数，$\boldsymbol{\xi}$ 是以 $U$ 为分布的随机向量，即 $P(\boldsymbol{\xi}\in A)=U(A)$. 由

$$P(H^{-1}\boldsymbol{\xi}\in A)=P(\boldsymbol{\xi}\in HA)=U(HA)=U(A)$$

知 $H^{-1}\boldsymbol{\xi}$ 与 $\boldsymbol{\xi}$ 同分布，于是

$$\varphi(x)=E\mathrm{e}^{\mathrm{i}(x,\boldsymbol{\xi})}=E\mathrm{e}^{\mathrm{i}(x,H^{-1}\boldsymbol{\xi})}=E\mathrm{e}^{\mathrm{i}(Hx,\boldsymbol{\xi})}=\varphi(Hx),$$

即 $\varphi(x)$ 在上述变换下也不变，故必为 $|x|$ 之函数；从而存在一元函数 $\psi(s)$，使

$$\varphi(x)=\psi(|x|),\ (x\in\mathbf{R}^n). \tag{3.14}$$

(ii) 显见 $U_r$ 对上述变换不变. 故由上知：对 $U_1$ 的特征函数 $\varphi_1$，存在一元函数 $\psi_1$，使

$$\varphi_1(x)=\psi_1(|x|), \tag{3.15}$$

而 $U_r$ 的特征函数 $\varphi_r(x)$ 满足

$$\begin{aligned}\varphi_r(x)&=\int_{S_r}\mathrm{e}^{\mathrm{i}(x,y)}U_r(\mathrm{d}y)=\int_{S_1}\mathrm{e}^{\mathrm{i}(rx,y)}U_1(\mathrm{d}y)\\&=\psi_1(r|x|),(x\in\mathbf{R}^n).\end{aligned} \tag{3.16}$$

(iii) 对任意 $s>0$，有

$$\begin{aligned}\psi(s) &\overset{(3.14)}{=} \int_{S_s} \varphi(x) U_s(\mathrm{d}x) = \int_{S_s} U_s(\mathrm{d}x) \int_{S_r} \mathrm{e}^{\mathrm{i}(x,y)} U(\mathrm{d}y) \\ &= \int_{S_r} U(\mathrm{d}y) \left( \int_{S_r} \mathrm{e}^{\mathrm{i}(x,y)} U_s(\mathrm{d}x) \right) = \int_{S_r} \varphi_s(y) U(\mathrm{d}y) \\ &\overset{(3.16)}{=} \int_{S_r} \psi_1(s|y|) U(\mathrm{d}y) = \psi_1(sr), \end{aligned} \tag{3.17}$$

因之

$$\varphi(x)=\psi(|x|) \overset{(3.17)}{=} \psi_1(r|x|) \overset{(3.16)}{=} \varphi_r(x),\ (x\in \mathbf{R}^n).$$

**定理 2** 对可测集 $A\subset S_r$，有

$$P_0(x(h_r)\in A)=U_r(A). \tag{3.18}$$

**证** 以 $H$ 表引理 2 中的变换，由 §2 引理 1，$HX$ 也是布朗运动，以 $h_r'$ 表 $HX$ 对 $S_r$ 的首中时，则因正交变换保持距离不变，故 $h_r=h_r'$. 于是

$$\begin{aligned}P_0(x(h_r)\in A)&=P_0(Hx(h_r')\in A)=P_0(Hx(h_r)\in A)\\ &=P_0(x(h_r)\in H^{-1}A).\end{aligned}$$

这说明 $x(h_r)$的分布关于 $H^{-1}$不变，但 $H^{-1}$可以是上述任一正交变换，故由引理 2 即得证(3.18).

**注 3** §5 将证明，若从球内任一点 $x$ 出发，则

$$\begin{aligned}&P_x(x(h_r)\in A)\\ &=\int_A r^{n-2}\,||x|^2-r^2|\,|y-x|^{-n}U_r(\mathrm{d}y),(|x|<r).\end{aligned} \tag{3.19}$$

特别，当 $x=0$，此式化为(3.18).

**注 4** 能具体求出首中点分布的，还有

i) 超平面 $\mathbf{\Pi}=(x:(\boldsymbol{a},x)=c)$，其中向量 $\boldsymbol{a}\neq\boldsymbol{0}$，$c$ 为常数. 以 $\mu$ 表 $\mathbf{\Pi}$ 上的面积测度，则

$$P_x(x(h_\Pi)\in\mathrm{d}y)=\frac{\Gamma\left(\frac{n}{2}\right)d(x,\mathbf{\Pi})}{\pi^{\frac{n}{2}}|y-x|^n}\mu(\mathrm{d}y),\ (n\geqslant 2),$$

其中 $d(x, \mathbf{\Pi})$为 $x$ 到 $\mathbf{\Pi}$ 的距离.

ii) 当 $n=2$ 时，自$(0, y)$出发，$(y\neq 0)$，$X$ 坐标轴的首中点有柯西分布密度为$\frac{|y|}{\pi(x^2+y^2)}$，$(x\in \mathbf{R})$.

**3.5 一般性质** 称函数 $f$ 在点 $x$ 下连续，如

$$\varliminf_{y\to x} f(y)\geqslant f(x).$$

**定理 3** 设 $B\in \beta^n$，则 $P_x(h_B\leqslant t)$对固定的 $x$ 是 $t>0$ 的连续函数；对固定的 $t>0$ 是 $x$ 的下连续函数.

**证** 设对某 $t>0$ 有 $P_x(h_B=t)>0$，则对任意 $d$，$0<d<t$，有

$$\int p(d,x,y)P_y(h_B=t-d)\mathrm{d}y\geqslant P_x(h_B=t)>0. \tag{3.20}$$

于是存在 $r>0$ 使

$$\int_{|y|\leqslant r} p(d,x,y)P_y(h_B=t-d)\mathrm{d}y\geqslant \frac{1}{2}P_x(h_B=t)>0. \tag{3.21}$$

由此知对任意 $d$，$0<d<t$，有

$$\int_{|y|\leqslant r} P_y(h_B=t-d)\mathrm{d}y>0, \tag{3.22}$$

否则 $P_y(h_B=t-d)=0$，($L$-a. e. $y$)而(3.21)左方应为 0.

考虑非降函数 $F(t)$

$$F(t)=\int_{|y|\leqslant r} P_y(h_B\leqslant t)\mathrm{d}y.$$

因 $F(+\infty)\leqslant \int_{|y|\leqslant r}\mathrm{d}y<+\infty$，故 $F(t)$至多只有可列多个不连续点；但(3.22)却表示其不连续点非可列，此矛盾证实了定理的前一结论.

固定 $t>0$，注意

$\int p(d,x,y)P_y(h_B < t-d)\mathrm{d}y = P_x$(对某 $s \in (d,t), x_s \in B$)，由§2引理2(i)，左方、因之右方对 $x$ 连续；但 $s \downarrow 0$ 时，右方 $\uparrow P_x(h_B<t)=P_x(h_B\leqslant t)$，故后者对 $x$ 下连续.

**定理 4** 设 $B\in\beta^n$，则 $B^r$ 是 $G_\delta$ 型集，而且 $B\cap(B^r)^c$ 的 $L$ 测度为 0.

**证** 由定理3后一结论，知对固定的 $t>0$ 及 $a$，$(x: P_x(h_B\leqslant t)>a)$ 是开集；故由下式即知 $B^r$ 是 $G_\delta$ 集：

$$B^r=\{x: P_x(h_B=0)=1\}=\bigcap_{n=1}^{+\infty}\left(x: P_x\left(h_B\leqslant\frac{1}{n}\right)>1-\frac{1}{n}\right).$$

任取相对紧集[①] $A\subset B\cap(B^r)^c$. 先证

$$\lim_{t\downarrow 0}\int_A P_x(x_t \in A)\mathrm{d}x = 0. \tag{3.23}$$

实际上，我们有

$$P_x(x_t\in A)\leqslant P_x(h_A\leqslant t)\leqslant P_x(h_B\leqslant t).$$

当 $x\in A$ 时，$x\in(B^r)^c$，故

$$0\leqslant\overline{\lim_{t\downarrow 0}}P_x(x_t\in A)\leqslant\lim_{t\downarrow 0}P_x(h_B\leqslant t)=0.$$

由 Fatou 引理得证(3.23). 考虑连续函数 $f(x)$：

$$f(x) = \int\chi_A(z+x)\chi_A(z)\mathrm{d}z = \int_A\chi_A(z+x)\mathrm{d}z,$$

$\chi_A$ 为 $A$ 的示性函数.

$$E_0 f(x_t) = E_0\int_A\chi_A(z+x_t)\mathrm{d}z = \int_A P_0(x_t+z\in A)\mathrm{d}z$$
$$= \int_A P_z(x_t\in A)\mathrm{d}z.$$

由(3.23)，得 $A$ 的测度为

$$|A| = f(0) = \lim_{t\downarrow 0}E_0 f(x_t) = \lim_{t\downarrow 0}\int_A P_x(x_t\in A)\mathrm{d}x = 0.$$

---

① 称集 $A\in\beta^n$ 为相对紧集，如 $\overline{A}$ 紧.

**注5**　令 $f_B(x, t)=P_x(h_B\leqslant t)$，$B\subset \mathbf{R}^3$ 为紧集，可以证明：$f_B(x, t)$是热传导方程

$$\frac{\partial f}{\partial t}=\frac{1}{2}\Delta f(t>0, \ x\in B^c)$$

在下列条件下的唯一解：

开始条件　$f(x, 0)=0$，$(x\in B^c)$

边值条件　$\lim\limits_{x\to y}f(x, t)=1$，$(t>0, \ y\in B\cap B^r)$

因此，可视 $f_B(x, t)$为：于 $t$ 时在点 $x\in B^c$ 上的温度．在时 $t$ 自 $B$ 流入周围介质 $B^c$ 中的总能量为

$$E_B(t)=\int_{B^c}P_x(h_B\leqslant t)\mathrm{d}x=\int_{B^c}f_B(x,t)\mathrm{d}x.$$

可以证明[19]：当 $n=3$，$t\to+\infty$时，

$$E_B(t)=tC(B)+4(2\pi)^{-\frac{3}{2}}[C(B)]^2t^{\frac{1}{2}}+o(t^{\frac{1}{2}})$$

而且若 $B$ 为球，则 $o(t^{\frac{1}{2}})\equiv 0$，$(t>0)$．这里 $C(B)$是 $B$ 的容度（见§9）．

## §4. 调和函数

**4.1 定义** 设 $A\subset\mathbf{R}^n$ 为任一开集. 称函数 $h(x)$ 在 $A$ 中调和，如它在 $A$ 中连续，$\frac{\partial^2 u}{\partial x_i^2}$存在，而且满足拉普拉斯方程

$$\Delta h\equiv\sum_{i=1}^{n}\frac{\partial^2 h}{\partial x_i^2}=0. \tag{4.1}$$

**例 1** 设 $a$ 为任一定点，$C_1$ 与 $C_2$ 为两常数，令

$$h(x)=C_1+\frac{C_2}{|x-a|^{n-2}},\ (n\neq 2) \tag{4.2}$$

$$h(x)=C_1+C_2\lg\frac{1}{|x-a|},\ (n=2) \tag{4.3}$$

由直接计算，知它们在 $\mathbf{R}^n-\{a\}$ 中调和. 事实上，除在 $a$ 点外$h(x)$连续. 设 $a=(a_1,\ a_2,\ \cdots,\ a_n)$，则 $|x-a|=\sqrt{\sum_{i=1}^{n}(x_i-a_i)^2}$. 若 $n>2$，则

$$\frac{\partial h}{\partial x_i}=C_2\ \frac{(2-n)(x_i-a_i)}{|x-a|^n},$$

$$\frac{\partial^2 h}{\partial x_i^2}=C_2\left\{\frac{n(n-2)(x_i-a_i)^2}{|x-a|^{n+2}}-\frac{n-2}{|x-a|^n}\right\},$$

由此知 $h$ 满足(4.1). 对 $n=1$，2，证明类似.

**注意** 调和函数定义中的连续性必不可少.

下列 Dynkin 定理很是有用，证明见[8]第 5 章 §1(或[22] §5.1 定理 1)及本文 §2 定理 2.

**定理 1** 设 $A$ 为相对紧开集. 若函数 $u$ 在$\overline{A}$ 连续，$\Delta u$ 在 $A$ 中存在、连续而且有界，则对 $x\in\overline{A}$，有

$$E_x[u(x_e)]-u(x)=\frac{1}{2}E_x\left[\int_0^e\Delta u(x_s)\,\mathrm{d}s\right], \tag{4.4}$$

其中 $e=e_A$ 为 $A$ 的首出时.

由(4.4)知，若 $u$ 在 $\overline{A}$ 连续，在 $A$ 内调和，则

$$u(x)=E_x[u(x_e)],\ (x\in\overline{A}). \tag{4.5}$$

下面讨论调和性的等价条件.

称函数 $f(x)$在开集 $A$ 中为局部可积的，如它在 $A$ 中每一紧集上为 $L$ 可积，称 $u(x)$在 $A$ 中具有球面平均性，如对每点 $a\in A$，每个球

$$B_r(a)\equiv(x:\ |x-a|\leqslant r)\subset A,\ (r>0)$$

有

$$u(a)=\int_{S_r(a)}u(x)U_r(\mathrm{d}x), \tag{4.6}$$

$U_r$ 为球面 $S_r(a)$上的均匀分布. 由 § 3 定理 2，可改写(4.6)为

$$u(a)=E_a[u\{x(e_r)\}], \tag{4.7}$$

$e_r$ 为 $S_r(a)$的首中时，也是开球 $\mathring{B}_r(a)\equiv(x:\ |x-a|<r)$的首出时. 这是球面平均性的概率表示.

**定理 2** 函数 $h(x)$在开集 $A$ 中调和的充分必要条件是它在 $A$ 中局部可积而且有球面平均性.

**证** 设 $h(x)$调和. 由连续性得局部可积性. 任取 $a\in A$，$\mathring{B}_r(a)\subset A$，在(4.5)中取 $u$ 为 $h$，$e$ 为 $e_r$，即得球面平均性.

反之，设 $h$ 局部可积，而且满足(4.6). 暂增设① $h\in C^2(A)$，则必有 $\Delta h=0$. 否则，如说在某点 $a\in A$，有 $\Delta h(a)>0$($<0$ 时的讨论类似)；由于 $h\in C^2(A)$，必存在 $B_r(a)\subset A$，使 $P_a(\Delta h(x_s)>0,\ s\leqslant e_r)=1$. 由(4)

$$E_a[h\{x(e_r)\}]-h(a)=\frac{1}{2}E_a\left[\int_0^{e_r}\Delta h(x_s)\mathrm{d}s\right]>0,$$

这与 $h$ 满足(4.6)矛盾.

① 说 $h\in C^m(A)$，如 $h$ 在 $A$ 中有 $K(\leqslant m)$阶连续偏导数.

现在证明：$h\in C^2(A)$的增设是多余的．甚至可以证明更强的结论：若 $h$ 在 $A$ 中局部可积而且有球面平均性，则$h\in C^{+\infty}(A)$．

为证此，首先注意：若 $g(x)(x\in\mathbf{R}^n)$为 $L$ 可积，则有等式(见§1 系 1)

$$\int g(x)\mathrm{d}x=|S_1|\int_0^{+\infty}\left(\int_{S_r}g(x)U_r(\mathrm{d}x)\right)r^{n-1}\mathrm{d}r,\qquad(4.8)$$

其中$|S_1|$为单位球的面积((1.15))．任取 $x_0\in A$，选 $\delta>0$，使球 $B_{2\delta}(x_0)\subset A$．以 $\psi$ 表$[0,+\infty)$上的非负、无穷阶可微的函数，它在$[\delta^2,+\infty)$上恒为0，但在$[0,\delta^2)$上不恒为0．则由(4.8)有

$$\begin{aligned}\int_A\psi(|y-x|^2)h(y)\mathrm{d}y&=\int_{B_\delta(0)}\psi(|y|^2)h(x+y)\mathrm{d}y\\&=|S_1|\int_0^\delta\left[\int_{S_r}\psi(|y|^2)h(x+y)U_r(\mathrm{d}y)\right]r^{n-1}\mathrm{d}r\\&=|S_1|\int_0^\delta\psi(r^2)\left[\int_{S_r}h(x+y)U_r(\mathrm{d}y)\right]r^{n-1}\mathrm{d}r\\&=|S_1|\int_0^\delta\psi(r^2)\left(\int_{S_r(x)}h(y)U_r(\mathrm{d}y)\right)r^{n-1}\mathrm{d}r\\&=|S_1|h(x)\int_0^\delta\psi(r^2)r^{n-1}\mathrm{d}r.\end{aligned}$$

但此式左方作为 $x$ 的函数在 $\mathring{B}_\delta(x_0)$中无穷阶可微，故右方中的$h(x)$也如此．

对局部可积函数 $f(x)$，以 $S^rf(a)$表它对球面 $S_r(a)$关于均匀分布的平均值：

$$S^rf(a)\equiv\int_{S_r(a)}f(x)U_r(\mathrm{d}x)=\frac{1}{|S_r(a)|}\int_{S_r(a)}f(x)L_{n-1}(\mathrm{d}x).\qquad(4.9)$$

以 $B^rf(a)$表它对球体 $B_r(a)$关于勒贝格测度 $L$ 的平均值：

$$B^r f(a) \equiv \frac{1}{|B_r(a)|}\int_{B_r(a)} f(x)L(\mathrm{d}x), \qquad (4.10)$$

$|B_r(a)|$ 表 $B_r(a)$的体积，我们有

$$B^r f(a) = \frac{1}{|B_r(a)|}\int_0^r\int_{S_u(a)} f(x)L_{n-1}(\mathrm{d}x)\mathrm{d}u$$

$$= \frac{1}{|B_r(a)|}\int_0^r |S_u(a)| S^u f(a)\mathrm{d}u. \qquad (4.11)$$

今设 $h$ 调和，则 $h(a)=S^u h(a)$. 以 $h$ 代入(4.11)中 $f$，得

$$B^r h(a) = \frac{h(a)}{|B_r(a)|}\int_0^r |S_u(a)| \mathrm{d}u = h(a), \qquad (4.12)$$

这表示调和函数也有球体平均性.

**4.2 性质** 调和性的约束随所在区域之扩大而加强，极言之，则有

**定理 3** 在全 $\mathbf{R}^n$ 上调和而且有下界(或上界)的函数 $h(x)$是一常数.

**证** 因调和函数之负仍调和，故只需考虑有下界的情况，而且不妨设下界为 0. 任取两点 $x$，$y$，令 $a=|x-y|$. 对 $s>0$，有 $B_s(y)\subset B_{a+s}(x)$，故

$$\int_{B_s(y)} h(z)L(\mathrm{d}z) \leqslant \int_{B_{a+s}(x)} h(z)L(\mathrm{d}z),$$

亦即

$$|B_s(y)| B^s h(y) \leqslant |B_{a+s}(x)| B^{a+s} h(x).$$

利用(4.12)得

$$|B_s(y)| h(y) \leqslant |B_{a+s}(x)| h(x).$$

于是由 $\lim\limits_{s\to+\infty}\dfrac{|B_s(y)|}{|B_{a+s}(x)|}=1$，立得 $h(y)\leqslant h(x)$. 由 $x$，$y$ 之对称性得 $h(x)=h(y)$.

**定理 4(极大[或极小]原理)** 设 $h$ 在有界开集 $A$ 中调和，在 $\overline{A}$ 中连续，则对任意 $a\in\overline{A}$ 有

$$\inf_{x\in\partial A} h(x)\leqslant h(a)\leqslant \sup_{x\in\partial A} h(x). \tag{4.13}$$

**证** 以 $e$ 表 $A$ 的首出时，由布朗运动轨道的连续性，$x_e$ 属于 $A$ 的边界 $\partial A$. 由(4.4)

$$h(a)=E_a[h(x_e)]=\int_{\partial A} h(x)P_a(x_e\in \mathrm{d}x),(a\in \overline{A})$$

由此即得(4.13).

调和函数有许多有趣的性质，我们只叙述上面的一些，因为它们以后要用到而且与概率论关系密切.

**4.3 布朗运动轨道的性质**

(i) 设 $e=e(r, R)$为球层 $A=(x: 0<r<|x|<R)$的首出时，则对 $a\in A$ 有

$$P_a(|x_e|=r)=\begin{cases}\dfrac{R^{2-n}-|a|^{2-n}}{R^{2-n}-r^{2-n}}, & n\neq 2,\\[2ex] \dfrac{\lg R-\lg|a|}{\lg R-\lg r}, & n=2,\end{cases} \tag{4.14}$$

实际上，如 $n\neq 2$，取 $h(x)=|x|^{2-n}$，由例 1 知它在 $A$ 中调和. 又由§3 定理 1，$P_a(e<+\infty)=1$，$(a\in A)$. 从而

$$P_a(|x_e|=R)+P_a(|x_e|=r)=1.$$

以此 $h$ 的表达式代入 $h(a)=E_a[h(x_e)]$，得.

$$|a|^{2-n}=R^{2-n}(1-P_a(|x_e|=r))+r^{2-n}P_a(|x_e|=r),$$

由此即得(4.14)中前一结论. 同理，对 $n=2$，取 $h(x)=\lg|x|$，可得后一结论.

(ii) 令 $e_r$ 为球面 $S_r(0)=(x:|x|=r)$的首中时，则对$|a|>r$ 有

$$P_a(e_r<+\infty)=\begin{cases}\left(\dfrac{r}{|a|}\right)^{n-2}, & n\geqslant 3,\\[2ex] 1, & n\leqslant 2.\end{cases} \tag{4.15}$$

实际上，$e_r=\lim\limits_{R\to+\infty} e(r, R)$，故

$$P_a(e_r<+\infty)=\lim_{R\to+\infty}P_a(|x_e|=r).$$

由此及(4.14)即得(4.15).

(iii) 一、二维布朗运动具有常返性：设 $a$，$b$ 为任两点，$h_b$ 为 $b$ 的任意邻域 $V_b$ 的首中时，则

$$P_a(h_b<+\infty)=1. \tag{4.16}$$

实际上，由(4.15)第二式知此结论对 $b=0$ 成立. 由类似的证明知它对任意 $b$ 也成立，对一维布朗运动，(4.16)还可加强，即其中的 $h_b$ 可理解为单点集$\{b\}$的首中时. 实际上，设 $a<b$，任取 $c>b$. 则由(4.16)，自 $a$ 出发，首中时 $c$ 的任一不含 $b$ 的邻域的概率为1；由轨道的连续性及 $a<b<c$，中间经过 $b$ 的概率也为1.

(iv) 二维布朗运动轨道处处稠密. 令

$$D_t=(\omega:\{x_s(\omega),\ s\geqslant t\}\text{在 }\mathbf{R}^2\text{ 中稠密}),$$

则对任意 $a$，$P_a(D_t)=1$，$(t\geqslant 0)$.

实际上，以 $h_b^{(r)}$ 表圆$(x:|x-b|\leqslant r)$的首中时，则由(4.16)

$$P_a(D_0)=P_a\left(\bigcap_b\bigcap_r(h_b^{(r)}<+\infty)\right)=1,$$

其中之交对一切二维有理点 $b$ 及有理数 $r>0$ 进行. 其次

$$P_a(D_t)=P_a(\theta_tD_0)=E_aP_{x(t)}(D_0)=1.$$

(v) 由于对任意 $t>0$，$P_a(D_t)=1$；故

$$\begin{aligned}&P_a(\varlimsup_{t\to+\infty}|x_t|=+\infty)=1,\\&P_a(\varliminf_{t\to\infty}|x_t|=0)=1.\end{aligned} \tag{4.17}$$

(vi) 当 $n\geqslant 2$ 时，任意单点集$\{a\}$是极集. 为此，只要在(4.14)中先令 $r\to 0$ 再令 $R\to+\infty$，即得 $P_a(e_0<+\infty)=0$，一切 $a\neq 0$，其中 $e_0$ 为$\{0\}$的首中时，其次，由 $P_0(x_t=0)=0$，$(t>0)$，得 $P_{x(t)}(e_0<+\infty)=0$，$P_0$- a. e.，故

$$P_0(\theta_t e_0<+\infty)=E_0 P_{x(t)}(e_0<+\infty)=0.$$

令 $t\downarrow 0$ 即得 $P_0(e_0<+\infty)=0$. 于是得证

$$P_a(e_0<+\infty)=0,\text{一切 } a, \tag{4.18}$$

亦即得证$\{0\}$是极集. 类似可证任意单点集为极集.

然而由 c 中末所述，$n=1$ 时，单点集都常返；故一维布朗运动无非空极集.

(vii) $n\geqslant 3$ 维布朗运动是暂留的，即

$$P_a(\lim_{t\to+\infty}|x_t|=+\infty)=1, \tag{4.19}$$

因而它不常返. 注意，此式加强了(4.17). 为证此，令

$$T_m=\inf(t>0,\ |x_t|\leqslant m),\ u_m=\inf(t>0,\ |x_t|\geqslant m^3).$$

由§3 定理 1，$P_a(u_m<+\infty)=1$，一切 $a$，一切正整数 $m$. 从而 $P_a(\theta_t u_m<+\infty)=1$，$(t\geqslant 0)$. 故

$$P_a(\overline{\lim_{t\to+\infty}}|x_t|=+\infty)=1. \tag{4.20}$$

由强马氏性及(4.15)，

$$\begin{aligned}P_a(\theta_{u_m}(T_m)<+\infty)&=E_a P_{x(u_m)}(T_m<+\infty)\\&=E_a\left[\left(\frac{m}{m^3}\right)^{n-2}\right]=m^{2(2-n)},\end{aligned}$$

故对一切 $a$，有

$$\begin{aligned}&\sum_{m=1}^{+\infty}P_a(|x(t+u_m)|\leqslant m\text{ 对某 }t)\\=&\sum_{m=1}^{+\infty}P_a(\theta_{u_m}(T_m)<+\infty)=\sum_{m=1}^{+\infty}m^{2(2-n)}<+\infty.\end{aligned}$$

根据 Borel-Cantelli 引理，上式首项中的事件以 $P_a$- 概率 1 只出现有限多个；此与(4.20)结合即得证(4.19).

# § 5. Dirichlet 问题

**5.1 问题的提出与解决** 设 $A$ 为开集，$A\subset\mathbf{R}^n$，$n\geqslant 2$. 在 $A$ 的边界 $\partial A$ 上已给连续函数 $f$，需要求出在 $\overline{A}$ 连续、在 $A$ 中调和的函数 $h$，而且满足边值条件

$$h(x)=f(x), \quad (x\in \partial A) \tag{5.1}$$

简称它为 $D$-问题，是 Gauss 于 1840 年提出的. Gauss 以为他已用“Dirichlet 原理”解决了它，但后来发现推理有错. 1909 年 Zaremba 及 1913 年 Lebesgue 都给出了甚至当 $A$ 有界时也无解之例. 1924 年 Wiener 提出了广义的 $D$-问题，后者恒有解. 但他未发现与布朗运动的联系. 这种联系是 Kakutani 于 1944 年、Doob 于 1954 年发现的.

$D$-问题是否有解，依赖于边界 $\partial A$ 上的点是否对 $A^c$ 规则. 粗略地说，$A^c$ 在边界点的邻近不能太小，以使布朗粒子从边界点出发，能立即击中 $A^c$，这样问题才有解.

若 $A$ 有界且有解，则解必唯一；对无界的 $A$，则解可不唯一而有无穷多个.

$D$-问题在微分方程中已有很深入的研究，我们这里不追求问题的更广泛的提法，而把重点放在概率方法上. 人们正是通过 $D$-问题最初发现布朗运动与位势间的关系的.

**定理 1** 设 $A$ 为有界开集，$A\subset\mathbf{R}^n$，$n\geqslant 2$. 则 $D$-问题有解的充分必要条件是 $\partial A$ 的每一点都是 $A^c$ 的规则点；此时解 $h(x)$ 唯一，而且可表为

$$h(x)=E_x f(x_e), \quad (x\in\overline{A}) \tag{5.2}$$

$e$ 为 $A$ 的首出时.

**证** (i) **唯一性** 设 $h_1$，$h_2$ 都是解，则 $h_1-h_2$ 在 $A$ 中调和，在 $\partial A$ 上为 0. 由 § 4 极大原理，得

$$h_1(x)=h_2(x), \quad (x\in\overline{A}).$$

(ii) **充分性** 因 $A$ 有界，由 § 3 系 1，$P_x(e<+\infty)\equiv 1$.

由于 $\partial A$ 的每一点 $b$ 对 $A^c$ 规则，故 $P_b(e=0)=1$. 因此，由(5.2)定义的 $h(x)$满足边值条件

$$h(b)=E_b f(x_0)=f(b), \quad (b\in\partial A).$$

因 $A$ 有界，$f$ 在 $\partial A$ 连续故有界. 由(5.2)定义的 $h(x)$有界可测，故局部可积.

以 $T$ 表球面 $S_r(x)$的首中时，$x\in A$，$B_r(x)\subset A$. 由强马氏性，(5.2)中 $h$ 满足

$$h(x)=E_x f(x(T+\theta_T e))=E_x E_{x(T)} f(x_e)=E_x h(x_T), \quad (5.3)$$

故 $h$ 在 $A$ 中有球面平均性(参看 § 4(4.7)). 这连同局部可积性即知 $h(x)$在 $A$ 中调和.

剩下要证(5.2)中的 $h(x)$在 $a\in\partial A$ 连续，即要证

$$\lim_{x\to a} E_x f(x_e)=f(a), \quad (x\in\overline{A}). \quad (5.4)$$

为此，先证对任意 $\varepsilon>0$ 有

$$\lim_{x\to a} P_x(|x_e-a|\geqslant\varepsilon)=0. \quad (5.5)$$

而利用 $|x_e-a|\leqslant|x_e-x|+|x-a|$，可见为证(5.5)，又只要证

$$\lim_{x\to a} P_x(|x_e-x|\geqslant\varepsilon)=0; \quad (5.6)$$

这是由于

$$(|x_e-a|\geqslant\varepsilon)\subset\left(|x_e-x|\geqslant\frac{\varepsilon}{2}\right)\cup\left(|x-a|\geqslant\frac{\varepsilon}{2}\right),$$

$$\lim_{x\to a} P_x(|x_e-a|\geqslant\varepsilon)\leqslant\lim_{x\to a} P_x\left(|x_e-x|\geqslant\frac{\varepsilon}{2}\right).$$

下证(5.6). 我们有

$$P_x(|x_e-x|\geqslant\varepsilon)$$

$$=P_x(|x_e-x|\geqslant\varepsilon,\ e\geqslant t)+P_x(|x_e-x|\geqslant\varepsilon,\ e<t)$$
$$\leqslant P_x(e\geqslant t)+P_x(\sup_{0\leqslant s\leqslant t}|x_s-x|\geqslant\varepsilon)$$
$$\leqslant P_x(e\geqslant t)+P_0(\sup_{0\leqslant s\leqslant t}|x_s|\geqslant\varepsilon)$$
$$=P_x(e\geqslant t)+P_0(T_\varepsilon\leqslant t),\tag{5.7}$$

其中 $T_\varepsilon$ 为开球 $\mathring{B}_\varepsilon(0)=(x:|x|<s)$的首出时．因 0 是 $B_\varepsilon(0)$ 的内点，故是 $\mathbf{R}^n\setminus\mathring{B}_\varepsilon(0)$的非规则点，从而

$$\lim_{t\to 0}P_0(T_\varepsilon\leqslant t)=P_0(T_\varepsilon=0)=0.$$

故对 $\varepsilon_1>0$，存在 $t_0>0$，当 $t\leqslant t_0$ 时，

$$P_0(T_\varepsilon\leqslant t)<\frac{\varepsilon_1}{2}.\tag{5.8}$$

固定如此的 $t=t_0$．由§3 定理 3，$P_x(e>t)$对 $x$ 上连续；又 $a$ 对 $A^c$ 规则，故

$$\varlimsup_{x\to a}P_x(e\geqslant t_0)\leqslant\varlimsup_{x\to a}P_x\left(e>\frac{t_0}{2}\right)\leqslant P_a\left(e>\frac{t_0}{2}\right)=0,$$

故存在 $\delta>0$，当 $x\in B_\delta(a)\cap\overline{A}$ 时，

$$P_x(e\geqslant t_0)<\frac{\varepsilon_1}{2}.\tag{5.9}$$

综合(5.7)～(5.9)，知对任 $\varepsilon>0$，$\varepsilon_1>0$，当 $x\in B_\delta(a)\cap\overline{A}$ 时，

$$P_x(|x_e-x|\geqslant\varepsilon)<\varepsilon_1.$$

于是(5.6)以及(5.5)得证．

由(5.5)及 $f$ 的连续性，对 $\varepsilon_2>0$，$\varepsilon_3>0$，存在 $r>0$，当 $x\in B_r(a)\cap\overline{A}$ 时，有

$$P_x(|f(x_e)-f(a)|>\varepsilon_2)<\varepsilon_3.$$

令 $B=(\omega:|f(x_e)-f(a)|>\varepsilon_2)$，得

$$|E_xf(x_e)-f(a)|\leqslant e_x|f(x_e)-f(a)|$$
$$=E_x(|f(x_e)-f(a)|,B)+E_x(|f(x_e)-f(a)|,B^c)$$
$$\leqslant 2\|f\|\varepsilon_3+\varepsilon_2$$

其中 $\|f\|=\sup_x|f(x)|$，此得证(5.4)．

(iii) **必要性** 即要证：若 $D$-问题对一切连续边值函数 $f$ 有解，则每 $a\in\partial A$ 对 $A^c$ 规则. 取 $f\geqslant 0$ 为定义在 $\partial A$ 上的连续函数，而且只在一点 $a$ 上，$f(a)=0$. 由假设，存在连续于 $\overline{A}$、调和于 $A$ 中的函数 $h(x)$，它在 $\partial A$ 上等于 $f$. 由 §4(4.5)

$$h(x)=E_x[h(x_e)]=E_xf(x_e),\ (x\in\overline{A})$$

故

$$E_af(x_e)=h(a)=f(a)=0.$$

由此及 $f\geqslant 0$ 得 $P_a(f(x_e)=0)=1$；但 $f$ 只在 $a$ 点为 0，故 $P_a(x_e=a)=1$. 由于单点集 $\{a\}$ 为极集(见 §4，$f$)，必须 $P_a(e=0)=1$，即 $a\in(A^c)^r$.

**注 1** Wiener 提出的广义 $D$-问题是：设已给开集 $A$，在 $\partial A$ 上已给连续函数 $f$，需要求出函数 $h$，它在 $A$ 中调和，而且对任意 $b\in\partial A\cap(A^c)^r$，有

$$\lim_{A\ni x\to b}h(x)=f(b). \tag{5.10}$$

当 $A$ 有界时，仔细看上定理的证明(ii)，可见(5.2)中的 $h(x)$ 仍是此广义 $D$-问题的解. 但那里的唯一性证明不能通过，因为此时不能用极大原理. 不过可以证明解仍是唯一的(见[18]第 5 章 §5).

**注 2** 今考虑任意开集(未必有界)$A$ 及定义在 $\partial A$ 上的有界连续函数 $f$，若 $\partial A\subset(A^c)^r$，则 $D$-问题有解为

$$h(x)=E_x[f(x_e),\ e<+\infty]+CP_x(e=+\infty), \tag{5.11}$$

$C$ 为任意常数. 实际上，仿定理 1 的证明(ii)，可见 $E_x[f(x_e),\ e<+\infty]$ 仍是 $D$-问题之一解. 特别，取 $f\equiv 1$，则 $P_x(e<+\infty)$ 是边值为 1 的 $D$-问题之解；$P_x(e=+\infty)$ 是边值为 0 的 $D$-问题之解. 因此，对任意常数 $C$，(5.11)是原 $D$-问题之解. 进一步还可证明：$D$-问题的任一解必呈(5.11)之形(见[15；17]).

**注 3** 在 Zaremba 的反例中，$A=\mathring{B}_1\setminus\{0\}$ 是去掉原点的单

位开球，边值函数 $f$ 是：$f(0)=1$，$f(x)=0$，$x\in S_1$（单位球面）．$\{0\}$是极集．广义 $D$-问题有解为$h(x)=E_x f(x_e)=0$，$x\in A$．（注意 $h(0)\neq 1$），但 $D$-问题无解．关于 Lebesgue 的反例及其物理解释，见[12]§7.12.

(5.2)式开创了用概率方法解数学分析问题的先例．关于一般的椭圆型方程等的概率解法可见[8]第 13 章及[9]．以某些方程的概率表示为理论基础的 Monte-Carlo 方法，给出了这些方程的数值解.

定理 1 可如下推广：

设 $A$ 为有界开集，$\partial A\subset (A^c)^r$，$f$ 为 $\partial A$ 上的连续函数，$e$ 为 $A$ 的首出时，则

$$\Phi_\lambda(x)=E_x \mathrm{e}^{-\lambda e} f(x_e) \quad (\lambda\geqslant 0) \tag{5.12}$$

在 $A$ 中二次连续可微，而且是微分方程

$$\lambda\Phi_\lambda(x)-\frac{1}{2}\Delta\Phi_\lambda(x)=0 \quad (x\in A) \tag{5.13}$$

在边值条件

$$\lim_{A\ni x\to a}\Phi_\lambda(x)=f(a) \quad (a\in \partial A)$$

下的唯一解．（证见[5]卷 2 第 4 章§4).

若 $\lambda=0$，则得定理 1；若 $f\equiv 1$，则得 $e$ 的分布的拉氏变换.

**5.2 锥判别法** 由定理 1 可见点的规则性起着重要作用．至于判断边界点是否规则，有下列简单的、Poincaré 的锥判别法.

称 $\mathbf{R}^n$ 中集$K$ 为顶点在$b\in\mathbf{R}^n$ 的锥，如存在单位向量 $u\in\mathbf{R}^n$ 及常数 $\alpha>0$，使

$$K=(x: x\in\mathbf{R}^n,\ |(x-b)\cdot u|\geqslant\alpha|x-b|)$$

设 $B_a(b)$是以 $b$ 为心，以 $a>0$ 为半径的球，称 $K\cap B_a(b)$为一锥顶.

**定理 2** 设 $B\in\beta^n$，$x\in\partial B$．若存在以 $x$ 为顶点的锥顶$K\cap$

$B_a(x) \subset B$. 则 $x \in B^r$.

**证** 以 $h_a$ 表球面 $S_a(x)$ 的首中时，由 §3 定理 2

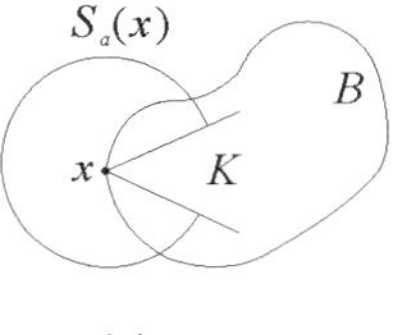


图 5-1

$$P_x(x(h_a) \in B \cap S_a(x))$$
$$= U_a(B \cap S_a(x)) \geqslant U_a(K \cap S_a(x)),$$

注意 $U_a(K \cap S_a(x)) = \beta > 0$ 与 $a > 0$ 无关. 见图 5-1. 由于

$$(x(h_a) \in B) \subset (h_B \leqslant h_a),$$

$h_B$ 为 $B$ 的首中时，故

$$P_x(h_B \leqslant h_a) \geqslant P_x(x(h_a) \in B)$$
$$\geqslant P_x(x(h_a) \in B \cap S_a(x)) \geqslant \beta > 0.$$

由 §3 定理 1(ii)，$P_x(\lim\limits_{a \to 0} h_a = 0) = 1$. 在上式中，令 $a \to 0$ 得 $P_x(h_B = 0) \geqslant \beta > 0$. 由 0-1 律，$P_x(h_B = 0) = 1$. 故 $x \in B^r$.

锥法虽只给出充分条件，但简单好用. 至于充分必要条件，则有 Wiener 判别法：设 $B \in \beta^n$，$(n \geqslant 3)$，

$$B_m = (y: y \in B, \lambda^{m+1} < |y - x| \leqslant \lambda^m),$$

其中常数 $0 < \lambda < 1$，又 $x \in \mathbf{R}^n$ 为定点. 则 $x \in B^r$ 的充分必要条件是 $\sum\limits_{m=1}^{+\infty} \lambda^{m(2-n)} C(B_m) = +\infty$，$C(B_m)$ 表 $B_m$ 的容度. (见[12]及[17]). $n=2$ 时也有类似结果.

**5.3 球的 $D$-问题** 设 $n \geqslant 3$，$A$ 为开球 $\mathring{B}_r$，$r > 0$. 一方面，由微分方程：$D$-问题的解由 Poisson 公式给出：

$$h(x) = \int_{S_r} r^{n-2} \frac{|r^2 - |x|^2|}{|x - z|^n} f(z) U_r(\mathrm{d}z), \quad |x| < r. \tag{5.14}$$

今考虑外 $D$-问题①：求 $h(x)$，它在 $B_r^c = (x: |x| > r)$ 中

① 参看[6]卷 2，第 4 章，§2.2 及[20]第 4 章 §2，§4.

调和，在 $S_r$ 上，$h(x)=f(x)$，$f$ 连续，而且满足

$$\lim_{|x|\to+\infty} h(x)=0, \tag{5.15}$$

则在微分方程中也证明了：此时外 $D$-问题有唯一解 $h(x)$，它仍由(5.14)给出，但其中 $|x|>r$.

现在转到概率方面. 以 $e$ 表 $B_r$ 的首中时，由定理1知，此 $D$-问题的解为

$$h(x)=E_x f(x_e)=E_x(f(x_e),\ e<+\infty), \qquad (|x|<r). \tag{5.16}$$

现在证明：外 $D$-问题的解 $h(x)$ 也由(5.16)给出，但 $|x|>r$. 实际上，由注2已知(5.16)中 $h(x)$，$(|x|>r)$ 是一解；其次，由方程论知在附加条件(5.15)下，外 $D$-问题的解唯一. 因此，只需验证(5.16)中 $h(x)$，$(|x|>r)$ 满足(5.15). 为此，先注意由(4.15)

$$\lim_{|x|\to+\infty} P_x(e=+\infty)=1,$$

故

$$\begin{aligned}\lim_{|x|\to+\infty} |h(x)| &\leqslant \lim_{|x|\to+\infty} E_x(|f(x_e)|,\ e<+\infty)\\ &\leqslant \|f\| \lim_{|x|\to+\infty} P_x(e<+\infty)=0.\end{aligned}$$

综合上述两方面，得

$$E_x f(x_e)=\int_{S_r} r^{n-2}\frac{|r^2-|x|^2|}{|x-z|^n} f(z)U_r(\mathrm{d}z), \quad (x\overline{\in} S_r) \tag{5.17}$$

由此推知，球面 $S_r$ 的首中点有分布为

$$P_x(x_e\in A)=\int_A \frac{r^{n-2}|r^2-|x|^2|}{|x-z|^n}U_r(\mathrm{d}z), \quad (x\overline{\in} S_r) \tag{5.18}$$

其中 $A\subset S_r$ 为可测集. 特别，取 $x=0$，此式化为§3，(3.18).

**注4** 我们已看到，(5.17)右方所定义的 $x$ 的函数在 $\mathring{B}_r$ 中

调和. 将此式再扩展一步，就得 $\mathring{B}_r$ 中一切调和函数的 Poisson 积分表示. 这就是：$H(x)$为非负、在 $\mathring{B}_r$ 中调和的函数的充分必要条件是：存在 $S_r$ 上测度 $\mu$，使

$$H(x)=\int_{S_r}\frac{r^{n-2}(r^2-|x|^2)}{|x-z|^n}\mu(\mathrm{d}z),\quad (x\in\mathring{B}_r)\qquad(5.19)$$

其中测度 $\mu$ 有穷而且被 $H$ 唯一决定(见[17]第 4 章 § 4). 至于在一般开集中调和、非负函数，也有积分表示；为此需引进所谓 Martin 边界，它起着类似于(5.19)中 $S_r$ 的作用.

# §6. 禁止概率与常返集

**6.1 三个重要函数** 设 $B\in\beta^n$，$B$ 的首中时为 $h_B$，首中点为 $x(h_B)$. 如§3所述，有首次通过公式

$$P_x(x_t\in A)-\int_0^t\int_{\bar{B}}P_x(h_B\in \mathrm{d}s,x(h_B)\in \mathrm{d}z)P_z(x_{t-s}\in A)$$

$$=P_x(h_B>t,\ x_t\in A) \tag{6.1}$$

作为 $A$ 的测度，左方有密度为

$$p(t,x,y)-\int_0^t\int_{\bar{B}}P_x(h_B\in \mathrm{d}s,x(h_B)\in \mathrm{d}z)p(t-s,z,y)$$

$$\equiv q_B(t,\ x,\ y), \tag{6.2}$$

简写左方的二重积分为 $\Phi(y)$. 取 $y_n\to y$，由 Fatou 引理

$$\varliminf_{y_n\to y}\Phi(y_n)\geqslant\Phi(y),$$

故 $\Phi(y)$下连续，从而由(6.2)定义的 $q_B(t,\ x,\ y)$对 $y$ 上连续. 既然(6.1)之右方非负，$q_B(t,\ x,\ y)$关于勒贝格测度几乎处处非负；由上连续性，它对一切 $y$ 非负. 由(6.1)知：作为 $A$ 的测度，$P_x(h_B>t,\ x_t\in A)$有密度，可取为 $q_B(t,\ x,\ y)$. 由于 $P_x(h_B>t,\ x_t\in A)$是自 $x$ 出发，在首中 $B$(或首出 $B^c$)以前，于 $t$ 时到达 $A$ 的概率，故可称 $q_B(t,\ x,\ y)$为禁止密度.

今引入三个重要函数，它们分别是三个密度的拉氏变换. 对 $\lambda\geqslant0$，定义

$$g^\lambda(x)=\int_0^{+\infty}\mathrm{e}^{-\lambda t}p(t,x)\mathrm{d}t, \tag{6.3}$$

$$g_B^\lambda(x,y)=\int_0^{+\infty}\mathrm{e}^{-\lambda t}q_B(t,x,y)\mathrm{d}t, \tag{6.4}$$

$$H_B^\lambda(x,dz)=\int_0^{+\infty}\mathrm{e}^{-\lambda t}P_x(h_B\in \mathrm{d}t,x(h_B)\in \mathrm{d}z). \tag{6.5}$$

如 $\lambda=0$，简记 $g^0(x)$为 $g(x)$，等，它们有性质：

(i) $g^{\lambda}(0)=\int_0^{+\infty} \mathrm{e}^{-\lambda t} \frac{1}{(2\pi t)^{\frac{n}{2}}}\mathrm{d}t=+\infty,(n>1)$

$g^{\lambda}(x)$在 $x\neq 0$ 连续，而且 $\lim\limits_{x\to+\infty} g^{\lambda}(x)=0$.

(ii) $g^{\lambda}(y-x)\geqslant g_B^{\lambda}(x, y)$

此因 $p(t, y-x)\geqslant q_B(t, x, y)$.

(iii) 测度 $H_B^{\lambda}(x, \mathrm{d}z)$集中在 $\bar{B}$ 上，而且

$$\begin{aligned}&E_x \mathrm{e}^{-\lambda h_B} f(x(h_B))\\ &=\int_{\bar{B}}\int_0^{+\infty} \mathrm{e}^{-\lambda t} f(z) P_x(h_B\in \mathrm{d}t, x(h_B)\in \mathrm{d}z)\\ &=\int_{\bar{B}} H_B^{\lambda}(x,\mathrm{d}z) f(z).\end{aligned}\tag{6.6}$$

(iv) $E_x\int_0^{h_B} f(x_t)\mathrm{e}^{-\lambda t}\mathrm{d}t=\int g_B^{\lambda}(x,y) f(y)\mathrm{d}y.$ (6.7)

实际上，左方等于

$$\begin{aligned}&E_x\int_0^{+\infty} f(x_t)\mathrm{e}^{-\lambda t}\chi_{(h_B>t)}\mathrm{d}t\\ &=\int\int_0^{+\infty} \mathrm{e}^{-\lambda t} P_x(h_B>t, x_t\in \mathrm{d}y) f(y)\mathrm{d}t\\ &=\int\int_0^{+\infty} \mathrm{e}^{-\lambda t} q_B(t,x,y) f(y)\mathrm{d}y\mathrm{d}t.\end{aligned}$$

(v) $g^{\lambda}(x)=g^{\lambda}(-x)$. (6.8)

(vi) $g_B^{\lambda}(x, y)=g_B^{\lambda}(y, x)$, (6.9)

这是由于

$$q_B(t, x, y)=q_B(t, y, x).\tag{6.10}$$

后者的证明见[17]第 2 章定理 4.3 或[8]引理 14.1.

(vii) 若 $x\in B^r$ 或 $y\in B^r$，则

$$g_B^{\lambda}(x, y)=0.\tag{6.11}$$

实际上，若 $x\in B^r$，则 $P_x(h_B=0, x(h_B)=x)=1$，故由(6.2)得 $q_B(t, x, y)=0$，从而 $g_B^{\lambda}(x, y)=0$，$(x\in B^r)$. 由对称性(6.9)即得 $g_B^{\lambda}(x, y)=0$，$(y\in B^r)$.

今取首次通过公式的拉氏变换形式，以便于应用. 以 $e^{-\lambda t}$ 乘(6.2)双方，对 $t$ 积分，得

$$
\begin{aligned}
& g^{\lambda}(y-x) \\
= & \int_{\bar{B}}\int_{0}^{+\infty} e^{-\lambda t}\left[\int_{0}^{t} P_{x}(h_{B}\in ds, x(h_{B})\in dz)p(t-s,y-z)\right]dt+ \\
& g_{B}^{\lambda}(x,y).
\end{aligned}
$$

利用拉氏变换的卷积公式得

$$
g^{\lambda}(y-x)=\int_{\bar{B}} H_{B}^{\lambda}(x,dz)g^{\lambda}(y-z)+g_{B}^{\lambda}(x,y). \tag{6.12}
$$

由首尾两项关于 $x$，$y$ 的对称性，得

$$
\int_{\bar{B}} H_{B}^{\lambda}(x,dz)g^{\lambda}(y-z)=\int_{\bar{B}} H_{B}^{\lambda}(y,dz)g^{\lambda}(x-z). \tag{6.13}
$$

在(6.12)中令 $\lambda\to 0$，利用(6.6)及单调收敛定理，得势的基本公式：

$$
\begin{aligned}
& g(y-x) \\
= & \int_{\bar{B}} H_{B}(x,dz)g(y-z)+g_{B}(x,y),(B\in\beta^{n},n\geqslant 3).
\end{aligned} \tag{6.14}
$$

此式有概率意义：自 $x$ 出发，在 $y$ 点附近的平均停留时间，等于首中 $B$ 以前在 $y$ 点附近的平均停留时间，加上首中 $B$ 以后的此时间. 后者由(6.14)中积分项给出.

**6.2 常返集**

**定理 1** 设 $f(x)$，$x\in\mathbf{R}^{n}$ 为有界可测函数，满足 $f=T_{t}f$（对某 $t>0$），则 $f$ 恒等于一常数.

**证** 先证一事实：关于任一紧集中的 $x$，$y$，均匀地有

$$
\lim_{t\to+\infty}(T_{t}f(x)-T_{t}f(y))=0.
$$

实际上

$$
\begin{aligned}
& |T_{t}f(x)-T_{t}f(y)| \\
= & \left|\int(p(t,x,z)-p(t,y,z))f(z)dz\right| \\
\leqslant & \|f\|\int|p(t,x,z)-p(t,y,z)|dz
\end{aligned}
$$

$$= \| f \| \int \left| p(1,z) - p\left(1, z + \frac{x-y}{\sqrt{t}}\right) \right| \mathrm{d}z.$$

由于 $p(1, z)$连续、可积，故当 $t \to +\infty$时，右方关于紧集中的 $x$，$y$ 均匀地趋于 0.

由 $T_t f = f$，利用$\{T_t\}$的半群性得 $T_{mt} f = f$ 对一切正整数 $m$ 成立. 于是由上述事实，对任意 $x$，$y$，

$$f(x) - f(y) = \lim_{m \to +\infty} (T_{mt} f(x) - T_{mt} f(y)) = 0.$$

**定理 2**　设 $B \in \beta^n$，$(n \geqslant 1)$，只有两种可能：

(i) 或者 $P_x(h_B < +\infty) \equiv 1$；

(ii) 或者对一切 $x$，当 $t \to +\infty$时，

$$P_x(\theta_t(h_B < +\infty)) \equiv P_x(x_s \in B \text{ 对某 } s > t) \to 0.$$

**证**　令 $\varphi(x) = P_x(h_B < +\infty)$. 由$\{T_t\}$的半群性，$T_t \varphi$ 对 $t$ 不增，有

$$\varphi(x) \geqslant T_t \varphi(x) \downarrow r(x), \ (t \to +\infty) \tag{6.15}$$

在 $T_t T_s \varphi(x) = T_{t+s} \varphi(x)$中，令 $s \to +\infty$，由控制收敛定理及定理 1

$$T_t r(x) = r(x) = C \geqslant 0, \ (C \text{ 为常数}) \tag{6.16}$$

在

$$P_x(t < h_B < +\infty) = \int q_B(t, x, y) \varphi(y) \mathrm{d}y \geqslant C P_x(h_B > t)$$

中，令 $t \to +\infty$，得

$$0 = C P_x(h_B = +\infty), \tag{6.17}$$

于是或者 $P_x(h_B = +\infty) \equiv 0$，此即(i)；或者 $C = 0$，此时在

$$\begin{aligned} T_t \varphi(x) &= E_x \varphi(x_t) = E_x P_{x(t)}(h_B < +\infty) = P_x(\theta_t(h_B < +\infty)) \\ &= P_x(x_s \in B \text{ 对某 } s > t) \end{aligned} \tag{6.18}$$

中，令 $t \to +\infty$，并利用(6.15)(6.16)即得(ii).

在情况(i)称 $B$ 为常返集；在(ii)，称 $B$ 为暂留集(勿与§4 中过程的常返性等混淆). 由(4.15)，当 $n \geqslant 3$，一切球、从而一切有界可测集，是暂留集.

对一、二维布朗运动，定理 2 的结论可加强(比较§4.Ⅲ

(iii)).

**系 1** 对 $B\in\beta^n$，($n=1$，2)，只有两种可能：

(i) 或者 $P_x(h_B<+\infty)\equiv1$；

(ii) 或者 $P_x(h_B<+\infty)\equiv0$.

**证** 由§2 定理 1，$\int_0^{+\infty}p(t,x,y)\mathrm{d}t=+\infty$. 故对任意可测、非负、不几乎处处(关于 $L$)为 0 的 $f(x)$，有

$$\int_0^t T_sf(x)\mathrm{d}s=\int\left(\int_0^t p(s,x,y)\mathrm{d}s\right)f(y)\mathrm{d}y\to+\infty,(t\to+\infty) \tag{6.19}$$

令 $\varphi(x)=P_x(h_B<+\infty)$，由 $T_s\varphi\leqslant\varphi\leqslant1$，对 $h>0$ 有

$$0\leqslant\int_0^t T_s(\varphi-T_h\varphi)\mathrm{d}s=\int_0^t T_s\varphi\mathrm{d}s-\int_h^{t+h}T_s\varphi\mathrm{d}s\leqslant 2h.$$

对照(6.19)，可见 $\varphi=T_h\varphi$，($L$-a. e. $x$)；于是 $T_t\varphi=T_t(T_h\varphi)$. 再令 $t\downarrow0$ 即得 $\varphi=T_h\varphi$ 对一切 $x$ 成立. 从而得知 $\varphi(x)$ 等于(6.15)中的 $r(x)$；由(6.16)，$\varphi\equiv C$ ($\geqslant0$)为常数，并且(6.17)成立. 当 $C=0$ 时即是情况(ii).

系 1 也可改述为：当 $n=1$ 或 2 时，除极集外，一切非空可测集皆常返.

然而对 $n=1$，在§4. Ⅲ已证明非空极集不存在，故此时只有一种可能(i)，即一切非空可测集皆常返.

至于判断一集是否返常，也有锥判别法. 直观地想，如 $n\geqslant3$，集必须充分大才能常返.

**定理 3** 设 $B\in\beta^n$，若存在锥 $K$ 及 $r>0$，使($x$：$x\in K$，$|x|\geqslant r$)$\subset B$，则 $B$ 常返.

**证** 由平移不变性，不妨设 $K$ 的顶点在 0，于是 $K=(x$：$|x\cdot\boldsymbol{u}|\geqslant\alpha|x|)$，$\boldsymbol{u}$ 为某单位向量，$\alpha>0$. 显然，对任意常数 $C>0$，$\sqrt{C}K=K$. 由尺度不变性

$$P_0(x(t)\in K)=P_0\left(\frac{x(Ct)}{\sqrt{C}}\in K\right)=P_0(x(Ct)\in K),$$

故 $P_0(x(t)\in K)=d>0$，$d$ 为常数. 由

$$\lim_{t\to+\infty} P_0(|x(t)|\geqslant r)=1$$

得

$$\begin{aligned}&\lim_{t\to+\infty} P_0(\theta_t(h_B<+\infty))\\ \geqslant&\varliminf_{t\to+\infty} P_0(x(t)\in B)\\ \geqslant&\lim_{t\to+\infty} P_0(x(t)\in K,\ |x(t)|\geqslant r)=d>0,\end{aligned}$$

由定理 2 知 $B$ 常返.

**注 1** 设 $B\in\beta^n$，$n\geqslant 3$，$\lambda>1$，令

$$B_m=(x:x\in B,\ \lambda^m\leqslant|x|<\lambda^{m+1}),$$

则 $B$ 为常返集的充分必要条件是

$$\sum_{m=1}^{+\infty}\lambda^{m(2-n)}C(B_m)=+\infty,$$

$C(B_m)$表 $B_m$ 的容度. 证见[17].

**6.3 收敛引理** 下两引理很有用，特别，引理 2 可用来研究无界开集.

**引理 1** 设 $B$ 及 $B_m$ 皆为闭集，又 $\mathring{B}_m$ 表 $B_m$ 的内点集，

$$B_1\supset\mathring{B}_1\supset B_2\supset\mathring{B}_2\supset\cdots\supset B=\bigcap_m B_m=\bigcap_m\mathring{B}_m,$$

则对 $x\in B^c\cup B^r$，有

$$P_x(h_{B_m}\uparrow h_B)=1,\ (m\to+\infty).$$

**证** 显然 $h_{B_m}$ 不降，

$$0\leqslant h_{B_m}\uparrow h\leqslant h_B.$$

若 $h=+\infty$，则引理成立. 若 $x\in B^r$，则 $P_x(h_B=0)=1$，引理也成立. 故只要考虑 $h<+\infty$，$x\in B^c$ 的情形. 由于 $B$ 及 $B_m$ 闭，轨道连续，

$$B_m\supset x(h_{B_m})\to x(h)\in\bigcap_m B_m=B,$$

故若 $h>0$，则必[①] $h\geqslant h_B$. 但当 $x\in B^c$ 时，$P_x(h>0)=1$，故 $P_x(h=h_B)=1$.

**注 2** 若 $x\overline{\in} B^c\cup B^r$，即若 $x\in B\cap(B^r)^c$，则 $P_x(h_{B_m}=0)=1$，$P_x(h_B>0)=1$，故 $P_x(h_{B_m}\uparrow h_B)=0$ 而引理 1 的结论不成立.

**引理 2** 设 $G$ 为非空开集，则存在一列上升开集 $G_m$，其紧闭包含于 $G$，使

(i) $G_1\subset\overline{G}_1\subset G_2\subset\overline{G}_2\subset\cdots$，$\bigcup\limits_m G_m=G$；

(ii) $\partial G_m$ 的每一点对 $G_m^c$ 规则；

(iii) $P_x(h_{\partial G_m}\uparrow h_{\partial G})=1$，$x\in G$.

**证** 取一列紧集 $K_m$，使

$$K_1\subset K_2\subset\cdots,\quad \bigcup_m K_m=G$$

用有限多个开球遮盖 $K_1$，并使这些开球之和 $D$ 满足 $\overline{D}\subset G$. 有必要时改变某些球的半径. 用锥判别法（§5 定理 2），知 $\partial D$ 的每一点对 $D^c$ 规则. 取 $G_1=D$，于是 $\overline{G}_1\subset G$ 而且 $\partial G_1$ 的点对 $G_1^c$ 规则. 同样手续施之于 $\overline{G}_1\cup K_2$，可得 $G_2$，…. $\{G_m\}$ 满足 1 与 2，故

$$G_1^c\supset(G_1^c)^0\supset G_2^c\supset\cdots,\quad \bigcap_m G_m^c=G^c.$$

由引理 1，$P_x(h_{G_m^c}\uparrow h_{G^c})=1$，$(x\in G)$. 但

$$P_x(h_{\partial G}=h_{G^c})=1,\ (x\in G);$$

$$P_x(h_{\partial G_m}=h_{G_m^c})=1,\ (x\in G_m),$$

故由上式得

$$P_x(h_{\partial G_m}\uparrow h_{\partial G})=1,\ (x\in G).$$

---

① 但若 $h=0$，由 $x(h)\in B$ 未必有 $h\geqslant h_B=\inf(t>0,\ x_t\in B)$，注意此中 $t>0$ 而非 $t\geqslant 0$. 例如，设 $x_0=x$ 对 $B$ 非规则，$x\in B$，则 $P_x(h=0)=1$，但 $P_x(h_B>0)=1$.

# §7. 测度的势与 Balayage 问题

**7.1 唯一性** $n\geqslant 3$ 维布朗运动的势核 $g(x, y)=g(y-x)$ 取为

$$g(y-x)=C_n\mid x-y\mid^{2-n},\quad C_n=\frac{\Gamma\left(\frac{n}{2}-1\right)}{2\pi^{\frac{n}{2}}},\qquad (7.1)$$

对 $\beta^n$ 可测函数 $f$，如下列积分存在，定义 $f$ 的牛顿势为 $Gf$

$$Gf(x)=\int g(y-x)f(y)\mathrm{d}y,\qquad (7.2)$$

对 $\beta^n$ 上的测度 $\mu$，定义 $\mu$ 的牛顿势为 $G\mu$

$$G\mu(x)=\int g(y-x)\mu(\mathrm{d}y),\qquad (7.3)$$

其中 $\int=\int_{\mathbf{R}^n}$. 如 $f\geqslant 0$，可视(7.2)为(7.3)的特殊情况，故主要考虑(7.3)，它把测度 $\mu$ 变为函数 $G\mu(x)$.

由§1 引理 3，若 $\mu(\mathbf{R}^n)<+\infty$，则 $G\mu(x)<+\infty$，$L$-a. e.

**引理 1** 若 $x$ 使 $G\mu(x)<+\infty$，则

$$G\mu(x)-T_tG\mu(x)=\int_0^t T_s\mu(x)\mathrm{d}s.\qquad (7.4)$$

**证**

$$\begin{aligned}T_tG\mu(x)&=\iint g(y-z)\mu(\mathrm{d}y)p(t,z-x)\mathrm{d}z\\&=\iiint_0^{+\infty}p(s,y-z)\mathrm{d}s\mu(\mathrm{d}y)p(t,z-x)\mathrm{d}z\\&=\iint_0^{+\infty}p(s+t,y-x)\mathrm{d}s\mu(\mathrm{d}y)\\&=\iint_0^{+\infty}p(s,y-x)\mathrm{d}s\mu(\mathrm{d}y);\end{aligned}$$

$$\int_0^t T_s\mu(x)\mathrm{d}s=\int_0^t\int p(s,y-x)\mu(\mathrm{d}y)\mathrm{d}s,$$

所以

$$\begin{aligned}&T_tG\mu(x)+\int_0^t T_s\mu(x)\mathrm{d}s\\&=\iint_0^{+\infty}p(s,y-x)\mathrm{d}s\mu(\mathrm{d}y)\\&=\int g(y-x)\mu(\mathrm{d}y)=G\mu(x).\end{aligned}$$

**定理 1** 设 $G\mu<+\infty$ $L$-a. e.，则 $G\mu$ 唯一决定.

**证** (i) 设有两测度 $\mu$ 与 $\nu$，使

$$G\mu=G\nu<\infty,\ L\text{-a. e.}$$

如在点 $x$ 上此式成立，则由引理 1

$$\int_0^t T_s\mu(x)\mathrm{d}s=\int_0^t T_s\nu(x)\mathrm{d}s.\tag{7.5}$$

(ii) 取任意非负、连续于 $\mathbf{R}^n$ 且有紧支集的函数 $f$，利用 $p(s,\ x,\ y)$对 $x$，$y$ 的对称性，有

$$\begin{aligned}\int\left(\frac{1}{t}\int_0^t T_sfds\right)\mathrm{d}\mu&=\int\left(\frac{1}{t}\int_0^t\int p(s,x,y)f(y)\mathrm{d}y\mathrm{d}s\right)\mu(\mathrm{d}x)\\&=\int\frac{1}{t}\int_0^t T_s\mu(y)\mathrm{d}sf(y)\mathrm{d}y\\&=\int\frac{1}{t}\int_0^t T_s\nu(y)\mathrm{d}sf(y)\mathrm{d}y\\&=\int\left(\frac{1}{t}\int_0^t T_sf\mathrm{d}s\right)\mathrm{d}\nu.\end{aligned}$$

由 § 2 引理 3，对 $x\in\mathbf{R}^n$ 均匀地有 $T_sf\to f$，$(s\to 0)$，故 $\int f\mathrm{d}\mu=\int f\mathrm{d}\nu$. 由 $f$ 的任意性，$\mu=\nu$.

### 7.2 极大值原理

**定理 2** 设 $\mu$ 为有限测度，其支集为 $B$，又 $N\subset B$，$\mu(N)=$

0. 若 $G\mu(x)\leqslant M<+\infty$，一切 $x\in N^c\cap B$，则

$$\sup_{x\in\mathbf{R}^n}G\mu(x)\leqslant M. \tag{7.6}$$

**证** (i) 由§6(6.14)

$$g(y-x)=\int_{\overline{B}}H_B(x,\mathrm{d}z)g(y-z)+g_B(x,y), \tag{7.7}$$

对任意 $\varepsilon>0$，令 $A=(x: G\mu(x)<M+\varepsilon)$. 以 $A$ 代入(7.7)中的 $B$，双方对 $\mu(\mathrm{d}y)$ 积分，因 $\mu$ 有支集 $B$，得

$$\begin{aligned}G\mu(x)&=\int_{\overline{A}}H_A(x,\mathrm{d}z)G\mu(z)+\int_B g_A(x,y)\mu(\mathrm{d}y)\\&=\int_{\overline{A}}H_A(x,\mathrm{d}z)G\mu(z)+\int_{B\cap N^c}g_A(x,y)\mu(\mathrm{d}y).\end{aligned} \tag{7.8}$$

(ii) 下证 $g_A(x, y)=0$，一切 $y\in B\cap N^c$，从而最后一积分为 0. 由于 $B\cap N^c\subset A$，由§6，(vii)，只要证 $A$ 中点皆对 $A$ 规则，从而 $g_A(x, y)=0$，$(y\in A)$. 用反证法. 设 $a\in A$，$a\overline{\in}A^r$，则

$$\lim_{t\to 0}P_a(x_t\in A)\leqslant\lim_{t\to 0}P_a(h_A\leqslant t)=P_a(h_A=0)=0. \tag{7.9}$$

由引理 1

$$\begin{aligned}G\mu(a)&\geqslant T_tG\mu(a)\geqslant\int_{A^c}p(t,y-a)G\mu(y)\mathrm{d}y\\&\geqslant(M+\varepsilon)P_a(x_t\overline{\in}A).\end{aligned}$$

令 $t\to 0$，由(7.9)得 $G\mu(a)\geqslant M+\varepsilon$，此与 $a\in A$ 矛盾.

(iii) 于是由(7.8)及(ii)

$$G\mu(x)=\int_{\overline{A}}H_A(x,\mathrm{d}z)G\mu(z),(x\in\mathbf{R}^n). \tag{7.10}$$

若能证在 $\overline{A}$ 上，$G\mu(z)\leqslant M+\varepsilon$，则由上式立得(7.6). 下面会证明 $G\mu(x)$ 下连续，故 $(x: G\mu(x)\leqslant M+\varepsilon)$ 闭. 既然它包含 $A$，故也包含 $\overline{A}$.

(iv) 今证 $G\mu(x)$ 下连续. 由 Fatou 引理

$$\begin{aligned}\varliminf_{x\to a} G\mu(x) &= \varliminf_{x\to a}\iint_0^{+\infty} p(t,x,y)\mathrm{d}t\mu(\mathrm{d}y)\\ &\geqslant \iint_0^{+\infty}\varliminf_{x\to a} p(t,x,y)\mathrm{d}t\mu(\mathrm{d}y)\\ &= \iint_0^{+\infty} p(t,a,y)\mathrm{d}t\mu(\mathrm{d}y)\\ &= G\mu(a).\end{aligned}$$

**注 1** 极大值原理可以如下直观解释：由于 $\mu$ 之支集为 $B$，故

$$G\mu(x) = \int_B g(y-x)\mu(\mathrm{d}y) \quad (x\in\mathbf{R}^n), \tag{7.11}$$

$G\mu(x)$可视为自 $x$ 出发，在 $B$ 中的关于 $\mu$ 加权平均的停留时间. 今如自 $x\in B^c$ 出发，此时间自应从进入 $B$ 时开始算起. 设由点 $b\in B$ 进入 $B$，则

$$G\mu(x)\approx G\mu(b).$$

回忆 $g^\lambda(x)$的定义(6.3)，令

$$G^\lambda\mu(x) = \int g^\lambda(y-x)\mu(\mathrm{d}y). \tag{7.12}$$

**定理 2′** 设 $\mu$ 为有限测度，其支集为 $B$，则

$$G^\lambda\mu(x)\leqslant\sup_{y\in B}G^\lambda\mu(y),\ (x\in\mathbf{R}^n). \tag{7.13}$$

证明与定理 2 之证类似，只要以 $\mathrm{e}^{-\lambda t}T_t$ 代替那里的 $T_t$.

**7.3 Balayage 问题**（简称$B$-问题）. 以 $M$ 表所有使势 $G\mu(x)$为局部可积的测度 $\mu$ 之集. 所谓$B$-问题是：设已给集 $B\in\beta^n$及 $\mu\in M$，试求 $\mu'\in M$，其支集合于 $B^r$，并且使

$$G\mu'(x)=G\mu(x),\ (x\in B^r), \tag{7.14}$$

$$G\mu'(x)\leqslant G\mu(x),\ (x\in\mathbf{R}^n,\ n\geqslant 3). \tag{7.15}$$

下面试解决此问题. 以 $H_B(x,A)=P_x(x(h_B)\in A)$表 $B$ 的首中点分布，定义测度 $\mu'$

$$\mu'(A) = \mu H_B(A) = \int H_B(x,A)\mu(\mathrm{d}x). \tag{7.16}$$

设 $B$ 为紧集，则 $\mu'$是$B$-问题的唯一解.

实际上，$H_B(x,\ \cdot)$集中在 $\bar{B}=B$ 上，但 $B\cap(B^r)^c$ 为极集（见§11 定理 3)，故 $H_B(x,\ \cdot)$、从而 $\mu'$集中于 $B^r$. 在(6.13)中令 $\lambda\downarrow 0$，得

$$\int_{B^r} H_B(x,\mathrm{d}z)g(y-z)=\int_{B^r} H_B(y,\mathrm{d}z)g(x-z).\tag{7.17}$$

又

$$\begin{aligned}G\mu'(x)&=G\mu H_B(x)=\int_{B^r} g(x-z)\mu H_B(\mathrm{d}z)\\&=\int_{B^r} g(x-z)\int H_B(y,\mathrm{d}z)\mu(\mathrm{d}y)\\&=\int\left[\int_{B^r} g(x-z)H_B(y,\mathrm{d}z)\right]\mu(\mathrm{d}y)\\&\xlongequal{(7.17)}\int\left[\int_{B^r} g(y-z)H_B(x,\mathrm{d}z)\right]\mu(\mathrm{d}y)\\&=\int_{B^r} H_B(x,\mathrm{d}z)G\mu(z)=H_BG\mu(x)\leqslant G\mu(x).\end{aligned}\tag{7.18}$$

最后不等式是由于(6.14). 由(7.18)知 $\mu'\in M$ 而且满足(7.15). 若 $x\in B^r$，则 $H_B(x,\ \cdot)$集中在点$\{x\}$上，故由(7.18)的中间推演，有

$$G\mu H_B(x)=\int_{B^r} H_B(x,\mathrm{d}z)G\mu(z)=G\mu(x),$$

此得证(7.14). 最后证解唯一. 设 $\nu$ 也是解，则 $\nu$ 之支集含于 $B^r$. 由(6.14)并注意 $g_B(x,\ y)=0$，$y\in B^r$(参看§6，(vii))，得

$$\begin{aligned}G\nu(x)&=\int_{B^r}\int_{B^r} H_B(x,\mathrm{d}z)g(y-z)\nu(\mathrm{d}y)\\&=\int_{B^r} H_B(x,\mathrm{d}z)G\nu(z)\xlongequal{(7.14)}\int_{B^r} H_B(x,\mathrm{d}z)G\mu(z)\\&=H_BG\mu(x)\xlongequal{(7.18)}G\mu H_B(x),(x\in\mathbf{R}^n),\end{aligned}$$

由定理 1 即得 $\nu=\mu H_B$.

近年来提出了反$B$-问题：设 $B$ 为紧集，已给 $\partial B$ 上之概率测度$\nu$，试求概率测度 $\mu$，使

$$\mu H_{B^c}=\nu, \tag{7.19}$$

其中 $\mu H_{B^c}(\cdot)=P_\mu(x(e_B)\in\cdot)$，$e_B\equiv h_{B^c}$ 为首出 $B$(或首中 $B^c$)的时间. 满足(7.19)的一切概率测度记为 $M(\nu)$. 在[14]中证明了：$\mu\in M(\nu)$等价于下列三条件中的任何一个：

(i) $G\mu\geqslant G\nu$；而且 $G\mu(x)=G\nu(x)$，$x\in B^c$.

(ii) $\int h\mathrm{d}\mu=\int h\mathrm{d}\nu$ 对一切调和于 $\mathring{B}$ 连续于 $B$ 的函数 $h$ 成立.

(iii) $\int f\mathrm{d}\mu\geqslant\int f\mathrm{d}\nu$ 对一切上调和于 $\mathring{B}$(定义见 § 13)连续于 $B$ 的函数 $f$ 成立.

# §8. 平衡测度

**8.1 定义** 设 $F_m$ 与 $F$ 皆为 $\beta^n$ 上的测度，若

$$\sup_{A\in\beta^n} |F_m(A)-F(A)|\to 0,\ (m\to+\infty)$$

则说 $F_m$ 强收敛于 $F$. 显然，强收敛对 $A$ 是均匀收敛.

设 $n\geqslant 3$，$B$ 为相对紧集. 取 $r>0$ 充分大，使 $B\subset\mathring{B}_r$，令 $S_r=(x:\ |x|=r)$. 对球外的点 $x$，$|x|>r$，由强马氏性有

$$H_B(x,A)=\int_{S_r} H_{S_r}(x,\mathrm{d}\xi)H_B(\xi,A),\tag{8.1}$$

其中 $H_D(x,\ \cdot)$为自 $x$ 出发，集 $D$ 的首中点分布. 由(8.1)

$$\frac{H_B(x,A)}{(x)g}=\int_{S_r}\frac{H_{S_r}(x,\mathrm{d}\xi)}{g(x)}H_B(\xi,A).\tag{8.2}$$

**引理 1** 在强收敛下，有

$$\lim_{|x|\to+\infty}\frac{H_{S_r}(x,\ \mathrm{d}\xi)}{g(x)}=\frac{r^{n-2}}{C_n}U_r(\mathrm{d}\xi),\tag{8.3}$$

其中 $U_r$ 为 $S_r$ 上均匀分布，常数 $C_n$ 由(2.9)定义.

**证** 由(5.18)

$$\lim_{|x|\to+\infty}\ \sup_A\left|\int_A\frac{H_{S_r}(x,\mathrm{d}\xi)}{g(x)}-\int_A\frac{r^{n-2}}{C_n}U_r(\mathrm{d}\xi)\right|$$

$$\leqslant\lim_{|x|\to+\infty}\ \sup_A\int_A\frac{r^{n-2}}{C_n}\left|\frac{||x|^2-r^2||x|^{n-2}}{|\xi-x|^n}-1\right|U_r(\mathrm{d}\xi)$$

$$\leqslant\lim_{|x|\to+\infty}\int_{S_r}\frac{r^{n-2}}{C_n}\left|\frac{||x|^2-r^2||x|^{n-2}}{|\xi-x|^n}-1\right|U_r(\mathrm{d}\xi)=0,$$

这里可在积分号下取极限，因为当 $|x|\to+\infty$时被积函数有界.

由(8.1)及引理 1，对任意 $A\in\beta^n$，有

$$\lim_{|x|\to+\infty}\frac{H_B(x,A)}{g(x)}=\int_{S_r}\frac{r^{n-2}}{C_n}U_r(\mathrm{d}\xi)H_B(\xi,A). \tag{8.4}$$

这样便证明了：

**定理1** 设 $B$ 为相对紧集，则测度

$$\mu_B(\mathrm{d}y)=\lim_{|x|\to+\infty}\frac{H_B(x,\ \mathrm{d}y)}{g(x)}, \tag{8.5}$$

在强收敛下存在，而且对任一球面 $S_r$，$\mathring{B}_y\supset\bar{B}$，有

$$\mu_B(\mathrm{d}y)=\int_{S_r}\frac{r^{n-2}}{C_n}U_r(\mathrm{d}\xi)H_B(\xi,\mathrm{d}y). \tag{8.6}$$

称 $\mu_B$ 为 $B$ 的平衡测度．由(8.6)及轨道的连续性，知 $\mu_B$ 集中在 $B$ 的外边界上．此外，$\mu_B$ 在任何极集 $N$ 上无质量，此因

$$H_B(x,\ N)\leqslant P_x(h_N<+\infty)\equiv 0,$$

故 $\mu_B(N)=0$.

称 $\mu_B$ 的全质量 $\mu_B(\bar{B})$ 为 $B$ 的容度，记为 $C(B)$.

平衡测度有下列概率意义．由(5)得

$$\mu_B(A)=\lim_{|x|\to+\infty}\frac{P_x(x(h_B)\in A,\ h_B<+\infty)}{g(x)},$$

$$C(B)=\mu_B(\bar{B})=\lim_{|x|\to+\infty}\frac{P_x(h_B<+\infty)}{g(x)},$$

故对 $A\in\beta^n$ 有

$$\lim_{|x|\to+\infty}P_x(x(h_B)\in A\mid h_B<+\infty)=\frac{\mu_B(A)}{C(B)}. \tag{8.7}$$

因此，规范化后的平衡测度，可理解为自无穷远出发，$B$ 的首中点的条件分布．

平衡测度 $\mu_B$ 的势 $G\mu_B$ 称为平衡势．

### 8.2 平衡势的概率意义

**定理2** 设 $B$ 为相对紧集，则

$$G\mu_B(x)=P_x(h_B<+\infty),\ x\in\mathbf{R}^n. \tag{8.8}$$

**注1** 若 $x\in B^r$，则上式右方、因而左方等于1，故 $G\mu_B$ 相

当于物理中的平衡势(参看§1. Ⅱ). 这就是为何称 $\mu_B$ 为 $B$ 的平衡测度的原因.

**定理 2 之证** (i) 由(6.14)

$$\frac{g(y-x)}{g(y)}=\int_{\bar{B}}\frac{H_B(x,\mathrm{d}z)g(y-z)}{g(y)}+\frac{g_B(x,y)}{g(y)}.\tag{8.9}$$

当 $|y|\to+\infty$ 时, $\frac{g(y-x)}{g(y)}$ 在紧集上均匀趋于 1, 故

$$1=P_x(h_B<+\infty)+\lim_{|y|\to+\infty}\frac{g_B(x,\ y)}{g(y)}.$$

即在紧集上均匀地有

$$\lim_{|y|\to+\infty}\frac{g_B(x,\ y)}{g(y)}=P_x(h_B=+\infty).\tag{8.10}$$

利用对称性

$$\lim_{|x|\to+\infty}\frac{g_B(x,\ y)}{g(x)}=P_y(h_B=+\infty).\tag{8.11}$$

设 $f$ 为任意非负有界可测函数, 有紧支集 $C$, 则由§1 引理 2

$$Gf(z)\equiv\int_C g(y-z)f(y)\mathrm{d}y$$

是有界函数. 由(8.11)

$$\lim_{|x|\to+\infty}\int\frac{g_B(x,y)}{g(x)}f(y)\mathrm{d}y=\int P_y(h_B=+\infty)f(y)\mathrm{d}y.\tag{8.12}$$

(ii) 由(8.5)

$$\begin{aligned}&\int_{\bar{B}}\mu_B(\mathrm{d}z)Gf(z)\\&=\lim_{|x|\to+\infty}\int_{\bar{B}}\frac{H_B(x,\mathrm{d}z)Gf(z)}{g(x)}\\&=\lim_{|x|\to+\infty}\iint_{\bar{B}}\frac{H_B(x,\mathrm{d}z)g(y-z)f(y)\mathrm{d}y}{g(x)}\\&\overset{(8.9)}{=\!=\!=}\lim_{|x|\to+\infty}\left\{\iint\left[\frac{g(y-x)}{g(x)}-\frac{g_B(x,y)}{g(x)}\right]f(y)\mathrm{d}y\right\}\end{aligned}$$

$$\overset{(8.12)}{=\!=\!=} \int [1 - P_y(h_B = +\infty)] f(y) \mathrm{d}y$$

$$= \int P_y(h_B < +\infty) f(y) \mathrm{d}y. \qquad (8.13)$$

但另一方面

$$\int_{\bar{B}} \mu_B(\mathrm{d}z) Gf(z) = \int \left[ \int_{\bar{B}} g(y-z) \mu_B(\mathrm{d}z) \right] f(y) \mathrm{d}y$$

$$= \int G\mu_B(y) f(y) \mathrm{d}y,$$

综合此两方面

$$\int G\mu_B(y) f(y) \mathrm{d}y = \int P_y(h_B < +\infty) f(y) \mathrm{d}y.$$

由 $f$ 的任意性

$$G\mu_B(y) = P_y(h_B < +\infty) \quad L\text{-a. e.}. \qquad (8.14)$$

(iii) 下证(8.14)对一切 $y \in \mathbf{R}^n$ 成立. 将(14)双方乘 $p(t, x, y)$后对 $y \in \mathbf{R}^n$ 积分，得

$$T_t G\mu_B(x) = T_t P_x(h_B < +\infty)$$

由§7引理1，左方等于

$$G\mu_B(x) - \int_0^t T_s \mu_B(x) \mathrm{d}s \uparrow G\mu_B(x), (t \downarrow 0, \text{一切 } x)$$

右方为

$$T_t P_x(h_B < +\infty)$$

$$= T_t P_x(\text{对某 } s > 0,\ x_s \in B)$$

$$= P_x(\text{对某 } s > t,\ x_s \in B) \uparrow P_x(h_B < +\infty), \ (t \downarrow 0, \text{一切 } x)$$

因此

$$G\mu_B(x) = P_x(h_B < +\infty), \ (x \in \mathbf{R}^n).$$

(iii) 中的证法值得注意，它表明如何将几乎处处成立的结论移植到处处成立上.

**系1** 相对紧集 $B$ 为极集的充分必要条件是 $C(B)=0$.

**证** 若容度 $C(B) = \mu_B(\bar{B}) = 0$，由(8.8)，$P_x(h_b < +\infty) \equiv$

0，则 $B$ 为极集．反之，若 $B$ 为极集，由(8.8)，$G\mu_B(x)\equiv 0$，据§7唯一性定理，$C(B)=0$.

**例 1** 考虑球面 $S_r$．由(8.5)(8.3)，$S_r$ 的平衡测度为

$$\mu_{S_r}(\mathrm{d}y)=\frac{r^{n-2}}{C_n}U_r(\mathrm{d}y)=\frac{2\pi^{\frac{n}{2}}r^{n-2}U_r(\mathrm{d}y)}{\Gamma\left(\frac{n}{2}-1\right)},$$

$$C(S_r)=\frac{2\pi^{\frac{n}{2}}r^{n-2}}{\Gamma\left(\frac{n}{2}-1\right)}=\frac{n-2}{2r}|S_r|,\ (n\geqslant 3)$$

故 $C(S_r)$ 比面积 $|S_r|$ 低一维．又由(8.8)及(4.15)，

$$G\mu_{S_r}(x)=P_x(h_{S_r}<+\infty)=\begin{cases}1, & |x|\leqslant r;\\ \left(\dfrac{r}{|x|}\right)^{n-2}, & |x|>r.\end{cases}$$

$$\lim_{|x|\to+\infty}P_x(x(h_{S_r})\in A\mid h_{S_r}<+\infty)=U_r(A)，(参看(8.7)).$$

**例 2** 考虑球面 $B_r$ 及球层 $B_{a,r}=(x: a\leqslant|x|\leqslant r)$．由于它们的外边界为 $S_r$，或者由于

$$P_x(h_{B_r}<+\infty)=P_x(h_{B_{a,r}}<+\infty)=P_x(h_{S_r}<+\infty),$$

由(8.5)知 $B_r$，$B_{a,r}$ 与 $S_r$ 有相同的平衡测度、容度及平衡势.

**8.3 平衡测度的另一刻画** 对 $B\in\beta^n$，以 $M(B)$ 表如下测度之集

$$M(B)=(\mu：有穷、非0、有紧支集含于B，G\mu\leqslant 1). \tag{8.15}$$

**定理 3** 设 $B$ 为紧集，则

$$P_x(h_B<+\infty)=\sup_{\mu\in M(B)}G\mu(x). \tag{8.16}$$

**证** (i) 取一列紧集 $\{B_m\}$，使

$$B\subset\mathring{B}_m；B_1\supset\mathring{B}_1\supset B_2\supset\mathring{B}_2\supset\cdots；\bigcap_m B_m=\bigcap_m\mathring{B}_m=B.$$

由§6引理1，对 $x\in B^c\cup B^r$，有 $P_x(h_{B_m}\uparrow h_B)=1$．试证

$$P_x(h_{B_m}<+\infty)\downarrow P_x(h_B<+\infty)\quad L\text{-a.e.}. \tag{8.17}$$

实际上，取 $f$ 为有紧支集的连续函数，对 $x\in B^c\cup B^r$，有

$$
\begin{aligned}
&\lim_{m\to+\infty} H_{B_m}f(x)\\
&=\lim_{m\to+\infty}\int_{\bar{B}_m} H_{B_m}(x,\mathrm{d}y)f(y)\\
&=\lim_{m\to+\infty} E_x f(x(h_{B_m}))\\
&=\lim_{m\to+\infty} E_x[f(x(h_{B_m})),\ h_{B_m}<+\infty,\ h_B<+\infty]+\\
&\quad\lim_{m\to+\infty} E_x[f(x(h_{B_m})),\ h_{B_m}<+\infty,\ h_B=+\infty].
\end{aligned}
$$

由轨道及 $f$ 的连续性，右方第一极限等于

$$
\begin{aligned}
&\lim_{m\to+\infty} E_x[f(x(h_{B_m})),\ h_B<+\infty]\\
&=E_x[f(x(h_B)),\ h_B<+\infty]=H_Bf(x).
\end{aligned}
$$

因为 $f(+\infty)\equiv\lim\limits_{|x|\to+\infty}f(x)=0$，所以第二极限等于

$$
E_x[f(x(h_B)),\ h_B=+\infty]=0.
$$

故得

$$
\lim_{m\to+\infty} H_{B_m}f(x)=H_Bf(x). \tag{8.18}
$$

特别，取 $f$ 连续，有紧支集，在 $B_1$ 上等于 1，即得(8.17)对一切 $x\in B^c\cup B^r$ 成立，再由§3 定理 4，(8.17)对 $L$-a.e. $x$ 成立.

(ii) 取 $\mu\in M(B)$. 由(6.14)

$$
G\mu(x)=\int_{B_m} H_{B_m}(x,\mathrm{d}z)G\mu(z)+\int g_{B_m}(x,y)\mu(\mathrm{d}y), \tag{8.19}
$$

后一积分

$$
\int g_{B_m}(x,y)\mu(\mathrm{d}y)=\left(\int_B+\int_{B^c}\right)g_{B_m}(x,y)\mu(\mathrm{d}y) \tag{8.20}
$$

因 $B\subset\mathring{B}_m$，$B$ 中的点对 $B_m$ 规则，故 $g_{B_m}(x,\ y)=0$，$(y\in B)$. 又因 $\mu$ 之支集为 $B$，故(8.20)右方两积分皆为 0. 由(8.19)

$$
G\mu(x)=\int_{B_m} H_{B_m}(x,\mathrm{d}z)G\mu(z)
$$

$$=\int_{B_m} H_{B_m}(x,\mathrm{d}z) = H_{B_m}(x,B_m)$$
$$=P_x(h_{B_m}<+\infty),$$

由此及(8.17)

$$G\mu(x)\leqslant P_x(h_B<+\infty),\ L\text{-a. e. }x \tag{8.21}$$
$$T_tG\mu(x)\leqslant T_tP_x(h_B<+\infty).$$

令 $t\downarrow 0$，即知(8.21)对一切 $x\in\mathbf{R}^n$ 成立，由此及定理 2 即得证(8.16).

在势论中已知(见[24])：若 $B$ 是紧集，则存在唯一测度 $\gamma_B$，其支集为 $B$，而且

$$G\gamma_B=\sup_{\mu\in M(B)} G\mu, \tag{8.22}$$

称 $\gamma_B$ 为容量测度. 由定理 2，定理 3，立得

$$G\mu_B=G\gamma_B. \tag{8.23}$$

再由§7 唯一性定理，有 $\mu_B=\gamma_B$. 因此，对紧集 $B$，平衡测度即是容量测度.

**系 2** 设 $B$ 紧，则对任意 $\mu\in M(B)$，有

$$\mu(\mathbf{R}^n)\leqslant C(B). \tag{8.24}$$

**证** 由(8.22)(8.23)

$$\int_{\bar{B}}\frac{g(y-x)}{g(x)}\mu(\mathrm{d}y)\leqslant\int_{\bar{B}}\frac{g(y-x)}{g(x)}\mu_B(\mathrm{d}y).$$

由于在紧集上，均匀地有 $\lim\limits_{|x|\to+\infty}\dfrac{g(y-x)}{g(x)}=1$，故在上式中令 $|x|\to+\infty$，即得

$$\mu(\mathbf{R}^n)=\mu(\bar{B})\leqslant\mu_B(\bar{B})=C(B).$$

**系 3** 对开集 $B$，(8.16)也成立.

**证** 取一列紧集$\{K_m\}$，使

$$K_m\subset B,\ K_1\subset K_2\subset\cdots,\ \bigcup_m K_m=B.$$

由于 $x_t\in B$ 等价于对一切充分大的 $m$，$x_t\in K_m$，故

$$P_x(h_{K_m}\downarrow h_B)=1,\quad (x\in\mathbf{R}^n) \tag{8.25}$$

$$\chi_{(h_{K_m}<+\infty)}\uparrow\chi_{(h_B<+\infty)},\quad P_x\text{-a. e.}$$

$\chi_A$ 表 $A$ 的示性函数. 将此式双方对 $P_x(\mathrm{d}\omega)$积分，由单调收敛定理得

$$P_x(h_{K_m}<+\infty)\uparrow P_x(h_B<+\infty). \tag{8.26}$$

由定理 2，$G\mu_{K_m}(x)\uparrow P_x(h_B<+\infty)$. 既然 $\mu_{K_m}\in M(B)$，故

$$P_x(h_B<+\infty)\leqslant\sup_{\mu\in M(B)}G\mu(x). \tag{8.27}$$

另一方面，如 $\mu\in M(B)$，$\mu$ 有紧支集 $K$，由(8.22)(8.23)及(8.8)得

$$G\mu(x)\leqslant G\gamma_K(x)=G\mu_K(x)=P_x(h_K<+\infty)\leqslant P_x(h_B<+\infty), \tag{8.28}$$

由(8.27)(8.28)即得证(8.16)对开集 $B$ 成立.

## §9. 容 度

**9.1 性质** 在§8中，已对相对紧集 $B$，定义了容度 $C(B)=\mu_B(\bar{B})$，故 $C(B)$ 是全体相对紧集类上的集合函数，由(8.5)(8.6)

$$C(B)=\lim_{|x|\to+\infty}\frac{P_x(h_B<+\infty)}{g(x)}=\int_{S_r}DP_\xi(H_B<+\infty)U_r(\mathrm{d}\xi), \tag{9.1}$$

其中 $D>0$ 为某常数，$S_r$ 为 $\mathring{B}_r\supset B$ 之球面. 此式把 $C(B)$ 与 $P_x(h_B<+\infty)$ 联系起来，故可通过 $P_x(h_B<+\infty)$ 来研究 $C(B)$.

首先注意，若 $N\subset M$，则 $h_N\geqslant h_M$，又

$$h_{A\cap B}\geqslant h_A\vee h_B;\ h_{A\cup B}=h_A\wedge h_B, \tag{9.2}$$

简记 $(h_A<+\infty)$ 为 $H_A$.

(i) 若 $A\subset B$，则 $C(A)\leqslant C(B)$.

此因 $P_x(H_A)\leqslant P_x(H_B)$.

(ii) $C(A\cup B)\leqslant C(A)+C(B)-C(A\cap B)$.

实际上，利用(2)及 $H_A\cup H_B=H_{A\cup B}$，得

$$P_x(H_{A\cap B})\leqslant P_x(H_AH_B)=P_x(H_A)+P_x(H_B)-P_x(H_{A\cup B}).$$

(iii) 设点 $a\in\mathbf{R}^n$，令 $A+a=(x+a:\ x\in A)$，则

$$C(A+a)=C(A).$$

此因 $P_x(H_A)=P_{x+a}(H_{A+a})$，又 $g(x)=C_n|x|^{2-n}$，故

$$C(A+a)=\lim_{|x+a|\to+\infty}\frac{P_{x+a}(H_{A+a})}{g(x+a)}=\lim_{|x|\to+\infty}\frac{P_x(H_A)}{g(x)}=C(A).$$

(iv) $C(-A)=C(A)$，

此因 $P_x(H_A)=P_{-x}(H_{-A})$，由 $g(x)=g(-x)$，

$$C(A)=\lim_{|x|\to+\infty}\frac{P_x(H_A)}{g(x)}=\lim_{|-x|\to+\infty}\frac{P_{-x}(H_{-A})}{g(-x)}=C(-A).$$

(v) 设 $a>0$ 为常数，则 $C(aA)=a^{n-2}C(A)$.

实际上，由尺度不变性，对 $a>0$ 有

$$P_x\left(\frac{x(a^2t)}{a}\in B\right)=P_{\frac{x}{a}}(x(t)\in B)$$

或

$$P_{ax}\left(\frac{x(a^2t)}{a}\in B\right)=P_x(x(t)\in B),$$

故

$$\begin{aligned}P_{ax}(H_{aB})&=P_{ax}\left(\text{存在 } s>0,\ \frac{x(s)}{a}\in B\right)\\&=P_{ax}\left(\text{存在 } t>0,\ \frac{x(a^2t)}{a}\in B\right)\\&=P_x(\text{存在 } t>0,\ x(t)\in B)=P_x(H_B).\end{aligned}$$

于是

$$C(aA)=\lim_{|x|\to+\infty}\frac{P_x(H_{aA})}{g(x)}=\lim_{|ax|\to+\infty}\frac{P_{ax}(H_{aA})}{g(ax)}$$

$$=\lim_{|x|\to+\infty}\frac{a^{n-2}P_{ax}(H_{aA})}{g(x)}=a^{n-2}\lim_{|x|\to+\infty}\frac{P_x(H_A)}{g(x)}$$

$$=a^{n-2}C(A).$$

(vi) 若 $B$ 为相对紧开集，则

$$C(B)=\sup\{C(K):K\subset B,\ K\text{ 紧}\}\tag{9.3}$$

实际上，令 $K_m\subset B$，$K_m$ 紧，

$$K_1\subset K_2\subset\cdots,\quad\bigcup_m K_m=B,$$

则由(8.26)，$P_x(H_{K_m})\uparrow P_x(H_B)$. 由此即可推知 $C(K_m)\uparrow C(B)$从而(9.3)成立. 为证此，令 $D$ 为相对紧开集，$D\supset\overline{B}$. 显然 $P_x(H_D)=1$，$x\in K_m$. 由于 $\mu_{K_m}$ 的支集含于 $K_m$，故

$$C(K_m)=\int_{K_m}P_x(H_D)\mu_{K_m}(\mathrm{d}x)$$

$$= \int_{K_m} G\mu_D(x)\mu_{K_m}(\mathrm{d}x)$$
$$= \int_{K_m}\int_{\bar{D}} g(y-x)\mu_D(\mathrm{d}y)\mu_{K_m}(\mathrm{d}x)$$
$$= \int_{\bar{D}} G\mu_{K_m}(y)\mu_D(\mathrm{d}y)$$
$$= \int_{\bar{D}} P_y(H_{K_m})\mu_D(\mathrm{d}y) \uparrow \int_{\bar{D}} P_y(H_B)\mu_D(\mathrm{d}y)$$
$$= C(B).$$

(vii) 若 $B$ 紧，则

$$C(B)=\inf(C(U):U\supset B,\ U \text{ 开},\ \bar{U} \text{ 紧}). \tag{9.4}$$

实际上，取 $U_m$ 为相对紧开集，

$$U_1\supset\bar{U}_2\supset U_2\supset\cdots;\quad \bigcap_m U_m=\bigcap_m \bar{U}_m=B.$$

取 $r$ 充分大，使 $\mathring{B}_r\supset\bar{U}_1$，则对 $\xi\in S_r$，有

$$P_\xi(H_{U_m})\downarrow P_\xi(H_B)$$

(参看(8.17)). 由(9.1)得

$$C(U_m)=\int_{S_r} DP_\xi(H_{U_m})U_r(\mathrm{d}\xi)\downarrow\int_{S_r} DP_\xi(H_B)U_r(\mathrm{d}\xi)$$
$$=C(B).$$

**9.2** 我们至此只对相对紧集定义了容度，现在希望把它的定义域扩大到一切 Borel 集上去. 为此，需利用 Choquet 容度理论.

设 $E$ 为局部紧、可分距离空间，$K$ 是 $E$ 中一切紧子集的类. 定义在 $K$ 上的实值集函数 $\varphi$ 称为 Choquet 容度，如果

(i) 若 $A\in K$，$B\in K$，$A\subset B$，则 $\varphi(A)\leqslant\varphi(B)$；

(ii) 对一切 $A\in K$，$B\in K$，有

$$\varphi(A\cup B)+\varphi(A\cap B)\leqslant\varphi(A)+\varphi(B);$$

(iii) 设 $A\in K$，则对任意 $\varepsilon>0$，存在开集 $U\supset A$，使对任意 $B\in K$，$A\subset B\subset U$，有

$$\varphi(B)-\varphi(A)<\varepsilon.$$

利用已给的 $\varphi(A)$，$A\in K$，可以对 $E$ 的任意子集 $A$ 定义内容度 $\varphi_*(A)$ 及外容度 $\varphi^*(A)$，

$$\varphi_*(A)=\sup\{\varphi(B):B\in K,\ B\subset A\},\tag{9.5}$$

$$\varphi^*(A)=\inf\{\varphi_*(U):U\text{ 为开集},\ A\subset U\}.\tag{9.6}$$

若对某 $A\subset E$，有

$$\varphi_*(A)=\varphi^*(A)\tag{9.7}$$

则称 $A$ 为可容的，并以此公共值作为 $A$ 的 Choquet 容度，记为 $\widetilde{C}(A)(=\varphi^*(A))$. 由(iii)，紧集 $B$ 是可容的，而且 $\widetilde{C}(B)=C(B)$.

**Choquet 容度扩张定理** 每一 Borel 集可容.

此定理之证可见[1][23]. 所谓 Borel 集类是指含一切开集的最小 $\sigma$ 代数. 其实不仅 Borel 集，更一般的解析集也是可容的. 利用此定理可证对相当广泛的过程，解析集的首中时是马氏时间. 还可证明：若 $A_n$，$A$ 可容，$A_n\uparrow A$，则 $\widetilde{C}(A_n)\uparrow\widetilde{C}(A)$.

现在回到 § 8. Ⅰ 中所定义的容度 $C(B)$，$B$ 为相对紧集，当限制在 $K$ 上考虑 $C(B)$ 时，由(i)(ii)(vi)(vii)知它是一 Choquet 容度. 根据扩张定理，可把它的定义域扩大到一切 Borel 集上而得 $\widetilde{C}(B)$.

今证若 $B$ 为相对紧集，则 $\widetilde{C}(B)=C(B)$；因而新定义与原定义在相对紧集上一致. 一方面

$$\widetilde{C}(B)=\sup\{C(A):A\in K,\ A\subset B\}\leqslant C(B);$$

另一方面，若 $U$ 为相对紧开集，则由(vi)及(9.5)，$\widetilde{C}(U)=C(U)$. 故对相对紧集 $B$，

$$\begin{aligned}\widetilde{C}(B)&=\inf\{\widetilde{C}(U):U\text{ 为相对紧开集},\ U\supset B\}\\&=\inf\{C(U):U\text{ 为相对紧开集},\ U\supset B\}\geqslant C(B),\end{aligned}$$

从而 $\widetilde{C}(B)=C(B)$.

**注 1** 对具体的 $B$，要求出它的容度并非容易. 因为由

(9.1)，这相当于要求出 $P_{\xi}(H_B)$. 有时可以利用逼近定理：若 $B_m \in \beta^n$，$B_m \uparrow B$，$B$ 有界，则 $C(B_m) \uparrow C(B)$；或者 $B_m$ 紧，$B_m \downarrow B$，则 $C(B_m) \downarrow C(B)$. 对有些集，可以找到容度的估值. 例如(见[17])，设

$$C_L = \left(x: 0 \leqslant x_1 < L, \sum_{i=2}^{n} x_i^2 \leqslant 1\right), L > 0$$

它是底为 $n-1$ 维单位球高为 $L$ 的圆柱. 则 $L_0>0$，存在常数 $M$ 及 $N$，使

$$ML \leqslant C(C_L) \leqslant NL,\ (L>L_0,\ n>3);$$

$$\frac{ML}{\lg L} \leqslant C(C_L) \leqslant \frac{NL}{\lg L},\ (L>L_0,\ n=3).$$

## §10. 暂留集的平衡测度

**10.1** 在§8中，对相对紧集定义了平衡测度，并证明了两个重要的结果，即(8.8)与(8.16). 本节将推广这些结果到某些无界集上，即§6中所定义的暂留集上，后者依赖于布朗运动本身. 相对紧集都是暂留集，($n\geqslant 3$). 回忆暂留集 $B(\in\beta^n)$的定义是：对一切 $x$，有

$$\lim_{t\to+\infty} P_x(x_s\in B \text{ 对某 } s>t)=0. \tag{10.1}$$

称 $\beta^n$ 上的任一测度 $\mu$ 为 Radon 测度，如对任一紧集 $K$，有 $\mu(K)<+\infty$.

设 $\mu_n(n\geqslant 1)$及 $\mu$ 皆为 Radon 测度，称 $\mu_n$ 淡收敛于 $\mu$(Converges vaguely)，如对任一有紧支集的连续函数 $\varphi$，有

$$\lim_{n\to+\infty}\int\varphi\mathrm{d}\mu_n=\int\varphi\mathrm{d}\mu, \tag{10.2}$$

淡收敛记为 $\mu_n\xrightarrow{V}\mu$. $\left(\int=\int_{\mathbf{R}^n}\right)$.

设 $\mu_n$ ($n\geqslant 1$) 为一列 Radon 测度，若对每紧集 $K$，有 $\sup\limits_n\mu_n(K)<+\infty$，则必存在一列严格上升的整数$\{n_j\}$及 Radon 测度 $\mu$，使 $\mu_{n_j}\xrightarrow{V}\mu$.

**定理 1** 设 $B$ 为暂留集，则

(i) 存在唯一 Radon 测度 $\mu_B$，其支集$_L\mu_B\subset\partial B$，使

$$G\mu_B(x)=P_x(h_B<+\infty). \tag{10.3}$$

(ii) 若 $B_m(m\geqslant 1)$是任一列相对紧集，满足

$$B_1\subset B_2\subset\cdots,\quad \bigcup_m B_m=B,$$

则当 $m\to+\infty$时，有

$$G\mu_{B_m}\uparrow G\mu_B,\ \mu_{B_m}\xrightarrow{V}\mu_B.$$

**证** i) 设$\{B_m\}$满足定理条件，则

$$\bigcup_m(h_{B_m}<+\infty)=(h_B<+\infty);$$

$$P_x(h_{B_m}<+\infty)\uparrow P_x(h_B<+\infty).$$

由(8.8)，

$$G\mu_{B_m}(x)=P_x(h_{B_m}<+\infty)\leqslant P_x(h_B<+\infty)\overset{(设)}{=\!=\!=}\varphi_B(x).\tag{10.4}$$

设$K$为任一紧集，因$\inf\limits_{y\in K}g(y-x)=C(x)>0$，由上式得

$$P_x(h_B<+\infty)\geqslant\int_K g(y-x)\mu_{B_m}(\mathrm{d}y)\geqslant C(x)\mu_{B_m}(K),$$

故$\sup\limits_m\mu_{B_m}(K)<+\infty$. 根据上述，存在子列$\mu_{B'_m}\xrightarrow{V}\mu_B$，其中$\mu_B$为某 Radon 测度.

ii) 设$f\geqslant 0$连续，有紧支集. 由§1引理4，$Gf$有界连续. 以$B_r$表半径为$r$、中心为0的闭球. 当$Gf$限制在$B_r$上时，由$\mu_{B'_m}\xrightarrow{V}\mu_B$得

$$\begin{aligned}A&\overset{(设)}{=\!=\!=}\lim_{r\to+\infty}\left(\lim_{m\to+\infty}\int_{B_r}Gf(x)\mu_{B'_m}(\mathrm{d}x)\right)\\&=\lim_{r\to+\infty}\int_{B_r}Gf(x)\mu_B(\mathrm{d}x)\\&=\int Gf(x)\mu_B(\mathrm{d}x)\\&=\int G\mu_B(x)f(x)\mathrm{d}x.\end{aligned}\tag{10.5}$$

再由$G\mu_{B'_m}\uparrow\varphi_B$得

$$\begin{aligned}B&\overset{(设)}{=\!=\!=}\lim_{m\to+\infty}\int Gf(x)\mu_{B'_m}(\mathrm{d}x)\\&=\lim_{m\to+\infty}\int G\mu_{B'_m}(x)f(x)\mathrm{d}x\end{aligned}$$

$$= \int \varphi_B(x) f(x) \mathrm{d}x, \tag{10.6}$$

利用最后将证明的一个结果：对任 $\varepsilon > 0$，存在 $r_0 > 0$，使当 $r \geqslant r_0$ 时，有

$$\sup_m \int_{B_r^c} \mu_{B'_m}(\mathrm{d}x) Gf(x) < \varepsilon. \tag{10.7}$$

容易看出，当 $r$ 充分大时，$A$ 与 $B$ 之值皆在

$$\lim_{m \to +\infty} \int Gf(x) \mu_{B'_m}(\mathrm{d}x) \pm \varepsilon$$

之间，从而 $A = B$，于是(10.5)(10.6)之右方值也相等而有

$$\int G\mu_B(x) f(x) \mathrm{d}x = \int \varphi_B(x) f(x) \mathrm{d}x,$$

由 $f$ 的任意性得

$$G\mu_B(x) = \varphi_B(x) \quad \text{a. e.}.$$

利用§8定理2中的同样证法，即知上式对一切 $x$ 成立．此得证(10.3)及(ii)中第一结论．

iii) 若$\{\mu_{B''_m}\}$为$\{\mu_{B_m}\}$的另一淡收敛于某测度 $\mu'_B$的子列，则用同样推理可得

$$G\mu'_B(x) = \varphi_B(x) = G\mu_B(x).$$

由唯一性定理(§7定理1)，即得 $\mu'_B = \mu_B$，因而 $\mu_{B_m} \xrightarrow{V} \mu_B$．唯一性定理还表明 $\mu_B$ 是唯一的有势为 $\varphi_B$ 的测度．下证支集$_L\mu_B \subset \partial B$．取球列$\{B_m\}$，令 $C_m = B \cap B_m$，则

$$C_1 \subset C_2 \subset \cdots, \quad \bigcup_m C_m = B.$$

于是 $\mu_{C_m} \xrightarrow{V} \mu_B$．但$_L\mu_{C_m} \subset \partial C_m$，而且 $B$ 之每一内点必为 $C_m$($m$ 充分大)的内点，故$_L\mu_B \subset \partial B$.

iv) 剩下要证(10.7)．若 $x \in B_r^c$，则 $H_{B_r^c}(x, \mathrm{d}y)$集中在点 $x$ 上，故

$$\int_{B_r^c} \mu_{B'_m}(\mathrm{d}x) Gf(x) = \int_{B_r^c} \mu_{B'_m}(\mathrm{d}x) H_{B_r^c} Gf(x)$$

$$\leqslant \int \mu_{B'_m}(\mathrm{d}x) H_{B_r^c} Gf(x). \qquad (10.8)$$

在(6.13)中令 $\lambda \to 0$ 得

$$\int H_{B_r^c}(x,\mathrm{d}z) g(y-z) = \int H_{B_r^c}(y,\mathrm{d}z) g(x-z).$$

由此及(10.4)得

$$\begin{aligned} &\int \mu_{B'_m}(\mathrm{d}x) H_{B_r^c} Gf(x) \\ &= \iiint \mu_{B'_m}(\mathrm{d}x) H_{B_r^c}(x,\mathrm{d}z) g(y-z) f(y)\mathrm{d}y \\ &= \iiint \mu_{B'_m}(\mathrm{d}x) f(y)\mathrm{d}y H_{B_r^c}(y,\mathrm{d}z) g(x-z) \\ &= \int H_{B_r^c} G\mu_{B'_m}(y) f(y)\mathrm{d}y \leqslant \int H_{B_r^c}\varphi_B(y) f(y)\mathrm{d}y. \end{aligned}$$

联合(10.8)即得

$$\int_{B_r^c} Gf(x)\mu_{B'_m}(\mathrm{d}x) \leqslant \int H_{B_r^c}\varphi_B(y) f(y)\mathrm{d}y. \qquad (10.9)$$

简写 $h_{B_r^c}$ 为 $h$，注意 $\varphi_B \leqslant 1$；对 $t>0$ 有

$$\begin{aligned} H_{B_r^c}\varphi_B(y) &= E_y[\varphi_B(x(h))] \\ &= E_y[\varphi_B(x(h)),\ h\leqslant t] + E_y[\varphi_B(x(h)),\ h>t] \\ &\leqslant P_x(h\leqslant t) + T_t\varphi_B(y). \end{aligned} \qquad (10.10)$$

因 $B$ 为暂留集，故

$$T_t\varphi_B(y) = P_y(x(s)\in B \text{ 对某 } s>t) \downarrow 0,\ (t\to+\infty)$$

又因 $P_x(\lim\limits_{r\to+\infty} h = +\infty) = 1$，故 $\lim\limits_{r\to+\infty} P_y(h\leqslant t) = 0$. 于是由(10.10)，$\lim\limits_{r\to+\infty} H_{B_r^c}\varphi_B(y) = 0$. 既然 $f$ 有紧支集，由控制收敛定理，当 $r$ 充分大时，(10.9)式右方积分小于任意给定的 $\varepsilon>0$；于是左方对一切 $m$ 也如此，此得证(10.7).

我们仍然称定理 1 中的 $\mu_B$ 为 $B$ 的平衡测度，其势称为平衡势.

**10.2** 在 §9 中，对任一 Borel 集 $B$，定义了容度 $\widetilde{C}(B)$，它

是由相对紧集的容度经扩张后而来的. 自然要问：当 $B$ 为暂留集时，其平衡测度的全部质量 $\mu_B(\mathbf{R}^n)$是否等于 $\widetilde{C}(B)$？为此，需要下列引理.

**引理 1** 设 $B$ 为暂留集，又 $A\subset B$，则

$$\mu_A(\mathbf{R}^n)\leqslant\mu_B(\mathbf{R}^n). \tag{10.11}$$

**证** 以$\{D_m\}$表一列上升的相对紧集，其和为 $\mathbf{R}^n$. 由定理1得

$$\begin{aligned}\int\mu_A(\mathrm{d}x)G\mu_{D_m}(x) &= \int\mu_{D_m}(\mathrm{d}x)G\mu_A(x)\\ &= \int\mu_{D_m}(\mathrm{d}x)P_x(h_A<+\infty)\\ &\leqslant \int\mu_{D_m}(\mathrm{d}x)P_x(h_B<+\infty)\\ &= \int\mu_{D_m}(\mathrm{d}x)G\mu_B(x)\\ &= \int\mu_B(\mathrm{d}x)G\mu_{D_m}(x).\end{aligned}$$

既然

$$G\mu_{D_m}(x)=P_x(h_{D_m}<+\infty)\uparrow 1,$$

故由单调收敛定理得证(10.11).

**定理 2** 设 $B$ 为暂留集

(i) 若$\{B_m\}$为相对紧集列，

$$B_1\subset B_2\subset\cdots,\quad \bigcup_m B_m=B,$$

则 $C(B_m)\uparrow\widetilde{C}(B)$；

(ii) $\widetilde{C}(B)=\mu_B(\mathbf{R}^n)$.

**证** i) 由 $C(B_m)=\mu_{B_m}(\mathbf{R}^n)$及(10.11)，得

$$C(B_1)\leqslant C(B_2)\leqslant\cdots\leqslant\mu_B(\mathbf{R}^n). \tag{10.12}$$

以 $f_r(r\geqslant 1)$表有紧支集的连续函数，$0\leqslant f_r\leqslant 1$，$f_r\uparrow 1$，$(r\to+\infty)$，有

$$C(B_m) \geqslant \int f_r(x)\mu_{B_m}(\mathrm{d}x).$$

既然 $\mu_{B_m} \xrightarrow{V} \mu_B$，得 $\lim\limits_{m\to+\infty} C(B) \geqslant \int f_r(x)\mu_B(\mathrm{d}x)$. 再令 $r\to+\infty$，有

$$\lim_{m\to+\infty} C(B_m) \geqslant \mu_B(\mathbf{R}^n).$$

结合(10.12)得

$$C(B_m) \uparrow \mu_B(\mathbf{R}^n). \tag{10.13}$$

ii) 下面分两种情况，先设 $\mu_B(\mathbf{R}^n)=+\infty$. 对任意 $N>0$，必有 $m$ 使 $C(B_m)\geqslant 2N$，由于

$$C(B_m)=\sup\{C(K),\ K\subset B_m,\ K\text{ 紧}\}, \tag{10.14}$$

故必有紧集 $K\subset B_m\subset B$，使 $C(K)>N$；从而

$$\widetilde{C}(B)=\sup\{C(K):\ K\subset B,\ K\text{ 紧}\}=+\infty=\mu_B(\mathbf{R}^n).$$

次设 $\mu_B(\mathbf{R}^n)<+\infty$. 对 $\varepsilon>0$，存在 $m$ 使 $C(B_m)\geqslant\mu_B(\mathbf{R}^n)-\varepsilon$. 由(10.14)，有紧集 $K\subset B_m\subset B$，使

$$C(K)\geqslant C(B_m)-\varepsilon\geqslant\mu_B(\mathbf{R}^n)-2\varepsilon,$$

故 $\widetilde{C}(B)\geqslant\mu_B(\mathbf{R}^n)$. 联合(13)即得

$$\widetilde{C}(B)=\mu_B(\mathbf{R}^n).$$

**10.3** 现在来推广(8.16)，它是概率论与势论间的一重要联系.

**定理 3** 设 $B$ 为闭集，则

$$P_x(h_B<+\infty)=\sup_{\mu\in M(B)} G\mu(x). \tag{10.15}$$

**证** 因 $B$ 闭，可以找到紧集 $B_n\subset B$，$B_1\subset B_2\subset\cdots$，$\bigcup\limits_n B_n=B$. 由§8 定理 2

$$G\mu_{B_n}(x)=P_x(h_{B_n}<+\infty)\uparrow P_x(h_B<+\infty),\ (n\to+\infty). \tag{10.16}$$

另一方面，设 $\mu\in M(B)$，其紧支集含于 $B_n$. 由(8.22)(8.23)

$$G\mu(x)\leqslant G\mu_{B_n}(x)=P_x(h_{B_n}<+\infty)\leqslant P_x(h_B<+\infty),$$

由此及(10.16)即得(10.15).

**系1** 闭集 $B$ 为暂留集的充分必要条件是：存在 Radon 测度 $\mu_B$，其支集含于 $\partial B$，使

$$G\mu_B(x)=\sup\{G\mu(x):\ \mu\in M(B)\}. \tag{10.17}$$

**证 必要性** 由定理1与定理3得

$$G\mu_B(x)=P_x(h_B<+\infty)=\sup\{G\mu(x):\ \mu\in M(B)\}.$$

**充分性** 由(10.17)及定理3

$$G\mu_B(x)=\sup\{G\mu(x):\ \mu\in M(B)\}=P_x(h_B<+\infty),$$

$$T_tG\mu_B(x)=T_tP_x(h_B<+\infty)=P_x(x_s\in B,\text{对某 } s>t).$$

令 $t\to+\infty$，仿§8定理2之证，知左方趋于0. 故 $B$ 为暂留集.

对暂留集 $B$ 的平衡测度 $\mu_B$，我们已证明

$$_L\mu\subset\partial B,\ \mu_B(\mathbf{R}^n)=\widetilde{C}(B),$$

故它与容度的扩张理论是相容的.

# §11. 极　集

**11.1 λ-势**　本节讨论集为极集的条件. 回忆集 $B\in\beta^n$ 称为极集，如 $P_x(h_B<+\infty)\equiv 0$. 以下会看到，这些条件可通过容度、规则点或势来表达.

对 $\lambda>0$，令

$$H_B^\lambda(x,A)=\int_0^{+\infty}\mathrm{e}^{-\lambda t}P_x(h_B\in \mathrm{d}t,x(h_B)\in A),\tag{11.1}$$

$$\mu_B^\lambda(A)=\lambda\int H_B^\lambda(x,A)\mathrm{d}x.\tag{11.2}$$

下引理表明：$E_x\mathrm{e}^{-\lambda h_B}$ 是 $\mu_B^\lambda$ 的 $\lambda$-势.

**引理 1**　对任意 $B\in\beta^n$，有

$$E_x\mathrm{e}^{-\lambda h_B}=\int g^\lambda(y-x)\mu_B^\lambda(\mathrm{d}y)(\equiv G^\lambda\mu_B^\lambda(x)).\tag{11.3}$$

**证**　将(6.12)双方对 $x\in\mathbf{R}^n$ 积分，并利用

$$\begin{aligned}\int g^\lambda(x)\mathrm{d}x&=\int_0^{+\infty}\mathrm{e}^{-\lambda t}\int p(t,x)\mathrm{d}x\mathrm{d}t\\&=\int_0^{+\infty}\mathrm{e}^{-\lambda t}\mathrm{d}t=\frac{1}{\lambda}\end{aligned}\tag{11.4}$$

得

$$1=\int_{\bar{B}}\mu_B^\lambda(\mathrm{d}z)g^\lambda(y-z)+\lambda\int g_B^\lambda(x,y)\mathrm{d}x.\tag{11.5}$$

由 $g_B^\lambda$ 的对称性及(6.7)

$$\begin{aligned}\int g_B^\lambda(x,y)\mathrm{d}x&=\int g_B^\lambda(y,x)\mathrm{d}x\\&=E_y\int_0^{h_B}\mathrm{e}^{-\lambda t}\mathrm{d}t=\frac{1}{\lambda}[1-E_y\mathrm{e}^{-\lambda h_B}],\end{aligned}\tag{11.6}$$

代入(11.5)并利用 $g^\lambda$ 的对称性即得(11.3).

**系1** 设 $n\geqslant 2$，则可列点集为极集.

**证** 利用

$$P_x(h_{\bigcup_m A_m}<+\infty)\leqslant\sum_m P_x(h_{A_m}<+\infty),$$

知可列多个极集之和为极集. 故只要证单点集为极集. 在(11.3)中取 $B=\{a\}$，得

$$E_x \mathrm{e}^{-\lambda h_a}=g^\lambda(a-x)\mu_a^\lambda(a),\ a=\{a\}. \tag{11.7}$$

令 $x\to a$，左方界于0与1之间，而由 $n\geqslant 2$，

$$\lim_{x\to a} g^\lambda(a-x)=g^\lambda(0)=+\infty,$$

故必 $\mu_a^\lambda(a)=0$. 于是 $E_x\mathrm{e}^{-\lambda h_a}\equiv 0$，从而

$$P_x(h_a<+\infty)\equiv 0.$$

**注意** $\mu_B^\lambda$ 集中在 $\bar{B}$ 上，又 $g^\lambda(x)$ 当 $x$ 在紧集上变动时，下界大于0，故由(11.3)知：若 $\bar{B}$ 紧，则 $\mu_B^\lambda(\bar{B})<+\infty$. 令

$$C^\lambda(B)=\mu_B^\lambda(\bar{B}). \tag{11.8}$$

**引理2** 设 $B$ 与 $B_m$ 皆紧，又

$$B_1\supset\mathring{B}_1\supset B_2\supset\mathring{B}_2\supset\cdots,\quad \bigcap_m\mathring{B}_m=\bigcap_m B_m=B,$$

则有

$$\lim_{m\to+\infty} C^\lambda(B_m)=C^\lambda(B). \tag{11.9}$$

**证** 将(11.3)双方对 $x\in\mathbf{R}^n$ 积分，利用(11.4)

$$\begin{aligned}\int E_x\mathrm{e}^{-\lambda h_B}\mathrm{d}x&=\iint g^\lambda(y-x)\mathrm{d}x\mu_B^\lambda(\mathrm{d}y)\\&=\frac{1}{\lambda}\int\mu_B^\lambda(\mathrm{d}y)=\frac{1}{\lambda}\mu_B^\lambda(\bar{B})=\frac{1}{\lambda}C^\lambda(B),\end{aligned}$$

故得

$$C^\lambda(B)=\lambda\int E_x\mathrm{e}^{-\lambda h_B}\mathrm{d}x,C^\lambda(B_m)=\lambda\int E_x\mathrm{e}^{-\lambda h_{B_m}}\mathrm{d}x. \tag{11.10}$$

由§6引理1及§3定理4

$$E_x e^{-\lambda h_{B_m}} \downarrow E_x e^{-\lambda h_B} \quad L\text{-a. e. } x,$$

由此及(11.10)即得(11.9).

**11.2 充分必要条件**

**定理1** 设 $K$ 为紧集，又 $\sup\limits_x E_x e^{-\lambda h_K} = \beta < 1$，则 $K$ 为极集.

**证** 取一列紧集 $K_m \supset K$，使

$$K_1 \supset \mathring{K}_1 \supset K_2 \supset \mathring{K}_2 \supset \cdots, \quad \bigcap_m K_m = \bigcap_m \mathring{K}_m = K.$$

由 $y \in K \subset \mathring{K}_m \subset K_m^r$，得

$$E_y[\exp(-\lambda h_{K_m})] = 1. \tag{11.11}$$

一方面

$$\iint g^\lambda(y-x)\mu_K^\lambda(\mathrm{d}y)\mu_{K_m}^\lambda(\mathrm{d}x)$$

$$= \int_{K_m} [E_x \exp(-\lambda h_K)]\mu_{K_m}^\lambda(\mathrm{d}x) \leqslant \beta C^\lambda(K_m).$$

另一方面，由(11.11)

$$\iint g^\lambda(y-x)\mu_K^\lambda(\mathrm{d}y)\mu_{K_m}^\lambda(\mathrm{d}x)$$

$$= \int_K [E_y \exp(-\lambda h_{K_m})]\mu_K^\lambda(\mathrm{d}y) = C^\lambda(K).$$

由此及引理2

$$C^\lambda(K) \leqslant \beta C^2(K_m) \downarrow \beta C^\lambda(K),$$

故 $C^\lambda(K)=0$. 由(11.3)

$$E_x[\exp(-\lambda h_k)] \equiv 0; \ P_x(h_k < +\infty) \equiv 0.$$

在§3中，我们称可测集 $B$ 为疏集，若 $B^c = \varnothing$. 直观地说，疏集是自任一点出发都不能立刻击中的集. 下定理表示：如果一紧集自任一点都不能立刻击中，那么它自任一点都永远不能击中.

**定理 2** 设 $A$ 紧，则 $A$ 为极集的充分必要条件是它为疏集.

**证 必要性** 由

$$P_x(h_A=0)\leqslant P_x(h_A<+\infty)$$

知极集必疏.

**充分性** （i）先证 $E_x\mathrm{e}^{-\lambda h_A}$ 对 $x$ 下连续. 由 §3 定理 3，$P_x(h_A\leqslant t)$下连续. 由 Fatou 引理及 $P_x(h_A=0)\equiv 0$，得

$$\begin{aligned}\varliminf_{x\to a}E_x\mathrm{e}^{-\lambda h_A} &= \varliminf_{x\to a}\int_0^{+\infty}\mathrm{e}^{-\lambda t}\,\mathrm{d}P_x(h_A\leqslant t)\\ &= \varliminf_{x\to a}\lambda\int_0^{+\infty}P_x(h_A\leqslant t)\mathrm{e}^{-\lambda t}\,\mathrm{d}t\\ &\geqslant \lambda\int_0^{+\infty}\varliminf_{x\to a}P_x(h_A\leqslant t)\mathrm{e}^{-\lambda t}\,\mathrm{d}t\\ &\geqslant \lambda\int_0^{+\infty}P_a(h_A\leqslant t)\mathrm{e}^{-\lambda t}\,\mathrm{d}t = E_a\mathrm{e}^{-\lambda h_A}.\end{aligned}$$

（ii）令

$$A_m=\left(x:\ E_x\mathrm{e}^{-\lambda h_A}\leqslant 1-\frac{1}{m}\right)\cap A\subset A,$$

由(i) 知 $A_m$ 紧. 根据引理 1，对 $x\in A_m$，有

$$G^\lambda\mu^\lambda_{A_m}(x)=E_x\exp(-\lambda h_{A_m})\leqslant E_x\exp(-\lambda h_A)\leqslant 1-\frac{1}{m}.$$

由 §7 极大原理(定理 2′)，上式对一切 $x\in\mathbf{R}^n$ 成立. 由定理 1 知 $A_m$ 为极集. 因 $A^r=\varnothing$，故 $A=\bigcup\limits_m A_m$ 也是极集.

**注 1** 细看定理 2 的证明，不必假设 $P_x(h_A=0)\equiv 0$，仍可证$P_x(h_A\leqslant t)$的下连续性，为此，只需利用

$$\int_0^{+\infty}\mathrm{e}^{-\lambda t}\,\mathrm{d}P_x(h_A\leqslant t)=\lambda\int_0^{+\infty}P_x(h_A\leqslant t)\mathrm{e}^{-\lambda t}\,\mathrm{d}t-P_x(h_A=0).$$

**定理 3** 若 $B$ 紧，则 $B\cap(B^r)^c$ 为极集.

**证** 注意若 $N\supset M$，$x\overline{\in}N^r$，则显然 $x\overline{\in}M^r$. 对正整数 $m$，令

$$B_m = B \cap \left(x: E_x e^{-\lambda h_B} \leqslant 1 - \frac{1}{m}\right) \equiv B \cap D_m,$$

任取 $x \in \mathbf{R}^n$. 或者 $x \overline{\in} B^r$，由上述事实知 $x \overline{\in} B_m^r$. 或者 $x \in B^r$，因之 $P_x(h_B = 0) = 1$ 而 $x \overline{\in} D_m$. 既然 $E_x e^{-\lambda h_B}$ 对 $x$ 下连续，$D_m$ 闭，故 $x \overline{\in} D_m^r$. 再利用上事实，$x \overline{\in} B_m^r$. 于是得知 $B_m^r = \varnothing$. 由定理 2，$B_m$ 为极集；从而 $B \cap (B^r)^c = \bigcup\limits_m B_m$ 也是极集.

**定理 4** 设 $B \in \beta^n$，$(n \geqslant 3)$，则 $B$ 为极集的充分必要条件是下两者之一：

(i) $B$ 的任一紧子集为极集；

(ii) 容度 $\widetilde{C}(B) = 0$.

**证** (i) **必要性**显然. 反之，设紧子集 $K \subset B$ 为极集，由§8 系 1，$C(K) = 0$. 于是对 $B$ 的任意相对紧子集 $A$，有

$$C(A) = \widetilde{C}(A) = \sup\{C(K): K \subset A, K \text{ 紧}\} = 0.$$

再由§8 系 1，$A$ 为极集. 特别，$B \cap B_m$ 为极集，其中 $B_m = (x: |x| \leqslant m)$. 由 $B = \bigcup\limits_m (B \cap B_m)$ 知 $B$ 为极集.

(ii) 若 $B$ 为极集，则其紧子集为极集. 由§8 系 1

$$\widetilde{C}(B) = \sup\{C(K): K \subset B, K \text{ 紧}\} = 0.$$

反之，若 $\widetilde{C}(B) = 0$，则对其任意紧子集 $K$，有 $C(K) = 0$，故 $K$ 为极集. 由(i)即知 $B$ 为极集.

回忆§8.3 中 $M(B)$ 的定义.

**定理 5** 设 $B \in \beta^n$，$(n \geqslant 3)$. 则 $B$ 为极集的充分必要条件是$M(B) = \varnothing$；或等价地，对任意测度 $\mu$，其支集 $K \subset B$，$0 < \mu(B) < +\infty$，有

$$\sup_x G\mu(x) = +\infty.$$

**证** 只需证后一结论. 设有如上之 $\mu$，使$\sup\limits_x G\mu(x) \leqslant N < +\infty$，则

$$\frac{\mu}{N}\in M(K)\subset M(B).$$

显然，由(8.16)，

$$P_x(h_B<+\infty)\geqslant P_x(h_K<+\infty)\geqslant\frac{G\mu(x)}{N}.$$

因 $\mu$ 非 0，由 §7 唯一性定理；至少有一 $x$，使 $G\mu(x)>0$. 对此 $x$，$P_x(h_B<+\infty)>0$，故 $B$ 非极集.

反之，如 $B$ 非极集，由定理 4(i)，$B$ 必有某紧子集 $K$，它非极集，即 $P_x(h_K<+\infty)>0$ 对某 $x$ 成立. 考虑 $K$ 的平衡测度 $\mu_K$，由 §8 定理 2

$$0<P_x(h_K<+\infty)=G\mu_K(x)\leqslant 1,$$

故 $\mu_K$ 使 $\sup\limits_x G\mu_K(x)=+\infty$ 不成立.

# §12. 末遇分布

**12.1 末遇时与末遇点** 对 $B\in\beta^n$，$(n\geqslant 3)$，定义 $B$ 的末遇时为

$$l_B(\omega)=\begin{cases}\sup(t>0,\ x_t(\omega)\in B), & \text{右方集非空},\\ 0, & \text{否则}\end{cases}\qquad(12.1)$$

并称 $x(l_B)$为 $B$ 的末遇点. 由于

$$(l_B>t)=(\theta_t h_B<+\infty),\qquad(12.2)$$

故 $l_B$ 是一随机变量.

本节中，设 $B$ 为暂留集，$\mu_B$ 表 §10 定理 1 中的 Radon 测度，即 $B$ 的平衡测度.

**定理 1** 自 $x\in\mathbf{R}^n$ 出发，$l_B$ 的分布在$(0,+\infty)$绝对连续，而且有密度为

$$\int p(t,x,z)\mu_B(\mathrm{d}z),(t>0).$$

**证** 由(12.1)及 §10 定理 1，

$$\begin{aligned}P_x(l_B>t)&=P_x(\theta_t h_B<+\infty)=E_x P_{x(t)}(h_B<+\infty)\\&=\int p(t,x,y)p_y(h_B<+\infty)\mathrm{d}y\\&=\int p(t,x,y)G\mu_B(y)\mathrm{d}y\\&=\int p(t,x,y)\int g(y,z)\mu_B(\mathrm{d}z)\mathrm{d}y\\&=\int p(t,x,y)\int\int_0^{+\infty}p(s,y,z)\mathrm{d}s\mu_B(\mathrm{d}z)\mathrm{d}y\\&=\int_0^{+\infty}\int p(s+t,x,z)\mu_B(\mathrm{d}z)\mathrm{d}s\end{aligned}$$

$$= \int_t^{+\infty} \left[ \int p(s,x,z)\mu_B(\mathrm{d}z) \right] \mathrm{d}s.$$

**系 1** $E_x(\mathrm{e}^{-\lambda l_B}, l_B > 0) = \int g^\lambda(x,y)\mu_B(\mathrm{d}y), (\lambda \geqslant 0).$ （12.3）

**证** 左方等于

$$\int_{0+}^{+\infty} \mathrm{e}^{-\lambda t} P_x(l_B \in \mathrm{d}t) = \int_{0+}^{+\infty} \mathrm{e}^{-\lambda t} \int p(t,x,z)\mu_B(\mathrm{d}z)\mathrm{d}t$$
$$= \int g^\lambda(x,z)\mu_B(\mathrm{d}z),$$

以

$$L_B(x,\ A) = P_x(x(l_B) \in A,\ l_B > 0)$$

表末遇点的分布，则有下列定理，它由 Chung [3]得到.

**定理 2**

$$L_B(x,A) = \int_A g(x,y)\mu_B(\mathrm{d}y), (x \in \mathbf{R}^n, A \in \beta^n).$$ （12.4）

**证** 取 $f \geqslant 0$ 为 $\mathbf{R}^n$ 上连续函数，有紧支集，且在 $x$ 之某邻域中为 0，因为在$(l_B > t)$上，$l_B = t + \theta_t l_B$ 故对 $\lambda \geqslant 0$ 有

$$\int_0^{+\infty} \mathrm{e}^{-\lambda t} E_x[f(x(l_B - t)); l_B > t]\mathrm{d}t$$
$$= E_x\left[\int_0^{l_B} \mathrm{e}^{-\lambda t} f(x(l_B - t))\mathrm{d}t\right] = E_x\left[\int_0^{l_B} \mathrm{e}^{-\lambda(l_B - t)} f(x(t))\mathrm{d}t\right]$$
$$= E_x\left[\int_0^{l_B} \mathrm{e}^{-\lambda\theta_t l_B} f(x(t))\mathrm{d}t\right] = \int_0^{+\infty} E_x[\mathrm{e}^{-\lambda\theta_t l_B} f(x(t)); l_B > t]\mathrm{d}t$$
$$= \int_0^{+\infty} E_x[f(x(t))E_{x(t)}(\mathrm{e}^{-\lambda l_B}; l_B > 0)]\mathrm{d}t$$
$$= \int_0^{+\infty} \int f(z)E_z(\mathrm{e}^{-\lambda t_B}; l_B > 0)p(t,x,z)\mathrm{d}z\mathrm{d}t$$
$$= \int g(x,z)f(z)\left[\int g^\lambda(z,y)\mu_B(\mathrm{d}y)\right]\mathrm{d}z \quad (\text{由}(12.3))$$

$$=\int g(x,z)f(z)\left[\iint_0^{+\infty}\mathrm{e}^{-\lambda t}p(t,z,y)\mathrm{d}t\mu_B(\mathrm{d}y)\right]\mathrm{d}z$$

$$=\int_0^{+\infty}\mathrm{e}^{-\lambda t}\left[\iint p(t,z,y)f(z)g(x,z)\mathrm{d}z\mu_B(\mathrm{d}y)\right]\mathrm{d}t.$$

两边取反拉氏变换，得对 $L$-a. e. $t\in(0, +\infty)$，有

$$E_x[f(x(l_B-t));l_B>t]$$

$$=\iint p(t,z,y)f(z)g(x,z)\mathrm{d}z\mu_B(\mathrm{d}y). \tag{12.5}$$

注意 $f(\cdot)g(x, \cdot)$连续而且有紧支集．由于(12.5)皆对 $t$ 连续，故(12.5)对一切 $t>0$ 成立．在(12.5)中令 $t\to 0$ 得

$$E_x[f(x(l_B));l_B>0]=\int f(y)g(x,y)\mu_B(\mathrm{d}y),$$

故
$$P_x(x(l_B)\in A,l_B>0)=\int_A g(x,y)\mu_B(\mathrm{d}y). \tag{12.6}$$

对 $A\subset\mathbf{R}^n\setminus\{x\}$成立．因

$$P_x(l_B>0)=P_x(h_B<+\infty)=\int g(x,y)\mu_B(\mathrm{d}y),$$

故(12.6)对一切 $A\subset\mathbf{R}^n$，$A\in\beta^n$成立．

**系 2**
$$P_x(x(l_B)\in A,l_B>t)$$
$$=\int_A\left[\int_t^{+\infty}p(s,x,z)\mathrm{d}s\right]\mu_B(\mathrm{d}z). \tag{12.7}$$

**证** 左式等于

$$P_x(\theta_t(x(l_B)\in A,l_B>0))$$

$$=E_xP_{x(t)}(x(l_B)\in A,l_B>0)$$

$$=\int p(t,x,y)P_y(x(l_B)\in A,l_B>0)\mathrm{d}y$$

$$=\int p(t,x,y)\int_A g(y,z)\mu_B(\mathrm{d}z)\mathrm{d}y$$

$$=\int_A\left(\int_t^{+\infty}p(s,x,z)\mathrm{d}s\right)\mu_B(\mathrm{d}z).$$

**系 3** 对相对紧集 $B$，有

$$L_B(x, \mathrm{d}y)=g(x, y)\lim_{|z|\to+\infty}\frac{H_B(z, \mathrm{d}y)}{g(z, y)}, \qquad (12.8)$$

其中 $H_B(z, A)=P_z(x(h_B)\in A)$ 为首中点分布.

**证** 由(12.6)及(8.5)

$$\frac{L_B(x, \mathrm{d}y)}{g(x, y)}=\mu_B(\mathrm{d}y)=\lim_{|z|\to+\infty}\frac{H_B(z, \mathrm{d}y)}{g(z)},$$

再注意 $\lim\limits_{|z|\to+\infty}\frac{g(z, y)}{g(z)}=1$，即得(12.8).

因此，末遇点分布可通过首中点分布来表达.

**12.2 球的情形** 由轨道的连续性，容易看出，自球内点 $x$ 出发，$|x|<r$，则球 $B$ 与球面 $S_r$ 之末遇时同分布，末遇点也同分布. 系3及以下诸定理皆见于[21]，定理3也在[10]中得到.

**定理3** 自0出发，球面 $S_r$ 之末遇时 $l_{S_r}$ 的分布 $P_0(l_{S_r}\leqslant t)$ 对 $t>0$ 绝对连续，有密度为

$$f(t)=\frac{r^{n-2}}{2^{\frac{n}{2}-1}\Gamma\left(\frac{n}{2}-1\right)}t^{-\frac{n}{2}}\mathrm{e}^{-\frac{r^2}{2t}}, \ (t>0). \qquad (12.9)$$

**证** 由定理1及§8例1，

$$f(t)=\int p(t,x,z)\mu_{S_r}(\mathrm{d}z)=\frac{r^{n-2}}{C_n}\int_{S_r}\frac{1}{(2\pi t)^{\frac{n}{2}}}\mathrm{e}^{-\frac{|y|^2}{2t}}U_r(\mathrm{d}y)$$

$$=\frac{r^{n-2}}{C_n|S_r|(2\pi t)^{\frac{n}{2}}}\int_{S_r}\mathrm{e}^{-\frac{|y|^2}{2t}}L_{n-1}(\mathrm{d}y). \qquad (12.10)$$

将(1.12)对 $r$ 微分，得

$$\int_{S_r}f(|y|)L_{n-1}(\mathrm{d}y)=\frac{2\pi^{\frac{n}{2}}}{\Gamma\left(\frac{n}{2}\right)}r^{n-1}f(r),$$

特别

$$\int_{S_r}\mathrm{e}^{-\frac{|y|^2}{2t}}L_{n-1}(\mathrm{d}y)=\frac{2\pi^{\frac{n}{2}}}{\Gamma\left(\frac{n}{2}\right)}r^{n-1}\mathrm{e}^{-\frac{r^2}{2t}}, \qquad (12.11)$$

以此代入(12.10)，并注意

$$C_n \mid S_r \mid = \frac{\Gamma\left(\frac{n}{2}-1\right) r^{n-1}}{\Gamma\left(\frac{n}{2}\right)}$$

即得证(12.9).

**注 1** 分布密度(12.9)在概率论中也许是第一次出现. 但若随机变量 $\xi$ 有数理统计中的自由度为 $n-2$ 的 $\chi^2$ 分布，则容易验证：$\xi^{-1}$之密度由(12.9)式给出.

至于球面 $S_r$ 的末遇点分布，则有

$$L_{S_r}(x, \mathrm{d}y) = \frac{r^{n-2}}{\mid y-x \mid^{n-2}} U_r(\mathrm{d}y), \ (x \in \mathbf{R}^n). \qquad (12.12)$$

实际上，由(12.4)

$$\begin{aligned} L_{S_r}(x, \mathrm{d}y) &= g(x, y)\mu_{S_r}(\mathrm{d}y) \\ &= \frac{C_n}{\mid y-x \mid^{n-2}} \cdot \frac{r^{n-2}}{C_n} U_r(\mathrm{d}y) = \frac{r^{n-2}}{\mid y-x \mid^{n-2}} U_r(\mathrm{d}y). \end{aligned}$$

特别，由(12.12)及§3 定理 2 知

$$P_0(x(h_r) \in A) = U_r(A) = P_0(x(l_{S_r}) \in A),$$

这表示自 0 出发，$S_r$ 之首中点与末遇点有相同的分布，即球面上之均匀分布.

**系 4** 对 $n(\geqslant 3)$维布朗运动，当且只当 $m < \frac{n}{2}-1$ 时，$E_0(l_{S_r})^m < +\infty$，而且

$$E_0(l_{S_r})^m = \frac{r^{2m}}{(n-4)(n-6)\cdots(n-2m-2)}, \ (n>4). \qquad (12.13)$$

**证** 由(12.9)

$$E_0(l_{S_r})^m = \frac{r^{n-2}}{2^{\frac{n}{2}-1}\Gamma\left(\frac{n}{2}-1\right)} \int_0^{+\infty} s^{m-\frac{n}{2}} \mathrm{e}^{-\frac{r^2}{2r}} \mathrm{d}s$$

$$= \frac{r^{2m}}{2^m \Gamma\left(\frac{n}{2}-1\right)} \int_0^{+\infty} u^{\frac{n}{2}-m-2} e^{-u} du,$$

后一积分当且只当$\frac{n}{2}>m+1$时收敛，其值为$\Gamma\left(\frac{n}{2}-m-1\right)$.利用等式

$$\Gamma\left(\frac{n}{2}-1\right)=\Gamma\left(\frac{n}{2}-m-1\right)\prod_{i=1}^{m}\left(\frac{n}{2}-i-1\right)$$

即得(12.13).

于是$l_{S_r}$之矩有成双性质：

$n=3$，4时，$E_0(l_{S_r})=+\infty$；

$n=5$，6时，$E_0(l_{S_r})<+\infty$，但一阶以上矩不存在；

$n=7$，8时，$E_0(l_{S_r})^2<+\infty$，但二阶以上矩不存在；

等等.

关于矩还有一有趣性质：由§3注2、§3定理1以及(12.13)，以$l_r^{(n)}$，$h_r^{(n)}$，$T_r^{(n)}$分别表$n$维布朗运动对$S_r$的末遇时、首中时及在$n$维球$B_r$中的停留时，则有

$$E_0 h_r^{(n)}=E_0 T_r^{(n+2)}=E_0 l_r^{(n+4)}=\frac{r^2}{n},\ (n\geqslant 1).$$

此式连同上述成双性质以及下面所述的极大游程的矩的性质，描绘出布朗粒子逃逸于$+\infty$的速度如何随空间维数$n$增高而加大的直观图像.

**12.3 极大游程**　固定$n\geqslant 3$并简写$l_r^{(n)}$为$l_r(\equiv l_{S_r})$，$h_r^{(n)}$为$h_r$；定义

$$M_r=\max_{0\leqslant r\leqslant l_r}|x(t)|,\ \alpha_r=\min_t(|x_t|=M_r,\ t\leqslant l_r), \tag{12.14}$$

$M_r$是$n$维布朗运动粒子在末遇球面$S_r$前所走的极大游程，即与原点的最大距离；而$\alpha_r$为首达极大的时间.

**定理 4** 对 $x$，$|x|\leqslant r$，有

$$P_x(M_r\leqslant a)=\begin{cases}0, & a\leqslant r,\\ 1-\left(\dfrac{r}{a}\right)^{n-2}, & a>r.\end{cases}\tag{12.15}$$

**证** 先设 $a>r$.

$$\begin{aligned}P_x(M_r\geqslant a)&=P_x(l_r>h_a)\\&=\int_{S_a}P_x(x(h_a)\in \mathrm{d}b)P_b(l_r>0).\end{aligned}\tag{12.16}$$

当 $b\in S_a$ 时，$|b|=a>r$. 由(4.15)，得

$$P_b(l_r>0)=P_b(h_r<+\infty)=\left(\frac{r}{a}\right)^{n-2};$$

$$P_x(M_r\geqslant a)=\int_{S_a}P_x(x(h_a)\in \mathrm{d}b)\left(\frac{r}{a}\right)^{n-2}=\left(\frac{r}{a}\right)^{n-2};$$

$$P_x(M_r>a)=\lim_{\varepsilon\downarrow 0}P_x(M_r\geqslant a+\varepsilon)=\left(\frac{r}{a}\right)^{n-2}.$$

次设 $a<r$. 由 $M_r$ 的定义，显然有 $P_x(M_r\leqslant a)=0$.

最后设 $a=r$. 由已证明的两结果得

$$\begin{aligned}P_x(M_r=r)&=\lim_{\varepsilon\downarrow 0}P_x(r-\varepsilon<M_r\leqslant r+\varepsilon)\\&=\lim_{\varepsilon\downarrow 0}[P_x(M_r\leqslant r+\varepsilon)-P_x(M_r\leqslant r-\varepsilon)]\\&=\lim_{\varepsilon\downarrow 0}\left[1-\left(\frac{r}{r+\varepsilon}\right)^{n-2}\right]=0,\end{aligned}$$

$$P_x(M_r\leqslant r)=\lim_{\varepsilon\downarrow 0}P_x(M_r\leqslant r-\varepsilon)+P_x(M_r=r)=0.$$

由(12.16)知 $P_x(M_r\leqslant a)$不依赖于球内之点 $x$，$|x|\leqslant r$，它有密度

$$g_r(a)=\begin{cases}0, & a\leqslant r,\\ \dfrac{(n-2)r^{n-2}}{a^{n-1}}, & a>r.\end{cases}\tag{12.17}$$

其 $m$ 阶矩为

$$E_x(M_r^m) = (n-2)r^{n-2}\int_r^{+\infty} a^m a^{1-n}\mathrm{d}a$$
$$= \begin{cases} +\infty, & m \geqslant n-2, \\ \dfrac{n-2}{n-m-2}r^m, & m < n-2, \end{cases} \tag{12.18}$$

其中 $|x| \leqslant r$. 由此知

$n=3$ 时，$E_x M_r = +\infty$；

$n=4$ 时，$E_x M_r < +\infty$，但一阶以上矩不存在；

$n=5$ 时，$E_x M_r^2 < +\infty$，但二阶以上矩不存在；等等.

今引入两特征数 $C_l$ 及 $C_M$：

$C_l = \max$(整数 $m \geqslant 0$，$E_0(l_r^m) < +\infty$)，

$C_m = \max$(整数 $m \geqslant 0$，$E_0(M_r^m) < +\infty$).

由(12.13)和(12.18)知它们依赖于空间维数 $n$，但不依赖于球半径 $r>0$；而且还有表 12-1.

**表 12-1**

| $n$ | 3 | 4 | 5 | 6 | … | $2k-1$ | $2k$ |
|---|---|---|---|---|---|---|---|
| $C_l$ | 0 | 0 | 1 | 1 | | $k-2$ | $k-2$ |
| $C_M$ | 0 | 1 | 2 | 3 | | $2k-4$ | $2k-3$ |

这说明 $2k-1$ 与 $2k$ 维布朗运动虽有相同的 $C_l = k-2$，却有不同的 $C_M$，分别为 $2k-4$ 与 $2k-3$. 因此，用 $C_M$ 可以把各维布朗运动一一区别开来.

引进 $M_r$ 的修正变量 $N_r$，

$$N_r = \frac{M_r - r}{\sqrt{D_x M_r}} \quad (n>4), \tag{12.19}$$

$N_r$ 依赖于 $n$，又 $D$ 表方差. 由(12.18)，当 $|x| \leqslant r$ 时，

$$E_x M_r = \frac{n-2}{n-3}r, \qquad D_x M_r = \frac{n-2}{(n-3)^2(n-4)}r^2. \tag{12.20}$$

**定理 5** 当 $|x|\leqslant r$ 时，

$$\lim_{n\to+\infty} P_x(N_r\leqslant a)=\begin{cases}0, & a\leqslant 0,\\ 1-\mathrm{e}^{-a}, & a>0.\end{cases} \tag{12.21}$$

**证**

$$P_x(N_r>a)=P_x\left(\frac{M_r-r}{\dfrac{r}{n-3}\sqrt{\dfrac{n-2}{n-4}}}>a\right)$$

$$=P_x\left(M_r>\frac{ar}{n-3}\sqrt{\frac{n-2}{n-4}}+r\right).$$

由定理 4，当$\dfrac{ar}{n-3}\sqrt{\dfrac{n-2}{n-4}}+r\leqslant r$ 时，亦即当 $a\leqslant 0$ 时，有 $P_x(N_r>a)=1$. 此即(12.21)中第一结论.

当 $a>0$ 时，仍由定理 4

$$P_x(N_r>a)=\left[\frac{r}{\dfrac{ar}{n-3}\sqrt{\dfrac{n-2}{n-4}}+r}\right]^{n-2}$$

$$=\frac{1}{\left[1+\dfrac{a}{n-3}\sqrt{\dfrac{n-2}{n-4}}\right]^{n-3}\left(1+\dfrac{a}{n-3}\sqrt{\dfrac{n-2}{n-4}}\right)}$$

$$\to\mathrm{e}^{-a}, \ (n\to+\infty).$$

# §13. Green 函数

**13.1 上调和(Superharmonic)函数** 设 $G\subset\mathbf{R}^n$ 为一开集，取值于$(-\infty,\ +\infty]$、但在 $G$ 的任一连通成分中都不恒等于 $+\infty$ 的函数 $f(x)$，$(x\in G)$称为在 $G$ 内上调和，如果

(i) $f$ 下连续于 $G$；

(ii) 对每 $x\in G$，存在 $\delta>0$，使当球 $B_\delta(x)\subset G$ 时，对每 $0<r<\delta$，有

$$\int_{S_r(x)} f(y)U_r(\mathrm{d}y)\leqslant f(x), \tag{13.1}$$

$U_r$ 表 $S_r(x)$上的均匀分布.

利用布朗运动，条件(13.1)可改写为

$$E_x f(x_e)\leqslant f(x), \tag{13.2}$$

$e$ 为 $\mathring{B}_r(x)$的首出时，亦即 $S_r(x)$的首中时.

称函数 $f$ 在 $G$ 内下调和(Subharmonic)，如 $-f$ 在 $G$ 内上调和.

显然，常数在 $\mathbf{R}^n$ 内上(下)调和；在 $G$ 内调和的函数在 $G$ 内上(下)调和.

以下皆设 $n\geqslant 3$.

由§4 例 1，$g(y-x)=\dfrac{C_n}{|y-x|^{n-2}}$作为 $y$ 的函数，在 $\mathbf{R}^n\setminus\{x\}$调和，在 $\mathbf{R}^n$ 为上调和.

容易证明：势 $G\mu(x)=\int g(y-x)\mu(\mathrm{d}y)$ 若不恒等于$+\infty$，则它必在任一开集 $D$ 内为上调和. 实际上，在§7 定理 2 之证中，已证明 $G\mu(x)$下连续. 其次，利用 $g(y-x)$的上调和性，有

$$\int_{S_r(x)} G\mu(y)U_r(\mathrm{d}y)=\int_{S_r(x)}\int g(z-y)\mathrm{d}\mu(z)U_r(\mathrm{d}y)$$

$$= \iint_{S_r(x)} g(z-y) U_r(\mathrm{d}y)\mathrm{d}\mu(z) \leqslant \int g(z-x)\mathrm{d}\mu(z)$$
$$= G\mu(x). \tag{13.3}$$

由于上调和函数的非负线性组合也上调和，故如 $h(x)$为开集 $D$ 内调和函数，则

$$f(x)=G\mu(x)+h(x) \quad (x\in D) \tag{13.4}$$

也在 $D$ 内为上调和.

有趣的是反面的结果也成立：

设 $f(x)$在开集 $D$ 内上调和，则 $f$ 可表为

$$f(x)=G_D\mu(x)+h(x), \tag{13.5}$$

其中 $h(x)$在 $D$ 内调和，而且是在 $D$ 内不超过 $f$ 的最大调和函数；$G_D\mu(x)$为格林势，即

$$G_D\mu(x) = \int g_D^*(x,y)\mu(\mathrm{d}y), \tag{13.6}$$

这里 $g_D^*(x, y)$是下面即将定义的 $D$ 的格林函数，而 $\mu$ 为支集合于 $D$ 的 Radon 测度，而且 $\mu$ 被 $f$ 唯一决定.

(13.5)式称为 Riesz 分解，它与以下诸结论之证可见[17].

调和函数有很好的解析性质，上调和函数则不然，甚至连续性也不能保证. 但它却可被很好的函数列所逼近：设 $f(x)$在开集 $D$ 内为上调和，$D_m$ 为相对紧开集列，$D_m\uparrow D$，则存在有界、无穷次可微、在 $D_m$ 为上调和的函数 $f_m$，使在 $D_m$ 内，$f_r\geqslant f_m(r>m)$，而且在 $D$ 内有 $\lim\limits_{m\to+\infty} f_m=f$；若 $f\geqslant0$，则也可取 $f_m\geqslant0$.

上调和函数与极集有下列关系：设 $f$ 在开集 $D$ 内上调和，则$(x\in D$：$f(x)=+\infty)$的每一紧子集是极集；反之，设 $D$ 开，$B\subset D$，$B$ 为极集，又 $x\in D\setminus B$，则存在于 $D$ 内为上调和的函数 $f$，使在 $B$ 上 $f=+\infty$，又 $f(x)<+\infty$.（因使 $f(x)=+\infty$ 之点 $x$ 通常称为 $f$ 的极点，这也许是极集命名的原因）.

称定义在开集 $D$ 内的非负函数 $f$ 为在 $D$ 内过分，如果它在

$D$之任一连通成分内不恒等于$+\infty$，而且

$E_x(f(x_t), t<e_D)\leqslant f(x)$，（任意$t>0$）；

$\lim\limits_{t\to 0}E_x(f(x_t), t<e_D)=f(x)$，（$e_D$为$D$的首出时）.

可以证明：设$f\geqslant 0$，$D$为开集，则$f$上调和于$D$的充分必要条件是它在$D$内过分.

此结果把上调和函数与布朗运动联系起来了.

**13.2 函数 $g_B(x, y)$ 的性质** 对$B\in\beta^n$，（$n\geqslant 3$），在§6中定义了

$$g_B(x,y)=\int_0^{+\infty}q_B(t,x,y)\mathrm{d}t, \tag{13.7}$$

其中$q_B(t, x, y)$为禁止转移密度. 直观上，可理解$g_B(x, y)\mathrm{d}y$为自$x$出发，在到达$B$之前在$(y, y+\mathrm{d}y)$中的停留时间. 由(6.14)

$$\begin{aligned}g(y-x)&=\int_{\bar{B}}H_B(x,\mathrm{d}z)g(y-z)+g_B(x,y)\\&=E_xg(y-x(h_B))+g_B(x,y).\end{aligned} \tag{13.8}$$

上面已叙及$g(y-x)$有关调和的性质，故为研究$g_B(x, y)$，只需先研究

$$F_B(x,y)\equiv\int_{\bar{B}}H_B(x,\mathrm{d}z)g(y-z)=E_xg(y-x(h_B)). \tag{13.9}$$

以$F(x, \cdot)$表$F(x, y)$中，$x$固定，$y$流动.

**引理1** $F_B(x, \cdot)$在$\mathbf{R}^n$为上调和，在$(\bar{B})^c$调和.

**证** 由Fatou引理

$$\begin{aligned}\varliminf_{y\to a}F_B(x,y)&=\varliminf_{y\to a}\int_{\bar{B}}H_B(x,\mathrm{d}z)g(y-z)\\&\geqslant\int_{\bar{B}}H_B(x,\mathrm{d}z)\varliminf_{y\to a}g(y-z)\\&\geqslant\int_{\bar{B}}H_B(x,\mathrm{d}z)g(a-z)=F_B(x,a),\end{aligned} \tag{13.10}$$

故 $F_B(x, \cdot)$下连续. 次对 $a\in\mathbf{R}^n$ 及球 $B_r(a)$，有

$$\begin{aligned}\int_{S_r(a)} F_B(x,z)U_r(\mathrm{d}z) &= \int_{S_r(a)}\int_{\overline{B}} H_B(x,\mathrm{d}v)g(z-v)U_r(\mathrm{d}z)\\ &= \int_{\overline{B}} H_B(x,\mathrm{d}v)\int_{S_r(a)} g(z-v)U_r(\mathrm{d}z)\\ &\leqslant \int_{\overline{B}} H_B(x,\mathrm{d}v)g(a-v) = F_B(x,a),\end{aligned} \tag{13.11}$$

此得证第一结论. 下证在$(\overline{B})^c$ 之调和性.

先证在 $a\overline{\in}\overline{B}$，$F_B(x, \cdot)$有球面平均性. 取 $S_r(a)\subset(\overline{B})^c$，推理如(13.11)，但(13.11)中不等式应为等号，此因 $g(\cdot-v)$在 $\mathbf{R}^n\setminus\{v\}$为调和，而 $v\in\overline{B}$，故它在$(\overline{B})^c$ 调和. 再证 $F_B(x, \cdot)$的局部可积性. 由于 $\overline{B}$ 闭，当 $z\in\overline{B}$ 而 $y$ 属于紧集 $K\subset(\overline{B})^c$ 时，$g(y-z)$对 $z$ 有界；由(13.9)，$F_B(x, y)$对 $y\in K$ 也有界，从而它在$(\overline{B})^c$ 局部可积，于是由§4 定理 2，$F(x, \cdot)$在$(\overline{B})^c$ 调和.

**引理 2** 设 $G_m$ 及 $G$ 皆开，又

$$G_1\subset\overline{G}_1\subset G_2\subset\overline{G}_2\subset\cdots,\quad \bigcup_m G_m=G, \tag{13.12}$$

则对 $x\in G$，$y\in G$，有

$$\lim_{m\to+\infty} F_{G_m^c}(x, y)=F_{G^c}(x, y). \tag{13.13}$$

**证** 当 $m$ 充分大时，$x\in G_m$，$y\in G_m$

$$\begin{aligned}F_{G_m^c}(x, y)&=E_x g(y-x(h_{G_m^c}))=E_x g(y-x(h_{\partial G_m}))\\ &=E_x[g(y-x(h_{\partial G_m}));\ h_{\partial G}<+\infty]+\\ &\quad E_x[g(y-x(h_{\partial G_m}));\ h_{\partial G}=+\infty].\end{aligned} \tag{13.14}$$

注意 $x(h_{\partial G_m})\in G_m^c$；当 $y\in G_m$ 固定时，$g(y-z)$对 $z\in G_m^c$ 有界连续；又在 $h_{\partial G}<+\infty$上，由§6 引理 2，对 $x\in G$，$P_x$ 几乎处处有 $x(h_{\partial G_m})\to x(h_{\partial G})$. 由于这些原因，(13.14)中最右方的第一项趋于

$$E_x[g(y-x(h_{\partial G}));\ h_{\partial G}<+\infty]$$

$$=E_x[g(y-x(h_{G^c}));\ h_{G^c}<+\infty]=F_{G^c}(x,\ y).\tag{13.15}$$

在 $h_{\partial G}=+\infty$ 上，$P_x(x\in G)$ 几乎处处有

$$h_{\partial G_m}\uparrow+\infty,\quad \lim_{m\to+\infty}|x(h_{\partial G_m})|=+\infty,$$

再注意，$\lim\limits_{|x|\to+\infty}g(y-x)=0$，并利用控制收敛定理，知右方第二项趋于 0.

关于 $g_B(x,\ y)$ 的性质，在 § 6 中已有叙述，今再补充如下：

(i) $g_B(x,\ y)<+\infty$，$(x\neq y)$；$g_B(x,\ x)=+\infty$，$x\overline{\in}\overline{B}$.

事实上，由 $q_B(t,\ x,\ y)\leqslant p(t,\ x,\ y)$ 得

$$g_B(x,\ y)\leqslant g(x,\ y)<+\infty,\ (x\neq y).$$

次如 $x\overline{\in}\overline{B}$，由(13.8)

$$g_B(x,x)=g(0)-\int_{\overline{B}}H_B(x,\mathrm{d}z)g(x-z),$$

$g(0)=+\infty$；又当 $x\overline{\in}\overline{B}$ 时，$g(x-z)$ 对 $z\in\overline{B}$ 有界连续，故上式中积分有穷，于是 $g_B(x,\ x)=+\infty$.

由(13.8)及引理 1，即得

(ii) $g_B(x,\ \cdot)$ 上连续，在 $\mathbf{R}^n\setminus\{x\}$ 为下调和.

(iii) $g_B(x,\ y)$ 对 $y\in(\overline{B})^c-\{x\}$ 调和.

(iv) $g_B(x,\ y)-g(y-x)$ 对 $y\in(\overline{B})^c$ 调和.

(v) 如 $a\in B^r$，$\lim\limits_{y\to a}g_B(x,\ y)=g_B(x,\ a)=0$.

事实上，由(ii)及 § 6，(vii)

$$0\leqslant\overline{\lim_{y\to a}}\,g_B(x,\ y)\leqslant g_B(x,\ a)=0.$$

**13.3 格林函数** 设 $G$ 为非空开集，定义在 $G\times G$ 上的非负函数 $g_G^*(x,\ y)$ 称为 $G$ 的格林函数，如

(i) $g_G^*(x,\ y)-g(y-x)$ 对 $y$ 在 $G$ 调和；

(ii) 若另一非负函数 $u(x,\ y)(x\in G,\ y\in G)$ 也使 $u(x,\ y)-g(y-x)$ 对 $y$ 在 $G$ 内调和，则

$$u(x,\ y)\geqslant g_G^*(x,\ y).\tag{13.16}$$

下定理是布朗运动与势论的另一重要联系.

**定理 1** 开集 $G$ 的格林函数 $g_G^*$ 等于 $g_{G}^{c}$ 在 $G\times G$ 上的限制，即

$$g_G^*(x, y)=g_{G^c}(x, y) \quad (x\in G, y\in G). \tag{13.17}$$

**证**(i) 由 $g_B(x, y)$的性质(iv)即得证 $g_{G^c}(x, y)$满足格林函数(i).

(ii) 任取一个满足格林函数中条件的 $u(x, y)$，往证

$$u(x, y)\geqslant g_{G^c}(x, y) \quad (x\in G, y\in G). \tag{13.18}$$

先设 $G$ 有界而且 $\partial G\subset(G^c)^r$. 由 $g_B(x, y)$的性质(v)，对 $a\in \partial G$，

$$\varliminf_{y\to a}[u(x, y)-g_{G^c}(x, y)]=\varliminf_{y\to a}u(x, y)\geqslant 0.$$

由 $g_B(x, y)$的(iv)，既然

$$\begin{aligned}&u(x, y)-g_{G^c}(x, y)\\=&[u(x, y)-g(y-x)]-[g_{G^c}(x, y)-g(y-x)]\end{aligned}$$

对 $y\in G$ 调和，故由§4 极大原理，即得(13.18)

(iii) 设 $G$ 为任意开集，由§6 引理 2，存在有界开集列 $\{G_m\}$，使

$$G_m\subset G,\ G_1\subset\bar{G}_1\subset G_2\subset\bar{G}_2\subset\cdots,\ \bigcup_m G_m=G$$

而且 $\partial G_m\subset(G_m^c)^r$. 由于 $G_m$ 有界，由(ii)有

$$u(x, y)\geqslant g_{G_m^c}(x, y),\ (x\in G_m, y\in G_m) \tag{13.19}$$

因此，若能证

$$g^{G_m^c}(x, y)\to g_{G^c}(x, y),\ (x\in G, y\in G)$$

则(13.18)成立而定理证完.

为此，先设 $x=y\in G$. 对充分大的 $m$，$x=y\in G_m$. 由 $g_B(x,y)$的性质(i)

$$+\infty=g_{G_m^c}(x, x)\uparrow g^{G^c}(x, x)=+\infty.$$

次设 $x\in G$，$y\in G$，$x\neq y$. 对充分大的 $m$，$y\in G_m$. 由

(13.8)

$$g_{G_m^c}(x, y)=g(y-x)-F_{G_m^c}(x, y),$$
$$g_{G^c}(x, y)=g(y-x)-F_{G^c}(x, y),$$

由此及引理 2 即得所欲证.

作为用概率方法求格林函数之例，考虑开球 $G=\mathring{B}_r$，试证它的格林函数为

$$g_G^*(x, y)=g(y-x)-\left(\frac{r}{|y|}\right)^{n-2}g(y^*-x), \quad (n\geqslant 3) \tag{13.20}$$

其中 $x\in G$，$0\neq y\in G$，又 $y^*$ 是由 $y$ 经 Kelvin 变换(相对于圆周 $S_r$ 的反演)而来，即

$$y^*=\frac{r^2 y}{|y|^2}, \quad (y\neq 0) \tag{13.21}$$

实际上，由定理 1 及(13.8)

$$g_G^*(x, y)=g(y-x)-E_x g(y-x(h_{G^c})). \tag{13.22}$$

设 $z=x(h_{G^c})\in S_r$. 利用关系式：由 $z\in S_r$ 有

$$\frac{|z-y^*|}{|z-y|}=\frac{r}{|y|}, \quad (y\neq 0)$$

得

$$g(y-z)=\frac{C_n}{|y-z|^{n-2}}=\left(\frac{r}{|y|}\right)^{n-2}g(y^*-z).$$

由于 $g(y^*-x)$ 对 $x\in\mathbf{R}^n-\{y^*\}$ 调和，由(4.5)

$$E_x g(y-z)=\left(\frac{r}{|y|}\right)^{n-2}E_x g(y^*-x(h_{G^c}))$$
$$=\left(\frac{r}{|y|}\right)^{n-2}g(y^*-x),$$

由此及(13.22)即得(13.20).

同理可证 $G=(B_r)^c$ 的格林函数也由(13.20)给出.

# §14. 结束语

**14.1** M. Brelot 认为：势论中有三大问题：Dirichlet 问题、Balayage 问题与平衡问题．在牛顿势的情况，我们对这些问题作了简要的论述，并阐明了它们与布朗运动的关系，但势论中还有许多问题，若可加泛函、能、Martin 边界等，本文则未涉及．

**14.2** 牛顿势的一般化是格林(Green)势：设 D 为 $\mathbf{R}^n(n\geqslant 3)$ 中的开集，其格林函数为 $G_D^*(x, y)$，$(x, y\in D)$．若 $D=\mathbf{R}^n$，则 $G_D^*(x, y)$等于牛顿势核 $g(y-x)$．在一般情况，可仿牛顿势而在 $D$ 上建立格林势

$$G_D\mu(x)=\int G_D^*(x,y)\mu(\mathrm{d}y),(_L\mu\subset D)$$

它所对应的过程是首出 $D$ 以前的布朗运动$\{x_i(\omega, t)<e_D\}$，$e_D$ 为 $D$ 的首出时．于是可以研究格林势的平衡问题等而将对牛顿势的结果推广至格林势上．

**14.3** 在平面$(n=2)$情况，由于 $\int p(t,x,y)\mathrm{d}t=+\infty$，故必须考虑其他势核，结果发现：平面布朗运动对应于对数势，其核为$\frac{1}{\pi}\lg|y-x|$．

**14.4** 受布朗运动的启发，Hunt 等发展了一般马氏过程(主要是所谓 Hunt 过程)与势论的联系．为此，必须给出“势论”的一般定义；讨论那些可以用马氏过程的术语来表达的势论对象和运算．例如，联系于每一马氏过程有它的“调和函数”“过分函数”，当此过程为布朗运动时，它们就分别化为本文中的调和函数与非负上调和函数．

关于上述发展可见[11, 1, 8, 17, 18]以及新近的有关文献．

## 参考文献

[1] Blumenthal R M, Getoor R K. Markov processes and potential theory. Academic Press, New York and London, 1968: 313.

[2] Burkholder D L. Brownian motion and classical analysis. Proceedings of Symp. in Pure Mathematics, Probability, 1977, 31: 5-14.

[$2_1$] Burkbolder D L. Exit times of Brownian motion, Harmonic majorization and Hardy spaces. Adv. in Math., 1977, 26: 182-205.

[3] Chung K L. Probabilistic approach in potential theory to the equilibrium problem. Ann. Inst. Fourier, Grenoble, 1973, 23(3): 313-322.

[4] Ciesiclski Z, Taylor S J. First passage times and Sojourn times for Brownian motion in space and the exact Hausdorff measure of the sample path. Trans. Amer. Math. Soc., 1962, 103: 434-450.

[5] Гихман И И, Скороход А В. Георию случайных процессов. издательство《Наука》, Москва, Том, 1973, (2).

[6] Courant R, Hilbert D. Methods of Mathematical Physics. Interscience Publishers. New York. London, 1962, (2): 830.

[7] Doob J L. Semimartingales and subharmonic functions. Trans. Amer. Math. Soc., 1954, 77: 86-121.

[8] Dynkin E B. Markov Processes. Springer, Berlin, 1965.

[9] Friedman. A. Stochastic Differential Equations and Ap-

plications. Academic Press, New York, San Francisco, London, 1975, 1: 228; 1976, 2: 229-528.

[10] Getoor R K. The Brownian escape process. Ann. of Probability, 1979, 7(5): 864-867.

[$10_1$] Getoor R K., Sharpe. M. J. Extensions of Brownian motions and Bessel processes. Z. Wahrschemlichkeits Theorie. 1979, 47(1): 83-106.

[11] Hunt G A. Markoff processcs and potentials. Ⅰ, Ⅱ, Ⅲ, Illinois J. Math., 1957, 1: 44-93. 316-369. 1958, 2: 151-213.

[12] Ito K, Mckean H P. Diffusion Processes and Their Sample Path. Springer-Verlag, Berlin, 1965: 321.

[13] KakuTani S. Two-dimensional Brownian motion and harmonic functions. Proc. Imp. Acad. Tokyo, 1944, 20: 706-714.

[14] Kaar A F, Pittenger A. O. An inverse Balavage problem for Brownian motion. Ann. of Probability, 1979, 7(1): 186-191.

[15] Port S, Stone O. Classical Potential Theory and Brownian Motion. Proc. Sixth Berkeley Symp. Math. Stat. and Probability, University of California Press, Berkeley and Los Angeles, 1972: 143-176.

[16] Port S, Stone C. Logarithmic Potential and Planar Brownian Motion. Proc. Sixth Berkeley Symp. Math. Stat. and Probability. University of California Press, Berkeley and Los Angeles, 1972: 177-192.

[17] Port S C, Stone C J. Brownian Motion and Classical

Potential Theory. Academic Press, New York, San Francisco, London, 1978: 236.

[18] Rao M. Brownian motion and classical potential theory. Lecture Notes Series No. 47, 1977.

[19] Spitzer F L. Electrostatic capacity, Heat flow and Brownian motion. Z. Wahrscheinlichkeits. Theorie, 1964, 3: 110-121.

[20] Тихонов А Н, Самарский А А. Vравнсния Математической Физики. Государственное Идательство, Москеа, 1953.

[21] 王梓坤. 布朗运动的末遇分布与极大游程. 中国科学, 1980, 10: 933-940.

[22] 王梓坤. 随机过程论. 北京: 科学出版社. 1965.

[23] 邓肯(Дыикнн Е Б). 马尔可夫过程论基础. 北京: 科学出版社, 1962.

[24] La Vallée Poussin CH J De. Extension de la méthode du balayage de Poincaré et problème de Dirichlet. Principe de Viana, 1932, 58(3): 155-170.

天津市数学会编．天津市教学研究成果选编
天津科学技术出版社，1983

# 生灭过程理论的若干新进展

## §1. 定义与数字特征

设 $X=\{x_t(\omega),\ t\geqslant 0\}(\omega\in\Omega)$ 为定义在概率空间 $(\Omega,\ \mathscr{B},\ P)$ 上的齐次可列马氏过程，状态空间 $E$ 为全体非负整数，转移概率矩阵为 $P(t)=(P_{ij}(t)),i,\ j\in E$. 称它为生灭过程. 如果当 $t\to 0$ 时，有

$$\begin{cases}P_{i,i+1}(t)=b_i t+o(t),\\ P_{i,i-1}(t)=a_i t+o(t),\\ P_{ii}(t)=1-(a_i+b_i)t+o(t),\end{cases}\tag{1.1}$$

其中常数 $a_0\geqslant 0$，$a_i>0(i>0)$，$b_i>0(i\geqslant 0)$，令 $c_i=a_i+b_i$，称矩阵

$$\boldsymbol{Q}=\begin{bmatrix}-c_0 & b_0 & 0 & \cdots & 0 & 0 & 0 & \cdots\\ a_1 & -c_1 & b_1 & \cdots & 0 & 0 & 0 & \cdots\\ \vdots & \vdots & \vdots & & \vdots & \vdots & \vdots & \\ 0 & 0 & 0 & \cdots & a_n & -c_n & b_n & \cdots\\ \vdots & \vdots & \vdots & & \vdots & \vdots & \vdots & \end{bmatrix}\tag{1.2}$$

为过程的密度矩阵. 以下无特别声明时，恒设 $a_0=0$，这时状态 0 为反射壁. 还可以假定 $X$ 为典范过程，即为可分、Borel 可测、右下半连续的强马氏过程. 由(1.1)知，如质点沿过程的轨道而运动，自状态 $i$ 出发，下一步只能转移到 $i-1$ 与 $i+1$，概率分别为$\dfrac{a_i}{c_i}$与$\dfrac{b_i}{c_i}$.

生灭过程在物理、生物、医学、运筹学与工程技术等方面有许多应用；从理论上看，它的结构比较简单，所以在某些问题上可以取得彻底的结果，因而可以作为一般理论的先导. 例如，关于间断型马氏过程的爆发问题(即第一个飞跃点有穷)，就是从纯生过程开始研究的. 关于生灭过程生动而有趣的介绍见[13]，建立在测度论上的系统论述见[1]. 本篇的目的在于综述生灭过程理论的一些新进展，侧重于国内所得的部分结果.

利用 $a_i$，$b_i$，引进下列数字特征

$$m_i=\frac{1}{b_i}+\sum_{k=0}^{i-1}\frac{a_ia_{i-1}\cdots a_{i-k}}{b_ib_{i-1}\cdots b_{i-k}b_{i-k-1}}\quad\left(m_0=\frac{1}{b_0},i\geqslant 0\right).\qquad(1.3)$$

$$e_i=\frac{1}{a_i}+\sum_{k=0}^{+\infty}\frac{b_ib_{i+1}\cdots b_{i+k}}{a_ib_{i+1}\cdots a_{i+k}a_{i+k+1}}\quad(i>0).\qquad(1.4)$$

$$R=\sum_{i=0}^{+\infty}m_i,\quad S=\sum_{i=0}^{+\infty}e_i,\qquad(1.5)$$

以及

$$z_0=0,\quad z_n=1+\sum_{k=1}^{n-1}\frac{a_1a_2\cdots a_k}{b_1b_2\cdots b_k},\quad z_n\uparrow z.\qquad(1.6)$$

它们有下列概率意义. 以 $\eta_n$ 表示过程首达状态 $n$ 的时间，即

$$\eta_n(\omega)=\inf(t:\ t>0,\ x_t(\omega)=n),\qquad(1.7)$$

我们约定空集的下确界为$+\infty$. 以 $P_i$ 表示自 $i$ 出发由 $P(t)$所产生的概率，它对应的数学期望记为 $E_i$，则有 $m_i=E_i\eta_{i+1}$，$R=E_0\eta(\eta=\lim\limits_{n\to+\infty}\eta_n)$. 这说明 $m_i$ 是自 $i$ 出发，首达 $i+1$ 的平均时

间，而 $R$ 则是自 0 出发，首达附加状态 $+\infty$ 的平均时间．至于 $e_i$ 与 $S$ 则恰好有相反的意义，它们可分别直观地理解为：当 $+\infty$ 为反射壁时，自 $i$ 到 $i-1$ 与自 $+\infty$ 到 0 的平均时间.

以 $p_k(m, n)$ 表示自 $k$ 出发，在到达 $n$ 之前先到达 $m$ 的概率，则当 $m<k<n$ 时，有

$$p_k(m, n)=\frac{z_n-z_k}{z_n-z_m}, \qquad p_k(n, m)=\frac{z_k-z_m}{z_n-z_m}. \tag{1.8}$$

以 $q_k(m)$ 表示自 $k$ 出发，经有穷($\geqslant 1$)次跳跃而到达 $m$ 的概率，则

$$q_k(m)=\begin{cases}\dfrac{z-z_k}{z-z_m}, & k>m,\\ 1, & k<m,\\ \dfrac{a_k}{c_k}+\dfrac{b_k(z-z_{k+1})}{c_k(z-z_k)}, & k=m.\end{cases} \tag{1.9}$$

因此，当且只当 $z=+\infty$ 时，嵌入马氏链的一切状态都是常返的.

## §2. 积分型泛函的分布

许多实际问题（例如停留时间与首达时间等）可以化为下列形式：设 $V(i)\geqslant 0$ 为定义在 $E$ 上的不恒为 0 的函数，考虑随机积分型泛函

$$\xi^{(n)}(\omega)=\int_0^{\eta_n(\omega)}V[x_t(\omega)]\mathrm{d}t, \tag{2.1}$$

试求 $\xi^{(n)}$ 的分布 $F_{kn}(x)=P_k(\xi^{(n)}\leqslant x)$. 为此，我们研究其拉普拉斯变换：对 $\lambda>0$，令

$$\varphi_{kn}(\lambda)=E_k\exp(-\lambda\xi^{(n)})=\int_0^{+\infty}\mathrm{e}^{-\lambda x}\mathrm{d}F_{nk}(x), \tag{2.2}$$

它可以求出如下：

**定理 2.1** 设 $k<n$，有

$$\varphi_{kn}(\lambda)=\frac{b_kb_{k+1}\cdots b_{n-1}L_k(\lambda)}{L_n(\lambda)}, \tag{2.3}$$

其中 $L_m(\lambda)$ 是次数不超过 $m$ 的多项式，由下列递推式给出

$$\begin{cases}L_0(\lambda)=1,\\ L_1(\lambda)=\lambda V(0)+b_0,\\ L_m(\lambda)=[\lambda V(m-1)+c_{m-1}]L_{m-1}(\lambda)-a_{m-1}b_{m-2}L_{m-2}(\lambda)\\ (m>1).\end{cases} \tag{2.4}$$

在(2.1)中令 $n\to+\infty$，以 $P_k$-概率 1，显然有

$$\xi^{(k)}<\xi^{(k+1)}<\cdots,\quad \xi^{(n)}\uparrow\xi=\int_0^{\eta}V(x_t)\mathrm{d}t.$$

关于 $\xi$ 的有穷性，有下列 0-1 律：

**定理 2.2** $P_k(\xi<+\infty)=0$ 对一切 $k$，或 $=1$ 对一切 $k$，视 $E_0\xi=+\infty$ 或 $E_0\xi<+\infty$ 而定.

至于 $\xi$ 的分布的拉普拉斯变换，可证明它是一代数方程组

的唯一非平凡有界解[1][3]；在某些情况下，可以由此找到此分布的表达式．例如，当 $V(0)=1$，$V(i)=0(i>0)$时，$\xi$ 化为首达 $+\infty$ 以前在状态 0 的停留时间，这时

$$P_0(\xi \leqslant x) = \begin{cases} 1-\exp\left(-\dfrac{x}{\sum\limits_{i=0}^{+\infty} g_i}\right), & x \geqslant 0, \\ 0, & x < 0, \end{cases} \tag{2.5}$$

其中

$$g_0=\frac{1}{b_0}, \quad g_i=\frac{a_i a_{i-1}\cdots a_1}{b_i b_{i-1}\cdots b_1 b_0};$$

又

$$E_0\xi = \sum_{i=0}^{+\infty} g_i,$$

现在将比例一般化．考虑 $V(i)=U(i)$，而

$$U(i)=1 \quad (0\leqslant i<n); \qquad U(i)=0 \quad (i\geqslant n). \tag{2.6}$$

记

$$J_{nk} = \int_0^{\eta_{n+k}} U(x_t)\mathrm{d}t, \tag{2.7}$$

它是(2.1)当 $V=U$ 时的特例．$J_{nk}$ 是首达 $n+k$ 之前，在诸状态$(0, 1, 2, \cdots, n-1)$中的停留时间，而 $J_{n0}$ 则化为首达 $n$ 的时间，即(1.7)中的 $\eta_n$．它们的分布皆可求出如下．将(2.4)中的 $V$ 改为 $U$，得一组多项式 $S_m(\lambda)$：

$$S_0(\lambda)=1,$$

$$S_1(\lambda)=\lambda+b_0, \tag{2.8}$$

$$S_i(\lambda)=(\lambda+c_{i-1})S_{i-1}(\lambda)-a_{i-1}b_{i-2}S_{i-2}(\lambda), \ (1<i\leqslant n), \tag{2.9}$$

$$S_{n+i}(\lambda)=c_{n+i-1}S_{n+i-1}(\lambda)-a_{n+i-1}b_{n+i-2}S_{n+i-2}(\lambda), \ (1\leqslant i\leqslant k). \tag{2.10}$$

可以证明：$S_m(\lambda)=0$ 的根 $\lambda_i^{(m)}$ 皆为负数，而且都是单根．从而有分解式

$$S_m(\lambda)=\begin{cases}\prod_{i=1}^{m}(\lambda+\lambda_i^{(m)}), & m\leqslant n,\\ \prod_{i=1}^{m}(\lambda+\lambda_i^{(m)}), & n<m\leqslant n+k,\end{cases} \tag{2.11}$$

其中 $0<\lambda_1^{(m)}<\lambda_2^{(m)}<\cdots$.

自 $m$ 出发，停留时间 $J_{nk}$ 的分布函数记为

$$F_{mnk}(x)=P_m(J_{nk}\leqslant x),$$

因而首达 $n$ 的时间 $\eta_n$ 的分布函数为 $F_{mn0}(x)$.

**定理 2.3** 自 $m(m<n)$ 出发，停留时间 $J_{nk}$ 的分布函数 $F_{mnk}(x)$ 是混合指数型的，有密度为

$$f_{mnk}(x)=\sum_{i=1}^{+\infty}\frac{b_m b_{m+1}\cdots b_{n+k-1}S_m(-\lambda_i^{(n+k)})}{S'_{n+k}(-\lambda_i^{(n+k)})}\mathrm{e}^{-\lambda_i^{(n+k)}}x, \tag{2.12}$$

其中 $S_i(\lambda)(i=m,\ n+k)$. 由(2.8)～(2.10)给出，$S'$ 表 $S$ 的导数，

$$S'_{n+k}(-\lambda_i^{(n+k)})=\prod_{\substack{j=1\\ j\neq i}}^{n}(\lambda_j^{(n+k)}-\lambda_i^{(n+k)}). \tag{2.13}$$

特别，首达 $n$ 的时间 $\eta_n$ 有密度为 $f_{mn0}(x)$.

下面讨论当 $k\to+\infty$ 时，$P_0\left(\frac{J_{nk}}{E_0J_{nk}}\leqslant x\right)$ 的极限. 结果发现，极限分布依赖于(1.6)中的 $z$ 是否无穷. 当 $z=+\infty$ 时，嵌入马氏链(从而过程 $X$ 本身)是常返的.

**定理 2.4** 只有两种可能，此极限分布或者是指数型的，或者是混合指数的：

若 $z=+\infty$，则

$$\lim_{k\to+\infty}P_0\left(\frac{J_{nk}}{E_0J_{nk}}\leqslant x\right)=1-\mathrm{e}^{-x}. \tag{2.14}$$

若 $z<+\infty$，则

$$\lim_{k\to+\infty}P_0\left(\frac{J_{nk}}{E_0J_{nk}}\leqslant x\right)=\int_0^x\sum_{j=1}^{n}A_{nj}\mathrm{e}^{-a_{nj}t}\,\mathrm{d}t,\quad(2.15)$$

其中 $A_{nj}$，$a_{nj}>0$ 是常数，它们可以通过密度矩阵中的元 $a_i$，$b_i$ 表达出来．参看[2].

由此可知，若 $z=+\infty$，极限分布不依赖于停留集(0，1，2，…，$n-1$)中的元数 $n$，而当 $z<+\infty$时则反是.

以上诸定理的证明见[1][2][3]，有关问题也见[14].

至此我们着重讨论了停留时间．关于一般的由(2.1)定义的 $\xi^{(n)}$ 的深入研究见[5]，那里发现：自 $m$ 出发($m<n$)，$\xi^{(n)}$ 的分布仍是混合指数型的；此外还证明了极限分布必为无穷可分，即如对适当选择的常数$B_n>0$及 $a_n$，若在弱收敛下有

$$\lim_{n\to+\infty}P_0\left(\frac{\xi^{(n)}-a_n}{B_n}\leqslant x\right)=G_0(x),$$

则概率分布函数 $G_0(x)$是无穷可分的．在[5]中还得到了下列极限定理：

**定理 2.5**

(i) 若$\dfrac{a_n}{b_n}\to0$，$\dfrac{V(n)}{b_n}\to c$ $(n\to+\infty)$，则强大数定律成立，即

$$P_0\left(\lim_{n\to+\infty}\frac{\xi^{(n)}-E_0\xi^{(n)}}{n}=0\right)=1.$$

(ii) 在上述条件下，如补设 $c>0$，则中心极限定理成立，即

$$\lim_{n\to+\infty}P_0\left(\frac{\xi^{(n)}-E_0\xi^{(n)}}{\sqrt{D_0(\xi^{(n)})}}\leqslant x\right)=\frac{1}{\sqrt{2\pi}}\int_{-\infty}^{x}\mathrm{e}^{-\frac{t^2}{2}}\,\mathrm{d}t.$$

以上都假定了开始状态 $m<n$．如 $m>n$，则由于在首达 $n$ 以前缺乏像 0 那样的反射壁而发生新困难，葛余博对此做了研究.

## § 3. 构造问题

沿生灭过程轨道的运动可如下描述：设质点自 $i(=x_0)$出发，在 $i$ 停留一段时间 $\tau_1$，变量 $\tau_1$ 有参数为 $c_i(=a_i+b_i)$的指数分布，接着跳跃到状态 $x(\tau_1)$，

$$P_i(x(\tau_1)=i+1)=\frac{b_i}{c_i},\qquad P_i(x(\tau_1)=i-1)=\frac{a_i}{c_i},$$

然后在 $x(\tau_1)$又停留一段时间，在 $\tau_2$ 时再作第二次跳跃，如此继续．于是得一列跳跃点

$$0<\tau_1<\tau_2<\cdots,\ \tau_n\uparrow\tau^1\leqslant+\infty,$$

称 $\tau^1$ 为第一个飞跃点．易见 $P_i(\tau^1=\eta)=1$；而且只有两种可能，对全体 $i$ 有 $P_i(\tau^1=+\infty)=1$ 或 0，视 $R=+\infty$或 $R<+\infty$而定．这是 Добрушин 证明的，可看成定理 2.2 当 $V(i)\equiv1$ 时的特例．

如果 $R=+\infty$，过程的轨道以概率 1 是阶梯函数；这时过程的概率性质包括 $P(t)$完全由密度矩阵 $\boldsymbol{Q}$ 决定．如果 $R<+\infty$，那么 $Q$ 只决定过程在 $\tau^1$以前的转移性质，它不能回答在$[\tau^1,\ \tau^1+\varepsilon)$中质点如何运动；为此必须再引进一些特征数来刻画在这段时间内质点的行为．由于 $P_i(x(\tau_n)\to+\infty)=1$，所以这些特征数的作用在于刻画质点在到达附加状态$+\infty$后，如何返回到 $E$ 中来．当它回到 $E$ 中某状态 $i$ 后，它又像上面所述的那样，继续前进．

所谓构造问题(或者 $Q$ 问题)，是说预先给出形如(1.2)的矩阵 $\boldsymbol{Q}$ 后，要求出一切生灭过程 $X$，其密度矩阵为 $\boldsymbol{Q}$，我们称这种过程为 $Q$-过程．或者，用分析的话说，要求出一切转移概率矩阵 $\boldsymbol{P}(t)$，它们满足(1.1)．用微分方程的术语，这相当于要求出

$$\boldsymbol{P}'(t)=\boldsymbol{QP}(t),\qquad \boldsymbol{P}(0)=\boldsymbol{I} \tag{3.1}$$

的全体解 $\boldsymbol{P}(t)$，这里 $\boldsymbol{I}$ 为单位矩阵$(\delta_{ij})$.

如上述，若用 $Q$ 中的元按(1.3)(1.5)作出的 $R=+\infty$，则解是唯一的，此题即通常所谓的最小过程. 以下总设 $R<+\infty$，可以用概率的方法构造出全部 $Q$ 过程. 结果发现：任一 $Q$ 过程，或者是 Doob 过程，或者是一列 Doob 过程的极限.

所谓 Doob 过程的概率结构是：任取集中在 $E$ 上的概率分布$\{d_i\}$，$d_i\geqslant 0$，$\sum\limits_{i=0}^{+\infty}d_i=1$. 令 $x(\tau^1)$ 的分布为$\{d_i\}$，于是当质点到达$+\infty$后，便以概率 $d_i$ 立即回到状态 $i$. Doob 过程由 $Q$ 及$\{d_i\}$决定，故记它为$(Q,\ d)$过程.

设$\{x_t(\omega),\ t\geqslant 0\}$为任意一 $Q$ 过程，令

$$\beta_1^{(n)}(\omega)=\inf(t:\ t\geqslant\tau^1(\omega),\ x_t(\omega)\leqslant n),$$

$$v_i^{(n)}=P(x(\beta_1^{(n)})=i).$$

现在定义此过程的一列新特征数$\{p,\ q,\ r_n,\ n\geqslant 0\}$如下：可以证明，存在极限

$$p=\lim_{n\to+\infty}\frac{\sum\limits_{i=0}^{n-1}v_i^{(n)}c_{i0}}{\sum\limits_{i=0}^{n}v_i^{(n)}c_{i0}},\quad q=\lim_{n\to+\infty}\frac{v_n^{(n)}c_{n0}}{\sum\limits_{i=0}^{n}v_i^{(n)}c_{i0}},$$

其中 $c_{m0}=\dfrac{z-z_m}{z}=q_m(0)$　[见(1.9)].

如果一切 $v_n^{(n)}=1(n\geqslant 0)$，定义 $r_n=0(n\geqslant 0)$；若存在 $k$，使 $v_i^{(i)}=1(i\leqslant k)$，但 $v_{k+1}^{(k+1)}<1$，则先任取一正数 $r_k$，并定义不依赖于 $m$ 的

$$r_n=\frac{v_n^{(m)}r_k}{v_k^{(m)}}\quad(m>\max(n,\ k))$$

$p$，$q$ 及$\{r_n\}$(除差一正的常数因子外)被 $Q$ 过程所唯一决定，非负，而且满足条件

$$p+q=1,\tag{3.2}$$

$$0<\sum_{i=0}^{+\infty}r_iR_i<+\infty,\quad p>0,\tag{3.3}$$

$$r_n=0,\qquad\qquad p=0,\tag{3.4}$$

$$q=0,\qquad\qquad S=+\infty,\tag{3.5}$$

其中 $R_i=\sum_{j=i}^{+\infty}m_j$，$m_j$ 由(1.4)，$S$ 由(1.5)给出．下面的定理完满地解决了构造问题，它说明在全体 $Q$ 过程与全体如上数列之间存在一一对应．

**构造定理** 设已给(1.2)形的矩阵 $\boldsymbol{Q}$，满足条件 $R<+\infty$，则下列结论成立：

(i) 任一 $Q$ 过程 $\{x_t(\omega),\ t\geqslant 0\}$ 的特征数列 $\{p,\ q,\ r_n,\ n\geqslant 0\}$ 满足(3.2)～(3.5)．

(ii) 反之，设已给一列非负数 $\{p,\ q,\ r_n,\ n\geqslant 0\}$，满足(3.2)～(3.5)，则存在唯一 $Q$ 过程 $\{x_t(\omega),\ t\geqslant 0\}$，它的特征数列重合于此已给数列；而且它的转移概率 $P_{ij}(t)$ 满足

$$P_{ij}(t)=\lim_{n\to+\infty}P_{ij}^{(n)}(t).\tag{3.6}$$

这里 $P_{ij}^{(n)}(t)$ 是 $(Q,\ V^{(n)})$ 过程的转移概率，而分布 $V^{(n)}=(v_0^{(n)},\ v_1^{(n)},\ \cdots,\ v_n^{(n)})$ 集中在 $(0,\ 1,\ 2,\ \cdots,\ n)$ 上，如下给出：

若 $p=0$，则令

$$v_j^{(n)}=0\quad(0\leqslant j<n),\qquad v_n^{(n)}=1.$$

若 $p>0$，则令

$$v_i^{(n)}=\frac{X_nr_i}{A_n}\quad(0\leqslant i<n),$$

$$v_n^{(n)}=Y_n+X_n\sum_{l=n}^{+\infty}\frac{r_lc_{ln}}{A_n},$$

其中 $c_{ln}$ 由本套书第 3 卷第 83 页的(2.16)给出，又

$$0<A_n=\sum_{l=n}^{+\infty}r_lc_{ln}<+\infty,$$

$$X_n = \frac{pA_n(z - z_n)}{pA_n(z - z_n) + qA_0 z},$$

$$Y_n = \frac{pA_0}{pA_n(z - z_n) + qA_0 z}.$$

利用构造定理，可以顺利地解决过程的常返性、遍历性以及 0-1 律等问题详见[1][6].

至于 $a_0$ 可以大于 0 以及过程可以中断情况下的构造问题，则在[1][4][9][15]中完全解决.

上述构造方法的进一步发展见[6][11].

## § 4. 其他进展

与生灭过程紧密相关的有双边生灭过程与广生灭过程，前者的状态空间为全体整数；后者则是这样的齐次可列马氏过程，从状态 $i$ 出发，下一步可能向后跳跃到 0，1，2，…，$i-1$，但向前则只能到 $i+1$. 例如以 $x_t$ 表示 $t$ 时某汽车站的等车人数，一般地，旅客是一次只新来一人，但汽车一到，则剩下的旅客数可能是 0，1，2，…，$x_t-1$，因而可视 $x_t$ 为广生灭过程. 张建康第一次系统地讨论了这类过程，引进了数字特征，研究了其积分型泛函的分布等问题. 关于双边生灭过程的研究见[6][7][10][12]. 近年来开展了齐次马氏过程的可逆性、有势性的研究，并引进了概率流的概念，在[10][12]中对生灭过程与双边生灭过程研究了这些问题，取得了相当多的新结果. 薛行雄则研究了生灭过程与位势的关系，此外，关于多维生灭过程的研究还不多，这是一个很值得讨论的课题.

### 参考文献

[1] 王梓坤. 生灭过程与马尔可夫链. 北京：科学出版社，1980.

[2] 王梓坤. 生灭过程停留时间与首达时间的分布. 中国科学，1980，10(2)：109-117.

[3] Wang Zikun. On distributions of functionals of birth and death processes and their applications in the theory of queues. Scientia Sinica，1961，10(2)：160-170.

[4] 王梓坤，杨向群. 中断生灭过程的构造. 数学学报，

1978，21(1)：66-71.

[5] 吴荣. 生灭过程的泛函的分布. 数学学报，1981，24(3)：337-358.

[6] 杨向群. 可列马尔可夫过程构造论. 第2版. 长沙：湖南科技出版社，1986.

[7] 杨向群. 可列马氏过程的积分型泛函和双边生灭过程的边界性质. 数学进展，1964，7：397-424.

[8] 杨向群. 关于生灭过程构造论的注记. 数学学报，1965，15：173-187.

[9] 杨向群，王梓坤. 中断生灭过程构造中的概率分析方法. 南开大学学报(自然科学版)，1979，(3)：1-32.

[10] 钱敏，侯振挺等. 可逆马尔可夫过程. 长沙：湖南科技出版社，1979.

[11] 侯振挺，郭青峰. 齐次可列马尔可夫过程. 北京：科学出版社，1978.

[12] 郭懋正，吴承训. 双边生灭过程概率流的环流分解. 中国科学，1981，11(3)：271-281.

[13] Feller W. An Introduction to Probability and Its Application. New York：Wiley & Sons. Vol. Ⅰ，1951；Ⅱ，1971.

[14] Soloviev A D. Proceedings of the Sixth Berkeley Symp. on Math. Statistics and Probability，1972：71-86.

[15] 杨向群. 一类生灭过程. 数学学报，1965，15：9-31.

数学物理学报，1984，4(1)

# Two-Parameter Ornstein-Uhlenbeck Processes[①]

## § 1. Introduction

Let $W=\{w(a),\ a\geqslant 0\}$ be a standard Brownian motion, $\alpha>0$, $\sigma>0$ be two constants, $X_0$-$a$ random variable, independent of $W$. It is well known that the stochastic differential equation (see [1][3])

$$\begin{aligned} &\mathrm{d}X(a)=-\alpha X(a)\mathrm{d}a+\sigma \mathrm{d}W(a), \\ &X(0)=X_0, \end{aligned} \tag{1.1}$$

has a unique solution

$$X(t)=\mathrm{e}^{-\alpha t}\left[X_0+\sigma\int_0^t \mathrm{e}^{\alpha a}\,\mathrm{d}w(a)\right]. \tag{1.2}$$

① Received: 1982-01-04.

Dedicated to Professor Lee Kwok-ping(Li Guoping) On the Occasion of his 50th Year of Educational and Scientific Work.

We call $X=\{X(t),\ t\geqslant 0\}$ the (one-parameter $t$, 1-dim ensional Ornstein-Uhlenbeck process (OUP), which is a mathematical mode) of the velocity of Brownian particle. It is a homogeneous Markov Process. The process is stationary if $X_0$ has $N\left(0,\ \frac{\sigma^2}{2\alpha}\right)$ normal distribution; it is Gaussian if $X_0$ is a constant or normal.

Recently the theory of two-parameter Martingales develops intensively developed (see [2]), but the work of two-parameter Markov processes is few. In this note we investigate the two-parameter OUP. The motivation for this study comes not only from its own interest, but also from the fact that this process can be regarded as a good guide to the general theory of two-parameter Markov processes. It is remarkable that the increments of OUP, unlike that of Brownian motion, are not independent.

We shall give a reasonable definition of the two-parameter OUP, discuss its properties, with emphasis on the distinctions between one-parameter and two-parameter cases. Then we prove three Markov properties (ordinary, wide past and strong) for these processes. The connection between 1- and 2-parameter cases is also investigated.

# § 2. Definition and basic properties

Let $(\Omega, \mathscr{F}, P)$ be probability space, $\omega \in \Omega$; $\mathbf{R}^n$-the $n$-dimensional Euclidean space, $\boldsymbol{z}=(z_1, z_2, \cdots, z_n) \in \mathbf{R}^n$; $\mathbf{R}_+^n=(\boldsymbol{z}: z_1 \geqslant 0, z_2 \geqslant 0, \cdots, z_n \geqslant 0)$; $L$-the Lebesgue measure. The totality of all Borel sets A with $L(A)<+\infty$ in $R^n$ is denoted by $\mathscr{B}_b^n$. Let $W$ be the white noise on $\mathbf{R}_+^n$; it is a real valued, additive, normal set function $W(A)$, $A \in \mathscr{B}_b^n$, with

$$EW(A)=0, \qquad EW(A)W(B)=L(AB), \tag{2.1}$$

where $E$ is the mathematical expectation.

For every $\boldsymbol{z} \in \mathbf{R}_+^n$, we define

$$W(\boldsymbol{z})=W([0, z_1]\times[0, z_2]\times\cdots\times[0, z_n]),$$

and call $W=\{W(\boldsymbol{z}), \boldsymbol{z} \in \mathbf{R}_+^n\}$ the $n$-parameter Brownian Motion. By (2.1)

$$EW(\boldsymbol{z})=0, EW(\boldsymbol{z})W(\boldsymbol{z}')=\prod_{i=1}^{n}(z_i \wedge z_i'), \tag{2.2}$$

where $a \wedge b=\min(a, b)$. We shall assume that $W(\boldsymbol{z})$ is continuous in $\boldsymbol{z}$.

Let $\boldsymbol{\alpha}=(\alpha_1, \alpha_2, \cdots, \alpha_n)$ be $n$-dimensional vector, $\alpha_i>0$, and $\sigma>0$ be constants. The process $X=\{X(\boldsymbol{z}), \boldsymbol{z} \in \mathbf{R}_+^n\}$ defined by

$$X(\mathbf{Z})=\mathrm{e}^{-\boldsymbol{\alpha z}}\left[X_0+\sigma\int_0^{\boldsymbol{z}} \mathrm{e}^{\boldsymbol{\alpha a}}\,\mathrm{d}W(\boldsymbol{a})\right] \tag{2.3}$$

is called $n$-parameter one-dimensional OUP, where $\boldsymbol{\alpha z}=\sum_{i=1}^{n}\alpha_i z_i$, $\boldsymbol{\alpha a}=\sum_{i=1}^{n}\alpha_i a_i$, $X_0$ is a random variable, independent of $W$, and the integral is $n$-multiple stochastic integral.

Suppose that $X_1$, $X_2$, $\cdots$, $X_d$ are such processes, which are independent. Define

$$X^{nd}(z)=\{X_1(z),\ X_2(z),\ \cdots,\ X_d(z)\}$$

we say that $X^{nd}=\{X^{nd}(z),\ z\in\mathbf{R}_+^n\}$ is $n$-parameter $d$-dimensional OUP.

For simplicity, we restrict ourselves to $X^{2,1}$, i. e., $\mathrm{OUP}_2$, and denote it by $X=\{X(z),\ z\in\mathbf{R}_+^2\}$. Many results can be generalized to $X^{nd}$. In the following $z=(s,\ t)\in\mathbf{R}_+^2$, $\boldsymbol{a}=(\alpha,\ \beta)$, $\boldsymbol{a}=(a,\ b)$, $s$, $t$, $\alpha$, $\beta$, $a$, $b$, $u$, $v$, $\cdots$ are real numbers. Then we can write $X=\{X(s,\ t),\ s\geqslant 0,\ t\geqslant 0\}$. (2. 3) reduces to

$$X(s,t)=\mathrm{e}^{-\alpha s-\beta t}\left[X_0+\sigma\int_0^s\int_0^t \mathrm{e}^{\alpha a+\beta b}\mathrm{d}w(a,b)\right], \qquad (2.4)$$

put $I=\{I(s,t),s\geqslant 0,t\geqslant 0\}$, where

$$I(s,t)=\int_0^s\int_0^t \mathrm{e}^{\alpha a+\beta b}\mathrm{d}w(a,b). \qquad (2.5)$$

Evidently, $I$ is two-parameter normal process. Let $\bar{s}=\max(s_1,\ s_2)$, $\underline{s}=\min(s_1,\ s_2)$; $\chi_s(a)=1$, if $a\in[0,\ s]$, $\chi_s(a)=0$, if $a>s$. Then $EI(s,\ t)=0$ and

$$\begin{aligned}
&EI(s_1,t_1)I(s_2,t_2)\\
&=E\left[\int_0^{\bar{s}}\int_0^{\bar{t}}\chi_{s_1}(a)\,\chi_{t_1}(b)\mathrm{e}^{\alpha a+\beta b}\mathrm{d}w(a,b)\right.\\
&\quad\left.\int_0^{\bar{s}}\int_0^{\bar{t}}\chi_{s_2}(a)\,\chi_{t_2}(b)\mathrm{e}^{\alpha a+\beta b}\mathrm{d}w(a,b)\right]\\
&=\int_0^{\bar{s}}\int_0^{\bar{t}}\chi_{\underline{s}}(a)\,\chi_{\underline{t}}(b)\mathrm{e}^{2\alpha a+2\beta b}\mathrm{d}a\mathrm{d}b\\
&=\int_0^{\underline{s}}\mathrm{e}^{2\alpha a}\mathrm{d}a\int_0^{\underline{t}}\mathrm{e}^{2\beta b}\mathrm{d}b
\end{aligned}$$

$$= \frac{(\mathrm{e}^{2\alpha(s_1 \wedge s_2)} - 1)(\mathrm{e}^{2\beta(t_1 \wedge t_2)} - 1)}{4\alpha\beta}. \tag{2.6}$$

In particular, the dispersion

$$DI(s, t) = \frac{(\mathrm{e}^{2\alpha s} - 1)(\mathrm{e}^{2\beta t} - 1)}{4\alpha\beta}. \tag{2.7}$$

**Proposition 1** The following three processes are equivalent (i. e., with the same finite dimensional distributions):

(i) $X = \{X(s, t), s \geqslant 0, t \geqslant 0\}$ defined by (2.4);

(ii) $\overline{X} = \{\overline{X}(s, t), s \geqslant 0, t \geqslant 0\}$, where

$$\overline{X}(s, t) = \mathrm{e}^{-\alpha s - \beta t} X_0 + \sigma W\left(\frac{1}{2\alpha}[\mathrm{e}^{2\alpha s} - 1], \frac{1}{2\beta}[\mathrm{e}^{2\beta t} - 1]\right);$$

(iii) $\widetilde{X} = \{\widetilde{X}(s, t), s \geqslant 0, t \geqslant 0\}$, where

$$\widetilde{X}(s, t) = \mathrm{e}^{-\alpha s - \beta t} X_0 + \sigma W\left(\frac{1}{2\alpha}[1 - \mathrm{e}^{-2\alpha s}], \frac{1}{2\beta}[1 - \mathrm{e}^{-2\beta t}]\right).$$

**Proof** Let $Y(s, t) = W\left(\frac{\mathrm{e}^{2\alpha s} - 1}{2\alpha}, \frac{\mathrm{e}^{2\beta t} - 1}{2\beta}\right)$,

then $Y = \{Y(s, t), s \geqslant 0, t \geqslant 0\}$ is a normal process, $EY(s, t) = 0$ and by (4),

$$EY(s_1, t_1)Y(s_2, t_2)$$
$$= \left(\frac{\mathrm{e}^{2\alpha s_1} - 1}{2\alpha} \wedge \frac{\mathrm{e}^{2\alpha s_2} - 1}{2\alpha}\right)\left(\frac{\mathrm{e}^{2\beta t_1} - 1}{2\beta} \wedge \frac{\mathrm{e}^{2\beta t_2} - 1}{2\beta}\right)$$
$$= EI(s_1, t_1)I(s_2, t_2),$$

so that $I$ and $Y$ have the same finite dimensional distributions Therefore $X$ is equivalent to $\overline{X}$. The equivalence of $X$ and $\widetilde{X}$ can be proved similarly.

**Remark 1** The process $Z = \{Z(s, t), s \geqslant 0, t \geqslant 0\}$

$$Z(s, t) = \mathrm{e}^{-\alpha s - \beta t} X_0 + \sigma \sqrt{\frac{(1 - \mathrm{e}^{-2\alpha s})(1 - \mathrm{e}^{-2\beta t})}{4\alpha\beta}} \cdot W(1, 1) \tag{2.8}$$

has the same one dimensional distribution as $X$, but their covariances are different.

We say that $(u, v)\leqslant(s, t)$, if $u\leqslant s$, $v\leqslant t$; $(u, v)<(s, t)$, if $u<s$, $v<t$. For $(s, t)\in\mathbf{R}_+^2$, consider the $\sigma$-algebra $\mathscr{F}_{st}=\sigma\{X_0, W(a, b), (a, b)\leqslant(s, t)\}$. Clearly $X(s, t)$ is $\mathscr{F}_{st}$ measurable and for $(u, v)\leqslant(s, t)$, $\mathscr{F}_{uv}\subset\mathscr{F}_{st}\subset\mathscr{F}$.

For any $Q\in\mathscr{B}_b$, define

$$I(Q)=\iint_Q \mathrm{e}^{\alpha a+\beta b}\,\mathrm{d}w(a, b). \tag{2.9}$$

**Proposition 2** If $(u, v)\leqslant(s, t)$, then

$$X(s, t)=\mathrm{e}^{-\alpha(s-u)-\beta(t-v)}X(u, v)+\sigma\mathrm{e}^{-\alpha s-\beta t}I(A\cup B\cup C), \tag{2.10}$$

where the rectangles (Fig. 2-1)

$A=[0, u]\times[v, t]$, $B=[u, s]\times[v, t]$,

$C=[u, s]\times[0, v]$.

**Proof** By (2.4)(2.5)

$$\begin{aligned}X(s, t)&=\mathrm{e}^{-\alpha s-\beta t}[X_0+\sigma I(s, t)]\\&=\mathrm{e}^{-\alpha(s-u)-\beta(t-v)}\{\mathrm{e}^{-\alpha u-\beta v}[X_0+\\&\quad\sigma I(u, v)]+\sigma\mathrm{e}^{-\alpha u-\beta v}I(A\cup B\cup C)\}\\&=\mathrm{e}^{-\alpha(s-u)-\beta(t-v)}X(u, v)+\\&\quad\sigma\mathrm{e}^{-\alpha s-\beta t}(A\cup B\cup C).\end{aligned}$$

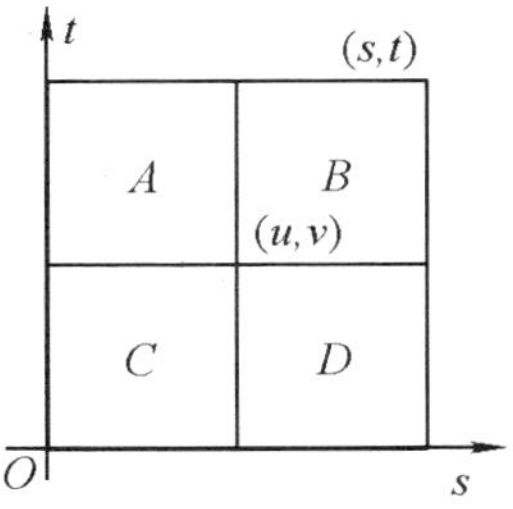

Fig. 2-1

A generalization of (2.4) is (2.10), which connects the values of $X$ at two points

$$(u, v)\leqslant(s, t).$$

**Theorem 1** $X$ is Markov, i. e., it has Markov property in the ordinary sense: $X(s, t)$ is conditionally independent of $\mathscr{F}_{uv}$, if $X(u, v)$ is given, it is also independent of $\mathscr{F}_{uv}^X=\sigma\{X(a, b): (a, b)\leqslant(u, v)\}$. Then the conditional density of $X(s, t)$ is

$$p((u, v), x; (s, t), y)$$

$$=\frac{1}{H\sqrt{2\pi}}\exp\left\{-\frac{|y-e^{-\alpha(s-u)-\beta(t-v)}x|^2}{2H^2}\right\} \tag{2.11}$$

i. e., the density of normal distribution $N(e^{-\alpha(s-u)-\beta(t-v)}x, H^2)$, where

$$H^2=-\frac{\sigma^2}{4\alpha\beta}[e^{-2\alpha(s-u)}(1-e^{-2\alpha u})(1-e^{-2\beta(t-v)})+ e^{-2\beta(t-v)}(1-e^{-2\beta v})(1-e^{-2\alpha(s-u)})+ (1-e^{-2\alpha(s-u)})(1-e^{-2\beta(t-v)})]. \tag{2.12}$$

**Proof** When $X(u, v)=x$, we have by (2.10)

$$X(s, t)=e^{-\alpha(s-u)-\beta(t-v)}x+\sigma e^{-\alpha s-\beta t}I(A\cup B\cup C). \tag{2.13}$$

For $E\subset R_+^2$, we define the $\sigma$-algebra

$$\mathscr{T}(E)=\sigma\{W(G): G\subset E, G\in\mathscr{B}_b^2\}. \tag{2.14}$$

If $W\subset R_{uv}\equiv[0, u]\times[0, v]$, $N\subset A\cup B\cup C$, then by (2.1)

$$EW(M)W(N)=0,$$

since $W(M)$, $W(N)$ are normal, they are independent, hence $\mathscr{F}(A\cup B\cup C)$ is independent of $\mathscr{F}(R_{uv})$. But $\mathscr{F}_{uv}=\mathscr{F}(X_0)\vee\mathscr{F}(R_{uv})$, $X_0$ and $W$ are independent, so that $\mathscr{F}(A\cup B\cup C)$ and $\mathscr{F}_{uv}$ are independent. Note that the second term of (2.13) is a constant and $I(A\cup B\cup C)$ is $\mathscr{F}(A\cup B\cup C)$ measurable, this proves the independence of $X(s, t)$ and $\mathscr{F}_{uv}$, if $X(u, v)=x$ since $\mathscr{F}_{uv}^X\subset\mathscr{F}_{uv}$, the conditional independence of $X(s, t)$ and $\mathscr{F}_{uv}^X$ follows immediately.

Note that the two terms on the right side of (2.10) are independent. $X(s, t)$ is normal by (2.13) and

$$EX(s, t)=e^{-\alpha(s-u)-\beta(t-v)}x,$$

$$DX(s, t)=\sigma^2e^{-2\alpha s-2\beta t}[DI(A)+DI(B)+DI(C)]. \tag{2.15}$$

But

$$DI(A) = E\left[\int_0^u\int_v^t e^{\alpha a+\beta b}\,dw(a,b)\right]^2$$

$$= \int_0^u\int_v^t e^{2\alpha a+2\beta b}\,da\,db = \frac{(e^{2\alpha u}-1)(e^{2\beta t}-e^{2\beta v})}{4\alpha\beta},$$

$$\mathrm{DI(B)} = \frac{(e^{2\alpha s}-e^{2\alpha u})(e^{2\beta t}-e^{2\beta v})}{4\alpha\beta},$$

$$DI(C) = \frac{(e^{2\alpha s}-e^{-2\alpha u})(e^{2\beta v}-1)}{4\alpha\beta}.$$

Substituting these values into (2.15) we get (2.12) and (2.11).

If $(u, v)$ is "present", then $\mathscr{F}_{uv}^X$ and

$$\mathscr{F}^{uv} = \sigma\{X(s, t), s \geqslant u, t \geqslant v\}$$

are the "past" and "future" $\sigma$-algebras respectively.

**Corollary 1** $\mathscr{F}_{uv}^X$ (and $\mathscr{F}_{uv}$) is independent of $\mathscr{F}^{uv}$ if

$$X(u, v) = x.$$

It follows that the "past" and the "future" are symmetric with respect to the "present".

Another proof of Markov property of $X$ is similar to that of (4.5).

We say that $p \equiv p((u, v), x; (s, t), y)$ in (2.11) is the transition density of $X$. It is nonhomogeneous, i.e., $p$ depends not only on $s$-$u$ and $t$-$v$, but also on $u$ and $v$. The reason is that the area of $R_{st} \setminus R_{uv}$ depends on $s$-$u$, $t$-$v$ and $u$, $v$. By this fact we know that the multi-parameter Markov processes are nonhomogeneous in general. This is a main distinction between one-parameter and multiparameter cases. Nevertheless, the $\mathrm{OUP}_2$ is "time homogeneous" in the following sense.

Remember (2.4) and for any $u \geqslant 0$, $v \geqslant 0$, define the process $X^{uv} = \{X^{uv}(s, t), s \geqslant 0, t \geqslant 0\}$:

$$X^{uv}(s,t)=\mathrm{e}^{-\alpha s-\beta t}\left[X(u,v)+\sigma\mathrm{e}^{-\alpha u-\beta v}\int_u^{u+s}\int_v^{v+t}\mathrm{e}^{\alpha a+\beta b}\,\mathrm{d}w(a,b)\right].$$

(2. 16)

We note that the domain of integration is a rectangle $[u,\ u+s]\times[v,\ v+t]$ whose position corresponds to $B$ in the above figure, this rectangle has the same area as $R_{st}$ which is the domain of integration in (2. 4). If $X(u,\ v)=X_0=x$, then $X(s,\ t)$ and $X^{uv}(s,t)$ have the same normal distribution

$$N(\mathrm{e}^{-\alpha s-\beta t}x,\ \frac{\sigma^2}{4\alpha\beta}(1-\mathrm{e}^{-2\alpha s})(1-\mathrm{e}^{-2\beta t}))$$

which is independent of $u$, $v$. In fact, its dispersion can be obtained by substituting $s$ into $s\text{-}u$ and $t$ into $t\text{-}v$ in the last term of (2. 12). We can even prove that $X$ and $X^{uv}$ are equivalent.

It follows from (2. 11)(2. 12) that:

for fixed $s$, $p$ tends to the density of $N\left(0,\ \frac{\sigma^2}{4\alpha\beta}(1-\mathrm{e}^{-2\alpha s})\right)$ as $t\to+\infty$;

for fixed $t$, $p$ tends to the density of $N\left(0,\ \frac{\sigma^2}{4\alpha\beta}(1-\mathrm{e}^{-2\beta t})\right)$ as $s\to+\infty$;

$p$ tends to the density of $N\left(0,\ \frac{\sigma^2}{4\alpha\beta}\right)$ as $s\to+\infty$ and $t\to+\infty$.

For one-parameter $\mathrm{OUP}_1$, it is well-known that its transition distribution tends to $N\left(0,\ \frac{\sigma^2}{2\alpha}\right)$ as $t\to+\infty$, the process is stationary if the initial distribution is $N\left(0,\ \frac{\sigma^2}{2\alpha}\right)$. But for $\mathrm{OUP}_2$, the process is not stationary even if $X_0$ is $N\left(0,\ \frac{\sigma^2}{4\alpha\beta}\right)$

distributed, it is stationary only in the limit case. In fact, for $s \geqslant 0$, $t \geqslant 0$, the covariance of $X$ is

$$
\begin{aligned}
& EX(u, v)X(u+s, v+t) \\
& = E\{e^{-\alpha u-\beta v}[X_0+\sigma I(u, v)]e^{-\alpha(u+s)-\beta(v+t)}[X_0+\sigma I(u+s, v+t)]\}.
\end{aligned}
$$

Since $X_0$ is independent of $I(u, v)$ and has $N\left(0, \frac{\sigma^2}{4\alpha\beta}\right)$ distribution, we have by (8)

$$
\begin{aligned}
& EX(u, v)X(u+s, v+t) \\
& = e^{-\alpha(2u+s)-\beta(2v+t)}[EX_0^2+\sigma^2 EI(u, v)I(u+s, v+t)] \\
& = \frac{\sigma^2}{4\alpha\beta}e^{\alpha(2u+s)-\beta(2v+t)}[1+(e^{2\alpha u}-1)(e^{2\beta v}-1)] \\
& \to \frac{\sigma^2}{4\alpha\beta}e^{-\alpha s-\beta t} \quad (u\to+\infty, v\to+\infty). \qquad (2.17)
\end{aligned}
$$

From (2.11) it follows the transition density of 2-parameter $d$-dimensional OUP $X^{2,d}$ is

$$
\begin{aligned}
& p((u, v), x; (s, t), y) \\
& = \left(\frac{1}{H\sqrt{2\pi}}\right)^d \cdot \exp\left\{-\frac{|y-e^{-\alpha(s-u)-\beta(t-v)}x|^2}{2H^2}\right\}, \qquad (2.18)
\end{aligned}
$$

where $x\in\mathbf{R}^d$, $y\in\mathbf{R}^d$, $|x-y|$ is the Euclidean distance in $\mathbf{R}^d$.

## § 3. The relation between $OUP_1$ and OUP

Let $X$ be $OUP_2$ defined by (2.4). For fixed $c>0$ the one-parameter process $X_c=\{X(s, c), s\geqslant 0\}$ is the $c$-section of $X$. Is it an OUP?

**Theorem 2** (i) $X_c$ is equivalent to some $OUP_1$ with parameters $\tilde{\alpha}$, $\tilde{\sigma}$ and initial value $\widetilde{X}_0$ given by

$$\tilde{\alpha}=\alpha, \qquad \tilde{\sigma}=\sigma\sqrt{\frac{1-e^{-2\beta c}}{2\beta}}, \qquad \widetilde{X}_0=X(0, c).$$

(ii) Inversely, there are two sequences of independent $OUP_1$ $\{X^i(s), s\geqslant 0\}$ and $\{Y^i(t), t\geqslant 0\}$ $(i\in\mathbf{N}^*)$ such that for any fixed $(s, t)\in\mathbf{R}_+^2$ and $a\in\mathbf{R}$, we have

$$\begin{aligned}\lim_{n\to\infty}P\ &\left(e^{-\alpha s-\beta t}X_0+\frac{\sigma}{\sqrt{n}}\sum_{i=1}^{n}X^i(s)Y^i(t)\leqslant a\right)\\ &=P(X(s,t)\leqslant a),\end{aligned}\tag{3.1}$$

where $X^i(0)=Y^i(0)=0$, the parameters of $X^i$ are $\alpha$ and $\sigma=1$ and that of $Y^i$ are $\beta$, $\sigma=1$.

**Proof** (i) By (2.10)

$$X(s,c)=e^{-\alpha s}X(0,c)+\sigma e^{-\alpha s-\beta c}\int_0^s\int_0^c e^{\alpha a+\beta b}\,dw(a,b)\tag{3.2}$$

and $X(0, c)=e^{-\beta c}X_0$, independent of $W$ and $J(s, c)$ where

$$J(s,c)=e^{-\alpha s-\beta c}\int_0^s\int_0^c e^{\alpha a+\beta b}\,dw(a,b),$$

$J_c=\{J(s, c), s\geqslant 0\}$ is a normal process, $EJ(s, c)=0$, and by (8)

$$EJ(s_1, c)J(s_2, c)$$

$$= e^{-\alpha(s_1+s_2)-2\beta c} \cdot \frac{e^{2\alpha(s_1 \wedge s_2)}-1}{2\alpha} \cdot \frac{e^{2\beta c}-1}{2\beta}.$$

On the other hand, take a standard Brownian motion $\{W(a), a \geqslant 0\}$, independent of $X(0, c)$. Define $\text{OUP}_1 \widetilde{X}\{X(s), s \geqslant 0\}$:

$$X(s) = e^{-\alpha s} X(0,c) + \sigma \sqrt{\frac{1-e^{-2\beta c}}{2\beta}} e^{-\alpha s} \int_0^s e^{\alpha a} dw(a). \quad (3.3)$$

Let

$$J(s) = \sqrt{\frac{1-e^{-2\beta c}}{2\beta}} e^{-\alpha s} \int_0^s e^{\alpha a} dw(a),$$

$J = \{J(s), s \geqslant 0\}$ is also normal, $EJ(s) = 0$ and

$$EJ(s_1)J(s_2) = EJ(s_1, c)J(s_2, c),$$

therefore $J_c$ and $J$ are equivalent and by (3.2)(3.3) so are $X_c$ and $\widetilde{X}$.

(ii) Let

$$Z(s,t) = e^{-\alpha s-\beta t} \int_0^s \int_0^t e^{\alpha a+\beta b} dw(a,b)$$

then $X(s, t) = e^{-\alpha s-\beta t} X_0 + \sigma Z(s, t)$. Take two sequences of independent standard Brownian motion $\{w_i(a), a \geqslant 0,\}$ $\{\widetilde{w}_i(b), b \geqslant 0\}$ and define two sequences of independent $\text{OUP}_1$ $\{X^i(s), s \geqslant 0\}$, $\{Y^i(s), s \geqslant 0\}$ $(i \in \mathbf{N}^*)$:

$$X^i(s) = \int_0^s e^{-\alpha(s-a)} dw_i(a), \quad (3.4)$$

$$Y^i(t) = \int_0^t e^{-\beta(t-b)} d\widetilde{w}_i(b). \quad (3.5)$$

Evidently

$$EX^i(s) = EY^i(t) = EX^i(s)Y^i(t) = 0,$$

$$DX^i(s) = \frac{1-e^{-2\alpha s}}{2\alpha}, \quad DY^i(t) = \frac{1-e^{-2\beta t}}{2\beta},$$

$$DX^i(s)Y^i(t)=E(X^i(s))^2 \cdot E(Y^i(t))^2 = \frac{1-e^{-2\alpha s}}{2\alpha} \cdot \frac{1-e^{-2\beta t}}{2\beta}. \tag{3.6}$$

By central limit theorem the distribution of $\frac{1}{\sqrt{n}}\sum_{i=1}^{n} X^i(s)Y^i(t)$ converges weakly to $N\left(0, \frac{1-e^{-2\alpha s}}{2\alpha} \cdot \frac{1-e^{-2\beta t}}{2\beta}\right)$, i. e., to the distribution of $Z(s, t)$. Using independence we get (3.1).

# § 4. Wide past Markov property

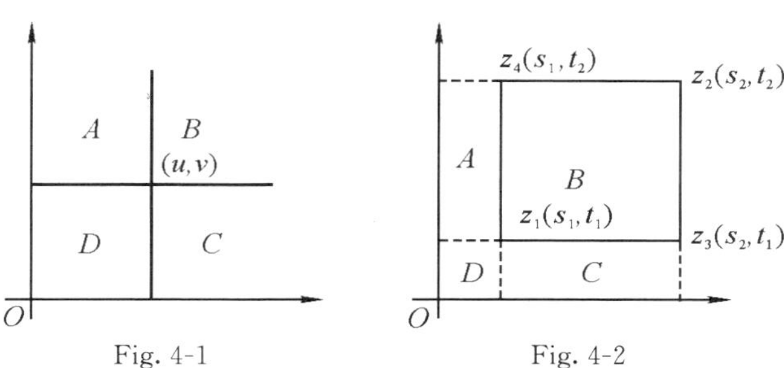


Fig. 4-1 Fig. 4-2

There are various Markov properties which depend on various understandings of the "past" "present" and "future". The simplest one is shown in theorem 1, where the "present" is only one point $(u, v)$, since $X(u, v)$ contains few information, the conditional independence holds only for narrow "past" and narrow "future". If the "past" or "future" is wider, the "present" must also be wider. In theorem 1. the "future" is set $B=((s, t): (u, v)\leqslant(s, t))$, the "past" is $D=((a, b): (a, b)\leqslant (u, v))$ (Fig. 4-1). We say nothing about $A=((a, b): a\leqslant u, b\geqslant v)$ and $C=((a, b): a\geqslant u, b\leqslant v)$ (Fig. 4-2).

But in the sense of wide past Markov property, $k\equiv A\cup B\cup C$ is the "past" and the boundary $\partial k$ of $k$ is the "present".

For $(u, v)\in \mathbf{R}_+^2$, we define three $\sigma$-algebras

$$\mathscr{F}_{uv}^{*}=\sigma\{X(z), z\in k\}=\sigma\{X(a, b), a\leqslant u \text{ or } b\leqslant v\},$$

$$\mathscr{F}_{uv}^{b}=\sigma\{X(z), z\in \partial k\}$$
$$=\sigma\{X(0, 0); X(a, v), a\geqslant u; X(u, b), b\geqslant v\},$$

$$\mathscr{F}^{vv}=\sigma\{X(z), z\in B\}=\sigma\{X(a, b), a>u, b>v\}.$$

We say that process $\{X(z),\ z\in\mathbf{R}_+^2\}$ has wide past Markov property if for any $(u,\ v)\in\mathbf{R}_+^2$, any $\mathscr{A}\in\mathscr{F}^{uv}$, we have

$$P(\mathscr{A}\mid\mathscr{F}_{uv}^{*})=P(\mathscr{A}\mid\mathscr{F}_{uv}^{b})\quad \text{a. s.}.\tag{4.1}$$

We shall prove that $\mathrm{OUP}_2$ has this property.

**Proposition 3** Let $z_1=(s_1,\ t_1)$, $z_2=(s_2,\ t_2)$, $z_3=(s_2,\ t_1)$, $z_4=(s_1,\ t_2)$ be the corners of rectangle $B$ with sides parallel to the axes. Then there is a homogeneous linear function $L$ with non-zero coefficients (depending on $s_i$, $t_i$) such that

$$L(X(z_1),\ X(z_2),\ X(z_3),\ X(z_4),\ I(B))=0.\tag{4.2}$$

More exactly,

$$X(z_2)=\mathrm{e}^{-\alpha(s_2-s_1)}X(z_4)+\mathrm{e}^{-\beta(t_2-t_1)}X(z_3)-\mathrm{e}^{-\alpha(s_2-s_1)-\beta(t_2-t_1)}X(z_1)+\sigma\mathrm{e}^{-\alpha s_2-\beta t_2}I(B),\tag{4.3}$$

where $I(B)$ is defined by (4. 3).

**Proof** By (2. 10)

$$X(z_2)=\mathrm{e}^{-\beta(t_2-t_1)}X(z_3)+\sigma\mathrm{e}^{-\alpha s_2-\beta t_2}(I(A)+I(B)),$$

$$X(z_4)=\mathrm{e}^{-\beta(t_2-t_1)}X(z_1)+\sigma\mathrm{e}^{-\alpha s_1-\beta t_2}I(A).$$

Eliminating $I(A)$ we get (4. 3).

(4. 3) is equivalent to the formula

$$\sigma I(B)=\mathrm{e}^{\alpha s_2+\beta t_2}X(z_2)-\mathrm{e}^{\alpha s_2+\beta t_1}X(z_3)-\mathrm{e}^{\alpha s_1+\beta t_2}X(z_4)+\mathrm{e}^{\alpha s_1+\beta t_1}X(z_1),\tag{4.4}$$

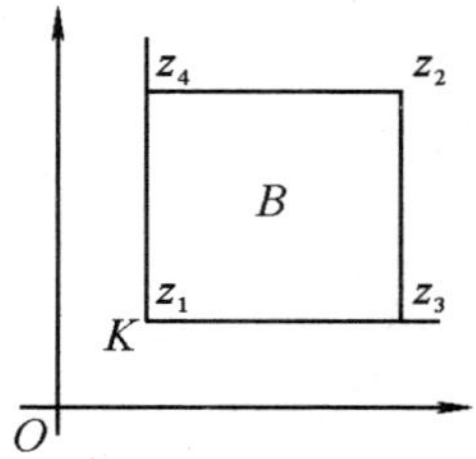

Fig. 4-3

which resembles the increment formula for distribution function of two variables (Fig. 4-3). Note that the coefficients are very regular.

**Theorem 3** $\mathrm{OUP}_2$ has wide past Markov property.

**Proof** It suffices to prove that for any two points $(u,\ v)\leqslant(s,\ t)$ and any $d\in\mathbf{R}$,

$$P(X(s,\ t)\leqslant d\mid \mathscr{F}^{*}_{uv})$$
$$=P(X(s,\ t)\leqslant d\mid \mathscr{F}^{b}_{uv})\quad \text{a. s.}. \tag{4.5}$$

Let $B$ be a rectangle with corners $z_1=(u,\ v)$, $z_2=(s,\ t)$ and $z_3$, $z_4$. By (4.3)

$$X(s,\ t)\equiv X(z_2)=L_1+aI(B),$$

where $L_1$ is a linear function of $X(z_1)$, $X(z_3)$, $X(z_4)$, $a$-constant. Let $k=((a,\ b):a\leqslant u$ or $b\leqslant v)$ and $G$ be $\sigma$-algebra

$$G=\sigma\{X(0,\ 0)W(F),\ F\subset k,\ F\in\mathscr{B}^{2}_{b}\}\supset\mathscr{F}^{*}_{vv}=\mathscr{F}^{*}_{uv}\vee\mathscr{F}^{b}_{uv}.$$

Evidently, $L_1$ is $\mathscr{F}^{b}_{uv}$ measurable and $I(B)$ is independent of $G$. Hence the conditional characteristic function

$$E(\mathrm{e}^{\mathrm{i}\xi X(z_2)}\mid G)=E(\mathrm{e}^{\mathrm{i}\xi L_1+\mathrm{i}\xi aI(b)}\mid G)$$
$$=\mathrm{e}^{\mathrm{i}\xi L_1}\cdot E(\mathrm{e}^{\mathrm{i}\xi aI(B)}).$$

Similarly, the last quantity is also equal to $E(\mathrm{e}^{\mathrm{i}\xi X(z)}\mid\mathscr{F}^{b}_{uv})$. Therefore

$$E(\mathrm{e}^{\mathrm{i}\xi X(z_2)}\mid G)=E(\mathrm{e}^{\mathrm{i}\xi X(z_2)}\mid\mathscr{F}^{b}_{uv})\quad\text{a. s.}. \tag{4.6}$$

Consider the conditional distribution functions $F_1(y,\ w)$, $F_2(y,w)$, such that for any $y\in\mathbf{R}$ with probability 1

$$F_1(y,\ w)=P(X(z)\leqslant y\mid G),$$
$$F_2(y,\ w)=P(X(z)\leqslant y\mid\mathscr{F}^{b}_{uv}),$$

where $z=z_2$. By (4.6)

$$\int_{-\infty}^{+\infty}\mathrm{e}^{\mathrm{i}\xi y}F_1(\mathrm{d}y,w)=\int_{-\infty}^{+\infty}\mathrm{e}^{\mathrm{i}\xi y}F_2(\mathrm{d}y,w)\quad\text{a. s.}.$$

It follows from the 1-1 correspondence between characteristic functions and distribution functions that

$$F_1(y,\ w)=F_2(y,\ w)\quad\text{a. s.}. \tag{4.7}$$

Hence

$$P(X(z)\leqslant y\mid G)=P(X(z)\leqslant y\mid\mathscr{F}^{b}_{uv}),\qquad\text{a. s.}$$

and (4.5) follows from $G\supset\mathscr{F}^{*}_{uv}\supset\mathscr{F}^{b}_{uv}$.

For $z_1=(u, v)<(s, t)=z_2$, $z_3=(s, v)$, $z_4=(u, t)$, consider the normal density

$$f(\xi)\equiv f(z_1, x_1; z_3, x_3; z_4, x_4; z_2, \xi)$$
$$=\frac{1}{H_1\sqrt{2\pi}}\exp\left\{-\frac{|\xi+\mathrm{e}^{-\alpha(s-u)-\beta(t-v)}x_1-\mathrm{e}^{-\beta(t-v)}x_3-\mathrm{e}^{-\alpha(s-u)}x_4|^2}{2H_1^2}\right\}, \tag{4.8}$$

where $H_1^2=\frac{\sigma^2(1-\mathrm{e}^{-2\alpha(s-u)})(1-\mathrm{e}^{-2\beta(t-v)})}{4\alpha\beta}$. we call $f(\xi)$ the three-point transition density.

**Remark 2** $f(\xi)$ is homogeneous in"time", i. e., depends only on $s$-$u$ and $t$-$v$; it is continuous in all variables $x_1$, $x_3$, $x_4$, $u$, $v$, $s$, and $\alpha>0$, $\beta>0$, $\sigma>0$. $f(\xi)$ tends to the density of $N\left(0, \frac{\sigma^2}{4\alpha\beta}\right)$ as $s\to+\infty$, $t\to+\infty$.

**Theorem 4** For $z_2=(s, t)>(u, v)=z_1$, we have with probability

$$P(X(z_2)\leqslant y\mid\mathscr{F}_{uv}^*)$$
$$=P(X(z_2)\leqslant y\mid X(z_1),X(z_3),X(z_4))$$
$$=\int_{-\infty}^{y}f(z_1,x_1;z_3,x_3;z_4,x_4;z_2,\xi)\mathrm{d}\xi, \tag{4.9}$$

where $x_i=X(z_i)$, $i=1, 3, 4$.

**Proof** By (4.3) it can be shown as before that

$$E(\mathrm{e}^{\mathrm{i}\xi X(z_2)}\mid\mathscr{F}_{uv}^b)=E(\mathrm{e}^{\mathrm{i}\xi X(z_2)}\mid X(z_1), X(z_3), X(z_4)).$$

Using (4.5) we get the first equality in (4.9).

Now we substitute $(s_1, t_1)$, $(s_2, t_2)$ in (4.2) by $(u, v)$, $(s, t)$ respectively. Since $I(B)$ is independent of $\mathscr{F}_{uv}^*$ and hence of $X(z_i)(i=1, 3, 4)$, the conditions $X(z_i)=x_i(i=1, 3, 4)$ have no influence on the distribution of $I(B)$. Therefore, by

(4.3) we know that under these conditions $X(z_2)$ is normally distributed, and

$$EX(z_2) = -e^{-\alpha(s-u)-\beta(t-v)}x_1 + e^{-\beta(t-v)}x_3 + e^{-\alpha(s-u)}x_4,$$

$$DX(z_2) = \sigma^2 e^{-2\alpha s-2\beta t} DI(B)$$

$$= \sigma^2 e^{-2\alpha s-2\beta t}\int_u^s e^{2\alpha a}\,da \cdot \int_v^t e^{2\beta b}\,db = H_1^2,$$

i.e., $X(z_2)$ has density $f(\xi)$ if $X(z_i)=x_i\ (i=1, 3, 4)$. This completes the proof of (4.9).

## § 5. Strong Markov property

We say that the random vector $(\sigma, \tau)$ is a stopping point if for any $(u, v)\in \mathbf{R}_+^2$,

$$(\sigma\leqslant u,\ \tau\leqslant v)\in \mathscr{F}_{uv}^*.$$

Define $\sigma$-algebra

$$\mathscr{F}_{\sigma\tau}^* = (A:\ A\in\mathscr{F},\ A(\sigma\leqslant u,\ \tau\leqslant v)\in\mathscr{F}_{uv}^*,\ \text{all } u\geqslant 0,\ v\geqslant 0). \tag{5.1}$$

**Theorem 5** The $\text{OUP}_2$ has strong Markov property, i. e. , for any finite stopping point $(\sigma, \tau)$, any $s>0$, $t>0$, $y\in\mathbf{R}$, we have

$$\begin{aligned}&P(X(\sigma+s,\ \tau+t)\leqslant y \mid \mathscr{F}_{\sigma\tau}^*)\\ &= P(X(\sigma+s,\ \tau+t)\leqslant y \mid X(\sigma,\ \tau),\ X(\sigma+s,\ \tau),\ X(\sigma,\ \tau+t))\quad \text{a. s.}.\end{aligned} \tag{5.2}$$

**Proof** Let $g(x)$, $x\in\mathbf{R}$ be bounded continuous function. We prove that with probability 1

$$\begin{aligned}&E[g(X(\sigma+s,\ \tau+t))\mid \mathscr{F}_{\sigma\tau}^*]\\ &= E[g(X(\sigma+s,\ \tau+t))\mid X(\sigma,\ \tau),\ X(\sigma+s,\ \tau),\ X(\sigma,\ \tau+t)].\end{aligned} \tag{5.3}$$

Define

$$\sigma_n = \frac{j}{2^n},\quad \text{if } \frac{j-1}{2^n}<\sigma\leqslant\frac{j}{2^n};$$

$$\tau_n = \frac{j}{2^n},\quad \text{if } \frac{j-1}{2^n}<\tau\leqslant\frac{j}{2^n}.$$

For any $A\in\mathscr{F}_{\sigma\tau}^*$, let

$$A(n,\ i,\ j)=A\left(\frac{i-1}{2^n}<\sigma\leqslant\frac{i}{2^n},\ \frac{j-1}{2^n}<\tau\leqslant\frac{j}{2^n}\right),$$

we have

$$\int_A g(X(\sigma_n+s,\tau_n+t))P(\mathrm{d}w)$$

$$=\sum_{i,j}\int_{A(n,i,j)} g\left(X\left(\frac{i}{2^n}+s,\frac{j}{2^n}+t\right)\right)P(\mathrm{d}w),$$

clearly $A(n,\ i,\ j)\in\mathscr{F}^*_{\frac{i}{2^n},\frac{j}{2^n}}$. By theorem 4 the last sum equals to

$$\sum_{ij}\int_{A(n,i,j)} E\left[g\left(X\left(\frac{i}{2^n}+s,\frac{j}{2^n}+t\right)\right)\middle| X\left(\frac{i}{2^n},\frac{j}{2^n}\right),X\left(\frac{i}{2^n}+s,\frac{j}{2^n}\right),\right.$$

$$\left. X\left(\frac{i}{2^n},\frac{j}{2^n}+t\right)\right]P(\mathrm{d}w)$$

$$=\int_A E[g(X(\sigma_n+s,\tau_n+t))\mid X(\sigma_n,\tau_n),X(\sigma_n+s,\tau_n),X(\sigma_n,\tau_n+$$

$$t)]P(\mathrm{d}w)$$

$$=\int_A\int_{-\infty}^{+\infty} g(y)f((0,0),X(\sigma_n,\tau_n);(s,0),X(\sigma_n+s,\tau_n);$$

$$(0,\ t),\ X(\sigma_n,\ \tau_n+t);\ (s,\ t),\ y)\mathrm{d}yP(\mathrm{d}w).$$

Since $X(z)$ is continuous in $z$ and $g$ is bounded continuous, when $n\to+\infty$ the left term of this equality tends to

$$\int_A g(X(\sigma+s,\tau+t))P(\mathrm{d}w);$$

by (4. 8) and remark 2 the right term tends to

$$\int_A E[g(X(\sigma+s,\tau+t))\mid X(\sigma,\tau),X(\sigma+s,\tau),X(\sigma,\tau+t)]P(\mathrm{d}w),$$

so that (5. 3) holds for bounded continuous $g$. By $\lambda$-$\pi$ method[1] it holds also for all bounded Borel measurable functions. This completes the proof of (5. 2).

**Acknowledgement**

Many thanks are due to Yang Zhen-min for valuable discussion on this note.

**References**

[1] Wang Zikun. Theory of Stochastic Processes. Beijing: Science Press, 1978.

[2] M Zakai. Some classes of two-parameter Martingales. Annals of Probability, 1981, 9(2): 255-265.

[3] Hui-Hsiung Kuo. Uhlenbeck-Ornstein process on a Riemann-Wiener manifold. Proc. of Intern. Symp. SDE Kyoto, 1976: 187-193.

工程数学学报，1984，1(1)

# 两指标马尔可夫过程[①]

**提要**　本文综述两指标马尔可夫过程的理论，包括：

(i) 引言，

(ii) 定义与性质，

(iii) 布朗单与两参数 Ornstein-Uhlenbeck 过程，

(iv) 马尔可夫随机场，

(v) 两参数马氏过程与位势.

## §1. 引　言

通俗地说，所谓随机过程是指某随机现象随着时间 $t$ 而演变的过程；这里只有一个指标 $t$. 例如，考虑某地在 $t$ 时的温度 $x_t$，那么 $X=\{x_t,\ t\geqslant 0\}$便是一随机过程. 现在如果地点不是固定的，它需要用三个坐标($t_1$，$t_2$，$t_3$)来表示；连同时间 $t$(记为 $t_4$)，我们便得到四指标的随机过程$\{x_{t_1,t_2,t_3,t_4},\ t_i\geqslant 0,\ i=1,2,3,4\}$. 这里 $x_{t_1,t_2,t_3,t_4}$ 表示某地($t_1$，$t_2$，$t_3$)于 $t_4$ 时的温度.

① 收稿日期：1984-01-15.

由此可见，由一个指标推广到多个指标是很自然的事，正如一元函数过渡到多元函数一样．还可以把问题提得更广泛一些．设 $T$ 为任一抽象点 $t$ 的集合，如果对每一 $t\in T$，有一随机变量 $x_t$ 和它对应，就称 $X=\{x_t,\ t\in T\}$ 为 $T$ 上的随机过程．显然多指标过程是它的特殊情况．多指标随机过程的理论在物理、气象、水文、湍流等方面得到了重要的应用(见文献[1，2，3])．

早在 1948 年，P. Lévy 定义了多指标的布朗运动．从单指标到多指标，布朗运动至少有两种不同的推广，除 P. Lévy 的定义外，另一种是下文中所谓的布朗单(Brownian sheet)．在 Lévy 定义下，当指标个数为奇数时，布朗运动有马尔可夫性(简称马氏性)，但为偶数时则不然([4])．在第二种意义下则没有这种令人不快的性质，目前大多采用第二种推广，它是构成随机积分的基础(后来推广至对鞅的积分)．平稳随机场的研究开始于 1957 年([5])．正态随机场以及平稳正态随机场方面的研究已经很多．近年来关于两指标鞅以及对它的随机积分已出现了许多文献([6，7，8])．相对说来，关于两指标马尔可夫过程(简称为“两指标马氏过程”)的工作则很少，基本上还处于开始阶段．本文试图对两指标马氏过程的研究作一综合述评．

# §2. 定义与性质

先回顾单指标情形. 设$(\Omega,\ \mathscr{F},\ P)$为概率空间，$\Omega=(\omega)$；$(E,\ \mathscr{B})$为可测空间，设对每$t\geqslant 0$，存在$\mathscr{F}-\mathscr{B}$可测映象$x_t(\omega)$：$\Omega\to E$，则称$X=\{x_t(\omega),\ t\geqslant 0\}$为(单指标)随机过程. 今若对每$\mathscr{B}$可测有界函数$f$：$E\to\mathbf{R}=(-\infty,\ +\infty)$，一切$t\geqslant s\geqslant 0$，有

$$E(f(x_t)\mid\mathscr{F}_s)=E(f(x_t)\mid x_s)\quad\text{a. s.},\tag{2.1}$$

则称$X$为(单指标)马氏过程. 这里$\mathscr{F}_s=\sigma\{x_u,\ u\leqslant s\}$为$\mathscr{F}$的子$\sigma$-代数，它由括号中的随机变量所产生；$E(.\mid .)$表示条件数学期望. (2.1)式称为$X$的马氏性，直观地说：若视时刻$s$为“现在”，$t$为“将来”，记$\mathscr{F}_s$为过程在过去(即$s$及其以前)所发生的事件全体，则(2.1)式表示：已知过程现在的状态$x_s$时，它的将来状况与过去状况是(条件)独立的.

两指标过程的定义完全类似. 两指标记为$(s,\ t)=z$，设对每$z\in\mathbf{R}_+^2=((u,\ v):\ u\geqslant 0,\ v\geqslant 0)$，存在$\mathscr{F}-\mathscr{B}$可测映象$x_z(\omega)$：$\Omega\to E$，则称$X=\{x_z,\ z\in\mathbf{R}_+^2\}$为两指标过程. 在$\mathbf{R}_+^2$中引进偏序：说$(s,\ t)=z\leqslant z'=(s',\ t')$，如$s\leqslant s'$，$t\leqslant t'$. 今若视$z$为“现在”，$z'$为“将来”，$\mathscr{F}_z=\sigma\{x_{uv},\ u\leqslant s,\ v\leqslant t\}$，仿照(2.1)，似应把马氏性定义为：对一切$z'\geqslant z$，

$$E(f(x_{z'})\mid\mathscr{F}_z)=E(f(x_{z'})\mid x_z),\ \text{a. s.}\tag{2.2}$$

并且若有四元函数$p(z,\ x;\ z',\ A)(z\leqslant z'\in\mathbf{R}_+^2,\ x\in E,\ A\in\mathscr{B})$，满足

$$p(z,\ x_z;\ z',\ A)=P(x_{z'}\in A\mid x_z),\ \text{a. s.}\tag{2.3}$$

则称$p(z,\ x;\ z',\ A)$为$X$的(单点)转移概率. 它可直观地解

释为：过程于 $z$ 时位于 $x$，于 $z'$ 时转入 $A$ 中的概率.

这定义虽然极其简便，但稍微仔细分析，便会发现此转移概率不能给出过程的一切有限维分布；而只能给出其中的一部分，即它连同开始分布只能给出 $(x_{z_1}, x_{z_2}, \cdots, x_{z_n})$ 的联合分布，这里 $z_1 \leqslant z_2 \leqslant \cdots \leqslant z_n$ 是上升点列. 因此，$p(z, x; z', A)$ 只能给出过程的部分信息，而不能刻画整个过程.

这种情况由下列图形而极易理解.

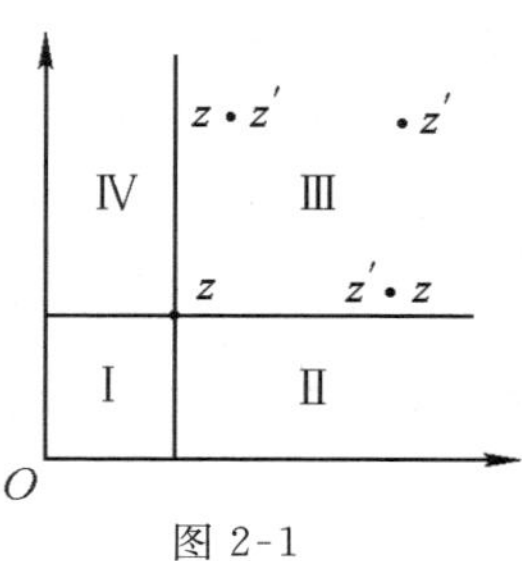

图 2-1

点 $z$ 将 $\mathbf{R}_+^2$ 分成Ⅰ～Ⅳ四部分(图 2-1). 相对于"现在"$z$ 而言，Ⅰ是"过去"，Ⅲ是"将来". (2.2)式只考虑到这两部分，毫未顾及Ⅱ与Ⅳ，由于(2.2)中的"过去"与"将来"都较狭窄，因此只需过程在较少的"现在"(单点 $z$ 上)的状态 $x_z$ 已知时，就可要求"过去"与"将来"独立.

如果把Ⅰ，Ⅱ，Ⅳ都算作"过去"，称之为"宽过去"容易想到，如要求"将来"与"宽过去"(条件)独立，自应知道更多的关于"现在"的情况. 这样就引导到下面的三点马氏性. 为此先引进一些记号. 令

$$\mathbf{R}_z^1 \equiv \mathbf{R}_s^1 = \{z' \in \mathbf{R}_+^2,\ s' \leqslant s\} = \text{Ⅰ} \cup \text{Ⅳ},$$

$$\mathbf{R}_z^2 \equiv \mathbf{R}_t^2 = \{z' \in \mathbf{R}_+^2,\ t' \leqslant t\} = \text{Ⅰ} \cup \text{Ⅱ},$$

$$\mathbf{R}_z = \mathbf{R}_z^1 \cap \mathbf{R}_z^2 = 1,$$

$$\mathbf{R}_z^* = \mathbf{R}_z^1 \cup \mathbf{R}_z^2 = \text{Ⅰ} \cup \text{Ⅱ} \cup \text{Ⅳ},$$

连同点 $z=(s, t)$，$z'=(s', t')$，考虑点

$$z \circ z' = (s, t'),\ z \wedge z' = (s \wedge s', t \wedge t'),$$

其中 $a \wedge b = \min(a, b)$.

**定义** 称 $X$ 为两指标马氏过程，如对任意 $z \leqslant z'$，任意有界 $\mathscr{B}$ 可测函数 $f: E \to \mathbf{R}$，有

$$E(f(x_{z'})\mid \mathscr{F}_z^*)=E(f(x_{z'})\mid x_z,\ x_{z'oz},\ x_{zoz'})\quad \text{a. s.} \tag{2.4}$$

其中 $\mathscr{F}_z^*=\sigma\{x_{uv},\ (u,\ v)\in \mathbf{R}_z^*\}$.

这定义隐含于[9]，后见于[10，11]. 在[12]中对一种特殊的过程也独立地得到此定义.

由于(2.4)右方依赖于三点，左方对应于“宽过去”，故可形象地称(2.4)式为“三点马氏性”或“宽过去马氏性”. 可以证明：它与“宽将来马氏性”等价，即：

**命题 1** $X$ 为两指标马氏过程的充分必要条件是：对任意自然数 $n$，任意 $z\in \mathbf{R}_+^2$ 及 $z_i\in \mathbf{R}_+^2\setminus \mathbf{R}_z$，$i=1,\ 2,\ \cdots,\ n$，任意有界 $\mathscr{B}^n$ 可测函数 $\varphi$：$E^n\to\mathbf{R}$，有

$$E(\varphi(x_{z_1},\ x_{z_2},\ \cdots,\ x_{z_n})\mid \mathscr{F}_z)$$
$$=E(\varphi(x_{z_1},\ x_{z_2},\ \cdots,\ x_{z_n})\mid x_{z\wedge z_i},\ i=1,\ 2,\ \cdots,\ n)\quad \text{a. s.}$$

两指标马氏过程与单指标马氏过程间有下列关系. 对两指标过程 $X=\{x_{st},\ s\geqslant 0,\ t\geqslant 0\}$，任意自然数 $n$，任意固定 $t_i\geqslant 0$，$t_1<t_2<\cdots<t_n$，当 $s\geqslant 0$ 变动时，得到一个单指标 $n$ 维随机过程

$$X^{(1)}=\{(x_{x.t_1},\ x_{s.t_2},\ \cdots,\ x_{s.t_n}),\ s\geqslant 0\},$$

记 $\mathscr{F}_s^1=\sigma\{x_{z'},\ z'\in \mathbf{R}_s\}$. 类似可考虑

$$X^{(2)}=\{(x_{s_1.t},\ x_{s_2.t},\ \cdots,\ x_{s_n.t}),\ t\geqslant 0\},$$
$$\mathscr{F}_t^2=\sigma\{x_{z'},\ z'\in \mathbf{R}_t^2\}.$$

称 $X$ 为 1-马氏过程，如对任意自然数 $n$，$X^{(1)}$ 关于 $\{\mathscr{F}_s^1\}$ 是单指标马氏过程. 类似定义 2-马氏过程.

**命题 2** $X$ 是两指标马氏过程的充分必要条件：$X$ 既是1-马氏过程，又是2-马氏过程.

由(2.4)，自然想到应考虑三点转移概率 $p(z_1,\ x_1;\ z_3,\ x_3;\ z_4,\ x_4;\ z_2,\ A)$，它可直观地理解为：已知 $x_{z_i}=x_i$，$i=1,\ 3,\ 4$ 时，$x_{z_i}\in A$ 的概率. $z_1$，$z_2$，$z_3$，$z_4$ 是一矩形的顶点，

其边平行于坐标轴，见图 2-2. 可以证明：若已知开始分布，即已知 $X_{so}$，$X_{ot}$，$(s\geqslant 0, t\geqslant 0)$的联合分布，则三点转移概率已可完全决定 $X$ 的有限维分布. 当三点转移概率满足一定条件时，$X$ 有连续（右连续）修正（见[9]）.

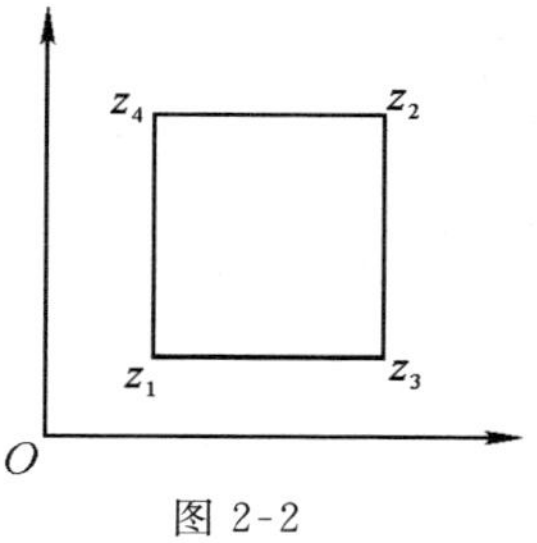

图 2-2

附带指出，两指标马氏过程的自然 $\sigma$-代数 $\mathscr{F}_s^1$ 及 $\mathscr{F}_t^2$ 还满足两指标鞅论中的条件 $F_4$（[10]）.

自然也可以定义关于一般的$\sigma$-代数流$\{\mathscr{F}_z\}$的两马氏过程.

沿着单指标马氏过程研究的发展路线，下面应该讨论双指标扩散型与间断型马氏过程，但这方面的工作还才开始（[13]～[15]）.

以上所说的“过去”或者是 $\mathbf{R}_z$ 或者是 $\mathbf{R}_z^*$. 一般地，设 $D\subset\mathbf{R}_+^2$，考虑$\sigma$-代数 $\sigma(D)=\sigma\{x_z, z\in D\}$. $\partial D=\overline{D}\cap\overline{D^C}$ 为 $D$ 的边界，$D^C=T\setminus D$，$\overline{D}$ 表 $D$ 的闭包. 如把 $\partial D$，$\overline{D}$，$D^C$ 分别视为“现在”“过去”与“将来”，试问马氏性成立否？亦即：在已知 $\sigma(\partial D)$的条件下，$\sigma(\overline{D})$与 $\sigma(D^C)$是否条件独立？这问题的数学表达是：对任意 $A\in\sigma(\overline{D})$. $B\in\sigma(D^C)$，下式是否成立

$$P(AB\mid\sigma(\partial D))=P(A\mid\sigma(\partial D))\cdot P(B\mid\sigma(\partial P)),\quad \text{a. s.}\tag{2.5}$$

答案一般是否定的，即出(2.4)一般推不出(2.5). 甚至对布朗单，当 $D$ 为直角三角形（其两垂直边在两坐标轴上）时，(2.5)式也不成立，其原因是边界 $\partial D$ 所提供的信息不足，于是需要把边界加宽（或者说考虑“宽现在”）而引进“芽$\sigma$-代数”（Germ $\sigma$-algebra）的概念.

对闭集 $F\subset\mathbf{R}_+^2$，令 $\Sigma(F)=\bigcap\limits_{\text{开集}O\supset F}\sigma(0)$. 显然 $\Sigma(F)$是含 $\sigma(F)$的$\sigma$-代数.

特别，如 $D$ 为有界开集，称 $\Sigma(\partial D)$ 为对应于 $\partial D$ 的芽$\sigma$-代数. 在[10]中叙述了下列结果：若 $D$ 为有界、凸开集，则已知 $\sum(\partial D)$ 时，$\sigma(\overline{D})$ 与 $\sigma(D^C)$ 条件独立(此时说 $\sum(\partial D)$ 分离 $\sigma(\overline{D})$ 与 $\sigma(D^C)$)；其次，若 $D$ 为有限多个矩形之和，其边皆平行坐标轴，则 $\sum(\partial D)=\sigma(\partial D)$(因而此时(5)成立)；再若 $\sigma(\overline{D})=\sum(\overline{D})$，$\sigma(D^C)=\sum(D^C)$，则 $\sigma(\overline{D})\bigcap\sigma(D^C)$ 为分离 $\sigma(\overline{D})$ 与 $\sigma(D^C)$ 之最小$\sigma$-代数.（在[10]中未给出证明).

# §3. 布朗单与 $OUP_2$

最简单的两指标马氏过程是布朗单. 对 $z\leqslant z'$，称

$$X(z, z']=X_{s't'}-X_{s't}-X_{st'}+X_{st}$$

为实值两指标过程 $X$ 在矩形$(z, z']$上的增量. 称 $X$ 为独立增量过程，如 $x_{uo}=x_{ov}\equiv 0$，(一切 $u\geqslant 0$，$v\geqslant 0$)，而且对任意有限多个互不相交的矩形，$X$ 在这些矩形上的增量相互独立. 显然 $x_z=X(0, z]$.

若 $X$ 为独立增量过程，$X(z, z']$有正态分布，$EX(z, z']=0$，$DX(z, z']=(s'-s)(t'-t)$，即$(z, z']$的面积，则称 $X$ 为布朗单，它的三点转移概率为

$$p(z_1, x_1; z_3, x_3; z_4, x_4; z_2, A)$$
$$=[2\pi(s-u)(t-v)]^{-\frac{1}{2}}\cdot\int_A\exp\left[-\frac{|x_2-x_3-x_4+x_1|^2}{2(s-u)(t-v)}\right]dx_2, \tag{3.1}$$

其中 $z_1=(u, v)<(s, t)=z_2$，$z_3=(s, v)$，$z_4=(u, t)$(见上图). 它对“时间”是齐次的，即只依赖于 $s-u$，$t-v$. 对空间也是齐次的，即当 $x_i$ 换为 $x_i+a(i=1, 3, 4)$，$A$ 换为 $a+A$ 时，此转移概率不变，$a$ 为任意实数.

关于布朗单与独立增量过程已有许多研究([16, 17]). 布朗单也可简单地定义为正态过程$\{x_{st}, s\geqslant 0, t\geqslant 0\}$，满足

$$Ex_{st}=0, \ Ex_{uv}\cdot x_{st}=(u\wedge s)(v\wedge t).$$

两指标 Ornstein-Uhlenbeck 过程(记为 $OUP_2$)是另一种实值两马氏过程，但增量不独立. 它的研究首见于[12]. 设 $\alpha>0$，$\beta>0$，$\sigma>0$ 为已给常数，$w=\{w_{ab}, a\geqslant 0, b\geqslant 0\}$为布朗单. 称$X=\{x_{st}, s\geqslant 0, t\geqslant 0\}$为 $OUP_2$，如它可表为

$$x_{st}=\mathrm{e}^{-\alpha s-\beta t}\left[x(0,0)+\sigma\int_0^s\int_0^t \mathrm{e}^{-\alpha a+\beta b}\,\mathrm{d}w_{ab}\right],\qquad(3.2)$$

其中 $x(0,0)$是与 $w$ 独立的随机变数，它的三点转移概率

$$p(z_1, x_1; z_3, x_3; z_4, x_4; z_2, A)$$

$$=\frac{1}{H\sqrt{2\pi}}\int_A \exp\left[-\frac{|x_2-\mathrm{e}^{-\beta(t-v)}x_3-\mathrm{e}^{-\alpha(s-u)}x_4+\mathrm{e}^{-\alpha(s-u)-\beta(t-v)}x_1|^2}{2H^2}\right]\mathrm{d}x_2,\qquad(3.3)$$

其中 $H^2=\frac{\sigma^2(1-\mathrm{e}^{-2\alpha(s-u)})(1-\mathrm{e}^{-2\beta(t-v)})}{4\alpha\beta}$. 它也对“时间”齐次，但对空间非齐次. 其单点转移概率也可求出，但对“时间”非齐次，取 $\sigma=1$，令 $\alpha\to0$，$\beta\to0$，则(3.3)形式地化为(3.1).

任意固定 $t_0\geqslant0$，$t_0$—截口过程$\{x_{st}, s\geqslant0\}$等价于某单指标 $O$-$U$过程($\mathrm{OUP}_1$). 其 $s_0$—截口过程也如此. 反之，任一 $\mathrm{OUP}_2$ 可表为两列相互独立单指标 $\mathrm{OUP}_1\{X^i(s)\}$、$\{Y^i(t)\}$之当之极限，即

$$\mathrm{e}^{-\alpha s-\beta t}x(0,0)+\frac{\sigma}{\sqrt{n}}\sum_{i=1}^{n}X^i(s)Y^i(t)$$

和 $n\to+\infty$时弱收敛于(3.2)中的 $x_{st}$.

## §4. 马尔可夫随机场

有许多种定义[18，19]，最一般的叙述见[20]，其中的定义如下．设 $T$ 为可分局部紧距离空间，又对每区域 $S\subset T$，有一$\sigma$-代数 $A(S)$．称 $A(S)$，$S\subset T$ 为随机场，如它具有可加性：

$$A(S_1\cup S_2)=A(S_1)\vee A(S_2)$$

右方表由 $A(S_1)$与 $A(S_2)$所产生的$\sigma$-代数．

例如，设$\{x_t，t\in T\}$为随机过程，令

$$A(S)=\sigma\{x_t，t\in S\}$$

则它们构成随机场．

对区域 $S_1=S$，考虑开集 $S_2=T\setminus\overline{S}$，边界 $\partial S=\overline{S}_1\cap\overline{S}_2$，由上已知，$\partial S$ 上的信息不足以保证 $A(S_1)$与 $A(S_2)$的条件独立性．在[20]中考虑了“最宽的现在”．设闭集 $F\subset\partial S$，$F$ 的 $s$-邻域记为 $F^s$，$\varepsilon>0$ 充分小．称随机场为马尔可夫场，如对任意区域 $S$，任意充分小的 $s>0$，$A(S_1)$与 $A(S_2)$在已知 $A(F^s)$下条件独立．在[20]中给出了随机场为马尔可夫场的充分必要条件，虽然这些条件不容易验证，但具有相当高的理论水平，其中还研究了强马尔可夫性，特别是对广义随机过程的马尔可夫性有深入的研究．

## §5. 两参数马氏过程与位势

对一种特殊情况，即 $x_{st}=x_s^1\cdot x_s^2$，而$\{x_s^1\}\{x_s^2\}$为两独立的单参数齐次强马氏过程时，$\{x_{st}\}$与 Dirichlet 问题及位势论的关系已有初步研究，见[21][22]. 对这种情况，单点转移概率已够，不必用复杂的三点转移概率.

参考文献

[1] 潘契夫 S. 随机函数和湍流. 北京：科学出版社，1976.

[2] 卡札凯维奇 Д И. 随机函数论原理及其在水文气象学中的应用. 北京：科学出版社，1974.

[3] Gudder S P. Stochastic Methods in Quantum Mechanics. North Holland，1979.

[4] Mckean. Brownian motion with a several dimensional time. Теор. Вероят. и Примен，1963，8：357-378.

[5] Цзян-цзе пей(江泽培). О Линейной экстраполяции непрерывного однородного случайного поля. Теор. Вероят. и Примен.，1957，2：60-91.

[6] 庄兴无. 两指标鞅. 福建师范大学学报，1982，2：97-108.

[7] 陈宗洵. 一个有界而发散的两指标鞅. 福建师范大学学报，1982，2：35-39.

[8] Zakai M. Some classes of two-parameter Martingales. Ann. Probab.，1981，9：255-265.

[9] Cairoli R. Une classes de processus de Markov. C. R. Acad. Sc. Paris，1971，273：1 071-1 074.

[10] Korezlioglu H，Lefort P. Une propriété Markovienne pour les processus *à* deux indics. C. R. Acad. Sc. Paris，1980，290A：555-558.

[11] Naulart D，Sanz M. Stochastica. Barcelona，1979，3：1-16.

[12] 王梓坤．两参数 Ornstein-Uhlenbeck 过程．数学物理学报，1983，3(4)：395-406.

[13] Naulart D. Two-parameter diffusion processes and Martingales. Stoch. Proc. Appl.，1983，15：31-57.

[14] Korezlioglu H，Mazziotto G. Sur des diffusions multidirectionnelles，C. R. Acad. Sc. Paris，1980，290 A：657-660.

[15] Ravaska T. On analytical methods for incomplete Markov random fields. Adv. Appl. Probab.，1983，15：99-112.

[16] Walsh J B. Propagation of singularities in the Brownian sheet. Ann. of Probab.，1982，10：279-288.

[17] Adler R J et al. Representations，decompositions and sample function continuity of random fields with independent increments. Stoch. Proc. Appl.，1983，15：3-30.

[18] 胡迪鹤．Hilbert 空间上的各向同性的马氏场．数学杂志，1983，3：35-52，145-156.

[19] Dynkin E B. Markov processes and random fields. Bulletin Amer. Math. Soc.，1980，3：975-999.

[20] Розанов Ю А. Марковские Случайные Поля. 1981.

[21] Vanderbei R J. Toward a stochastic calculus for several Markov processes. Adv. in Applied Math., 1983, 4: 125-144.

[22] Mazziotto G. Optimal stopping of bi-Markov processes and Harmonic functions. C. R. Acad. Sc. Paris, 1982, 295: 173-176.

## The two-parameter Markov processes

**Abstract** We give a survey of two-parameter Markov processes, including

(i) Introduction,

(ii) Definition and properties,

(iii) Brownian sheet and two-parameter Ornstein-Uhlenbeck processes,

(iv) Markov random fields,

(v) Two-parameter Markov processes and potentials.

北京师范大学学报(自然科学版)，1986，(3)

# 暂留马尔可夫过程向无穷大的徘徊

**摘要** 本文研究暂留的齐次、右连续强马尔可夫过程趋于无穷大的方式. 我们得到：在一定条件下，过程必须通过一切方向绕无穷远点作无穷次徘徊后方趋于无穷大.

设 $X=\{x_t, P_x, t\geqslant 0\}$ 为右连续齐次强马尔可夫过程，定义于可测空间$(\Omega, \mathscr{F})$上，取值于 $d$ 维欧氏空间$(\mathbf{R}^d, \mathscr{B}^d)$，$\mathscr{B}^4$ 为 $d$ 维 Borel $\sigma$-代数，$x\in\mathbf{R}^d$. 称 $X$ 为暂留的(Transient)，如 $\forall x\in\mathbf{R}^d$，有

$$P_x(\lim_{t\to+\infty}|x_t|=+\infty)=1. \tag{1}$$

本文的目的是研究 $|x_t|$ 如何趋于$+\infty$，譬如说，当 $t$ 充分大时，$x_t$ 是否永远只停留在 $\mathbf{R}^d$ 的某一子区域(如第一象限)中而趋向$+\infty$? 以下会看到，在一定条件下，答案是否定的. 直观地说，$X$ 必须通过一切方向绕无穷远点作无穷次徘徊后方趋于$+\infty$，并到达任一锥中无穷多次，以下 $x_t$ 也记为 $x(t)$.

以 $T_t$ 及 $\theta_t(t\geqslant 0)$分别表 $X$ 的转移半群及推移算子. 对 $B\in\mathscr{B}^d$，以 $h_B$ 表示 $B$ 的首中时，即

$$h_B=\begin{cases}\inf(t>0,\ x_t\in B), & \text{右方 } t \text{ 集非空},\\ +\infty, & \text{否则}.\end{cases}$$

称非负 $\mathscr{B}^d$ 可测函数 $f(x)$，$x\in\mathbf{R}^d$ 为 $X$ 的过分函数，如

$$\forall t\geqslant 0,\ x\in\mathbf{R}^d,\ T_tf(x)\leqslant f(x); \tag{2}$$

$$\forall x\in\mathbf{R}^d,\ \text{当 } t\to 0 \text{ 时},\ T_tf(x)\to f(x).$$

如(2)中取等式，则称此过分函数为 $X$ 的调和函数.

如果 $X$ 的任一过分函数是一常数，$X$ 有什么性质？在[1]中证明了：如 $X$ 是标准过程(定义见[3]第 3 章 § 3)，其自然拓扑(见[3]第 4 章 § 2)重合于相空间中的拓扑；或 $X$ 为马氏链，其转移概率满足 $p_{ii}(t)\to 1(t\to 0$，一切 $i)$，则 $X$ 为常返(Recurrent)过程的充分必要条件是 $X$ 的任一有限过分函数是常数. 其后在[2] § 3.7 中又证明了：如 $X$ 为 Hunt 过程，而且相空间至少含两点，则 $X$ 的任一过分函数为常数的充分必要条件是每一几乎 Borel 集或为常返，或为极集(Polar).

至于调和函数，类似的结果较少. 在[1]中证明了：若 $X$ 为不断、连续的标准过程，则 $X$ 的任一非负有界调和函数为常数的充分必要条件是对 $X$ 的强 0-1 律成立，即：对任 $A\in\mathscr{A}$，有

$$P_x(A)\equiv 0 \text{ 或 } P_x(A)\equiv 1\quad(\text{一切 } x),$$

这里，$\mathscr{A}=\{A:\ A\in\bigcap\limits_{t\geqslant 0}\sigma(x_u,\ u\geqslant t)$，而且 $\theta_tA=A,\ t\geqslant 0\}$，即全体不变尾事件所成的$\sigma$-代数.

今给出另一结果，可与上述关于常返性的结果比较.

**引理** 设 $X$ 为右连续强马尔可夫过程，满足条件(Ⅰ)：$X$ 的任一有界调和函数为常数，则对任意 $B\in\mathscr{B}^d$，只有两种可能：

(i) 或者 $\forall x\in\mathbf{R}^d$，$\forall t\geqslant 0$，有

$$P_x(\theta_t,\ (h_B<+\infty))\equiv P_x(\exists s>t,\ x_s\in B)=1;$$

(ii) 或者 $\forall x\in\mathbf{R}^d$，有 $P_x(\theta_r(h_B<+\infty))\to 0\quad(t\to+\infty)$.

**证** 令 $g(x)\equiv P_x(h_B<+\infty)\geqslant P_x(\theta_t(h_B<\infty))$

$$=T_t g(x)\downarrow f(x)\geqslant 0 \quad (t\to\infty). \tag{3}$$

在 $T_{s+t}g(x)=T_tT_s g(x)$ 中，令 $s\to+\infty$，得 $f(x)=T_t f(x)$，故 $f(x)$ 调和. 由假定（Ⅰ），$f(x)\equiv c$，$c$ 为非负常数.

如 $c=0$，由(3)得(ii).

如 $c>0$，令 $Q_B(t, x, A)=P_x(h_B>t, x_t\in A)$，在

$$P_x(t<h_B<+\infty)=\int_{\mathbf{R}^d}Q_B(t,x,\mathrm{d}y)g(y)\geqslant cP_x(h_B>t)$$

中，令 $t\to+\infty$，得 $0=cP_x(h_B=+\infty)$. 从而 $P_x(h_B<+\infty)\equiv 1$；于是 $\forall\, t\geqslant 0$，

$$P_x(\theta_t(h_B<+\infty))=E_x P_{x(t)}(h_B<+\infty)=1. \blacksquare$$

周知 $\mathbf{R}^d(d\geqslant 1)$ 中布朗运动及对称稳定过程满足条件（Ⅰ）. 今引用 Kelvin 变换.

设已给 $\mathbf{R}^d$ 中单位向量 $\boldsymbol{u}$ 及常数 $b>0$. 称集

$$C_b^u\equiv\{\boldsymbol{y}:\boldsymbol{y}\in\mathbf{R}^d,\ |\boldsymbol{y}\cdot\boldsymbol{u}|>b\|\boldsymbol{y}\|\} \tag{4}$$

为锥，其顶点为 $O$，母线为 $\boldsymbol{u}$，$b$ 则反映张角的大小，$\boldsymbol{y}\cdot\boldsymbol{u}$ 表 $\mathbf{R}^d$ 中的内积，$\|\boldsymbol{y}\|^2=\boldsymbol{y}\cdot\boldsymbol{y}$，对任意常数，$a>0$，分别称

$$B_{a,b}^u=C_b^u\cap(\boldsymbol{y}:\|\boldsymbol{y}\|\geqslant a),\quad V_{a,b}^u=C_b^u\cap(\boldsymbol{y}:\|\boldsymbol{y}\|<a) \tag{5}$$

为锥底和锥顶.

考虑 $\mathbf{R}^d$ 中点 $x$ 的 Kelvin 变换 $k$，它把 $x$ 变为点 $x^*$：

$$x^*\equiv kx=\frac{r^2}{\|x\|^2}\cdot x, \tag{6}$$

其中 $r>0$ 为常数. 此变换是关于以原点为心、以 $r$ 为半径的圆周的反演. 显然

$$\|x^*\|=\frac{r^2}{\|x\|}.$$

容易看出，$k$ 把锥底 $B_{a,b}^u$ 变为锥顶 $V_{\frac{r^2}{a},b}^u$. 实际上

$$kB_{a,b}^u=\left(\boldsymbol{y}^*:\frac{\|\boldsymbol{y}\|^2}{r^2}\cdot|\boldsymbol{y}^*\cdot\boldsymbol{u}|\geqslant b\|\boldsymbol{y}\|,\ \frac{r^2}{\|\boldsymbol{y}^*\|}\geqslant a\right)$$

$$=\left(\boldsymbol{y}^*:\ |\boldsymbol{y}^*\cdot\boldsymbol{u}|\geqslant b\|\boldsymbol{y}^*\|,\ \|\boldsymbol{y}^*\|\leqslant\frac{r^2}{a}\right)=V^u_{r^2/a,b}.$$

令 $x_t^*=kx_t$，于是$\{x_t\}$在$+\infty$附近的行为，反映为$\{x_t^*\}$在原点 $O$ 附近的行为.

我们还需要条件(Ⅱ)：对每锥 $k$，有$\underline{\lim}_{t\to+\infty}P_0(x_t\in k)>0$.

下面定理表明：对任意锥顶 $V^u_{\varepsilon,b}$，不论 $u$ 表示何方向，不论锥顶的高 $\varepsilon$ 如何小，也不论锥的张角如何小，当 $t\to+\infty$时，以概率 1，$X^*=\{x_t^*,\ t\geqslant0\}$到 $V^u_{\varepsilon,b}$ 中无穷多次，亦即 $X$ 到 $B^u_{r^2/\varepsilon,b}$ 中无穷多次，以下 $\overline{A}$ 表 $A$ 的闭包.

**定理** 设 $X$ 为暂留、右连续、强马尔可夫过程，满足条件(Ⅰ)(Ⅱ)，则对任意单位向量 $u$，任意 $\varepsilon>0$ 及 $b>0$，任意 $x\in\mathbf{R}^d$，存在一列 $t_m\equiv t_m(w)\uparrow+\infty$，使

$$P_x(x^*(t_m)\in\overline{V}^u_{\varepsilon,b},\ m\in\mathbf{N}^*)=1. \tag{7}$$

**证** 任取锥 $k$，由(Ⅱ)有

$$\underline{\lim}_{t\to+\infty}P_0(\theta_t(h_k<+\infty))\geqslant\underline{\lim}_{t\to+\infty}P_0(x_t\in k)>0.$$

由引理，$P_x(h_k<+\infty)\equiv1$. 今任取两锥 $C^u$及 $C^v$，使两者无公共点. 由刚才所证，两者皆为常返集. 设 $t_1'$为 $C^u$的首中时，$s_1$为 $t_1'+1$ 以后 $C^v$的首中时；一般地，$t_{m+1}'$为 $s_m$ 以后 $C^u$的首中时，$s_{m+1}$为 $t_{m+1}'+1$ 以后 $C^v$的首中时. 于是

$$P_x(x(t_m')\in\overline{C}^u)=1,\ P_x(t_m'\to+\infty)=1,$$

故存在 $N=N(w)>0$，使

$$P_x(x^*(t_m')\in\overline{V}^u_{\varepsilon,b},\ \text{一切}\ m>N)=1.$$

取 $t_m=t_{N+m}'$即得证(4). ■

关于条件(Ⅱ)的讨论：许多自相似过程，如布朗运动及对称稳定过程，皆满足(Ⅱ). 称 $X$ 为自相似过程，如存在常数 $\alpha>0$，$\beta>0$，使对任意$d>0$，两过程 $X$ 与$\{d^{-\alpha}x(d^\beta t),\ t\geqslant0\}$同分布. 对自相似过程 $X$，由于 $d^\alpha k=k$，故

$$P_0(x(t)\in k)=P_0(d^{-\alpha}x(d^{\beta}t)\in k)=P_0(x(d^{\beta}t)\in k).$$

既然 $d>0$ 任意，故 $P_0(x(t)\in k)$ 关于 $t$ 为常数．若对某 $t>0$，$X$ 有转移密度(关于勒贝格测度) $p(0, t, y)>0$ (a. s. $y$)，则(Ⅱ)显然满足．

## 参考文献


［1］王梓坤．数学学报，1965，(3)：342-353.

［2］Chung K L. Lectures from Markov Processes to Brownian Motion. Springer-Verlag，1980.

［3］Dynkin E B. Markov Processes. Springer-Verlag，1965.

［4］王梓坤．随机过程论．北京：科学出版社，1965.


# Wandering to Infinity for Transient Markov Processes


**Abstract** Let $\{x_t, t\geqslant 0\}$ be a transient, right continuous strong Markov process in $\mathbf{R}^d$. We investigate how it wanders to $+\infty$. Roughly speaking, it visits every cone infinitely often and passes through every direction, so that it can not stay in any sub-domain such as $\mathbf{R}_+^d=(x$: coordinates $x_i>0$, $i=1, 2, \cdots, d)$ forever a. s.. We use the Kelvin transform which sends $x_t$ to $x_t^*$, $+\infty$ to 0, hence the behavior of $x_t$ at $+\infty$ is reflected to the one of $x_t^*$ at 0. Under the following assumptions:

(Ⅰ) every bounded harmonic function of $\{x_t\}$ is constant,

(Ⅱ) $\lim\limits_{t\to+\infty} P_0(x_t\in k)>0$ for each $k\equiv\{\boldsymbol{y}\in\mathbf{R}^d$: $|\boldsymbol{y}\cdot\boldsymbol{u}|>$

$b\|\boldsymbol{y}\|\}$, $\|\boldsymbol{u}\|=1$, $b>0$. We prove that for every $x\in\mathbf{R}^d$, there exist $t_m\uparrow+\infty$ such that $P_x(x^*(t_m)\in\bar{k}\cap\{y: \|y\|\leqslant\varepsilon\}, m\in\mathbf{N}^*)=1, \varepsilon>0$. The condition (A) is equivalent to the 0-1 law and it implies that (Ⅰ) $P_x(\theta_x(h_B<+\infty))\equiv P_x(\exists s>t: x_s\in B)=1$, $x\in\mathbf{R}^d$, $t\geqslant 0$ or (Ⅱ) $P_x(\theta_t(h_B<+\infty))\rightarrow 0$, as $t\rightarrow+\infty$, $x\in\mathbf{R}^d$ where $\theta_t$ is the usual translation operator and $h_B$ is the hitting time of $B$.

辽宁教育出版社编：数理化信息，
辽宁教育出版社，1986，2

# 随机过程论的若干进展

## §1. 什么是随机过程

客观世界中有许多演变过程，它们的发展前景是不能准确预测的. 例如，未来每年内全球的人口总数；某个运动着的气体分子的位置；某百货公司每天的营业金额；某地区每年的降雨量；每日流星的总数等. 严格说来，几乎一切过程都具有偶然性，不过程度有大有小罢了. 偶然性越大，预测便越难. 这种具有偶然性的过程的数学抽象便是“随机过程”(简称“过程”). 随机过程论是数学的一个分支，它的任务是研究随机过程的数量关系，并建立数学模型. 至于偶然性产生的原因，则属于事物的质. 一般地说，数学不研究质；因此，随机过程论不讨论偶然性的起因.

随机过程论已广泛应用于自然科学、社会科学、思维科学和工程技术中. 统计物理是随机过程论的发源地之一，那里需要研究大量运动着的粒子，而每个粒子未来的轨道都是不可精确预测的. 这种运动的一个典型例子就是所谓布朗运动. 此外，电压的随机起伏、某种生物群体的演化、群体间的生存竞争、流行病的传播、对某种商品的需求量、物价的波动、由于干扰而使信息失真、飞行器对预定轨道的偏离等问题中，都需要随机过程论.

从数学上看，所谓随机过程无非是定义在同一概率空间上一些随机变量的集合. 更精确些，设 $T$ 为参数 $t$ 的集，如果对每个 $t\in T$，有一随机变量 $x_t$ 与之对应，我们就称 $X=\{x_t, t\in T\}$ 为一随机过程. 通常把 $t$ 解释为时间，因而 $x_t$ 是在时刻 $t$ 上所产生的随机变数. 例如，$x_t$ 是在时刻 $t$ 的全球人口总数，或第 $t$ 年内某地的降水量等.

由于人口总数 $x_t$ 事先不能准确计算，我们只好采用概率论的方法来研究它，即研究 $x_t$ 不超过一定数量 $a$（例如 50 亿）的可能性有多大，这也就是要求事件（$x_t\leqslant a$）的概率，记此概率为 $P(x_t\leqslant a)$. 更一般地，可以研究

$$P(x_{t_1}\leqslant a_1, x_{t_2}\leqslant a_2, \cdots, x_{t_n}\leqslant a_n) \tag{1.1}$$

它是“$t_i$ 年人口总数不超过 $a_i$，$i=1, 2, \cdots, n$,”这 $n$ 个事件同时出现的概率. 这里 $n$ 是任意正整数，$a_i$ 是任意实数.

对任意随机过程 $Z$，我们都可以讨论(1.1)中的概率，并称这些概率为该过程的联合分布族. 如果把它们研究清楚了，从概率的观点看来，我们的目的便已达到. 我们虽未能求出 $x_t$ 的值，但可以研究它位于某区间内的可能性有多大，这正是概率论区别于其他数学的特色.

根据联合分布族的特点可以把过程分类。如果联合分布是正态分布，便称 $Z$ 为正态过程. 如果联合分布不随时间的推移而改变，即如(1.1)中的 $t_i$ 换为 $t_i+s$（$s$ 为实数）后，(1.1)的值不变，便称此 $Z$ 为平稳过程. 如果对任意的 $t_1<t_2<\cdots<t_n$，有

$$P(x_{t_n}\leqslant a_n \mid x_{t_1}=a_1, x_{t_2}=a_2, \cdots, x_{t_{n-1}}=a_{n-1})$$

$$=P(s_{t_n}\leqslant a_n \mid x_{t_{n-1}}=a_{n-1}),\tag{1.2}$$

那么称 $Z$ 为马尔可夫过程．这类过程最早由俄国数学家 A．A．马尔可夫所研究．(1.2)的直观意义是：在已知过程现在的情况“$x_{t_{n-1}}=a_{n-1}$”的条件下，将来“$x_{t_n}\leqslant a_n$”不依赖于过去“$x_{t_1}=a_1$，$x_{t_2}=a_2$，…，$x_{t_{n-2}}=a_{n-2}$”．

除了这三种过程外，还有所谓“宽平稳过程”“独立增量过程”“鞅”等．

当气体分子运动时，由于它与其他分子碰撞等原因，它的速度和位置都难以准确预料，因而它在做随机运动．人们要问：它的轨道具有什么性质？是否连续、是否可微？分子从一点出发，能到达某区域的概率有多大？它到达该区域所需的时间也是随机的，有什么分布？两个同样的分子相遇的概率是多少？这许多问题，都是随机过程论研究的课题．

## §2. 发展小史

概率论的早期研究不晚于文艺复兴时期，那时已有商业保险，其中需要讨论偶然性. 16～17世纪，著名科学家伽利略(Galileo)、巴斯卡(Pascal)、费马(Fermat)、伯努利(J. Bernoulli)、哈雷(Halley)都在概率论方面做过优秀的工作.

然而过程论作为概率论的主流，它的蓬勃发展还只是20世纪的事. 如上所述，马尔可夫过程的研究开始于1907年. 1923年，美国数学家维纳(N. Wiener)给出了布朗运动的严格数学定义，这种过程至今仍是重要的研究对象，也是许多基本概念的源泉. 过程论的一般理论的研究开始于20世纪30年代. 1931年，苏联数学家柯尔莫哥洛夫(A. H. Колмогоров)发表了《概率论中的分析方法》；三年以后，辛钦(A. Я. Хинчин)发表了《平稳过程的相关理论》. 这两篇重要论文为马尔可夫过程与平稳过程奠定了理论基础. 稍后，法国的莱维(P. L. Lévy)出版了两本关于布朗运动与可加过程的书，其中蕴含着丰富的概率思想. 1953年，杜布(J. L. Doob)的名著《随机过程论》问世，这部书系统地严格地叙述了随机过程的基本理论，尤其是对鞅讨论得更为深入. 1951年伊藤清(K. Itô)建立了关于布朗运动的随机微分方程论，这对马尔可夫过程，特别是对概率论与分析数学的关系，开辟了新的研究道路. 1952年费勒(W. Feller)把半群方法引用于马尔可夫过程的研究中. 1957年，亨特(G. A. Hunt)系统地研究位势论与马尔可夫过程的联系. 以上是20世纪60年代以前的一些重要进展. 中国学者在平稳过程、马尔可夫过程、鞅论和极限定理等方面也做出了较好的工作.

研究随机过程的方法是多样的，主要可分为两大类. 一是概率方法，其中用到轨道性质、随机微分方程、鞅论等；二是分析方法，工具是微分方程、半群理论、函数论、希尔伯特空间等. 但许多重要成果是由两者兼用而取得.

## §3. 近20年来理论研究的进展

**3.1 随机分析的兴起** 随机分析(Stochastic analysis)相当于微积分、微分方程的随机化，Itô奠定了随机微分方程的理论基础，其后由于Meyer，Kunita，Watanabe等人的工作而使这一理论更一般化、更完善化. 随机微分方程在科学与技术(特别在控制论)方面得到了广泛在而重要的应用，目前正开展对流形上的随机微分方程的研究. 随机分析的另一重大进展是由Malliavin于1976年前后所取得的，他建立了所谓Malliavin Calculus，也称为随机变分学. 利用它成功地推广和精化了L. Hörmander关于超椭圆型二阶微分方程的理论.

在工程技术中还常用到另一种(偏、常)随机微分方程，其中收敛是均方意义下的，而随机性则反映在：或方程本身、或开始值、或边界值、或边界的随机化上.

**3.2 随机微分几何、随机力学的兴起** 设想质点在曲面或流形上作随机运动，描写这一运动时需要流形上的角与距离有局部测度，即Riemann度量. 当运动的概率性质局部地被确定后，人们可以研究几何与随机过程间的大范围相互关系. 随机微分几何的研究开始于Itô，后由Mckean，Molchanov，Pinsky、Malliavin等所继续. 目前随机微分几何与随机力学的研究正方兴未艾.

**3.3 随机场论的兴起** 所谓随机场通常理解为随机过程的一般化，即把时间参数$t$一般化为抽象空间(线性拓扑空间或可测空间等)中的元. 特别，当$t\in\mathbf{R}^n$($n$维欧氏空间)时，便得到多参数随机过程. 平稳、正态随机场的工作开始得较早，马尔可夫随机场的研究还不多，多参数鞅的理论正蓬勃发展．随机场的理论已应用于气象、水文与物理等学科之中．

另一种随机场是无穷质点马氏过程，它来源于统计物理，开始于 Добрушин，Spitzer 等人的工作，十多年来，这方面的文献大量涌现．

**3.4 各类随机过程理论的发展** 20世纪60年代，法国学派(Meyer 等)证明了过程的一些一般性定理，统称为过程的一般理论．其思想来源于马尔可夫过程与位势论．

鞅论(Martingales)：自从 Meyer 证明了下鞅的分解定理后，进展极为迅速，并已广泛应用到随机微分方程及其他过程的研究中去．

马尔可夫过程：主要进展是深入研究了马氏过程与位势论的联系，以及由此而产生的许多新概念、新思想(如过程的可逆性、对偶性、可加泛函、生灭时，以及 Strook 等人提出的鞅问题等)．

点过程：Poisson 过程是其最基本、最简单的特例．随机系统的驱动力有时不仅是布朗运动型的，而且是脉冲型的，后者可用点过程及对它的积分来刻画．于是近年来在随机微分方程中，便增加了对点过程的积分的项，这使得点过程得到更多的应用．

布朗运动：仍是最活跃的一种过程，它常成为一般理论的思想来源．近年来一个值得注意的发展是二维布朗运动在复变函数论($H^p$ 空间、BMO 等)中的应用，如 Davis 使用它来证明 Picard 小定理．请参看 K. E. Petersen 的书：《Brownian Motion, Hardy Spaces and Bounded Mean Oscillation》，1977.

**3.5 极限定理的发展** 极限定理是古典课题，然而却仍然充满活力．目前主要研究取值于一般空间(Hilbert 空间、Banach 空间等)中的随机过程的各种极限定理，近来由 Varadham 等开始的关于随机过程的大偏差理论受到重视.

**3.6 过程统计的发展** 这是介于过程论与数理统计之间的一个分支，其中应用数理统计的思想和方法以估计过程的一些参数或对过程作出判决. 这方面的工作在细水长流地进行着，专著除原有 Grenander 的书外，还有 Лцпцер，Ширяев 以及新近 Basawa，Krakasarao 等人的书.

看来上述三个“兴起”将有较迅速的进展，而三个“发展”则将继续稳定地(量变式地)进行下去.

由上述情况还可看出：目前概率论的一个特点是与其他科学分支间的相互渗透，除早期与微分方程、测度论、泛函分析、数论等以外，近年来又与微分几何、力学、复变函数论等发生联系. 这意味着要在理论上取得重大进展，需要深厚而且广博的数学基础，这一点对培养高级理论研究人才是有启发性的.

# §4. 随机过程论的应用

现代科学技术越来越需要考虑随机性. 这不仅出于提高精确度的要求，而是在这一领域中(微观世界、遗传等)，随机因素占据了重要地位，又如在生命过程中，罕见事件的作用远大于所谓随机涨落的微小影响，所以生命过程基本上是随机的，无怪乎有人认为，现代科学技术的特点之一是广泛应用概率论于各个研究领域中.

目前国际上已有几种应用概率杂志(如 Journal of Applied Probability; Advances in Applied Probability，等)，多次召开过应用随机过程的学术会议，并出版论文集.

应用中包括下列方面

**4.1 统计预测** 如气候、水文、病虫害、地震、经济等的预测.

**4.2 随机控制** 研究随机系统的控制问题，"从线性、决定性系统过渡到非线性、随机系统是进一步发展的主要目标"(A. Bellman).

**4.3 随机分析** 分析随机系统(排队、水库、贮存、环境保护以及许许多多偶然事件)的概率统计特性，包括某些指标的概率分布、均值、方差等.

**4.4 随机模拟与模型** 广泛运用于运筹学(包括军事运筹)、生物、化学、计算技术、原子反应等之中. 例如 1974 年 Goel and Richter-Dyn 出版《Stochastic Models in Biology》，其中叙述生物学中的概率模型.

**4.5 可靠性分析** 用于建筑设计、宇航与其他工程以及军事部门中.

**4.6 随机动态规划** (包括随机决策).

Chinese Science Bulletin, 1988, 33(1)

# Transition Probabilities and Prediction for Two-Parameter Ornstein-Uhlenbeck Processes①

Let $z(u, v)$ be a point on the plane, $\mathbf{R}_+^2 = (z : u \geqslant 0, v \geqslant 0)$. $\mathscr{B}_+^2$ represents the Borel field in $\mathbf{R}_+^2$. $X = \{x(z, \omega), z \in \mathbf{R}_+^2\}$ the stochastic process on some probability space $(\Omega, \mathscr{F}, P)$. We say that $X$ is a two-parameter Ornstein-Uhlenbeck process($OUP_2$), if

$$X(s,t) = \mathrm{e}^{-\alpha s-\beta t}\left[X_0 + \sigma\int_0^s\int_0^t \mathrm{e}^{\alpha a+\beta b}\,\mathrm{d}W(a,b)\right], \tag{1}$$

where $\alpha > 0$, $\beta > 0$, $\sigma > 0$ are constants, $W = \{W(a, b), a \geqslant 0, b \geqslant 0\}$ is Brownian sheet on $(\Omega, \mathscr{F}, P)$, $X_0$ is a random variable, independent of $W$.

Rectangle with corner points $O$ (the origin) and $z(s, t)$ will be denoted by $R_z$ or $R_{st}$. We say that $z_1 \leqslant z_2$, if $s_1 \leqslant s_2$, $t_1 \leqslant t_2$. Let

① Received: 1986-08-07.

$$I(A)=\iint_A \mathrm{e}^{\alpha a+\beta b}\,\mathrm{d}W(a,b),$$

$$M(A)=\iint_A \mathrm{e}^{2\alpha a+2\beta b}\,\mathrm{d}a\mathrm{d}b, A\in \mathscr{B}_+^2.$$

If $z_1(u, v)\leqslant z_2(s, t)$, then the 2-point and 4-point relations are true:

$$X(z_2)=\mathrm{e}^{-\alpha(s-u)-\beta(t-v)}X(u, v)+\sigma\mathrm{e}^{-\alpha s-\beta t}I(R_{st}\setminus R_{uv}), \quad (2)$$

$$X(z_2)=\mathrm{e}^{-\alpha(s-u)}X(z_4)+\mathrm{e}^{-\beta(t-v)}X(z_3)-$$
$$\mathrm{e}^{-\alpha(s-u)-\beta(t-v)}X(z_1)+\sigma\mathrm{e}^{-\alpha s-\beta t}I(B), \quad (3)$$

where $z_1$, $z_2$, $z_3=(s, v)$ and $z_4=(u, t)$ are corner points of rectangle $B$. For definition of $\mathrm{OUP}_2$ and (2) (3), see [1], where we have shown that $X$ is a strong Markov process and the 3-point transition probability $P(X(z_2)\leqslant a \mid X(z_i)=x_i, i=1, 3, 4)$ has been found, $a$ and $x_i$ are real numbers.

Let $\mathscr{F}_F$ be the $\sigma$-algebra generated by $X(z)$, $z\in F$, $F\in \mathscr{B}_+^2$. In this note we shall find the transition probability $P(X(z)\leqslant a \mid \mathscr{F}_F)$ for some $F$ and $z\overline{\in} F$, which includes the 3-point transition probability as a special case. Moreover, the best prediction problem and error are investigated.

We say that a monotonic decreasing curve in $R_+^2$ is simple, if it is a finite or denumerable collection of straight segments, any one of which is parallel to one of the axes; moreover, in any $R_z$ there are only finitely many points of intersection of two segments. A domain is called ladder-shaped if its boundary consists of axes and a simple curve.

Let $k$ be ladder-shaped domain and $z(s, t)\overline{\in} k$. From $z$ we draw segments, which are parallel to two axes and intersect the boundary $\partial k$ of $k$ at two points $z_0$ and $z_{n+1}$, The corners of $k$

between $z_0$ and $z_{n+1}$ will be denoted by $z_1$, $z_2$, ⋯, $z_n$ successively (Fig. 1).

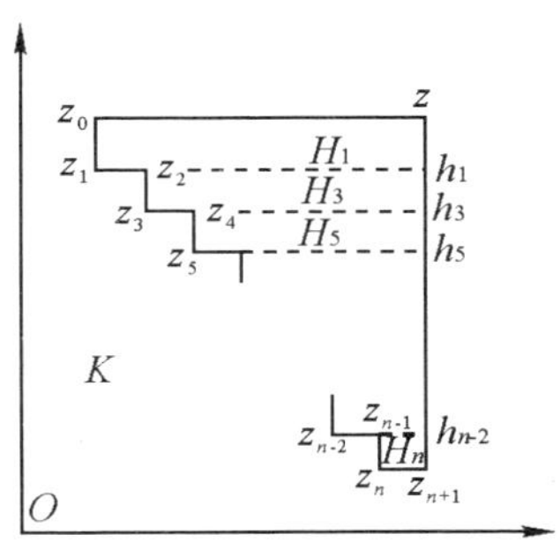


Fig. 1

Let $z_i = z_i(u_i, v_i)$, clearly

$$u_0 = u_1 < u_2 = u_3 < \cdots = u_n < u_{n+1} = s; \tag{4}$$

$$t = v_0 > v_1 = v_2 > v_3 = \cdots > v_n = v_{n+1},$$

suppose $\partial k \subset k$.

**Theorem 1** If $z \overline{\in} k$, then for any real number a, we have

(i) $P(X(z) \leqslant a \mid \mathscr{F}_k) = P(X(z) \leqslant a \mid X(z_i),\ i = 0, 1, 2, \cdots, n+1)$ a. s.; (5)

(ii) Under the conditions $X(z_i) = x_i (i = 0, 1, 2, \cdots, n+1)$, $X(z)$ has normal distribution $N(m, \Sigma^2)$, where

$$m = \sum_{i=0}^{n+1} (-1)^i \mathrm{e}^{-\alpha(s-u_i)-\beta(t-v_i)} x_i, \tag{6}$$

$$\Sigma^2 = \sigma^2 \mathrm{e}^{-2\alpha s - 2\beta t} M(R_z \setminus k). \tag{7}$$

**Proof** From $z_1$, $z_3$, ⋯, $z_{n-2}$, we draw segments $z_i h_i$, $i = 1, 3, 5, \cdots, n-2$, perpendicular to $\overline{zz_{n+1}}$, where $h_i = h_i(s, v_i)$. We get $\frac{n+1}{2}$ rectangles $zz_0z_1h_1$, $h_1z_2z_3h_3$, ⋯, $h_{n-2}z_{n-1}z_nz_{n+1}$, which are denoted by $H_1$, $H_3$, ⋯, $H_n$ respectively. Applying (3) to these rectangles and using (4), we have

$$X(z)=\mathrm{e}^{-\alpha(s-u_0)}X(z_0)+\mathrm{e}^{-\beta(t-v_1)}X(h_1)-\mathrm{e}^{-\alpha(s-u_1)-\beta(t-v_1)}X(z_1)+\sigma\mathrm{e}^{-\alpha s-\beta t}I(H_1),$$

$$\cdots$$

$$X(h_{n-2})=\mathrm{e}^{-\alpha(s-u_{n-1})}X(z_{n-1})+\mathrm{e}^{-\beta(v_{n-2}-v_n)}X(z_{n+1})-\mathrm{e}^{-\alpha(s-u_n)-\beta(v_{n-2}-v_n)}X(z_n)+\sigma\mathrm{e}^{-\alpha s-\beta v_{n-2}}I(H_n).$$

Eliminating $X(h_i)$, $i=1, 3, 5, \cdots, n-2$ from the above equations and noting

$$\sum_i I(H_i) = I(R_2 \setminus k),$$

we have

$$\begin{aligned}X(z) &= \sum_{i=0}^{n+1}(-1)^i\mathrm{e}^{-\alpha(s-u_i)-\beta(t-v_i)}X(z_i)+\sigma\mathrm{e}^{-\alpha s-\beta t}I(R_z \setminus k)\\ &= \Sigma_1+\Sigma_2,\text{(say)}\end{aligned}\tag{8}$$

where $\Sigma_1$ is measurable with respect to $\sigma\{X(z_i), i=0, 1, 2, \cdots, n+1\}\subset\mathscr{F}_k$, $\Sigma_2$ is independent of $\mathscr{F}_k$. Hence

$$\begin{aligned}E(\mathrm{e}^{\mathrm{i}\xi X(z)} \mid \mathscr{F}_k)&=\mathrm{e}^{\mathrm{i}\xi\Sigma_1}\cdot E(\mathrm{e}^{\mathrm{i}\xi\Sigma_2})\\ &=E(\mathrm{e}^{\mathrm{i}\xi X(z)} \mid X(z_i), i=0, 1, 2, \cdots, n+1),\end{aligned}\tag{9}$$

where $\xi$ is a real number. Taking conditional distribution by inversing conditional characteristic functions we prove (i).

Since $I(R_z \setminus k)$ has $N(0, M(R_z \setminus k))$ distribution, $\Sigma_2$ has $N(0, \Sigma^2)$ distribution. If $X(z_i)=x_i(i=0, 1, 2, \cdots, n+1)$ are fixed, $\Sigma_1$ is a constant $m$. By the last equality in (9) we prove (ii).

**Remark 1** If $n=1$, the conditional probability in (ii) reduces to the 3-point transition probability in [1].

In the following we suppose that $X_0$ is $N(l, d^2)$-distributed, $d\geqslant 0$ then $X$ is a normal process.

Now we investigate the transition probability between any two points $z_1(u, v)$ and $z_2(s, t)$. When $z_1 \leqslant z_2$, we have found it in [1]. For the general $z_1$ and $z_2$ we need the following well-known result:

Suppose that $(\xi_1, \xi_2)$ has bivariate normal distribution with $E\xi_i = m_i$, $D\xi_i = \sigma_i^2 > 0$, $i=1, 2$, and correlation coefficient $\rho$, then when $\xi_1 = x$, $\xi_2$ has normal distribution

$$N\left(m_2 + \frac{\rho\sigma_2}{\sigma_1}(x - m_1),\ \sigma_2^2(1-\rho^2)\right). \tag{10}$$

We apply this result to $\xi_1 = X(u, v)$, $\xi_2 = X(s, t)$. By Eq. (1)

$$m_1 = EX(u, v) = \mathrm{e}^{-\alpha u - \beta v} \cdot l, \tag{11}$$

$$\sigma_1^2 = DX(u, v) = \mathrm{e}^{-2\alpha u - 2\beta v}\left[d^2 + \frac{\sigma^2}{4\alpha\beta}(\mathrm{e}^{2\alpha u} - 1)(\mathrm{e}^{2\beta v} - 1)\right]. \tag{12}$$

Substituting $u$, $v$ by $s$, $t$ we obtain $m_2$, $\sigma_2$. In order to find $\rho$, it is sufficient to calculate

$$\begin{aligned} &EX(u, v)X(s, t) \\ &= \mathrm{e}^{-\alpha(s+u) - \beta(t+v)}\{EX_0^2 + \sigma^2 E[I(R_{uv}) \cdot I(R_{st})]\} \qquad (13) \\ &= \mathrm{e}^{-\alpha(s+u) - \beta(t+v)}\left[EX_0^2 + \frac{\sigma^2}{4\alpha\beta}(\mathrm{e}^{2\alpha(u \wedge s)} - 1)(\mathrm{e}^{2\beta(v \wedge t)} - 1)\right], \end{aligned}$$

where $a \wedge b = \min(a, b)$. Therefore, we can find the transition probability for general $z_1$ and $z_2$. In particular, when $z_1 \leqslant z_2$, comparing with Theorem 1 in [1], we have

$$\frac{\rho\sigma_2}{\sigma_1} = \mathrm{e}^{-\alpha(s-u) - \beta(t-v)}.$$

Now consider the closed rectangle $R$ with corner points $z_1(u,v)$, $z_2(s, t)$, $z_3(s, v)$, $z_4(u, t)$ and boundary $\partial R$, $z_1 <$

$z_2$. Suppose $z(g, h)\overline{\in}R$. Let $z_0(u_0, v_0)$ be the nearest point on $\partial R$ to $z$, that is,

$$d(z, z_0)=\inf_{\tilde{z}\in\partial R} d(z, \tilde{z}),$$

where $d$ is the Euclidean distance. Clearly $z_0=z_2$, if $z>z_2$; and $z_0=z_1$, if $z<z_1$.

**Theorem 2** If $z(g, h)\overline{\in}R$, $z>z_1$ or $z<z_1$, then

(i) $P(X(z)\leqslant a \mid \mathscr{F}_R)=P(X(z)\leqslant a \mid X(z_0))$ a. s.; (14)

(ii) When $X(z_0)=x$, $X(z)$ has normal distribution $N(b, f^2)$; if $z>z_1$, we have

$$b=\mathrm{e}^{-\alpha(g-u_0)-\beta(h-v_0)}x, \tag{15}$$

$$f^2=\sigma^2\mathrm{e}^{-2\alpha g-2\beta h}M(R_z\setminus R_{z_0}); \tag{16}$$

if $z<z_1$, $b$ and $f^2$ can be found by (10) with

$$EX(z)X(z_0)=\mathrm{e}^{-\alpha(g+u)-\beta(h+v)}\left[EX_0^2+\frac{\sigma^2}{4\alpha\beta}(\mathrm{e}^{2\alpha g}-1)(\mathrm{e}^{2\beta h}-1)\right]. \tag{17}$$

**Proof** If $z\overline{\in}R$, $z>z_1$, by (2)

$$X(z)=\mathrm{e}^{-\alpha(g-u_0)-\beta(h-v_0)}X(z_0)+\sigma\mathrm{e}^{-\alpha g-\beta h}I(R_z\setminus R_{z_0})=\Sigma_1+\Sigma_2, \text{ (say)} \tag{18}$$

we get (14)(15) and (16), just as in the proof of (i) in Theorem 1. If $z<z_1$, then $z_0=z_1$. Let

$$\mathscr{F}_z=\sigma\{X(y), y\leqslant z\}, \mathscr{F}^z=\sigma\{X(y), y\geqslant z\}.$$

By Theorem 1 in [1], $\mathscr{F}_{z_1}$ and $\mathscr{F}^{z_1}$ are conditionally independent with respect to $\sigma\{X(z_1)\}$, hence $\mathscr{F}_{z_1}$ and $\mathscr{F}_k(\subset\mathscr{F}^{z_1})$ are also conditionally independent with respect to $\sigma\{X(z_1)\}$. Since

$$\sigma\{X(z_1)\}\subset\mathscr{F}_R, (X(z)\leqslant a)\in\mathscr{F}_{z_1},$$

we have

$$P(X(z)\leqslant a \mid \mathscr{F}_R)=P(X(z)\leqslant a \mid \mathscr{F}_R\vee\sigma\{X(z_1)\})$$

$$=P(X(z)\leqslant a \mid X(z_1))$$
$$=P(X(z)\leqslant a \mid X(z_0)) \quad \text{a. s.},$$

(17) follows from (13).

Now we discuss the prediction problem. Let $A\subset \mathbf{R}_+^2$, $z\overline{\in} A$, $L^2(A)=\{h(\omega): h \text{ is } \mathscr{F}_A\text{-measurable}, E\mid h\mid^2<+\infty\}$. We shall find $l(z, A)\in L^2(A)$, such that

$$E\mid X(z)-l(z, A)\mid^2=\inf_{h\in L^2(A)} E\mid X(z)-h\mid^2.$$

We call $l(z, A)$ the predition of $X(z)$ with respect to $\{X(y), y\in A\}$. The error of prediction is defined by

$$\varepsilon(l, A)=E|X(z)-l(z, A)|^2.$$

Since $X$ is normal, $l(z, A)$ coincides with linear prediction.

The following lemma is simple, its proof is omitted.

**Lemma** Let $\boldsymbol{\xi}=(\xi_1, \xi_2, \cdots, \xi_k)$ and $\boldsymbol{\eta}=(\eta_1, \eta_2, \cdots, \eta_n)$ be independent random vectors. $f$, $g$-Borel measurable functions,

$$E|f(\boldsymbol{\xi})|<+\infty, \quad E|g(\boldsymbol{\eta})|<+\infty.$$

If $\zeta=f(\boldsymbol{\xi})+g(\boldsymbol{\eta})$, then

$$E(\boldsymbol{\zeta}\mid\boldsymbol{\xi})=f(\boldsymbol{\xi})+Eg(\boldsymbol{\eta}). \tag{19}$$

Moreover, if $E|f(\boldsymbol{\xi})g(\boldsymbol{\eta})|<+\infty$, $\boldsymbol{\zeta}=f(\boldsymbol{\xi})g(\boldsymbol{\eta})$, then

$$E(\boldsymbol{\zeta}\mid\boldsymbol{\xi})=f(\boldsymbol{\xi})\cdot Eg(\boldsymbol{\eta}). \tag{20}$$

Consider $k$ in Theorem 1 and $R$ in Theorem 2 respectively, and use the symbols there.

**Theorem 3** (i) If $z(s, t)\overline{\in} k$, then

$$l(z,k)=\sum_{i=0}^{n+1}(-1)^i e^{-\alpha(s-u_i)-\beta(t-v_i)}X(z_i), \tag{21}$$

$$\varepsilon(z, k)=\Sigma^2 \quad (\text{see } (7)); \tag{22}$$

(ii) If $z(g, h)\overline{\in} R$, $z>z_1$, then

$$l(z, R)=\mathrm{e}^{-\alpha(g-u_0)-\beta(h-v_0)}X(z_0), \tag{23}$$

$$\varepsilon(z, R)=f^2 \quad (\text{see (16)}). \tag{24}$$

**Proof** It is well known that

$$l(z, A)=E(X(z) \mid \mathscr{F}_A), \quad z\overline{\in} A.$$

By Eq. (5)

$$l(z, k)=E(X(z) \mid \mathscr{F}_k)$$
$$=E(X(z) \mid X(z_i), i=0, 1, 2, \cdots, n+1).$$

Applying the lemma to (8), and recalling that ($X(z_0)$, $X(z_1)$, $\cdots$, $X(z_{n+1})$) and $I(R_z \setminus k)$ are independent, $EI(R_z \setminus k)=0$, we obtain (21) by (8) and (19). From (8)

$$\varepsilon(z, k)=E\left|X(z)-l(z, k)\right|^2$$
$$=\sigma^2 \mathrm{e}^{-2\alpha s-2\beta t}E\left|I(R_z \setminus k)\right|^2=\Sigma^2.$$

Similarly, we can prove (ii) by Eq. (18).

**Remark 2** The transition probability $P(X(z)\leqslant a \mid \mathscr{F}_A)$ depends not only on $A$, but also on the position of $z$. Under the conditions of Theorem 2, it is a function of $X(z_0)$ only. It will be more complicate if $A$ is a union of finitely many rectangles. But our method is still effective for some $z$.

**References**

［1］ Wang Zikun. Acta Mathematica Scientie, 1984, 4 (1): 1-12.

［2］ Korezlioglu H, Lefort P. C. R. Acad. Sci. Paris, 1980, 290A: 555-558.

数学物理学报，1990，10(4)

# 超过程的幂级数展开

## §1. 超过程及其拉普拉斯泛函

设$(E,\mathscr{B})$为可测空间，$\Delta$为$[0,+\infty)$中某区间，$X=\{x_t,t\in\Delta\}$为取值于$(E,\mathscr{B})$中的马氏过程，转移概率为$P(s,x;t,\mathrm{d}y)$，算子半群为$\{T_u^r,r,u\in\Delta,r\leqslant u\}$：

$$T_u^r f(x):=\int_E P(r,x;u,\mathrm{d}y)f(y),f\in B^+. \tag{1.1}$$

$B^+$为定义在$E$上的全体非负、有界$\mathscr{B}$-可测函数之集. 以下简记

$$\langle f,v\rangle=\int f\mathrm{d}v.$$

伴随过程$X$，考虑Dawson-Watanabe型超过程$Y$. 以$m$表示全体定义在$\mathscr{B}$上的有限测度$\mu$之集，$\mathscr{B}_m$为$m$中含一切如下形的集的最小$\sigma$-代数：

$$(\mu:\mu\in m,\mu(B)\leqslant a),B\in\mathscr{B},a\geqslant 0.$$

设对每$t\in\Delta$，存在一取值于$(m,\mathscr{B}_m)$的随机变量$y_t$. 设$Y=\{y_t,t\in\Delta\}$为马氏过程，转移概率为$q(r,\mu;u,\mathrm{d}\nu)$. 称$Y$为

$X$ 的超过程，如对每 $f\in B^+$，$\mu\in m$，$r\leqslant u\in\Delta$，数 $\lambda>0$，有

$$g(\lambda):=E_{r,\mu}\exp\{-\lambda\langle f, y\rangle\}=\exp\{-\langle V_u^r(\lambda f), \mu\rangle\}, \tag{1.2}$$

亦即 $\int_m q(r,\mu;u,\mathrm{d}\nu)\exp\{-\lambda\langle f,\nu\rangle\}=\exp\{-\langle V_u^r(\lambda f),\mu\rangle\}$

其中 $V_u^r(r\leqslant u\in\Delta)$为作用在 $B^+$ 上的压缩非线性算子半群，它通过下式由 $T_u^r$ 决定：

$$V_u^r(\lambda f)=-\int_r^u T_s^r[(V_u^s(\lambda f))^2]\mathrm{d}s+\lambda T_u^r f. \tag{1.3}$$

在[1]中已证明(1.3)的解唯一存在.（1.2)之左是$\langle f, y_u\rangle$的拉普拉斯变换，$f\in B^+$；亦称为超过程 $Y=\{y_t, t\geqslant 0\}$的拉普拉斯泛函. 此泛函唯一决定 $Y$ 的转移概率 $q$.

本篇证明此拉普拉斯泛函(即 $g(\lambda)$)可展开为 $\lambda$ 的幂级数；并求出$\langle f, y_u\rangle$关于 $E_{r,\mu}$的各阶矩；级数的系数及矩可由递推式依次求出，$n$ 阶矩可表为一阶矩的 $n$ 次多项式；各阶矩唯一决定$\langle f, y_u\rangle$关于测度 $P_{r,\mu}$的分布.

下面用到幂级数理论中一简单结果：设

$$F(\lambda)=\sum_{n=1}^{+\infty}a_n\lambda^n,\quad G(\lambda)=\exp F(\lambda),$$

则 $G(\lambda)=1+\sum\limits_{n=1}^{+\infty}b_n\lambda^n$；此两级数有相同的收敛半径，且

$$nb_n=\sum_{k=1}^{n}ka_kb_{n-k}\quad(n\in\mathbf{N}^*,b_0=1), \tag{1.4}$$

其证明可由 $G'(\lambda)=F'(\lambda)G(\lambda)$及比较系数而得.

# §2. 幂级数展开及各阶矩

记 $\|f\|=\sup\limits_{x}|f(x)|$. 对已给的 $s<u\in\Delta$, 设函数 $\varphi_u^s(x)$, $\psi_n^s(x)\in B^+$. 定义卷积

$$(\varphi_*\psi)_u^r=\int_r^u T_s^r(\varphi_u^s\psi_u^s)\mathrm{d}s.$$

设已给 $f\in B^+$, 记

$$\varphi^{1*}:=\varphi:=\varphi_u^r:=T_u^r f.$$

$$\varphi^{n*}:=\sum_{k=1}^{n-1}\varphi^{k*}*\varphi^{(n-k)*}. \tag{2.1}$$

$$\Phi_n=\langle\varphi^{n*},\mu\rangle. \tag{2.2}$$

**定理 2.1** 当 $|\lambda|<R:=\dfrac{1}{4(u-r)}\|\varphi\|$ 时, 有

$$E_{r,\mu}\exp[-\lambda\langle f,y_u\rangle]=\sum_{n=0}^{+\infty}(-1)^n b_n\lambda^n, \tag{2.3}$$

其中 $b_0=1$,

$$nb_n=\sum_{k=1}^{n}k\Phi_k b_{n-k}. \tag{2.4}$$

**证** 改写(1.3)为算子方程

$$V=-V*V+\lambda\varphi. \tag{2.5}$$

如[1]所指出, (2.5)之形式解为

$$V=\sum_{n=1}^{+\infty}(-1)^{n-1}\varphi^{n*}\lambda^n. \tag{2.6}$$

这只需利用(2.1)并以(2.6)代入(2.5)后即可看出. 今证此级数当 $|\lambda|<R$ 时收敛, 从而它确是(2.5)之解. 以 $B_n$ 表示 $\varphi^{n*}$ 中所含之项数. 由(2.1)知

$$B_1=B_2=1,$$

$$B_n = \sum_{k=1}^{n-1} B_k B_{n-k}. \tag{2.7}$$

由于 $\| \varphi^{n*} \| \leqslant B_n (u-r)^{n-1} \| \varphi \|^n$，故(2.6)中级数被

$$(u-r)^{-1} \sum_{n=1}^{+\infty} B_n (u-r)^n \| \varphi \|^n \cdot | \lambda |^n \tag{2.8}$$

所控制．考虑辅助函数 $f(\theta)=\frac{1}{2}(1-\sqrt{1-4\theta})$，则有

$$\frac{1}{2}(1-\sqrt{1-4\theta}) = \sum_{n=1}^{+\infty} B_n \theta^n. \tag{2.9}$$

实际上，易见 $f(\theta)=\theta+f^2(\theta)$，$f'(0)=1$．将 $f(\theta)$的幂级数展式代入此式，即知其系数应满足(2.7)，而(2.7)唯一决定$\{B_n\}$，故得证(2.9)．显然(2.9)中级数之收敛半径为$\frac{1}{4}$，从而 $\overline{\lim\limits_{n\to+\infty}} \sqrt[n]{B_n}=4$.

于是控制级数(2.8)之收敛半径为 $R=\frac{1}{4(u-r)\| \varphi \|}>0$. (2.6)中级数也因之在$(-R, R)$中绝对、一致收敛．以(2.6)代入(1.2)，得

$$\begin{aligned} g(\lambda) &= \exp\left[-\sum_{n=1}^{+\infty}(-1)^{n-1}\langle \varphi^{n*}, \mu \rangle \lambda^n\right] \\ &= \exp\left[\sum_{n=1}^{+\infty}(-1)^n \Phi_n \lambda^n\right] \equiv 1+\sum_{n=1}^{+\infty}(-1)^n b_n \lambda^n, \end{aligned} \tag{2.10}$$

而(2.4)由(1.4)得到.

考虑 $n$ 阶矩 $M_n=E_{r,\mu}[\langle f, y_u \rangle^n]$.

**定理 2.2** 各阶矩 $M_n$，$n\in \mathbf{N}^*$ 存在，它们可由下列递推式依次求出：

$$M_n = \sum_{k=0}^{n-1} \mathrm{C}_k^{n-1}(n-k)!\Phi_{n-k} \cdot M_k \tag{2.11}$$

$(M_0=1$，$\mathrm{C}_0^{n-1}=1)$．矩唯一决定$\langle f, y_u \rangle$关于 $P_{r,\mu}$之分布.

**证** (2.3)中级数之收敛半径大于0，故各阶矩存在而且唯一决定分布[2，P234]．由(2.3)(2.4)及

$$E_{r,\mu}\exp[-\lambda\langle f,y_u\rangle]=\sum_{n=0}^{+\infty}\frac{(-1)^n M_n}{n!}\lambda^n,$$

得

$$\begin{aligned}M_n&=n!b_n=(n-1)!\sum_{k=1}^{n}k\Phi_k b_{n-k}\\&=(n-1)!\sum_{k=0}^{n-1}(n-k)\Phi_{n-k}b_k\\&=\sum_{k=0}^{n-1}C_k^{n-1}(n-k)!\Phi_{n-k}\cdot M_k.\end{aligned}$$

今写出前四阶矩如下：

$$M_1=\Phi_1=\langle\varphi,\ \mu\rangle=\langle T_u^r f,\ \mu\rangle,$$

$$M_2=2\Phi_2+M_1^2,$$

$$M_3=6\Phi_3+6\Phi_2M_1+M_1^3,$$

$$M_4=24\Phi_4+12\Phi_2^2+24\Phi_3M_1+12\Phi_2M_1^2+M_1^4.$$

前二阶矩已在[1]中求出.

**注 2.1** 记 $f(\lambda)=\sum_{n=1}^{+\infty}(-1)^n\Phi_n\lambda^n$, $f^{(k)}(0)=(-1)^k k!\Phi_k$. 改写(2.10)为 $g(\lambda)=\exp f(\lambda)$. 由此算得的 $M_n=(-1)^n g^{(n)}(0)$ 与(2.11)一致.

# §3. 可加泛函

用上述方法类似地可求出超过程的可加泛函

$$I_u^r(h):=\int_r^u h^s \mathrm{d}z_s$$

的拉普拉斯变换的幂级数展开及各阶矩，这里 $h^s:=h^s(x)$ 为有界 $\mathscr{B}_\Delta\times\mathscr{B}$ 可测非负函数，$\mathscr{B}_\Delta$ 为 $\Delta$ 中 Borel $\sigma$-代数，记号详见[1]，那里已证明

$$E_{r,\mu}\left[\exp\left(-\lambda\int_r^u h^s \mathrm{d}z_s\right)\right]=\exp[\langle w_u^r,\mu\rangle]$$

对 $\lambda<\dfrac{1}{4\,\|h\|\,(u-r)}$ 成立，而

$$w_u^r=\sum_{n=2}^{+\infty}(-1)^n\varphi^{n*}\lambda^n,\varphi:=\varphi_u^r=h^r I_{r\leqslant u}.$$

记 $A_n=\langle\varphi^{n*}, \mu\rangle$，则有

$$E_{r,\mu}\exp\left[-\lambda\int_r^u h^s \mathrm{d}z_s\right]=\exp\left[\sum_{n=2}^{+\infty}(-1)^n A_n\lambda^n\right]$$

$$=1+\sum_{k=1}^{+\infty}C_k\lambda^k,$$

其中 $C_0=1,C_1=0,nC_n=\sum_{k=1}^{n}(-1)^k k A_k C_{n-k}$；

而 $$E_{r,\mu}\left[\left(\int_r^u h^s \mathrm{d}z_s\right)^n\right]=(-1)^n n!C_n.$$

一类特殊的可加泛函(即停留时)已在[3]中详细研究.

## 参考文献


[1] Dynkin E B. Superprocesses and their linear additive functionals. Tran. Amer. Math. Soc., 1989, 314: 255-282.

[2] Feller W. An Introduction to Probability Theory and Its Applications. Vol. 2, 1971. (中译本见：W. 费勒. 概率论及其应用(第 2 卷). 李志阐，郑元禄，译. 北京：科学出版社，1994.)

[3] Iscoe I. A weighted occupation time for a class of measure-valued branching processes. Probability Theory and Related Fields, 1986, 71: 85-116.

数学进展，1991，20(3)

# 超过程的若干新进展①

## §1. 引　言

超过程(Superprocess)是近几年来国际上概率论研究中最新课题之一．众所周知，分支过程是一类重要的取离散值的随机过程，它是群体发展的数学模型．如改变时间尺度并令质点的质量以适当方式趋于0，则W. Feller指出Galton-Watson分支过程趋于一类扩散过程[1]．M. Jiřina称后者为连续态的分支过程[2]；J. Lamperti等研究了它的性质[3][4]．1968年，S. Watanabe发表了有分量的论文[5]，接着又考虑了有迁入的情况[6]．后来沉寂了一段时间，直到20世纪80年代后期，出现了研究的高潮，参加这项工作的有美国、加拿大、法国、日本等的一些概率论专家，如E. B. Dynkin，D. A. Dawson等，

① 收稿日期：1990-12-04.
国家自然科学基金资助项目.

前者把一类最重要的测度值过程称为超过程. 我国对超过程的研究虽刚开始，但也取得了一些结果[7][8][9].

简单说来，超过程是一种取测度为值的具有分支性的马尔可夫过程(简称后者为马氏过程). 既然它是马氏过程，关于马氏过程的一般方法和结论对它当然适用，因之转移概率、无穷小算子、强马氏性、轨道性质、鞅问题、可加泛函，等等对它都有意义. 另一方面，由于它取测度值，它还有一般马氏过程所没有的特殊性质，如随机测度的支集，等. 再者，分支性使它的 Laplace 泛函受到限制，从而引导到深远的结果.

研究者由于各自的基础不同，方法亦异. 法国学者多用随机分析，而 E. B. Dynkin 及加拿大人则偏重于将概率方法与偏微分方程相结合，以收到左右逢源双方获益之效.

本文的目的在于论述超过程的一些基本概念及其新进展，其中包括国内学者的若干工作.

# § 2. 超过程的定义

考虑 $d(\geqslant 1)$维欧氏空间 $\mathbf{R}^d$ 及其子集 Borel $\sigma$-代数 $\mathscr{B}^d$. 可测空间($\mathbf{R}^d$，$\mathscr{B}^d$)虽很特殊但却可容纳所有的结果. 本文中许多结论可推广到一般的空间. 以后不需要强调维数 $d$ 的作用时，简记 $\mathbf{R}^d$，$\mathscr{B}^d$ 分别为 $\mathbf{R}$，$\mathscr{B}$.

以 $M$ 表 $\mathscr{B}$ 上所有有限测度的集，在 $M$ 中引进子集$\sigma$-代数 $\mathscr{B}^m$，它是含 $M$ 中一切下形集

$$(\mu: \mu\in M, \mu(B)\leqslant a), B\in\mathscr{B}, a\geqslant 0$$

的最小$\sigma$-代数. 在 $M$ 中引进弱拓扑(弱收敛).

取值于($M$，$\mathscr{B}^m$)中的马氏过程 $X=\{x_t, t\geqslant 0\}$称为 MB 过程(Measure-valued branching process)，如它具有分支性：

$$\forall \mu, \nu\in\mathscr{B}^m, t\geqslant 0$$

$$p(\mu, t, \cdot) * p(\nu, t, \cdot)=p(\mu+\nu, t, \cdot), \quad (2.1)$$

其中 $p(\mu, t, A)(\mu\in M, t\geqslant 0, A\in\mathscr{B}^m)$为 $X$ 的转移概率，$*$ 表测度的卷积运算.

以 $b(\mathscr{B})$表定义在 $\mathbf{R}$ 上的有界 $\mathscr{B}$ 可测函数集，记 $\langle\mu,f\rangle=\int_{\mathbf{R}} f(x)\mu(\mathrm{d}x)$. (2.1)等价于：$\forall \mu, \nu\in\mathscr{B}^m, t\geqslant 0, f\in b(\mathscr{B})$,

$$E_\mu\exp(-\langle x_t, f\rangle)\cdot E_\nu\exp(-\langle x_t, f\rangle)=E_{\mu+\nu}\exp(-\langle x_t, f\rangle), \quad (2.1')$$

$E_\mu$ 表关于 $P_\mu$ 之期望，$P_\mu$ 为 $x_0\equiv\mu$ 时 $X$ 之分布.

$p(\mu, t, \cdot)$与其 Laplace 泛函

$$E_\mu\exp(-\langle x_t,f\rangle)=\int_M \mathrm{e}^{-\langle\nu,f\rangle}p(\mu,t,\mathrm{d}\nu), 0\leqslant f\in b(\mathscr{B})$$

相互唯一决定.

一类重要的 MB 过程是超过程，它由下列二元给定：

(i) 已给取值于$(R,\ \mathscr{B})$中的马氏过程 $\xi=\{\xi_t,\ t\geqslant 0\}$，其转移概率为 $q(x,\ t,\ \mathrm{d}y)$，转移算子半群为$\{T_t,\ t\geqslant 0\}$，无穷小算子为 $A$. 本文设 $\xi$ 为不中断的 Hunt 过程.

(ii) 已给实值函数 $B(x,\ \lambda)$，$x\in\mathbf{R}$，$\lambda>0$，

$$B(x,\lambda)=a(x)-b(x)\lambda-c(x)\lambda^2-\int_0^{+\infty}(\mathrm{e}^{-\lambda u}-1+\lambda u)n(x,\mathrm{d}u), \tag{2.2}$$

其中 $a\geqslant 0$，$c\geqslant 0$ 及 $b$ 皆为有界连续函数，在无穷远收敛，积分核 $n(x,\ \mathrm{d}u)$满足

$$\int_0^{+\infty}(u\wedge u^2)n(x,\mathrm{d}u)\in b(\mathscr{B}),$$

称 $B(x,\ \lambda)$为分支函数.

称取值于$(M,\ \mathscr{B}^m)$中的马氏过程 $X=\{x_t,\ t\geqslant 0\}$为$(\xi,\ B)$超过程，如$\forall\mu\in M$，$0\leqslant f\in b(\mathscr{B})$，有

$$E_\mu\exp(-\langle x_t,\ f\rangle)=\exp(-\langle\mu,\ V_t\rangle), \tag{2.3}$$

其中 $V_t\equiv V_t(x)$是下列积分方程的唯一解：

$$V_t(x)=\int_0^t[T_sB(\cdot,V_{t-s}(\cdot))](x)\mathrm{d}s+T_tf(x), \tag{2.4}$$

由(2.3)易见 $X$ 具有分支性. (2.4)可改写为

$$V_t(x)=\int_0^t\int_{\mathbf{R}}q(x,s,\mathrm{d}y)B(y,V_{t-s}(y))\mathrm{d}s+T_tf(x), \tag{2.4$'$}$$

积分方程(2.4)形式上等价于偏微分方程

$$\begin{cases}\dfrac{\partial V_t(x)}{\partial t}=AV_t(x)+B(x,\ V_t(x)),\\ V_0(x)=f(x).\end{cases} \tag{2.5}$$

如 $\xi$ 为某某过程，也称 $X$ 为超某某过程，例如，超布朗运动，超扩散过程等.

一种重要的特殊的分支函数是

$$B(x, \lambda) = -\lambda^2, \tag{2.6}$$

这时(2.4)特殊化为

$$V_t(x) + \int_0^t T_s V_{t-s}^2(x) \mathrm{d}s = T_t f(x).$$

本文以后所说的超布朗运动、超对称稳定过程，都是对(2.6)中分支函数而言.

# §3. 直观意义

设想粒子群在 $t=0$ 时按强度为 $\mu\in M$ 的 Poisson 点过程而分布，即

$$P(\pi_\mu(B)=n)=\frac{[\mu(B)]^n}{n!}\mathrm{e}^{-\mu(B)}, \ n\in\mathbf{N}.$$

其中 $\pi_\mu(B)$表 $t=0$ 时位于 $B\in\mathscr{B}$ 中的粒子数. 设每一粒子沿 $\xi$ 的轨道而运动，其寿命是随机的，有参数为 $\gamma$ 的指数分布. 一粒子死亡后立即在死亡地点 $x$ 产生 $n$ 个同样后代粒子的概率设为 $p_n(x)$，$n\in\mathbf{N}$. 每一新粒子又沿 $\xi$ 的轨道同样地相互独立运动，如此继续. 设每一粒子有质量 $\beta$，以 $\pi_\mu(t, B)$表 $t$ 时位于 $B$ 中的粒子数，则

$$x_t^\beta(B)=\beta\pi_\mu(t, B)$$

为 $t$ 时位于 $B$ 中诸粒子的质量和. 令

$$\varphi(x,\lambda)=\sum_{n=0}^{+\infty}p_n(x)\lambda^n.$$

今取

$$\gamma_\beta=\frac{1}{\beta}, \qquad \mu_\beta=\frac{\mu}{\beta},$$

令 $\beta\to 0$，从而平均寿命$\frac{1}{\gamma_\beta}\to 0$，强度 $\mu_\beta\to+\infty$；再设

$$\frac{\varphi_\beta(x, 1-\beta\lambda)-(1-\beta\lambda)}{\beta^2}\to B(x, \lambda), \tag{3.1}$$

在 $\mathbf{R}\times[0, c]$中一致，$c>0$ 任意. 在这些条件下，如果

$$\sum_{n=0}^{+\infty}np_n(x)\leqslant 1, \tag{3.2}$$

那么可以证明：测度值过程$(x_t^\beta, P_{\pi_{\frac{\mu}{\beta}}})$弱收敛于$(x_t, P_\mu)$. 见

[10][11].

关于(7)中极限函数 $B(x, \lambda)$ 的一般形式，Dynkin 猜想：在条件(3.2)下，$B(x, \lambda)$ 具有形式(2.2)，但其中 $a(x)\equiv 0$. 此猜想已被李增沪在[8]中证实.

无特别声明时，本文恒设 $a(x)\equiv 0$. 如 $\xi$ 为 Feller 过程，此条件等价于超过程 $X$ 不爆发，即其寿命为 $+\infty$. 再者，当且仅当 $n(x, \mathrm{d}u)\equiv 0$ 时，$X$ 有连续轨道[14].

# §4. 超过程的存在与性质

方程(2.4)是否有唯一解？这是首先要解决的问题. 为此，考虑更一般的方程. 已给两非负函数 $f$, $g\in b(\mathscr{B})$，$\xi$ 为 Hunt 过程，则方程

$$W_t(x)=$$

$$\int_0^t[T_sB(\cdot,W_{t-s}(\cdot))](x)\mathrm{d}s+\int_0^t T_sg(x)\mathrm{d}s+T_tf(x) \tag{4.1}$$

($t\geqslant 0$, $x\in\mathbf{R}$)有唯一解 $W_t(x)(\equiv W_t(f,g)(x))$，它有下列性质：

(i) $W_t(x)$对$(t, x)$联合可测，而且

$$\sup_{0\leqslant s\leqslant t}\|W_s\|_{+\infty}<+\infty，一切\ t>0.$$

(ii) 若$\forall_x$，$T_tf(x)$对 $t\geqslant 0$ 右连续，则 $W_t(x)$对 $t\geqslant 0$ 也右连续. 若 $g$ 固定，则 $f\to W_t(f, g)$，$t\geqslant 0$ 是作用在 $b^+(\mathscr{B})$上之非线性算子半群($b^+(\mathscr{B})$为 $b(\mathscr{B})$中全体非负函数之集).

(iii) $\forall\, t\geqslant 0$ 及 $\mu\in M$，在$(M, \mathscr{B}^m)^2$ 上存在唯一质量不超过 1 的测度，$\Pi_t(\mu;\mathrm{d}\nu,\mathrm{d}\gamma)$，使

$$\int\Pi_t(\mu;\mathrm{d}\nu,\mathrm{d}\gamma)\mathrm{e}^{-\langle\nu,f\rangle-\langle\gamma,g\rangle}=\mathrm{e}^{-\langle\mu,W_t(f,g)\rangle}. \tag{4.2}$$

当 $g\equiv 0$ 时(4.1)化为(2.4)，故知(2.4)有唯一解 $V_t=W_t(f, 0)$，而且

$$\mathrm{e}^{-\langle\mu,V_t\rangle}=\mathrm{e}^{-\langle\mu,W_t(f,0)\rangle}=\int p(\mu,t,\mathrm{d}\nu)\mathrm{e}^{-\langle\nu,f\rangle},$$

其中 $p(\mu, t, \mathrm{d}\nu)=\int_{\mathbf{R}}\Pi_t(\mu;\mathrm{d}\nu,\mathrm{d}\gamma)$. 由(ii)知$\{V_t, t\geqslant 0\}$有半群性，从而 $p(\mu, t, \mathrm{d}\nu)$确是马氏核. 由马氏过程的一般理论，知存在取测度值的马氏过程 $X$，其转移概率为 $p(\mu, t, \mathrm{d}\nu)$. 详见[12].

当 $a(x)\equiv 0$ 时，若 $\xi$ 为 Hunt 过程，则 $X$ 也是 Hunt 过程[12].

在(2.6)下，若 $\xi$ 的转移概率具有 Dynkin 意义下的规则性，则 $X$ 的转移概率也如此．稍加条件后反之亦然[13]．

在鞅问题意义下，$X$ 的无穷小算子 $L$ 为[12]

$$
\begin{aligned}
LF(\mu) = &\int_{\mathbf{R}} \mu(\mathrm{d}x) c(x) F''(\mu, x) + \\
&\int_{\mathbf{R}} \mu(\mathrm{d}x) [AF'(\mu;\ \cdot)(x) - b(x) F'(\mu; x)] + \\
&\int_{\mathbf{R}} \mu(\mathrm{d}x) \int_0^{+\infty} n(x, \mathrm{d}u) [F(\mu + u\varepsilon_x) - F(\mu) - uF'(\mu; x)],
\end{aligned}
\tag{4.3}
$$

其中 $A$ 为 Hunt 过程 $\xi$ 的无穷小算子，

$$F'(\mu;\ x) = \lim_{\delta \downarrow 0} \frac{F(\mu + \delta\varepsilon_x) - F(\mu)}{\delta},$$

$\varepsilon_x$ 为集中在单点集$\{x\}$上之概率．

$L$ 的定义域 $D(L)$ 含定义在 $M$ 上之下形函数

$$F(\mu) = \Psi(\langle \mu,\ f_1 \rangle,\ \langle \mu,\ f_2 \rangle,\ \cdots,\ \langle \mu,\ f_n \rangle), \tag{4.4}$$

其中 $\Psi \in C_0^{+\infty}(R)$（$R$ 上无穷次可微且在无穷远趋 0 的函数集），$f_i \in D(A)$，$n \in \mathbf{N}^*$．

所谓鞅问题是指：对固定 $\mu \in M$，

(i) $\forall\, F \in D(L)$，

$$M_t^F \triangleq F(x_t) - F(x_0) - \int_0^t LF(x_s)\mathrm{d}s, t \geqslant 0 \tag{4.5}$$

是局部有界 $P_\mu$ 鞅，而且 $P_\mu$-a. s. 右连续有左极限．

(ii) 反之，设 $P$ 为右连左极函数可测空间上之概率，$P(x_0 = \mu) = 1$，使 $M^F$ 右连左极 $P$-a. s.，而且是 $P$ 局部鞅，一切 $F \in D(L)$；则 $P = P_\mu$．

二次变差

$$\langle M^F, M^G \rangle_t = \int_0^t \Gamma(F, G)(x_s)\mathrm{d}s,$$

$$\Gamma(F,\ G) = L(FG) - FL(G) - GL(F).$$

# §5. 矩问题

设 $0\leqslant f\in b(\mathscr{B})$，试求 $\langle x_t, f\rangle$ 的各阶矩

$$m_n := E_\mu[\langle x_t, f\rangle^n] = \int_R \langle \nu, f\rangle^n p(\mu, t, \mathrm{d}\nu), \quad \mu \in M. \tag{5.1}$$

当(2.2)中 $a(x)\equiv 0$ 时，已知[12]

$$m_1 = \langle \mu, T_t^b f\rangle,$$

$$m_2 = \langle \mu, T_t^b f\rangle^2 + \int_0^t \mu T_s(\hat{c}\cdot(T_{t-s}^b f)^2)\mathrm{d}s, \tag{5.2}$$

其中 $\hat{c} = 2c + \int_0^{+\infty} u^2 n(\cdot, \mathrm{d}u)$,

$$T_t^b f(x) = E_x[\mathrm{e}^{-\int_0^t b(\xi_s)\mathrm{d}s} f(\xi_t)].$$

如分支函数为(2.6)，甚至对非时齐马氏过程 $\xi$，也可完全解决矩问题. 以 $q(r, x; u, \mathrm{d}y)$ 表 $\xi$ 的转移概率. 固定 $r<u$，令

$$T_u^r f(x) = \int_{\mathbf{R}} q(r, x; u, \mathrm{d}y) f(y), \quad 0 \leqslant f \in b(\mathscr{B}),$$

对两非负函数，$\varphi_u^s(x)$，$\Psi_u^s(x)\in b(\mathscr{B})$，定义其卷积

$$(\varphi * \Psi)_u^r = \int_r^u T_s^r(\varphi_u^s \Psi_u^s)\mathrm{d}s.$$

记 $\varphi'^{*} = T_u^r f, \varphi^{n*} = \sum_{k=1}^{n-1} \varphi^{k*} * \varphi^{(n-k)*}, \Phi_n = \langle \mu, \varphi^{n*}\rangle$，则各阶矩 $m_n = E_{r,\mu}[\langle x_u, f\rangle^n]$ 皆存在，而且可递推求出

$$m_n = \sum_{k=0}^{n-1} \mathrm{C}_{n-1}^k \cdot (n-k)!\Phi_{n-k} \cdot m_k$$

$$\left(m_0 = 1,\ \mathrm{C}_n^k = \frac{n!}{k!\ (n-k)!},\ \mathrm{C}_{n-1}^0 = 1\right), \tag{5.3}$$

诸矩唯一决定$\langle x_u, f\rangle$关于 $P_{r,\mu}$之分布，且当

$$|\lambda| < (u-r)\sup_x \frac{|T_u^r f(x)|}{4}$$时，有幂级数展开

$$E_{r,\mu}\exp(-\lambda\langle x_u, f\rangle) = \sum_{n=0}^{+\infty}(-1)^n b_n \lambda^n, \tag{5.4}$$

其中 $b_0=1$, $nb_n = \sum_{k=1}^{n} k\Phi_k b_{n-k}$. 见[10].

# §6. 超过程的变换

相对于同一 $\xi$，设有两超过程，其概率分布绝对连续，试看其分支函数如何变化.

考虑(2.2)中的 $B(x, \lambda)$，这里不假定 $a(x)$ 恒为 0，因而 $(\xi, B)$ 超过程 $X$ 可能爆发. 设 $X$ 的生命为 $\zeta$. 对非负连续函数 $\tilde{a}(x)$，$x\in\mathbf{R}$，定义

$$c_t = \int_0^t \langle x_s, \tilde{a}\rangle \mathrm{d}s,$$

再对非负连续函数 $g\in D(A)$，在 $\mathscr{F}_t=\sigma\{x_s, s\leqslant t\}_\cap(t<\zeta)$上定义测度 $Q_\mu$，使

$$\frac{\mathrm{d}Q_\mu}{\mathrm{d}P_\mu}=H_t(g)\mathrm{e}^{-c_t}, \tag{6.1}$$

其中 $P_\mu$ 为$(\xi, B)$超过程的分布，又

$$H_t(g) = I_{(t<\zeta)}\exp\Big(-\Big[\langle x_t, g\rangle - \int_0^t \langle x_s, Ag + B(x, g(x))\rangle \mathrm{d}s\Big]\Big),$$

则可证明下列类似 Girsanov 定理之结果：

$Q_\mu$ 是$(\xi, \widetilde{B})$超过程 $\widetilde{X}$ 的分布，

$$\widetilde{B}(x, \lambda)=B(x, \lambda+g(x))-B(x, g(x))+\tilde{a}.$$

特别，取 $\tilde{a}=g=0$，则 $\widetilde{B}(x, \lambda)=B(x, \lambda)-a(x)$(参看§3末).

更多的变换见[14].

# §7. 超对称稳定过程的支集

设$\xi$为$\mathbf{R}(=\mathbf{R}^d)$中指数为$\alpha(0<\alpha\leqslant 2)$的对称稳定过程，它相应于(2.6)的超过程记为$X^\alpha=\{x_t^\alpha,\ t\geqslant 0\}$. 当$\alpha=2$时，$X^2$是超布朗运动.

对$\mathscr{B}(=\mathscr{B}^d)$上任一测度$\nu$，以$S(\nu)$表$\nu$的闭支集(Closed support). 支集的大小反映了$\nu$的散布程度. 为了描述集$A\in\mathscr{B}$的大小，首先可考虑$A$的$d$维 Lebesgue 测度$L_d(A)$. 如$L_d(A)=0$，作为量尺，此测度已嫌太大，而且$A$的通常的拓扑维数也很可能小于$d$. 于是需采用其他的维数与测度. 一种选择是 Hausdorff 维数(H 维数)，记为 dim. 知道集$A$的 H 维数 dim $A$后，如想获得更精确的信息，可考虑$A$的 Hausdorff 测度(H 测度). 此测度由某一函数$\phi(x)(x\in\mathbf{R})$产生，记为$\phi-m$. 若集$A$的 H 测度$0<\phi-m(A)<+\infty$,则说$\phi(x)$(关于$A$)为正确选择的.

对每固定的$t$，$x_t^\alpha$是一随机测度，$S_t^\alpha\triangleq S(x_t^\alpha)$是一随机集. 以下结论 a. s. 成立，是指“$P^\mu$ — a. s.，一切$\mu\in M$.”在[16][25]中有下列结果.

固定$t>0$，存在随机集$B_t$，使对$R$中任一紧集$C$，有

$$x_t^\alpha(B_t\cap C)=x_t^\alpha(C),\qquad \text{a. s.}$$

$$\dim B_t\leqslant\alpha. \tag{7.1}$$

上式可惊异处是与维数$d$无关. 这里$B_t$起到$S_t^\alpha$的作用.

当$d\geqslant\alpha$时，$x_t^\alpha$关于$L_d$奇异；

当 $d<\alpha$ 时(其实 $d=1$)，$x_t^{\alpha}$ 关于 $L_d$ 绝对连续，$x_t^{\alpha}(\mathrm{d}\alpha)=y^{\alpha}(t,\alpha)d\alpha$，而且可取密度 $y^{\alpha}(t,\alpha)$ 为 $(t,\alpha)$ 二元连续.

考虑函数 $\phi_{\alpha}(x)=x^{\alpha}\lg\lg\dfrac{1}{x}\quad(0<\alpha\leqslant 2)$.

设 $d>\alpha$，此时存在常数 $c_i$，只依赖于 $\alpha$，$d$，$0<c_1<c_2<+\infty$，使对任一 $t>0$，任一 $A\in\mathscr{B}$，有

$$c_1\phi_{\alpha}-m(A\cap B_t)\leqslant x_t(A)\leqslant c_2\phi_{\alpha}-m(A\cap B_t).$$

# §8. 超布朗运动的支集

对超布朗运动 $X \equiv X^2$，可以得到更深刻的结果. 不妨设 $X=\{x_t,\ t \geqslant 0\}$ 的样本在弱拓扑下对 $t \geqslant 0$ 连续[5][15]. 固定 $t>0$，a. s. 有

$$d \geqslant 2:\qquad L_d(S_t)=0, \tag{8.1}$$

$$\dim S_t=2 \ (\text{对照}(7.1)), \tag{8.2}$$

$d \geqslant 3$：$\phi_2(x)$ 是 $S_t$ 正确的 $H$ 函数，即，

$$0<\phi_2-m(S_t)<+\infty. \tag{8.3}$$

将这些结果与 $d$ 维布朗运动 $W=\{W_t,\ 0 \leqslant t \leqslant 1)\}$ 比较是有趣的. 令

$$\mathrm{Im}W=(W_t:\ 0 \leqslant t \leqslant 1),$$

即当 $0 \leqslant t \leqslant 1$ 时，$W_t$ 的全体值所成之集，称为 $W$ 的像集，则有

$$d \geqslant 2:\ \dim(\mathrm{Im}W)=2; \tag{8.4}$$

$d \geqslant 3$：$\mathrm{Im}W$ 的正确 $H$ 函数也是 $\phi_2(x)$，而且

$$\phi_2-m(W_s,\ s \leqslant t)=c_d \cdot t, \tag{8.5}$$

$c_d$ 是常数.

所不同者，对超布朗运动是在单点 $t$ 上之 $S_t$. 另一差别是：$d=2$ 时，$\mathrm{Im}W$ 正确的 $H$ 函数是

$$x^2 \lg \frac{1}{x} \lg\lg\lg \frac{1}{x}; \tag{8.6}$$

而 $S_t$ 的正确 $H$ 函数似还不知.

进一步，当 $d>2$ 时，任取 $0<t_1<\cdots<t_k$，有

$$\dim \bigcap_{i=1}^{k} S_{t_i} \leqslant d-k(d-2);$$

而且$\bigcap_{i=1}^{k} S_{t_i}$有有限的$x^{d-k(d-2)}\lg\lg\frac{1}{x}-m$测度；特别，当$k\geqslant d(d-2)^{-1}$时(即$d=3$，$k>2$，或$d>3$，$k>1$时)，此集是空集，重复一遍，上述结论皆$P_\mu$-a. s.，一切$\mu\in M$，成立.

今设始值$\mu$集中在$d$维球内，试看$x_t$如何扩散. 以$B(x, r)$记$x$为球心，$r$为半径之开球. 设$S(\mu)\subset B(0, r)$，则可证[15]：对$R>r$，有

$$P_\mu\{\exists t\geqslant 0, \text{使 } x_t\{[\overline{B}(0, R)]^c>0\}\}=1-\exp\left(-\frac{\langle\mu, g(\cdot/R)\rangle}{R^2}\right) \tag{8.7}$$

一表闭包，$c$表补运算，$g$为下方程之唯一正的只依赖于$|x|$之解：

$$\Delta g(x)=g^2(x), \quad x\in B(0, 1), \quad g(x)\to+\infty, \quad x\to\partial B(0, 1), \tag{8.8}$$

$\Delta$为Laplace算子，$\partial B$表$B$之边界. 特别，若$\mu=\delta_0$，则(8.7)右为$1-\exp\left(-\frac{g(0)}{R^2}\right)$;再若$d=1$，则$g(0)\approx 8.38$. 由(8.7)

$$P_\mu(\bigcup_{t\geqslant 0} S_t \text{ 有界})=1, \tag{8.9}$$

因之整个扩散范围不超出某(随机)球，故可定义

$$\mathscr{L}=\inf(r>0, \text{一切 } t\geqslant 0, x_t([\overline{B}(0, r)]^c)=0), \tag{8.10}$$

$$P_\mu(\mathscr{L}\leqslant r)=\exp\left(-\frac{\langle\mu, g(\cdot/r)\rangle}{r^2}\right), \tag{8.11}$$

$E_\mu\mathscr{L}<+\infty$；特别$E_{\delta_0}\mathscr{L}=\sqrt{g(0)\pi}$；$d=1$时$E_{\delta_0}\mathscr{L}\approx 5.2$.

另一有趣之结果为

$P_{\delta_0}(\exists t>0$，使$x_t(B(x, \varepsilon))>0)$分别等于

$$\frac{6}{x^2}\ (d=1); \quad \frac{4}{x^2}\ (d=2); \quad \frac{2}{x^2}\ (d=3);$$

$$\frac{2}{x^2}\lg|x|\ (d=4); \quad \frac{c\varepsilon^{d-4}}{|x|^{d-2}}\ (d\geqslant 5). \tag{8.12}$$

$c$ 为只依赖于 $d$ 之常数.

回忆 $S_t=S(x_t)$. 今考虑取闭集为值的随机过程 $S=\{S_t, t\geqslant 0\}$，我们想知道 $S_t$ 对 $t$ 是否也有某种连续性. 这样，就需在集所成之空间中引进拓扑.

设 $k_1$，$k_2$ 为 $\mathbf{R}$ 中两非空紧集，定义

$$\rho_1(k_1, k_2)=\min\left[\sup_{x\in k_1} r(x, k_2), 1\right],$$

$$\rho(k_1, k_2)=\max(\rho_1(k_1, k_2), \rho_1(k_2, k_1)), \tag{8.13}$$

$$\rho(k_1, \phi)=1,$$

其中 $r$ 表 $d$ 维欧氏距离. 以 $k(\mathbf{R})$ 表 $\mathbf{R}$ 中紧子集所成之空间，称 $\rho$ 为 $k(\mathbf{R})$ 中的 Hausdorff 距离. 可以证明[16]：$\{S_t, t>0\}$ 是取值于 $(k(\mathbf{R}), \rho)$ 中的右连续过程（由于 $S_0$ 可为 $\mathbf{R}$，故除去 $t=0$）. 这意味着 $S_t$ 的变化是缓和的.

形象地想，倾水于地，最初的湿影域为 $S_0$，$t=u$ 时湿影域为 $\overline{\bigcup_{t\leqslant u} S_t}$. 考虑 $S(r, u):=\overline{\bigcup_{r\leqslant t\leqslant u} S_t}$，它对 $u$ 不减. 研究 $S(r, u)$ $(u\geqslant r)$ 是一有趣问题，现有结果不甚彻底，其一较简明的结果是[16]

$$x^4 \lg \frac{1}{x}-m(S(r, +\infty))<+\infty, \text{一切 } r>0. \tag{8.14}$$

# §9. 击中概率、$k$-重点与极集

本节中仍考虑超布朗运动 $X$. 称 $R_1=\overline{\bigcup_{t>0}S_t}$为 $X$ 的值域. 我们有

$$d\leqslant 3:L_d(R_1)>0;\ d>3:L_d(R_1)=0. \qquad (9.1)$$

$R$ 之 $H$ 维数见下(9.5), $H$ 函数参照(8.14).

说 $X$ 击中 $A$, 如 $A\cap R_1\neq\varnothing$. 如 $d\leqslant 3$, 有

$$\begin{aligned}&P_\mu(X\text{ 击中单点集}\{x\})\\&=1-\exp\left[-2(4-d)\int_{\mathbf{R}}|y-x|^{-2}\mu(\mathrm{d}y)\right].\end{aligned} \qquad (9.2)$$

当且只当$\int_{\mathbf{R}}|y-x|^{-2}\mu(\mathrm{d}y)=+\infty$时此概率为 1. 但如 $d\geqslant 4$, $X$ 不击中点. 称集

$R_k=\bigcup_{I_1,I_2,\cdots,I_k}(\bigcap_{j=1}^{k}S(I_j)$, $I_1$, $I_2$, $\cdots$, $I_k$ 为$(0,+\infty)$中不交紧区间)为 $X$ 之$k$-重点集. 当 $d\geqslant 4$ 时有

$$\dim(A\cap R_k)\leqslant\dim A-k(d-4), \qquad (9.3)$$

其中负维数意味空集, 注意 $R_k$ 当 $k=1$ 时与上面定义的 $R_1$ 一致. 在(9.3)中取 $A=\mathbf{R}^d$, 得

$$\dim R_k\leqslant d-k(d-4), \qquad (9.4)$$

$$\dim R_1=\dim\overline{\bigcup_{t>0}S_t}\leqslant 4\quad(\text{与 } d\geqslant 4)\text{无关} \qquad (9.5)$$

(对照(8.4)). 关于 $R_k$ 的 $H$ 测度, 至今只有较弱的结果:

$$d=4:R_k\text{ 有}\sigma\text{-有穷的 } x^4\left(\lg\frac{1}{x}\right)^k-m;$$

$$d>4:R_k\text{ 有}\sigma\text{-有穷的 } x^{d-k(d-4)}\lg\lg\frac{1}{x}-m.$$

特别, 若 $k\geqslant d(d-4)^{-1}$, 则 $R_k=\varnothing$. 可见 $d=5$ 时无 5 及以上

重点，$d=8$时无2及以上重点，等等.

受[19]启发，猜想 $R_k$ 之正确 $H$ 函数可能为

$$\phi(x)=x^4\left(\lg\frac{1}{x}\lg\lg\lg\frac{1}{x}\right)^k,\ d=4; \tag{9.6}$$

$$=x^{d-k(d-4)}\left(\lg\lg\frac{1}{x}\right)^k,\ d>4. \tag{9.7}$$

称集 $A\in\mathscr{B}$ 为 $R_k$ 之极集，如 $A\cap R_k=\varnothing$；称 $A$ 为 $R_k$ 之半极集，如 $A\cap R^k$ 至多可列 a. s.. 若 $k=1$，则简称 $A$ 分别为极集或半极集[16].

$d=4$：若 $\left(\lg\frac{1}{x}\right)^{-k}-m(A)=0$，则 $A$ 为 $R_k$ 之极集；若 $A$ 有$\sigma$-有穷的 $\left(\lg\frac{1}{x}\right)^{-k}-m$，则 $A$ 为 $R_k$ 之半极集.

$d>4$：若 $x^{k(d-4)}-m(A)=0$，则 $A$ 为 $R_k$ 之极集；若 $A$ 有 $\sigma$-有穷的 $x^{k(d-4)}-m$，则 $A$ 为 $R_k$ 之半极集.

关于超过程的局部时可见[15][18]. 在[18]中甚至定义了 $R_k$ 上之局部时，它集中在 $R_k$ 上；$k=1$ 时即为通常的局部时.

# § 10. 非线性偏微分方程解的概率表示

考虑边值问题(Dirichlet 问题)：

$$-LV(x)=B(x, V(x))+\rho(x), \quad x\in D, \tag{10.1}$$

$$V(x)\to f(a), \quad x\to a\in \partial D, \quad x\in D \tag{10.2}$$

这里 $D$ 为 $\mathbf{R}$ 中有界域，边界为 $\partial D$；$\rho\geqslant 0$ 为有界函数；$f\geqslant 0$ 为 $\partial D$ 上连续函数. $\rho$ 在 $\overline{D}$ 中满足 Hölder 条件，即

$$|\rho(x)-\rho(y)|\leqslant c|x-y|^{\lambda}, \quad c>0, \ \lambda>0 \text{ 皆常数},$$

$B(x, \lambda)$见(2.2)，但 $a(x)\equiv 0$. $L$ 为 $\mathbf{R}$ 中一致椭圆算子，即

$$L=\sum_{i,j=1}^{d} a_{ij}\frac{\partial}{\partial x_i}\frac{\partial}{\partial x_j}+\sum_{i=1}^{d} b_i\frac{\partial}{\partial x_i}, \tag{10.3}$$

其中 $a_{ij}$，$b_i$ 皆有界，在 $R$ 中满足 Hölder 条件，且

$$\sum_{i,j=1}^{d} a_{ij}(x)u_i u_j\geqslant k\sum_{i=1}^{d} u_i^2, k>0 \text{ 常数},$$

$$\text{一切 } x\in\mathbf{R}, \text{一切 } u_1, u_2, \cdots, u_d.$$

在这些条件下，周知存在取值于 $\mathbf{R}$ 中的马氏过程 $\xi=(\xi_t, P_x)$，其无穷小算子为 $L$. 对应的$(\xi, B)$超过程 $X=\{x_t, t\geqslant 0\}$ 称为超扩散. 定义集$D\in\mathscr{B}$ 的首出时 $\tau=\inf(t>0, \xi_t\overline{\in} D)$. 称点 $a\in\partial D$ 为规则点，如$P_a(\tau=0)=1$. 以下设 $\partial D$ 之点皆规则. 在[20]中证明了：对应于 $D$ 之首出时 $\tau$，在$(R, \mathscr{B})$上存在两随机测度 $Y_\tau$，$X_\tau$，满足

$$P_\mu\exp\{-\langle Y_\tau, \rho\rangle-\langle X_\tau, f\rangle\}=\exp\{-\langle\mu, V\rangle\} \quad (\mu\in M), \tag{10.4}$$

其中 $V\equiv V(x)$满足积分方程

$$V(x)=P_x\int_0^{\tau} B(\xi_s, V(\xi_s))\mathrm{d}s+P_x\left[\int_0^{\tau}\rho(\xi_s)\mathrm{d}s+f(\xi_\tau)\right]. \tag{10.5}$$

则(10.1)(10.2)之唯一解可表示为

$$V(x)=-\lg P_{\delta_x}\exp\{-\langle Y_\tau, \rho\rangle-\langle X_\tau, f\rangle\}. \qquad (10.6)$$

特别，如 $B(x, \lambda)\equiv 0$，(10.1)化为 $LV(x)=-\rho(x)$，$x\in D$，我们得到熟知的

$$V(x) = p_x\left[\int_0^\tau \rho(\xi_s)\mathrm{d}s + f(\xi_\tau)\right].$$

$X_\tau$，$Y_\tau$ 之直观意义仍如§3，但应考虑粒子 $\alpha$ 的历史轨道 $w_t^\alpha$，它由自身及其所有前辈的轨道连接而成. 然后令

$$\tau_\alpha=\inf(t: w_t^\alpha \overline{\in} D), x_t{}^\beta(B) = \beta\sum_\alpha I_B(w_t^\alpha),$$

$$X_\tau^\beta(B) = \beta\sum_\alpha I_B(w_{\tau_a}^\alpha), Y_\tau^\beta(B) = \beta\sum_\alpha\int_0^{\tau_\alpha} I_B(w_s^\alpha)\mathrm{d}s,$$

在§3 收敛下，$\beta\to 0$ 时，$x_t^\beta$，$X_\tau^\beta$，$Y_\tau^\beta$ 分别弱收敛于 $x_t$，$X_\tau$，$Y_\tau$.

取有界 Borel 可测函数 $\gamma$，而且 $\inf\limits_x \gamma(x)>0$. 下设

$$B(x, \lambda)=-\gamma(x)\lambda^\alpha, \quad 1<\alpha\leqslant 2. \qquad (10.7)$$

则可证超扩散 $X$ 之全值域 $R_0=\overline{\bigcup\limits_{t\geqslant 0} S_t}$ 有界，$P_{\delta_x}$ —a. s.，一切 $x\in \mathbf{R}^b$，而且对任开集 $D$，$V(x)=-\lg P_{\delta_x}(R_0\subset D)$ 是 (10.8)

$LV(x)=\gamma(x)V(x)^\alpha$，$x\in D$ 的极大正解.

# § 11. 弱极集与可去奇点

称 $B\in\mathscr{B}$ 为 $X$ 的弱极集，如 $B^c\neq\varnothing$，且

$$P_{\delta_x}(R_0\cap B\neq\varnothing)=0,\ 一切\ x\overline{\in}B. \tag{11.1}$$

设 $X$ 为对应于(10.7)之超扩散．可以证明[20]：闭集 $G$ 为弱极集的充分必要条件是下两条件之一：

(i) 若 $V$ 在 $D=G^c$ 中满足(10.8)，则 $V=0$；

(ii) (10.8)在 $D$ 中之极大解有界．

**例**　在 $\mathbf{R}^d\setminus\{0\}$ 中考虑 $\frac{1}{2}\Delta V=V^\alpha$．$d<\frac{2\alpha}{\alpha-1}$ 时，$V(x)=\frac{c}{|x|^{\frac{2}{\alpha-1}}}$ 是一正解，$c>0$ 为常数．$|x|\to 0$ 时 $V(x)\to+\infty$，故单点集非弱极集．$d\geqslant\frac{2\alpha}{\alpha-1}$ 时，则可证[21]此方程之每一正解在 0 附近有界，故单点集为弱极集．此结果对某些超扩散也成立．

本节下设(10.8)中 $\gamma(x)=1$．弱极集与方程之可去奇点间有密切关系．设 $k$ 为紧集，则 $k$ 为弱极集之充分必要条件是：$k$ 是方程

$$Lu=u^\alpha \tag{11.2}$$

之可去奇点集．详言之：设 $k$ 为紧的弱极集，$k\subset D$(开)，则(11.2)在 $D\setminus k$ 中每一正解可延拓到 $D$ 上使之成为一次连续可微且满足 Hölder 条件，因而此解在 $k$ 附近有界；反之，若(11.2)在 $D\setminus k$ 中之最大解在 $k$ 附近有界，则 $k$ 为弱极集．

还可用 $H$ 维数来形容弱极集．固定 $A\in\mathscr{B}$．

$d>\frac{2\alpha}{\alpha-1}$：若 $\dim A<d-\frac{2\alpha}{\alpha-1}$，则 $A$ 为弱极集；

若 $\dim A > d - \frac{2\alpha}{\alpha-1}$，则 $A$ 非弱极集.

$d < \frac{2\alpha}{\alpha-1}$：唯一之弱极集是空集.

$d = \frac{2\alpha}{\alpha-1}$：若 $L\text{-}\dim A < \frac{1}{\alpha-1}$，$A$ 为弱极集；

若 $L\text{-}\dim A > \frac{1}{\alpha-1}$，$A$ 非弱极集.

这里 $L\text{-}\dim(A)$ 表 $A$ 的 Carlson 对数维数，它由 $\left(\lg \frac{1}{x}\right)^{-\beta}$ $(\beta>0)$ 产生，正如 $H$ 维数由 $x^{\beta}$ $(\beta>0)$ 产生一样.

# §12. 极限定理

本节设 $X$ 为超布朗运动. 若始值 $x_0\equiv\mu\in M$, 则过程必灭绝. 但如 $\mu$ 为无限测度, 就会出现有趣现象, 故讨论极限定理时应允许超过程取无限测度为值. 一种选择是, 考虑如下测度空间

$$M_p\equiv M_p(\mathbf{R}^d)=\{\mu: \mu\text{ 为 }\mathscr{B}^d\text{ 上 Radon 测度, 而且}$$

$$\frac{\mathrm{d}\mu}{1+|x|^p}\text{为有限测试, }p>d\}. \tag{12.1}$$

S. Watanabe 在[5]中证明了取值于 $M$ 中超布朗运动存在, 其轨道在弱收敛下连续; I. Iscoe[23]则证明了取值于 $M_p(p>d)$中超布朗运动存在, 其轨道在淡收敛下右连左极. 显见 $d$ 维 Lebesgue 测度 $L_d\in M_p$. 本节设$x_0=L_d$. $x_t(t>0)$对 $L_d$ 之绝对连续性已见§7.

今考虑 $t\to+\infty$之情形[31], 并简记 $L_d$ 为 $L$.

$d\leqslant 2$: 对每有界开集 $G$, 依 $P_L$ 测度 $\lim\limits_{t\to+\infty} x_t(G)=0$.

$d>2$: $x_t$ 弱收敛到唯一非平凡的平稳分布.

现在来研究另一测度值过程 $Y=\{y_t, t\geqslant 0\}$:

$$y_t(B)=\int_0^t x_s(B)\mathrm{d}s, B\in\mathscr{B}^d, \tag{12.2}$$

$$\langle y_t,\varphi\rangle=\int_0^t\langle x_s,\varphi\rangle\mathrm{d}s. \tag{12.3}$$

关于后者的 Laplace 变换有下列结果[23][15]:

设 $\varphi$ 为 $\mathbf{R}^d$ 上非负连续函数, 有紧支集, 则

$$E_\mu\exp\left\{-\int_0^t\langle x_s,\varphi\rangle\mathrm{d}s\right\}=\exp\{-\langle\mu,u(t)\rangle\},\mu\in M_p, \tag{12.4}$$

其中 $u(t)=u(t,x)$ 是下方程之解：

$$\frac{\partial u}{\partial s}=\Delta u(s)-u^2(s)+\varphi,\ 0\leqslant s\leqslant t,\ u(0)=0. \qquad (12.5)$$

关于极限行为，有[23][15]：

$$d=1: P_L\left(\lim_{t\to+\infty}\frac{\langle y_t,\varphi\rangle}{t}=0\right)=1; P_L\left(\int_0^{+\infty}x_t(c)\mathrm{d}t<+\infty\right)=1, c-\text{紧}.$$

$d=2$：$\dfrac{y_t}{t}$ 弱收敛到 $\xi\cdot L(t\to+\infty)$，$\xi>0$ 为无穷可分随机变量.

$$P_L\left(\int_0^{+\infty}x_s(0)\mathrm{d}s=+\infty\right)=1,\quad 0\text{- 非空开}.$$

$$d\geqslant 3：P_L\left(\lim_{t\to+\infty}\frac{y_t}{t}=L\right)=1，\text{Vague 收敛意义下}.$$

最后讨论另一类极限定理(类似于中心极限定理). 固定 $\mathbf{R}^d$ 上速降连续函数 $\phi\geqslant 0$，使

$$A(x)\equiv\int_{\mathbf{R}^d}\frac{\phi(y)}{|x-y|^{d-2}}\mathrm{d}y<+\infty.$$

定义实数值过程 $Z=\{z_t,\ t\geqslant 0\}$：

$$z_t=\frac{1}{\sqrt{t}}\left(\int_0^t\langle x_s,\phi\rangle\mathrm{d}s-E_L\int_0^t\langle x_s,\phi\rangle\mathrm{d}s\right).$$

**定理 A** 若 $d>4$，则当 $t\to+\infty$ 时，$z_t$ 依分布收敛到随机变量 $Z_{+\infty}$，其 Laplace 变换为

$$E_L\mathrm{e}^{-\theta z_{+\infty}}=\exp\left[\theta^2c^2\int_{\mathbf{R}^d}A^2(x)\mathrm{d}x\right],\quad \theta>0,$$

$$c=\frac{\Gamma\left(\dfrac{d-2}{2}\right)}{4\pi^{\frac{d}{2}}}.$$

今如视 $\phi\in S(R)$ 为参变函数，其中

$S(R)=\{f$：$\mathbf{R}^d$ 上无穷次可微，且 $f^{(n)}$ 速降，$n\in\mathbf{N}^*\}$.

**定理 B** 如 $d>4$，当 $t\to+\infty$ 时

$$\langle z_t, \phi\rangle = \frac{1}{\sqrt{t}}\left(\int_0^t \langle x_s, \phi\rangle \mathrm{d}s - E_L\int_0^t \langle x_s, \phi\rangle \mathrm{d}s\right), \phi \in S(R)$$

收敛于 Gauss 场 $z_{+\infty}$，其相关泛函为

$$E[\langle z_{+\infty}, \phi\rangle \cdot \langle z_{+\infty}, \Psi\rangle] = c\int_{\mathbf{R}^d}\int_{\mathbf{R}^d} \frac{\phi(x)\Psi(y)}{|x-y|^{d-4}}\mathrm{d}x\mathrm{d}y, c \text{ 为常数.}$$

除积分型泛函(12.2)外，超过程的一般泛函之研究见[28].

## 结束语

超布朗运动是最好的老师，由于它很特殊，人们得到的结果最多最深入；而且它还提供思想和方法，以便研究那些结果可推广到一般超过程.

超过程与位势论间之关系，部分结果已述于§9，§10，这方面的研究还才开始[20][22].

更一般的模型，如有迁入情形(即不仅原有的粒子作随机繁殖，而且有新的粒子随机迁入)、多种粒子情形，都很值得研究[29][30].

由本文(2.3)(2.4)所确定的测度值马氏过程通常称为 Dawson Watanabe 型的. 另外还有两类测度值过程为 Ornstein-Uhlenbeck 型及 Fleming-Viot 型，本文并未涉及，见[32].

## 参考文献

[1] Feller W. Diffusion Processes in Genetics. Proc. 2nd Berkeley Symp. on Math. Stat. and Probability，1951：227-246.

[2] Jiřina M. Stochastic branching processes with continuous state space. Czech. Jour. Math.，1958，8：292-313.

[3] Lamperti J. The limit of a sequence of branching processes. Z. Wahrsch.，1967，7：271-288.

[4] Lamperti J，Ney P. Conditioned branching processes and their limiting diffusions. Теория Вероят. и её Примен.，1968，13(1)：126-137.

[5] Watanabe S. A limit theorem of branching processes and continuous state branching processes. J. Math. Kyoto Univ.，1968，8(1)：141-167.

[6] Kawazu K，Watanabe S. Branching processes with immigration and related limit theorems. Теория Вероят. и её Прчмен.，1971，14：34-51.

[7] 李占柄. Dynkin E. B. 问题的推广. 北京师范大学学报(自然科学版)，1989，(4)：11-12.

[8] Li Zenghu. On the branching mechanism of superprocesses. 数学进展，1990，19(1)：117-118.

[9] 王梓坤. 超过程的幂级数展开. 数学物理学报，1990，10(4)：361-364.

[10] Dynkin E B. Branching particle systems and superprocesses. Ann. Probab.，1991，3：1 157-1 194.

[11] Dynkin E B. Path processes and historical superprocesses. Probab. Theory and Rel. Fields，1991，90：1-36.

[12] Fitzsimmons P J. Construction and regularity of measure-valued Markov branching processes. Israel J. Math.，1988，64：337-361.

[13] Dynkin E B. Regular transition functions and regular superprocesses. Transactions of the Amer. Math. Soc.，1989，316(2)：623-635.

[14] Karoui N El. Roelly-Coppoletta S. Study of a Gener-

al Class of Measure-valued Branching Processes. A Lévy-Hinčin Representation, 1991.

[15] Iscoe I. On the supports of measure-valued critical branching Brownian motion. Ann. Probab., 1988, 16(1): 200-221.

[16] Dawson D A, Iscoe I, Perkins E A. Super-Brownian motion: Path properties and Hitting probability. Probab. Theory and Rel. Fields, 1989, 83: 135-205.

[17] Iscoe I. Ergodic theory and a local occupation time for measure-valued critical branching Brownian motion. Stochastics, 1986, 18: 197-243.

[18] Dynkin E B. Representation for functionals of superprocesses by multiple stochastic integral, with applications to self-intersection local times. Astérisque, 1988, 157-158: 147-171.

[19] Le Gall J F. Exact Hausdorff measure of Brownian multiple points. In Cinlar E, Chung K L, Getoor R K eds. Seminar on Stochastic Processes. 1987.

[20] Dynkin E B. A probabilistic approach to one class of nonlinear differential equations. Probab. Theory and Rel. Fields, 1991, 89: 89-115.

[21] Brezio H, Veron L. Removable singularities of some nonlinear equations. Arch. Rational Mech. Anal., 1980, 75: 1-6.

[22] Dynkin E B. Superdiffusions and parabolic nonlinear differential equations. Ann. Probab., 1992, 20(2): 942-962.

[23] Iscoe I. A weighted occupation time for a class of measure-valued branching processes. Probab. Theory and Rel. Fields，1986，71(1)：85-116.

[24] Roelly-Coppoletta S. A criterion of convergence of measure-valued processes：Application to measure branching processes. Stochastics，1986，17：43-65.

[25] Dawson D，Hochberg K. The carrying dimension of a stochastic measure diffusion. Ann. Probab.，1979，7：693-703.

[26] Dawson D. The critical measure diffusion process. Z. Wahrsch.，1977，40：125-145.

[27] Dynkin E B. Superprocesses and their linear additive functionals. Trans. Amer. Math.，Soc.，1989，314：255-282.

[28] Dynkin E B. Additive functionals of superdiffusion processes. Birkhäuser Boston，1990，28：269-281.

[29] Gorostiza L G. Limit theorems for supercritical branching random fields with immigration. Adv. in Applied Mathematics，1988，9：56-86.

[30] Gorostiza L G，Lopez-Mimbela J A. The multitype measure branching process. Adv. Appl. Prob.，1990，22：49-67.

[31] Sugitani S. Some properties for the measure-valued branching diffusion processes. J. Math. Soc. Japan，1989，41(3)：437-461.

[32] Dynkin E B. Three classes of infinite dimensional diffusions. Journal of Functional Analysis，1989，86(1)：75-110.

# Some New Developments of Superprocesses

**Abstract** This survey gives a report of some new developments of Superprocesses (a class of measure-valued branching Markov processes). It mainly contains: existence, basic properties, moment problem, transformation, Hitting probabilities and $K$-multiple points, supersymmetric stable processes, super-Brownion motion; probabilistic representations for solutions of some nonlinear partial differential equations, polar sets and removable singularities, limit theorems, etc.

Chinese Science Bulletin, 1992, 37(21)

# Markov Property for Two-Parameter Normal Process[①]

**Keywords** projection; three-point transition probability; two-Markov.

Let $t(t_1, t_2)$ be a point on the plane, $\mathscr{B}$ denote the Borel $\sigma$-algebra in $\mathbf{R}_+^2=\{t: t_1\geqslant 0, t_2\geqslant 0\}$, $\xi=\{\xi_t(\omega), t\in\mathbf{R}_+^2\}$, real valued stochastic process on some probability space$(\Omega, \mathscr{F}, P)$. We say $t(t_1, t_2)\geqslant s(s_1, s_2)$ if $t_i\geqslant s_i$, $i=1, 2$. $R_t=(s: s_1\leqslant t_1$ or $s_2\leqslant t_2)$, $\mathscr{F}_t=\sigma\{\xi_s, s\in\mathbf{R}_t\}$, i. e. $\sigma$ -algebra is generated by the variables in the bracket. We say that $\xi$ is two-parameter Markov process ( two-Markov ), if for any bounded $\mathscr{B}$ -measurable function $f$, any $u=(u_1, u_2)\geqslant t=(t_1, t_2)\in\mathbf{R}_+^2$,

$$E(f(\xi_u)\mid\mathscr{F}_t)=E(f(\xi_u)\mid\xi_{t_1,u_2};\ \xi_t;\ \xi_{u_1,t_2})\quad \text{P-a. s.}. \tag{1}$$

We always assume that $\xi$ is a normal process and $E\xi_t=0$.

---

① Project supported by the National Natural Science Foundation of China.
Received: 1990-07-16; Revised: 1992-04-07.

In this note, the necessary and sufficient conditions for $\xi$ to be two-Markov are given; the transition probabilities of $\xi$ for ladder domains are found; the three-point transition probability is its special case; by the way the prediction problems for ladder domains are solved. Two-parameter Ornstein-Uhlenbeck process is normal and two-Markov. Theorem 2 generalizes Theorems 1 and 3 in [1], but the methods are different.

Take $u > t \in \mathbf{R}_+^2$, $s \in \mathbf{R}_t$. We denote the points $z_0 = (t_1, u_2)$, $z_1 = t$ and $z_2 = (u_1, t_2)$ by 0, 1, 2 respectively (Fig. 1). Let $\xi_i = \xi_{z_i}$; $c(i, j) = E\xi_i\xi_j$, $i, j = 0, 1, 2, u, s, \cdots$.

$$\Delta = \begin{vmatrix} c(0,0) & c(1,0) & c(2,0) \\ c(0,1) & c(1,1) & c(2,1) \\ c(0,2) & c(1,2) & c(2,2) \end{vmatrix}.$$

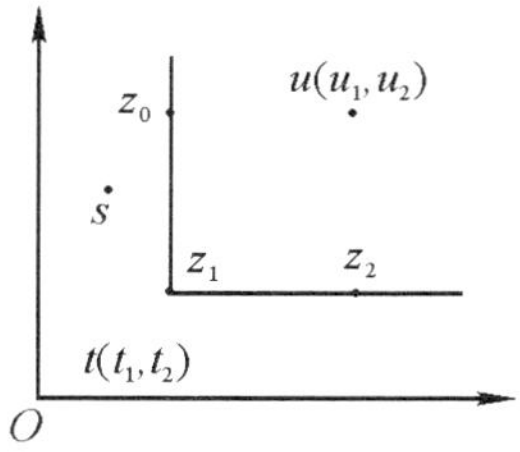

Fig. 1

Substituting the $j$th column in $\Delta$ by $(c(u, 0), c(u, 1), c(u, 2))^{\mathrm{T}}$, we get determinate $\Delta_j$.

Hypothesis H: for all $u > t \in \mathbf{R}_+^2$, $\Delta \neq 0$.

**Theorem 1** If $\xi$ is a two-parameter normal process satisfying H and $E\xi_t = 0$, then $\xi$ is two Markov iff for all $u > t \in \mathbf{R}_+^2$, $s \in \mathbf{R}_t$, we have

$$c(s,u) = \sum_{j=0}^{2} c(s,j) \frac{\Delta_j}{\Delta}, \tag{2}$$

where $c(s, u) = E\xi_s\xi_u$, $c(s, j) = E\xi_s\xi_j$.

**Proof** Let $L(\cdots)$ be the linear closure generated by the variables in the bracket in mean square convergence and $\sum =$

$\sum_0^2$. The projection $\widetilde{E}(\xi_u \mid \xi_0, \xi_1, \xi_2)$ of $\xi_u$ on $L(\xi_0, \xi_1, \xi_2)$ is denoted by $\sum \alpha_i \xi_i$. Then

$$(\xi_u - \sum \alpha_i \xi_i) \perp \xi_j, \qquad \text{i. e. } E(\xi_u - \sum \alpha_i \xi_i)\xi_j = 0.$$

By expanding, $c(u,j) = \sum c(i,j)\alpha_i$, and therefore

$$\alpha_i = \frac{\Delta_i}{\Delta}, \quad i=0,\ 1,\ 2.$$

If $\xi$ is normal and two-Markov, then

$$\begin{aligned}\widetilde{E}(\xi_u \mid \xi_0, \xi_1, \xi_2, \xi_s) &= E(\xi_u \mid \xi_0, \xi_1, \xi_2, \xi_s)\\ &= E(\xi_u \mid \xi_0, \xi_1, \xi_2)\\ &= \widetilde{E}(\xi_u \mid \xi_0, \xi_1, \xi_2) = \sum \alpha_i \xi_i, \end{aligned} \tag{3}$$

so that $\left(\xi_u - \sum \alpha_i \xi_i\right) \perp \xi_s$. We get (2). Inversely, from (2),

$$\left(\xi_u - \sum \alpha_i \xi_i\right) \perp \xi_s, \qquad \text{for all } s \in \mathbf{R}_t.$$

Let $s=s_1, s_2, \cdots, s_n \in \mathbf{R}_t$, and $s=0, 1, 2$. We have

$$\widetilde{E}(\xi_u \mid \xi_0, \xi_1, \xi_2) = \sum \alpha_i \xi_i = \widetilde{E}(\xi_u \mid \xi(0 \sim s_n)),$$

where $\xi(0 \sim s_n)$ represents $(\xi_0, \xi_1, \xi_2, \xi_{s_1}, \xi_{s_2}, \cdots, \xi_{s_n})$. By normality,

$$E(\xi_u \mid \xi_0, \xi_1, \xi_2) = E(\xi_u \mid \xi(0 \sim s_n)). \tag{4}$$

But for normal process this is equivalent to the Markov property. In fact, let

$$\eta = \xi_u - E(\xi_u \mid \xi(0 \sim s_n)),$$
$$\eta \perp L(\xi(0 \sim s_n));$$
$$\zeta = E(\xi_u \mid \xi_0, \xi_1, \xi_2).$$

By(4), $\xi_u = \eta + \zeta$. By normality, $\eta$ is independent of $\sigma\{\xi(0 \sim s_n)\}$. Since $\zeta$ is $\sigma\{\xi_0, \xi_1, \xi_2\}$ measurable,

$$E(e^{it\xi_u} \mid \xi(0 \sim s_n)) = e^{it\zeta} E(e^{it\eta}) = E(e^{it\xi_u} \mid \xi_0, \xi_1, \xi_2).$$

The last equality can be proved similarly. Then (1) is deduced from this equality.

**Remark** (2) can be rewritten as

$$\begin{vmatrix} c(u, s) & c(0, s) & c(1, s) & c(2, s) \\ c(u, 0) & c(0, 0) & c(1, 0) & c(2, 0) \\ c(u, 1) & c(0, 1) & c(1, 1) & c(2, 1) \\ c(u, 2) & c(0, 2) & c(1, 2) & c(2, 2) \end{vmatrix} = 0.$$

We say that a monotonic decreasing curve in $\mathbf{R}_+^2$ is simple, if it is a finite or denumerable collection of straight segments, any one of which is parallel to one of the axes, and in any $R_t$ it has only finitely many corners, the points of intersection of two segments. A domain is called ladder-shaped if its boundary consists of axes and a simple curve. Let $\mathscr{K}$ be a ladder-shaped domain and a point $u \notin \mathscr{K}$. From $u$ we draw segments which are parallel to one of axes and intersect the boundary of $\mathscr{K}$ at points $z_0$ and $z_{n+1}$. The corners between them are denoted by $z_1$, $z_2$, $\cdots$, $z_n$ successively (Fig. 2). Let

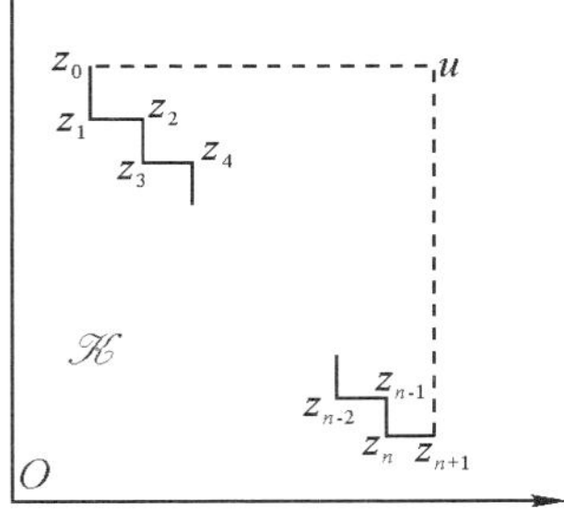

Fig. 2

$L^2(\mathscr{K}) = (h(\omega)$: $h$ is $\sigma\{\xi_s, s \in \mathscr{K}\}$ measurable; $E \mid h \mid^2 < +\infty)$.

We are going to find $l(u, \mathscr{K}) \in L^2(\mathscr{K})$ such that

$$E \mid \xi_u - l(u, \mathscr{K}) \mid^2 = \inf_{h \in L^2(\mathscr{K})} E \mid \xi_u - h \mid^2.$$

We call $l(u, \mathscr{K})$ the predicting value of $\xi_u$ with respect to $\{\xi_s, s \in \mathscr{K}\}$; the predicting error is

$$\varepsilon(l, \mathscr{K}) = E \mid \xi_u - l(u, \mathscr{K}) \mid^2.$$

For the normal process, $l(u, \mathscr{K})$ coincides with the linear predictor.

We denote $z_i$ by $i$ and $\xi_i=\xi_{z_i}$, $i=0, 1, 2, \cdots, n+1$; $x_i$ is a real number.

**Theorem 2** Suppose that $\xi=\{\xi_t, t\in\mathbf{R}_+^2\}$ is a two-parameter normal Markov process, $E\xi_t\equiv 0$.

(i) If $\xi_i=x_i$, $i=0, 1, 2, \cdots, n+1$, the conditional distribution of $\xi_u$ is $N(m, \sigma)$-normal with

$$m=\sum_{i=0}^{n+1}\alpha_i x_i, \qquad \sigma^2=c(u,u)-\sum_{i=0}^{n+1}\alpha_i c(u,i), \tag{5}$$

where $\{\alpha_i\}$ satisfy equations

$$c(u,j)=\sum_{i=0}^{n+1}\alpha_i c(i,j), \qquad j=0, 1, 2, \cdots, n+1. \tag{6}$$

(ii) $$\ell(u,\mathscr{K})=\sum_{i=0}^{n+1}\alpha_i\xi_i; \varepsilon(\ell,\mathscr{K})=\sigma^2. \tag{7}$$

**Proof** Let $(\xi_0, \xi_1, \cdots, \xi_n)$ be $\xi(0\sim n)$. We have

$$\begin{aligned}E(\xi_u \mid \xi(0\sim n+1)) &= \widetilde{E}(\xi_u \mid \xi(0\sim n+1))\\ &=\sum_{i=0}^{n+1}\alpha_i\xi_i \quad (\text{say}).\end{aligned} \tag{8}$$

Put $\eta=\xi_u-\sum_{i=0}^{n+1}\alpha_i\xi_i$. Since $\eta\perp\xi_j$, it follows that $E\eta\xi_j=0$, $j=0, 1, 2, \cdots, n+1$, which is (6). Hence

$$E(\xi_u \mid \xi(0\sim n+1))\mid_{\xi_i=x_i}=\sum_{i=0}^{n+1}\alpha_i x_i,$$

which proves the first equality in (5). Since

$$\ell(u, \mathscr{K})=\widetilde{E}(\xi_u \mid \xi(0\sim n+1)),$$

the first equality of (7) follows from (8). Because $\eta$ is perpendicular and independent of $\xi(0\sim n+1)$, we have

$$\sigma^2=E(\eta^2 \mid \xi(0\sim n+1))=E\eta^2=E\xi_u(\xi_u-\sum_{i=0}^{n+1}\alpha_i\xi_i),$$

which is the last formula of (5). Moreover,

$$\varepsilon(\ell, \mathcal{K}) = E\eta^2 = \sigma^2.$$

Three-point transition probability is the special case of conditional distribution in (i) when $n=1$ (Fig. 1).

**Corollary** Under the conditions of Theorem 2, if H is satisfied, then the three-point transition probability is

$$P(\xi_u \leqslant a \mid \xi_0, \xi_1, \xi_2) \mid_{\xi_i = x_i} = \frac{1}{\sigma\sqrt{2\pi}} \int_{-\infty}^{a} \mathrm{e}^{-\frac{(x-m)^2}{2\sigma^2}} \mathrm{d}x,$$

where

$$m = \sum_{i=0}^{2} \frac{\Delta_i}{\Delta} x_i, \sigma^2 = c(u,u) - \sum_{i=0}^{2} \frac{\Delta_1}{\Delta} c(u,i).$$

**Example 1** Let $\xi$ be Brownian sheet[2, p. 157], $t=(t_1, t_2)$, $u=(t_1+h_1, t_2+h_2)$, $h_1>0$, $h_2>0$. Then $E\xi_0\xi_j = t_1 t_2$, $j=0$, 1, 2, $u$; etc.. Moreover, $E\xi_s\xi_u = s_1(t_2+h_2)$, if $s_2>t_2+h_2$; $E\xi_s\xi_u = s_1 s_2$; if $s_2 \leqslant t_2+h_2$. $\Delta = -\Delta_1 = \Delta_2 = \Delta_3$. It is easy to verify(2), and hence $\xi$ is two-Markov. Moreover, $m = x_1 + x_2 - x_0$, $\sigma^2 = h_1 h_2$.

**Example 2** Let $\{\eta_{t_2}, t_2 \geqslant 0\}$ be one-parameter normal process. Define $\xi_{t_1 t_2} = \eta_{t_2}$. $\xi$ is normal and two-Markov[3]. Since $c(i, 1) = c(i, 2)$, $i=1, 2$, $\Delta=0$, H does not hold. But the determinate of order 4 in Remark is 0.

## References

[1] Wang Zikun. Chinese Science Bulletin, 1988, 33(1): 5-9.

[2] Rozanov Yu A. Markov Random Fields. Springer-Verlag, 1982: 157-162.

[3] Huang Changquan. Chinese Science Bulletin, 1988, 33(14): 1 050.

北京师范大学学报(自然科学版)，1992，28(4)

# 物理学中的随机过程[①]

**摘要** 综述了布朗运动、多指标 Ornstein-Uhlenbeck 过程、超过程 3 种随机过程的若干结果，这些结果是作者近年来所获得的.

**关键词** 末离时；宽过去马尔可夫性；测度值随机过程.

## §1. 布朗运动

关于布朗运动的研究已有很长的历史，其中包括 Einstein，Wiener，Levy 等大家的工作，但至今有关论文、新结果和新方法仍层出不穷；布朗运动已成为概率论的思想泉源.

设$(\Omega, \mathscr{F}, P)$为概率空间，$\mathbf{R}^d$ 为 $d$ 维欧氏空间，$\mathscr{B}^d$ 为 $\mathbf{R}^d$ 中子集 Borel $\sigma$-代数. 定义在$(\Omega, \mathscr{F}, P)$上、取值于 $\mathbf{R}^d$ 中的随机过程 $B=\{B_t(\omega), t\geqslant 0\}(\omega\in\Omega)$称为 $d$ 维布朗运动，如果

(i) 对任意有限多个数 $0\leqslant t_1<t_2<\cdots<t_m$，$B_{t_1}$，$B_{t_2}-$

---

① 国家自然科学基金资助项目.
收稿日期：1992-06-15.

$B_{t_1}$，…，$B_{t_m}-B_{t_{m-1}}$ 相互独立；

(ii) 对任意 $s\geqslant 0$，$t>0$，$B_{s+t}-B_s$ 有 $d$ 维正态分布，密度为

$$p(t,x)=\frac{1}{(2\pi t)^{\frac{a}{2}}}\exp\left(-\frac{|x|^2}{2t}\right),\ x\in\mathbf{R}^d;$$

(iii) 对每固定的 $\omega\in\Omega$，$t\to B_t(\omega)$连续.

布朗运动的轨道性质与空间维数 $d$ 有关，容易想象，$d$ 越大，作布朗运动的粒子越易发散. 周知，$d\leqslant 2$ 时，$B$ 为常返；$d=1$ 时为点常返，即自任一点 $a\in\mathbf{R}^d$ 出发，回到 $a$ 无穷多次的概率为 1；$d=2$ 时为领域常返，即自 $a\in\mathbf{R}^d$ 出发，以概率 1 回到 $a$ 的任一邻域内(但不到 $a$)无穷多次. 这 2 种常返不同，后者弱于前者. $d\geqslant 3$ 时，$B$ 为暂留(停留在有界域内是暂时的)，即有 $P(\lim\limits_{t\to+\infty}|B_t|=+\infty)=1$. 对比于常返情况，自然会想到，暂留的程度应随 $d$ 而变；$d$ 越大，停留在有界域内的时间应越短，或趋于$+\infty$的速度应越快. 如何定量地描述这种程度？下面便来研究此问题.

对 $A\in\mathscr{B}^d$，分别定义 $A$ 的首中时 $h_A$ 与末离时 $l_A$ 为

$h_A(\omega)=\inf(t>0,\ B_t\in A)$，如右方 $t$ 集非空；反之，$h_A(\omega)=+\infty$.

$l_A(\omega)=\sup(t>0,\ B_t\in A)$，如右方 $t$ 集非空；反之，$l_A(\omega)=0$.

称 $B(h_A)(=B_{h_A})$及 $B(l_A)$为 $A$ 的首中点与末离点，它们的分布分别记为

$$H_A(x,\mathrm{d}y)=P_x(B(h_A)\in\mathrm{d}y),$$

$$L_A(x,\mathrm{d}y)=P_x(B(l_A)\in\mathrm{d}y,\ l_A>0),$$

其中 $P_x$ 表示当 $B_0=x$ 时布朗运动的条件概率.

求出这些随机变量的分布是重要的问题，对一般的 $A$，难

以找到，但当 $A=S_r=(x:\ |x|=r)$ 时，前人已求出球面 $S_r$ 的首中点的分布为

$$P_x(B(h_r)\in D)=\int_D \frac{r^{d-2}\ ||x|^2-r^2|}{|y-x|^d}U_r(\mathrm{d}y) \quad (1.1)$$

$(|x|<r,\ D\subset S_r,\ h_r=h_{s_r})$，其中 $U_r(\mathrm{d}y)$ 为球面 $S_r$ 上的均匀分布．特别

$$P_0(B(h_r)\in D)=U_r(D), \quad (1.2)$$

即若布朗运动自 $O$ 点出发，则 $S_r$ 的首中点在 $S_r$ 上有均匀分布．

至于首中时 $h_r$ 的分布则较复杂，文献[1]中已求得

$$P_0(h_r>a)=\sum_{i=1}^{+\infty}\xi_{di}\exp\left(-\frac{q_{di}^2}{2r^2}a\right)\quad (a\geqslant 0), \quad (1.3)$$

其中 $q_{di}$ 是 Bessel 函数 $J_v(z)$，$v=\dfrac{d}{2}-1$ 的正零点，

$$\xi_{di}=\frac{q_{di}^{v-1}}{2^{v-1}}\Gamma(v+1)J_{v+1}(q_{di}).$$

以下恒设　$d\geqslant 3$.

我们来求末离时与末离点的分布，初想似乎问题会更复杂，但下面看到并非常如此．记

$$g(x,y)=\int_0^{+\infty}p(t,x-y)\mathrm{d}t=\frac{\Gamma(\frac{d}{2}-1)}{2\pi^{\frac{d}{2}}}\cdot\frac{1}{|x-y|^{d-2}}.$$

**定理 1**　设 $A$ 为相对紧集，在弱收敛下有

$$L_A(x,\ \mathrm{d}y)=g(x,\ y)\lim_{|z|\to+\infty}\frac{H_A(z,\ \mathrm{d}y)}{g(z,\ y)}, \quad (1.4)$$

因而末离点分布可通过首中点分布而求出．

**定理 2**　对任何 $x\in\mathbf{R}^d$，$D\subset S_r$，$D\in\mathscr{B}^d$，

$$P_x(B(l_r)\in D,l_r>0)=\int_D\frac{r^{d-2}}{|x-y|^{d-2}}U_r(\mathrm{d}y). \quad (1.5)$$

特别，$P_0(B(l_r)\in D,\ l_r>0)=U_r(D)$.

这说明球面的首中点与末离点当 $B_0=0$ 时有相同的均匀分布. 初看也许奇怪，但可如下直观理解. 自内球心 $O$ 出发之布朗运动对 $S_r$ 之末离点，可看成为自外球心 $+\infty$ 出发对 $S_r$ 之首中点，而后者可设想有均匀分布.

关于联合分布，则有

**定理 3** 对 $D\subset S_r$，$D\in\mathscr{B}^d$，$t>0$，

$$P_x(B(l_r)\in D,\ l_r>t)$$
$$=\frac{r^{d-2}}{(2\pi t)^{\frac{d}{2}}\mid S_r\mid}\int_{\mathbf{R}^d}\mathrm{e}^{-\frac{|y-x|^2}{2t}}\int_D\frac{L_{d-1}(\mathrm{d}z)}{\mid y-z\mid^{d-2}}\mathrm{d}y, \tag{1.6}$$

其中 $\mid S_r\mid$ 为 $S_r$ 的面积，$L_{d\text{-}1}$ 表 $d$-1 维 Lebesgue 测度.

由此可推出

**定理 4** 当 $B_0=0$ 时，末离时 $l_r$ 有分布密度

$$f_r(s)=\frac{r^{d-2}}{2^{\frac{d}{2}-1}\Gamma(\frac{d}{2}-1)}s^{-\frac{d}{2}}\mathrm{e}^{-\frac{r^2}{2s}}\quad(s>0,\ d\geqslant 3). \tag{1.7}$$

此分布在概率论中似是首次出现，以前未见过. 很巧，$f_1(s)$正好是 $\eta^{-1}$的分布，$\eta$ 是具有自由度为 $d$-2 的 $\chi^2$ 分布的随机变量.

**注** 当且仅当 $m<\frac{d}{2}-1$ 时，$m$ 阶矩 $E_0(l_r^m)<+\infty$，而且

$$E_0(l_r^m)=\frac{r^{2m}}{(d-4)(d-6)\cdots(d-2m-2)}\quad(d>4). \tag{1.8}$$

现在可以回答上述关于暂留程度的问题. 若粒子趋于$+\infty$越快，则它末离 $S_r$ 的时间 $l_r$ 越小，从而使 $c_l=\max(m:\ E_0(l_r)^m<+\infty)$越大. 由(1.8)知的确如此，$c_l=c_l(d)$是 $d$ 的函数，

$c_l=0$，如 $d=3$，4；$c_l=1$，如 $d=5$，6；$c_l=2$，如 $d=7$，8；$\cdots c_l=k-2$，如 $d=2k-1$，$2k$.

这表示：当 $d=7$，8 时，$l_r$ 的一阶及二阶矩有穷，但二阶以上的矩皆无穷，等. 于是空间的维数相对于 $l_r$ 有成双性. 如还要

区别成双的维数，可引进另一随机变量

$$M_r = \max_{0 \leqslant t \leqslant l_r} | B_t |,$$

它是布朗运动末离 $S_r$ 前所达到的极大游程. 令 $G_x(a) = P_x(M_r \leqslant a)$，$|x| \leqslant r$，则 $G_x(a)$有密度(与 $x$ 无关)为

$$g(a) = \frac{(d-2)r^{d-2}}{a^{d-1}},\ a > r;\ g(a) = 0,\ a \leqslant r.$$

当且仅当 $m < d-2$ 时，$E_x(M_r^m) < +\infty$，又

$$E_x(M_r^m) = \left[\frac{(d-2)}{(d-m-2)}\right] r^m,$$

由此知：$d$ 越大，极大游程越短；精确些，令 $c_E = \max(m: E_x(M_r^m) < +\infty)$，则

$$c_E = 2k-4,\ 如\ d = 2k-1;\quad c_E = 2k-3,\ 如\ d = 2k.$$

当 $d \to +\infty$时，$E_x(M_r^m) \to r^m$；又

$$\lim_{d \to +\infty} P_x\left(\frac{M_r - r}{\sqrt{D_x(M_r)}} \leqslant a\right) = \begin{cases} 1 - \mathrm{e}^{-a}, & a > 0, \\ 0, & a \leqslant 0. \end{cases}$$

记号 $D$ 表方差，$D_x(M_r) = \dfrac{(d-2)r^2}{(d-3)^2(d-4)}$.

上述的一些结果可推广至对称稳定过程[2][3]. 关于作布朗运动的粒子($d \geqslant 3$ 时)趋向无穷远的方式可见[4]；粗略地说，它必须通过一切方向绕无穷远点作无穷次徘徊后方能趋于无穷远. 更多的结果见[6][5].

再引进两个随机变量 $J_r$ 与 $\alpha_r$：

$$J_r = \int_0^{+\infty} I_{U_r}(B_t)\mathrm{d}t.$$

它是 $d$ 维布朗运动在球 $U_r = (x: |x| \leqslant r)$中的总停留时间 $I_{U_r}(y) = 1$，如 $|y| \leqslant r$；否则为 0.

$\alpha_r = \min(t: |B_t| = M_r)$是首次达到 $M_r$ 的时刻. [2]中求得

$$P_0(\alpha_r > t) = (d-2)r^{d-2} \sum_{i=1}^{+\infty} \xi_{di} \int_r^{+\infty} \frac{1}{s^{d-1}} \mathrm{e}^{-\frac{q_{di}^2 t}{2s^2}} \mathrm{d}s,$$

$\xi_{di}$与$q_{di}$的意义见(1.3)式.

在四个变量$h_r$，$J_r$，$\alpha_r$，$l_r$间有一简单有趣的关系：

$$E_0 h_r = \frac{r^2}{d} < E_0 J_r = \frac{r^2}{d-2} < E_0 \alpha_r = \frac{(d-2)r^2}{d(d-4)} < E_0 l_r = \frac{r^2}{d-4},$$

故当$d \to +\infty$，任两个变量的平均值之比趋于1，特别

$$\frac{E_0 h_r}{(E_0 l_r)} = \frac{(d-4)}{d} \to 1.$$

这表示：当$d$充分大时，自$O$出发的布朗运动在首达$S_r$后，几乎立即就永远离开$S_r$.

## §2. 多指标 Ornstein-Uhlenbeck 过程

令 $Z=(z_1, z_2, \cdots, z_n)\in\mathbf{R}^n$，$\mathbf{R}_+^n=(Z: z_i\geqslant 0, i=1, 2, \cdots, n)$. 说 $Z\leqslant Y$，如其坐标 $z_i\leqslant y_i (i=1, 2, \cdots, n)$，称 $W=\{W(Z), Z\in\mathbf{R}_+^n\}$ 为 $n$ 指标布朗运动，如它是实值正态过程，而且

$$EW(Z)=0, EW(Z)W(Y)=\prod_{i=1}^{n}(z_i \wedge y_i), \tag{2.1}$$

$$z_i\wedge y_i=\min(z_i, y_i).$$

取 $n$ 维向量 $\boldsymbol{\alpha}=(\alpha_1, \alpha_2, \cdots, \alpha_n)$，$\alpha_i>0$，常数 $\sigma>0$，

**定义** $$X(Z)=\mathrm{e}^{-\alpha Z}\left[X_0+\sigma\int_0^Z \mathrm{e}^{\alpha a}\,\mathrm{d}W(a)\right], \tag{2.2}$$

其中 $\alpha Z$ 等为内积，$X_0$ 为与 $W$ 独立的随机变量，$\int$ 表 $n$ 重随机积分，称 $X=\{X(Z), Z\in\mathbf{R}_+^n\}$ 为 $n$ 指标 1 维 O-U 过程，记为 $\mathrm{OUP}_n^1$. 设 $X_1, X_2, \cdots, X_d$ 为 $d$ 个独立的 $\mathrm{OUP}_n^1$，称

$$Z_n^d=\{(X_1(Z), X_2(Z), \cdots, X_d(Z)), Z\in\mathbf{R}_+^n\} \tag{2.3}$$

为 $n$ 指标 $d$ 维 OUP，记为 $\mathrm{OUP}_n^d$.

为叙述简明，考虑 $\mathrm{OUP}_2^1 X=\{X(s, t), (s, t)\in\mathbf{R}_+^2\}$. 以下用 $\sigma\{\cdot\}$表括号中随机变量产生的$\sigma$-代数. $X$ 是通常意义下的马尔可夫过程：设$(u, v)\leqslant(s, t)$，$\mathscr{F}_{uv}=\sigma\{X(a, b), a\leqslant u, b\leqslant v\}$，则在 $X(u, v)=x$ 的条件下，$X(s, t)$与 $\mathscr{F}_{uv}$独立；（单点）转移概率 $p((u, v), x; (s, t), \mathrm{d}y)=P(X(s, t)\in\mathrm{d}y \mid X(u, v)=x)$可以求出. 但这种马尔可夫性在多指标情况不够用，它不足以决定 $X$ 的联合分布. 因而需要所谓“宽过去马尔可夫性”. 令 $\mathscr{F}_{uv}^*=\sigma\{X(a, b), a\leqslant u$ 或$b\leqslant v\}$，显然 $\mathscr{F}_{uv}^*\supset\mathscr{F}_{uv}$；故 $\mathscr{F}_{uv}^*$代表宽过去. 取 4 点 $Z_1=(u, v)<Z_2=(s, t)$，$Z_3=(s,$

$v$)，$Z_4=(u, t)$，有

**定理 5** 以概率 1 有

$$\begin{aligned}&P(X(Z_2)\leqslant y \mid \mathscr{F}_{uv}^{*})\\&=P(X(Z_2)\leqslant y \mid X(Z_1), X(Z_3), X(Z_4))\\&=\int_{-\infty}^{y} f(Z_1, x_1; Z_3, x_3; Z_4, x_4; Z_2, \xi)\mathrm{d}\xi,\end{aligned}\tag{2.4}$$

其中 $x_i=X(Z_i)$，$i=1, 3, 4$；而被积函数

$$f=\frac{1}{H\sqrt{2\pi}}\exp\left\{\frac{-\left|\xi+\mathrm{e}^{-\alpha(s-u)-\beta(t-v)}x_1-\mathrm{e}^{-\beta(t-v)}x_3-\mathrm{e}^{-\alpha(s-u)}x_4\right|^2}{2H^2}\right\},$$

$$H^2=\frac{\sigma^2(1-\mathrm{e}^{-2\alpha(s-u)})(1-\mathrm{e}^{-2\beta(t-v)})}{4\alpha\beta}.\tag{2.5}$$

称 $f$ 为三点转移概率密度，它是时齐的，即只依赖于 $s-u$ 与 $t-v$；对一切变量及参数 $\alpha>0$，$\beta>0$，$\sigma>0$ 连续；当 $s\to+\infty$，$t\to+\infty$时，$f$ 趋于正态分布 $N(0, \frac{\sigma^2}{4\alpha\beta})$的密度.

考虑更一般的过去. 对 $F\in\mathscr{B}_{+}^{2}$，令 $\mathscr{F}_F=\sigma\{X(Z), Z\in F\}$，称 $R_{+}^{2}$ 中单减曲线为简单的，如它由有限或可列多条平行于两坐标轴之一的直线段所组成，而且在任一 $R_z=\{y: 0\leqslant y\leqslant Z\}$内只有有限多个角点，每一角点是上述两直线段的交点. 由两坐标轴及一简单曲线围成的闭域称为梯形域.

设 $k$ 为梯形域，点 $Z(s, t)\overline{\in} k$. 自 $Z$ 引两平行于两坐标轴的直线段，交 $k$ 的边界 $\partial k$ 于 $Z_0$，$Z_{n+1}$ 两点. 此两点间的角点顺次记为 $Z_1$，$Z_2$，…，$Z_n$. 设 $Z_i$ 有坐标$(u_i, v_i)$，显然，$u_0=u_1<u_2<\cdots<u_n<u_{n+1}=s$，$t=v_0>v_1=v_2>v_3=\cdots>v_n=v_{n+1}$，见图 2-1.

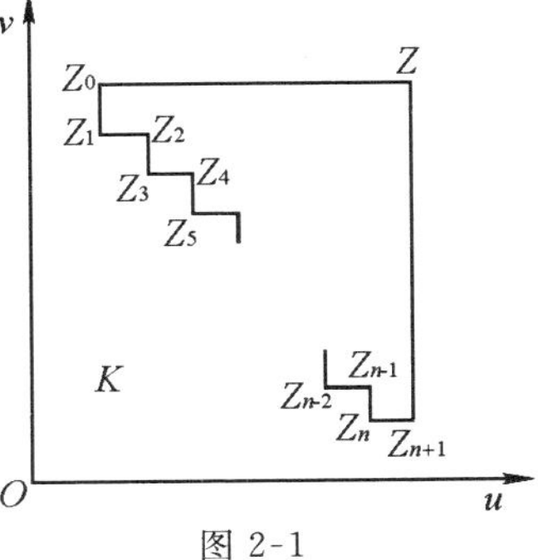


图 2-1

**定理 6** 设 $Z\overline{\in}k$，有

(i) $P(X(Z)\leqslant a \mid \mathscr{F}_k)$

$=P(X(Z)\leqslant a \mid X(Z_i), i=0, 1, 2, \cdots, n+1)$ a. s.，

(ii) 在 $X(Z_i)=x_i(i=0, 1, 2, \cdots, n+1)$ 的条件下，$X(Z)$ 有正态分布 $N(m, \sum^2)$.

$$m=\sum_{i=1}^{n+1}(-1)^i \mathrm{e}^{-\alpha(s-u_i)-\beta(t-v_i)}x_i,$$

$$\sum{}^2=\sigma^2 \mathrm{e}^{-2\alpha s-2\beta t}\iint_{R_Z\setminus k}\mathrm{e}^{2\alpha a+2\beta b}\,\mathrm{d}a\mathrm{d}b. \tag{2.6}$$

利用此定理可解决预测问题. 令 $L^2(k)=\{h(\omega): h$ 为 $\mathscr{F}_k$ 可测且 $E\mid h\mid^2<+\infty\}$，今欲求 $l(Z, k)\in L^2(k)$，使 $E\mid X(Z)-l(Z, k)\mid^2=\inf\limits_{h\in L^2(k)} E\mid X(Z)-h\mid^2$. 称 $l(Z, k)$ 为 $X(Z)$ 关于 $\{X(y), y\in k\}$ 的预测量，预测误差定义为

$$\varepsilon(Z, k)=E\mid X(Z)-l(Z, k)\mid^2.$$

可以证明：设 $Z(s, t)\overline{\in}k$，则

$$l(Z,k)=\sum_{i=0}^{n+1}(-1)^i\mathrm{e}^{-\alpha(s-u_i)-\beta(t-v_i)}X(Z_i), \varepsilon(Z,k)=\sum{}^2.$$

现在讨论 $\mathrm{OUP}_2^1$ 与 $\mathrm{OUP}_1^1$ 的关系. 回忆 $\mathrm{OUP}_2^1$ 为

$$X(s,t)=\mathrm{e}^{-\alpha s-\beta t}\left[X_0+\sigma\int_0^s\int_0^t \mathrm{e}^{\alpha a+\beta b}\,\mathrm{d}W(a,b)\right].$$

在其中固定 $t=c$ 而得单指标过程 $X_c=\{X(s, c), s\geqslant 0\}$，它是 $X$ 的 $c$-截口.

**定理 7** (i) $X_c$ 等价于(即有相同的有限维分布)某 $\mathrm{OUP}_1^1$，后者有参数

$$\tilde{\alpha}=\alpha, \tilde{\sigma}=\sigma\left[\frac{(1-\mathrm{e}^{-2\beta c})}{2\beta}\right]^{\frac{1}{2}}, \widetilde{X}_0=X(0, c).$$

(ii) 反之，存在两列独立的 $\mathrm{OUP}_1^1\{X^i(s), s\geqslant 0\}$ 及 $\{Y^i(t), t\geqslant 0\}(i\in\mathbf{N}^*)$，使对任意点 $(s, t)\in\mathbf{R}_+^2$，有

$$\lim_{n\to+\infty} P(\mathrm{e}^{-\alpha s-\beta t}X_0+\frac{\sigma}{\sqrt{n}}\sum_{i=1}^{n}X^i(s)Y^i(t)\leqslant a)=P(X(s,t)\leqslant a),\tag{2.7}$$

其中 $X^i(0)=Y^i(0)=0$，$X^i$ 及 $Y^i$ 的参数分别为 $\alpha$，$\sigma=1$ 及 $\beta$，$\sigma=1$.

现在关于 $\mathrm{OUP}_n^d$ 已有许多工作，如研究了它的轨道性质、常返性、像集及图集的 Hausdorff 维数，相遇与自相交问题、重对数定理等.

令讨论 $n$ 指标无穷维 O-U 过程，记为 $\mathrm{OUP}_n^{+\infty}$. 先需给出定义. 考虑 $\mathrm{OUP}_{n+1}^1$，即

$$X(s,t)=\mathrm{e}^{-\alpha s-\beta t}\left[x_0+\sigma\int_0^s\int_0^t \mathrm{e}^{\alpha a+\beta b}\boldsymbol{W}(\mathrm{d}a,\mathrm{d}b)\right].\tag{2.8}$$

我们把 $n+1$ 个指标记为$(s,\ t_1,\ t_2,\ \cdots,\ t_n)\in\mathbf{R}_+^{n+1}$，下面会看到 $s$，$t_i$ 的不同作用；$n+1$ 个参数也分开记为$(\alpha,\ \beta_1,\ \beta_2,\ \cdots,\ \beta_n)$，$\alpha>0$，$\beta_i>0$. 设 $x_0$ 为 $N(0,\ d)$分布变量，与 $W$ 独立，固定 $t$，$X(s,\ t)$对 $s\geqslant0$ 连续，而且等价于某 $\mathrm{OUP}_1^1$，因而是 Wiener 空间$(C,\ \mathscr{F}_c)$中随机元，它在$(C,\ \mathscr{F}_c)$中的正态分布记为 $\mu_t$. 今定义 $\mathbf{R}_+^n\to(C,\ \mathscr{F}_c)$中随机过程

$$X_t(\cdot)=X(\cdot,\ t),\tag{2.9}$$

其中 $X(\cdot,\ t)$由(2.8)给出；并称$\{X_t(\cdot),\ t\in\mathbf{R}_+^n\}$为 $\mathrm{OUP}_n^{+\infty}$.

周知：同一可测空间上两正态测度或者相互绝对连续(记为 $\Leftrightarrow$)，或者相互奇异.

**定理 8** 固定 $t$ 及 $t'$，

(i) $\mu_t\Leftrightarrow\mu_{t'}$ 之充分必要条件为

$$\prod_{i=1}^{n}(1-\mathrm{e}^{-2\beta_i t_i})=\prod_{i=1}^{n}(1-\mathrm{e}^{-2\beta_i t'_i}).\tag{2.10}$$

(ii) $\mu_t$ 集中在 $S_t$ 上，即 $\mu_t(S_t)=1$，这里

$$S_t=\left(f:f\in C,\lim_{n\to+\infty}\sum_{k=1}^{2^n}\left|f\left(\frac{k}{2^n}\right)-f\left(\frac{k-1}{2^n}\right)\right|^2\right.$$
$$\left.=\sigma^2\prod_{i=1}^{n}\frac{1-\mathrm{e}^{-2\beta_i t_i}}{2\beta_i}\right).\qquad(2.11)$$

(iii) 若 $n=1$，则一切 $\mu_t(t>0)$ 皆相互奇异.

这揭示多指标过程与单指标过程之一区别，对后者一切 $\mu_t$ 奇异，而对前者，则某些 $\mu_t$，$\mu_{t'}$ 可相互绝对连续，只要 $t$，$t'$ 属于同一个

$$E_a=\left\{t:\prod_{i=1}^{n}(1-\mathrm{e}^{-2\beta_i t_i})=a\right\},$$

这里常数 $a$ 满足 $0<a<1$，可称 $E_a$ 为水平 $a$ 的等度连续集，$n=1$ 时，$E_a$ 只含单点.

$\mathrm{OUP}_1^{+\infty}$ 在随机分析中有重要应用，但对 $\mathrm{OUP}_n^{+\infty}$ 的研究则似乎刚开始. 对多指标无穷维布朗运动，也有与定理 8 类似的结果. 以上参看[7]～[12].

# §3. 超布朗运动与超过程

直观背景如下：设诸粒子在 $t=0$ 时按 Poisson 点过程 $\pi_\theta$ 而分布，其强度为有限测度 $\theta$，即

$$P(\pi_\theta(B)=n)=\frac{[\theta(B)]^n}{n!}\mathrm{e}^{-\theta(B)},\quad n\in\mathbf{N}. \tag{3.1}$$

$B\in\mathscr{B}^d$，$\pi_\theta(B)$ 表 $t=0$ 时位于 $B$ 中的粒子数，设每粒子沿 $d$ 维布朗运动的轨道 $\xi$ 而运动，其寿命随机，有参数为 $\gamma$ 的指数分布．一粒子死后立即在死亡处以概率 $\frac{1}{2}$ 永远消失，以概率 $\frac{1}{2}$ 消失并产生 2 个同样的粒子．新粒子又沿 $\xi$ 的轨道相互独立地同样运动，如此继续．设每粒子的质量为 $\beta$．以 $Y_t^\beta(B)$ 表 $t$ 时位于 $B$ 中诸粒子的质量和．令 $\beta\to 0$，强度 $\theta\to+\infty$，平均寿命 $\frac{1}{\gamma}\to 0$，则在适当条件下，$\{Y_t^\beta\}$ 弱收敛于某过程——超布朗运动．类似地，如以一般的马尔可夫过程 $X$ 代替布朗运动，所得的极限过程 $\{Y_t\}$ 为超过程(Superprocess)．后者的严格数学定义如下．

设 $(E,\mathscr{B})$ 为可测空间，$X=\{x_t,\ t\geqslant 0\}$ 为取值于 $(E,\mathscr{B})$ 中的马尔可夫过程，有转移概率 $p(s,x;t,\mathrm{d}y)$，算子半群为 $\{T_u^r\}$

$$T_u^r f(x)=\int_E p(r,x;u,\mathrm{d}y)f(y),\quad f\in B_+^b.$$

$B_+^b$ 为定义在 $E$ 上全体非负有界 $\mathscr{B}$ 可测函数之集．简记

$$\langle f,v\rangle=\int f\mathrm{d}v.$$

定义在 $\mathscr{B}$ 上全体有限测度 $\mu$ 之集记为 $\mathscr{M}$，$\mathscr{B}_m$ 为 $\mathscr{M}$ 中含下形集的最小 $\sigma$-代数 $(\mu:\ \mu\in\mathscr{M},\ \mu(A)\leqslant a)$，$A\in\mathscr{B}$，$a\geqslant 0$．设对每 $t\geqslant 0$，存在取值于 $(\mathscr{M},\mathscr{B}_m)$ 中的随机变量 $y_t$．称 $Y=\{y_t,$

$t\geqslant 0\}$为（$X$ 的）超过程，如它是马尔可夫过程，而且对每 $f\in B_{+}^{b}$，$\mu\in\mathscr{M}$，$\lambda>0$，有

$$E_{r\mu}\exp\{-\lambda\langle f,\ y_u\rangle\}=\exp\{-\langle V_u^r(\lambda f),\ \mu\rangle\},\qquad(3.2)$$

其中 $V_u^r(u>r\geqslant 0)$为作用于 $B_{+}^{b}$ 上的压缩非线性算子半群，满足

$$V_u^r(\lambda f)=-\int_r^u T_s^r[(V_u^s(\lambda f))^2]\mathrm{d}s+\lambda T_u^r f.\qquad(3.3)$$

前人已证明(3.3)有唯一解 $V_u^r$，因而可通过(3.2)左方中拉普拉斯变换，以求出 $Y$ 的转移概率 $q(r,\ \mu;\ u,\ \mathrm{d}v)$．但(3.3)中解实际上难以求出，故希望另觅途径．下面我们给出此拉普拉斯变换的一幂级数展式，并求出各阶矩 $M_n=E_{r,\mu}[\langle f,\ y_u\rangle^n]$．

记 $\|f\|=\sup\limits_{x\in E}|f(x)|$，对 $s<u$，设函数 $\varphi_u^s(x)$及 $\psi_u^s(x)$皆属于 $B_{+}^{b}$．定义卷积

$$(\varphi*\psi)_u^r=\int_r^u T_s^r(\varphi_u^s\psi_u^s)\mathrm{d}s,\text{对 } f\in B_{+}^{b},\text{记}$$

$$\varphi^{1*}\equiv\varphi\equiv\varphi_u^r=T_u^r f,\varphi^{n*}=\sum_{k=1}^{n-1}\varphi^{k*}*\varphi^{(n-k)*},\Phi_n=\langle\varphi^{n*},\mu\rangle.$$

**定理 9**　当 $|\lambda|<R=\dfrac{1}{4(u-r)\|\varphi\|}$，有

$$E_{r,\mu}\exp[-\lambda\langle f,y_u\rangle]=\sum_{n=0}^{+\infty}(-1)^n b_n\lambda^n,$$

其中　$b_0=1,\ nb_n=\sum\limits_{k=1}^{n}k\Phi_k b_{n-k}$.

**定理 10**　各阶矩 $M_n$，$n\in\mathbf{N}^*$ 存在，可由下列递推式依次求出：

$$M_n=\sum_{k=0}^{n-1}\mathrm{C}_{n-1}^k(n-k)!\Phi_{n-k}M_k$$

($M_0=1$，$\mathrm{C}_{n-1}^0=1$)．诸矩唯一决定$\langle f,\ y_u\rangle$关于 $P_{r,\mu}$之分布[13]．

## 参考文献

[1] Ciesielski Z, Taylor S J. First passage times and sojourn times for Brownian motion in space and exact Hansdorff measure of the sample path. Trans. Amer. Math. Soc., 1962, 103: 434.

[2] 王梓坤. 布朗运动的末遇分布与极大游程. 中国科学, 1980, 10(10): 933.

[3] 王梓坤. 对称稳定过程与布朗运动的随机波. 中国科学, 1982, 12(9): 801.

[4] 王梓坤. 暂留马尔可夫过程向无穷大的徘徊. 北京师范大学学报(自然科学版), 1986, 22(3): 21.

[5] 吴荣. $d$ 维布朗运动末离时的分布. 科学通报, 1984, 21(11): 647.

[6] 周性伟, 吴荣. 关于布朗运动的某些极值定理. 中国科学, 1983, 13A(2): 128.

[7] 王梓坤. 两参数 Ornstein-Uhlenbeck 过程. 数学物理学报, 1983, 3(4): 395.

[8] 王梓坤. 两参数 Ornstein-Uhlenbeck 过程的转移概率及预测. 科学通报, 1986, 31(23): 1 761.

[9] 王梓坤. 多参数无穷维 Ornstein-Uhlenbeck 过程与布朗运动. 数学物理学报, 1993, 13(4): 455.

[10] 陈雄. 两参数 Ornstein-Uhlenbeck 过程图集及像集的 Hausdorff 维数. 数学学报, 1989, 32(4): 433.

[11] 罗首军. 两参数 Ornstein-Uhlenbeck 过程最大值分布估计. 数学学报, 1988, 31(6): 721.

[12] 李应求. 两参数 Orustein-Uhlenbeck 过程在射线上的导出过程. 应用概率统计, 1989, 5(4): 303.

[13] 王梓坤. 超过程的幂级数展开. 数学物理学报, 1990, 10(4): 361.

# Stochastic Processes in Physics

**Abstract** This paper is a survey of some results in three stochastic processes: Brownian motion, Multi-parameter Ornstein-Uhlenbeck process and superprocess. These results were obtained by the author in recent years.

**Keywords** last exit time; wide past Markov property; measure-valued stochastic process.

中国科学院第6次学部大会论文集，1992

# 联系于物理的三种随机过程

(i) 布朗运动$\{B(t),\ t\geqslant 0\}$的研究，已有很长历史，但至今新成果仍与日俱增，成为随机过程论的思想泉源．容易想象，$B$的轨道性质依赖于相空间维数$d$，$d$越大粒子越易逸散．已知$d\leqslant 2$时$B$为常返，$d\geqslant 3$时为暂留，即$P_0(|B(t)|\to+\infty)=1$．但逸散速度如何依赖于$d$？首先令：$l_r=\sup(t>0,\ B(t)\in S_r)$为$B$对$d-1$维球面$S_r$($O$心，半径$r$)之末离时，设$B(0)=0$，则$l_r$有密度为

$$f_r(s)=\frac{r^{d-2}s^{-\frac{d}{2}}\mathrm{e}^{-\frac{r^2}{2s}}}{2^{\frac{d}{2}-1}\Gamma\left(\frac{d}{2}-1\right)},\qquad (s>0,\ d\geqslant 3)$$

从而$E_0(l_r^m)<+\infty$　当且仅当　$m<\frac{d}{2}-1$，故$d=3$，4时，$l_r$之各阶矩无穷$d=5$，6时，一阶矩有穷、其他阶矩无穷；……这有助于想象逸散之速度．其次，前人已知：$B$对$S_r$之首中点在$S_r$上有均匀分布；现可证明末离点$B(l_r)$也同此分布．初想时也许感到意外．最后，极大游程$M_r:=\max\limits_{0\leqslant t\leqslant l_r}|B(t)|$之分布及极限分布皆可求出，利用它可更细致地描述逸散速度．

(ii) 多参数 Ornstein-Uhlenbeck 过程(记为 OUP)．单参数

OUP早已出现于物理中，我们研究多参数 $t=(t_1, t_2, \cdots, t_n)$ 的 OUP$\{x_t, t\in\mathbf{R}_+^n\}$，其定义为

$$x_t = \mathrm{e}^{\alpha t}\left[x_0+\sigma\int_0^t \mathrm{e}^{\alpha a}\,\mathrm{d}w(a)\right]$$

其中 $\alpha t=\sum_{i=1}^{n} a_i t_i$，$a_i>0$，$\sigma>0$ 皆常数，积分为 $n$ 重随机积分，$\{W(a), a\in\mathbf{R}_+^n\}$ 为 $n$ 参数布朗运动，$x_0$ 是与 $W$ 独立的随机变数.

已证明它是(宽过去)Markov过程，并有强马尔可夫性；求出了它的单点及 $2^n-1$ 点转移概率，对某些区域解决了预测问题，研究了 $n$ 参数与 $m(\leqslant n)$参数的OUP间的关系.

今取 $d$ 个独立的 $n$ 参数 OUP $x_t^{(i)}$ 并称 $z_t^d=\{(x_t^{(1)}, x_t^{(2)}, \cdots, x_t^{(d)}), t\in\mathbf{R}_+^n\}$ 为 $(n, d)$-OUP，已证此过程对一切 $(n, d)$ 皆为区域常返；求出了过程轨道的图集及像集的Hausdorff维数；找到了极大值分布的估计，等.

再进而研究 $n$ 参数 $+\infty$ 维 OUP$\{x_t^{+\infty}, t\in\mathbf{R}_+^n\}$. 对每固定的 $t$，$x_t^{+\infty}$ 在Wiener空间的概率分布记为 $\mu_t$，讨论了 $\mu_t\Leftrightarrow\mu_{t'}$ 以及 $\mu_t\Leftrightarrow v$(Wiener测度)之充分必要条件等.

(iii) 超布朗运动. 设粒子群在 $t=0$ 时按强度测度为0的点过程而分布，每粒子沿布朗运动的轨道分而运动，其寿命有参数为 $r$ 的指数分布. 一粒子死后或永远消失，或产生两新粒子，概率各为 $\frac{1}{2}$，新粒子又沿 $\xi$ 同样独立运动，如此继续，每一粒子的质量设为 $\beta$，以 $Y_t^\beta(B)$ 表 $t$ 时位于相空间中子集 $B$ 内诸粒子之质量和，令 $\beta\to 0$，强度 $\theta\to+\infty$，平均寿命 $\frac{1}{\gamma}\to 0$，则在适当条件下，$\{Y_t^\beta\}$ 弱收敛于集过程，称为超布朗运动，类似地，可用一般的Markov过程来代替布朗运动，所得的极限过程 $\{Y_t\}$ 称为超过程(Superprocess)，它是以测度为值的Markov过程，

其转移概率 $P(\gamma, \mu; u, \mathrm{d}v)$ 由 Laplace 泛函

$$L(\lambda f) \triangleq E_{\gamma,\mu} \exp(-\lambda\langle f, Y_u\rangle)$$

所决定，$\langle f, Y_u\rangle \triangleq \int f(\cdot) Y_u(d\cdot)$. 我们求出了 $L(\lambda f)$ 对 $\lambda$ 的幂级数表示，从而求出了$\langle f, Y_u\rangle$的各阶矩，并证明了分布由矩唯一决定. 此外，还研究了有迁入的超过程.

## 参考文献


[1]Wang Zikun. Scientia Sinica，1981，24(3)：324-331.

[2]Wang Zikun. Acta Math. Scientia，1984，4(1)：1-12.

[3]Wang Zikun. Chinese Science Bulletin，1988，33(1)：5-9.

[4]王梓坤. 数学物理学报，1990，10(4)：361-364.

[5]王梓坤. 数学进展，1991，20(3)：311-326.

汕头大学学报(自然科学版)，1993，8(2)

# 多参数 Ornstein-Uhlenbeck 过程的进展[①]

**摘要** 本文系统地论述了近年来关于多参数 Ornstein-Uhlenbeck 过程研究的进展，列举了其中的一些结果.

**关键词** $OUP_n^d$，$OUP_n^{+\infty}$，三点转移概率.

## §1. 引 言

关于多参数 Ornstein-Uhlenbeck 过程(简记为 OUP)的研究开始于 1983 年[1]，那里给出了 OUP 的定义及一些重要性质. 此后出现了许多研究论文，本文将系统地叙述其中的若干结果.

令 $Z=(z_1, z_2, \cdots, z_n)\in \mathbf{R}^n$，$\mathbf{R}_+^n=(Z: z_i\geqslant 0, i=1, 2, \cdots, n)$；$Z\leqslant Y$，当且只当 $z_i\leqslant y_i$，$(i=1, 2, \cdots, n)$. 定义在某概率空间$(\Omega, \mathscr{F}, P)$上的随机过程 $W=\{W(Z), Z\in \mathbf{R}_+^n\}$ 称为$n$-参数布朗运动(Brownian motion)，记为 $BM_n^1$，如它取实

---

① 收稿日期：1993-07-19.
国家天元基金资助项目.

值，正态，而且

$$EW(Z)=0, \quad EW(Z)W(Y)=\prod_{i=1}^{n}(z_i \wedge y_i) \tag{1.1}$$

$E$ 表平均值，取值于 $\mathbf{R}^d$ 中的$n$-参数 OUP（记为 $\mathrm{OUP}_n^d$）如下定义[1]．先定义 $\mathrm{OUP}_n^1$ 为$\{X(Z),\ Z\in\mathbf{R}_+^n\}$，其中

$$X(Z)=e_{-1}^{-\alpha Z}\left[X_0+\sigma\int_0^Z \mathrm{e}^{\alpha a}\,\mathrm{d}W(a)\right] \tag{1.2}$$

$\alpha=(\alpha_1,\ \alpha_2,\ \cdots,\ \alpha_n)$，$\alpha_i>$，$\sigma>0$ 皆为常数，$\alpha Z=\sum_{i=1}^{n}\alpha_i z_i$，$X_0$ 是独立于 $W$ 的随机变数．随机积分 $\int$ 是 $n$ 重的．取 $d$ 个相互独立的 $\mathrm{OUP}_n^1\{X_i(z),\ Z\in\mathbf{R}_+^n\}$，定义 $\mathrm{OUP}_n^d$ 为过程$\{X_n^d(Z),\ Z\in\mathbf{R}_+^n\}$：

$$X_n^d(Z_d)=\{X_1(Z_d),\ X_2(Z_d),\ \cdots,\ X_d(Z)\}.$$

# §2. 多参数有限维 OUP

为简单计，考虑 $\mathrm{OUP}_2^1$：

$$X=\{X(s,t),(s,t)\in\mathbf{R}_+^2\},$$

它是通常意义下的马尔可夫(Markov)过程；其实它还有所谓“宽过去马尔可夫性”．取$\sigma$-代数

$$\mathscr{F}_{uv}=\sigma\{X(a,b):a\leqslant u,\text{或 }b\leqslant v\}$$

及 4 点　$Z_1=(u,v)<Z_2=(s,t)$，$Z_3=(s,v)$，$Z_4(u,t)$．（见图 2-1）

**定理 1**　以概率 1 有

$$P(X(Z_2\leqslant y\mid\mathscr{F}_{uv})=P(X(Z_2)\leqslant y\mid X(Z_1),X(Z_3),X(Z_4))$$

$$=\int_{-\infty}^{y}f(Z_1,x_1;Z_3,x_3;Z_4,x_4;Z_2,\xi)\mathrm{d}\xi,\tag{2.1}$$

其中　$x_i=X(Z_i)$，$i=1,3,4$；

$$f=\frac{1}{H\sqrt{2\pi}}\exp\left\{-\frac{|\xi-\mathrm{e}^{\alpha(s-u)-\beta(t-v)}x_1-\mathrm{e}^{-\beta(t-v)}x_3-\mathrm{e}^{-\alpha(s-u)}x_4|^2}{2H^2}\right\};$$

$$H=\frac{\sigma^2(1-\mathrm{e}^{-2\alpha(s-u)})(1-\mathrm{e}^{-2\beta(t-v)})}{4\alpha\beta},$$

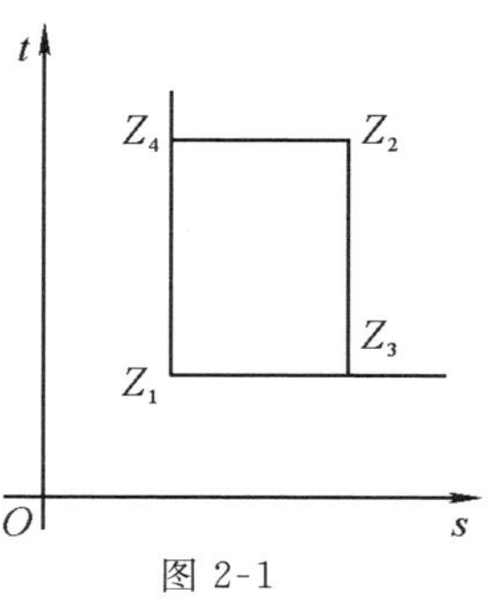

图 2-1

称 $f$ 为 3-点转移密度，它与开始分布共同决定过程的联合分布．注意，$f$ 是时齐的；且当 $s\to+\infty$，$t\to+\infty$时，它趋于 $N\left(0,\dfrac{\sigma^2}{4\alpha\beta}\right)$的正态密度．

定理 1 可如下推广．记

$$\mathscr{F}_A=\sigma\{X(Z),Z\in A\},\ A\subset\mathbf{R}_+^2$$

对某些 $A$，可以求出条件概率 $P(X(Z)\leqslant y\mid\mathscr{F}_A)$，$Z\overline{\in}A$，它以

3-点转移概率为特例.

称 $\mathbf{R}_+^2$ 中一单调下降曲线为简单曲线，如它由有限或可列多条平行于两坐标轴之一的直线段所组成，而且在任一有界域内只有有限多个角点，后者是两直线段的交点，由两坐标轴及简单曲线围成的区域为梯形域(图 2-2).

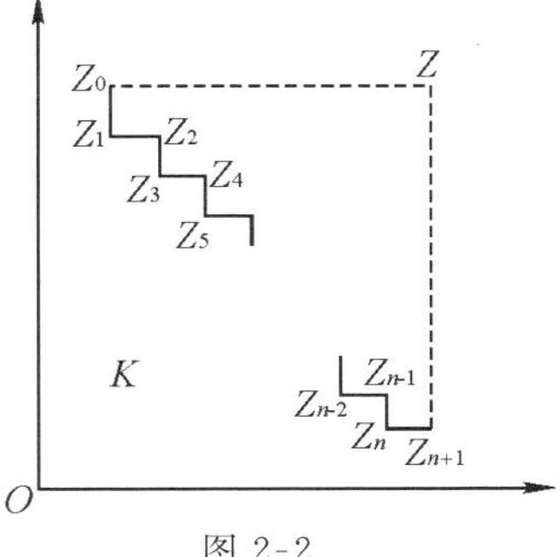

图 2-2

设 $K$ 为梯形闭域，点 $Z=(s, t)\in K$. 自 $Z$ 引两平行于两坐标轴的直线，交 $K$ 的边界 $\partial K$ 于 $Z_0$，$Z_{n+1}$ 两点，此两点间的角点顺次记为 $Z_1$，$Z_2$，…，$Z_n$；设 $Z_i=(u_i, v_i)$，$i=0, 1, 2, \cdots, n+1$. 显然有

$$u_0=u_1<u_2=u_3<\cdots=u_n<u_{n+1}=s,$$

$$t>v_0>v_1=v_2>v_3=\cdots>v_n=v_{n+1},$$

以 $O$(原点)及 $Z$ 为对顶角点的矩形记为 $R_z$. 令

$$M(A)=\int_A\int \mathrm{e}^{2\alpha a+2\beta b}\,\mathrm{d}a\mathrm{d}b, \quad A\in\mathscr{B}_+^2$$

$\mathscr{B}_+^2$ 为 $\mathbf{R}_+^2$ 中 Borel $\sigma$-代数.

**定理 2** 若 $Z\in K$，则有

(i) $P(X(Z)\leqslant y \mid \mathscr{F}_k)=P(X(Z)\leqslant y \mid X(Z_i), i=0, 1, 2, \cdots, n+1)$ a. s. (2.2)

(ii) 在条件 $X(Z_i)=x_i$，$(i=0, 1, 2, \cdots, n+1)$下，$X(Z)$有正态分布 $N(m, \Sigma^2)$，其中

$$m=\sum_{i=0}^{n+1}(-1)^i\mathrm{e}^{-\alpha(s-u_i)-\beta(t-v_i)}x_i,$$

$$\Sigma^2=\sigma^2\mathrm{e}^{-2\alpha s-2\beta t}M(R_z\setminus K).$$

(2.2) 表明 $P(X(Z)\leqslant y \mid \mathscr{F}_k)$不仅只依赖于 $\mathscr{F}_{\partial k}$，甚至还只依赖于 $n+2$ 个随机变量 $X(Z_i)$，$i=0, 1, 2, \cdots, n+1$. 条

件概率 $P(X(Z)\leqslant y \mid \mathscr{F}_A)$只对少数 $A$ 可明显求出，但看来很有趣. 例如，考虑矩形 $R$，其角点为 $Z_1=(u, v)<Z_2=(s, t)$，$Z_3=(s, v)$，$Z_4=(u, t)$. 取点 $Z=(g, h)\overline{\in}\mathbf{R}$，令 $Z_0$ 为 $\partial\boldsymbol{R}$ 上最近于 $Z$ 之点，即 $d(Z, Z_0)=\inf\limits_{z\in\partial\mathbf{R}} d(Z, z)$，$d$ 为欧氏距离. 则有

$$P(X(Z)\leqslant y \mid \mathscr{F}_R)=P(X(Z)\leqslant y \mid X(Z_0)),\ Z>Z_1 \text{ 或 } Z<Z_1;$$
$$=P(X(Z)\leqslant y \mid X(Z_0),\ X(Z_1)),\ g<u,\ u<h<t.$$

在前种情况，上式或方概率只依赖 $X(Z_0)$；但在后种情况则依赖 $X(Z_0)$ 及 $X(Z_1)$（图 2-3）. 换言之，$\sigma\{X(Z)\}$ 与 $\mathscr{F}_R$ 的最小分裂 $\sigma$-代数分别为 $\sigma\{X(Z_0)\}$ 与 $\sigma\{X(Z_0), X(Z_1)\}$，见[2][7]. 以及图 2-3.

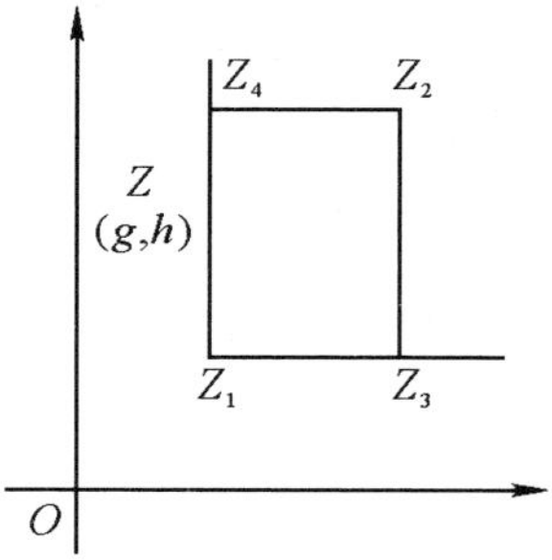

图 2-3

今研究 $\mathrm{OUP}_2^1$ 与 $\mathrm{OUP}_1^1$ 的关系[1][8]. 令

$$Y=\{X(s, \lambda s+c),\ s\geqslant 0\},$$

$\lambda$ 及 $c$ 为常数.

**定理 3** (i) 过程 $Y$ 是 $\mathrm{OUP}_1^1$ 的充分必要条件是 $\lambda=0$，$c>0$. 此时的参量为

$$\tilde{\alpha}=\alpha,\ \tilde{\sigma}=\sigma\left[\frac{1-\mathrm{e}^{-2\beta c}}{2\beta}\right]^{\frac{1}{2}},\ Y_0=X(0, c)=\mathrm{e}^{-\beta c}x_0.$$

(ii) 反之，存在两列独立的 $\mathrm{OUP}_1^1\{X^i(s), s\geqslant 0\}$及$\{Y^i(t), t\geqslant 0\}(i\in\mathbf{N}^*)$，使对任意$(s, t)\in\mathbf{R}_+^2$，$a\in\mathbf{R}$，有

$$\lim_{n\to+\infty} P\left(\mathrm{e}^{-\alpha s-\beta t}X_0+\frac{\sigma}{\sqrt{n}}\sum_{i=1}^{n} X^i(s)Y^i(t)\leqslant a\right)=P(X(s,t)\leqslant a), \tag{2.3}$$

其中 $X^i(0)=Y^i(0)=0$，又 $X^i$ 与 $Y^i$ 的参量分别是 $\alpha$，$\sigma=1$；$\beta$，$\sigma=1$.

令

$$\triangle(n, k_1, k_2)X \triangleq \left[X\left(\frac{k_1}{2^n}, \frac{k_2}{2^n}\right)+X\left(\frac{k_1-1}{2^n}, \frac{k_2-1}{2^n}\right)-\right.$$
$$\left.X\left(\frac{k_1-1}{2^n}, \frac{k_2}{2^n}\right)-X\left(\frac{k_1}{2^n}, \frac{k_2-1}{2^n}\right)\right]^2,$$

在文[6]中证明了

$$\lim_{n\to+\infty}\sum_{k_1=1}^{2^n}\sum_{k_2=1}^{2^n}\triangle(n,k_1,k_2)X=\sigma^2, \quad \text{a. s.}$$

其实上式是[6]中所证的 2-参数 Lavy-Baxter 定理的特例. 设 $\{A(t), t\in[0, 1]^2\}$ 是均值为 0 的正态过程，在对相关函数 $R(s_1; s_2; t_1, t_2)=EX(\mathbf{s})X(t)$ 加若干条件下，可以证明：以概率 1 有

$$\lim_{n\to+\infty}\sum_{k_1=1}^{2^n}\sum_{k_2=1}^{2^n}\triangle(n,k_1,k_2)A=\int_0^1\int_0^1 f(s_1,s_2)\mathrm{d}s_1\mathrm{d}s_2,$$

其中

$$f(s_1, s_2)=D^{++}(s_1, s_2)+D^{--}(s_1, s_2)-$$
$$D^{+-}(s_1, s_2)-D^{-+}(s_1, s_2),$$

$$D^{-+}(s_1, s_2)=\lim_{\substack{t_1\uparrow s_1\\ t_2\downarrow s_2}}\frac{\partial^2 R(s_1, s_2; t_1, t_2)}{\partial t_2\,\partial t_1}\text{等}.$$

在[12]中证明了重对数律：对固定的 $s>0$ 及一切 $t>0$, a. s. 有

$$\limsup_{h\downarrow 0}\frac{|X(s+h, t)-X(s, t)|}{\sqrt{h\lg\lg\frac{1}{h}}}=\sigma\sqrt{\frac{1-\mathrm{e}^{-2\beta t}}{2\beta}},$$

右方不依赖 $s$. 称 $S(\omega)$ 为 $\mathrm{OUP}_2^1$ 的奇点，如

$$\limsup_{h\downarrow 0}\frac{|X(S(\omega)+h, t)-X(S(\omega), t)|}{\sqrt{h\lg\lg\frac{1}{h}}}=+\infty,$$

简记左方为 $H(S(\omega), t, \omega)$. 在[12]中证明了奇点可平行于坐

标轴而传播，这类似于 Walsh 对布朗单的结果．传播的意义为：对 $t>t_0$，

$$H(S(\omega),\ t,\ \omega)=+\infty \quad \text{当且仅当}\ H(S(\omega),\ t_0,\ \omega)=+\infty.$$

关于过程

$$S(t)=\int_{-\infty}^{t_1}\int_{-\infty}^{t_2}\mathrm{e}^{-a_1(t_1-u)-a_2(t_2-v)}\,\mathrm{d}W(u,v)$$

的上确界，有下列结果[9]：设 $D\subset\mathbf{R}^2$ 为有界，Lebesgue 可测集，则

$$\lim_{y\to+\infty}\frac{P(\sup(S(t),\ t\in D)>y)}{(2\pi)^{-\frac{1}{2}}y^3\mathrm{e}^{-\frac{y2}{\pi}}}=\alpha_1\alpha_2L(D)$$

$L$ 为二维 Lebesgue 测度．

设 $G$ 为有界开集，或其补集有界，在[10，13]中证明了 $\mathrm{OUP}_2^1$(甚至更一般的过程)关于 $G$ 有芽(Germ)马尔可夫性，并且刻画了最小分裂$\sigma$-代数．

考虑 $\mathrm{OUP}_n^d$，记为 $X_n^d$．利用时间变换，可以把 $\mathrm{BM}_n^d$ 变为 $\mathrm{OUP}_n^d$，所以此两过程有一些相同的性质．设 $X_n^d$ 的像集与图集分别为

$$\mathrm{lm}\ X_n^d=(X_n^d(Z):\ Z\in[0,\ 1]^n)\subset\mathbf{R}^d;$$

$$\mathrm{Gr}\ X_n^d=((Z,\ X_n^d(Z)):\ Z\in[0,\ 1]^n)\subset[0,\ 1]^n\times\mathbf{R}^d.$$

这些集的 Hausdorff 维数 dim 为

$$\dim(\mathrm{Im}\ X_n^d)=d\Lambda 2n,\qquad \text{a. s.};$$

$$\dim(\mathrm{Gr}\ X_n^d)=\left(n+\frac{d}{2}\right)\Lambda 2n,\qquad \text{a. s.}.$$

这与 $\mathrm{BM}_n^d$ 相应的结果一致．在[4]中证明了：$\mathrm{Im}\ X_n^d$ 的 $d$-维 Lebesgue 测度大于 0 的充分必要条件是 $d<2n$．

$\mathrm{OUP}_n^d$ 与 $\mathrm{BM}_n^d$ 的一显著差异是：对一切 $n$，$d$，$\mathrm{OUP}_n^d$ 是邻域常返的；若 $d<2n$，则还是点常返的[14]．

# §3. 多参数无穷维 OUP

今研究$n$-参数无穷维 OU 过程，记为 $\mathrm{OUP}_n^{+\infty}$. 为了给出定义，先改写 $\mathrm{OUP}_{n+1}^1$ 为

$$X(s,t)=\mathrm{e}^{-\alpha s-\beta t}\left[X_0+\sigma\int_0^s\int_0^t \mathrm{e}^{\alpha a+\beta b}\,\mathrm{d}W(a,b)\right],$$

其中$(s, t)=(s, t_1, t_2, \cdots, t_n)\in\mathbf{R}_+^{n+1}$，$\beta=(\beta_1, \beta_2, \cdots, \beta_n)$，$\alpha$，$\beta_i>0$，$W$ 是 $\mathrm{BM}_{n+1}^1$，$X_0$ 是 $N(0, d)$随机变量，与 $W$ 独立. 对固定的 $t$，$X(s, t)$对 $s\geqslant 0$ 连续，等价于 $\mathrm{OUP}_1^1$，故 $X(\cdot, \boldsymbol{t})$是 Wiener 空间$(C, \mathscr{F}_c)$中的随机元，在$(C, \mathscr{F}_c)$上有正态分布 $\mu_t$，这里 $\mathscr{F}_c$ 是$C$ 中$\sigma$-代数，由一切开集产生. 今定义 $\mathbf{R}_+^n\to(C, \mathscr{F}_c)$随机元

$$X_t(\cdot)=X(\cdot, \boldsymbol{t})$$

并称$\{X_t(\cdot), \boldsymbol{t}\in\mathbf{R}_+^n\}$为 $\mathrm{OUP}_n^{+\infty}$，见[3].

类似地，可以定义$n$-参数无穷维布朗运动$\{B_t(\cdot), \boldsymbol{t}\in\mathbf{R}_+^n\}$，$B_t(\cdot)$的分布记为 $v_t$.

**定理 4** 固定 $\boldsymbol{t}$ 及 $\boldsymbol{t}'$，

(i) $\mu_t\Rightarrow\mu_{t'}$(相互绝对连续)的充分必要条件是

$$\prod_{i=1}^n(1-\mathrm{e}^{-2\beta_i t_i})=\prod_{i=1}^n(1-\mathrm{e}^{-2\beta_i t_i'}).$$

(ii) $\mu_t$ 集中于 $S_t$ 上，即 $\mu_t(S_t)=1$，这里

$$S_t=\left\{f: f\in C, \lim_{n\to+\infty}\sum_{k=1}^{2^n}\left|f\left(\frac{k-1}{2^n}\right)-f\left(\frac{k}{2^n}\right)\right|^2\right.$$
$$\left.=\sigma^2\prod_{i=1}^n\left(\frac{1-\mathrm{e}^{-2\beta_i t_i}}{2\beta_i}\right)\right\}.$$

(iii) 如 $n=1$，一切 $\mu_t(t>0)$皆互垂.

(iv) $\mu_t \Leftrightarrow \mu_{t'}$ 的充分必要条件是

$$\sigma^2 \prod_{i=1}^{n} \left( \frac{1-\mathrm{e}^{-2\beta_i t_i}}{2\beta_i} \right) = t'_1 t'_2 \cdots t'_n;$$

特别，如 $n=1$，则 $\mu_t \perp v_t$，$(t>0)$.

关于 $\mathrm{OUP}_n^{+\infty}$ 的研究还刚开始，许多问题有待研究.

## 参考文献


[1] 王梓坤. 两参数 Ornstein-Uhtenbeck 过程. 数学物理学报，1983，3(4)：395-406.

[2] 王梓坤. 两参数 O-U 过程的转移概率及预测. 科学通报，1986，23：1 761-1 764.

[3] 王梓坤，多参数无穷维 O-U 过程与布朗运动. 数学物理学报，1993，13(4)：455-459.

[4] 陈雄. $\mathrm{OUP}_n^d$ 样本轨道的一个性质. 应用概率统计，1991，7(1)：9-13.

[5] 陈雄. $\mathrm{OUP}_2^1$ 图集及像集的 Hausdorff 维数. 数学学报，1989，32(4)：433-438.

[6] Chen Xiong，Pan Xia. On Levy-Baxter theorem for general two-parameter Gaussian processes. Studia Scientiarum Math.，Hungariea，1991，26；401-410.

[7] 陈雄，张春生. 关于《$\mathrm{OUP}_2$ 转移概率及预测》一文的注记. 工程数学学报，1990，7(3)：84-88.

[8] 李应求. $\mathrm{OUP}_2^1$ 射线上的导出过程，应用概率统计，1989，5(4)：303-306.

[9] 罗首军. $\mathrm{OUP}_2^1$ 最大值分布的估计. 数学学报，1988，31(6)：721-728.

[10] Luo Shoujun. On the germ—Markov property of the

generalized $OUP_2^1$, Chinese Ann of Math, 1989, 10B(1): 65-73.

[11] 肖益民. $OUP_2^1$ 的像集的一些性质. 数学杂志, 1992, 12(2): 237-240.

[12] 薛行雄. $OUP_2^1$ 的奇点的蔓延. 应用概率统计, 1985, 1(1): 53-58.

[13] Zhang Runchu. Markov properties of Brownian sheet and extended $OUP_2^1$. Scientia Sinica, 1985, 28A (8): 814-825.

[14] 张新生. $N$ 参数 Ornstein-Uhlenbeck 过程的点常返性. 数学学报, 1994, 37(4): 440-443.

# Recent Advances in Multi-Parameter Orntein-Uhlenbeck Process

**Abstract** The paper is a systematic survey of the theory of multi-parameter Orstein-Uhlenbeck process. We discuss some results obtained in recent years.

**Keywords** $OUP_n^d$; $OUP_n^{+\infty}$; 3-point transition probabilities.

数学物理学报，1993，13(4)

# 多参数无穷维 OU 过程与布朗运动①

**摘要** $n$ 参数无穷维 Ornstein-Uhlenbeck 过程($\mathrm{OUP}_n^{+\infty}$)定义为$\{x_t^\cdot,\ \boldsymbol{t}=(t_1,\ t_2,\ \cdots,\ t_n)\in\mathbf{R}_+^n\}$，其中

$$x_t^\cdot = \mathrm{e}^{-\alpha^\cdot-\beta t}\left[x_0+\sigma\int_0^\cdot\int_0^t \mathrm{e}^{\alpha a+\beta b}B(\mathrm{d}a,\mathrm{d}\boldsymbol{b})\right],$$

而 $B(a,\ \boldsymbol{b})$为 $n+1$ 参数布朗运动. $x_t^\cdot$ 在 Wiener 空间 $W$ 中的分布记为$\mu_t$，$n$ 参数无穷维布朗运动 $B_t^\cdot$ 在 $W$ 中的分布记为$\mu_{t'}$. 本文给出 $\mu_t$ 与 $\mu_{t'}$绝对连续($\mu_t\Leftrightarrow\mu_{t'}$)的充分必要条件并研究其支集. 当 $Ex_0=0$ 时，$\mu_t\Leftrightarrow\mu_{t'}$，当且仅当

$$\prod_{i=1}^n(1-\mathrm{e}^{-2\beta_i t_i})=\prod_{i=1}^n(1-\mathrm{e}^{-2\beta_i t'_i}).$$

$\mu_t$ 集中在 $W$ 中半径为 $A_t=\sigma\sqrt{\prod_{i=1}^n\frac{1-\mathrm{e}^{-2\beta_i t_i}}{2\beta_i}}$ 的“圆”上. $x_0=0$时，$\mu_t\Leftrightarrow\mu_{t'}$，当且仅当 $A_i^2=t'_1t'_2\cdots t'_n$.

---

① 国家自然科学基金资助项目.

收稿日期：1991-07-17.

设 $\mathbf{R}^n$ 为 $n$ 维实欧氏空间，$\mathbf{R}_+^n=\{\boldsymbol{t}: \boldsymbol{t}=(t_1, t_2, \cdots, t_n)$，每$t_i\geqslant 0\}$. $(\Omega, \mathscr{F}, P)$为概率空间，$\Omega=(\omega)$. $F$ 为全体实值函数$f(s)$，$s\geqslant 0$(或 $s\in[0, d]$，$d<+\infty$)之集，$\mathscr{B}_F$ 为 $F$ 中子集 $\sigma$-代数，由全体有限维 Borel 柱集所产生. 若对每 $\boldsymbol{t}\in\mathbf{R}_+^n$，存在$(\Omega, \mathscr{F})\rightarrow(F, \mathscr{B}_F)$随机元 $x_t:=x_t(\omega)$，则称 $X=\{x_t, \boldsymbol{t}\in\mathbf{R}_+^n\}$ 为 $n$ 参数无穷维随机过程. 当 $\boldsymbol{t}$ 固定时，$x_t$ 是 $s\geqslant 0$ 的随机过程，故可记 $x_t$ 为 $x_t^{\cdot}$ 或$\{x_t(s), s\geqslant 0\}$；而当 $\boldsymbol{t}$ 及 $s$ 皆固定时，$x_t(s)$是实值随机变数.

称 $X$ 为 $n$ 参数无穷维正态过程，如对任意有限多个 $\boldsymbol{t}_i\in\mathbf{R}_+^n$，任意有限多个 $s_{ij}\geqslant 0$，

$$\{x_{ti}(s_{ij}): i=1, 2, \cdots, l; j=1, 2, \cdots, m_i\}$$

是 $\sum_{i=1}^{l}\sum_{j=1}^{M_i}s_{ij}$ 维正态随机向量.

称 $X$ 为 $n$ 参数无穷维 OU(Ornstein-Uhlenbeck)过程，记为 $\mathrm{OUP}_n^{+\infty}$，如它是正态的，而且对每固定的 $\boldsymbol{t}\in\mathbf{R}_+^n$，$\{x_t(s), s\geqslant 0\}$等价于(即有相同的有限维分布)某 $\mathrm{OUP}_1^1$. 后者是单参数一维 OU 过程$\{x(s), s\geqslant 0\}$，其中

$$x(s)=\mathrm{e}^{-\alpha s}\left[x_0+A\int_0^s \mathrm{e}^{\alpha a}B(\mathrm{d}a)\right] \tag{1}$$

称常数 $A>0$ 为此过程的扩散系数. 一般地，$\mathrm{OUP}_{n+1}^1\{x(s, \boldsymbol{t}), (s, \boldsymbol{t})\in\mathbf{R}_+^{n+1}\}$的定义是

$$x(s,\boldsymbol{t})=\mathrm{e}^{-\alpha s-\boldsymbol{\beta t}}\left[x_0+\sigma\int_0^s\int_0^{\boldsymbol{t}}\mathrm{e}^{\alpha a+\boldsymbol{\beta b}}B(\mathrm{d}a,\mathrm{d}\boldsymbol{b})\right], \tag{2}$$

其中 $\alpha>0$，$\beta_i>0$ 为常数，$\boldsymbol{\beta}=(\beta_1, \beta_2, \cdots, \beta_n)$，$\boldsymbol{\beta b}=\sum_{i=1}^{n}\beta_i b_i$，对 $\mathrm{d}\boldsymbol{b}$ 的积分是 $n$ 重的；$B$ 为 $n+1$ 参数布朗运动 $\mathrm{BM}_{n+1}^1$，它是正态过程，$EB(a, \boldsymbol{b})=0$，又

$$EB(a,\boldsymbol{b})B(a',\boldsymbol{b}')=k^2(a\wedge a')\prod_{i=1}^{n}(b_i\wedge b'_i), \tag{3}$$

$a\wedge a'=\min(a, a')$，$k>0$ 称为 $B$ 的扩散系数，但对(2)中的 $B$ 取 $k=1$；$x_0$ 或为常数，或为与 $B$ 独立的正态随机变量.

今通过 $\mathrm{OUP}_{n+1}^{1}$ 来定义 $\mathrm{OUP}_n^{+\infty}$：对 $\boldsymbol{t}\in\mathbf{R}_+^n$，令

$$x_t(s)=x(s.\boldsymbol{t}),\tag{4}$$

$\{x_t^{\cdot}, \boldsymbol{t}\in\mathbf{R}_+^n\}$ 是 $\mathrm{OUP}_n^{\infty}$ $(x_t^{\cdot}:=x_t^{(\cdot)})$. 因为，它显然是正态的，当 $\boldsymbol{t}$ 固定时，它等价于某 $\mathrm{OUP}_1^1$([1]～[4]). 本文只讨论由(4)及(2)定义的 $\mathrm{OUP}_n^{+\infty}$.

固定 $\boldsymbol{t}$，$x(s, \boldsymbol{t})$ 对 $s\geqslant 0$ 连续，故每 $x_t$ 是 Wiener 空间 $(\boldsymbol{W}, \mathscr{B}_W)$ 中的随机元. $x_t^{\cdot}$ 在 $(\boldsymbol{W}, \mathscr{B}_W)$ 中的分布记为 $\mu_t$.

同样，可通过上述 $n+1$ 参数布朗运动 $\mathrm{BM}_{n+1}^1$ 来定义 $n$ 参数无穷维布朗运动 $(\mathrm{BM}_n^{+\infty})\{B_t^{\cdot}, \boldsymbol{t}\in\mathbf{R}^n\}$：

$$B_t(s)=B(s, \boldsymbol{t}).\tag{5}$$

由(3)知固定 $\boldsymbol{t}$ 时，$\{B_t(s), s\geqslant 0\}$ 是单参数一维布朗运动 $\mathrm{BM}_1^1$，相关函数为

$$EB_t(u)B_t(v)=k^2t_1t_2\cdots t_n\cdot(u\wedge v),\tag{6}$$

$B_t^{\cdot}$ 在 Wiener 空间中的分布记为 $\mu_{t'}$.

本文的目的主要是研究 $\mu_t$，$\mu_{t'}$ 的绝对连续性及其支集.

**定理 1** 固定 $\boldsymbol{t}$，下列四随机元在 Wiener 空间中同分布：

(i) $x_t^{\cdot}$：$x_t(s)$ 由(4)(2)定义；

(ii) $y_t^{\cdot}:y_t(s)=\mathrm{e}^{-\alpha s}\left[\mathrm{e}^{-\beta t}x_0+\sigma\prod\limits_{i=1}^{n}\sqrt{\dfrac{1-\mathrm{e}^{-2\beta_it_i}}{2\beta_i}}\int_0^s\mathrm{e}^{\alpha a}\mathrm{d}B(a)\right]$，

$B$ 为 $\mathrm{BM}_1^1$；

(iii) $z_t^{\cdot}:z_t(s)=\mathrm{e}^{-\alpha s}\left[\mathrm{e}^{-\beta t}x_0+\sigma\prod\limits_{i=1}^{n}\sqrt{\dfrac{1-\mathrm{e}^{-2\beta_it_i}}{2\beta_i}}B\left(\dfrac{\mathrm{e}^{2\alpha s}-1}{2\alpha}\right)\right]$，

$B$ 为 $\mathrm{BM}_1^1$；

(iv) $u_t^{\cdot}$：$u_t(s)=\mathrm{e}^{-\alpha s-\beta l}\left[x_0+\sigma B_{t'}\left(\dfrac{\mathrm{e}^{2\alpha s}-1}{2\alpha}\right)\right]$，$\{B_t^{\cdot}\}$ 为

$\mathrm{BM}_n^{+\infty}$，$k=1$，$t_i'=\dfrac{\mathrm{e}^{2\beta_i t_i}-1}{2\beta_i}$.

**证** 此四随机元皆正态，有相同均值 $\mathrm{e}^{-\alpha s-\beta t}Ex_0$. $x_t^{\cdot}$ 的相关函数为

$$
\begin{aligned}
R_t(u, v) &= Ex_t(u)x_t(v)\\
&= \mathrm{e}^{-\alpha(u+v)-2\beta t}\left\{Ex_0^2+\sigma^2 E\left[\int_0^u\int_0^t \mathrm{e}^{\alpha a+\beta b}B(\mathrm{d}a,\mathrm{d}\boldsymbol{b})\cdot\right.\right.\\
&\quad\left.\left.\int_0^v\int_0^t \mathrm{e}^{\alpha a+\beta b}B(\mathrm{d}a,\mathrm{d}\boldsymbol{b})\right]\right\}\\
&= \mathrm{e}^{-\alpha(u+v)-2\beta t}\left\{Ex_0^2+\sigma^2\int_0^{u\wedge v}\mathrm{e}^{2\alpha a}\,\mathrm{d}a\int_0^t \mathrm{e}^{2\beta b}\,\mathrm{d}\boldsymbol{b}\right\}\\
&= \mathrm{e}^{-\alpha(u+v)}\left\{\mathrm{e}^{-2\beta t}Ex_0^2+\sigma^2\,\frac{\mathrm{e}^{2\alpha(u\wedge v)}-1}{2\alpha}\prod_{i=1}^n\frac{1-\mathrm{e}^{-2\beta_i t_i}}{2\beta_i}\right\}
\end{aligned}
\tag{7}
$$

类似计算，知上述四随机元有相同的相关函数(7)，故同分布，详情从略.

众所周知，对同一空间中两正态分布 $\mu$ 和 $\mu'$ 只有两种可能：或者相互绝对连续，记为 $\mu\Leftrightarrow\mu'$；或者互垂，记为 $\mu\perp\mu'$.

考虑集 $S(r)$ 及 $B(r)$：

$$S(r)=\left(f: f\in W,\lim_{n\to+\infty}\sum_{k=1}^{2^n}\left|f\left(\frac{k}{2^n}\right)-f\left(\frac{k-1}{2^n}\right)\right|^2=r^2\right),\tag{8}$$

$$B(r)=\left(f: f\in W,\lim_{n\to+\infty}\sum_{k=1}^{2^n}\left|f\left(\frac{k}{2^n}\right)-f\left(\frac{k-1}{2^n}\right)\right|^2\leqslant r^2\right),\tag{9}$$

分别称 $S(r)$ 与 $B(r)$ 为 $W$ 中半径为 $r>0$ 的圆与球.

本文以下，特别在定理 2～5 中，皆设 $s\in[0, d]$，$d<+\infty$.

**定理 2** 设 $Ex_0=0$，固定 $\boldsymbol{t}$ 及 $\boldsymbol{t}'$.

(i) $\mu_t\Leftrightarrow\mu_t'$之充分必要条件为

$$\prod_{i=1}^{n}(1-\mathrm{e}^{-2\beta_i t_i})=\prod_{i=1}^{n}(1-\mathrm{e}^{-2\beta_i t_i'});\tag{10}$$

(ii) $\mu_t$ 集中在圆 $S(A_t)$上 $\mu_t(S(A_t))=1$，这里

$$A_t=\sigma\prod_{i=1}^{n}\sqrt{\frac{1-\mathrm{e}^{-2\beta_i t_i}}{2\beta_i}},\tag{11}$$

亦即

$$\mu_t\left(\lim_{n\to+\infty}\sum_{k=1}^{2^n}\left|x_t\left(\frac{k}{2^n}\right)-x_t\left(\frac{k-1}{2^n}\right)\right|^2=A_t^2\right)=1;\tag{12}$$

(iii) 若 $n=1$，则一切 $\mu_t(t>0)$皆互垂.

**证** 考虑(1)中的 $\mathrm{OUP}_1^1\{x(s)\}$，不难算出其相关函数为

$$R(u,\ v)=Ex(u)x(v)=\mathrm{e}^{-\alpha(u+v)}\left[Ex_0^2+A^2\ \frac{\mathrm{e}^{2\alpha(u\wedge v)}-1}{2\alpha}\right],$$

$$p(u):=\lim_{v\downarrow u}\frac{\partial R(u,\ v)}{\partial u}=\frac{A^2}{2}(1+\mathrm{e}^{-2\alpha u})-\alpha\mathrm{e}^{-2\alpha u}Ex_0^2,$$

$$q(u):=\lim_{v\uparrow u}\frac{\partial R(u,\ v)}{\partial u}=-\frac{A^2}{2}(1-\mathrm{e}^{-2\alpha u})-\alpha\mathrm{e}^{-2\alpha u}Ex_0^2,$$

$$D(u)\triangleq p(u)-q(u)=A^2,\ u>0,\tag{13}$$

称 $D(u)$为过程$\{x(s)\}$的示性函数，它恰好等于扩散系数 $A$ 的平方，而不依赖于 $\alpha$ 及 $x_0$.

$x_t'=[x_t(s)]$是 $\mathrm{OUP}_1^1$，由定理1(ii)，其扩散系数为 $A_t$，因而它的示性函数为

$$D_t(u)=A_t^2=\sigma^2\prod_{i=1}^{n}\left(\frac{1-\mathrm{e}^{-2\beta_i t_i}}{2\beta_i}\right).\tag{14}$$

由假设 $Ex_0=0$ 得 $Ex_t(s)=Ex_{t'}(s)=0$. 由(7)知 $R_t(0,\ 0)$与 $R_{t'}(0,\ 0)$或同时为 0，或同时不为 0. 于是由[5，定理5.2.6]知 $\mu_t\Leftrightarrow\mu_{t'}$之充分必要条件是 $x_t'$ 与 $x_{t'}'$ 的示性函数 $D_t(u)$与$D_{t'}(u)$几乎处处(关于 Lebesgue 测度)相等，亦即(10)成立.

其次，由 Baxter 定理[6，定理 20.4]，$\mu_t$ 集中在半径之平方为

$$\int_0^1 D_t(u)\mathrm{d}u = A_t^2$$

之圆上，此得证(ii).

最后，当 $n=1$ 时，若 $t$，$t'$满足(10)，则 $t=t'$；故如 $t\neq t'$，必有$\mu_t \perp \mu_t{'}$，

以$\langle\mu\rangle$表测度 $\mu$ 之支集(Support). 由(14)

$$A_t^2 \leqslant \frac{\sigma^2}{\prod_{i=1}^{n}(2\beta_i)},$$

于是得

**系 1** $$\bigcup_{t\in\mathbf{R}_+^n}\langle\mu\rangle \subset \bigcup_{t\in\mathbf{R}_+^n} S(A_t) \subset B\left(\frac{\sigma}{\sqrt{\prod_{i=1}^{n}(2\beta_i)}}\right),$$

这表示 $\mathrm{OUP}_n^{+\infty}$ 全部分布范围有界，以概率 1 不超出半径为 $\frac{\sigma}{\sqrt{\prod_{i=1}^{n}(2\beta_i)}}$ 的球；这与 $\mathrm{BM}_n^{+\infty}$ 不同(见定理 3).

**注 1** $\mathbf{R}_+^n$ 中集 $A(a):=(\boldsymbol{t}:A_t^2=a^2)$对应于圆 $S(a)\subset W$：

$$A(a)\rightarrow S(a);0<a<\frac{\sigma}{\sqrt{\prod_{i=1}^{n}(2\beta_i)}}.$$

当 $n>1$ 时，$A(a)$含许多点 $\boldsymbol{t}$，定理 2 表示，它们所对应的许多 $\mu_t(\boldsymbol{t}\in A(a))$皆集中在同一圆 $S(a)$上. 这与 $n=1$ 不同，此时$A(a)$只含一点. 直观上可想象 $A(a)$为 $a$—水平面. 密度$\frac{\mathrm{d}\mu_t}{\mathrm{d}\mu_{t'}}$可用[8]中方法求出.

下面讨论 $\mathrm{BM}_n^{+\infty}\{B_t^{\cdot}, \boldsymbol{t}\in\mathbf{R}_+^n\}$，它由(5)定义. 对固定 $\boldsymbol{t}$，$\{B_t(s)\}$是 $\mathrm{BM}_1^1$，相关函数为

$$EB_t(u)B_t(v)=k^2t_1t_2\cdots t_n\cdot(u\wedge v),$$

仿(13)，示性函数为

$$D_t(u)=k^2 t_1 t_2 \cdots t_n.$$

下列定理可参照定理 2 证明，故证明从略.

**定理 3** 对 $\mathrm{BM}_n^{+\infty}$，固定 $\boldsymbol{t}$ 与 $\boldsymbol{t}'$，

(i) $\nu_t \Leftrightarrow \nu_{t'}$ 之充分必要条件是 $t_1 t_2 \cdots t_n = t_1' t_2' \cdots t_n'$；

(ii) $\nu_t\left(\lim\limits_{n\to+\infty}\sum\limits_{k=1}^{2^n}\left|B_t\left(\frac{k}{2^n}\right)-B_t\left(\frac{k-1}{2^n}\right)\right|^2=k^2 t_1 t_2\cdots t_n\right)=1$；

(ii) 如 $n=1$，一切 $\nu_t(t\geqslant 0)$ 互垂.

**注 2** 与注 1 类似，令 $c(a)=(\boldsymbol{t}:\ t_1 t_2\cdots t_n=a^2)$，则一切 $\nu_t(\boldsymbol{t}\in c(a))$ 皆集中在同一圆 $S(ka)$ 上，$a>0$. 但没有与系 1 中后一结论相似的结果.

**定理 4** 设(2)中 $x_0=0$，则 $\mu_t \Leftrightarrow \mu_{t'}$ 之充分必要条件为

$$\sigma^2\prod_{i=1}^{n}\left(\frac{1-\mathrm{e}^{-2\beta_i t_i}}{2\beta_i}\right)=k^2 t_1' t_2' \cdots t_n',$$

特别，若 $n=\sigma=k=1$，则 $\mu_t \perp \mu_{t'}$，$t>0$.

以上皆设 $n\geqslant 1$；为完整计再讨论 $n=0$ 的情形. 由于 $\mathbf{R}_+^0=\varnothing$(空)，我们约定 0 参数无穷维过程即为单参数一维过程. 考虑(1)中的 $\mathrm{OUP}_1^1$，及 $\mathrm{BM}_1^1$，后者的相关函数为 $k^2(u\wedge v)$，示性函数为 $k^2$. $\mathrm{OUP}_1^1$ 在 Wiener 空间中的分布依赖于 $x_0$，$\alpha$ 及 $A$，故应记为 $\mu_{x_0,\alpha,A}$；而 $\mathrm{BM}^1$ 的分布则应记为 $\nu_k$. 回忆 $\mathrm{OUP}_1^1$ 之示性函数为 $A^2$，见(13).

**定理 5**

(i) 设 $Ex_0=Ex'=0$，则 $\mu_{x_0,\alpha,A}\Leftrightarrow\mu_{x_0',\alpha',A'}$ 之充分必要条件为 $A=A'$；

(ii) 若 $k\neq k'$，则 $\mu_k\perp\mu_k'$；

(iii) 设 $x_0=0$，则 $\mu_A\Leftrightarrow\mu_k$ 之充分必要条件为 $A=k$.

关于 $\mathrm{OUP}_1^{+\infty}$ 之研究尚有[7]，但定义不同.

## 参考文献

[1] 王梓坤. 两参数 Ornstein-Uhlenbeck 过程. 数学物理学报，1983，3(4)：395-406.

[2] 王梓坤. 两参数 Ornstein-Uhlenbeck 过程的转移概率及预测. 科学通报，1986，31(23)：1 761-1 764.

[3] 薛行雄. 两参数 Ornstein-Uhlenbeck 过程的奇点的蔓延. 应用概率统计，1985，1(1)：53-57.

[4] 廖昭懋. $n$-参数 Ornstein-Uhlenbeck 过程. 北京师范大学学报(自然科学版)，1989，(1)：13-20.

[5] 夏道行. 无限维空间上测度和积分论(上册). 上海：上海科技出版社，1965.

[6] Yeh J. Stochastic Processes and the Wiener Integral. Marcel Dekker Inc.，1973.

[7] Itô K. Infinite Dimensional Ornstein-Uhlenbeck Processes. Taniguchi Symp. SA，Katata，1982：197-224.

[8] Dale E Varberg. On equivalence of Gaussian measures. Pacific Journal of Mathematics，1961，11(2)：751-762.

中国科学，1993，23A(11)

# 一致椭圆扩散的一个比较定理及其应用[①]

**摘要** 本文得到了一致椭圆扩散与 Brown 运动之间的一个比较定理，利用此比较定理我们给出了一致椭圆扩散像集的 Packing 测度的上界估计及其样本轨道的整体连续模的上界估计.

**关键词** 一致椭圆扩散；Packing 测度；整体连续模.

考虑随机微分方程

$$\mathrm{d}X_s=\sigma(X_s)\mathrm{d}B_t+b(X_s)\mathrm{d}t, \tag{1}$$

其中 $B=\{B_t, \mathscr{F}_t, 0\leqslant t<+\infty\}$ 是 $\mathbf{R}^d$ 上的 Brown 运动，系数 $\boldsymbol{\sigma}(x)=(\sigma_{ij}(x))_{d\times d}$，$b(x)=(b_1(x), b_2(x), \cdots, b_d(x))$ 且 $\sigma_{ij}$，$b_i$：$\mathbf{R}^d\to\mathbf{R}$，$1\leqslant i, j\leqslant d$ 都是 $\mathbf{R}^d$ 上的 Borel 可测函数. 本文恒假定 $\sigma_{ij}$ 满足一致椭圆条件，即存在 $0<\lambda_1<\lambda_2<+\infty$，使对任意 $\boldsymbol{\xi}\in\mathbf{R}^d$，$x\in\mathbf{R}^d$ 有

$$\lambda_1\boldsymbol{\xi}^{\mathrm{T}}\boldsymbol{\xi}\leqslant\boldsymbol{\xi}^{\mathrm{T}}\boldsymbol{a}(x)\boldsymbol{\xi}\leqslant\lambda_2\boldsymbol{\xi}^{\mathrm{T}}\boldsymbol{\xi}, \tag{2}$$

---

① 收稿日期：1992-06-24；收修改稿日期：1992-10-26.
国家自然科学基金资助项目.
本文与李占柄、张新生合作.

其中 $\boldsymbol{\xi}^{\mathrm{T}}$ 为 $\boldsymbol{\xi}$ 的转置，$\boldsymbol{a}(x)=\boldsymbol{\sigma}(x)\boldsymbol{\sigma}^{\mathrm{T}}(x)$，此时称 $X_t$ 为 $\mathbf{R}^d$ 上的一致椭圆扩散.

设 $X_t^{(k)}$，$k=1$，2 分别是(1)式的相应于 $\sigma_{ij}^{(k)}$，$b_i^{(k)}$ 的解. 当 $\sigma_{ij}^{(k)}$，$k=1$，2 相同时，在对 $b_i^{(k)}$，$k=1$，2 加适当条件后可得到 $X_t^{(k)}$ 之间的强比较定理[1,2]，当 $\sigma_{ij}^{(k)}$，$k=1$，2 不同时，一般得不到 $X_t^{(k)}$ 之间的强比较定理，但可得到其他形式的比较定理. 文献[3]中首先给出了一种形式的比较定理，稍后文献[4]也得到了类似形式的比较定理. 本文得到如下形式的比较定理：

**定理 1** 设 $X_t$ 是 $d$ 维一致椭圆扩散，$d\geqslant 2$ 且 $b(x)=0$，则 $\forall\, t>0$，$\forall\, C>0$，$\forall\, x\in\mathbf{R}^d$，

$$P_x(\mid X_t\mid\geqslant C)\leqslant 2P_x\left(\mid B_t\mid\geqslant\frac{C}{\sqrt{\lambda_2}}\right),$$

$$P_x(\sup_{0\leqslant t\leqslant T}\mid X_t\mid\geqslant C)\leqslant 2P_x\left(\sup_{0\leqslant t\leqslant T}\mid B_t\mid\geqslant\frac{C}{\sqrt{\lambda_2}}\right).$$

**证** 首先假定 $\lambda_2=1$，下面分几步证明.

(i) 令 $R_t=\mid B_t\mid$，$\widetilde{R}_t=\mid X_t\mid$，注意到

$$\frac{\partial\mid x\mid}{\partial x_i}=\frac{x_i}{\mid x\mid},\qquad \frac{\partial\mid x\mid}{\partial x_i\,\partial x_j}=\frac{\delta_{ij}}{\mid x\mid}-\frac{x_ix_j}{\mid x\mid^3},$$

其中
$$\delta_{ij}=\begin{cases}1, & i=j,\\ 0, & i\neq j\end{cases}$$

且当 $d\geqslant 2$ 时，有
$$T_0\equiv\inf\{t>0,\ R_t=0\}=+\infty,\qquad \text{a. s.},$$
$$\widetilde{T}_0\equiv\inf\{t>0,\ \widetilde{R}_t=0\}=+\infty,\qquad \text{a. s.},$$

对 $\widetilde{T}_0$ 的断言可见[5]中 § 11. 4 的定理 4. 1.

应用 It ô公式有

$$R_t=\mid x\mid+\sum_{i=1}^{d}\int_0^t R_u^{-1}B_u^i\,\mathrm{d}B_u^i+\frac{1}{2}\int_0^t(d-1)R_u^{-1}\,\mathrm{d}u.$$

注意到 $\left\langle\sum_{i=1}^{\mathrm{d}}\int_0^t R_u^{-1}B_u^i\,\mathrm{d}B_u^i\right\rangle_t=t$，于是上式可重写为

$$R_t = |x| + \int_0^t \mathrm{d}\beta_u + \frac{1}{2}\int_0^t (d-1)R_u^{-1}\mathrm{d}u,$$

这里 $\beta_u$ 是一维 Brown 运动. 同理，

$$\widetilde{R}_t = |x| + \sum_{i=1}^{\mathrm{d}}\int_0^t \widetilde{R}_u^{-1}X_u^i \mathrm{d}X_u^i +$$
$$\frac{1}{2}\sum_{i,j}\int_0^t a_{ij}(X_u)\widetilde{R}_u^{-1}\left[\delta_{ij} - \frac{X_u^i X_u^i}{\widetilde{R}_u^2}\right]\mathrm{d}u,$$

由于 $$\left\langle\int_0^t \widetilde{R}_u^{-1}X_u^{\mathrm{T}}\mathrm{d}X_u\right\rangle_t = \int_0^t \widetilde{R}_u^{-2}X_u^{\mathrm{T}}a(X_u)X_u\mathrm{d}u,$$

所以 $$\lambda_1 t \leqslant \left\langle\int_0^t \widetilde{R}_u^{-1}X_u^{\mathrm{T}}\mathrm{d}B_u\right\rangle_t \leqslant t \quad （因为\ \lambda_2 = 1）.$$

由[1]定理 16.1 知：存在一维 Brown 运动 $\widetilde{W}_u$ 及 $H_u$ 使

$$\int_0^t \widetilde{R}_u^{-1}X_u^{\mathrm{T}}\mathrm{d}X_u = \int_0^t H_u \mathrm{d}\widetilde{W}_u,$$

其中 $H_u^2 = \widetilde{R}_u^{-2}X_u^{\mathrm{T}}\sigma(X_u)\sigma^{\mathrm{T}}(X_u)X_u$，注意到 $H_u^2 \leqslant 1$，记

$$h(X_u) = \frac{\mathrm{Trace}\ a(X_u) - \widetilde{R}_u^{-2}X_u^{\mathrm{T}}a(X_u)X_u}{2\widetilde{R}_u}.$$

于是 $$\widetilde{R}_u = |x| + \int_0^t H_u\mathrm{d}\widetilde{W}_u + \int_0^t h(X_u)\mathrm{d}u.$$

注意到 $$h(X_u) \leqslant \frac{d-1}{2\widetilde{R}_u}.$$

（ii）$\forall \varepsilon > 0$，作

$$b(y) = \begin{cases} \dfrac{d-1}{2y}, & y \geqslant \varepsilon, \\ \dfrac{(d-1)y}{2\varepsilon^2}, & y \in (0,\ \varepsilon), \\ 0, & y \leqslant 0. \end{cases}$$

由[1]定理 25.1 知如下随机微分方程的强解存在：

$$Z_t^\varepsilon = |x| + \int_0^t H_u\mathrm{d}\widetilde{W}_u + \int_a^t b(Z_u^\varepsilon)\mathrm{d}u.$$

令 $\tilde{\tau}_{\delta}=\inf\{t>0,\ \widetilde{R}_s\leqslant\varepsilon\}$，$\tau_{\varepsilon}=\inf\{t>0,\ Z_t^{\varepsilon}\leqslant\varepsilon\}$，$Y_t=\widetilde{R}_{t\wedge\tau_{\varepsilon}\wedge\tilde{\tau}_{\varepsilon}}-Z^{\varepsilon}_{t\wedge\tau_{\varepsilon}\wedge\tilde{\tau}_{\varepsilon}}$

易见 $$Y_t=\int_0^{t\wedge\tau_{\varepsilon}\wedge\tilde{\tau}_{\varepsilon}}[h(X_u]-\frac{d-1}{Z_u^{\varepsilon}}]\mathrm{d}u.$$

于是 $Y_t$ 是一有界变差过程，所以$\langle Y\rangle_t\equiv 0$，设 $L_t^0$ 为半鞅 $Y_t$ 在 0 点的局部时，由[1]定理 17.2 的注可知 $L_t^0=0$，a. s. 于是由半鞅的 Tanaka 公式：

$$\begin{aligned}
Y_t^+&=\int_0^t I_{(0,+\infty)}(Y_u)\mathrm{d}Y_u+\frac{1}{2}L_t^0\\
&=\int_0^t I_{\{Y_u>0\}}[h(X_{u\wedge\tau_{\varepsilon}\wedge\tilde{\tau}_{\varepsilon}})-\frac{d-1}{2Z^{\delta}_{u\wedge\tau_{\varepsilon}\wedge\tilde{\tau}_{\varepsilon}}}]\mathrm{d}u\\
&\leqslant\int_0^t I_{\{Y_u>0\}}\left(\frac{d-1}{2\widetilde{R}_{u\wedge\tau_{\varepsilon}\wedge\tilde{\tau}_{\varepsilon}}}-\frac{d-1}{2Z^{\varepsilon}_{u\wedge\tau_{\varepsilon}\wedge\tilde{\tau}_{\varepsilon}}}\right)\mathrm{d}u\\
&\leqslant\frac{d-1}{2}\int_0^t I_{\{Y_u>0\}}\frac{|Z^{\varepsilon}_{u\wedge\tau_{\varepsilon}\wedge\tilde{\tau}_{\varepsilon}}-\widetilde{R}_{u\wedge\tau_{\varepsilon}\wedge\tilde{\tau}_{\varepsilon}}|}{\widetilde{R}_{u\wedge\tau_{\varepsilon}\wedge\tilde{\tau}_t}\cdot Z^{\varepsilon}_{u\wedge\tau_{\varepsilon}\wedge\tilde{\tau}_{\varepsilon}}}\mathrm{d}u\\
&\leqslant\frac{d-1}{2\varepsilon^2}\int_0^t Y_u^+\mathrm{d}u.
\end{aligned}$$

由 Gronwall 不等式知 $Y_t^+\equiv 0$ a. s. 即 $\widetilde{R}_{t\wedge\tau_{\varepsilon}\wedge\tilde{\tau}_{\varepsilon}}\leqslant Z^{\varepsilon}_{t\wedge\tau_{\varepsilon}\wedge\tilde{\tau}_{\varepsilon}}$ a. s. 故$\forall_{\varepsilon}>0$，有

$$P_x(Z_s^{\varepsilon}\geqslant\widetilde{R}_s,\ s\leqslant\tau_{\varepsilon}\wedge\tilde{\tau}_{\varepsilon})=1. \tag{3}$$

下证明对固定的 $t>0$，$\forall\delta>0$，$\exists\varepsilon>0$，使$\forall|x|>\varepsilon$，有

$$P_x(\tau_{\varepsilon}\leqslant t)\leqslant\delta,\ x\in\mathbf{R}^d. \tag{4}$$

先证$\forall\varepsilon>0$，$\forall x\in\mathbf{R}^d$，当$|x|>\varepsilon$时，有 $P_x(\tau_{\varepsilon}\geqslant\tilde{\tau}_{\varepsilon})=1$. 若不然，设$\exists\varepsilon_0$，$x_0\in\mathbf{R}^d$，$|x_0|>\varepsilon_0$ 及 $c>0$ 使 $P_{x_0}(\tau_{\varepsilon_0}<\tilde{\tau}_{\varepsilon_0})=c$. 由于 $\widetilde{R}_s$ 及 $Z_s^{s_0}$ 轨道连续性知

$$(\tau_{\delta_0}<\tilde{\tau}_{\varepsilon_0})\subset(\widetilde{R}_{\tau_{\varepsilon_0}}>\varepsilon_0)=(\widetilde{R}_{\tau_{\varepsilon_0}}>Z^{\varepsilon_0}_{\tau_{\varepsilon_0}}).$$

所以 $P_{x_0}(\widetilde{R}_{\tau_{\varepsilon_0}}>Z^{\varepsilon_0}_{\tau_{\delta_0}},\ \tau_{\delta_0}<\tilde{\tau}_{\varepsilon_0})=P_{x_0}(\tau_{\varepsilon_0}<\tilde{\tau}_{\varepsilon_0})=c>0$. 此与(3)式矛盾.

又仿[6]中 P47 的引理 1 可证 $P_x(\lim\limits_{\varepsilon\downarrow 0}\tilde{\tau}_\varepsilon=\widetilde{T}_0)=1$，其中 $\widetilde{T}_0=\inf\{t>0,\ \widetilde{R}_t=0\}$. 由[5]中 § 11.4 定理 4.1 知 $P_x(\widetilde{T}_0=+\infty)=1$. 再由 $P_x(\tau_\varepsilon\geqslant\tilde{\tau}_\varepsilon)=1$ 知 $P_x(\lim\limits_{\varepsilon\downarrow 0}\tau_\varepsilon=+\infty)=1$，故对固定 $t>1$，$\forall\delta>0$，可取 $\varepsilon>0$，使 $\forall x\in\mathbf{R}^d$，当 $|x|>\varepsilon$ 时，有 $P_x(\tau_\varepsilon\leqslant t)\leqslant\delta$.

(iii) 考虑如下随机微分方程：

$$Y_\xi^\varepsilon(t)=|x|+\int_0^t b(Y_i^\varepsilon(u))\mathrm{d}u+\int_0^t H_u\mathrm{d}\widetilde{W}_u+(-1)^i\int_0^t(1-H_u^2)\ \frac{1}{2}\mathrm{d}\widetilde{B}_u, \tag{5}$$

其中 $\{\widetilde{B}_u\}_{u\geqslant 0}$ 是与 $\{\widetilde{W}_u\}_{u\geqslant 0}$ 相互独立的一维 Brown 运动，$b(x)$ 的定义同（ii）. 由［1］定理 25.1 知（5）式的强解存在. 又 $\left\langle\int_0^t H_u\mathrm{d}\widetilde{W}_u+(-1)^i\int_0^t(1-H_u^2)^{\frac{1}{2}}\mathrm{d}\widetilde{B}_u\right\rangle_t=t, i=1,2.$ 及当 $y\geqslant\varepsilon$ 时 $b(y)=\dfrac{d-1}{2y}$，由[13]中第 101 页引理 3.1 知 $\{Y_i^\varepsilon(t)\}_t\geqslant 0$ 与 $\{R_t\}_{t\geqslant 0}$ 在 $\mathscr{F}_{T_\varepsilon^i}$ 上具有相同的分布，这里 $T_\varepsilon^i=\inf\{t>0,\ Y_i^\varepsilon(t)\leqslant\varepsilon\}$. $\mathscr{F}_{T_\varepsilon^i}=\{\Gamma:\ \Gamma\cap\{T_\varepsilon^i\leqslant t\}\in\mathscr{F}_t^i\}$，$\mathscr{F}_t^i=\sigma\{Y_i^\varepsilon(s),\ s\leqslant t\}$，$i=1,\ 2$.

令 $\overline{Y}_t^\varepsilon=\dfrac{1}{2}[Y_1^\varepsilon(t)+Y_2^\varepsilon(t)]$，$r_\varepsilon=T_\varepsilon^1\wedge T_\varepsilon^2\wedge\tau_\varepsilon$（这里 $\tau_\varepsilon=\inf\{s:Z_s^\varepsilon\leqslant\varepsilon\}$），$V_t=Z_{t\wedge r_\varepsilon}-\overline{Y}_{t\wedge r_\varepsilon}$，则

$$V_t=\frac{d-1}{2}\int_0^{t\wedge r_e}\left\{\frac{1}{Z_u^\varepsilon}-\frac{1}{2}\left[\frac{1}{Y_1^\varepsilon(u)}+\frac{1}{Y_2^\varepsilon(u)}\right]\right\}\mathrm{d}u.$$

注意到对 $a>0$，$b>0$，有 $\dfrac{1}{a}+\dfrac{1}{b}>\dfrac{4}{a+b}$，于是同(ii)类似有

$$\begin{aligned}V_\tau^+&=\int_0^t I_{\{V_u>0\}}\mathrm{d}V_u+\frac{1}{2}\widetilde{L}_t^0\ (\widetilde{L}_t^0\ \text{为}\ V_t\ \text{在 0 点的局部时})\\&=\frac{d-1}{2}\int_0^t I_{\{V_t>0\}}\left\{\frac{1}{Z_{u\wedge r_\varepsilon}^\varepsilon}-\frac{1}{2}\left[\frac{1}{Y_1^\varepsilon(u\wedge r_\varepsilon)}+\frac{1}{Y_2^\varepsilon(u+r_\varepsilon)}\right]\right\}\mathrm{d}u\end{aligned}$$

（因 $V_t$ 是一有界变差过程，$\widetilde{L}_t^0=0$ a. s.）

$$\leqslant \frac{d-1}{2}\int_0^t I_{(V_u>0)}\left(\frac{1}{Z^{\varepsilon}_{u\wedge r_\varepsilon}}-\frac{4}{2[Y^{\varepsilon}_1(u\wedge r_\varepsilon)+Y^{\varepsilon}_2(u\wedge r_\varepsilon)]}\right)\mathrm{d}u$$

$$=\frac{d-1}{2}\int_0^t I_{(V_u>0)}\left(\frac{1}{Z^{\varepsilon}_{u\wedge r_\varepsilon}}-\frac{1}{\overline{Y}^{\varepsilon}(u\wedge r_\varepsilon)}\right)\mathrm{d}u$$

$$\leqslant \frac{d-1}{2\varepsilon^2}\int_0^t I_{(V_u>0)}\,|V_u|\,\mathrm{d}u\leqslant \frac{d-1}{2\varepsilon^2}\int_0^t V_u^+\mathrm{d}u,$$

于是由 Gronwall 不等式知 $V_s^{\tau}=0$ a. s. 即 $Z^{\varepsilon}_{t\wedge\tau_\varepsilon}\leqslant \overline{Y}^{\varepsilon}_{t\wedge r_\varepsilon}$，所以 $P_x(Z^{\varepsilon}_s\leqslant\overline{Y}_s,\ s<r_s)=1$.

类似于(ii)可得 $\forall\ |x|>\varepsilon$，$P_x(r_\varepsilon\geqslant\tau_\varepsilon)=1$，$x\in\mathbf{R}^d$. 于是由(ii)知，对固定 $t>0$，$\forall\delta>0$，$\exists\,\varepsilon>0$，使

$$P_x(r_\varepsilon\leqslant t)\leqslant\delta,\ x\in\mathbf{R}^d,\ x\neq 0. \tag{6}$$

(iv) 往证 $P_x(\widetilde{R}_t\geqslant C)\leqslant 2P_x(R_t\geqslant C)$.

由于 $\forall\delta>0$，由(ii)知 $\exists\,\varepsilon_0>0$ 使

$$P_x(\tau_{\varepsilon_0}\wedge\tilde{\tau}_{\varepsilon_0}\leqslant t)\leqslant\delta.$$

所以

$$P_x(\widetilde{R}_t\geqslant C)=P_x(\widetilde{R}_t\geqslant C,\ \tau_{\varepsilon_0}\wedge\tilde{\tau}_{\varepsilon_0}\leqslant t)+P_x(\widetilde{R}_t\geqslant C,\ \tau_{\varepsilon_0}\wedge\tilde{\tau}_{\varepsilon_0}>t)$$
$$\leqslant P_x(\widetilde{R}_t\geqslant C,\ \tau_{\varepsilon_0}\wedge\tilde{\tau}_{\varepsilon_0}>t)+\delta.$$

对上述 $\delta>0$，也 $\exists\,\varepsilon_1>0$，使 $P_x(r_{\varepsilon_1}\leqslant t)\leqslant\delta(x\geqslant\varepsilon_1)$.

取 $\varepsilon<\min(\varepsilon_0,\ \varepsilon_1)$，则有 $P_x(Z^{\varepsilon}_1\geqslant C)\leqslant P_x(Z^{\varepsilon}_t\geqslant C,\ r_\varepsilon\geqslant t)+\delta$，于是

$$P_x(\widetilde{R}_t\geqslant C)\leqslant P_x(\widetilde{R}_t\geqslant C,\ \tau_\varepsilon\wedge\tilde{\tau}_\varepsilon>t)+\delta\leqslant P_x(Z^{\varepsilon}_t\geqslant C,\ \tau_\varepsilon\wedge\tilde{\tau}_\varepsilon>t)+\delta$$
$$\leqslant P_x(Z^{\varepsilon}_t\geqslant C)+\delta\leqslant P_x(Z^{\varepsilon}_t\geqslant C,\ r_\varepsilon\geqslant t)+2\delta$$
$$\leqslant P_x(\overline{Y}^{\varepsilon}_t\geqslant C,\ r_\varepsilon\geqslant t)+2\delta$$
$$\leqslant P_x(\max(Y^{\varepsilon}_1(t),\ Y^{\varepsilon}_2(t))\geqslant C,\ r_\varepsilon\geqslant t)+2\delta$$
$$\leqslant P_x(Y^{\varepsilon}_1(t)\geqslant C,\ r_\varepsilon\geqslant t)+P_x(Y^{\varepsilon}_2(t)\geqslant C,\ r_\varepsilon\geqslant t)+2\delta$$
$$=2P_x(R_t\geqslant C)+2\delta.$$

由 $\delta>0$ 的任意性得证：$P_x(\widetilde{R}_s\geqslant C)\leqslant 2P_x(R_t\geqslant C)$，即

$$P_x(\,|X_t|\geqslant C)\leqslant 2P_x(\,|B_t|\geqslant C),\ \forall\,C>0,\ |x|>0.$$

同理可证：$\forall x\neq 0$，有

$$P_x(\sup_{0\leqslant t\leqslant T}|X_t|\geqslant C)$$
$$\leqslant 2P_x(\sup_{0\leqslant t\leqslant T}|B_t|\geqslant C),\ \forall C>0,\ T>0.$$

当 $\lambda_2\neq 1$ 时，令

$$\widetilde{L}=\frac{1}{\lambda_2}L=\frac{1}{2\lambda_2}\sum_{i,j}a_{ij}\ \frac{\partial^2}{\partial x_i\,\partial x_j}.$$

记 $\tilde{a}_{ij}(x)=\dfrac{1}{\lambda_2}a_{ij}(x)$. 则 $\forall\,\boldsymbol{\xi}\in\mathbf{R}^d$，$x\in\mathbf{R}^d$，有 $\boldsymbol{\xi}^{\mathrm{T}}\tilde{\boldsymbol{a}}(x)\boldsymbol{\xi}\leqslant\boldsymbol{\xi}^{\mathrm{T}}\boldsymbol{\xi}$，这里 $\tilde{\boldsymbol{a}}(x)=(\tilde{a}_{ij}(x))_{d\times d}$，可证：若 $X_t$ 是相应于 $L$ 的扩散，其相应的鞅解为 $P_x$，令 $Q_x=P_xT^{-1}$，其中 $(Tw)(t)=w\left(\dfrac{t}{\lambda_2}\right)$，则在 $Q_x$ 之下，$X_t$ 是相应于 $\widetilde{L}$ 的扩散. 所以

$$P_x(|X_{\frac{t}{\lambda_2}}|\geqslant C)=Q_x(|X_t|\geqslant C)\leqslant 2P_x(|B_t|\geqslant C).$$

令 $u=\dfrac{t}{\lambda_2}$，有

$$P_x(|X_u|\geqslant C)\leqslant 2P_x(|B_{\lambda_2 u}|\geqslant C)=2P_x\left(|B_u|\geqslant\frac{C}{\sqrt{\lambda_2}}\right).$$

同理可证

$$P_x(\sup_{0\leqslant t\leqslant T}|X_t|\geqslant C)\leqslant 2P_x\left(\sup_{0\leqslant t\leqslant T}|B_t|\geqslant\frac{C}{\sqrt{\lambda_2}}\right).$$

当 $x=0$ 时，由[8]引理 2.2 知

$$f(x)=P_x(\sup_{0\leqslant t\leqslant T}|X_t|\geqslant C)\text{及 }g(x)=P_x\left(\sup_{0\leqslant t\leqslant T}|B_t|\geqslant\frac{C}{\sqrt{\lambda_2}}\right)$$

在 $x=0$ 点连续. 因而，当 $x=0$ 时，亦有

$$P_0(\sup_{0\leqslant t\leqslant T}|X_t|\geqslant C)\leqslant 2P_0\left(\sup_{0\leqslant t\leqslant T}|B_t|\geqslant\frac{C}{\sqrt{\lambda_2}}\right).$$

利用上述定理可得到 $X_t$ 的像集的 Packing 测度的上界估计. 为此我们首先给出如下定义：

设 $E\subset\mathbf{R}^d$，$E$ 紧，$\forall\delta>0$，称开球族 $\mathscr{F}=\{B(x_i,\ r_i),\ x_i\in E,\ r_i<\delta,\ B(x_i,\ r_i)$互不相交$\}$为 $E$ 的一个 $\delta$ 阶 Packing，记 $\mathscr{F}_\delta$

为 $E$ 的所有 $\delta$ 阶 Packing 的集合．对于 $\phi\in\Phi$，定义

$$\phi-P(E)\lim_{\delta\downarrow 0}\sup_{\mathscr{F}\in\mathscr{F}_\delta}\{\Sigma\phi(2r_i),\ \mathscr{F}=\{B(x_i,\ r_i),\ \delta\in\mathbf{N}^*\}\},$$

$$\phi-p(E)=\inf\left\{\sum_i\phi-P(E_i),E\subset\bigcup_{i=1}^{+\infty}E_i\right\},$$

其中 $\Phi=\left\{h,\ h:\ \mathbf{R}_+\to\mathbf{R}_+\right.$ 单增，$h(0)=0$ 且 $\exists$ 常数 $k>0$ 使 $\forall\, s\in$ $\left.\left[0,\ \frac{1}{2}\right),\ \frac{h(2s)}{h(s)}\leqslant k\right\}$.

**定义**　称 $\phi-p(E)$ 为 $E$ 的 $\phi$-Packing 测度．特别，若其 $\phi\in\Phi$，有 $0<\phi-p(E)<+\infty$，则称 $\phi$ 为集合 $E$ “准确”的 Packing 测度函数.

对于 $X_t$ 的像集的 Packing 测度的上界我们有如下估计：

**定理 2**　设 $X_t$ 是 $d$-维一致椭圆扩散，满足定理 1 的条件．若 $d\geqslant3$，则以概率 1 有

$$\phi-p(\mathrm{lm}\ X[0,\ 1])\leqslant C<+\infty.$$

其中 $\psi(t)=\dfrac{t^2}{\lg\lg\dfrac{1}{t}}$，$\mathrm{lm}\ X[0,\ 1]=\{X_s:\ s\in[0,\ 1]\}$．为证定理 2，需先证如下几个引理：

**引理 1**　设 $X_t$ 是 $d$-维一致椭圆扩散，满足定理 2 的条件．令

$$T_r^{\lambda_2}=\inf\{t>0,\ X_t\in\partial B(0,\ \lambda_2 r)\},$$

$$T_r^1=\inf\{t>0,\ X_t\in\partial B(0,\ r)\},$$

其中 $\partial B(0,\ a)$ 为 $B(0,\ a)$ 的边界．$B(0,\ a)=\{y:\ y\in\mathbf{R}^d,\ |y|\leqslant a\}$.

(i) 若 $\lambda_2>1$，则 $\forall\ |x|\geqslant\lambda_2 r$　有

$$P_x(T_r^{\lambda_2}<+\infty)\leqslant\lambda_2^{d-2}\left(\frac{r}{|x|}\right)^{d-2};$$

(ii) 若 $\lambda_2\leqslant1$，则 $\forall\ |x|\geqslant r$　有

$$P_x(T_r^{\lambda_2}<+\infty)\leqslant\left(\frac{r}{|x|}\right)^{d-2}.$$

**证** 我们仅证(i)，(ii)的证明与(i)类似.

由定理1的证明知 $|X_t|=|x|+\int_0^t H_u \mathrm{d}\widetilde{w}_u+\int_0^t h(X_u)\mathrm{d}u$，其中 $H_u^\lambda=|X_u|^{-2}X_u^T\sigma(X_u)\sigma^{\mathrm{T}}(X_u)X_u\leqslant\lambda_2$，$h(X_u)\leqslant\frac{\lambda_2(d-1)}{2|X_u|}$. 上式两边同除 $\lambda_2$，并令

$$V_t=\left|\frac{X_t}{\lambda_2}\right|,\qquad \widetilde{H}_u=\frac{H_u}{\lambda_2}\tilde{h}(X_u)=\frac{h(X_u)}{\lambda_2},$$

则
$$V_t=\frac{|x|}{\lambda_2}+\int_0^t\widetilde{H}_u\mathrm{d}\widetilde{w}_u+\int_0^t\tilde{h}(X_u)\mathrm{d}u,$$

其中
$$\widetilde{H}_u^2\leqslant 1,\ \tilde{h}(X_u)\leqslant\frac{d-1}{2V_u}.$$

记 $\tau_a=\inf\{t>0,\ Z_t^\varepsilon=a\}$，$\tilde{\tau}_a=\inf\{t>0,\ V_t=a\}$，其中 $Z_t^\varepsilon$ 是下列随机微分方程的强解：

$$Z_t^\varepsilon=\frac{|x|}{\lambda_2}+\int_0^t\widetilde{H}_u\mathrm{d}\widetilde{w}_u+\int_0^t b(Z_u^\varepsilon)\mathrm{d}u,$$

这里
$$b(y)=\begin{cases}\dfrac{d-1}{2y}, & y\geqslant\varepsilon,\\[2mm] \dfrac{(d-1)y}{2\varepsilon^2}, & y\in(0,\ \varepsilon),\\[2mm] 0, & y\leqslant 0.\end{cases}$$

由定理1的证明中的(ii)知，$\forall\,\varepsilon>0$，$\forall\,\frac{|x|}{\lambda_2}\geqslant\varepsilon$ 有

$$P_{\frac{|x|}{\lambda_2}}(Z_t^\varepsilon\geqslant V_t,\ s\leqslant\tau_\varepsilon\wedge\tilde{\tau}_\varepsilon)=1,$$

取 $\varepsilon<r$，则 $\forall\,\frac{|x|}{\lambda_2}>r$，有 $P_{\frac{|x|}{\lambda_2^2}}(\tau_r\geqslant\tilde{\tau}_r)=1$.

再取 $M>r>\varepsilon$，$r\leqslant\frac{|x|}{\lambda_2}<M$. 由 Itô公式，

$$(Z^\varepsilon_{t\wedge\tau_r\wedge\tau_M})^{2-d}-(Z_0^\varepsilon)^{2-d}\leqslant\int_0^{\tau\wedge\tau_r\wedge\tau_M}(2-d)(Z_u^\varepsilon)^{t-d}\mathrm{d}\widetilde{W}_u,$$

所以 $E_{\frac{|x|}{\lambda_2}}(Z^\varepsilon_{t\wedge\tau_r\wedge\tau_M})^{2-d}\leqslant(Z_0^\varepsilon)^{2-d}$，即

$$r^{2-d}P_{\frac{|x|}{\lambda_2}}(\tau_r<\tau_M\wedge t)+M^{2-d}[1-P_{\frac{|x|}{\lambda_2}}(\tau_r<\tau_M\wedge t)]\leqslant\left(\frac{|x|}{\lambda_2}\right)^{2-d}.$$

由上式立得

$$P_{\frac{|x|}{\lambda_2}}(\tau_r<\tau_M\wedge t)\leqslant\frac{\left(\frac{|x|}{\lambda_2}\right)^{2-d}-M^{2-d}}{r^{2-d}-M^{2-d}}.$$

先令 $t\to+\infty$，再令 $M\to+\infty$得：$\forall\ \frac{|x|}{\lambda_2}\geqslant r$，有

$$P_{\frac{|x|}{\lambda_2}}(\tau_r<+\infty)\leqslant\lambda_2^{d-2}\left(\frac{r}{|x|}\right)^{d-2}.$$

由于 $P_{\frac{|x|}{\lambda_2}}(\tau_r\geqslant\tilde{\tau}_r)=1$，所以 $P_{\frac{|x|}{\lambda_2}}(\tilde{\tau}_r<+\infty)\leqslant\lambda_2^{d-2}\left(\frac{r}{|x|}\right)^{d-1}$.

注意到 
$$\begin{aligned}\tilde{\tau}_r&=\inf\{t>0,\ V_t=r\}=\inf\left\{t>0,\ \left|\frac{X_t}{\lambda_2}\right|=r\right\}\\&=\inf\{t>0,\ |X_r|=\lambda_2 r\}\\&=\inf\{t>0,\ X_t\in\partial B(0,\lambda_2 r)\}.\end{aligned}$$

即得(i).

**系** 设 $X_t$ 满足引理 1 的条件，

$$B(x,r)=\{y:\ |y-x|\leqslant r\},$$
$$T_r^{\lambda_2}=\inf\{t>0,\ X_t\in\partial B(x,\lambda_2 r)\},$$
$$T_r^1=\inf\{t>0,\ X_t\in\partial B(x,r)\},$$

(i) 若 $\lambda_2>1$ 且 $|x|>\lambda_2 r$，则

$$P_0(T_r^{\lambda_2}<+\infty)\leqslant\lambda_2^{d-2}\left(\frac{r}{|x|}\right)^{d-2};$$

(ii) 若 $\lambda_2\leqslant1$ 且 $|x|>r$，则 $P_0(T^1<+\infty)\leqslant\left(\frac{r}{|x|}\right)^{d-2}$.

**证** 只需在引理 1 的证明中以 $\widetilde{X}_t=X_t-x$ 代替 $X_t$ 即可.

**引理 2** 对固定的自然数 $k$，将 $\mathbf{R}^d$ 划分为互不相交且边长为 $2^{-k}$的小立方体之和. 记这些小立方体之集为 $\mathscr{M}=\{c_i^{(k)},\ i\in\mathbf{N}^*\}$，并令

$$E(w)=\{x:\ x\in\mathbf{R}^d,\ \exists\, t\in[0,1]\text{ 使 }X_t(w)=x\}.$$

则存在一不依赖于 $k$ 的常数 $C$，使 $E_0 N_k(w) \leqslant C 2^{2k}$，$\forall k \in \mathbf{N}^*$.

**证** 首先由定理 1，

$$P(\sup_{0 \leqslant t \leqslant 1} |X_t| \geqslant r) \leqslant 2P\left(\sup_{0 \leqslant t \leqslant 1} |B_t| \geqslant \frac{r}{\lambda_2}\right)$$

$$= 4P\left(|B_t| \geqslant \frac{r}{\lambda_2}\right) \leqslant M r^{d-2} \mathrm{e}^{-\frac{r^2}{2\lambda_2^2}} (M \text{ 为一正常数}).$$

设 $B_l = \{x: l \leqslant |x| \leqslant l+1\}$，

$$N_k^{(l)}(w) = \#\{c_l^{(k)},\ c_i^{(k)} \cap E(w) \neq \varnothing \text{ 且 } c_i^{(k)} \cap B_l \neq \varnothing\},$$

显然
$$N_k(w) \leqslant \sum_{l=0}^{+\infty} N_k^{(l)}(w),$$

于是
$$EN_k(w) \leqslant \sum_{l=1}^{+\infty} EN_k^{(l)}(w),$$

注意到当 $l \geqslant 2$ 时.

$$\#\{c_c^{(k)},\ c_i^{(k)} \cap B_l \neq \varnothing\} \leqslant C_t [l^d - (l-1)^d] 2^{kd},$$

其中 $C_t$ 是仅依赖于 $d$ 的常数，且由 Markov 性及引理 1 知：$\forall c_i^{(k)} \in \{c_i^{(k)},\ c_i^{(k)} \cap B_l \neq \varnothing\}$，有

$P(c_i^{(k)} \cap E(w) \neq \varnothing) = P(\exists s_1$，使 $l-2 \leqslant |X_s| < l-1$ 且 $\exists s_2$，使 $s_2 \in [s_t, 1]$，$X_{s_2} \in c_i^{(k)}) \leqslant M(l-2)^{d-2} \mathrm{e}^{-\frac{(l-2)^2}{2\lambda_2^2}} (2^{-k})^{d-2}$.

所以当 $l \geqslant 2$ 时，有

$$EN_k^{(l)}(w) \leqslant C_1 [l^d - (l-1)^d] 2^{kd} \cdot M(l-2)^{d-2} \mathrm{e}^{-\frac{(l-2)^2}{2\lambda_2^2}} (2-k)^{d-2}$$

$$= \{C_1 M \lambda_2^{(d-2)} [l^d - (l-1)^d] (l-2)^{d-2} \mathrm{e}^{-\frac{(l-2)^2}{2\lambda_2^2}}\} 2^{2k}.$$

故
$$\sum_{l=2}^{+\infty} EN_k^l(w) \leqslant 2^{2k} \sum_{l=2}^{+\infty} C_1 M [l^d - (l-1)^d] (1-2)^{d-2} \mathrm{e}^{-\frac{(l-2)^2}{2\lambda_2^2}}$$

$$\leqslant C_2 2^{2k} (C_2 \text{ 为不依赖于 } k \text{ 的正常数}).$$

当 $l=0$ 时，记 $B_r = \{x: 2^{-r} < |x| < 2^{-r+1}\}$，$r = 1, 2, \cdots, k$.

$$\#\{c_i^{(k)}: c_i^{(k)} \cap B_r \neq \varnothing\} = C_3 2^{d(k-r)} (C_3 \text{ 为不依赖于 } k \text{ 的正常数}).$$

而 $\forall c_i^{(k)} \in \{c_i^{(k)}, c_i^{(k)} \cap B_r \neq \varnothing\}$，有

$$P(c_i^{(k)} \cap E(w) \neq \varnothing) \leqslant C_4 \left(\frac{2^{-k}}{2^{-r}}\right)^{d-2}, \text{ 其中 } C_4 = \max(1, \lambda_2^{d-2})$$

所以 $EN_k^{(0)}(w) \leqslant \sum_{r=1}^{k} C_3 2^{d(k-r)} C_4 \left(\frac{2^{-k}}{2^{-r}}\right)^{d-2} = 2^{2k} C_3 C_4 \sum_{r=1}^{k} 2^{-2r}$，

而
$$EN_k^{(1)}(w) \leqslant 2^d EN_k^{(0)}(w).$$

综上可得

$$EN_k(w) \leqslant C 2^{2k}, \quad \forall k \in \mathbf{N}^*.$$

**定理 2 的证**

记
$$\tau(r) = \inf\{t > 0, X_t \in B(0, r)^c\},$$
$$T(r) = \inf\{t > 0, B_t \in B(0, r)^c\},$$
$$U_d(r) = |\{t \in [0, 1] X_t \in B(0, r)\}|,$$

这里 $B(x, r) = \{y: |y - x| \leqslant r\}$，$E(x, r)^c = \{y: |y - x| > r\}$，$B_t$ 为 $d$-维 Brown 运动，$|A|$ 表示 $A$ 的 $d$-维 Lebesgue 测度. 再令 $\mu(A, \omega) = |\{t \in [0, 1], X_t(w) \in A\}|$.

在以下的证明中均以 $C$ 表示常数. 当 $C$ 出现在不同行时，其值不同.

$$P(\mu(B(X_t, 2^{-n})) \leqslant \lambda\psi(2^{-n})) \leqslant P(U_d(2^{-n}) \leqslant \lambda\psi(2^{-n}))$$
$$\leqslant P(\boldsymbol{\tau}(2^{-n})) \leqslant \lambda\psi(2^{-n}) \leqslant P(\sup_{0 \leqslant t \leqslant (\lambda\psi(2^{-n}))} |X_t| \geqslant 2^{-n}).$$

由定理 1 得

$$P(\sup_{0 \leqslant t \leqslant (\lambda\psi(2^{-n}))} |X_t| \geqslant 2^{-n}) \leqslant 2P\left(\sup_{0 \leqslant t \leqslant (\lambda\psi(2^{-n}))} |B_t| \geqslant \frac{2^{-n}}{\lambda_2}\right).$$

所以

$$P(\mu(B(X_t, 2^{-n}) \leqslant \lambda\psi(2^{-n}))) \leqslant 2P\left(\sup_{0 \leqslant t \leqslant \lambda\psi(2^{-n})} |B_t| \geqslant \frac{2^{-n}}{\lambda_2}\right)$$

$$\leqslant 4P\left(|B_{\lambda\psi(2^{-n})}| \geqslant \frac{2^{-n}}{\lambda_2}\right) \leqslant 4P\left(|B_t| \geqslant \frac{2^{-n}}{\lambda_2}[\lambda\psi(2^{-n})]^{-\frac{1}{2}}\right)$$

$$\leqslant 4P\left(|B_t| \geqslant \frac{1}{\lambda_2 \lambda^{\frac{1}{2}}}(\lg n + \lg 2)^{\frac{1}{2}}\right)$$

$$\leqslant 4C\left[\frac{1}{\lambda_2\lambda^{\frac{1}{2}}}(\lg n+\lg 2)^{\frac{1}{2}}\right]^{d-2}\cdot e^{\frac{-\lg n+\lg 2}{2\lambda_2^2\lambda}}$$

$$\leqslant C(\lg n)^{\frac{d}{2}-1}n^{-\frac{1}{2\lambda_2^2\lambda}}.$$

记
$$q_{n,\lambda}=\sup_{x\in E(w)}P(\mu(B(x,\ 2^{-n})<\lambda\psi(2^{-n})).$$

取 $\lambda<\frac{1}{8\lambda_2^2}$，则由引理 2 知

$$\sum_{n=1}^{+\infty}\left[q_{n,\lambda}\psi(2^{-n})EN_n(w)\right]^{\frac{1}{2}}$$

$$\leqslant c\sum_{n=1}^{+\infty}\left[(\lg n)^{\frac{d}{2}-1}n^{-4}2^{-2n}\cdot 2^{2n}\cdot\frac{1}{\lg\lg 2^n}\right]^{\frac{1}{2}}$$

$$\leqslant c\sum_{n=1}^{+\infty}(\lg n)^{\frac{d}{4}-1}n^{-2}<+\infty.$$

由[9]引理 7.1 知 $\psi-P(\lm X[0,\ 1])\leqslant c<+\infty$ a. s..

利用定理 1 我们也可得到 $X_t$ 整体连续模的上界估计.

**定理 3** 设 $X_t$ 是 $\mathbf{R}^d$ 上的一致椭圆扩散，且满足定理 1 的条件. 则

$$\lim_{t\to 0}\sup_{0\leqslant s\leqslant t}\left(\frac{|X(s)-X(0)|}{\lambda_2\left(2t\lg\lg\frac{1}{t}\right)^{\frac{1}{2}}}\right)\leqslant d\quad \text{a. s..}$$

**证** 对 $\theta>1$，令 $t^n=0^{-n}$，$h(t)=\left(2t\lg\lg\frac{1}{t}\right)^{\frac{1}{2}}$，则当$t_{n+1}\leqslant t\leqslant t_n$ 时，有

$$\sup_{0\leqslant s\leqslant t}\frac{|X(s)-X(0)|}{\lambda_2\left(2t\lg\lg\frac{1}{t}\right)^{\frac{1}{2}}}\leqslant\sup_{n\leqslant k\leqslant+\infty}\ \sup_{t_{k+1}\leqslant s\leqslant t_k}\frac{|X(s)-X(0)|}{\lambda_2 h(t_{k+1})}.$$

由定理 1 知：$\forall\,\varepsilon>0$ 有

$$P_x\left\{\sup_{0\leqslant s\leqslant t}\left(\frac{|X(s)-X(0)|}{\lambda_2\left(2t\lg\lg\frac{1}{t}\right)^{\frac{1}{2}}}\right)\geqslant(d+\varepsilon)\right\}$$

$$\leqslant P_x\left\{\sup_{n\leqslant k\leqslant+\infty}\sup_{t_{k+1}\leqslant s\leqslant t_k}\frac{|X(s)-X(0)|}{\lambda_2 h(t_{k+1})}\geqslant(d+\varepsilon)\right\}$$
$$\leqslant 2P_x\{\sup_{n\leqslant k\leqslant+\infty}\sup_{t_{k+1}\leqslant s\leqslant t_k}|B(s)-B(0)|\geqslant h(t_{k+1})(d+\varepsilon)\}$$
$$\leqslant 8\left[P_0\left\{\sup_{n\leqslant k\leqslant+\infty}\sup_{t_{k+1}\leqslant t\leqslant t_k}B^1(s)\geqslant h(t_{k+1})\left(1+\frac{\varepsilon}{d}\right)\right\}\right]^d$$
$$\leqslant 8\sum_{k=n}^{+\infty}\exp\left\{\left(1+\frac{\varepsilon}{d}\right)\theta^{-1}\lg k\right\}=8\sum_{k=n}^{+\infty}k^{-\frac{\left(1+\frac{\varepsilon}{d}\right)^2}{\theta}}.$$

取 $\theta>1$，使 $\frac{\left(1+\frac{\varepsilon}{d}\right)^2}{\theta}>1$. 由 Borel-Cantelli 引理证得定理 3.

## 参考文献


[1] 黄志远. 随机分析学基础. 武汉：武汉大学出版社，1988.

[2] Ikeda N，Watanabe S. Stochastic Differential Equations and Diffusion Processes. North-Holland Mathematical Library，1981.

[3] Hajek B. *Z.W.* 1985，68：315-329.

[4] Borkar V S. Stochastic Processes and Appl.，1987：245-248.

[5] Friedman A. Stochastic Differential Equations and Applications，Vol. 1，2. Academic Press，1973，1976.

[6] 王梓坤，布朗运动与位势. 北京：科学出版社，1983.

[7] Stroock D W. Lectures on Stochastic Analysis：Diffusion Theory. Cambridge University Press，1987.

[8] Bhattacharya R N. Ann. of Probab. 1978，6：541-553.

[9] Taylor S J，Tricot C. Trans. Amer Math Soc.，1988，288：679-699.

数学通报，1993，(6)

# 布朗运动的若干结果①

1827 年，英国生物学家布朗(R. Brown)观察到微小的粒子在液体(或气体)中不停地做极不规则的运动，这一发现在科学界产生了很大的影响. 时间已经过去 165 年，关于这种运动的数学研究论文仍然层出不穷. 国际上著名的几种概率论杂志中，几乎每期都有关于布朗运动的论文.

## §1. 一维布朗运动

从发现到理论的建立经历了漫长的时间，其中有许多卓越人物的工作. 1905 年，爱因斯坦认为运动是由于微粒受到液体中大量分子的碰撞(每秒 $10^{20}$ 次)而引起的. 微粒在 $t$ 时的位置 $x_t$ 是随机的. 假设 $x_0=0$，以 $p(t, x)$表 $x_t$ 的一个坐标分量的分布密度，在一定条件下，他得到

$$p(t, x)=(2\pi Dt)^{-\frac{1}{2}}e^{\frac{-x^2}{2Dt}}, \tag{1.1}$$

① 国家自然科学基金资助项目.

这里 $D=\frac{RT}{Nf}$是一常数，$R$ 是理想气体常数，$T$ 为绝对温度，$N$ 为阿伏加得罗数，而 $f$ 为微粒在介质中的黏滞系数. 爱因斯坦还反过来提出了测定分子大小的新方法，并希望有人能从事这一理论的实验证明. 三年以后，法国的佩林(J. B. Perrin)及其学生开始进行一系列实验，证明了理论的正确性，并认为可以从密度分布准确地算出原子的大小，从而以实验数据证明了原子是确实存在的，这迫使原子论的反对者马赫等人不得不认输，佩林因而获得了1926年诺贝尔奖.

下一步的重大进展是维纳(N. Wiener)于1923年建立的微粒运动的数学模型，数学界称此模型为布朗运动.

通俗地说，随着机遇而变化的变数称为随机变数；例如，某商店每天的顾客数、营业金额数、某地的年降雨量、某婴儿的寿命等都是随机变数. 如果对每个非负数 $t$，有一随机变数 $x_t$ 与之对应，就称这些随机变数的全体$\{x_t, t\geqslant 0\}$为随机过程. $t$ 可解释为时间，有时也把 $x_t$ 写成 $x(t)$. 称随机过程$\{x_t, t\geqslant 0\}$为布朗运动(Brownian motion)，如果它满足下列条件：

(i) 增量独立：即对任意 $0\leqslant t_0<t_1<\cdots<t_n$，$x(t_0)$，$x(t_k)-x(t_{k-1})$，$k=1, 2, \cdots, n$，相互独立；

(ii) 对任意 $t>s\geqslant 0$，增量 $x(t)-x(s)$有正态分布，平均值为0，方差为 $D|t-s|$，$D>0$ 为常数；

(iii) 轨道 $x(t)$是 $t\geqslant 0$ 的连续函数；

(iv) $x(0)=a$，$a$ 为实数.

我们称它为自点 $a$ 出发的(一维)布朗运动，以下无特别声明时，总设 $a=0$.

这就是维纳提出的数学模型，数学中以及本文所说的布朗运动，都是指此模型而言，而不是布朗最初观察到的微粒运动.

在后来的研究中，贡献最大的要数法国数学家莱维

(P. Levy)，这位先生有着惊人的直觉，他能深入地发现布朗运动的许多奇妙性质而把严格的证明留给后人.

一门科学能够长期兴盛不衰，取决于两个重要因素：一是它对现实世界确有应用；二是它本身有丰富的理论内涵，并能影响学科的发展. 布朗运动已广泛地应用到统计物理、生物、经济、通信及管理等许多方面. 人们可以定性地讨论一般随机过程的性质，但很难取得定量的结果. 布朗运动则不然，它的转移概率有明确而简单的数学表达式，利用此表达式及性质(i)～(iv)可以定量地算出许多结果. 而且事情还不止于此，由于布朗运动既是马尔可夫过程，又是鞅和正态过程、独立增量过程，人们自然想到，关于布朗运动的结果对这些过程是否也正确呢？这样，布朗运动便成为研究一般过程的先导，成为方法和猜想的灵感泉源.

由定义可见，布朗运动是正态过程，而且平均值和相关函数分别是

$$Ex_t=0,\ Ex_sx_t=D(s\wedge t), \tag{1.2}$$

$s\wedge t$ 表示 $s$ 与 $t$ 中的最小者. 反之，如果正态过程满足(1.2)而且轨道连续，那么它必是布朗运动. 由此可推出布朗运动的一个重要性质，即尺度不变性：把横坐标伸缩 $c^2$ 倍，纵坐标伸缩 $c$ 倍($c$ 为非0实数)，令 $x_c(t)=\frac{1}{c}x(c^2t)$，容易看出过程 $\{x_c(t), t\geqslant 0\}$ 也满足(2)，可见它也是布朗运动. 类似地证明，$\{-x(t), t\geqslant 0\}$ 及 $\{tx\left(\frac{1}{t}\right), t\geqslant 0\}$ 都是布朗运动(补定义 $x\left(\frac{1}{0}\right)=0$).

布朗运动的另一个惊人的性质是：它的轨道虽然连续，却处处不可微分；也就是说，处处没有切线. 历史上，人们曾设想连续函数必定可以微分. 第一位造出连续而处处不可微分的函数的人是大数学家魏尔施特拉斯(K. Weierstrass)，他举的

例曾震动了 19 世纪的数学界．今天却不料轻而易举地看到布朗运动的轨道都是这种函数．

再一个很好的性质是反射原理．设布朗运动沿轨道Ⅰ于时刻 $s$ 到达 $b$ 点后继续沿Ⅱ前进；将Ⅱ相对于直线 $y=b$ 作一反射而得Ⅲ，那么(Ⅰ)+(Ⅲ)也构成布朗运动的轨道，说得更准确些，定义新的过程 $z_t$ 如下：

$$\begin{cases} z_t=x_t, & t\leqslant s, \\ z_t=2b-x_t, & t>s. \end{cases}$$

那么随机过程 $\{z_t,\ t\geqslant 0\}$ 也是布朗运动(图 1-1)．这就是著名的反射原理，利用它可以算出与布朗运动有关的许多概率分布，例如，可以求得极大值的分布．

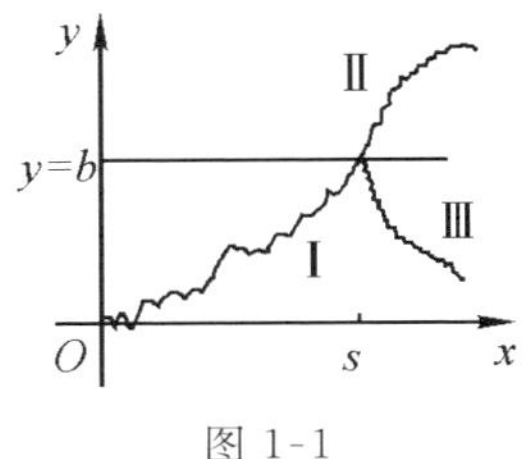


图 1-1

# §2. 高维布朗运动

现在考虑 $d$ 个相互独立的一维布朗运动$\{x_t^i, t\geqslant 0\}$，它们组成 $d$ 维布朗运动$\{x_t=(x_t^1, x_t^2, \cdots, x_t^d), t\geqslant 0\}$后者的性质依赖于空间维数 $d$.

$d=1$ 时，它是点常返的：自任一点 $a$ 出发，它到达任一点 $b$ 无穷次的概率为 1.

$d=2$ 时，它是邻域常返的：自一点 $a$ 出发，它到达任一点 $b$ 的任一邻域(例如，以 $b$ 为中心的任一球)无穷多次的概率为 1.

$d\geqslant 3$ 时，它是暂留的：自任一点 $a$ 出发，当 $t\to+\infty$ 时，$|x(t)|\to+\infty$的概率为 1；因此，它只能暂时停留在任何一个有界区域之中，最后必定永远离开此区域而趋于无穷远处.

可是，它趋于无穷远的速度是否与 $d$ 有关呢？是否空间维数 $d$ 越大，就越快地离开有界区域(例如球)呢？我们来讨论这个问题.

$d$ 维空间 $\mathbf{R}^d$ 中，以原点 $O$ 为中心、以 $r>0$ 为半径的球面记为 $S_r$，布朗运动首次到达 $S_r$ 的时刻 $h_r$ 定义为 $h_r=\inf(t>0, x_t\in S_r)$，并称 $h_r$ 为 $S_r$ 的首中时，其次称 $x(h_r)$ 为 $S_r$ 的首中点，它是布朗运动首中 $S_r$ 时所处的位置，后者是 $S_r$ 上的一随机点. 首中时与首中点的概念在现代概率论中非常重要. 早在 1962 年，人们求出了 $h_r$ 的分布，但它的数学表达式很复杂，不过 $h_r$ 的平均值却很简单，$E_a h_r=\frac{r^2}{d}$；$E_a$ 表示相对于 $P_a$ 的平均值，而 $P_a$ 表示自 $a$ 点出发的布朗运动的概率. 这样便解决了首中时的分布问题. 至于首中点 $x(h_r)$，前人也证明了：如果布

朗运动自 $O$ 点出发，那么 $x(h_r)$ 在球面 $S_r$ 上均匀分布；这意味着，若集合 $A\subset S_r$，则 $x(h_r)\in A$ 的概率等于 $\frac{|A|}{|S_r|}$，$|A|$ 表示 $A$ 的面积.

如果 $d\geqslant 3$，上面谈到，由于暂留性，自某一时刻起，布朗运动再不回到球面，因此谈得上 $S_r$ 的末离时 $l_r$ 的概念，它的定义是：$l_r=\sup(t>0，x_t\in S_r)$. 此外，还可考虑 $S_r$ 的末离点 $x(l_r)$. 王梓坤于 1979 年，求出了末离时 $l_r$ 与末离点 $x(l_r)$ 的联合及边沿分布.

末离时看来比首中时难于处理，既然首中时的分布已很复杂，乍一想来，末离时的分布应更复杂. 但经过仔细计算，却出乎意料地发现事情并非如此. 自 $O$ 出发，$l_r$ 的分布密度很简单，它是

$$f(s)=\frac{r^{d-2}s^{-\frac{d}{2}}e^{-\frac{r^2}{2s}}}{2^{\frac{d}{2}-1}}G\left(\frac{d}{2}-1\right)\quad(s>0),$$

其中 $G$ 表 Gamma 函数. 以前这分布似从未出现过. 差不多同时，美国概率论专家 R. K. Getoor 也与王梓坤独立地得到同一结果. 有趣的是，如果 $r=1$，那么 $f(s)$ 正是 $\frac{1}{Y}$ 的分布密度，而 $Y$ 有自由度为 $d-2$ 的 $\chi^2$ 分布，后者在统计中是众所周知的. 这一巧合至今没有适当的解释.

利用 $f(s)$ 可以求出 $l_r$ 的各阶矩. 设 $x_0=0$，则 $d=3$ 或 4 时，各阶矩皆无穷；$d=5$ 或 6 时，1 阶矩有穷，但 1 阶以上的矩无穷；$d=7$ 或 8 时，2 阶矩有穷，但 2 阶以上的矩皆无穷；等等，一般地，当且仅当 $m<\frac{d}{2}-1$ 时，$m$ 阶矩有穷，其值为

$$\frac{r^{2m}}{(d-4)(d-6)\cdots(d-2m-2)}\quad(d>4),$$

有穷矩的级越高，末离球面 $S_r$ 的时间 $l_r$ 便越小，这意味着布朗运动越快地趋向无穷远点．由上面的分析知：空间维数 $d$ 越大，有穷矩的级便越高，这样便证实了上面所说的关于速度的猜想．

再来讨论一个有趣的问题：布朗运动在最后离开球面 $S_r$ 以前，它走了多远呢？也就是说，它与原点的最大距离

$$M_r = \max(|x_t|: 0 \leqslant t \leqslant l_r)$$

有何分布？结果是出人意料的简单．设 $|x| \leqslant r$，则

$$P_x(M_r \leqslant a) = 1 - \left(\frac{r}{a}\right)^{d-2} \quad (a > r),$$

由此可求出 $M_r$ 的各阶矩：

$$\begin{cases} E_x(M_r^m) = +\infty, & m \geqslant d-2, \\ E_x(M_r^m) = \dfrac{(d-2)r^m}{d-m-2}, & m < d-2. \end{cases}$$

由此知 $d=3$ 时，$M_r$ 的各阶矩皆无穷，特别地，$M_r$ 的平均值为无穷，即平均最大距离是无穷大．$d=4$ 时，1 阶矩有穷，但 1 阶以上各阶皆无穷．$d=5$ 时，2 阶矩有穷，但 2 阶以上皆无穷；等等．这给人们描绘了一幅关于布朗运动扩散的景象．

由上式得 $E_x(M_r) = \dfrac{d-2}{d-3} r$；$D_x(M_r) = \dfrac{d-2}{(d-3)^2(d-4)} r^2$．当 $d \to +\infty$ 时，$E_x(M_r) \to r$ 而 $D_x(M_r) \to 0$，（$D$ 表方差）这说明当 $d$ 充分大时，布朗粒子首中球面后很快就不再回到球内．如果考虑 $M_r$ 的修正变量 $N_r = \dfrac{M_r - r}{\sqrt{D_x M_r}} (d>4)$，那么有 $\lim\limits_{d \to +\infty} P_x(N_r \leqslant a) = 1 - \mathrm{e}^{-a} (a > 0)$，居然与指数分布发生了关系．

现在来看 $S_r$ 的末离点 $x(l_r)$．若粒子自球心 $O$ 出发，那么它在 $S_r$ 上有均匀分布；这就是说，首中点与末离点有相同的分布．王梓坤刚得到这一结论时感到很奇怪，为什么它们的分布会相同呢？但仔细考虑后便觉得这很自然而合理，球面

$S_r$ 把空间分成为球内与球外两部分，从内球球心 $O$ 出发，$S_r$ 的末离点，可想象为自外球球心 $+\infty$ 出发，$S_r$ 的首中点；既然首中点均匀分布，末离点也自应如此. 当然，这只是直观解释，不能算是证明. 自任一点 $a$ 出发的 $x(l_r)$ 的分布，也可求出为

$$P_a(x(l_r) \in A) = \int_A \left| \frac{r}{a-y} \right|^{d-2} V_r(\mathrm{d}y),$$

$V_r$ 为球面 $S_r$ 上的均匀分布.

再以 $J_r$ 表粒子在球内的停留时间，以 $\alpha_r$ 表首次达到极大值 $M_r$ 的时刻，即

$$J_r = \int_0^{+\infty} I_{B_r}(x_t)\mathrm{d}t,$$

$$\alpha_r = \min_t(\,|x_t| = M_r) \quad (t \leqslant l_r),$$

其中 $I_{B_r}(y)=1$，如果 $y \in B_y$（以 $O$ 为心、$r$ 为半径的球）；$I_{B_r}(y)=0$，如果 $y \notin B_r$. 那么，在 $d$ 维空间中，有下列简单而有趣的关系：

$$E_0 h_r = \frac{r^2}{d} < E_0 J_r = \frac{r^2}{d-2} < E_0 \alpha_r = \frac{(d-2)r^2}{d(d-4)} < E_0 l_r = \frac{r^2}{d-4},$$

这里 $E_0 h_r$ 表粒子自 $O$ 出发时，$h_r$ 的平均值，其他类似.

上述诸结果的严格数学证明，可见王梓坤的论文《布朗运动的末遇分布与极大游程》. 中国科学，1980 年第 10 期.

# §3. 多参数布朗运动

上述 $x_t$ 中，$t$ 是一维的，有时可解释为“时间”．但许多实际中还要考虑“地点”等．这样，一维的 $t$ 已不够用，而要考虑 $n$ 维的 $\boldsymbol{t}=(t_1, t_2, \cdots, t_n)$，每个分量 $t_i \geqslant 0$；全体这样的 $t$ 的集合记为 $\mathbf{R}_+^n$．其次，对固定的 $t$，假定 $\boldsymbol{x}_t$ 是 $d$ 维的随机向量；于是我们得到 $n$ 参数 $d$ 维随机过程 $X=\{x_t, t\in\mathbf{R}_+^n\}$．称此过程为 $(n, d)$ 布朗运动．它是正态的，而且平均值为 0，相关矩阵为 $E\boldsymbol{x}_s'\boldsymbol{x}_t=D\Pi_{i=1}^n(s_i\wedge t_i)\boldsymbol{I}$，其中 $D>0$ 为常数，$\boldsymbol{I}$ 为 $d\times d$ 矩阵．由此可见，$(n, d)$ 布朗运动是由 $d$ 个相互独立的 $(n, 1)$ 布朗运动所组成．

人们研究的一个重要问题是 $X$ 的值域有多大；也就是说，当 $t$ 取遍 $\mathbf{R}_+^n$ 后，$X_t$ 的全体值所成的集有多大．记这个值域为 $I(X)$，从数学上看，$I(X)=\{x_t: t\in\mathbf{R}_+^n\}$．要衡量一个集合的大小，通常用(拓扑)维数．例如，直线段的维数是 1，正方形的维数是 2，等等，维数越大，集合也越大．拓扑维数的缺点之一是它必须为整数，而有些集合如康托三分集，无论用哪个整数做它的拓扑维数都不合适，于是人们想到用分数做维数．没有这种缺点而且更精确的是豪斯多夫(F. Hausdorff)维数；集合 $A$ 的豪斯多夫维数记为 $\dim A$．人们证明了，对 $(n, d)$ 布朗运动，以概率 1 有．

$$\dim I(X)=d\wedge 2n.$$

有趣的是，如 $n=1$，则 $d\geqslant 2$ 维布朗运动的值域的 dim 都是 2，而与空间的维数 $d$ 无关．这是事先难以想到的．

人们感兴趣的还有 $X$ 的图集 $G(X)$，它的定义是 $G(X)=$

$\{(t, x_t): t\in \mathbf{R}_+^n\}$. 注意，$G(X)$是 $\mathbf{R}_+^n\times\mathbf{R}^d$ 的子集，而 $I(X)$是 $\mathbf{R}^d$ 的子集，两者是不同的，可以证明

$$\dim G(X)=2n\wedge\left(n+\frac{d}{2}\right)$$

的概率是 1.

比维数更能精确衡量集合大小的是测度. 我们惯于勒贝格(H. Lebesgue)测度；$d=1$ 时它是长度，$d=2$ 时它是面积，等等. 区间$[0, 1]$和$[0, 2]$的维数同为 1，但前者的长度只是后者长度的一半. 不过对一些集合勒贝格测度又太粗了，于是人们找到了一种更精细的测度，叫作豪斯多夫测度，它不仅在概率论而且在分形几何等中，都起着重要的作用. 有兴趣者可参看 K. Folconer 的书《Fractal Geometry》，1990，有中译本.

从$(n, d)$布朗运动再往前走，就遇到 $n$ 参数无穷维$(n, +\infty)$布朗运动，于是我们来到研究的前沿. 关于这方面的研究还开始不久，成果很少，有待人们去开拓.

中国科学院院刊，1993，(4)

# 关于随机过程论的一些研究

我于1929年4月生于湖南省零陵县(现湖南省永州市零陵区). 1952年毕业于武汉大学；1958年在莫斯科大学数学力学系研究生毕业，主攻概率论，获苏联副博士学位；1988年获澳大利亚Macquarie大学名誉科学博士学位. 1952～1984年在南开大学任教；1984～1989年任北京师范大学校长；现为北京师范大学和汕头大学数学系教授.

主要研究Markov随机过程(简称马氏过程). 20世纪60年代，马氏过程的构造是国际上一重要而艰深的理论课题. 每一马氏过程在一定条件下有一密度矩阵$Q$，但可能有许多马氏过程有相同的$Q$. 反之，设已给某矩阵$Q$，如何求出以此$Q$为密度矩阵的全体过程？这就是$Q$-过程的构造问题. 1957年著名的概率论专家W. Feller对此作了深刻的研究；特别，当$Q$为生灭矩阵时，他构造了许多有相同$Q$的生灭过程，用的是分析方法. 几乎同时，我也独立地构造出了全体生灭过程，但采用概率方法，这方法的基本思想是：先构造简单的$Q$-过程；然后用简单过程列以逼近任一$Q$-过程，为了解决收敛困难，找到了一列“最难”收敛的过程，再用它作为控制而证明其他过程列的收敛. 相对分析方法而言，概率方法可能失之冗长，但直观的概率意义却非常清楚而有趣，后者一直是我追求的研究风格．概率方法后来为一些研究者所发展．在解决构造问题的基础上，我又求出了生灭过程积分泛函的分布．

1962 年发表《随机泛函分析引论》，此文开国内研究随机泛函分析的先河；文中得出了取值于广义函数空间的随机元列的极限定理．

1965 年前后研究马氏过程的无穷近与无穷远 0-1 律．同时证明了：在一些条件下，强无穷远 0-1 律成立的充分必要条件是过程的一切有界调和函数为常数；常返性则等价于一切过分函数为常数．这两结果后被西方学者所重新发现．

1980 年研究马氏过程与位势论的关系，求出了 $d\geqslant 3$ 维布朗运动末离球面 $S_r$（$r$ 为半径，$O$ 为球心）的时间分布、位置分布、极大游程 $M_r$ 的分布等，其中时间分布也为美国概率名家 R. K. Getoor 独立得到，一个值得思考的结果是：规范化后的 $M_r$ 当 $d\to+\infty$ 时有极限分布，它是参数为 1 的指数分布，与 $r$ 及布朗运动的开始点 $x$ 无关，$|x|\leqslant r$.

1984 年，研究多参量马氏过程，最早引进多参量 Ornstein-Uhlenbeck 过程，对其 Markov 性、多点转移概率、预测问题、多参量过程与单参量过程的关系等，取得了较系统的成果．随后有不少人继续研究此类过程．

近年来研究超过程，这是国际上一个新课题，1990 年求出了超过程的 Laplace 泛函的幂级数展开等．此项工作正在继续中．

在应用研究方面，我研究了“地极移动的随机模型”，并与研究小组成员共同创造了地震的迁移预报、近期有无大地震的概率预测等，这些预测方法取得了较好的实际预报效果，得到国家地震局的肯定与奖励，其中一些方法已为地震预报人员所采用．另一项应用研究是用计算机进行随机过程的模拟，以供导航之用．

所著的《概率论基础及其应用》《随机过程论》《生灭过程与马尔可夫链》（后者被译成英文，1992年由Springer-Verlag，Science Press出版）三本书构成一较完整体系，从基础到前沿，对概率论教学及科研有较广泛的影响．指导硕士生和博士生数十名．

长期重视科学普及工作，所著《科学发现纵横谈》《科学泛舟》等流传甚广．

*Science in China*, 1993, 36A(7)

# Asymptotic Behavior of the Measure-Valued Branching Process with Immigration①

**Abstract** The measure-valued branching process with immigration is defined as $Y_t = X_t + I_t$, $t \geqslant 0$, where $X_t$ satisfies the branching property and $I_t$ with $I_0 = 0$ is independent of $X_t$. This formulation leads to the model of [12, 14, 15]. We prove a large number law for $Y_t$. Equilibrium distributions and spatial transformations are also studied.

**Keywords** branching process; immigration; large number law; equilibrium distribution; transformation.

---

① Project supported by the National Natural Science Foundation of China.
本文与李增沪、李占柄合作.

# § 1. Introduction

The measure-valued branching process with immigration (MBI-process) arises as the high density limit of a certain branching particle system with immigration; see Kawazu and Watanabe [12], Konno and Shiga [13], Shiga [19], Dynkin [4, 5] and Li [14, 15] for construction of the MBI-process and for detailed descriptions of the particle system. Multitype MBI-processes have been considered by Gorostiza and Lopez-Mimbela [9] and Li [16].

Suppose $(Y_t)$ is a measure-valued Markov process. It is natural to call $(Y_t)$ an MBI-process provided

$$(Y_t \mid Y_0=\mu)=(X_t \mid X_0=\mu)+I_t, \quad t\geqslant 0, \tag{1.1}$$

(in distribution) where $(X_t)$ is an MB-process, and $(I_t)$ with $I_0=0$ (the null measure) a. s. is independent of $(X_t)$. In section 2 of this draft we prove that under certain regularity conditions this formulation will lead to the model proposed by Kawazu and Watanabe [12]. Section 3 concerns the convergence of $a_tY_t$ as $t\to+\infty$, where $(a_t)$ is a suitable family of constants. Equilibrium distributions and spatial transformations are discussed in section 4.

## § 2. The MBI-process

Let $E$ be a topological Lusin space (that is, a homeomorph of a Borel subset of a compact metric space) with the Borel $\sigma$-algebra $\mathcal{B}(E)$. We shall use the notation introduced in Li [14]:

$B(E)^+ = \{$bounded nonnegative Borel functions on $E\}$,

$M = \{$finite Borel measures on $E\}$,

$M_0 = \{\pi: \pi \in M$ and $\pi(E) = 1\}$.

Suppose that $M$ and $M_0$ are equipped with the usual weak topology. We call $w$ a cumulant and put $w \in \mathcal{W}$ if it is a functional on $B(E)^+$ with representation

$$w(f) = \iint_{\mathbf{R}^+ \times M_0} (1 - e^{-u\langle \pi, f\rangle}) \frac{1+u}{u} G(du, d\pi), \qquad (2.1)$$

where $\mathbf{R}^+ = [0, +\infty)$, $G$ is a finite measure on $\mathbf{R}^+ \times M_0$, and the value of the integrand at $u=0$ is defined as $\langle \pi, f\rangle := \int f d\pi$. It is well known that $P$ is an infinitely divisible probability measure on $M$ if and only if the Laplace functional $L_p$ has the canonical representation $L_P(f) = \exp\{-w(f)\}$, where $w \in \mathcal{W}$.

A Markov process $(X_t, P_\mu)$ in the space $M$ is an *MB*-process if it satisfies the branching property,

$$\mathrm{P}_\mu \exp\langle X_t, -f\rangle = \exp\langle \mu, -w_t\rangle, \qquad (2.2)$$

where $P_\mu$ denotes the conditional expectation given $X_0 = \mu$, and $W_t: f \mapsto w_t$ is a semigroup of operators on $B(E)^+$, the so-called cumulant semigroup.

Let $Q_\mu$ denote the conditional law of the MBI-process $(Y_t)$

in (1. 1) given $Y_0=\mu$. Assume $(X_t)$ satisfies (2. 2). Then

$$Q_\mu \exp\langle Y_t, -f\rangle=\exp\{-\langle\mu, w_t\rangle - j_t(f)\}, \qquad (2.3)$$

where $j_t(f)=-\lg \mathbf{E} \exp\langle I_t, -f\rangle$. To ensure that $(Y_t)$ is Markovian, the $(I_t)$ is not arbitrary. Typically,

$$j_t(f)=\int_0^t i(w_s)\mathrm{d}s, t\geqslant 0, \qquad (2.4)$$

for some $i\in W$. The process $(Y_t, Q_\mu)$ defined by (2. 3) and (2. 4) will be called an MBI-process with parameters $(W, i)$. This is the case studied by Li [14, 15].

When $E$ is a one point set, Kawazu and Watanabe [12] proved that (2. 3) and (2. 4) represent the most general form of the MBI-process $(Y_t)$ given by (1. 1). The following Theorem 2. 1 shows that this generality remains valid in the present case. Following Kawazu and Watanabe [12] and Watanabe [20], we call the cumulant semigroup $(W_t)$ a $\Psi$-semigroup if $E$ is a compact metric space and $(W_t)$ preserves $C(E)^{++}$, the strictly positive continuous functions on $E$.

**Theorem 2. 1** Suppose $W_t: f \mapsto w_t$ is a $\Psi$-semigroup and is (weakly) continuous on $C(E)^{++}$. Then $(j_r)$ has the form (2. 4) with $i\in W$.

**Proof** Since any probability measure $P$ is uniquely determined by the Laplace functional $L_P$ restricted to $C(E)^{++}$, it is sufficient to prove (2. 4) for all $f\in C(E)^{++}$. We shall follow the lead of [12]. For $f\in C(E)^{++}$ and $(u, \pi)\in[0, +\infty]\times M_0$ define

$$\xi(u, \pi; f)=\begin{cases}(1-\mathrm{e}^{-u\langle\pi, f\rangle})\dfrac{1+u}{u}, & 0<u<+\infty,\\ \langle\pi, f\rangle, & u=0,\\ 1, & u=+\infty.\end{cases} \qquad (2.5)$$

Then $\xi(u, \pi; f)$ is jointly continuous in $(u, \pi)$ for fixed $f$. It is easy to see that $\exp(-j_t)$ has the form

$$\exp\{-j_t(f)\} = 1 - \iint_{[0,+\infty]\times M_0} \xi(u,\pi;f)G_t(\mathrm{d}u,\mathrm{d}\pi), \qquad (2.6)$$

where $G_t$ is actually carried by $(0, +\infty)\times M_0$. The Chapman-Kolmogorov equation yields

$$j_{t+s}(f)=j_t(f)+j_s(w_t), \qquad t, s\geqslant 0. \qquad (2.7)$$

Thus $j_t(f)$ is increasing in $t\geqslant 0$ for all $f$, so the limit

$$i_t(f) := \lim_{s\to 0^+}\frac{j_{t+s}(f)-j_t(f)}{s}\equiv \lim_{s\to 0^+} s^{-1}j_s(w_t) \qquad (2.8)$$

exists for almost all $t\geqslant 0$. Consequently,

$$i_0(f)=\lim_{s\to 0^+} s^{-1}j_s(f) \qquad (2.9)$$

exists for $f$ in a dense subset $D$ of $C(E)^{++}$, and by (2.5) and (2.6)

$$\sup_{0<s<\delta} s^{-1}G_s([0, +\infty]\times M_0)<+\infty$$

for some $\delta>0$. Since $[0, +\infty]\times M_0$ is a compact metric space, this implies $\{s^{-1}G_s: 0<s<\delta\}$ is relatively compact under the weak convergence. Suppose $s_n\to 0$ and $s_n^{-1}G_{s_n}\to G$ as $n\to +\infty$. Then

$$\lim_{n\to+\infty} s_n^{-1} j_{s_n}(f)=i(f), \qquad f\in C(E)^{++},$$

where

$$i(f) = \iint_{[0,+\infty]\times M_0} \xi(u,\pi;f)G(\mathrm{d}u,\mathrm{d}\pi). \qquad (2.10)$$

By a standard argument one gets the existence of (2.9), and hence (2.8), for all $f\in C(E)^{++}$, $t\geqslant 0$ and $i_t(f)=i(w_t)$. Then (2.4) follows. Letting $f\to 0^+$ in (2.3) gives $G(\{+\infty\}\times M_0)=0$. ■

## § 3. The $(\xi, \phi, i)$-superprocess

(i) Usually, the cumulant semigroup of the MBI-process is given by an evolution equation. Let $\xi=(\Omega, \mathcal{F}, \mathcal{F}_t, \theta_t, \xi_t, \Pi_x)$ be a Borel right Markov process[18] in space $E$ with semigroup $(\Pi_t)$ and $\phi$ a "branching mechanism" represented by

$$\phi(x,z) = b(x)z + c(x)z^2 + \int_0^{+\infty} (e^{-zu} - 1 + zu) m(x, du), x \in E, z \geqslant 0, \tag{3.1}$$

where $c \geqslant 0$ and $b$ are $\mathcal{B}(E)$-measurable functions and $m$ is a kernel from $E$ to $\mathcal{B}((0, +\infty))$ such that $\int u \wedge u^2 m(\cdot, du) \in B(E)^+$. The MBI-process $Y$ defined by (2.3) and (2.4) is called a $(\xi, \phi, i)$-superprocess if the associated cumulant semigroup is uniquely determined by

$$w_t + \int_0^t \Pi_{t-s}\phi(w_s) ds = \Pi_t f, \quad t \geqslant 0. \tag{3.2}$$

Several authors [4, 5, 13, etc] have studied the $(\xi, \phi, i)$-superprocess in the special case $i(f) = \langle \lambda, f \rangle$ for some $\lambda \in M$.

In this section we study the limiting behavior of the MBI-process. A typical case is where

$$Q_\mu \exp\langle Y_t, -f \rangle = \exp\left\{ -\langle \mu, w_t \rangle - \int_0^t \langle \lambda, w_s \rangle^\theta ds \right\}, \tag{3.3}$$

where $\lambda \in M$, $0 < \theta \leqslant 1$ and $w_t$ satisfies

$$w_t + \int_0^t \Pi_{t-s}(w_s)^{1+\beta} ds = \Pi_t f, \quad t \geqslant 0, \tag{3.4}$$

with $0<\beta\leqslant 1$. For $f(x)\equiv\gamma>0$, (3.2) has the solution

$$w_t=\gamma(1+\beta\gamma^\beta t)^{-\frac{1}{\beta}}.$$

Thus

$$Q_\mu \exp\{-\gamma Y_t(E)\} = \exp\left\{\frac{-\gamma\mu(E)}{(1+\beta\gamma^\beta t)^{\frac{1}{\beta}}} - \int_0^t \frac{\gamma^\theta\lambda(E)^\theta \mathrm{d}s}{(1+\beta\gamma^\beta s)^{\frac{\theta}{\beta}}}\right\}. \tag{3.5}$$

It is clear from (3.5) that $Y_t(E)\to 0$ $(t\to+\infty)$ in probability if $\lambda(E)=0$. When $\lambda(E)>0$ and $\beta<\theta$, we have

$$\int_0^{+\infty} \frac{\gamma^\theta\lambda(E)^\theta \mathrm{d}s}{(1+\beta\gamma^\beta s)^{\frac{\theta}{\beta}}} = \text{const.}\,\gamma^{\theta-\beta}<+\infty,$$

and

$$Q_\mu \exp\langle Y_t, -f\rangle \to \exp\left\{-\int_0^{+\infty}\langle\lambda, w_s\rangle^\theta \mathrm{d}s\right\}, \quad t\to+\infty \tag{3.6}$$

uniformly on the set $\{0\leqslant f\leqslant\gamma\}$. Therefore $Y_t\to Y_{+\infty}$ set-wise in distribution, where $Y_{+\infty}$ is an $M$-valued random measure with Laplace functional given by the r. h. s, of (3.6). When $\lambda(E)>0$ and $\beta\geqslant\theta$, (3.5) shows that $Y_t(E)\to+\infty$ (explodes) in probability as $t\to+\infty$, so it can be vacuous to discuss the convergence of $(Y_t)$. In the next paragraph we shall study the convergence of the process $(a_tY_t)$ for a suitably chosen family $(a_t)$ of constants.

(ii) We now assume $\xi$ is the Brownian motion in $\mathbf{R}^d$. The name super Brownian motion is used at this time for the $(\xi, \phi, i)$-superprocess. Let $\lambda$ denote the Lebesgue measure on $\mathbf{R}^d$ and let

$M_p(\mathbf{R}^d) :=\{\sigma$-finite Borel measures $\mu$ on $\mathbf{R}^d$ such that

$$\int(1+|x|^{p})^{-1}\mu(\mathrm{d}x)<+\infty\}$$

for $p>d$. Suppose $w_t$ is determined by

$$w_t+\int_0^t \Pi_{t-s}(w_s)^2\mathrm{d}s=\Pi_t f,\quad t\geqslant 0, \tag{3.7}$$

where $(\Pi_t)$ denotes the semigroup of $\xi$. Then

$$Q_\mu \exp\langle Y_t,-f\rangle=\exp\left\{-\langle\mu,w_t\rangle-\int_0^t\langle\lambda,w_s\rangle\mathrm{d}s\right\} \tag{3.8}$$

defines a super Brownian motion $(Y_t)$ in space $M_p(\mathbf{R}^d)$ (cf. [13, 14]). Since the "immigration measure" $\lambda$ is nonzero, more and more "people" immigrate to the space $E$ as time goes on. The following theorem gives a large number law for $(Y_t)$ and completes the observation of paragraph 3. 1.

**Theorem 3. 1.** For any bounded Borel set $B\subset\mathbf{R}^d$ and finite measure $\mu\in M_p(\mathbf{R}^d)$,

$$t^{-1}Y_t(B)\to\lambda(B)\ (t\to+\infty) \tag{3.9}$$

in probability w. r. t. $Q_\mu$.

**Proof** It is, obviously, sufficient to prove the result for $\mu=0$. Our method of the proof relies on the estimates of the moments of $Y_t$. For fixed $f\in B_p(\mathbf{R}^d)^+$, the members of $B(\mathbf{R}^d)^+$ upper bounded by const. $(1+|x|^p)^{-1}$, we define

$$\varphi_t^{1*}(x)=\varphi_t(x)=\Pi_t f(x),\quad u_t*v_t=\int_0^t\Pi_{t-s}u_s v_s\mathrm{d}s,$$

$$\varphi_t^{n*}=\sum_{k=1}^{n-1}\varphi_t^{k*}*\varphi_t^{(n-k)*},\quad \Phi_n(t)=\int_0^t\langle\lambda,\varphi_s^{n*}\rangle\mathrm{d}s.$$

Put

$$M_n(t)=Q_0\langle Y_t,f\rangle^n,$$

$$C_n(t)=Q_0[\langle Y_t,f\rangle-M_1(t)]^n,\quad n\in\mathbf{N}^*.$$

Routine computations give

$$M_n(t) = \sum_{k=1}^{n} C_{n-1}^{k-1} k! \Phi_k(t) M_{n-k}(t),$$

and

$$\begin{aligned} C_n(t) &= \sum_{i=0}^{n} C_n^i (-1)^i M_{n-i}(t) M_1(t)^i \\ &= n! \Phi_n(t) + \sum \text{const.}\, \Phi_2^{k_2}(t) \cdots \Phi_{n-2}^{k_{n-2}}(t). \end{aligned} \tag{3.10}$$

Here the last summation is taken for all possible $\{k_2, k_3, \cdots, k_{n-2}\}$ satisfying $2k_2 + \cdots + (n-2)k_{n-2} = n$, for instance,

$$C_2(t) = 2\Phi_2(t),\quad C_3(t) = 6\Phi_3(t),$$

$$C_4(t) = 24\Phi_4(t) + 12\Phi_2^2(t),$$

$$C_5(t) = 120\Phi_5(t) + 120\Phi_2(t)4\Phi_3(t).$$

Let $p_t(x-y) \equiv p_t(x, y)$ denote the Brownian transition density. We have

$$\begin{aligned} C_2(t) &= 2\int_0^t ds \langle \lambda, \int_0^s \Pi_{s-u}(\Pi_u f)^2 du \rangle \\ &= 2\int_0^t ds \int_0^s du \int [\Pi_u f(x)]^2 dx \\ &= 2\int_0^t ds \int_0^s du \int dx \int f(y) p_u(y-x) dy \Pi_u f(x) \\ &= 2\int_0^t ds \int_0^s du \int f(y) dy \int p_u(y-x) \Pi_u f(x) dx \\ &= 2\int_0^t ds \int_0^s du \int f(y) dy \int p_{2u}(y-z) f(z) dz \\ &= \int_0^t ds \int_0^{2s} du \int dy \int dz f(y) f(z) p_u(y-z). \end{aligned}$$

If $f$ is supported boundedly, then

$$\int dy \int dz f(y) f(z) p_u(y-z) < 1 \wedge u^{-\frac{d}{2}}.\ \text{const.}$$

Now we use Chebyshev's inequality to obtain

$$Q_0\{\,|\,t^{-1}\langle Y_t,\ f\rangle-\langle\lambda,\ f\rangle\,|>\varepsilon\}$$
$$\leqslant\varepsilon^{-2}t^{-2}C_2(t)\to 0\quad(t\to+\infty)$$

for every $\varepsilon>0$, as desired. ■

It is interesting and, undoubtedly, possible to extend the above theorem to some more general cases. We shall leave the consideration of this to the reader. At times one would like to consider the "weighted occupation time" $Z_t := \int_0^t Y_s \mathrm{d}s$. Following the computations of [10], we get the characterization of the joint law of $Y_t$ and $Z_t$,

$$Q_\mu \exp\{-\langle Y_t, f\rangle-\langle Z_t, g\rangle\}=\exp\{-\langle\mu, u_t\rangle-\int_0^t\langle\lambda, u_s\rangle \mathrm{d}s\}, \tag{3.11}$$

where $u_t$ is the solution of

$$u_t+\int_0^t \Pi_{t-s}(u_s)^2 \mathrm{d}s=\Pi_t f+\int_0^t \Pi_s g\, \mathrm{d}s, t\geqslant 0. \tag{3.12}$$

A remarkable property of the process $Z_t$ is that for each $\mu\in M_p(\mathbf{R}^d)$ and bounded Borel $B\subset\mathbf{R}^d$,

$$2t^{-2}Z_t(B)\to\lambda(B)\ (t\to+\infty) \tag{3.13}$$

almost surely w. r. t. $Q_\mu$, which is proved by similar means as Theorem 1 of [11].

# § 4. The ($\xi$, $\phi$)-superprocess

In this section, we discuss the long-term behavior of the ($\xi$, $\phi$)-superprocess ($X_t$) defined by (2. 2) and (3. 2). The observations in paragraph 3. 1 shows that usually we need start the process with an infinite initial state to get interesting results (cf. [3]).

(i) We fix some strictly positive reference function $\rho\in B(E)^+$ and introduce the following assumptions

i) For each $T>0$, there exists $C_T>0$ such that $\Pi_t\rho\leqslant C_T\rho$ for all $0\leqslant t\leqslant T$.

ii) The branching mechanism $\phi$ given by (3. 1) is subcritical, i. e., $b\geqslant 0$.

Then the solution $w_t(f)$ of (3. 2) satisfies $w_t(pf)\leqslant$const. $\rho$, $f\in B(E)^+$, on each finite interval $0\leqslant t\leqslant T$. Thus we can assume the state space of ($X_t$) is $M^P:=\{\rho^{-1}\mu:\mu\in M\}$[e. g. 1, 3, 6, 14]. $M^\rho$ contains some infinite measures unless $\rho$ is bounded away from zero.

**Theorem 4. 1** If $m\in M^\rho$ is $\Pi_t$-invariant, then

$$P_m\exp\langle X_t, -f\rangle\rightarrow\exp\left\{-\langle m,f\rangle+\int_0^{+\infty}\langle m,\phi(w_s)\rangle\mathrm{d}s\right\}\ (t\rightarrow+\infty) \tag{4. 1}$$

uniformly on the set $\{0\leqslant f\leqslant a\rho\}$ for every finite $a\geqslant 0$, and the right hand side of the above formula defines the Laplace functional of a equilibrium distribution $A_m$ of $X$ such that

$$\int \langle \mu, \rho \rangle \Lambda_m(\mathrm{d}\mu) < +\infty.$$

**Proof** By (2. 2), (3. 2) and the $\Pi_t$-invariance of $m$,

$$\begin{aligned} 1 &\geqslant P_\mu \exp\langle X_t, -f\rangle \\ &= \exp\left\{\langle m, -\Pi_t f + \int_0^t \Pi_{t-s}\phi(w_s)\mathrm{d}s\rangle\right\} \\ &= \exp\left\{\langle m, -f\rangle + \int_0^t \langle m, \phi(w_s)\rangle \mathrm{d}s\right\}. \end{aligned}$$

Choosing $f(x) = a\rho(x)$ and letting $t \to +\infty$, we have

$$\int_0^{+\infty} \langle m, \phi(w_s(a\rho))\rangle \mathrm{d}s \leqslant \langle m, a\rho\rangle < +\infty.$$

If $f(x) \leqslant a\rho(x)$, then $\langle m, \phi(w_s(f))\rangle \leqslant \langle m, \phi(w_s(a\rho))\rangle$. Thus

$$\int_0^t \langle m, \phi(w_s(f))\rangle \mathrm{d}s \to \int_0^{+\infty} \langle m, \phi(w_s(f))\rangle \mathrm{d}s \ (t \to +\infty)$$

uniformly on the set $\{0 \leqslant f \leqslant a\rho\}$, and the convergence (4. 1) follows. By Lemma 2. 1 of Dynkin [3], the r. h. s, of (4. 1) is the Laplace functional of a probability measure $\Lambda_m$ on $M^\rho$. $\Lambda_m$ is clearly an invariant measure of $X$, so to finish the proof it is sufficient to observe

$$\begin{aligned} &\int \Lambda_m(\mathrm{d}\mu)\langle \mu, f\rangle \\ &= \lim_{\beta \to 0^+} \int \Lambda_m(d\mu)\beta^{-1}(1 - \mathrm{e}^{-\beta\langle \mu, f\rangle}) \\ &= \lim_{\beta \to 0^+} \beta^{-1}\left(1 - \exp\left\{-\langle m, \beta f\rangle + \int_0^{+\infty} \langle m, \phi(w_s(\beta f))\rangle \mathrm{d}s\right\}\right] \\ &\leqslant \lim_{\beta \to 0^+} \beta^{-1}(1 - \mathrm{e}^{\langle m, \beta f\rangle}) \\ &= \langle m, f\rangle < +\infty \end{aligned}$$

for any $0 \leqslant f \leqslant a\rho$. ■

Theorem 3. 1 was clearly inspired by the work of Dynkin [3], where the invariant measures of the superprocess $(X_t)$

was studied completely when $\phi(x, z) = \text{const.}\ z^2$. Suppose $\Lambda$ is an invariant measure of $(X_t)$ such that $\int \langle \mu, \rho \rangle \Lambda(\mathrm{d}\mu) < +\infty$. One proves easily that

$$\langle m, f \rangle = \int_{M^\rho} \langle \mu, f \rangle \Lambda(\mathrm{d}\mu) \tag{4.2}$$

defines a measure $m \in M^\rho$ that is invariant under the subMarkov semigroup $(\Pi_t^b)$:

$$\Pi_t^b f(x) = \Pi_x f(\xi_t) \exp\left\{-\int_0^t b(\xi_s)\mathrm{d}s\right\}.$$

(ii) Using the martingale characterization, El Karoui and Roelly-Coppoletta [6] showed that the class of $(\xi, \phi)$-superprocesses is stable under some spatial transformations. In this paragraph we shall see that this stableness can also be derived easily from (2.2) and (3.2). We shall not assume the transformations to be one to one.

Suppose $\gamma$ is a measurable surjective map from $(E, \mathcal{B}(E))$ onto another space $(\widetilde{E}, \mathcal{B}(\widetilde{E}))$. We assume

iii) $\rho$ is $\gamma^{-1}\mathcal{B}(\widetilde{E})$-measurable;

iv) if $f$ is $\gamma^{-1}\mathcal{B}(\widetilde{E})$-measurable, so is $\Pi_t f$ for all $t \geq 0$;

v) for each fixed $z \geq 0$, $\phi(\cdot, z)$ is $\gamma^{-1}\mathcal{B}(\widetilde{E})$-measurable.

Let $\gamma^*$ be the map from $B(\widetilde{E})^+$ to $B(E)^+$ defined by $\gamma^* \widetilde{f}(x) = \widetilde{f}(\gamma x)$. By iv), $\widetilde{\xi} = (\gamma \xi_t, t \geq 0)$ is a Markov process in $\widetilde{E}$ with the semigroup $(\widetilde{\Pi}_t)$ determined by $\gamma^* \widetilde{\Pi}_t = \widetilde{\Pi}_t \gamma^*$ (cf. [2, P325] and [17, P66]). Put $\widetilde{\phi}(\widetilde{x}, z) = \phi(x, z)$ for any $\gamma x = \widetilde{x}$. Operating the equation

$$\widetilde{w}_t + \int_0^t \widetilde{\Pi}_{t-s} \widetilde{\phi}(\widetilde{w}_s)\mathrm{d}s = \widetilde{\Pi}_t \widetilde{f}$$

with $\gamma^*$ gives

$$\gamma^* \widetilde{w}_t + \int_0^t \Pi_{t-s}\phi(\gamma^* \widetilde{w}_s)\mathrm{d}s = \Pi_t \gamma^* \widetilde{f}.$$

By the uniqueness of the solution to (3.2), we get

$$w_t(\gamma^* \widetilde{f}) = \gamma^* \widetilde{w}_t(\widetilde{f}). \tag{4.3}$$

Let $X=(X_t, t\geqslant 0)$ be a $(\xi, \phi)$-superprocess, and let $\widetilde{X}_t(\widetilde{B}) = X_t \circ \gamma^{-1}(\widetilde{B})$, $\widetilde{B}\in \mathcal{B}(\widetilde{E})$. By (2.2) and (4.3), $\widetilde{X}=(\widetilde{X}_t, t\geqslant 0)$ is a Markov process[2,17] in $\widetilde{M}^{\rho}$, the space of $\sigma$- finite measures $\nu$ on $(\widetilde{E}, \mathcal{B}(\widetilde{E}))$ satisfying $\langle \nu, \tilde{\rho}\rangle < +\infty$, with transition probabilities $\widetilde{P}_{\nu}$ determined by

$$\widetilde{P}_{\nu}\exp\langle \widetilde{X}_t, -\widetilde{f}\rangle = \exp\langle \nu, -\widetilde{w}_t(\widetilde{f})\rangle,$$

i. e., $\widetilde{X}$ is a $(\tilde{\xi}, \tilde{\phi})$-superprocess.

**Example 4.2** Let $\xi$ be a symmetric stable process in $\mathbf{R}^d$. Suppose that $\phi(x, z)\equiv\phi(z)$ is independent of $x\in\mathbf{R}^d$. Let $\gamma_x$ be the spatial translation operator by $x\in\mathbf{R}^d$. If the $(\xi, \phi)$-superprocess $X$ has initial value $\lambda$, the Lebesgue measure on $\mathbf{R}^d$, then by the preceding result, $X_t$ and $X_t \circ \gamma_x^{-1}$ has the same distribution. Letting $t\to+\infty$, we see that the equilibrium distribution $\Lambda$ of $X$ from $\lambda$ is translation invariant.

**Acknowledgement**

We thank Prof. T. Shiga for sending us a reprint of his paper [19].

**References**

[1] Dawsod D A. The critical measure diffusion process. Z. Wahrsch., 1977, 40: 125-145.

[2] Dynkin E B. Markov Processes. Springer-Verlag, 1965.

[3] Dynkin E B. Three classes of infinite dimensional dif-

fusions. J. Funct. Anal., 1989, 86: 75-110.

[4] Dynkin E B. Branching particle systems and superprocesses. Ann. Probab., 1991, 19: 1 157-1 194.

[5] Dynkin E B. Path processes and historical superprocesses. Probab. Th. Rel. Fields, 1991, 90: 1-36.

[6] El-Karoui N, Roelly-Coppoletta S. Propriétés de martingales, explosion et representation de Lévy-Khintchine d'une classe de processus de branchement à valeurs mesures. Stochastic Process. Appl., 1991, 38: 239-266.

[7] Evans S N, Perkins E. Measure-valued Markov branching processes conditioned on non-extinction. Israel J. Math., 1990, 71: 329-339.

[8] Fitzsimmons P J. Construction and regularity of measure-valued Markov branching processes. Israel J. Math., 1988, 64: 337-361.

[9] Gorostiza L G, Lopez-Mimbela J A. The multitype measure branching process. Adv. Appl. Probab., 1990, 22: 49-67.

[10] Iscoe I. A weighted occupation time for a class of measure-valued branching processes. Probab. Th. Rel. Fields, 1986, 71: 85-116.

[11] Iscoe I. Ergodic theory and local occupation time for measure-valued critical branching Brownian motion. Stochastics, 1986, 18: 197-243.

[12] Kawazu. K, Watanabe S. Branching processes with immigration and related limit theorems. Th. Prob-

ab. Appl.，1971，79：34-51.

[13] Konno N，Shiga T. Stochastic partial differential equations for some measure-valued diffusions. Probab. Th. Rel. Fields，1988，79：201-225.

[14] Li Zeng-Hu. Measure-valued branching processes with immigration. Stochastic Process. Appl.，1992，43：249-264.

[15] Li Zeng-Hu. Branching particle systems with immigration. 2nd Sino-French Mathematics Meeting，September 24-October 11，1990.

[16] Li Zeng-Hu. A note on the multitype measure branching process. Adv. Appl. Probab.，1992，24：496-498.

[17] Rosenblatt M. Markov Processes：Structure and Asymptotic Behavior. Springer-Verlag，1971.

[18] Sharpe M J. General Theory of Markov Processes. Academic Press，New York，1988.

[19] Shiga T. A stochastic equation based on a Poisson system for a class of measure-valued diffusion processes. J. Math. Kyoto Univ.，1990，30：245-279.

[20] Watanabe S. A limit theorem of branching processes and continuous state branching processes. J. Math. Kyoto Univ.，1968，8：141-167.

北京师范大学学报(自然科学版)，1994，30(2)

# 论混沌与随机[①]

**摘要** 建立了一种随机迭代模型；讨论了混沌与随机性的关系．许多混沌现象是一列随机事件与必然事件交互作用的结果．一些混沌是决定性系统的伪随机性．

**关键词** 随机迭代；随机混沌；马尔可夫链．

## §1. 随机迭代与随机混沌

混沌学是一门重要的新兴学科．人们对混沌与随机性(即偶然性)的关系还众说纷纭，其原因之一在于对随机性的理解．由于对随机性的认识不同，甲说由决定性产生了随机性，而乙则说混沌绝无随机性．至今数学上刻画混沌过程都是用决定性的方程，如差分方程、微分方程等，还没有随机性的数学描述．用差分方程所作的决定性迭代是产生混沌的一种重要途径；理

---

① 国家天元基金和国家自然科学基金资助项目．
收稿日期：1994-02-22．

论上它确是决定性的，然而实际中(特别是在计算机的运算中)用的却是随机迭代. 因此我们先给出随机迭代的数学模型.

以 $I$ 表 $n$ 维欧氏空间 $\mathbf{R}^n$ 中的区间，点 $x\in\mathbf{R}^n$ 记为 $x=(x_1, x_2, \cdots, x_n)$，$x_i\in\mathbf{R}$. 设已给映射 $f$：$I\to I$，$f(x)=(f_1(x), f_2(x), \cdots, f_n(x))$. 它把点 $x\in I$ 映射到 $f(x)\in I$. 定义迭代运算

$$f^{(1)}(x)=f(x),\ f^{(n)}(x)=f(f^{(n-1)}(x)). \tag{1.1}$$

$\{f^{(n)}\}$构成一离散动力系统，它是决定性的.

今固定始值 $b_0$ 而定义 $x_0=b_0$，$x_n=f(x_{n-1})=f^{(n)}(x_0)$. 称序列$\{b_0, x_n\}$为自 $b_0$ 开始的由 $f$ 产生的轨道，或简称 $b_0$-轨道；它当然也是决定性的，即：任两轨道$\{b_0, x_n\}$，$\{b'_0, x'_n\}$，只要$b_0=b'_0$，就有$x_n=x'_n$，一切 $n\geqslant 1$.

但在实际中，往往不能准确取定 $b_0$，而代之以 $b_0$ 的某近似值$\widetilde{b_0}$(例如，$b_0=\sqrt{2}$时，为了动用计算机，人们只得取某有理近似值如$\widetilde{b_0}=1.414$)，于是产生一次误差；接着，$b_1=f(\widetilde{b_0})$也很可能需代以近似值$\widetilde{b_1}$(二次误差)；于是误差不断积累，如果 $f$ 又对始值敏感，便会产生更严重后果，而且难以预测.

设已给向量 $\boldsymbol{a}=(a_1, a_2, \cdots, a_n)\in I$ 及正数 $\varepsilon$，考虑 $n$ 维正态分布 $N(a, \varepsilon)$，其密度函数为

$$f_{a,\varepsilon}(x)=(2\pi\varepsilon)^{-\frac{n}{2}}\prod_{i=1}^{n}\exp\left(-\frac{(x_i-a_i)^2}{2\varepsilon}\right).$$

$N(a, \varepsilon)$在 $I$ 上的概率记为 $M(I)=\int_I f_{a,\varepsilon}(x)\mathrm{d}x$.

考虑函数 $g_{a,\varepsilon}(x)=\dfrac{f_{a,\varepsilon}(x)}{M(I)}$；称以 $g_{a,\varepsilon}(x)$为密度的概率分布为 $N(a, \varepsilon)$在 $I$ 上的截尾正态分布，并记此分布为 $N_I(a, \varepsilon)$.

对已给映射 $f$：$I\to I$，取始值 $b_0\in I$，从 $N_I(b_0, \varepsilon)$中随机

抽取一向量$\widetilde{b_0}$，令 $b_1=f(\widetilde{b_0})$；再从 $N_I(b_1, \varepsilon)$中随机抽取一向量$\widetilde{b_1}$，令 $b_2=f(\widetilde{b_1})$；一般地，取出 $b_n$ 后，从 $N_I(b_n, \varepsilon)$中随机抽取一向量$\widetilde{b_n}$而令 $b_{n+1}=f(\widetilde{b_n})$. 称$\{b_n\}$为自 $b_0$开始的由 $f$ 产生的随机迭代序列，或 $b_0$-随机轨道. 它所以随机，是由于多次的随机抽样.

我们来证明：$\{b_n\}$构成（非时齐）马尔可夫链（Markov chain）. 实际上，当 $b_i$ 已知为某向量时，$b_{i+1}=f(\widetilde{b_i})$，而$\widetilde{b_i}$来自母体分布 $N_I(b_i, \varepsilon)$，此分布（从而 $b_{i+1}$）只依赖于 $b_i$，而与其前之 $b_0$，$b_1$，…，$b_{i-1}$无关，因而$\{b_n\}$是马尔可夫链.

现在来求此链的转移概率 $p(i, b_i; i+1, A)$，它是第 $i$ 步时位于 $b_i$，第 $i+1$ 步时转入集 $A$ 中的概率. 此链第 $i$ 步时位于 $b_i$ 的条件概率设为 $P_{i,b_i}$，简记为 $P$，则对 $A\subset I$（$A$ 为可测集），有

$$\begin{aligned}
&p(i,b_i;i+1,A)\\
&= P(b_{i+1}\in A)=P(f(\widetilde{b_i})\in A)\\
&= E\chi_A(f(\widetilde{b_i}))=\int\chi_A(f(x))g_{b_i,\varepsilon}(x)\mathrm{d}x\\
&= \int\chi_{f^{-1}(A)}(x)g_{b_i,\varepsilon}(x)\mathrm{d}x\\
&= \int_{f^{-1}(A)}g_{b_i,\varepsilon}(x)\mathrm{d}x.
\end{aligned}\tag{1.2}$$

其中$\chi_B(y)=1$ 或 0，视 $y\in B$ 或 $y\overline{\in}B$ 而定；又集 $f^{-1}(A)=(x:x\in I, f(x)\in A)$.

**注 1** 若取 $\varepsilon=0$，并理解 $N(a, 0)$为集中在 $a$ 上之单点分布 $\delta_a$，则当 $f(b_i)\in A$ 即 $b_i\in f^{-1}(A)$时，形式上，由上式得

$$p(i,b_i;i+1,A)=\int_{f^{-1}(A)}\delta_{b_i}(x)\mathrm{d}x=1.$$

特别有 $p(i, b_i; i+1, f(b_i))=1$ 或 $b_{i+1}=f(b_i)$）. 于是此时化

为决定性迭代.

**注 2** 误差分析中常出现正态分布，所以我们也用正态分布. 其实以上推理适用于其他以 $b_0$ 为数学期望的分布.

迄今我们对 $f$ 未加任何条件. 在混沌学中，通常假设 $f$ 为连续而且对始值敏感的映像，这样产生的 $\{b_n\}$ 便很可能产生混沌现象[1]. 敏感性与非线性密切相关，线性映射一般不会是敏感的.

上述模型可稍推广如下：设映射 $f$ 还依赖于某实数 $\lambda$，$\lambda\in\Lambda\subset\mathbf{R}$，$f\equiv f(x, \lambda)$，$x\in I$，$\lambda\in\Lambda$. 当 $\lambda_0$ 固定时，$f(x, \lambda_0)$ 便是 $I\to I$ 映射，于是可如上定义其随机迭代. 由随机迭代产生的混沌称为随机混沌，以区别于由决定性迭代所产生的决定性混沌. 可能当 $\lambda$ 属于 $\Lambda$ 的某一子集时，混沌出现，而属于另一子集时混沌不出现，而且混沌的程度随 $\lambda$ 而变；这当然是非常有趣的课题. 决定性混沌可看成当 $\varepsilon=0$ 时的随机性混沌，这在注 1 中可以看出.

## §2. 混沌、随机性与决定性

关于这方面有不少不同的、甚至截然相反的观点. 试作一简单回顾. 哲学上一个长期争论的重要问题是：世界是决定性的还是随机性的？两种观点都各有大科学家的支持. 爱因斯坦主张前者，他说"上帝不会玩骰子"；而玻尔则回答说："我们不能断言上帝该干什么"[2][3]. 这两种观点是难以调和的. 但由于混沌学的兴起，一些人认为决定性与随机性之间的鸿沟正趋于消失：由决定性可以产生随机性，而且是内在的随机性(即不是由于外界偶然干扰所产生的外随机性). 例如，福特指出：混沌是决定性的随机性[4]. 另一种说法更清楚些："混沌是决定性系统的内在随机性". 由决定性可产生随机性，确是惊人之谈. 他们论证如下：迭代式 $x_{n+1}=f(x_n)$是决定性的，但对某些敏感函数 $f$，$\{x_n\}$当 $n$ 很大时不可预测，因而是随机的. 一个著名的例子是 Ulamvon Neumann 映射 $f$：

$$(-1,\ 1)\to(-1,\ 1)：f(x)=1-2x^2.$$

迭代式为

$$x_{n+1}=1-2x_n^2. \tag{2.1}$$

作变换 $x=\cos t$ 后，可解得[5] $x_n=-\cos(2^n\cos^{-1}x_0)$. 若取 $x_0$ 使 $\cos^{-1}\dfrac{x_0}{2\pi}$为无理数，则

$$\theta_n :=2^n\cos^{-1}x_0 (\mathrm{mod}\ 2\pi) \tag{2.2}$$

是一伪随机数列；从而$\{x_n\}$亦然. 注意，若 $\theta$ 在$[0,\ 2\pi]$上均匀分布，则$x=-\cos\theta$有分布密度为$\dfrac{1}{\pi\sqrt{1-x^2}}$，故可认为$\{x_n\}$来

自具有密度为$\frac{1}{\pi\sqrt{1-x^2}}$的母体，$|x|<1$. 于是，从确定系统(1.2)产生了“随机性”.

其实这是一种误解，根源在于混淆了随机性与伪随机性两个不同的概念，伪随机性并不等同于随机性. 我们说事件$A$在某条件$C$下是随机的，是指在$C$下进行试验时，$A$可能出现也可能不出现，即使在上次试验中出现了，下次中仍可不出现. 例如，扔硬币这次得正面，下次未必仍得正面，所以“出现正面”是随机事件. 甲扔5次得“正、正、反、正、反”，乙扔5次一般不会仍是这样，因为相同的概率只有$\frac{1}{32}$. 设$F$为某概率分布，从母体$F$中独立地抽取$m$个数$x_1$，$x_2$，…，$x_m$，称为数列为$F$-随机数. 此数列具有若干与$F$有关的性质$F_1$，$F_2$，…，$F_l$，例如$\frac{x_1+x_2+\cdots+x_m}{m}$当$m$充分大时应接近于$F$的平均值，等. $F$-随机数列的一个显著特征是：设甲从$F$中抽得$x_1$，$x_2$，…，$x_m$；乙也从$F$中抽得$y_1$，$y_2$，…，$y_m$，则一般$\{x_i\}$不会全同于$\{y_i\}$，尽管它们都具有性质$F_1$，$F_2$，…，$F_l$. 这种不可准确预测性正是“随机性”的精髓所在. 现在假设我们用某种决定性方法(例如，利用(2.1))也得到一列数$x'_1$，$x'_2$，…，$x'_m$，通过统计检验，发现$\{x'_i\}$也是有性质$F_1$，$F_2$，…，$F_l$；但却失去上述精髓性，也就是说，从同一始值$b_0$出发，甲、乙各用此法得两列$\{x'_i\}$与$\{y'_i\}$，由于方法是决定性的，故必有$x'_i=y'_i$，$i=1$，2，…，$m$. 因此，显然不能称$\{x'_i\}$为$F$-随机数(或向量)列，人们便称它为$F$-伪随机数列. 由此可见，(2.1)不过是一种伪随机数“发生器”；这种发生器在Monte-Carlo方法中是司空见惯的.

由此可见，用决定性迭代，至多只能产生伪随机数列. 从而上述“混沌是决定性系统的内随机性”，应改为“混沌是决定性系统的伪随机性”，或者说“混沌是决定性的伪随机性”.

在另一方面，一些研究者如美国圣克鲁斯加州大学动态系统研究组 4 位教授于 1987 年 4 月在 Scientific American 上发表的文章《混沌现象》中说：“混沌现象是丝毫不带随机因素的固定规则所产生的”；从纯粹理论的观点看，这有一定道理，因为迭代函数 $f$ 是决定性的，但还需要一个理想的条件，即始值及每次迭代运算都必须绝对精确，不能有丝毫误差. 但在现实中，这是做不到的. 即使在绝对精确情况下，混沌也可能有伪随机性(如(2.1)).

本文只讨论一类混沌，即由差分迭代所产生的混沌. 我们认为：通常所能观察到的混沌是由随机迭代所产生的随机混沌，它是由一列随机事件(由 $N_I(b_i, \varepsilon)$中随机取样$\widetilde{b_i}$)与决定性运算($b_{i+1}=f(\widetilde{b_i})$)串联而成：

$$b_0\to\widetilde{b_0}\to b_1=f(\widetilde{b_0})\to\widetilde{b_1}\to b_2=f(\widetilde{b_1})\to\cdots$$

其中 $f$：$I\to I$ 为连续、非线性、敏感映射.

在[3][6]中，作者论述了许多过程都是随机事件与必然事件相互串联(及并联)的过程；这个论点在混沌学中找到了新的强有力的支持.

## 参考文献

[1] Falconer K. 分形几何. 曾文曲，译. 沈阳：东北工学院出版社，1991.

[2] Galder N. 生命的偶然性. 世界科学，1987，(1)：10.

[3] 王梓坤. 论随机性. 北京师范大学学报(自然科学版)，1991，27(1)：119.

[4] Ford J. Directions in classical chaos. In Directions in Chaos，1987，(1)：1.
[5] 陈式刚. 映像与混沌. 北京：国防工业出版社，1992.
[6] 王梓坤. 迭代、混沌与随机性. 数理统计与应用概率，1993，(增刊)：1.

## On Chaos and Randomness

**Abstract** A model of random interaction is given and the relation between chaos and randomness is discussed. Chaos is generated by the interplay of a series of random events and certain events. Some chaos is the pseudorandomness of a determining system.

**Keywords** random iteraction; random chaos; Markov chain.

Chinese Science Bulletin, 1995, 40(6)

# The Joint Distributions of First Hitting and Last Exit for Brownian Motion[①]

**Keywords** joint distributions; spherical symmetry; Dirac function.

Let $X=\{x(t, \omega), t\geqslant 0\}$ be $d(\geqslant 3)$-dimensional Brownian motion on probability space $(\Omega, \mathscr{F}, P)$ with values in Euclidean space $\mathbf{R}^d$; $\mathscr{B}^d$ be the Borel $\sigma$-algebra in $\mathbf{R}^d$. The transition probability density of $X$ is

$$p(t, x, y)=(2\pi t)^{-\frac{d}{2}}\exp\left(-\frac{|x-y|^2}{2t}\right).$$

The semigroup of transition operators is $T_t f(x)=\int p(t,x,y)f(y)\mathrm{d}y$, where $f$ is bounded $\mathscr{B}^d$ measurable function, $\int=\int_{\mathbf{R}^d}$; the Green function is $g(x,y)=\int_0^{+\infty}p(t,x,y)\mathrm{d}t$; the equilibrium measure of a relatively compact set $B$ is denoted by $\mu_B$.

---

① Project supported by the Chinese National Tian Yuan Science Foundation
Received: 1994-07-28.

For $B\in\mathscr{B}^d$ we define the first hitting time and last exit time for $X$ by

$$h_B=\inf(t>0,\ x_t\in B),\qquad l_B=\sup(t>0,\ x_t\in B),$$

and by convention $\inf(\varnothing)=+\infty$, $\sup(\varnothing)=0$, where $\varnothing$ is the empty set and $x_t=x(t,\ \omega)$. Let $B^c=\mathbf{R}^d\setminus B$. We call $e_B=h_{B^c}$ the first exit time of $B$. Evidently, if $l_B>0$, then $l_B\geqslant h_B$ and $l_B\geqslant e_B$; because $\forall\,\varepsilon>0$, $x(l_B+\varepsilon)\in B^c$, hence $l_B+\varepsilon\geqslant e_B$.

The first hitting location, last exit location and first exit location are denoted by $x(h_B)$, $x(l_B)$ and $x(e_B)$, respectively. Since $d\geqslant3$, $X$ is transient, i. e.

$$P_x(\lim_{t\to+\infty}|x_t|=+\infty)=1,\ \forall\,x\in\mathbf{R}^d. \tag{1}$$

Therefore, if $B$ is bounded, then $\forall\,x\in B$. We have $e_B<+\infty$, $l_B>0$, $P_x$-a. s.

The distributions of $(h_B,\ x(h_B))$ and $(l_B,\ x(l_B))$ are discussed in refs. [1]～[3] and refs. [1][3]～[6], respectively. For the first exit probabilities of Brownian motion on manifolds, see ref. [7]. The purpose of this note is to investigate the joint distribution of $h_B$, $x(h_B)$, $l_B$, $x(l_B)$ and some limit distributions. Under certain conditions their exact mathematical formulas can be found. In particular, take $x_0=0$, $B_r$, the ball with center $O$ and radius $r>0$; $S_r$, its sphere. Then the distribution of the first hitting location and last exit location has spherical symmetry; the joint density and the conditional density of this distribution have the same expression; as $d\to+\infty$, we meet a new kind of functions (similar to, but not, the Dirac functions) defined on infinite dimensional space.

For $D\in\mathscr{B}^d$, let $P_D(t,\ x,\ A)$ be the (sub) transition density on $D$, i. e.

$$p_D(t, x, A) = P_x(e_D > t, x_t \in A)$$
$$= P_x(x_u \in D, u \leqslant t, x_t \in A), \quad x \in D;$$
$$= 0, \quad x \overline{\in} D.$$

Let $T_t^D f(x) = \int_D p_D(t, x, \mathrm{d}y) f(y)$.

We fix $B \in \mathscr{B}^d$. Omit $B$ and put $h = h_B$ if there is no ambiguity. Denote

$$H(z, C) = p_z(x(h) \in C), \qquad E(z, C) = p_z(x(e) \in C),$$
$$L(z, C) = P_z(l > 0, x(l) \in C).$$

Since $x(\infty)$ is undefined, $(x(h) \in C) = (h < +\infty, x(h) \in C)$ by convention; the same convention is for $e$, $l$.

**Theorem 1** Let $B \in \mathscr{B}^d$, $\forall x \in \mathbf{R}^d$, $s > 0$, $t > 0$. We have

$$P_x(h > s, x(h) \in A, l - h > t, x(l) \in C)$$
$$= \int_A P_y(l > t, x(l) \in C) P_x(h > s, x(h) \in \mathrm{d}y) \tag{2}$$
$$= \int_A T_t L(y, C) \cdot T_S^{B^C} H(x, \mathrm{d}y). \tag{3}$$

**Proof** Let $\mathscr{F}_h$ be the pre $-\sigma-$algebra of stopping time $h$; $\theta_t$ be the shift operator of $X$. By strong Markov property the left side of eq. (2) equals

$$P_x(h > s, x(h) \in A, \theta_h l > t, x(l) \in C)$$
$$= \int_{(h > s, x(h) \in A)} P_x(\theta_h l > t, x(l) \in C \mid \mathscr{F}_h) P_x(\mathrm{d}\omega)$$
$$= \int_{(h > s, x(h) \in A)} P_{x(h)}(l > t, x(l) \in C) P_x(\mathrm{d}\omega)$$
$$= \int_A P_y(l > t, x(l) \in C) P_x(h > s, x(h) \in \mathrm{d}y).$$

But

$$P_y(l > t, x(l) \in C) = \int p(t,y,z)L(z,C)\mathrm{d}z = T_tL(y,C), \quad (4)$$

$$\begin{aligned} P_x(h > s, x(h) \in G) &= P_x(x_u \overline{\in} B, u \leqslant s, x(h) \in G) \\ &= \int_{(x_u \overline{\in} B, u \leqslant s)} P_x(x(h) \in G \mid \mathscr{F}_s) P_x(\mathrm{d}\omega) \\ &= \int_{(x_u \overline{\in} B, u \leqslant s)} P_{x(s)}(x(h) \in G) P_x(\mathrm{d}\omega) \\ &= \int_{B^c} P_z(x(h) \in G) P_x(x_u \overline{\in} B, u \leqslant s, x(s) \in \mathrm{d}z) \\ &= \int_{B^c} H(z,G) p_{B^c}(s,x,\mathrm{d}z) = T_s^{B^c} H(x,G). \end{aligned} \quad (5)$$

Substituting eqs. (4)(5) into eq. (2) we get eq. (3). If $x \in B$, both sides of eqs. (2) and (3) are 0 and the theorem is obviously true.

Since $e_B = h_{B^c}$ and $l_B \geqslant e_B$ if $l_B > 0$, we have

**Theorem 1′** Let $B \in \mathscr{B}^d$, $e = e_B$, $l = l_B$, $\forall x \in \mathbf{R}^d$, $s > 0$, $t > 0$. We have

$$\begin{aligned} &P_x(e > s, x(e) \in A, l - e > t, x(l) \in C) \\ &= \int_A P_y(l > t, x(l) \in C) P_x(e > s, x(e) \in \mathrm{d}y) \quad (6) \\ &= \int_A T_tL(y,C) \cdot T_S^B E(x,\mathrm{d}y). \quad (7) \end{aligned}$$

**Remark 1** Theorems 1 and 1′ are true for general strong Markov processes with continuous path, because the characteristic property of Brownian motion is not used in the proof.

Let $B \in \mathscr{B}^d$ be a bounded non-empty open set. For fixed $s > 0$, $P_x(e > s, x_s \in \mathrm{d}y)$ has density $p_B(s, x, y)$ with respect to Lebesgue measure and

$$p_B(s,x,y) = \sum_n \mathrm{e}^{-\lambda_n s} \varphi_n(x) \varphi_n(y), \quad (8)$$

where $\varphi_n(x)(x \in B)$ is the eigenfunction corresponding to eigenvalue $\lambda_n$ of $\frac{1}{2}\Delta = \frac{1}{2}\sum_{i=1}^{d}\frac{\partial^2}{\partial x_i^2}$ on $B$. The series in eq. (8) converges absolutely and uniformly on $B \times B$[3]. Therefore, the following exchange of limits is reasonable.

Let

$$T(t,y,z) = \int_t^{+\infty} p(u,y,z)\mathrm{d}u.$$

**Theorem 2** Let $B$ be bounded non-empty open set, $\forall x \in B$, $s>0$, $t>0$, we have

$$P_x(e > s, x(e) \in A, l-e > t, x(l) \in C)$$
$$= \sum_n \mathrm{e}^{-\lambda_n s}\varphi_n(x)\int_{z\in C}\int_{y\in A}\int_{v\in B}\varphi_n(v)E(v,\mathrm{d}y)\mathrm{d}vT(t,y,z)\mu_B(\mathrm{d}z). \tag{9}$$

**Proof**

$$P_x(e > s, x(e) \in A) = \int_B E(v,A)p_B(s,x,\mathrm{d}v)$$
$$= \int_B E(v,A)\sum_n \mathrm{e}^{-\lambda_n s}\varphi_n(x)\varphi_n(v)\mathrm{d}v$$
$$= \sum_n \mathrm{e}^{-\lambda_n s}\varphi_n(x)\int_B \varphi_n(v)E(v,A)\mathrm{d}v. \tag{10}$$

By ref. [1] we have

$$P_y(l>t,\ x(l)\in C) = \int p(t,y,z)P_z(l>0, x(l)\in C)\mathrm{d}z$$
$$= \int p(t,y,z)\int_C g(z,a)\mu_B(\mathrm{d}a)\mathrm{d}z$$
$$= \int p(t,y,z)\int_C\left(\int_0^{+\infty} p(u,z,a)\mathrm{d}u\right)\mu_B(\mathrm{d}a)\mathrm{d}z$$
$$= \int_C\int_0^{+\infty} p(t+u,y,a)\mathrm{d}u\mu_B(\mathrm{d}a) = \int_C T(t,y,a)\mu_B(\mathrm{d}a). \tag{11}$$

Substituting eqs. (10)(11) into eq. (6), we can obtain equation (9).

Let

$$R(t)=(2\pi)^{\frac{d}{2}}\left(\frac{d}{2}-1\right)t^{\frac{d}{2}-1}.$$

**Theorem 3** For bounded $B\in\mathscr{B}^d$ and compact $A$, we have

$$R(s)R(t)P_x(h>s,\ x(h)\in A,\ l-h>t,\ x(l)\in C)$$

$$\to\mu_B(A)\mu_B(C)P_x(h=+\infty)\quad(t\to+\infty,\ s\to+\infty)\qquad(12)$$

$$\to\mu_B(A)\mu_B(C)\quad(|x|\to+\infty).\qquad(13)$$

**Proof** By Theorem 1 the left side of eq. (12) is

$$\int_A R(t)P_y(l>t,x(l)\in C)R(s)P_x(h>s,x(h)\in \mathrm{d}y).\qquad(14)$$

On compact set $A$ we have

$$\lim_{t\to+\infty}R(t)P_y(l>t,\ x(l)\in C)=\mu_B(C),$$

uniformly in $y$. Therefore, when $t\to+\infty$, eq. (14) tends to $\mu_B(C)R(s)P_x(h>s,\ x(h)\in A)$, which approaches

$$P_x(h_B=+\infty)\mu_B(A)\mu_B(C),\ \text{if } s\to+\infty.$$

Take $r$ large enough such that the ball $B_r\supset B$. When $|x|>r$ we have

$$1-\left|\frac{r}{x}\right|^{d-2}=P_x(h_{B_r}=+\infty)\leqslant P_x(h_B=+\infty),$$

so that $\lim\limits_{|x|\to+\infty}P_x(h_B=+\infty)=1$ and eq. (13) is proved.

Some interesting results can be obtained if $B$ is the ball $B_r$ or sphere $S_r$. The first hitting time and the last exit time are denoted by $h_r$ and $l_r$, respectively, the first exit time of $B$ by $e_r$, and the uniform distribution on $S_r$ by $U_r$. We have[4]

$$H_r(y,D)=P_y(x(h_r)\in D)=\int_D\frac{r^{d-2}\,||y|^2-r^2|}{|y-z|^d}U_r(\mathrm{d}z),\qquad(15)$$

$$L_r(y,D)=P_y(l_r>0,x(l_r)\in D)=\int_D\left|\frac{r}{y-z}\right|^{d-2}U_r(\mathrm{d}z),\qquad(16)$$

$$T_tL_r(y,D)=P_y(l_r>t,x(l_r)\in D)$$

$$= \frac{1}{(2\pi t)^{\frac{d}{2}}}\int \exp\left(-\frac{|y-u|^2}{2t}\right)\int_D \left|\frac{r}{u-z}\right|^{d-2} U_r(\mathrm{d}z)\mathrm{d}u. \quad (17)$$

The equilibrium distributions of $B_r$ and $S_r$ are the same,

$$\mu_r(\mathrm{d}z)=\frac{2\pi^{\frac{d}{2}} r^{d-2} U_r(\mathrm{d}z)}{\Gamma\left(\frac{d}{2}-1\right)}. \quad (18)$$

Let

$$k(d,\ r)=\frac{2\pi^{\frac{d}{2}} r^{2d-4}}{\Gamma\left(\frac{d}{2}-1\right)},$$

$$\Phi_n(y,r) = \int_{B_r} \varphi_n(v)\ \frac{||v|^2-r^2|}{|v-y|^d}\mathrm{d}v,$$

where $\varphi_n$ is the eigenfunction corresponding to eigenvalue $\lambda_n$ of $\frac{1}{2}\Delta$ on open ball $B_r$. When $x_0\in B_r$, $h_r=e_r$, the distribution $E_r(v,\ D)$ of $e_r$ coincides with $H_r(v,\ D)$, $v\in B_r$. Substituting this fact and eqs. (15)(18) in to eq. (9), we get

**Theorem 2′** Let $B_r$ be open ball. Then $\forall x\in B_r$, $s>0$, $t>0$, $A\subset S_r$, $C\subset S_r$. We have

$$P_x(h_r > s, x(h_r)\in A, l_r - h_r > t, x(l_r)\in C)$$
$$= k(d,r)\sum_n \mathrm{e}^{-\lambda_n s}\varphi_n(x)\int_{z\in C}\int_{y\in A}\Phi_n(y,r)T(t,y,z)U_r(\mathrm{d}y)U_r(\mathrm{d}z).$$

Put

$$Q(d,r,s) = \sum_{i=1}^{+\infty}\xi_{di}\exp\left(-\frac{q_{di}^2 s}{2r^2}\right),$$

where $q_{di}$ are the positive roots of Bessel function $J_v(z)=0$ $\left(v=\frac{d}{2}-1\right)$, and

$$\xi_{di}=\frac{q_{di}^{v-1}}{2^{v-1}\Gamma(v+1)J_{v+1}(q_{di})}.$$

Under $P_0$, $h_r$ and $x(h_r)$ are independent; $x(h_r)$ is uniformly distributed on $S_r$; $P_0(h_r>s)=Q(d, r, s)$[2]. By eq. (2) we have

**Corollary 1**

$$\begin{aligned} & P_0(h_r > s, x(h_r) \in A, l_r - h_r > t, x(l_r) \in C) \\ = & Q(d,r,s)\int_A T_t L_r(y,C) U_r(\mathrm{d}y). \end{aligned} \tag{19}$$

By strong Markov property and eqs. (15) and (16) it is easy to prove.

**Theorem 4** $\forall x \in B_r$, $A \subset S_r$, $C \subset S_r$, we have

$$\begin{aligned} & P_x(x(h_r) \in A, x(l_r) \in C) \\ = & \int_A P_y(x(l_r) \in C) P_x(x(h_r) \in \mathrm{d}y) \\ = & \int_A \int_C \frac{r^{2d-4} \,||\, x \,|^2 - r^2 \,|}{|\, y - x \,|^d \,|\, y - z \,|^{d-2}} U_r(\mathrm{d}y) U_r(\mathrm{d}z). \end{aligned} \tag{20}$$

**Corollary 2**

$$\begin{aligned} P_0(x(h_r) \in A, x(l_r) \in C) &= \int_A \int_C \left| \frac{r}{y-z} \right|^{d-2} U_r(\mathrm{d}y) U_r(\mathrm{d}z) \\ &= P_0(x(h_r) \in C, x(l_r) \in A). \end{aligned}$$

It follows that the distribution of $x(h_r)$ and $x(l_r)$ is symmetric on the sphere, i. e. starting from 0, the events "first hitting $A$, last exiting from $C$" and "first hitting $C$, last exiting from $A$" on $S_r$ have the same probability. Moreover, the joint distribution of $x(h_r)$ and $x(l_r)$ has the joint density

$$f(y, z) = \left| \frac{r}{y-z} \right|^{d-2} \quad (y \in S_r, z \in S_r), \tag{21}$$

with respect to $U_r \times U_r$. Now we are going to find the conditional distribution density $f_l(z \mid y)$ of $x(l_r)$ with respect to $U_r$ when $x(h_r) = y \in S_r$ is fixed. Using

$$\int_{S_r} \left| \frac{r}{y-z} \right|^{d-2} U_r(\mathrm{d}z) = P_y(h_r < +\infty)$$

$$=\begin{cases}1, & \text{if } |y|\leqslant r,\\ \left|\dfrac{r}{y}\right|^{d-2}, & \text{if } |y|>r,\end{cases}$$

we see that

$$f_l(z\mid y)=\frac{\left|\dfrac{r}{y-z}\right|^{d-2}}{\displaystyle\int_{S_r}\left|\dfrac{r}{y-z}\right|^{d-2}U_r(\mathrm{d}z)}=\left|\frac{r}{y-z}\right|^{d-2}\quad(z\in S_r).\tag{22}$$

By symmetry, given $x(l_r)=z\in S_r$, the conditional distribution density of $x(h_r)$ with respect to $U_r$ is

$$f_h(y\mid z)=\left|\frac{r}{y-z}\right|^{d-2}\quad(y\in S_r).\tag{23}$$

Now the four probabilistic meanings of $\left|\dfrac{r}{y-z}\right|^{d-2}$ can be seen, namely eqs. (16)(21)(22) and (23). Of course the variables $y$, $z$ play a different role in each case.

What will appear as the dimension of the space $d\to+\infty$? In order to emphasize $d$ one rewrite $S_r$ as $S_r^d$, and (21) as

$$f_d(y,z)=\left|\frac{r}{y-z}\right|^{d-2}\quad(y\in S_r^d,\ z\in S_r^d).\tag{24}$$

Intuitively, as $d$ increases, $f_d(y,z)$ monotonely increases to $+\infty$ if $|y-z|\equiv c<r$, it means that $x(h_r)$ and $x(l_r)$ approach each other on $S_r^{+\infty}$ with large probability; if $|y-z|\equiv c'>r$, then $f_d(y,z)$ monotonely decreases to 0; it follows that the probability of $|x(h_r)-x(l_r)|>r$ becomes smaller and smaller. Hence we introduce the limit function

$$F(y,z)=\begin{cases}+\infty, & \text{if } |y-z|<r,\\ 1, & \text{if } |y-z|=r,\\ 0, & \text{if } |y-z|>r,\end{cases}$$

where $F(y, z)$ is a "function" defined on $S_r^{+\infty} \times S_r^{+\infty}$; $S_r^{+\infty}$ is a sphere with radius $r$ in infinite dimensional space $l_2$, and

$$l_2 = \{y: y = (y_1, y_2, \cdots), \mid y \mid^2 = \sum_i y_i^2 < +\infty\},$$

$$S_r^{+\infty} = \{y: y \in l_2, \mid y \mid = r\}.$$

$F(z, y)$ is a new "function", similar to (but not) Dirac function. Perhaps it will interest some researchers.

## References

[1] Chung K L. Lectures from Markov Processes to Brownian Motion. New York: Springer-Verlag, 1982.

[2] Ciesielski Z, Taylor S J. First passage times and sojourn times for Brownian motion in space and the exact Hausdorff measure of the sample path. Trans. Amer. Math. Soc., 1962, 103: 434.

[3] Port S C, Stone C J. Brownian Motion and Classical Potential Theory. New York: Academic Press, 1978.

[4] Wang Zikun. Last exist distributions and maximum excursion for Brownian motion. Scientia Sinica, 1981, 24A (3): 324.

[5] Wu Rong. Last exist time distributions for *d*-dimensional Brownian motion. Chinese Science Bulletin (in Chinese), 1984, 29(11): 647.

[6] Zhou Xingwei, Wu Rong. Extreme value theorems for Brownian motion. Scientia Sinica (in Chinese), 1983, 26A(2): 128.

[7] Darling R W R. Exist probability estimates for martingales in geodesic balls, using curvature. Probability Theory and Related Fields, 1992, 93(2): 137.

数学进展，1995，24(4)

# Fleming-Viot 测度值过程①

**摘要** FV-超过程是测度值过程研究的重要内容之一，近两年有较大的发展，本文系统地介绍了有关的知识，并对其研究的方法及存在的问题进行了简单的讨论.

**关键词** FV-超过程；DW-超过程；鞅问题；阶梯石模型.

超过程(即测度值 Markov 过程)已经成为当今世界随机过程研究的热点，这不仅仅由于它的研究上的难度，更主要的是由于它的实际背景及应用价值，目前，虽然超过程的理论已有很大的发展，形式上多种多样，但仍然可以分为三种：DW-超过程、FV-超过程及 OU-超过程.

经过几十年的研究，DW-超过程已经有较完整的理论：Dawson(1993)对此有着较全面的总结. 有关国内的一些工作可参见王梓坤[16]，叶俊[17]，赵学雷[18~20]及李增沪等[10]. 作为一类重要的超过程，FV-超过程多年来也是人们关注的对象. 尤

① 收稿日期：1993-07-26.
国家自然科学基金和数学天元基金资助课题.
本文与赵学雷合作.

其是近两年，引起了广泛的兴趣，已经成为超过程研究的前沿，本文的主要目的，就是介绍这一新领域的一些发展，希望能够起到抛砖引玉的作用.

通过对于中性选择群体中个体（基因）频率分布的研究，1979 年 Fleming-Viot 引入了概率测度值过程，我们简称之为 FV-超过程. Dawson-Hochberg（1982）在个体.（基因）的突变服从布朗运动时给出了有关 FV-超过程的一些定量行为. 随后几年中，虽然有关 FV-超过程的文章相对于 DW-超过程而言不是很多，但也有一些重要工作. 比如，Konno-Shiga（1988），Dynkin（1989），Vaillancourt（1990a，1990b），Handa（1990），等等. 最近，FV-超过程引起了广泛的注意，有一系列的工作出现（参见[4][7][11][19]及[1]中所列的许多未发表的文章），从而使 FV-超过程的理论有了较大的发展. 总的来说，尽管 FV-超过程已经有了很大的进展，但具体问题仍很多. 下面我们来考察一下，有哪些问题可以入手，为此我们必须对已有的成果有一个大致的了解.

## §1. FV-超过程的构造

我们从较广泛的形式开始，首先叙述一个基本模型.

设 $S$ 是一个可数的群体的集合，$E=\{X_1, X_2, \cdots, X_d\}$ 表示任一群体中可能的物种的种类，对于固定 $k\in S$，物种的频率描述为 $d$-维向量.

$$\overline{\boldsymbol{p}}^{(k)}=(p_1^{(k)}, p_2^{(k)}, \cdots, p_d^{(k)}),$$

其中 $p_i^{(k)}$ 表示在群体 $k$ 中物种 $X_i$ 的频率，即有

$$p_1^{(k)}+p_2^{(k)}+\cdots+p_d^{(k)}=1.$$

令 $\sum=\{\bar{\boldsymbol{p}}=\{\bar{\boldsymbol{p}}^{(k)};\bar{\boldsymbol{p}}^{(k)}=(p_1^{(k)},p_2^{(k)},\cdots,p_d^{(k)}),0\leqslant p_i^{(k)}\leqslant 1,\sum_{i=1}^{d}p_i^{(k)}=1,k\in S\}\}$. 所谓的阶梯石(Stepping stone)模型最初是一个离散时间的 $\sum$- 值 Markov 链，它是在突变、选择和移民(交互作用)机制下进行演变的.

Stato(1983)给出了阶梯石模型的一个扩散逼近，Shiga(1982)讨论了其基本性质，它是如下算子所对应鞅问题的解.

$$F(\bar{\boldsymbol{p}})=\sum_{k\in S}\sum_{i=1}^{d}\Big\{L_i(\bar{\boldsymbol{p}}^{(k)})+H_i(\bar{\boldsymbol{p}}^{(k)})+\sum_{k'\in S}m_{k'k}p_i^{(k')}\Big\}\frac{\partial}{\partial p_i^{(k)}}F(\bar{\boldsymbol{p}})+$$
$$\frac{1}{2}\sum_{k\in S}\gamma_k\sum_{i,j=1}^{d}p_i^{(k)}(\delta_{ij}-p_j^{(k)})\frac{\partial^2}{\partial p_i^{(k)}\partial p_j^{(k)}}F(\bar{\boldsymbol{p}}). \tag{1.1}$$

又 $F\in C^2(\sum\to\mathbf{R}^+)$. 其中，$\gamma_k$ 是正常数，且对于

$$\bar{\boldsymbol{p}}=(p_1,\ p_2,\ \cdots,\ p_d),$$
$$L_i(\bar{\boldsymbol{p}})=\sum_{j=1}^{d}\theta_{ji}p_j,$$
$$H_i(\bar{\boldsymbol{p}})=p_i\Big(\sum_{j=1}^{d}\sigma_{ij}p_j-\sum_{j,l=1}^{d}\sigma_{jl}p_jp_l\Big),$$

而且上面系数满足

$$\theta_{ij}\geqslant 0,\quad i\neq j,\quad \theta_{ii}=-\sum_{j\neq i}\theta_{ij}$$
$$\sigma_{ij}=\sigma_{ji},\quad i,\ j=1,\ 2,\ \cdots,\ d,$$
$$m_{k'k}\geqslant 0,\quad k'\neq k,\quad m_{kk}=-\sum_{k'\neq k}m_{k'k},\quad \sup_{k\in S}|m_{k'k}|<+\infty. \tag{1.2}$$

按照人口理论，如上算子可以解释为：对于 $i\neq j$，$\theta_{ij}$ 表示物种 $X_i$ 到物种 $X_j$ 的突变率(Mutation rate)；$\sigma_{ij}$ 表示($X_i$，$X_j$)的选择强度；对于 $k'\neq k$，$m_{k'k}$ 表示从群体 $k'$ 到群体 $k$ 的移入率(Migration rate)，或称之为(群体之间的)交互作用率(Interaction rate). 有关二阶导数项体现了随机交配繁殖的作用.

记$\mathcal{P}(E)$是 $E$ 上的概率测度的全体，令

$$\widetilde{P}=(\mathcal{P}(E))^S=\{\bar{\mu}=\{\mu_k;\ \mu_k\in\mathcal{P}(E),\ k\in S\}\}.$$

考虑 1-1 映射 $\xi$: $\sum\ \mapsto\ \widetilde{\mathcal{P}};\boldsymbol{P}\to\{\sum\limits_{i=1}^{d}p_i^{(k)}\delta_{X_i}\}_{k\in S}$. 这样我们可以把$\sum$-值过程（形式上记为$\{\boldsymbol{P}(t)=\{\bar{\boldsymbol{p}}^{(k)}(t)\}_{k\in S},\ t\geqslant 0\}$）和$\widetilde{\mathcal{P}}$-值过程(形式上记为$\{\tilde{\mu}(t)=\{\mu_k(t)\}_{k\in S};\ t\geqslant 0\}$)一一对应如下：

$$\mu_k(t)=\sum_{i=1}^{d}p_i^{(k)}(t)\delta_{X_i}.$$

设$\widetilde{\mathcal{P}}$上的函数 $\Phi$ 形如

$$\Phi(\tilde{\mu})=\prod_{i=1}^{m}\langle f_i,\mu_{k_i}\rangle,\quad m\in N,\quad f_i:E\to R,k_i\in S,$$

其中$\langle f,\ \mu\rangle$表示 $f$ 关于$\mu$ 的积分.

**算子** 在映射$\xi$的作用下生成一个算子$\tilde{}$. 直接计算即得它在$\{\Phi\}$上的作用为

$$\begin{aligned}\widetilde{\Phi}(\tilde{\mu})=&\sum_{i=1}^{m}\{\langle Lf_i,\mu_{k_i}\rangle+\langle\sigma\cdot f_i,\mu_{k_i}\times\mu_{k_i}\rangle-\\&\langle\sigma,\mu_{k_i}\times\mu_{k_i}\rangle\langle f_i,\mu_{k_i}\rangle+\sum_{k'\in S}m_{k'k_i}\langle f_i,\mu_{k'}\rangle\}\prod_{j\neq i}\langle f_j,\mu_{k_j}\rangle+\\&\sum_{1\leqslant i\leqslant j\leqslant m,k_i=k_j}\gamma_{k_i}(\langle f_if_j,\mu_{k_i}\rangle-\langle f_i,\mu_{k_i}\rangle\langle f_j,\mu_{k_j}\rangle)\prod_{l\neq i,j}\langle f_l,k_{k_l}\rangle,\end{aligned}\tag{1.3}$$

其中

$$Lf_i(X_i)=\sum_{j=1}^{d}\theta_{ji}(X_j),\text{对于 }f:E\to R,$$

$$\sigma(X_i,\ X_j)=\sigma_{ij},$$

$$(\sigma\cdot f)(X,\ Y)=\sigma(X,\ Y)f(Y);\qquad X,\ Y\in E.$$

显然，对于更一般的空间 $E$，我们也可以同样定义，这就使得我们能够把上述模型加以推广，设 $E$ 为一个紧距离空间，$\mathcal{P}(E)$是 $E$ 上 Borel 概率的全体，带有弱$^*$拓扑，$\widetilde{\mathcal{P}}=(\mathcal{P}(E))^S$

具有乘积拓扑．记 $B(E)$ 为 $E$ 上实值有界的 Borel 函数的集合，$C(E)$ 为 $E$ 上连续函数的全体，设 $L$ 是 $C(E)$ 上的线性算子，对应于一个 Feller 半群，其定义域记为 $\mathcal{D}(L)$．对称函数 $\sigma \in B(E \times E)$．移民率 $m_{k''k}$ 除满足(1.2)外，还假设

$$M^{*} = \sup_{k \in S} \left| \sum_{k' \neq k} m_{k'k} \right| < +\infty.$$

若采用 Dawson-Hochberg(1982)，Dawson(1993)的记号，我们引入所谓的二次振动泛函(Quadratic fluctuation functional)：

$$Q_{k_i}(\mu_{k_i};\ \mathrm{d}x,\ \mathrm{d}y) = \delta_x(\mathrm{d}y)\mu_{k_i}(\mathrm{d}x) - \mu_{k_i}(\mathrm{d}x)\mu_{k_i}(\mathrm{d}y)$$

及令

$$R_{k_i}(\mu_{k_i}, \mathrm{d}x) = \int_E \int_E \sigma(y,z)\mu_{k_i}(\mathrm{d}z) Q_{k_i}(\mu_{k_i}; \mathrm{d}x, \mathrm{d}y),$$

则算子(1.3)即变为

$$\begin{aligned}\widetilde{\Phi}(\bar{\mu}) = & \sum_{i=1}^{m} \{ \langle L f_i, \mu_{k_i} \rangle + \langle R_{k_i}, f_i \rangle + \\ & \sum_{k' \in S} m_{k'k_i} \langle f_i, \mu_{k'} \rangle \} \prod_{j \neq i} \langle f_j, \mu_{k_j} \rangle + \\ & \sum_{1 \leqslant i \leqslant j \leqslant m, k_i = k_j} \gamma_{k_i} \langle Q_{k_i}, f_i f_j \rangle \prod_{l \neq i,j}^{m} \langle f_l, \mu_{k_l} \rangle. \end{aligned} \tag{1.4}$$

下面我们将给出对应于~的 FV-超过程的鞅构造．首先可以证明：$C(\widetilde{\mathcal{P}})$ 的子空间 $\mathcal{A} := \{\Phi\colon \Phi(\bar{\mu}) = F(\langle f_1, \mu_{k_1} \rangle, \langle f_2, \mu_{k_2} \rangle, \cdots, \langle f_m, \mu_{k_m} \rangle),\ m \in \mathbf{N}_+$，$F$ 是 $m$ 个变量的多项式，$f_i \in \mathcal{D}(L)$，$k_i \in S\}$ 在上确界范数下是 $C(\widetilde{\mathcal{P}})$ 的稠集.

再记 $C([0, +\infty), \widetilde{\mathcal{P}})$ 为 $[0, +\infty)$ 到 $\widetilde{\mathcal{P}}$ 连续函数的全体，$D([0, +\infty), \widetilde{\mathcal{P}})$ 是通常 Skorokhod 空间，坐标过程 $\{\bar{\mu}(t) = \{\mu_k(t)\}_{k \in S};\ t \geqslant 0\}$(在 $\Omega = C([0, +\infty), \widetilde{\mathcal{P}})$ 或 $D([0, +\infty), \widetilde{\mathcal{P}})$ 上)定义为 $\bar{\mu}(t, w) = w(t)$，$w \in \Omega$．定义 $\sigma$-域

$$\mathcal{F} = \sigma(\bar{\mu}(s),\ s \geqslant 0);\quad \mathcal{F}_t = \sigma(\bar{\mu}(s),\ 0 \leqslant s \leqslant t),\ t \geqslant 0.$$

根据 Ethier-Kurtz(1986)，我们定义鞅问题如下：

**定义** 给定 $\tilde{\mu}^0 \in \tilde{\mathcal{P}}$. 我们称 $(C([0, +\infty), \tilde{\mathcal{P}}), \mathcal{F})$ 或 $(D([0, +\infty), \tilde{\mathcal{P}}), \mathcal{F})$ 上概率测度 $P$ 是 $C([0, +\infty), \tilde{\mathcal{P}})$ (对应地，$D([0, +\infty), \tilde{\mathcal{P}})$) 上关于 $(\sim, \tilde{\mu}^0)$ 的鞅问题的解，如果它满足

$$P(\tilde{\mu}(0)=\tilde{\mu}^0)=1$$

以及对于任何的 $\Phi\in \mathcal{A}$，

$$\Phi(\tilde{\mu}(t)) - \int_0^t \tilde{\Phi}(\tilde{\mu}(s))\mathrm{d}s$$

是一个 $(P, \mathcal{F}_t)$-鞅.

对于如上的鞅问题，K. Handa(1990)证明了其解的存在性及唯一性，存在性的证明基于离散逼近的方法. 通过胎紧性(Tightness)的讨论，来说明离散逼近的序列是弱收敛的，从而构造出满足上面鞅问题的一个解. 然而，唯一性的证明依赖于在函数空间 $C(E^S)$ 中构造出一个 $\{\tilde{\mu}(t), P_{\tilde{\mu}}\}_{\tilde{\mu}\in \tilde{P}}$ 的对偶过程 $\{f(t), P_f\}_{f\in C(E^S)}$ (不依赖于 $\tilde{\mu}$ 而只与算子有关)，具有如下的性质：

$$E_{\tilde{\mu}}\langle \tilde{\mu}(t), f\rangle = E_f\langle \tilde{\mu}, f(t)\rangle, \quad t\geqslant 0,$$

由此可以得到 $\tilde{\mu}(t)$ 的唯一性.

下面几个注记给出了几种特殊的 FV-超过程.

**注 1** Vaillancourt 的交互 FV-超过程：当 $S$ 中元素的个数 $|S|=\gamma$ 是有限正整数，$L=\Delta$ 时，Vaillancourt(1990)研究了具有如下形式算子的概率测度值过程.

$$\begin{aligned}\tilde{F}(\tilde{\mu}) = \sum_{j=1}^{r}\Big[&\eta_i\int_E \Delta \frac{\partial F(\tilde{\mu})}{\partial \mu_j(x)}\mu_j(\mathrm{d}x) + \\ &\gamma_j\int_{E\times E}\frac{\partial^2 F(\tilde{\mu})}{\partial \mu_j(x)\,\partial \mu_j(y)}Q(\mu_j;\mathrm{d}x,\mathrm{d}y) +\end{aligned}$$

$$\gamma_j \sum_{k=1}^{r} q_{jk} \int_E \frac{\partial F(\tilde{\mu})}{\partial \mu_j(x)} (\mu_k - \mu_j)(\mathrm{d}x) \Big], \qquad (1.5)$$

其中

$$\frac{\partial F(\tilde{\mu})}{\partial \mu_j(x)} = \lim_{\varepsilon \to 0} (F(\mu_1, \mu_2, \cdots, \mu_{j-1}, \mu_j + \varepsilon\delta_x, \mu_{j+1}, \cdots, \mu_r) -$$

$$F(\mu_1, \mu_2, \cdots, \mu_{j-1}, \mu_j, \mu_{j+1}, \cdots, \mu_r)) \div \varepsilon,$$

$$F(\tilde{\mu}) = \langle f_1^{(1)}, \mu_1 \rangle \cdots \langle f_1^{(k_1)}, \mu_1 \rangle \cdots \langle f_r^{(1)}, \mu_r \rangle \cdots \langle f_r^{(k_r)}, \mu_r \rangle.$$

为了说明(1.5)是(1.4)的一个特殊情况，我们取 $\sigma \equiv 0$ 及

$$m_{jk} = \gamma_j q_{jk}, j \neq k; \quad m_{jj} = -\sum_{k=1, k\neq j}^{r} \gamma_j q_{jk} = -\sum_{k=1, k\neq j}^{r} m_{jk}.$$

**注 2** 具有选择的 FV-超过程：对于单一群体 $|S|=1$，取 $\mathcal{D}() = \{F: F(\mu) = f(\langle \mu, \phi \rangle), \phi \in D(L), f \in C_b^{+\infty}(R))\}$. 若 $F \in \mathcal{D}()$，令

$$_R F(\mu) = f'(\langle \mu, \phi \rangle)(\langle \mu, L\phi \rangle + \langle R(\mu), \phi \rangle) +$$

$$\iint f''(\langle \mu, \phi \rangle) \phi(x) \phi(y) Q(\mu; \mathrm{d}x, \mathrm{d}y), \qquad (1.6)$$

这里

$$Q(\mu; \mathrm{d}x, \mathrm{d}y) = \gamma[\delta_x(\mathrm{d}y)\mu(\mathrm{d}x) - \mu(\mathrm{d}x)\mu(\mathrm{d}y)],$$

$$R(\mu, \mathrm{d}x) = \int_E \Big[ \int_E \sigma(y, z) \mu(\mathrm{d}z) \Big] Q(\mu; \mathrm{d}x, \mathrm{d}y),$$

其中 $\sigma \in B(E^2)$. $_R$对应的概率测度值过程称为具有选择强度为 $\sigma$ 的 FV-超过程(参见 Dawson(1993)，§10.1.1).

# § 2. 一类 FV-超过程

有关 FV-超过程比较深刻的结果是在单一群体($|S|=1$)及自然选择($\sigma\equiv 0$)的情况下得到的. 下面着重来叙述有关的结果. 本节，我们假设 $|S|=1$，$\sigma\equiv 0$，$E=\mathbf{R}^d$，$L=-(-\Delta)^{\frac{\alpha}{2}}$，$0<\alpha\leqslant 2$(即指数为 $\alpha$ 的分数幂拉普拉斯算子). 这时 FV-超过程对应的算子为

$$F(\mu)=D\sum_{i=1}^{n}f_{y_i}(\langle\phi_1,\mu\rangle,\cdots,\langle\phi_n,\mu\rangle)\langle L\phi_i,\mu\rangle+$$
$$\gamma\sum_{j=1}^{n}\sum_{i=1}^{n}f_{y,y_1}(\langle\phi_1,\mu\rangle,\cdots,\langle\phi_n,\mu\rangle)$$
$$[\langle\phi_1\phi_2,\mu\rangle-\langle\phi_1,\mu\rangle\langle\phi_2,\mu\rangle],\tag{2.1}$$

这里 $D$，$\gamma$ 为正常数.

记$\{X_t,\ t\geqslant 0\}$是(2.1)中算子所对应的 FV-超过程.

**(i) 矩过程**

令 $M_n(s,\ \mu;\ t:\ \mathrm{d}x_1,\ \mathrm{d}x_2,\ \cdots,\ \mathrm{d}x_n)$表示当 $X_s=\mu$ 时 $X_t$ 的 $k$ 阶矩测度，即，

$$E_{s,\mu}\phi_1(X_t)\phi_2(X_t)\cdots\phi_n(X_t)$$
$$=\underbrace{\int_E\int_E\cdots\int_E}_{n}\phi(x_1)\phi(x_2)\cdots\phi(x_n)M_k(s,\mu;t:\mathrm{d}x_1\mathrm{d}x_2\cdots\mathrm{d}x_n).\tag{2.2}$$

由 Dawson-Hochberg(1982)和 Zhao(1992)，我们知道，

$$M_n(s,X_s;t:\mathrm{d}x_1\mathrm{d}x_2\cdots\mathrm{d}x_n)$$
$$=k_{t-s}*\prod_{i=1}^{n}X_s(\mathrm{d}x_i)+\sum_{i=1}^{n}\sum_{j=1,j\neq i}^{n}\int_s^t k_{u-s}$$
$$*[M_{n-1}(s,X_s;u:\mathrm{d}x_1\mathrm{d}x_2\cdots\mathrm{d}x_{j-1}\mathrm{d}x_{j+1}\cdots\mathrm{d}x_n)\delta(x_i-x_j)]\mathrm{d}u,$$

其中 $*$ 表示卷积，而且

$$k_t(x_1, x_2, \cdots, x_n) = \prod_{i=1}^{n} p_t^{\alpha}(x_i)\exp(-\gamma n(n-1)t),$$

$P_t^{\alpha}(x)$表示 $\alpha$-稳定对称过程的转移密度.

经验矩过程(Empirical moment processes)定义为

$$x(t)=(x_1(t),\ x_2(t),\ \cdots,\ x_d(t)),$$

其中 $x_i(t)=\int_{\mathbf{R}^d} x_i X_t(\mathrm{d}x)$，$i=1, 2, \cdots, d$. 同样可以定义经验协变差过程(Empirical covariance processes)：

$$v_{ij}(t) = \int_{\mathbf{R}^d} x_i x_j X_t(\mathrm{d}x) - x_i(t)x_j(t)$$

及高阶经验中心矩

$$R_{k_1,k_2,\cdots,k_d}(t) = \int_{\mathbf{R}^d} \prod_{i=1}^{d} (x_i - x_i(t))^{k_1} X_t(\mathrm{d}x),$$

这里 $k_1$，$k_2$，$\cdots$，$k_d$ 均是非负整数. 设 $N_0 = \sum_{l=1}^{d} k_l$，有如下的结果：

**定理 1** 对于 $L=\Delta$，假设

$$\int |x|^{N_0} \mu(\mathrm{d}x) < +\infty,$$

那么(a)对于 $0\leqslant t<+\infty$，$E_{\mu}R_{k_1,k_2,\cdots,k_d}(t)<+\infty$.

(b)极限 $\lim_{t\to+\infty} R_{k_1,k_2,\cdots,k_d}(t)=r_{k_1} r_{k_2}\cdots r_{k_d}$ 存在且有限.

更多的有关 $x_i(t)$，$v_{ij}$ 的结果可参见 Dawson-Hochberg (1982).

**(ii) 局部结构**

当线性算子 $L=\Delta$ 时，Dawson-Hochberg(1982)，Konno-Shiga(1988)研究了相应的 FV-超过程的局部结构.

**定理 2** 假设初始测度 $X_0$ 具有紧支撑. 那么，i)对于固定的 $t\geqslant 0$，$X_t$ 以概率 1 也有紧支撑. ii)对于 $d\geqslant 3$，$t>0$，$X_t$ 之

支撑集具有不大于2的Hausdorff维数. iii)当 $d=1$，对于$t>0$，几乎处处地 $X_t$ 相对于 $\mathbf{R}$ 上的Lebesgue测度是绝对连续的，而且其密度关于$(t, x)\in(0, +\infty)\times\mathbf{R}$有联合的连续修正.

值得注意的是，当 $L=-(-\Delta)^{\frac{\alpha}{2}}$ 时，若 $1<\alpha\leqslant 2$，上面的结论 iii)仍成立.

**(iii) 占位时过程**

Zhao(1992)研究了一类FV-超过程的占位时过程，即

$$Y_t = \int_0^t X_s \mathrm{d}s.$$

当 $L=-(\Delta)^{\frac{\alpha}{2}}$，$0<\alpha\leqslant 2$ 时，证明了如下的结论，

**定理3** i)若 $d>\alpha$，则几乎所有的 $Y_t$ 淡收敛于一个$\sigma$-有限随机测度；若 $d\leqslant\alpha$，则存在 $\gamma(t)$ 使得在淡收敛意义下 $\lim\limits_{t\to+\infty} E_\mu\gamma(t)^{-1}Y_t=\mathbf{R}^d$ 上的Lebesgue测度，其中

$$\gamma(t)=\begin{cases} p_1^\alpha(0)\lg t, & \dfrac{d}{\alpha}=1, \\ p_1^\alpha(0)\dfrac{\alpha}{\alpha-d}t^{1-\frac{d}{\alpha}}, & \dfrac{d}{\alpha}<1. \end{cases}$$

ii)若 $d<2\alpha$ 及初始测度 $\mu$ 满足条件：

$$(t,x)\to\int_{\mathbf{R}^d} p_t^\alpha(x-y)\mu(\mathrm{d}y) \text{ 是关于 } (t,x)\in[0,+\infty)\times\mathbf{R}^d \text{ 联合连续的，}$$

那么存在随机场$\{Y(t, x), t\geqslant 0, x\in\mathbf{R}^d\}$，使得

ⓘ对于任意 $\beta<\left(2-\dfrac{d}{\alpha}\right)\wedge\left(\alpha-\dfrac{d}{2}\right)\wedge\dfrac{1}{2}$，$Y(t, x)$是关于$(t, x)$联合$\beta$-Hölder连续的.

ⓘⓘ对于任何的 $\phi\in C_K(\mathbf{R}^d)$和 $t\geqslant 0$，

$$\langle Y_t,\phi\rangle = \int_{\mathbf{R}^d} Y(t,x)\phi(x)\mathrm{d}x.$$

# §3. 尺度变换定理

本节，我们假设 $X_t$ 是所谓的交互 FV-超过程，即它由算子(1.5)所决定. 这时过程所在的概率空间是 $D([0, +\infty), \mathcal{P}(\mathbf{R}^d)^r)$. 令

$$\chi_t^n(\mathrm{d}x)=X_{n^2t}(n\mathrm{d}x), \quad n\in\mathbf{N},$$

即对于$(\mathbf{R}^d)^r$ 上的有界连续函数 $f$,

$$\int_{(\mathbf{R}^d)^r} f(x)\chi_t^n(\mathrm{d}x) := \int_{(\mathbf{R}^d)^r} f(x)X_{n^2t}(n\mathrm{d}x).$$

特别地，对于$(\mathbf{R}^d)^r$ 中的有界可测集 $B$，$\chi_t^n(B) := X_{n^2t}(nB)$. 显然，$\chi_t^n$ 是一个随机测度值过程序列. Vaillancourt(1990)证明了如下的定理.

**定理 4** 如果 $\chi_0^1$ 在无穷远点没有质量，那么 $\chi^n$ 在 Skorokhod 空间 $D([0, +\infty), \mathcal{P}((R^d)^r))$中弱收敛于一个(具有原子质量)测度值过程 $\chi_{+\infty}$.

更详细地，若采用(1.5)中的记号，以及假设 $\beta_1$，$\beta_2$，…，$\beta_r$ 是 $\mathbf{R}^d$ 中标准的布朗运动. 令

$$q_{jk}^n=\begin{cases}\dfrac{q_{jk}}{n}, & j\neq k,\\ 1-\dfrac{1}{n}\displaystyle\sum_{l=1,l\neq j} q_{jl}, & j=k.\end{cases}$$

如果 $\lim\limits_{n\to+\infty} n^2 q_{il}^n=\psi_{il}\in[0, +\infty)$，$i\neq l$，那么，$\chi_{+\infty}=(\delta_{\alpha_i(t)})_{i=1}^r$，由下面递推公式给出：

$$\alpha_i(t)=\beta_i(2\eta_i t)-\beta(2\eta_i r_k^i)+\alpha_{u(i,k)}(\boldsymbol{\tau}_k^i-), \quad t\in[\boldsymbol{\tau}_k^i, \boldsymbol{\tau}_{k+1}^i).$$

这里$\{u(i, k): i=1, 2, \cdots, r; k\in\mathbf{N}\}$是一簇相互独立的随机变量，且满足，

$$P(u(i,k)=j)=\begin{cases}\dfrac{1}{r}, & 1\leqslant i,j\leqslant r,k\in\mathbf{N}, \quad i:\sum_{l=1}^{r}\psi_{il}=0,\\ \dfrac{\psi_{ij}}{\sum_{l=1}^{r}\psi_{il}}, & 1\leqslant i,j\leqslant r,k\in\mathbf{N}, \quad \text{其他},\\ & \text{这时且取 } \psi_{jj}=0,1\leqslant j\leqslant r.\end{cases}$$

而且 $0\leqslant\boldsymbol{\tau}_0^i<\boldsymbol{\tau}_1^i<\cdots$ 是随机变量，使得 $\{\boldsymbol{\tau}_{k+1}^i-\boldsymbol{\tau}_k^i,\ k\in\mathbf{N}\}$ 为相互独立的参数为 $(r_i\sum_{l=1}^{r}\psi_{il})^{-1}$ 的指数分布.

特别地，当 $r=1$ 时，$\chi_{+\infty}(t)=\delta_{\beta(t)}$，这里 $\beta$ 为标准布朗运动.

自然地，我们不难想象上述定理可以推广到 $|S|=+\infty$ 的情况，或许证明不太容易. 但这是一个有趣的问题. 进一步，我们也可以考虑把上述定理推广到更一般的空间 $E$ 及过程类 $\beta$.

## §4. FV-超过程与 DW-超过程的关系

从过程的构造及其背景来看，可以把 DW-超过程和 FV-超过程看成是针对同一模型研究不同的问题，从而自然会想到这两种超过程有着某种联系. 事实上，Konno-Shiga(1988)和 Etheridge-March(1991)首先揭示了这一现象. Perkins(1993)给出了更一般的结果.

为了陈述有关结果，我们首先需要引入一些记号. 设 $E$ 为一个局部紧可分的距离空间，以 $M_F$ 及 $M_1$ 分别记 $E$ 上的有限测度和概率测度的全体，并赋予弱收敛拓扑. 用统一的鞅方法，我们可以定义 DW-超过程和 FV-超过程如下.

对于 $\mu\in M_F$，存在唯一的概率 $P_\mu$，使得

DW-超过程：

(i) $P_\mu(\xi_0=\mu)=1$；

(ii) $\forall\,\phi\in D(L)$，$M_t(\phi)\equiv\langle\xi_t,\ \phi\rangle-\int_0^t\langle\xi_s,\ L\phi\rangle\mathrm{d}s$ 是一个 $P_\mu$-鞅，且其变差过程为$\langle M_t(\phi)\rangle=\int_0^t\langle\xi_s,\phi^2\rangle\mathrm{d}s$.

对于 $\mu\in M_1$，存在唯一的概率 $Q_\mu$，使得

FV-超过程：

(i) $Q_\mu(\xi_0=\mu)=1$；

(ii) $\forall\,\phi\in D(L)$，$M_t(\phi)\equiv\langle\xi_t,\ \phi\rangle-\int_0^t\langle\xi_s,\ L\phi\rangle\mathrm{d}s$ 是一个 $Q_\mu$-鞅，且其变差过程为$\langle M_t(\phi)\rangle=\int_0^t(\langle\xi_s,\phi^2\rangle-\langle\xi_s,\phi\rangle^2)\mathrm{d}s$.

对于给定的线性算子 $L$，通常称由如上鞅问题决定的 $P_\mu$ 及 $Q_\mu$ 分别为 $L$-DW-超过程和 $L$-FV-超过程的律. 定义

$$\tau(\varepsilon)=\inf\{t>0;\ |\xi_t(E)-1|\geqslant\varepsilon\}$$

及 $L$-DW-超过程的条件律

$$P_\mu^{T,\varepsilon}(\cdot)=P_\mu(\cdot\mid\tau(\varepsilon)>T).$$

Etheridge-March(1991)证明了

**定理 5** 假设 $\lim\limits_{n\to+\infty}\varepsilon_n=0$，$\lim\limits_{n\to+\infty}\inf T_n>T$. 如果 $\mu_n\to\mu\in M_1$，那么，在$(\Omega,\ \mathcal{F}_T)$上 $P_{\mu_n}^{T_n,\varepsilon_n}$弱收敛于 $Q_\mu$.

简言之，$L$-FV-超过程是在整体质量为一个单位条件下的 $L$-DW-超过程. 对于更一般的 $L$-DW-超过程条件律序列，Perkins(1993)证明了类似的结果. 上面结果只是对最简单的 DW-超过程和 FV-超过程得到的，但对于一般的 DW-超过程和一般 FV-超过程之间的关系仍然是一个有意思的未解决的问题. 比如，具有交互作用的 DW-超过程(Dawson(1993))和具有选择的 FV-超过程(§1 的注 2)之间有何关系？我们可以猜想类似的结果.

# §5. 简单讨论

存§3和§4，我们已经提出了两方面的问题. 事实上，需要考虑的问题仍很多. 首先，从过程的构造来看，尽管FV-超过程已有较广泛的形式，但不是不可以进一步推广，例如，我们还可以考虑移民率(或交互作用率)$m_{k'k}$和地理位置有关的情况，其次，§2中的结果是在较强的假设下得到的，显然我们可以对更一般的FV-超过程考虑相应的问题. 由于许多问题的研究依赖于矩估计，然而群体之间的交互作用及群体内部选择的作用势必导致具体计算上的困难，这就需要寻找一些简便的方法和技巧. 另外，对于一些问题也可以考虑将DW-超过程的知识过渡到FV-超过程上去，当然这种方法必须建立在这两类过程已有的关系上. 再次，FV-超过程的极限性质及其位势理论(局部时，极集，重点，自交性等)方面的结论很少. 相比之下，DW-超过程在该方面已有较完整的理论. 最后，值得注意的是在FV-超过程的研究中，引入了耦合方法，相信这一方法会在研究FV-超过程的极限理论和更广泛过程的构造上有所作为.

## 参考文献


[1] Dawson D A. Measure-valued Markov Processes. Lecture Notes of Math., 1993.

[2] Dawson D A, Hochberg K J. Wandering random measures in the Fleming-Viot model. Ann. Probab., 1982, 10(3): 554-580.

[3] Dynkin E B. Three classes of infinite dimensional diffusions. J. Funct. Anal, 1989, 86: 75-110.

[4] Etheridge A, March P. A note on superprocesses. Probab. Th. Rel. Fields, 1991, 89: 141-147.

[5] Ethier S N, Kurtz T G. Markov Processes: Characterization and Convergence. Wiley, 1986.

[6] Ethier S N, Kurtz T G. The infinitely-many-alleles model with selection as a measure-valued diffusion. Lect. Notes Biomath., Springer, New York, 1987, 70: 72-86.

[7] Ethier S N, Kurtz T G. Convergence to Fleming-Viot processes in the weak atomic topology. Stochastic Proc. Appl., 1994, 54(1): 1-27.

[8] Fleming W H, Viot M. Some measure-valued Markov processes in population genetics theory. J. Indiana Univ. Math., 1979, 28(5): 817-843.

[9] Handa K. A measure-valued diffusion process describing the stepping stone model with infinitely many alleles. Stoc. Proc. Their Appl., 1990, 36: 269-296.

[10] Li Z H, Li Z B, Wang Z K. Asymptotic behavior of the measure-valued branching processes with immi-

gration. Science in China，1993，36A(7)：769-777.

[11] Perkins F A. Condtional Dawson-Watanabe processes and Fleming-Viot processes. Seminar on Stochastic Processes，Birkhauser，1993.

[12] Sato K. Limit diffusions of some stepping stone model. J. Appl. Probab.，1983，20：460-471.

[13] Shiga T. Continuous time multi-allelic stepping-stone models. J. Math. Kyoto Univ.，1982，22：1-40.

[14] Vaillancourt J. Interacting Fleming-Viot processes. Stoc. Proc. Their Appl.，1990，36：45-57.

[15] Vaillacourt J. On the scaling theorem for interacting Fleming-Viot processes. Stoc. Proc. Their Appl.，1990，36：263-267.

[16] 王梓坤. 超过程的若干新进展. 数学进展，1991，20：311-325.

[17] 叶俊. 有关超过程的若干结果. 北京师范大学博士论文，1993.

[18] 赵学雷. 两类超过程及其相关理论. 南开大学博士学位论文，1992.

[19] Zhao X L. Occupation time processes of FV-superprocesses. Chine. Ann. Math.，1995，16B(1)：51-62.

[20] Zhao X L. Superprocesses：theory and application. 中国首届博士后学术会议论文集. 北京：国防工业出版社，1993：1 163-1 166.

# Fleming-Viot Measure-Valued Processes

**Abstract** As an important part in the study of measure-valued processes, FV-superprocesses have had a great progress in the recent years. This paper presents a systematical survey of latest literatures in FV-superprocesses and some simple discussions on methods and problems.

**Keywords** FV- superprocesses; DW-superprocesses; martingale problem; stepping stone model.

Dirichlet Forms and Stochastic Processes,
Editors: Z. M. Ma, M. Rockner, J. A. Yan,
Walter de Grugter, Berlin. New York, 1995

# Multi-Parameter Ornstein-Uhlenbeck Process①

**Abstract** The paper is a survey of the theory of multi-parameter Ornstein-Uhlenbeck process. We discuss some results obtained in recent years.

## § 1.

Let $\mathbf{z}=(z_1, z_2, \cdots, z_n)\in \mathbf{R}^n$, $\mathbf{R}_+^n=(\mathbf{z}: z_i\geqslant 0, i=1, 2, \cdots, n)$, $\mathbf{z}\leqslant \mathbf{y}$ iff $z_i\leqslant y_i\,(i=1, 2, \cdots, n)$. A stochastic process $W=\{W(\mathbf{z}), \mathbf{z}\in \mathbf{R}_+^n\}$ defined on some probability space $(\Omega, \mathscr{F}, P)$ is called $n$-parameter Brownian motion ($\mathrm{BM}_n^1$) if it is real, Gaussian and

$$EW(\mathbf{z})=0, \quad EW(\mathbf{z})W(\mathbf{y})=\prod_{i=1}^{n}(z_i \wedge y_i).$$

① Supported by Chinese National Science Foundation.

Following [8][9], we call a process $\{X(\mathbf{z}), \mathbf{z}\in \mathbf{R}_+^n\}$ the $n$-parameter Ornstein-Uhlenbeck process with values in $\mathbf{R}^1$ ($\mathrm{OUP}_n^1$), if

$$X(\mathbf{z}) = \mathrm{e}^{-\alpha z}\left[X_0 + \sigma\int_0^{z} \mathrm{e}^{\alpha a}\,\mathrm{d}W(\mathbf{a})\right], \tag{1.1}$$

where $\boldsymbol{\alpha}=(\alpha_1, \alpha_2, \cdots, \alpha_n)$, $\alpha_i>0$, $\sigma>0$ are constants, $\alpha \mathbf{z} = \sum_{i=1}^{n}\alpha_i z_i$, $\mathrm{X}_0$ is a random variable, independent of $W$, $\int$ is an $n$-multiple stochastic integral. Take $d$ independent copies of $\mathrm{OUP}_n^1\{X_i(\mathbf{z}), \mathbf{z}\in \mathbf{R}_+^n\}$, define the $n$-parameter $d$-dimensional O-U process ($\mathrm{OUP}_n^d$) to be the process $\{X_n^d(\mathbf{z}), \mathbf{z}\in \mathbf{R}_+^n\}$, where

$$X_n^d(\mathbf{z})=(X_1(\mathbf{z}), X_2(\mathbf{z}), \cdots, X_d(\mathbf{z})).$$

Similarly, we can define $\mathrm{BM}_n^d$.

## § 2.

For simplicity consider $\mathrm{OUP}_2^1$:

$$X=\{X(s,\ t),\ (s,\ t)\in \mathbf{R}_+^2\},$$

$$X(s,t) = \mathrm{e}^{-\alpha s-\beta t}\left[X_0+\sigma\int_0^s\int_0^t \mathrm{e}^{\alpha a+\beta b}\,\mathrm{d}W(a,b)\right], \qquad (2.1)$$

which is Markov in the ordinary sense, but it has also the so-called "Wide-past Markov property". Let the $\sigma$-algebra

$$\mathscr{F}_{uv}=\sigma\{X(a,\ b):a\leqslant u \text{ or } b\leqslant v\}.$$

Take four points

$$z_1=(u,\ v)<z_2=(s,\ t),\ z_3=(s,\ v),\ z_4=(u,\ t).$$

**Theorem 1** With probability 1, we have

$$\begin{aligned} &P(X(z_2)\leqslant y \mid \mathscr{F}_{uv}) \\ &=P(X(z_2)\leqslant y \mid X(z_1),\ X(z_3),\ X(z_4)) \\ &=\int_{-\infty}^{y} f(z_1,x_1;z_3,x_3;z_4,x_4;z_2,\xi)\,\mathrm{d}\xi, \end{aligned} \qquad (2.2)$$

where $x_i=X(z_i)$, $i=1,\ 3,\ 4$;

$$f=\frac{1}{(2\pi)^{\frac{1}{2}}H}\exp\left\{-\frac{1}{2H^2}\mid \xi+\mathrm{e}^{-\alpha(s-u)-\beta(t-v)}x_1- \mathrm{e}^{-\beta(t-v)}x_3-\mathrm{e}^{-\alpha(s-u)}x_4\mid^2\right\};$$

$$H=\frac{1}{4\alpha\beta}\sigma^2(1-\mathrm{e}^{-2\alpha(s-u)})(1-\mathrm{e}^{-2\beta(t-v)}).$$

**proof** Let

$$I(Q)=\iint_Q \mathrm{e}^{\alpha a+\beta b}\,\mathrm{d}W(a,b).$$

By (2.1)

$$X(z_2)=\mathrm{e}^{-\alpha(s-u)}X(z_4)+\mathrm{e}^{-\beta(t-v)}X(z_3)-$$

$$e^{-\alpha(s-u)-\beta(t-v)}X(\boldsymbol{z}_1)+\sigma e^{-\alpha s-\beta t}I(\boldsymbol{B})\equiv L+cI(\boldsymbol{B}),\tag{2.3}$$

where $L$ is a linear function of $X(\boldsymbol{z}_i)$, $i=1, 3, 4$; $\boldsymbol{B}$ is a rectangle with corners $\boldsymbol{z}_i$. Evidently, $L$ is $\sigma\{X(\boldsymbol{z}_i), i=1, 3, 4\}\subset\mathscr{F}_{uv}$ measurable, $I(\boldsymbol{B})$ is independent of $\mathscr{F}_{uv}$, and

$$\begin{aligned}&E(e^{i\xi X(\boldsymbol{z}_2)}\mid\mathscr{F}_{uv})\\&=e^{i\xi L}E(e^{i\xi cI(\boldsymbol{B})})\\&=E(e^{i\xi X(\boldsymbol{z}_2)}\mid X(\boldsymbol{z}_i), i=1, 3, 4)\quad(\xi\in\mathbf{R}).\end{aligned}$$

Then the first equality in (2.2) follows. By the independence and (2.3), for fixed $X(\boldsymbol{z}_i)=x_i$ ($i=1, 3, 4$), $X(\boldsymbol{z}_2)$ is normal and

$$EX(\boldsymbol{z}_2)=-e^{-\alpha(s-u)-\beta(t-v)}x_1+e^{-\beta(t-v)}x_3+e^{-\alpha(s-u)}x_4,$$

$$VX(\boldsymbol{z}_2)=\sigma^2e^{-2\alpha s-2\beta t}VI(B)=H^2.$$

Here $V\xi$ is the variance of $\xi$.

We call $f$ the 3-point transition density, which together with the initial distribution determine the joint distributions of the process. Note that $f$ is time homogeneous and approaches the normal density of $N\left(0, \frac{\sigma^2}{4\alpha\beta}\right)$ as $s\to+\infty, t\to+\infty$.

Theorem 1 can be generalized as follows. Let

$$\mathscr{F}_A=\sigma\{X(\boldsymbol{z}), \boldsymbol{z}\in A\}, A\subset\mathbf{R}_+^2.$$

We shall find the probability $P(X(\boldsymbol{z})\leqslant y\mid\mathscr{F}_A)$ for some $A$ and $\boldsymbol{z}\notin A$, which includes the 3-point transition probability as a special case.

We say that a curve in $\mathbf{R}_+^2$ is simple, if it is a finite or denumerable collection of straight segments, any one of which is parallel to one of the axes, moreover, in any bounded set of $\mathbf{R}_+^2$ there are only finitely many points of intersection of two segments. A domain is called ladder-shaped if its boundary consists of axes and a simple curve. Let $\kappa$ be ladder-shaped closed domain and $z=(s, t)\notin\kappa$. From $z$ we draw segments, which are parallel to two axes and intersect the boundary $\partial\kappa$ of $\kappa$ at two points $z_0$ and $z_{n+1}$. The corners of $\kappa$ between $z_0$ and $z_{n+1}$ will be denoted by $z_1, z_2, \cdots, z_n$ successively. Let $z_i=(u_i, v_i)$, clearly

$$u_0=u_1<u_2=u_3<\cdots=u_n<u_{n+1}=s;$$

$$t=v_0>v_1=v_2>v_3=\cdots>v_n=v_{n+1}.$$

A rectangle with corner points 0 (the origin) and $z$ will be denoted by $R_z$. Let

$$M(A)=\iint_A e^{2\alpha a+2\beta b}\,\mathrm{d}a\mathrm{d}b,\quad A\in B_+^2,$$

where $B_+^2$ is the Borel $\sigma$-algebra in $\mathbf{R}_+^2$.

**Theorem 2** If $z\notin\kappa$, we have

(i) $P(X(z)\leqslant y\mid\mathscr{F}\kappa)=P(X(z)\leqslant y\mid X(z_i),\ i=0, 1, 2, \cdots, n+1)$ a. s. (2. 4)

(ii) Under the conditions $X(z_i)=x_i\ (i=0, 1, 2, \cdots, n+1)$, $X(z)$ has normal distribution $N(m, \Sigma)$, where

$$m=\sum_{i=0}^{n+1}(-1)^i e^{-\alpha(s-u_i)-\beta(t-v_i)}x_i,$$

$$\sum{}^2=\sigma^2 e^{-2\alpha s-2\beta t}M(R_z\setminus\kappa).$$

The proof is similar to that of Theorem 1 if instead of (4) we use

$$X(z)=\sum_{i=0}^{n+1}(-1)^i e^{-\alpha(s-u_i)-\beta(t-v_i)}X(z_i)+\sigma e^{-\alpha s-\beta t}I(R_z\setminus\kappa).$$

Formula (5) means that $P(X(z)\leqslant y\mid\mathscr{F}_\kappa)$ depends only on $\mathscr{F}_{\partial\kappa}$, and even only on $n+2$ random variables $X(z_i)$, $i=0$,

1, 2, …, $n+1$. The probability $P(X(\boldsymbol{z})\leqslant y \mid \mathscr{F}_A)$ can be found explicitly for a few $A$, but it seems very interesting. For example, consider a rectangle $R$ with corners

$$\boldsymbol{z}_1=(u,\ v)<\boldsymbol{z}_2=(s,\ t),\ \boldsymbol{z}_3=(s,\ v),\ \boldsymbol{z}_4=(u,\ t).$$

Take $\boldsymbol{z}=(g,\ h)\notin \mathbf{R}$, let $\boldsymbol{z}_0$ be the nearest point on $\partial R$ to $\boldsymbol{z}$, i. e. , $d(\boldsymbol{z},\ \boldsymbol{z}_0)=\inf_{\bar{z}\in \partial R} d(\boldsymbol{z},\ \bar{\boldsymbol{z}})$, where $d$ is the Euclidean distance, then

$$P(X(\boldsymbol{z})\leqslant y \mid \mathscr{F}_R)=\begin{cases} P(X(\boldsymbol{z})\leqslant y \mid X(\boldsymbol{z}_0)), & \text{if } \boldsymbol{z}>\boldsymbol{z}_1 \text{ or } \boldsymbol{z}<\boldsymbol{z}_1, \\ P(X(\boldsymbol{z})\leqslant y \mid X(\boldsymbol{z}_0),\ X(\boldsymbol{z}_1)), & \text{if } g<u,\ v<h<t. \end{cases}$$

In the former case the probability depends only on $X(\boldsymbol{z}_0)$, but in the latter case it depends on $X(\boldsymbol{z}_0)$ and $X(\boldsymbol{z}_1)$. In other words, the minimal splitting $\sigma$-algebra of $\sigma\{X(\boldsymbol{z})\}$ and $\mathscr{F}_R$ are $\sigma\{X(\boldsymbol{z}_0)\}$, and $\sigma\{X(\boldsymbol{z}_0),\ X(\boldsymbol{z}_1)\}$ respectively, [9, 4].

Now we investigate the relation between $\mathrm{OUP}_2^1$ and $\mathrm{OUP}_1^1$, [8, 5]. Let $Y\equiv\{X(s,\ c),\ s\geqslant 0\}$, where $c$ is a positive constant.

**Theorem 3** (i) The process $Y$ is equivalent to some $\mathrm{OUP}_1^1$, The parameters for $Y$ are

$$\tilde{\alpha}=\alpha,\ \tilde{\sigma}=\sigma\left(\frac{1-\mathrm{e}^{-2\beta c}}{2\beta}\right)^{\frac{1}{2}},\ Y_0=X(0,\ c)=\mathrm{e}^{-\beta c}x_0.$$

(ii) Conversely, there are two independent sequences of $\mathrm{OUP}_1^1$, $\{X^i(s),\ s\geqslant 0\}$ and $\{Y^i(t),\ t\geqslant 0\}$ $(i\in \mathbf{N}^*)$, such that for any $(s,\ t)\in \mathbf{R}_+^2$, $a\in \mathbf{R}$, we have

$$\lim_{n\to+\infty} P\left(\mathrm{e}^{-\alpha s-\beta t}X_0+\frac{\sigma}{n^{\frac{1}{2}}}\sum_{i=1}^{n} X^i(s)Y^i(t)\leqslant a\right)=P(X(s,t)\leqslant a), \tag{2.5}$$

where $X^i(0)=Y^i(0)=0$, the parameters for $X^i$ and $Y^i$ are $\alpha$, $\sigma=1$; $\beta$, $\sigma=1$ respectively.

**Proof** (i) We have

$$X(s,c) = e^{-\alpha s}X(0,c)+\sigma e^{-\alpha s-\beta c}\int_0^s\int_0^c e^{\alpha a+\beta b}\,dW(a,b)$$
$$\equiv e^{-\alpha s}X(0,\ c)+\sigma J(s,\ c).$$

Define an $OUP_1$ process $\{\widetilde{X}(s),\ s\geqslant 0\}$, by

$$\widetilde{X}(s) = e^{-\alpha s}X(0,c)+\sigma\left[\frac{1-e^{-2\beta c}}{2\beta}\right]^{\frac{1}{2}} e^{-\alpha s}\int_0^s e^{\alpha a}\,dW(a)$$
$$\equiv e^{-\alpha s}X(0,\ c)+\sigma\widetilde{J}(s),$$

where $\{W(a),\ a\geqslant 0\}$ is a Brownian motion, independent of $X(0,\ c)$. $J$ and $\widetilde{J}$ are normal processes with mean 0. Let

$$I(s,t) = \int_0^s\int_0^t e^{\alpha a+\beta b}\,dW(a,b),$$

then

$$EI(s_1,\ t_1)I(s_2,\ t_2)=\frac{(e^{2\alpha(s_1\wedge s_2)}-1)(e^{2\beta(t_1\wedge t_2)}-1)}{4\alpha\beta}.$$

By this equality, it is easy to see that $J$ and $\widetilde{J}$ have the same covariance functions, hence they are equivalent and the same is true for $X(s,\ c)$ and $\widetilde{X}(s)$, $s\geqslant 0$.

(ii) Let

$$Z(s,t) = e^{-\alpha s-\beta t}\int_0^s\int_0^t e^{\alpha a+\beta b}\,dW(a,b).$$

Define two independent sequences of $OUP_1^1$ by

$$X^i(s) = \int_0^s e^{-\alpha(s-a)}\,dW_i(a),$$

$$Y^i(t) = \int_0^s e^{-\beta(t-b)}\,d\widetilde{W}_i(b),$$

where $\{W_i\}$, $\{\widetilde{W}\}$ are two independent sequences of $BM_1^1$.

Then

$$EX^i(s)Y^i(t)=0,$$

$$VX^i(s)Y^i(t)=\frac{1-\mathrm{e}^{-2\alpha s}}{2\alpha}\cdot\frac{1-\mathrm{e}^{-2\beta t}}{2\beta}.$$

By the central limit theorem $\frac{1}{\sqrt{n}}\sum_{i=0}^{n}X^i(s)Y^i(t)$ converges in distribution to an $N(0, B)$ variable, where

$$B^2=\frac{(1-\mathrm{e}^{-2\alpha s})(1-\mathrm{e}^{-2\beta t})}{4\alpha\beta}, \text{ i. e.}$$

to $Z(s, t)$.

Let

$$\Delta(n, k_1, k_2)X\equiv\left[X\left(\frac{k_1}{2^n}, \frac{k_2}{2^n}\right)+X\left(\frac{k_1-1}{2^n}, \frac{k_2-1}{2^n}\right)-X\left(\frac{k_1-1}{2^n}, \frac{k_2}{2^n}\right)-X\left(\frac{k_1}{2^n}, \frac{k_2-1}{2^n}\right)\right]^2.$$

It is proved that

$$\lim_{n\to+\infty}\sum_{k_1=1}^{2^n}\sum_{k_2=1}^{2^n}\Delta(n,k_1,k_2)X=\sigma^2 \quad \text{a. s.}. \tag{2.6}$$

(2.6) is a particular case of the two-parameter Lévy-Baxter theorem proved in [3]. Let $\{A(t), t\in[0, 1]^2\}$ be a zero mean normal process, under some smooth conditions on the covariance function $R(s_1, s_2; t_1, t_2)=EA(s)A(t)$, we have

$$\lim_{n\to+\infty}\sum_{k_1=1}^{2^n}\sum_{k_2=1}^{2^n}\Delta(n,k_1,k_2)A=\int_0^1\int_0^1 f(s_1,s_2)\mathrm{d}s_1\mathrm{d}s_2, \tag{2.7}$$

where

$$f(s_1, s_2)=D^{++}(s_1, s_2)+D^{--}(s_1, s_2)-D^{+-}(s_1, s_2)-D^{-+}(s_1, s_2),$$

$$D^{-+}(s_1, s_2)=\lim_{\substack{t_1\uparrow s_1\\ t_2\downarrow s_2}}\frac{\partial^2 R(s_1, s_2; t_1, t_2)}{\partial t_2\,\partial t_1},$$

etc.

In [11] the law of the iterated logarithm is proved: for fixed $s>0$ and all $t>0$, we have

$$\limsup_{h\downarrow 0}\frac{|X(s+h,\ t)-X(s,\ t)|}{\left(h\lg\lg\frac{1}{h}\right)^{\frac{1}{2}}}$$

$$=\sigma\sqrt{\frac{1-\mathrm{e}^{-2\beta t}}{2\beta}}\quad \text{a. s.}\tag{2.8}$$

independent of $s$. A point $S(\omega)$ is called a singularity of $\mathrm{OUP}_2^1$ if for all $t\geqslant 0$

$$\limsup_{h\downarrow 0}\frac{|X(S(\omega)+h,\ t)-X(S(\omega),\ t)|}{\left(h\lg\lg\frac{1}{h}\right)^{\frac{1}{2}}}=+\infty.$$

It is proved in [13] that the singularities can propagate parallelly to the coordinate axis just as Walsh showed for the Brownian sheet, i. e., for $t>t_0$

$$H(S(\omega),\ t,\ \omega)\equiv\limsup_{h\downarrow 0}\frac{|X(S(\omega)+h,\ t)-X(S(\omega),\ t)|}{\left(h\lg\lg\frac{1}{h}\right)^{\frac{1}{2}}}=+\infty$$

iff $H(S(\omega),\ t_0,\ \omega)=+\infty$.

A limit theorem concerning the supremum for the process

$$S(t)=\int_{-\infty}^{t_1}\int_{-\infty}^{t_2}\mathrm{e}^{-\alpha_1(t_1-u)-\alpha_2(t_2-v)}\,\mathrm{d}W(u,v)$$

is proved in [6]. Let $D\subset\mathbf{R}^2$ be bounded and Borel measurable, then

$$\lim_{y\to+\infty}\frac{P(\sup(S(t),\ t\in D)>y)}{(2\pi)^{-\frac{1}{2}}y^3\mathrm{e}^{-\frac{y^2}{2}}}=\alpha_1\alpha_2L(D),\tag{2.9}$$

where $L$ is the 2-dimensional Lebesgue measure. (2.9) is proved firstly for $D=\mathbf{R}^m$, which is the sum of rectangles contained in $D$. For $D=O$ is bounded and open, we approach $O$ by $\mathbf{R}^m$ in the sense that $L(O\setminus\mathbf{R}^m)=0$ ($m\to+\infty$). We show that (2.9) is true for $O$ and hence for general bounded Borel sets $D$.

In [7, 14] the germ Markov property is shown for $\mathrm{OUP}_2^1$ and for more general processes with respect to all bounded open sets $S$(or $S$ with bounded complement $S^c$); the minimal splitting $\sigma$-algebra is characterized.

Now consider $\mathrm{OUP}_n^d X_n^d$. By time change the $\mathrm{BM}_n^d$ turns to $\mathrm{OUP}_n^d$, so that the two processes have some common properties. Let the image and graph of $X_n^d$ be

$$\mathrm{Im}X_n^d=(X_n^d(\mathbf{z}):\ \mathbf{z}\in[0,\ 1]^n)\subset\mathbf{R}^d,$$

$$\mathrm{Gr}X_n^d=((\mathbf{z},\ X_n^d(\mathbf{z})):\ \mathbf{z}\in[0,\ 1]^n)\subset[0,\ 1]^n\times\mathbf{R}^d.$$

The Hausdorff dimension of these sets is

$$\dim(\mathrm{Im}X_n^d)=d\wedge 2n\quad \text{a. s.},$$

$$\dim(\mathrm{Gr}X_n^d)=(n+\frac{d}{2})\wedge 2n\quad \text{a. s.}.$$

It is the same for $\mathrm{BM}_n^d$.

In [1][2] it is proved that the $d$-dimensional Lebesgue measure of Im $X_n^d$ is positive iff $d<2n$. A remarkable distinction of $\mathrm{OUP}_n^d$ from $\mathrm{BM}_n^d$ is that for all $n$, $d$, $\mathrm{OUP}_n^d$ are neighbourhood recurrent; they are point recurrent if $d<2n$, as is shown in [15].

# § 3.

We turn to investigate the $n$-parameter and infinite dimensional O-U process $\mathrm{OUP}_n^{+\infty}$. Write $\mathrm{OUP}_{n+1}^1$ as

$$X(s,\boldsymbol{t}) = \mathrm{e}^{-\alpha s-\boldsymbol{\beta t}}\left[x_0 + \sigma\int_0^s\int_0^t \mathrm{e}^{\alpha a+\boldsymbol{\beta b}} W(\mathrm{d}a,\mathrm{d}\boldsymbol{b})\right],$$

where $(s, \boldsymbol{t}) = (s, t_1, t_2, \cdots, t_n) \in \mathbf{R}_+^{n+1}$, $\boldsymbol{\beta} = (\beta_1, \beta_2, \cdots, \beta_n)$, $\alpha$, $\beta_i > 0$. W is $\mathrm{BM}_{n+1}^1$, $x_0$ is an $N(0, d)$ random variable, independent to $W$. For fixed $\boldsymbol{t} \in \mathbf{R}_+^n$, $X(s, t)$ is continuous in $s \geqslant 0$, equivalent to some $\mathrm{OUP}_1^1$, so that $X(\cdot, \boldsymbol{t})$ is a random element in Wiener space $(C, \mathfrak{F}_C)$, with a normal distribution $\mu_t$ on $(C, \mathfrak{F}_C)$, where $\mathfrak{F}_C$ is the σ-algebra in $C$ generated by all open sets. We define $\mathbf{R}_+^n \to (C, \mathfrak{F}_C)$ random elements

$$X_t(\cdot) = X(\cdot, \boldsymbol{t}),$$

and call $\{X_t(\cdot), \boldsymbol{t} \in \mathbf{R}_+^n\}$ $\mathrm{OUP}_n^{+\infty}$, [10].

Similarly, we can define the $n$-parameter and infinite dimensional Brownian motion $\mathrm{BM}_n^{+\infty}$: $\{B_t(\cdot), \boldsymbol{t} \in \mathbf{R}_+^n\}$, the distribution of $B_t(\cdot)$ is denoted by $v_t$.

**Theorem 4** For fixed $\boldsymbol{t}$ and $\boldsymbol{t}'$ we have:

(i) $\mu_t \Leftrightarrow \mu_{t'}$ (absolutely continuous with respect to each other), iff

$$\prod_{i=1}^n (1 - \mathrm{e}^{-2\beta_i t_i}) = \prod_{i=1}^n (1 - \mathrm{e}^{-2\beta_i t_i'}); \qquad (3.1)$$

(ii) $\mu_t$ is supported on $S_t$, $\mu_t(S_t) = 1$, where

$$S_t = \left\{f: f \in C, \lim_{n\to+\infty}\sum_{k=1}^{2^n}\left|f\left(\frac{k}{2^n}\right) - f\left(\frac{k-1}{2^n}\right)\right|^2 = \sigma^2\prod_{i=1}^n\left(\frac{1-\mathrm{e}^{-2\beta_i t_i}}{2\beta_i}\right)\right\};$$

(iii) if $n=1$, all $\mu_t$ are perpendicular $(t>0)$;

(iv) $\mu_t \Leftrightarrow v_{t'}$, iff $\sigma^2 \prod_{i=1}^{n} \left( \frac{1-e^{-2\beta_i t_i}}{2\beta_i} \right) = t_1' t_2' \cdots t_n'$; in particular, if $n=1$, then $\mu_t \perp v_t$ $(t>0)$.

**Proof** Let

$$R_t(u, v) = EX_t(u)X_t(v),$$

$$A_t = \sigma \prod_{i=1}^{n} \left( \frac{1-e^{-2\beta_i t_i}}{2\beta} \right)^{\frac{1}{2}}.$$

Then

$$D_t(u) \equiv \lim_{v \downarrow u} \frac{\partial R_t(u, v)}{\partial u} - \lim_{v \uparrow u} \frac{\partial R_t(u, v)}{\partial u} = A_t^2 \quad (u>0).$$

By a theorem on normal processes [11, Theorem 5. 2. 6]

$$\mu_t \Leftrightarrow \mu_{t'}, \text{ iff } D_t(u) = D_{t'}(u); \text{ or iff } A_t^2 = A_{t'}^2.$$

This proves (i)～(iii) follow from Baxter's theorem and (3. 1) respectively.

**Acknowledgement**

The author is very grateful to the referees for their helpful comments.

**References**

[1] Chen Xiong. Properties of the $n$-parameter $d$-dimensional Ornstein-Uhlenbeck process. Chinese J. Appl. Probab. Statist., 1991, 7(1): 9-13.

[2] Chen Xiong. Dimension of the graph and image for $OUP_2^1$. Acta Math. Sinica, 1989, 32(4): 433-438.

[3] Chen Xiong, Pan Xia. On Levy-Baxter theorem for general two-parameter Gaussian processes. Studia Sci. Math. Hungar, 1991, 26: 401-410.

[4] Chen Xiong, Zhang Chunsheng. A remark on transi-

tion probability and prediction of $OUP_2^1$. J. Engrg. Math., 1990, 7(3): 84-88.

[5] Li Yingqiu. Processes induced by $OUP_2^1$ on the rays. Chinese J. Appl. Probab. Statist., 1989, 5(4): 303-306.

[6] Luo Shoujun. The distribution of maximum for $OUP_2^1$. Acta Math. Sinica, 1988, 31(6): 721-728.

[7] Luo Shoujun. On the Germ-Markov property of the generalized $OUP_n^1$. Chinese Ann. Math., 1989, 10B(1): 65-73.

[8] Wang Zikun. The two-parameter Ornstein-Uhlenbeck process. Acta Math. Sci., 1983, 3(4): 395-406.

[9] Wang Zikun. Transition probabilities and prediction for $OUP_2^1$. Chinese Science Bulletin, 1988, 33(1): 5-9.

[10] Wang Zikun. Multi-parameter infinite dimensional OU process and Brownian motion. Acta Math. Sci., 1993, 13(4): 455-459.

[11] Xia Daoxing. Measures and integrals on infinite dimensional space. Shanghai Science and Technology Press, 1965.

[12] Xiao Yimin. Some properties of the image set for $OUP_2^1$. Math. Mag., 1992, 12: 237-240.

[13] Xue Xingxiong. Propagation of singularities in $OUP_2^1$. Chinese J. Appl. Probab. Statist., 1985, 1(1): 53-58.

[14] Zhang Runchu. Markov properties of the generalized Brownian sheet and extended $OUP_2^1$. Sci. China, 1985, 20A(8): 814-825.

[15] Zhang Xinsheng. On point recurrence for $OUP_n^d$. Acta Math. Sinica, 1994, 37(4): 440-443.

数学进展，1996，25(5)

# 高阶偏微分方程与概率方法[①]

**摘要** 二阶偏微分方程与扩散过程的联系是概率界众所周知的. 前者为后者提供了分析依据，后者为前者的解给出了概率表示. 如何把这种联系推广到高阶偏微分方程的情形，是很多概率学家近十几年来一直关心的问题. 本文试就此问题介绍有关的情况及一些最新进展，从中不难发现很多重要问题有待解决，期望能够引起同行的注意.

**关键词** 高阶偏微分方程；概率方法；符号 Wiener 测度；电报过程；迭代布朗运动.

## §1. 引 言

微分方程的概率解法是一个很早就开始研究的课题. 这方面开创性的工作属于 Kakutani(1944)，Doob(1954，1955)和

---

① 收稿日期：1995-07-10.

国家自然科学数学天元基金与广东自然科学基金资助课题.

本文与赵学雷合作.

Hunt(1957，1958)(参见[13][3])．早在20世纪四五十年代，他们用布朗运动去解一些古典偏微分方程(比如，Dirichlet 问题、Poisson 问题及热传导方程)．Doob(1984)一书较全面地总结了有关的结果，详细阐述了用布朗运动解偏微分方程的基本思想和方法．到目前为止，有关的工作仍在继续．现在考虑的已不仅仅限于欧氏空间上的扩散过程及有关的位势理论，也不仅仅限于抛物型和椭圆型微分方程，对于相当广泛的情形也取得了很多重要成果(参见[4][6]～[12]，等等)．

用概率方法去解偏微分方程的一个基本思想是找出与其线性算子对应的随机(马氏)过程，然后用该过程表示出方程的解．过程是由热方程的基本解所决定，例如，对于 $\mathbf{R}^d$ 上的 Laplace 算子 $\Delta$，热方程为

$$\begin{cases}\dfrac{\partial}{\partial t}u(t,x)=\dfrac{1}{2}\Delta u(t,x), & t>0,\ x\in\mathbf{R}^d,\\ u(0,x)=\delta_x.\end{cases} \tag{1.1}$$

上述方程的解，我们称之为基本解，记为 $p(t,x)$．以 $p(t,x)$ 为转移密度的随机过程就是从0点出发的标准布朗运动，记为 $B_t$．对于给定的连续函数 $f$，如下 Poisson 问题：

$$\begin{cases}\dfrac{\partial}{\partial t}u(t,x)=\dfrac{1}{2}\Delta u(t,x), & t>0,\ x\in\mathbf{R}^d,\\ u(0,x)=f(x)\end{cases} \tag{1.2}$$

的解可形式地表示为

$$u(t,x)=Ef(x+Bt). \tag{1.3}$$

而且，对于一个有界正则区域 $D$，考虑下面的 Dirichlet(边值)问题：

$$\begin{cases}\Delta u(x)=0, & x\in D,\\ u(x)=f(x), & x\in\partial D,\end{cases} \tag{1.4}$$

其中，$f$ 是 $\partial D\to\mathbf{R}_+$ 的一个连续函数，令 $\boldsymbol{\tau}:=\inf\{t>0,\ B_t\notin$

$D\}$，那么方程(1.4)的解可表示为

$$u(x)=E_x f(B_\tau),\quad x\in D, \tag{1.5}$$

这里 $E$ 表示数学期望.

概率解(1.5)和纯粹的分析结果相比较，具有表达式简单、直观的特点，而且可用 Monte-Carlo 方法给出其近似解，在证明方法上，许多困难的分析问题也可以用现成的概率知识比较直观地加以解决. 然而，许多微分方程的算子在通常意义下并没有一个“严格的马氏过程”与之对应. 因此，概率方法又有很大的局限性. 就 $\mathbf{R}^d$ 上的偏微分方程而言，只有对二阶偏微分算子所对应的问题才有可能运用上述思想解决. 对于一般的情形有很多实质困难，不可能存在一个一般意义的过程与之对应. 尽管如此，几十年来，人们还是在不停地探索，另辟蹊径. 在主要概率思想基本保持的前提下，取得了许多重要进展. 比如，在几类高阶偏微分方程方面有了一系列的结果. 本文正是论述、介绍有关的成果，并希望以此能引起同行的注意.

# §2. 一类高阶微分方程概率解的直接构造

我们先从一个简单的情况开始. 考虑下面的 4 阶微分方程

$$\frac{\partial u}{\partial t}=\frac{1}{8}\ \frac{\partial^4}{\partial x^4}u,\qquad (t,\ x)\in(0,\ +\infty)\times\mathbf{R}.\tag{2.1}$$

这样的方程不能直接由某一个实值的随机过程表示出来. 然而, 采取如下步骤, 我们仍然可以找到一个复值过程把方程(2.1)且满足初值

$$u(0,\ x)=f(x)\tag{2.2}$$

的解形式地表示为(1.3)的形式.

设$\{\bar{B}_t\}_{t\in\mathbf{R}}$是一个复值过程, 它的表达式为

$$\bar{B}_t=\begin{cases}B_t, & t\geqslant 0,\\ iB_{-t}, & t<0.\end{cases}\tag{2.3}$$

记$\mathcal{D}_1$为所有 $\mathbf{R}$ 上如下的实值函数 $f$ 全体, $f$ 可用下面方式延拓到复平面 $C^1$ 上成为复变函数 $\bar{f}$:

(i) $\bar{f}=f(x)$, $x\in\mathbf{R}$;

(ii) 对于任给的 $h>0$,

$$|\bar{f}(z)|\exp\{-h|z|^2\},\quad \left|\frac{\partial\bar{f}}{\partial x}(z)\right|\exp\{-h|z|^2\},$$

以及$\left|\dfrac{\partial\bar{f}}{\partial y}(z)\right|\exp\{-h|z|^2\}$在 $C^1$ 上有界, 其中 $z=x+y\mathrm{i}$.

**定理 2.1**(Funaki 1979) 设 $w_t$ 是一个和 $B$ 独立的一维布朗运动. 对于任意 $f\in\mathcal{D}_1$, 记它的延拓为 $\bar{f}$, 那么对于$(t,\ x)\in(\mathbf{R}-\{0\})\times\mathbf{R}$, $v(t,\ x)=E[\bar{f}(x+\bar{B}_{w_t})]$满足(2.1), 且满足初值条件(2.2).

**注** 显然, 上述方式函数的延拓不是唯一的, 从而体现了

高阶偏微分方程解的非唯一性.

Funaki 之基本思想是利用现成的随机过程（布朗运动），直接构造出一个新的过程，然后由这个新随机过程再构造出方程解的表达式. 这一方法把概率的直观完整地保留下来. 同样，基于这种思想，我们可以考虑更高阶的情况，把它一般化. 例如，

$$\frac{\partial u}{\partial t}=P(A)u,\quad (t,\ x)\in(0,\ +\infty)\times\mathbf{R}^d, \tag{2.4}$$

其中，

$$P(a)=pa^2+qa,\quad p,\ q\in\mathbf{R},\quad p>0 \tag{2.5}$$

以及 $A$ 是一致椭圆的微分算子，具有如下形式

$$A=\sum_{i,j=1}^{d}a_{ij}(x)\frac{\partial^2}{\partial x_i\,\partial x_j}+\sum_{i=1}^{d}b_i(x)\frac{\partial}{\partial x_i}. \tag{2.6}$$

算子 $A$ 对应于 $\mathbf{R}^d$ 中的一个扩散过程. 记从 $x\in\mathbf{R}^d$ 出发的 $A$-扩散过程为 $X_t(x)$. 对于实值函数 $f(x)$，$x\in\mathbf{R}^d$，我们称 $f\in\mathcal{D}_1$，如果对某个 $n$，它有如下的延拓 $\bar{f}(x,\ y)$，$(x,\ y)\in\mathbf{R}^d\times\mathbf{R}^n$（并不唯一！），满足如下诸条件：

i) $\bar{f}(x,\ 0)=f(x)$，$\quad x\in\mathbf{R}^d$.

ii) 存在 $\mathbf{R}^n$ 上的一致椭圆算子 $\bar{A}$，使得 $(\bar{A}_x+\bar{A}_y)\bar{f}(x,\ y)=0$. 其中，$A_x$ 表示算子仅作用于变量 $x$.

iii) 对于 $h>0$，$|\bar{f}(x,\ y)|\exp\{-h(|x|^2+|y|^2)\}$，$\left|\frac{\partial}{\partial x_i}\bar{f}(x,\ y)\right|\exp\{-h(|x|^2+|y|^2)\}$，$i=1,\ 2,\ \cdots,\ d$，以及 $\left|\frac{\partial}{\partial x_i}\bar{f}(x,\ y)\right|\exp\{-h(|x|^2+|y|^2)\}$，$j=1,\ 2,\ \cdots,\ n$ 在 $\mathbf{R}^d\times\mathbf{R}^n$ 上有界.

设 $\widetilde{X}_t$ 为从 0 出发的 $n$-维 $\widetilde{A}$-扩散，定义 $(d+n)$-维的随机过程 $\{\bar{X}_t(x)\}_{t\in\mathbf{R},x\in\mathbf{R}^d}$ 如下

$$\overline{X}_t(x)=\begin{cases}(X_t(x),\ 0) & t\geqslant 0,\\ (x,\ \widetilde{X}_{-t}), & t\leqslant 0.\end{cases}$$

设 $w_t$ 是与 $\overline{X}_t(x)$ 独立的一维布朗运动，取 $Y_t=\sqrt{2p}w_t+qt$. 那么有下面的定理

**定理 2.2**（Funaki，1979） 对于 $f\in D_1$，函数 $u(t,\ x)=E[\overline{f}(\overline{X}_{Y_t}(x))]$ 是方程(2.4)满足初值条件(2.2)的解.

重复上述步骤，对于 $2^m$ 阶多项式 $P(a)$：

$$\begin{aligned}&P(a)=P_1\cdot P_2\cdot\cdots\cdot P_m,\\&P_i(a)=p_ia^2+q_ia\quad(i=1,\ 2,\ \cdots,\ m).\end{aligned}\tag{2.7}$$

我们可以类似构造出(2.4)的解.

# §3. 高阶微分方程与符号 Wiener 测度

上节，我们讨论了一类高阶微分方程解的一个直接构造方法. Hochberg(1978)用另一种方法，把布朗运动与热方程(1.2)的联系推广到某一过程与如下的偶数阶的抛物偏微分方程：

$$\frac{\partial u}{\partial t}=(-1)^{n+1}\frac{\partial^{2n}u}{\partial x^{2n}},\ n\geqslant 2. \tag{3.1}$$

其基本解 $p(t, x)$是 $\exp\{-\xi^{2n}t\}$的 Fourier 变换. 以此基本解为密度的测度是 **R** 上的一个符号测度，而且是无界变差的. 对于这样的一个测度，如何能够找到一个过程与此对应呢？从经典概率论的观点来看这是不可能的事. 因此要做到这一点，必须开拓思路，把经典概率论的理论加以推广. 对于 $n=2$ 的情况，考虑 4 阶偏微分方程的初值问题：

$$\begin{cases}\dfrac{\partial u}{\partial t}=-\dfrac{\partial^4 u}{\partial x^4}, & -\infty<x<+\infty,\ 0<t<+\infty,\\ u(0,\ x)=f(x).\end{cases} \tag{3.2}$$

容易看出，对于满足一定条件的初值 $f$，(3.2)的解可表示成

$$u(t,x)=\int_{-\infty}^{+\infty}p(t,x-y)f(y)\mathrm{d}y, \tag{3.3}$$

其中，$p(t,\ x)=(2\pi)^{-1}\int_{-\infty}^{+\infty}\mathrm{e}^{\mathrm{i}x\xi}\exp(-\xi^4 t)\mathrm{d}\xi$.

易证，$\int_{-\infty}^{+\infty}p(t,\ x)\mathrm{d}x=1$，但由于 $p(t,\ x)$改变符号无穷多次，而且有

$$\int_{-\infty}^{+\infty}x^4 p(t,x)\mathrm{d}x=-24t<0,$$

$$\int_{-\infty}^{+\infty} x^j p(t,x)\mathrm{d}x = 0, \quad j = 1,2,3.$$

所以，它不可能是一个轨道空间上通常意义下的概率测度. 利用函数 $p(t, x, y)=p(t, x-y)$，我们可以在轨道空间上构造出一个满足 Markov 性的符号测度. 首先注意到 $p(t, x)$ 的逆 Fourier 变换为 $\hat{p}(t, \xi)=\frac{1}{2\pi}\exp\{-\xi^4 t\}$，由此可证，对于 $s>0$ 及 $t>0$ 相应的 Chapman-Kolmogorov 方程：

$$p(t+s,x,y) = \int_{-\infty}^{+\infty} p(t,x,\mathrm{d}x')p(s,x',y)$$

也成立. 因此，我们可以仿照经典过程的构造理论，用 $p(t, x, y)$ 去构造轨道空间 $\Omega := \{x;\ t\in[0, +\infty)\to x(t)\}$ 上的测度. 设 $C\subset\Omega$ 是一个柱集：

$$C=\{x:\ a_i\leqslant x_i(t_i)\leqslant b_i,\quad i=1,\ 2,\ \cdots,\ n\},$$
$$0<t_1<t_2<\cdots<t_n.$$

那么在 $\Omega$ 上一个有限可加的测度定义为

$$P(C) = \int_{a_1}^{b_1}\int_{a_2}^{b_2}\cdots\int_{a_n}^{b_n}\prod_{i=1}^{n} p(t_i - t_{i-1}, x_i - x_{i-1})\mathrm{d}x_i,$$

其中 $x_0=0$，$t_0=0$. 显然，对于任意固定的 $n$ 及 $t_1<t_2<\cdots<t_n$，$P$ 在由 $x(t_i)$ 生成的 $\sigma$-域上是可数可加的(注意，这并不意味着在所有由柱集生成的域上“可数可加”，参见 Hochberg (1978))，这样，我们就定义了 $\Omega$ 上的一个“概率”，使轨道过程在 $P$ 之下成为一个随机过程，而且它在如下意义下有 Markov 性. 设 $P_a(x\in E)=P(x+a\in E)$，$\mathcal{F}$ 为任意固定的 $n$ 及 $t_1<t_2<\cdots<t_n=T$，由 $x(t_i)$ 生成的 $\sigma$-域(它依赖于 $t_1$，$t_2$，…，$t_n$ 的选取)，那么，

$$P_a\{x(t+T)\in\mathrm{d}y \mid \mathcal{F}\}=P_b\{x(t)\in\mathrm{d}y\},\qquad b=x(T). \tag{3.4}$$

值得一提的是，上式对于通常由时刻 $T$ 以前所有随机变量生成

的$\mathcal{F}_T$是没有意义的．因为这一过程是无界变差的，它的构造仅限于有限维柱集上，而且经典的 Kolmogorov 扩张定理对于无限变差的符号测度过程不一定成立.

可以证明(参见 Hochberg(1978))．$P$ 只集中在满足如下 Hölder 连续的轨道上，

$$|x(t_1)-x(t_2)|\leqslant|t_1-t_2|^{\frac{1}{4}-\varepsilon},$$

$\varepsilon$ 为任意正数．上面定义的 $P$ 称为符号 Wiener 测度，有关的过程称为符号 Wiener 过程，或称为 4-稳定过程([9])．应用这一过程，我们很容易写出(3.2)的概率解．显然，这种思想是受二阶热方程与布朗运动之间联系的启发而提出的．但重要的不在于概率解本身，而在于由此而导出的过程.

针对符号 Wiener 过程(4-稳定过程)已经有一些研究．类似于布朗运动(2-稳定过程)，Hochberg 给出了符号 Wiener 过程的随机积分，并给出了相应的 Ito 公式等；Madrecki 和 Rybaczuk(1992)建立了有关 4-稳定过程所谓新的 Feymann-Kac 公式，并把它应用到现代理论物理的研究上.

对于高阶方程(3.1)，我们也可以类似地建立同样的理论.

另外，不难发现，§2 中的方程(2.1)与§3 中的方程(3.2)从形式上有所不同．但在变换 $x\rightarrow\sqrt{2\mathrm{i}\sqrt{2}}x$ 之下，两者是一样的．相比之下，§2 的方法更显得直观，容易理解，但有很多的局限性，除了上面提到过的 $2^n$-阶方程可以用 $n$ 个布朗运动的某种迭代来构造它们的概率解以外，还有一些特殊的奇数阶与其他个别的高阶方程能够类似地研究(参见[11][8])，但使用的过程就不再是布朗运动.

考虑三阶方程，

$$\frac{\partial p}{\partial t}=-2iK^3\ \frac{\partial^3 p}{\partial x^3},\tag{3.5}$$

我们可选取过程 $S(t)$，$t>0$，其特征函数为

$$E\{e^{i\lambda S(t)}\}=e^{-K\lambda^{\frac{3}{2}}t}, \quad t>0.$$

再令

$$Z(t)=\begin{cases} S(B(t)), & B(t)>0; \\ i^{\frac{4}{3}}S(-B(t)), & B(t)<0, \end{cases}$$

其中，布朗运动 $B$ 与过程 $S$ 相互独立.

**定理 3.1**(Hochberg and Orsingher[8]，1994) $Z(t)$的密度函数即是方程(3.5)的解.

值得注意的是，上面的过程 $S$ 不是通常的稳定过程，因为具有 $0<p\leqslant 2$ 阶的稳定过程特征函数的一般表示式为

$$Ee^{i\lambda S(t)}=e^{[i\mu\lambda-|\sigma\lambda|^{p}(1+i\gamma K(p,\lambda))]t}, \quad t>0$$

其中，

$$K(p,\lambda)=\begin{cases} (\mathrm{sgn}\lambda)\tan\left(\dfrac{p\pi}{2}\right), & 0<p\leqslant 2,\ p\neq 1; \\ \dfrac{2}{\pi}(\mathrm{sgn}\lambda)\lg|\lambda|, & p=1, \end{cases} \quad (-1\leqslant\gamma\leqslant 1).$$

当然，这两类过程有相似之处. 基于上述方法，我们或许可以构造更高奇数阶方程的概率解，但目前还没有看到有关结果.

从上面我们看到，对于高阶微分方程一般不和一个通常意义的过程对应. 但是有些非“热方程”型的高阶微分方程，确有一个实义的过程与之对应，下面我们给出一个这样的例子. 考虑模型

$$\chi(t)=\begin{cases} B\{V(0)\int_0^t(-1)^{N(s)}\mathrm{d}s\}, & V(0)\int_0^t(-1)^{N(s)}\mathrm{d}s\geqslant 0; \\ B\{-V(0)\int_0^t(-1)^{N(s)}\mathrm{d}s\}, & V(0)\int_0^t(-1)^{N(s)}\mathrm{d}s<0. \end{cases} \tag{3.6}$$

其中，$V(0)$以$\frac{1}{2}$的概率取 $c$ 或$-c$，$N(t)$是参数为 $\lambda>0$ 的齐次

Poisson 过程，$B(t)$是标准布朗运动，$t>0$，而且上述随机变量相互独立. 事实上，$t\to V(0)\int_0^t(-1)^{N(s)}\mathrm{d}s$ 是所谓的电报过程，它的转移概率密度函数是电报方程(双曲型方程)

$$c^2\frac{\partial^2 p}{\partial x^2}=\frac{\partial^2 p}{\partial t^2}+2\lambda\frac{\partial p}{\partial t}$$

的解. $\chi$ 是布朗运动与电报过程的迭代(参见 Orsingher (1990))，称之为“滞留布朗运动”(Delayed Brownian motion). 由于 Poisson 过程取值的增加，引起电报方程的振动. 从而造成布朗运动的滞留现象. 显然，当 $c=1$ 而且在 Poisson 过程 $N(t)$没有跳跃的区间上，$\chi$ 即是通常的布朗运动.

**定理 3.2**(Hochberg and Orsingher[8]，1994，Theorem 4.1) 过程 $\chi$ 的转移函数是下列初值问题的解：

$$\begin{cases}\dfrac{\partial^2 p}{\partial t^2}+2\lambda\dfrac{\partial p}{\partial t}=\dfrac{c^2}{4}\dfrac{\partial^4 p}{\partial x^4}, & x\in\mathbf{R},\ t>0,\\ p(x,0)=\delta(x).\end{cases}\tag{3.7}$$

在方程(3.7)中，若 $c\to+\infty$，$\lambda\to+\infty$而且$\dfrac{c^2}{\lambda}\to1$，则它即化为抛物(热)方程(2.1). 此方程我们已在 §2 论述过. 用相同的思想，还可以具体构造出很多方程解，我们在这里就不再一一列举. 进一步的内容可参见[8].

## §4. 迭代布朗运动

在高阶微分方程的研究中，引出一类过程，目前颇受人们的重视. 这就是所谓的迭代布朗运动(参见[1][2][8][5]). 其定义为：设 $B^1(t)$，$B^2(t)$，$t\geqslant 0$ 为两个独立的一维布朗运动，令

$$X(t)=B^2(|B^1(t)|),\quad t>0. \tag{4.1}$$

则 $X(t)$是一个新的实值过程. 由于它是把布朗运动的时间用另一个布朗运动的绝对值来代替，所以称之为迭代布朗运动.

不难看出，迭代布朗运动是§2 中 Funaki 定理中 $\overline{B}_{w_t}$ 的变形，即把复过程化为一个实过程，而其本身的一些重要概率性质没有发生根本变化. 这样在研究中就少了许多不必要的麻烦. 这里我们定义的形式与一些文献中的形式稍有不同，但本质上是一样的.

那么，迭代布朗运动有什么样的性质呢？下面我们做一个简单介绍.

不难发现，$X(t)$是一个轨道连续的时空齐次随机过程，它的转移函数是

$$p_t(x,y)=\frac{1}{\pi}\int_0^{+\infty}\frac{1}{\sqrt{st}}\exp\left(-\frac{s^2}{2t}-\frac{x^2}{2s}\right)\mathrm{d}s,$$

$$t>0,x\in\mathbf{R}. \tag{4.2}$$

然而，从直观上可以想象，在通常布朗运动所产生的 $\sigma$-域下，它不再是一个马氏过程. 因为在任意固定一个时刻，在其后任意小的时间内，这以概率 1 重复过去的(一段)老路，不满足马氏假设.

迭代布朗运动性质的研究已经有许多进展．人们自然会想到，这一过程应该和布朗运动有很多类似的性质．目前比较好的结果是 Burdzy 等人得到的．

**定理 4.1**（重对数律，Burdzy(1992)） 以概率 1，有

$$\limsup_{t\to 0}\frac{X(t)}{t^{\frac{1}{4}}\left(\lg\lg\left(\frac{1}{t}\right)\right)^{\frac{3}{4}}}=\frac{2^{\frac{5}{4}}}{3^{\frac{3}{4}}}. \tag{4.3}$$

由此不难看出，在单位时间内，迭代布朗运动的极大游程要比布朗运动小．从直观上来讲，这是因为前者的大部分时间在“重温旧梦”，这与布朗运动的自由左右振动有着本质的不同．更强的结论是有关它的一致连续模的极限定理．

**定理 4.2**（Khoshnevisan & Lewis(1992)） 令

$$w(\delta):=\sup_{0\leqslant s,t\leqslant 1,\ |s-t|\leqslant\delta}|X(s)-X(t)|,\quad \psi(\delta):=\delta^{\frac{1}{4}}\left(\lg\left(\frac{1}{\delta}\right)\right)^{\frac{3}{4}},$$

那么以概率 1，有

$$\lim_{\delta\to 0}\frac{w(\delta)}{\psi(\delta)}=\frac{2^{\frac{5}{4}}}{3^{\frac{3}{4}}}. \tag{4.4}$$

我们知道，布朗运动的 2 阶变差等于它所经历的时间长度，而迭代布朗运动的 4 阶变差才有意义．下面的定理给出了精确的描述．

**定理 4.3**（Burdzy(1993)）

(i) 固定 $0\leqslant s\leqslant t$，那么对于任意的 $p<+\infty$，

$$\lim_{|\Lambda|\to 0}\sum_{m=0}^{n}(X(t_m)-X(t_{m-1}))^4 \xlongequal{L^P} 3(t-s). \tag{4.5}$$

其中，$\Lambda$ 表示区间$[s, t]$的一个划分，$s=t_0<t_1<\cdots<t_n=t$ 为分点，$|\Lambda|$ 为划分中诸子区间的最大长度．

(ii) $$\lim_{|\Lambda|\to 0}\sum_{m=0}^{n}(X(t_m)-X(t_{m-1}))^3 \xlongequal{L^P} 0. \tag{4.6}$$

进一步，我们来考察一下迭代布朗运动与布朗运动的关系．我们有

**定理 4.4**(Burdzy(1993))

假设 $t_0=0$，$t_k-t_{k-1}=\frac{1}{n}$，$k\geqslant 1$．令

$$V_n(t_m)=\sum_{k=1}^{m}(X(t_k)-X(t_{k-1}))^2\operatorname{sgn}(X(t_k)-X(t_{k-1})).$$

用线性插值方法定义 $V_n(s)$，$s\in[t_{k-1},\ t_k)$，从而 $V_n(s)$可连续延拓到$[0,\ +\infty)$．那么，所得到的过程$\{V_n(s),\ s\geqslant 0\}$当 $n\to+\infty$时依分布收敛于一个布朗运动$\{B(s),\ s\geqslant 0\}$，其变差为

$$\operatorname{Var}B(s)=3s.$$

上述定理使得我们建立关于迭代布朗运动的随机积分成为可能．实际上，正如上一节所讲，4-阶稳定过程的随机积分理论已经有定义，迭代布朗运动的随机积分只是它的一个变形．迭代布朗运动研究的一些新进展可以从许多概率论核心刊物上找到．

## 参考文献

[1] Burdzy K. Some Path Properties of Iterated Brownian Motion. Seminar on Stochastic Processes，1992(Cinlar E，Chung K L，Sharpe M. eds.,)Birkäuser/Boston，1993：67-87.

[2] Burdzy K. Variation of iterated Brownian motion. Measure-valued Processes，Stochastic Partial Differential Equations and Interacting Systems. CRM Proceedings and Lecture Notes，1994，5：35-53.

[3] Doob J L. Classical Potential Theory and Its Probabilistic Counterpart. Springer Verlag/Berlin，1984.

[4] Funaki T. Probabilistic construction of the solution of some higher order parabolic differential equation. Proc. Japan Acad., 1979, 55A: 176-179.

[5] Khoshnevisan D, Lewis T M. A uniform modulus result for iterated Brownian motion. J. Theor. Probab., 1996, 9(2): 317-333.

[6] Hochberg K J. A signed measure on path space related to Wiener measure. Ann. Probab., 1978, 6(3): 433-458.

[7] Hochberg K J, Orsingher E. The arcsine law and its analogues for processes governed by signed and complex measures. Stoch. Proc. Appl., 1994, 52: 273-292.

[8] Hochberg K J, Orsingher E. Composition of stochastic processes governed by higher-order parabolic and hyperbolic equations. Preprint of Dipartimento di Statistica, Probabilita'e Statistiche Applicate, Universita Degli Studi di Roma "La Sapienza", Serie A-Ricerche No. 24, 1994.

[9] Yu Krylov V. Some properties of the distribution corresponding to the equation $\frac{\partial u}{\partial t}=(-1)^{q+1}\frac{\partial^{2q}u}{\partial x^{2q}}$. Soviet Math. Dokl., 1960, 1: 760-763.

[10] Madrecki A, Rybaczuk M. New Feynman-Kac formula. Reports on Math. Physics, 1993, 32(3): 301-327.

[11] Orsingher E. Random motions governed by third-order equations. Adv. Appl. Probab., 1990, 22(4): 915-928.

[12] Orsingher E, Kolesnik A. The explicit probability

law of a planar random motion governed by a fourth-order hyperbolic equation. Preprint of Dipartimento di Statistica, Probabilita'e Statistiche Applicate, Universita Degli Studi di Roma"La Sapienza", Serie A-Ricerche No. 6, 1994.

[13] 王梓坤. 布朗运动与位势. 北京：科学出版社，1983.

# High Order Partial Differential Equations and Probabilistic Methods

**Abstract** It is well known that the close connection between the second order partial differential equations and diffusion processes. The theory on the second order partial differential equations provides analytic background for the study of diffusion processes, meanwhile by running diffusion processes we can give a simple, intuitive probabilistic representation for solutions to the second order partial differential equations. Many people have been attempting to extend such connection to the case of high order partial differential equations in the recent decades. This article is devoted to introducing some results and the latest progress in this research field. It is easy to find plenty of interesting problems requiring further studying.

**Keywords** high-order PDE; probabilistic approach; signed Wiener measures; telegraph equations; iterated Brownian motions.

应用概率统计，1996，12(3)

# 交互测度值过程[①]

**摘要** 具有交互作用的测度值分支过程是当今测度值马氏过程的研究热点之一．本文系统介绍了这一领域的最新进展．针对一些关键的思想、方法及国内对测度值过程研究的情况做了简单评述，并且列举了若干未解决的问题．

**关键词** 交互测度值分支过程；粒子系统；超过程；鞅问题；绝对连续性；极限定理．

## §1. 简单历史回顾

测度值分支过程的一个简单的直观描述为：设 $E$ 是一个局部紧的距离空间，$M(E)$ 为 $E$ 上的某些测度所组成的空间．考虑 $E$ 上的粒子系统($x_t^i$，$i\in I_t$)：$I_t$ 表示时刻 $t$ 时系统中存活粒子的全体，$x_t^i$ 表示 $i$ 粒子在 $t$ 时刻的位置，$x_t^i\in E$．粒子的初始

---

① 国家自然科学基金和中国博士后科学基金资助课题．
收稿日期：1994-12-20．
本文与赵学雷合作．

分布是由一个强度为 $\mu(\in M(E))$ 的 Poisson 点过程给出，粒子之间的运动是相互独立的，每个粒子在生命时间内的运动服从一个给定的取值于 $E$ 的马氏过程 $(\xi_t, P_x)_{x\in E}$. 粒子的死亡时间及它死亡时产生后代的个数由一个分支机制给出. 我们可以定义一个点测度值过程 $Y_t$：

$$Y_t = \sum_{i\in I_t}\delta_{x_t^i}.$$

换句话说，对于任意的可测集合 $A$，

$$Y_t(A) = \sum_{i\in I_t}1_A(x_t^i),$$

即系统中的粒子在集合 $A$ 中的个数. 若把每个粒子的质量看成 1，则 $Y(A)$ 也可以解释为 $A$ 中粒子的总质量.

设粒子的质量为 $\varepsilon>0$，则可以定义一个测度值过程

$$Y_t^\varepsilon = \varepsilon\sum_{i\in I_t}\delta_{x_t^i}.$$

在上述模型中，若让粒子的质量 $\varepsilon$ 趋于 0，初始粒子的强度趋于无穷(保持初始质量不变)，分支速率加快. 在一定条件下，$Y_t^\varepsilon$ 弱收敛到一个取值于 $M(E)$ 的马氏过程 $(X_t, P^\mu)_{\mu\in M(E)}$，它的 Laplace 泛函为

$$E^\mu\exp\{-\langle X_t, f\rangle\}=\exp\{-\langle\mu, V_tf\rangle\},$$
$$\mu\in M(E),\ f\in C_b^+(E),$$

其中 $V_tf$ 由如下非线性积分方程给出

$$V_tf(x)+P_x\int_0^t\psi(\xi_s, V_{t-s}f(\xi_s))\mathrm{d}s = P_xf(\xi_t).$$

这里 $C_b^+(E)$ 为 $E$ 上所有有界非负连续函数的集合，$\psi$: $E\times R_+\to R_+$ 称为分支特征.

早在 20 世纪五六十年代，人们就开始了测度值分支过程的研究([8][9][10][18]). 之后的十几年中，总的来说进展比较缓慢. 直到 20 世纪 80 年代中后期，这一领域，特别是所谓超

过程的研究有着快速发展．应该说，D．A．Dawson和他的研究集体（cf．I．lscoe，E．Perkins，K．Fleischmann，S．Roelly等）做了许多开创性的工作．他们在超布朗运动方面深入细致的工作（[2][3]），为其他不同类型的测度值过程的研究提供了思路和方法．E．B．Dynkin在总结已有成果的基础上，结合粒子系统的逼近理论，构造出了非常广泛的超过程（[5][7]），在正则性、局部时等方面做了很多重要工作．尤其是，借鉴应用布朗运动、扩散过程解线性偏微分方程的思想，发展了用超扩散过程解非线性方程的新理论（[6]）．他这一研究成果作为他的重要工作的一部分，使他荣获1993年度的Steele终身成就奖．除此之外，很多其他国家的数学家也曾致力于该领域的研究．比如，P．J．Fitzsimmons，N．Konno，T．Shiga，S．Méléard等．

测度值分支过程直到20世纪80年代末才引入我国，这主要溯源于E．B．Dynkin于1989年在南开数学所概率统计学术年中关于超过程的系列演讲．从此以后，这一领域的研究在北京师范大学、南开大学、汕头大学等院校相继展开，在较短的时间内在一些方面（比如，分支特征的确定、局部结构、轨道性质、带迁入的超过程、一般多物种超过程的构造等）取得了较好的成果（如王梓坤[19]、李增沪[13][14]、叶俊[23]、赵学雷[24]～[30]，等）．主要工作简单介绍如下（因篇幅所限，部分参考文献略去）：

- 分支特征的确定：李增沪（1990）给出了一个直接证明．
- 从粒子系统逼近的观点出发，李增沪等研究了一类迁入测度值过程[13]．他和李占柄、王梓坤（1993）给出了一类带迁入的超布朗运动的一个大数定理．最近，李增沪在他的博士论文[14]中，对迁入超过程做了较全面的总结，并在迁入过程的一些问题(Entrance Law 的刻画，迁入扩散过程的若干性质等)上取得了一些进展.

• Gorostiza et al(1990～1992)构造并研究了一类多物种超过程，但条件限制太强. 叶俊(1993)在他的博士论文中，构造了实质上比较广泛的多物种超过程，并在一些方面取得了一定的进展. 总的来说，多物种超过程仍有很多基本问题有待解决.

• 在过程深入研究上，一般是针对一些特殊的底过程和特殊的分支特征进行的. 比如，超布朗运动，超稳定过程；分支特征为 $\psi(x, z)=c(x)z^{1+\alpha}$，$c(\cdot)$是常数. 对于 $c(\cdot)$为非常数的情形，在很多问题的研究上有本质的困难(比如，没有空间齐次性)，结果也有本质的不同(表现在局部结构、灭绝性质及渐近行为等，参见 Zhao([25][29][30])，王国胜、赵学雷[21]等). 我们的研究侧重于底过程、分支特征对相应超过程的性质(比如，局部结构、灭绝性质、渐近性质)的联合影响.

• 在超过程的位势理论方面，吴荣、杨春鹏(1994)在超过程的调和函数方面做出了一些重要工作. 赵学雷[26]建立了超过程的过分函数与底过程的过分函数的一个对应关系.

• 另外，张新生在超过程的鞅刻画(1992)、比较定理(1994)等方面取得了比较深刻的结果，王永进在超扩散及其占位时过程(1992)上也做了一些工作. 区景祺很早就利用超过程讨论过一类非线性方程的解法，并得到一些好结果.

• 除了上面的(DW-)超过程外，还有两类测度值过程也一直受到重视. 它们就是所谓的 FV-(超)过程和 OU-超过程. 赵学雷[28]讨论了 FV-过程占位时的渐近行为和绝对连续性，欧庆龄在 OU-超过程方面取得了一系列的新结果.

当然，国内还有很多同行在超过程或其他测度值过程方面也有很多成果. 比如，南开大学的杨春鹏、李存行、郭军义等，北京邮电大学的鲍玉芳，北京师范大学的唐加山等. 因篇幅及所知有限，难免挂一漏万，一定还会有很多好结果、新结果不能够在此一一介绍.

到目前为止，应该说(古典)超过程的理论已经比较完整(参见 Dawson [2]，其后附有非常完整的参考文献)，尽管仍有许多问题未能解决. 随着超过程研究的不断深入以及实际情况的需要，又有许多新问题出现. 例如，在具有交互作用的模型中，已有的理论就不能够描述和刻画粒子系统中粒子及其极限过程的运动规律. 根据达尔文(Darwin)的人口进化理论，物种之间的交互作用是普遍的，所以研究交互粒子系统及其相关过程更具有实际意义，这也许正是越来越多的人对此感兴趣的主要原因. 本文也是基于同样的原因，介绍一下交互测度值过程的最新理论及其一些新进展.

## §2. 记号与假设

$(E, \mathcal{E})$——局部紧的完备可分的距离空间.

$M_F(E)$——$E$上的所有有限测度的全体，并赋以弱收敛拓扑.

$\langle \mu, f\rangle$——$f$对测度$\mu$的积分，即$\int_E f\,\mathrm{d}\mu$.

$C_b(E)$——$E$上有界连续函数的全体，并具有上确界范数$\|\cdot\|_{+\infty}$.

考虑粒子系统$(x_t^i, i\in I_t)$. 它按如下机制运动：在初始状态下它的分布由有限测度$\mu_0$所表示，每个粒子的运动服从一个非齐次的Feller过程，它的生成元为$A(\mu_t)$，即粒子在时刻$t$以后的运动可能依赖$t$时的整个系统的状态$\mu_t=\sum\limits_{i\in I_t}\delta_{x_t^i}$. 在经过一段时间(生命时)之后，它在位置$x$的死亡率为$\lambda(x, \mu_t)$，同时(随机)生成若干个后代，其再生率$p$也可能依赖系统的状态$\mu_t$和位置$x$. 这时我们假设：

$\lambda$：$E\times M_F(E)\to R_+$，$(x, \mu)\to\lambda(x, \mu)$是可测函数，表示当系统状态为$\mu$时，粒子在位置$x$时的死亡率.

再生率$p$：$N\times E\times M_F(E)\to R_+$是可测函数. 当系统状态为$\mu$，粒子在位置$x$死亡时产生$k$个后代的概率为$p_k(x, \mu)$. 若记

$$m(x,\mu)=\sum_{k\in N}kp_k(x,\mu),\quad v^2(x,\mu)=\sum_{k\in N}(k-1)^2p_k(x,\mu),$$

则

$$\sup_{x\in E,\mu\in M_F(E)}m(x, \mu)<+\infty;\qquad \sup_{x\in E,\mu\in M_F(E)}v^2(x, \mu)<+\infty.$$

下面以$\lambda(\mu)$，$m(\mu)$和$v^2(\mu)$分别表示映射$x\to\lambda(x, \mu)$，$x\to$

$m(x, \mu)$和$x \to v^2(x, \mu)$.

$C_b(E)$上的Feller半群的生成元簇记为$A(\mu)_{\mu \in M_F(E)}$. 假设每个算子的定义域均包含一个与$\mu$无关的在$C_b(E)$中稠的向量空间$\mathcal{D}$，并且包含常值函数，即$A(\mu)1=0$. 进一步假设$A(\mu)$满足：

(i) $\forall f \in \mathcal{D}$，$\exists K>0$，$\forall \mu \in M_F(E)$，

$$\| A(\mu) f \|_{+\infty} \leqslant K \langle \mu, 1 \rangle.$$

(ii) $\forall f \in \mathcal{D}$，函数$\mu \to \langle \mu, A(\mu) f \rangle$是连续的. 特别，当$E=\mathbf{R}^d$时，下面的二阶椭圆算子满足上述假设.

$$A(\mu) = \frac{1}{2} \sum_{i,j} [a_{ij}, \mu] \frac{\partial^2}{\partial x_i \partial x_j} + \sum_i [b_i, \mu] \frac{\partial}{\partial x_i}, (\mathcal{D} = C_b^2(\mathbf{R}^d)),$$

其中$[a, \mu](x) = \int_{\mathbf{R}^d} a(x, y) \mu(\mathrm{d}y)$；$a(x, y)$及$b(x, y)$在$\mathbf{R}^{2d}$上连续一致有界.

对于上面所描述的粒子系统，可以把$\mu_t$看成由下面算子$L$生成的点测度值过程.

对于$F \in C_b^2(R)$，$f \in \mathcal{D}$，$\mu \in M_F(E)$，柱集函数

$$F_f(\mu) = F(\langle f, \mu \rangle),$$

$$LF_f(\mu) = L_d F_f(\mu) + L_b F_f(\mu),$$

其中

$$L_d F(\mu) = F'(\langle \mu, f \rangle) \langle \mu, A(\mu) f \rangle + \frac{1}{2} F''(\langle \mu, f \rangle) \langle \mu, A(\mu) f^2 - 2 f A(\mu) f \rangle,$$

$$L_b F(\langle \mu, f \rangle) = \sum_{k \geqslant 0} \langle \mu(\cdot), \lambda(\cdot, \mu) p_k(\cdot, \mu) [F_f(\mu + (k-1)\delta) - F_f(\mu)] \rangle.$$

这里，$L_d$描述的是过程的扩散机制(即连续部分)，而$L_b$则描述的是过程的分支机制(即跳部分).

在Skorokhod空间$D([0, +\infty), M_F(E))$上，可以构造

一个概率测度 $P$，使得

$$\forall F \in C_b^2, \forall f \in \mathcal{D},$$

$$F_f(X_t) - F_f(X_0) - \int_0^t (L_d + L_b) F_f(X_s) \mathrm{d}s$$

是一个 $P$-局部鞅. 特别地,

$$\langle X_t, f\rangle - \langle X_0, f\rangle - \int_0^t \langle X_s, A(X_s)f + \lambda(X_s)(m(X_s) - 1)f\rangle \mathrm{d}s$$

是一个 $P$-局部鞅，其变差过程为

$$\int_0^t \langle X_s, A(S_s)f^2 - 2fA(X_s)f + \lambda(X_s)v^2(X_s)f^2\rangle \mathrm{d}s.$$

这时称满足上面条件的($X_t$, $P$)为具有参数($A$, $\lambda$, $m$, $v^2$)的(交互)分支马氏过程. 值得一提的是这里所谓的"交互作用"强调的是粒子的运动、粒子的分支与空间整体状态之间的关系，而不是通常理解的粒子之间的相互作用. 这不仅仅是技术上的需要，而且有很强的实际背景.

## §3. 交互测度值过程

与古典的DW-超过程类似，交互(DW-)测度值过程也可以由交互粒子系统的(标准化的)高密度极限来得到. 为详细地说明这一问题，我们考虑一列(交互)分支马氏过程 $X^n$，它们的分支率 $\lambda_n \to +\infty$，粒子的质量 $\varepsilon_n \to 0$. 再生率 $p^{(n)}$ 可以依赖于 $n$ 但具有有限变差.

这时过程 $X_t = \varepsilon_n \sum_{i \in I_t^n} \delta_{x_t^{i,n}}$ 的概率律 $P_n$ 所满足的鞅问题为

$\forall F \in C_b^2(\mathbf{R})$，$\forall f \in \mathcal{D}$，

$$F_f(X_t) - F_f(X_0) - \int_0^t L_n F_f(X_s) \mathrm{d}s \tag{3.1}$$

是一个 $P_n$-局部鞅，其中

$$L_n F(\mu) = F'(\langle \mu, f \rangle) \langle \mu, A(\mu) f \rangle + \frac{\varepsilon_n}{2} F''(\langle \mu, f \rangle \langle \mu, A(\mu) f^2 - 2 f A(\mu) f \rangle + \sum_{k \geqslant 0} \langle \mu(\cdot), \frac{1}{\varepsilon_n} \lambda_n(\cdot, \mu) p_k^{(n)}(\cdot, \mu) [F_f(\mu + \varepsilon_n (k-1)\delta) - F_f(\mu)] \rangle.$$

在如下假设下：

(i) $\inf_{\mu \in M_f(E)} \lambda_n(\mu) \to +\infty$.

(ii) $\lambda_n(\mu)(m_n(\mu) - 1)$ 关于 $\mu \in M_F(E)$ 一致地收敛到 $b(\mu) \in C_b(E)$.

(iii) $\varepsilon_n \to 0$.

(iv) $\varepsilon_n \lambda_n(\mu) v_n^2(\mu)$ 关于 $\mu \in M_F(E)$ 一致地收敛到 $c(\mu) \in C_b^+(E)$，而且

$$\sup_{\mu \in M_F(E)} \| c(\mu) \|_{+\infty} < +\infty.$$

那么，$P_n$ 弱收敛到一个概率测度 $P$，使得 $\forall F\in C_b^2$，$\forall f\in\mathcal{D}$，

$$F_f(X_t)-F_f(X_0)-\int_0^t[\langle X_s,(A(X_s)+b(X_s))f\rangle F'(\langle X_s,f\rangle)+\langle X_s,\frac{c(X_s)}{2}f^2\rangle F''(\langle X_s,f\rangle)]\mathrm{d}s \qquad (3.2)$$

是一个 $P$—局部鞅. 特别地，由上式若取 $F_f(\mu)=\langle\mu,\ f\rangle$，则有

$$\langle X_t,f\rangle-\langle X_0,f\rangle-\int_0^t\langle X_s,(A(X_s)+b(X_s))f\rangle\mathrm{d}s$$

是一个连续的平方可积鞅，而且其变差过程为

$$\int_0^t\langle X_s,c(X_s)f^2\rangle\mathrm{d}s.$$

上述过程的构造可参见 Méléard 和 Roelly([15]，1992). 在过程的轨道连续性的证明中，应用了非常巧妙的 Bakry-Emery 引理([1])而不是通常的 Kolmogorov 引理. 这里的粒子逼近的方法给我们提供一个对于交互测度值过程的直观理解. 但作为鞅问题，一般来说，其唯一性仍悬而未决. 利用历史布朗运动(Historical Brownian motion)的新理论，对于 $A(\cdot)\equiv\Delta$ 以及具有 Lipschitz 性的交互作用率 $b$ 和分支率 $c$，Perkins([16]，1992)得到了交互超布朗运动的存在唯一性. Dawson(1993)在算子 $A$ 与测度无关，分支率 $c$ 为常数的(不妨设 $c=1$)情况下，而把交互作用强度 $b$ 放宽到有界可测，由古典的 DW-超过程和 Girsanov 变换的方法，证明鞅问题(3.2)的唯一存在性(参见 Dawson([2]，1993)第十章). 实际上，这时若记古典 DW-超过程的概率律 $P_0$，即它满足

$$\forall f\in\mathcal{D},\quad \langle M_t,f\rangle:=\langle X_t,f\rangle-\langle X_0,f\rangle-\int_0^t\langle X_s,Af\rangle\mathrm{d}s \qquad (3.3)$$

是一个 $P_0$-局部鞅，其变差过程为 $\int_0^t \langle X_s, f^2\rangle \mathrm{d}s$. 令

$Z(t):=$

$$\exp\left\{\int_0^t\int_E b(X_s,x)M(\mathrm{d}s,\mathrm{d}x)-\frac{1}{2}\int_0^t\int_E[b(X_s,x)]^2X_s(\mathrm{d}x)\mathrm{d}s\right\}$$

这里 $M(\mathrm{d}s, \mathrm{d}x)$是由(3.3)中的鞅测度 $M_t$ 生成. 则我们有 $P\ll P_0$，而且$\frac{\mathrm{d}P}{\mathrm{d}P_0}=Z(t)$.

# §4. 矩不等式

我们知道，对于古典的 DW-超过程，它可以由 Laplace 泛函决定. 这种性质(即所谓的 log-Laplace 性)给我们计算超过程的矩(cf. Dawson[2], Dynkin[4], 王梓坤[19])提供了方便，更重要的是它使我们能够应用许多现成的分析知识. 然而对于交互测度值过程，上述性质不复存在，这就给研究这类测度值过程造成很多困难，已有的方法很多不再有效，从而迫使我们寻找新的方法和工具.

一般情况下，矩的计算是一个很大的问题. Zhao([31], 1994)针对底过程是布朗运动的情况下(即 $A\equiv\Delta$，拉普拉斯算子)，给出了满足(3.1)的鞅问题的各阶矩估计. 实际上，证明了如下结果，

**定理 4.1** 如果 $b<K$，$c\leqslant C<+\infty$，那么对于 $f_i\in B_+(E)$，$i=1$，2，…，$n$ 和 $t\geqslant 0$，

$$P^\mu\prod_{i=1}^n\langle X_t,f_i\rangle\leqslant \mathrm{e}^{Knt}\prod_{i=1}^n\langle\mu,P_tf_i\rangle+$$
$$C\sum_{i=1}^n\sum_{j=1,j\neq i}^n\int_0^t \mathrm{e}^{Kn(t-s)}P^\mu\langle X_s,P_{t-s}f_iP_{t-s}f_i\rangle\prod_{k\neq i,j}\langle X_s,P_{t-s}f_k\rangle\mathrm{d}s. \tag{4.1}$$

其中 $P_t$ 是 $\mathbf{R}^d$ 中布朗运动的转移半群.

然而对于一般的情况，引入记号 $M_n(t,\mu;\mathrm{d}x_1,\mathrm{d}x_2,\cdots,\mathrm{d}x_n)$，表示 $X_t$ 的初始值为 $\mu$ 在时刻 $t$ 的 $n$-阶矩测度，即

$$P^\mu\langle X_t,f_1\rangle\langle X_2,f_2\rangle\cdots\langle X_n,f\rangle$$
$$=\underbrace{\int_E\cdots\int_E}_{n}f_1(x_1)f_2(x_2)\cdots f_n(x_n)M_n(t,\mu;\mathrm{d}x_1,\mathrm{d}x_2,\cdots,\mathrm{d}x_n).$$

应用鞅性质，我们得到如下的(测度)偏微分不等式：

$$\frac{\partial}{\partial t}M_n(t,\mu,\mathrm{d}x_1,\mathrm{d}x_2,\cdots,\mathrm{d}x_n)$$

$$\leqslant \sum_{i=1}^{n}[(A+\tilde{b})_i^* M_n(t,\mu,\mathrm{d}x_1,\mathrm{d}x_2,\cdots,\mathrm{d}x_n)+$$

$$\sum_{j\neq i}^{n}\tilde{c}(x_i)M_{n-1}(s,\mu,\mathrm{d}x_1,\mathrm{d}x_2,\cdots,\mathrm{d}x_{j-1},\mathrm{d}x_{j+1},\cdots,\mathrm{d}x_n)\delta_{x_i-x_j}], \tag{4.2}$$

其初始条件为 $M_n(0, \mu, \mathrm{d}x_1, \mathrm{d}x_2, \cdots, \mathrm{d}x_n)=\prod_{i=1}^{n}\mu(\mathrm{d}x_i)$，这里 $\tilde{b}(x)=\sup_{\mu\in M_F(E)} b(\mu, x)$，$\tilde{c}(x)=\sup_{\mu\in M_F(E)} c(\mu, x)$. $(A+\tilde{b})_i^* M_n(t, \mu, \mathrm{d}x_1, \mathrm{d}x_2, \cdots, \mathrm{d}x_n)$意指 $E^n$ 上的测度使得对于任意的 $f_i\in B(E)$，$i=1, 2, \cdots, n$，

$$\int_{E^n}\prod_{i=1}^{n}f_i(x_i)(A+\tilde{b})_i^* M_n(t,\mu,\mathrm{d}x_1,\mathrm{d}x_2,\cdots,\mathrm{d}x_n)$$

$$=\int_{E^n}(A+\tilde{b}(x_i))f(x_i)\prod_{j=1,j\neq i}^{n}f_j(x_j)M_n(t,\mu,\mathrm{d}x_1,\mathrm{d}x_2,\cdots,\mathrm{d}x_n)$$

不幸的是，要解不等式(4.2)，我们没有发现现成的理论．而其本身也正是现代数学研究的热点之一．因此，面临的困难是显而易见的．但如果对它施加某些限制，也可以得到一些初步结果．

**假设 4.2** 对于 $E$ 上的 Feller 过程 $\xi$，若存在一个 $E$ 上的$\sigma$-有限测度$\mathcal{L}$使得

(i) 过程 $\xi$ 相对于$\mathcal{L}$转移密度 $p_t(x, y)$存在．

(ii) 转移密度 $p_t(x, y)$为 $A$-对称的，i. e.

$$Ap_t(\cdot, y)|_x=Ap_t(x, \cdot)|_y.$$

(iii) 算子 $A$ 的比较定理成立，即对于任意固定的 $f$：$\mathbf{R}_+\times E\times\mathbf{R}_+\to\mathbf{R}_+$，如果 $\bar{u}(t, x)$及$\underline{u}(t, x)\in\mathcal{D}(A)$满足

$$\bar{u}(t,\ x)-A\bar{u}(t,\ x)+f(t,\ x,\ \bar{u})\geqslant 0;$$

$$\underline{u}(t,\ x)-A\underline{u}(t,\ x)+f(t,\ x,\ \underline{u})\leqslant 0;$$

$$\sup_{t\leqslant s, x\in E}|\bar{u}(t,\ x)|+|\underline{u}(t,\ x)|<+\infty \quad \forall s<T;$$

$$\bar{u}(0,\ x)\geqslant\underline{u}(0,\ x), \quad x\in E,$$

那么在$(0,\ T)\times E$上有$\bar{u}(t,\ x)\geqslant\underline{u}(t,\ x)$.

在上述假设下，类似于 Zhao(1994)我们可以得到不等式(4.1)，不过这时需要把$P_t$换成$\xi_t$的转移半群.

更进一步的问题是基于如下的观察. 记具有位势$b$的 Schrödinger 半群$P_t^b$，i. e.

$$u(t,x):=P_t^bf(x)=P_x\mathrm{e}^{\int_0^t b(\xi_s)\mathrm{d}s}f(\xi_t)$$

是如下 Schrödinger 方程的唯一解：

$$\begin{cases}\dfrac{\partial}{\partial t}u(t,\ x)=Au(t,\ x)+b(x)u(t,\ x),\\ u(0,\ x)=f.\end{cases}$$

在一定条件下，更精细的结论应该是

$$P^\mu\prod_{i=1}^n\langle X_t,f_i\rangle\leqslant$$

$$\prod_{i=1}^n\langle\mu,P_t^{\bar{b}}f_i\rangle+\sum_{i=1}^n\sum_{j=1,j\neq i}^n P^\mu\int_0^t\langle X_s,\tilde{c}P_{t-s}^{\bar{b}}f_iP_{t-s}^{\bar{b}}f_j\rangle\prod_{k\neq i,j}\langle X_s,P_{t-s}^{\bar{b}}f_k\rangle\mathrm{d}s. \tag{4.3}$$

对于一般情况，我们还不能证明上式，但当$b$和$c$均独立于$\mu$时，(4.3)是成立的. 事实上，这时有关的测度值过程由下面的 Laplace 泛函决定[12]：

$$P^\mu\mathrm{e}^{-\langle X_t,f\rangle}=\mathrm{e}^{-\langle V_tf,\mu\rangle}, \tag{4.4}$$

其中$V_tf$满足

$$V_tf+\int_0^t P_s^bc(V_{t-s}f)^2\mathrm{d}s=P_t^bf. \tag{4.5}$$

由此及 Taylor 级数展开，即可得到(4.3).

# §5. 交互测度值分支布朗运动的绝对连续性

作为随机测度的一个典型问题，绝对连续性一直备受关注. 而研究这一问题的前提是要知道它的二阶矩估计. 由于对于交互测度值过程，精确的矩估计是一个难点，所以在这方面很长时间没有太大的进展，Méléard-Roelly[15]把它列为一个开问题. 对于布朗运动、或对称的扩散过程，我们解决了这个问题(见上节). 事实上，我们有(Zhao [31]).

**定理 5.1** 设 $X_t$ 为具有有限交互作用(即 $b$，$c$ 是有界函数)的测度值分支布朗运动，则对于任意的 $t>0$，$X_t$ 相对于 Lebesgue 测度几乎处处绝对连续.

上面的结果可以推广到更一般的情况. 首先，我们必须得到一般情况的矩估计. 注意到上节的讨论，在假设 4.2 下，如果再设：存在 $0<\beta<1$ 使得

$$\forall T>0, \quad \sup_{0\leqslant t\leqslant T, x, y\in E} p_t(x, y)t^{\beta}<+\infty,$$

我们可以同样证明，

**定理 5.2** 由鞅问题(3.2)给出的交互测度值过程 $X_t$ 在正的时刻($t>0$)是相对于参考测度$\mathcal{L}$几乎处处绝对连续的.

显然，定理 5.1 是定理 5.2 的一个特例.

在绝对连续性成立的条件下，我们可以把它的密度看做一个随机场 $X(t, x)$，$t\geqslant 0$，$x\in E$. 更进一步的问题是随机场 $X(t, x)$是否关于 $t$，$x$ 有连续修正. 由通常的方法知道，这就需要给出比较精确的高阶矩估计. 但是做到这一点似是困难的.

# §6. 一个极限定理

大家熟知，古典的DW-超过程和古典的FV-超过程有着密切的联系. 这个结果首先由 Konno 和 Shiga(1988)发现，Etheridge 和 March(1991)给出了严格的证明，再由 Perkins([17], 1992)推广到更一般的形式. 从粒子系统的观点来看，这种联系有着很强的直观性，然而严格去证明它并非易事.

对于交互作用的测度值过程，类似的问题值得讨论，对于一般情形尚没有找到合适的方法. 但是对于下面一类具有交互作用的测度值过程，我们得到了类似的结果. 具体来说，考虑由如下鞅问题决定的测度值过程 $X_t$：

$$\forall F\in C_b^2(\mathbf{R}),\ \forall f\in \mathcal{D}(A),\ F_f(\nu):=F(\langle \nu,\ f\rangle),$$

$$F_f(X_t)-F_f(X_0)-\int_0^t[\langle X_s, A+b(X_s)f\rangle F'(\langle X_s,f\rangle)+\langle X_s,\frac{1}{2}f^2\rangle F''(\langle X_s,f\rangle)]\mathrm{d}s \tag{6.1}$$

是一个 $P$-局部鞅，其中 $b$ 为仅仅依赖整体质量的有界连续函数，即 $b(X_s)=b(X_s(1))$. 按照粒子系统来解释，这就意味着粒子的交互作用只与系统的整体质量有关而与粒子所在的位置无关. 取

$$P^{\mu,T,\varepsilon}(\cdot)=P^{\mu}(\cdot\ \|\ X_t(E)-1\ |<\varepsilon_1\leqslant t\leqslant T.)$$

我们有(Zhao-Yang [22], 1994),

**定理 6.1** 对于固定的 $T>0$，如果 $\varepsilon_n\to 0_+$，$T_n\uparrow T<+\infty$ 以及 $\mu_n$ 弱收敛到概率测度 $\mu$，那么条件概率律 $P^{\mu_n,\varepsilon_n,T_n}$ 弱收敛到 Fleming-Viot 测度值过程的概率律 $Q^{\mu}$，即 $Q^{\mu}$ 是下面鞅问题的唯一解：

(i) $Q^{\mu}(X_0=\mu)=1$, (6.2)

(ii) $\forall f \in \mathcal{D}(A)$,

$$M_t(f) = \langle X_t, f\rangle - \langle X_0, f\rangle - \int_0^t \langle X_s, Af\rangle \mathrm{d}s, \tag{6.3}$$

是一个平方可积 $Q^{\mu}$-鞅，其变差过程为

$$\frac{1}{2}\int_0^t [X_s(f^2)-(X_s(f))^2]\mathrm{d}s.$$

显然这里对 $b$ 施加的条件很强，更一般的问题是交互 DW-超过程和具有选择的 FV-测度值过程之间是否也有这种联系？从粒子系统的观点来看，这种联系也是应该存在的(参见赵学雷、王梓坤[20]，1993)．具体来讲，引入记号

$$Q(\mu;\ \mathrm{d}x,\ \mathrm{d}y)=\gamma(x)\delta_x(\mathrm{d}y)\mu(\mathrm{d}x), \tag{6.4}$$

$$R(\mu,\mathrm{d}x) = \int_E\left[\int_E \sigma(y,z)\mu(\mathrm{d}z)\right]Q(\mu;\mathrm{d}x,\mathrm{d}y), \tag{6.5}$$

取 $b(x,\ \mu)=\int_E \sigma(x,\ y)\mu(\mathrm{d}y)$，我们可以把对应的交互测度值过程的鞅问题重写为

$$\forall F\in C_b^2(\mathbf{R}),\ \forall F\in \mathcal{D}(A),\ F_f(\mu)=F(\langle\mu,\ f\rangle),$$

$$F_f(X_t) - F_f(X_0) - \int_0^t [\langle X_s, Af\rangle F'(\langle X_s, f\rangle) + R(f)F'(\langle X_s, f\rangle) + \frac{1}{2}Q(X_s; f, f)F''(\langle X_s, f\rangle)]\mathrm{d}s \tag{6.6}$$

是一个 $P$-局部鞅，这里

$$R(f)= \int_{E^2}\left[\int_E \sigma(y,z)\mu(\mathrm{d}z)\right] f(x)Q(\mu;\ \mathrm{d}x,\ \mathrm{d}y),$$

$\sigma$：$E\times E\rightarrow R$ 称之为交互作用率.

较一般的取值于概率测度空间 $M_1(E)$，具有选择的 FV-测度值过程是如下问题的鞅解：

$$\forall F\in C_b^2(\mathbf{R}),\ \forall f\in \mathcal{D}(A),\ F_f(\mu)=F(\langle\mu,\ f\rangle),$$

$$F_f(X_t)-F_f(X_0)-\int_0^t[\langle X_s,Af\rangle F'(\langle X_s,f\rangle)+$$

$$R(f)F'(\langle X_s,f\rangle)+\frac{1}{2}Q(\mu;f,f)F''(\langle X_s,f\rangle)]\mathrm{d}s \quad (6.7)$$

是一个 $P^{\mu}$-局部鞅，其中

$$Q(\mu;\ \mathrm{d}x,\ \mathrm{d}y)=\gamma(x)[\delta_x(\mathrm{d}y)\mu(\mathrm{d}x)-\mu(\mathrm{d}x)\mu(\mathrm{d}y)] \quad (6.8)$$

$$R(\mu,\mathrm{d}x)=\int_E\left[\int_E\sigma(y,z)\mu(\mathrm{d}z)\right]Q(\mu;\mathrm{d}x,\mathrm{d}y), \quad (6.9)$$

这里 $R(f)$ 可同上定义，$\sigma\in B(E^2)$ 称为选择率(c. f. Dawson (1993)，§10.1.1).

形式上，上述两类过程看起来很相似. 唯一的不同之处是它们的波动泛函 $Q(\mu;\ \mathrm{d}x,\ \mathrm{d}y)$. 从已有的结果及定理 6.1 来看，我们有理由相信这两类测度值过程之间的联系是普遍的. 但给出一个肯定的回答和严格的证明仍是一个开问题.

## 参考文献

[1] Bakry D, Emery M. Diffusions Hypercontractives. Sém. Prob. 19, LN in Math. 1123, Springer-Verlag, 1985: 177-206.

[2] Dawson D A. Measure-valued Markov processes. LN in Math. 1541, Springer-Verlag, 1993.

[3] Dawson D A., Iscoe I, Perkins E A. Super-Brownian motion: path properties and hitting probabilities. Prob. Th. Rel. Fields, 1989, 83: 135-206.

[4] Dynkin E B. Superprocesses and their linear additive functionals. Trans. Amer. Math. Soc. 1989, 314: 255-282.

[5] Dynkin E B. Branching particles systems and super-

processes. Ann. Probab., 1991, 19: 1 157-1 194.

[6] Dynkin E B. Superprocesses and partial differential equations. Ann. Probab., 1993, 2: 1 185-1 262.

[7] Dynkin E B, Kuznetsov S E, Skorokhod A V. Branching measure-valued processes. Probab. Th. Red. Fields, 1994, 99: 55-96.

[8] Ikeda N, Nagasawa M, Watanabe S. Branching Markov processes. J. Math. Kyoto Univ., 1968, 8(1): 233-278; 8(2): 365-410; 1969, 9(3): 95-160.

[9] Jiřina M. Continuous branching processes with continuous state space. Czesh. J. Math., 1958, 8: 292-313.

[10] Jiřina M. Branching processes with measure-valued states. 3rd Prague Conference, 1964: 333-357.

[11] Konno N, Shiga T. Stochastic partial differential equations for some measure-valued diffusions. Probab. Th. Rel. Fields, 1988, 79: 201-225.

[12] El Karoni N, Roelly S. Propriétés de martingales, explosion et représentation de Lévy-Khintchune d'une classe de processus de branchement à valeurs mesures. Stoch. Proc. Appl., 1991, 38: 239-266.

[13] Li Zeng-Hu. Measure-valued branching processes with immigrations. Stoch. Proc. Appl., 1992, 43: 249-264.

[14] Li Zeng-Hu. Measure-valued branching processes, convolution semigroups, and immigration processes. Ph. D Dissertation, Beijing Normal University, 1994.

[15] Méléard M, Roelly S. Interacting branching measure

processes. in G. Da Prato, L. Tubaro, ed., Stochastic Partial Differential Equations and Applications, PRNM 268, Longman Scientific and Technical, Harlow, 1992.

[16] Perkins E. Measure-valued branching diffusions with spatial interactions. Probab. Th. Rel. Fields, 1992, 94: 189-245.

[17] Perkins E. Conditional Dawson-Watanabe processes and Fleming-Viot processes. Seminar on Stoch. Proc., Birkhauser, 1993.

[18] Watanabe S. A limit theorem of branching processes and continuous state branching processes. J. Math. Kyoto Univ., 1968, 8: 141-167.

[19] 王梓坤. 超过程的幂级数展开. 数学物理学报, 1990, 10: 361-364.

[20] 王梓坤, 赵学雷. Fleming-Viot 测度值过程. 数学进展, 1995, 24: 299-308.

[21] 王国胜, 赵学雷. 一类广泛超稳定过程占位时的渐近行为. 应用数学学报, 1996, 19(4): 559-565.

[22] Zhao X L, Yang M. A limit theorem for interacting measure-valued branching processes. Acta Math. Scientia, 1997, 17(3): 241-249.

[23] 叶俊. 带迁入超过程的极限性质. 科学通报, 1993, 38: 405-408.

[24] 赵学雷. 超布朗运动的首中概率. 数学年刊, 1992, 19A: 519-526.

[25] Zhao X L. Some absolute continuity of superdiffu-

sions and super-stable processes. Stoch. Proc. Appl., 1994, 50: 21-36.

[26] Zhao X L. Excessive functions of a class of superprocesses. Acta Mathematica Scientia, 1994, 14(4): 393-399.

[27] Zhao X L. Functional and path continuity of a class of superprocesses. 应用概率统计, 1994, 10: 529-537.

[28] Zhao X L. Occupation time processes of Fleming-Viot processes. Chin. Ann. of Math., 1995, 16B: 51-62.

[29] Zhao X L. On extinction of a class of superprocesses. Chin. Ann. of Math., 1996, 17B: 115-120.

[30] Zhao X L. On a class of measure-valued processes with non-constant branching rates. Z. M. Ma, M. Röckner, J. A. Yan, in eds., Proceedings of International Conference on Dirichlet Forms and Stochastic Processes, Walter de Gruyter Publishers, 1995: 425-433.

[31] Zhao X L. The absolute continuity for interacting measure-valued branching Brownian motion. Chin. Ann. Math., 1997, 18B(1): 35-46.

# Measure-Valued Branching Processes with Interactions

**Abstract** The measure-valued branching process with interaction is an appealing topic in the study of measure-valued Markov processes. In this paper, the latest development in this field is introduced. Some comments on ideas, methods and history, as well as several open problems, are also presented.

Chinese Science Bulletin, 1996, 41(16)

# Some Joint Distributions for Markov Process*

**Keywords** co-optional; shift operator; Gegenbaur polynomial.

We study the joint distributions of four random variables $h(\omega)$ (stopping time or optional time), location $x(h)$, $l(\omega)$ (co-optional time) and location $x(l)$ for Markov processes. Some distributions for $d(\geqslant 3)$-dimensional Brownian motion and the joint distribution of first exit and last exit locations for symmetric stable process are found.

We consider a time-homogeneous strong Markov process $X \triangleq \{x(t, \omega), t \geqslant 0\}$, defined on probability space $(\Omega, \mathscr{F}, \mathscr{F}_t, P)$, taking values in measurable Polish space $(E, \mathscr{B})$. We assume that $\{\mathscr{F}_t\}$ satisfies the usual conditions and $X$ is right continuous with left limits. Denote $x(t, \omega)$ by $x(t)$ or $x_t$, the

* Project supported by the Chinese National Tian Yuan Science Foundation.
Received: 1995-12-07.

shift operators by $\Theta_t$. We say that $h(\omega)\in[0, +\infty)$ is optional time if $\forall t\geqslant 0$, $(h(\omega)\leqslant t)\in\mathscr{F}_t$; $l(\omega)$ is co-optional time if it is $\mathscr{F}$-measurable, nonnegative and $\forall t\geqslant 0$,

$$\Theta_t l(\omega)=\begin{cases} l(\omega)-t, & \text{if } l(\omega)\geqslant t, \\ 0, & \text{if } l(\omega)<t. \end{cases}$$

We assume that

(i) $\forall t\geqslant 0$, $\Theta_t x(h(\omega))=x(h(\omega))$, on $t<h(\omega)<+\infty$;

(ii) $h(\omega)\leqslant l(\omega)$, on $h(\omega)<+\infty$.

By P139 of ref. [1] we get

$$\Theta_h l(\omega)=l(\omega)-h(\omega), \text{ on } (h(\omega)<+\infty). \tag{1}$$

For the precise definition and properties of $\Theta_t$ and $\Theta_h$, please refer to chapter 3 of ref. [2]. We shall prove some new properties which may be interesting. The completion of $\sigma$-algebra $\mathscr{A}$ by all measures $P_x(x\in E)$ is denoted by $\mathscr{A}'$.

**Lemma 1** Suppose that $\xi(\omega)$, $\zeta(\omega)$ are finite, nonnegative and $\sigma'\{x_t, t\geqslant 0\}$ measurable. Then

(i) $\forall A\in\mathscr{B}$, $\Theta_\xi(x(\zeta)\in A)=(x(\xi+\Theta_\xi\zeta)\in A)$;

(ii) $\Theta_\xi x(\zeta)=x(\xi+\Theta_\xi\zeta)$;

(iii) if $\Theta_\xi\zeta=\zeta-\xi$ on $(\zeta>\xi)$, then $\forall s\geqslant 0$, $C\in\mathscr{B}$, on $(\zeta>\xi)$ we have

$$\Theta_\xi(\zeta>s, x(\zeta)\in C)=(\Theta_\xi\zeta>s, x(\zeta)\in C), \tag{2}$$

$$\Theta_\xi x(\zeta)=x(\zeta); \tag{3}$$

(iv) if $\Theta_t\zeta=\zeta-t$, on $(\zeta>t)$, we have

$$\Theta_t(\zeta>0, x(\zeta)\in C)=(\zeta>t, x(\zeta)\in C), \text{ on } (\zeta>t). \tag{4}$$

**Proof**

$$\begin{aligned}\Theta_\xi(x(\zeta)\in A)&=\Theta_\xi\bigcup_t(x(\zeta)\in A, \zeta=t)\\&=\bigcup_t\Theta_\xi(x(t)\in A, \zeta=t)\end{aligned}$$

$$=\bigcup_{t}(x(\xi+t)\in A,\ \Theta_{\xi}\zeta=t)$$
$$=\bigcup_{t}(x(\xi+\Theta_{\xi}\zeta)\in A,\ \Theta_{\xi}\zeta=t)$$
$$=(x(\xi+\Theta_{\xi}\zeta)\in A),$$

so (i) is proved. From (i) we get (ii). By (i) and the hypothesis we have

$$\Theta_{\xi}(\zeta>s,\ x(\zeta)\in C)=(\Theta_{\xi}\zeta>s,\ x(\xi+\Theta_{\xi}\zeta)\in C)$$
$$=(\Theta_{\xi}\zeta>s,\ x(\xi+\zeta-\xi)\in C)=(\Theta_{\xi}\zeta>s,\ x(\zeta)\in C),$$

and this proves (2). By (ii) and the hypothesis, we have

$$\Theta_{\xi}x(\zeta)=x(\xi+\Theta_{\xi}\zeta)=x(\xi+\zeta-\xi)=x(\zeta).$$

Taking $s=0$, $\xi=t$ in (2) and using $\Theta_t\zeta=\zeta-t$, we get (4).

Let the transition probabilities and semigroup of operators of process $X$ be $p(t,\ x,\ \mathrm{d}y)$ and $\{T_t,\ t\geqslant 0\}$ respectively, where $T_tf(x)=\int_E p(t,\ x,\ \mathrm{d}y)f(y)$. Put

$$p^h(s,\ x,\ \mathrm{d}y)=P_x(h>s,\ X(s)\in\mathrm{d}y);\ T_s^hf(x)$$
$$=\int_E p^h(s,\ x,\ \mathrm{d}y)f(y),\tag{5}$$
$$H(y,\ A)=P_y(x(h)\in A);\ L(y,\ A)$$
$$=P_y(l>0,\ X(l)\in A).\tag{6}$$

Here and in the following we consider $x(l)$ as left limit $x(l-)$.

**Remark** (i) and (ii) are generalizations of the well-known relations $\Theta_s(x(t)\in A)=(x(s+t)\in A)$ and $\Theta_s x(t)=x(s+t)$, where $s$, $t$ are constants. Moreover, (i)~(iv) still hold if we replace $x(\cdot)$ with the left limit $x(\cdot-)$.

**Theorem 1** If $X$ is right continuous with left limit strong Markov process, $h$ and $l$ are finite optional and co-optional times, satisfying (i) and (ii), then $\forall\, s\geqslant 0$, $t\geqslant 0$, $A\in\mathscr{B}$, $C\in\mathscr{B}$, $x\in E$, we have

$$P_x(h>s,\ x(h)\in A;\ l-h>t,\ x(l)\in C)$$

$$=\int_A P_y(l>t,\ x(l)\in C)P_x(h>s,\ x(h)\in \mathrm{d}y) \tag{7}$$

$$=\int_A (T_tL)(y,\ C)\cdot T_s^h H(x,\ \mathrm{d}y). \tag{8}$$

**Proof** By (2) and (4) and the remark we get

$$(\Theta_h l>t,\ x(l)\in C)=\Theta_h(l>t,\ x(l)\in C), \tag{9}$$

$$(l>t,\ x(l)\in C)=\Theta_t(l>0,\ x(l)\in C). \tag{10}$$

By (1) the left-hand term is

$$P_x(h>s,\ x(h)\in A;\ \Theta_h l>t,\ x(l)\in C)$$

$$=\int_{(h>s,x(h)\in A)} P_x(\Theta_h l>t,\ x(l)\in C\mid \mathscr{F}_h)P_x(\mathrm{d}w)$$

$$\overset{(9)}{=}\int_{(h>s,x(h)\in A)} P_x(\Theta_h(l>t,x(l)\in C)\mid \mathscr{F}_h)P_x(\mathrm{d}w)$$

$$=\int_{(h>s,x(h)\in A)} P_{x(h)}(l>t,x(l)\in C)P_x(\mathrm{d}w)$$

$$=\int_A P_y(l>t,x(l)\in C)P_x(h>s,x(h)\in \mathrm{d}y) \tag{11}$$

$$\overset{(10)}{=}\int_A P_y(\Theta_t(l>0,x(l)\in C))P_x(h>s,x(h)\in \mathrm{d}y). \tag{12}$$

But

$$P_y(\Theta_t(l>0,\ x(l)\in C))=E_yP_{x(t)}(l>0,\ x(l)\in C)$$

$$=\int_E P_z(l>0,\ x(l)\in C)P(t,\ y,\ \mathrm{d}z)=(T_tL)(y,\ C). \tag{13}$$

Moreover, by hypothesis (i),

$$P_x(h>s,\ x(h)\in A)=P_x(h>s,\ \Theta_s x(h)\in A)$$

$$=P_x(h>s,\ \Theta_s(x(h)\in A))$$

$$=\int_{(h>s)} P_x(\Theta_s(x(h)\in A)\mid \mathscr{F}_s)P_x(\mathrm{d}w)$$

$$= \int_{(h>s)} P_{x(s)}(x(h) \in A) P_x(\mathrm{d}w)$$

$$= \int_E P_z(x(h) \in A) P_x(h > s, x(s) \in \mathrm{d}z) = (T_s^h H)(x, A). \tag{14}$$

Using (13)(14) and (12) we get (8); (7) is (11).

We see by (13) that $P_y(l>t,\ x(l) \in C)$ involves $p(t,\ y,\ \mathrm{d}z)$, while (14) involves the complicated forbidden probability $P_y(h>s,\ x(s) \in \mathrm{d}z)$, which is why it is more difficult to find the joint distribution of $(h,\ x(h))$ than that of $(l,\ x(l))$. This fact is not easily foreseen by intuition.

From (7) it follows that

$$P_x(h>s,\ l-h>t) = \int_E P_y(l>t) P_x(h>s,\ x(h) \in \mathrm{d}y). \tag{15}$$

In particular, if $P_x(h>0)=1$, we have

$$P_x(l-h>t) = \int_E P_y(l>t) P_x(x(h) \in \mathrm{d}y); \tag{16}$$

$$P_x(x(h) \in A,\ l>h,\ x(l) \in C)$$
$$= \int_A P_y(l>0,\ x(l) \in C) P_x(x(h) \in \mathrm{d}y). \tag{17}$$

We are going to consider some particular optional and co-optional times. Take $B \in \mathscr{B}$. The hitting time $h_B$, exit time $e_B$, last exit time $l_B$ of $B$ for process $X$ are defined respectively by

$$h_B(\omega) = \inf(t>0,\ x(t,\ \omega) \in B);\ e_B(\omega) = h_{E \setminus B}(\omega);$$
$$l_B(\omega) = \sup(t>0,\ x(t,\ \omega) \in B),$$

with conventions $\inf(\Phi) = +\infty$, $\sup(\Phi) = 0$ for empty set $\Phi$. $h_B$ and $e_B$ are optional, $l_B$ co-optional[3]. When $l_B > 0$, $(h_B,\ l_B)$ and $(e_B,\ l_B)$ satisfy (i) and (ii).

Let S $:=\{S(t, w), t\geqslant 0\}$ be symmetric stable process with values in $E=\mathbf{R}^d$ ($d$-dimensional Euclidean space) and index $\alpha$, $0<\alpha<2$; i. e. $S$ is a process with independent increments and

$$E\exp[\mathrm{i}(S_{s+t}-S_s)\boldsymbol{\zeta}^{\mathrm{T}}]=\exp(-t\mid\boldsymbol{\zeta}\mid^{\alpha}).$$

For its invariant measure please see ref. [4]. We take a right continuous with left limits modification. $S$ is strong Markov. Assume $\alpha<d$ so that $S$ is transient. The exit time of the (closed) ball $B_r$ is $e_r=\inf(t>0, \mid x_t\mid>r)$, $e_r<+\infty$; the last exit time is $L_r=\sup(t>0, \mid x(t-)\mid<r)$. $S(l_r)$ means $S(l_r-)$. The distributions of $S(l_r)$ and $S(e_r)$ concentrate on $B_r$ and $E\setminus\dot{B}_r$ respectively, where $B_r=(x: \mid x\mid<r)$.

**Theorem 2** For $A\subset E\setminus B_r$, $C\subset B_r$, $x\in\mathbf{R}^d$, $d>\alpha$, we have

$$P_x(S(e_r)\in A,\ l_r>e_r,\ S(l_r)\in C)$$

$$=\begin{cases}\displaystyle\int_C\int_A\frac{k^2\mid r^2-\mid x\mid^2\mid^{\frac{\alpha}{2}}\mathrm{d}y\mathrm{d}z}{\mid x-y\mid^d\mid r^2-\mid y\mid^2\mid^{\frac{\alpha}{2}}\mid y-z\mid^{d-\alpha}\mid r^2-\mid z\mid^2\mid^{\frac{\alpha}{2}}}, & \text{if } \mid x\mid<r, \quad (18)\\[2ex] \displaystyle I_A(x)\int_C\frac{k\,\mathrm{d}z}{\mid r^2-\mid z\mid^2\mid^{\frac{\alpha}{2}}\mid x-z\mid^{d-\alpha}}, & \text{if } \mid x\mid>r, \quad (19)\end{cases}$$

where $k=\dfrac{\Gamma\left(\dfrac{d}{2}\right)\sin\dfrac{\pi\alpha}{2}}{\pi^{\frac{d}{2}+1}}$, $I_A(x)=1$, $x\in A$; $0$, $x\notin A$.

**Proof** If $\mid x\mid<r$, with respect to $d$-dimensional Lebesgue measure $L_d$, $P_x(S(e_r)\in\mathrm{d}y)$ has density by ref. [5]

$$\varepsilon_r(x, y)=\frac{k\mid r^2-\mid x\mid^2\mid^{\frac{\alpha}{2}}}{\mid x-y\mid^d\cdot\mid r^2-\mid y\mid^2\mid^{\frac{\alpha}{2}}},\quad \mid y\mid\geqslant r.$$

If $\mid y\mid>r$, by ref. [6], with respect to $L_d$, $P_y(l_r>0,$

$S(L_r)\in dz)$ has density

$$l_r(y, z)=\frac{k}{|y-z|^{d-\alpha}\cdot |r^2-|z|^2|^{\frac{\alpha}{2}}}, \quad |z|\leqslant r.$$

By the right continuity of S, $P_x(e_r>0)=1$, $|x|<r$. Therefore, we obtain (18) from (17). If $|x|>r$, since $P_x(S(e_r)\in A)=I_A(x)$ concentrates on singleton $x$, we get (19).

There is a story about the investigation of hitting(exit)time and location, last exit time and location of the ball for $d(\geqslant 3)$-dimensional Brownian motion. In 1962, Ciesielski and Taylor[7] found the distribution density of exit time, starting from 0. In 1980 Wendel[8] obtained the Laplace transform of the joint distribution of hitting time and location, starting from any point. His work was continued by Betz and Gzyl[9]. In 1980 the author[10] found the integral representation of the joint distribution of last exit time and location; in particular, he found the distribution density of last exit time, starting from 0. This density was obtained also by Getoor using another method[11]. In 1984 Wu Rong[12] discovered the Laplace transform of last exit time, starting from any point, and got the joint density of last exit time and location, starting from 0. In 1995 the author[13] studied the joint distributions of four variables, i. e. exit time, location and last exit time, location. Theorem 1 here generalized some results in ref. [13]. Now we shall give an explicit formula of the joint density.

Let $W:=\{W(t, \omega), t\geqslant 0\}$ be $d(\geqslant 3)$-dimensional standard Brownian motion, $B=(x: |x|\leqslant 1)\subset\mathbf{R}^d$ be the unit ball. The exit and last exit time of $B$ for $W$ are $e_B$ and $l_B$. By ref. [10], $\forall x$

$$P_x(l_B>t,\ W(l_B)\in C):=f_2(x,\ t,\ C)$$

$$=\frac{1}{(2\pi t)^{\frac{d}{2}}\ |\ \partial B\ |}\int_{\mathbf{R}^d}\exp\left(-\frac{|\ x-y\ |^2}{2t}\right)\int_c\frac{L_{d-1}(\mathrm{d}z)}{|\ y-z\ |^{d-2}}\mathrm{d}y, \tag{20}$$

where $C\subset\partial B$, $|\ \partial B\ |$ is the area of $\partial B$. In 1985 Pei Hsu[14] discovered that starting from $x\in B$, with respect to d$s$ $L_{d-1}(\mathrm{d}y)$, $(e_B,\ W(e_B))$ has joint density

$$f_1(s,x,y)\triangleq\frac{-\ \|\ x\ \|^{-q}}{q\ |\ \partial B\ |}\sum_{n\geqslant 0,m\geqslant 0}(q+m)\mu_{nm}\mathrm{e}^{-\frac{\mu_{nm}^2 s}{2}}\cdot$$

$$\frac{J_{m+q}(\mu_{nm}\ \|\ x\ \|)}{J'_{m+q}(\mu_{nm})}C_m^q(\cos\Theta), \tag{21}$$

where $q=\frac{d}{2}-1$; $\|\ x\ \|^2=\sum_{i=1}^{d}x_i^2$, $J_v(z)$ is Bessel function of order $v$; $\{\mu_{nm},\ n\geqslant 0\}$ are nonnegative zero points of $J_{m+q}$ arranged according to increasing order; $C_m^v(t)$ is Gegenbaur polynomial, defined by

$$(1-2\alpha t+\alpha^2)^{-v}=\sum_{n=0}^{+\infty}C_n^v(t)\alpha^n;$$

and $\Theta$ is the angle $xOy$, $x\neq 0$.

If $x=0$, we know that under $P_0$, $e_B$ and $W(e_B)$ are independent,

$$P_0(e_B>s,\ W(e_B)\in A)=P_0(e_B>s)\cdot P_0(W(e_B)\in A). \tag{22}$$

It is well known[10] that $W(e_B)$ has uniform distribution on the sphere $\partial B$, i. e.

$$P_0(W(e_B)\in A)=U(A),\ A\subset\partial B. \tag{23}$$

Moreover, by ref. [7]

$$P_0(e_B > s) = \sum_{n=1}^{+\infty} \xi_{dn} \exp\left(-\frac{\mu_{n0}^2 s}{2}\right), \tag{24}$$

$$\xi_{dn} = \frac{\mu_{n0}^{q-1}}{2^{q-1}} \Gamma(q+1) J_{q+1}(\mu_{n0}).$$

By Theorem 1, (7), and the above results we obtain the following theorem.

**Theorem 3** For $d \geqslant 3$-dimensional standard Brownian motion $W$ and unit ball $B$, the joint distribution of exit time $e_B$, exit location $W(e_B)$, last exit time $l_B$ and last exit location $W(l_B)$ are given by: $\forall s, t \geqslant 0$, $A \subset \partial B, C \subset \partial B$, $x \in B$,

$$P_x(e_B > s,\ W(e_B) \in A,\ l_B - e_B > t,\ W(l_B) \in C)$$

$$= \int_0^s \int_A f_1(u, x, y) f_2(y, t, C) L_{d-1}(\mathrm{d}y) \mathrm{d}u, \quad \text{if } x \neq 0;$$

$$= \sum_{n=1}^{+\infty} \xi_{dn} \exp\left(-\frac{\mu_{n0}^2 s}{2}\right) \int_A f_2(y, t, C) U(\mathrm{d}y), \quad \text{if } x = 0.$$

## References


[1] Sharpe M. General Theory of Markov Processes. New York: Academic Press, 1988.

[2] Dynkin E B. Markov Processes Ⅰ, Ⅱ. Berlin: Springer, 1965.

[3] Chung K L. Lectures from Markov Processes to Brownian Motion. Berlin: Springer, 1982.

[4] Wu Rong. Invariant measures for symmetric stable processes. Chinese Ann. Math. (in Chinese), 1986, 7A: 123.

[5] Blumenthal R M, Getoor R K, Ray D B. On the distribution of first hits for symmetric stable process.

Trans. Amer. Math. Soc., 1961, 99: 540.

[6] Wang Zikun. Stochastic waves for symmetric stable processes and Brownian motion. Scientia Sinica, 1983, 26A(1): 35.

[7] Ciesielski Z, Taylor S J. First passage times and sojourn times for Brownian motion in space and the exact Hausdorff measure of the sample path. Trans. Amer. Math. Soc., 1962, 103: 434.

[8] Wendel J G. Hitting spheres with Brownian motion. Ann. Probability, 1980, 8(1): 164.

[9] Betz C, Gzyl H. Hitting spheres from the exterior. Ann. Probability, 1994, 22(1): 177.

[10] Wang Zikun. Last exit distributions and maximum excursion for Brownian motion. Scientia Sinica, 1981, 24A(3): 324.

[11] Getoor R K. The Brownian escape process. Ann. Probability, 1979, 7(5): 864.

[12] Wu Rong. Distributions of last exit times for $d$-dimensional Brownian motion. Chinese Science Bulletin, 1984, 29(11): 647.

[13] Wang Zikun. The joint distributions of first hitting and last exit for Brownian motion. Chinese Science Bulletin, 1995, 40(6): 451.

[14] Pei Hsu, Brownian exit distribution of a ball. Seminar on Stochastic Processes, Boston: Birkhäuser, 1986, 12: 108-116.

# 一类迭代序列 Cesaro 平均收敛的条件①

**摘要** 该文给出了帐篷映射产生的迭代序列 Cesaro 平均收敛的条件. 研究了它与实数二进展式度量性质之间的联系.

**关键词** 帐篷映射；迭代序列；Cesaro 平均收敛.

设 $f(x)$ 是参数为 2 的帐篷映射(参见[1]，P52 及[2]，P13)

$$f(x)=\begin{cases}2x, & 0\leqslant x\leqslant \dfrac{1}{2},\\ 2(1-x), & \dfrac{1}{2}\leqslant x\leqslant 1.\end{cases} \tag{1}$$

设 $x\in[0,1]$，并令

$$x_0=x;\qquad x_n=f(x_{n-1}),\ n\geqslant 1. \tag{2}$$

本文的目的是要给出迭代序列(2) Cesaro 平均收敛的条件.

设 $x\in[0,1]$，其二进小数表示为

$$x=0.t_1t_2\cdots t_k\cdots=\sum_{k=1}^{+\infty}\frac{t_k}{2^k}, \tag{3}$$

---

① 收稿日期：1995-04-18.

本文与刘文合作.

其中第 $k$ 位小数 $t_k(x)$ 简记为 $t_k$. 如果某个 $x$ 有两种二进小数表示法，我们约定取末尾数字恒为 0 的那种表示式. 简记 $\bar{t}_k=1-t_k$. 那么 $f(x)$ 可表示为

$$f(x)=\begin{cases}0.\, t_2t_3\cdots t_k\cdots, & t_1=0,\\ 0.\, \bar{t}_2\bar{t}_3\cdots\bar{t}_k\cdots, & t_1=1.\end{cases}$$

$$=\sum_{k=1}^{+\infty}\frac{1}{2^k}[t_{k+1}(1-t_1)+(1-t_{k+1})t_1]. \tag{4}$$

设 $x\in[0,1]$ 且由(3)表示，补令 $t_0=0$，并称它为 $x$ 的第 0 位小数. 令 $\sigma_n(x)(n\geqslant 1)$ 表示(3)的前 $n$ 位小数中数字改变的次数，即

$$\sigma_n(x)=\sum_{k=1}^{+\infty}\delta(t_{k-1},t_k), \tag{5}$$

其中
$$\delta(i,j)=\begin{cases}1. & i\neq j\\ 0, & i=j,\end{cases}(i,j=0 \text{ 或 } 1). \tag{6}$$

由于 $t_0=0$. 故

$$\sigma_1(x)=\begin{cases}1, & t_1=1,\\ 0, & t_1=0.\end{cases} \tag{7}$$

令
$$\varphi_m(x)=\frac{1}{2}[1+(-1)^{\sigma_m(x)}], \tag{8}$$

$$\psi_m(x)=\frac{1}{2}[1-(-1)^{\sigma_m(x)}] \tag{9}$$

于是(4)可表示为

$$f(x)=\sum_{k=1}^{+\infty}\frac{1}{2^m}[\varphi_1(x)t_{m+1}+\psi_1(x)(1-t_{m+1})]. \tag{10}$$

**定理 1** 设 $x\in[0,1]$ 且由(3)表示，迭代序列 $\{x_n,\ n\geqslant 1\}$ 由(2)定义，$0\leqslant\alpha\leqslant 1$. 令

$$D_k(\alpha)=\left\{x:\lim_{n\to+\infty}\frac{1}{n}\sum_{m=1}^{n}[\varphi_m(x)t_{m+k}+\psi_m(x)(1-t_{m+k})]=\alpha\right\}, \tag{11}$$

$$D(\alpha)=\bigcap_{k=1}^{+\infty}D_k(\alpha),\tag{12}$$

则
$$\lim_{n\to+\infty}\frac{1}{2}\sum_{k=1}^{n}x._n=\alpha,\quad x\in D(\alpha).\tag{13}$$

**证** 记 $t_k^0=t-k$，$k=1,2,\cdots$. 设 $x_n$ 的二进小数展式为

$$x_n=0.t_1^nt_2^n\cdots t_k^n\cdots=\sum_{k=1}^{+\infty}\frac{1}{2^k}t_k^n,\quad t_k^n=0\text{ 或 }1,\tag{14}$$

其中第 $k$ 位小数 $t_k^n(x)$ 简记为 $t_k^n$. 于是当 $n\geqslant1$ 时有

$$t_k^n=t_{k+1}^{n-1}(1-t_1^{n-1})+(1-t_{k+1}^{n-1})t_1^{n-1},\tag{15}$$

$$x_n=\sum_{k=1}^{+\infty}\frac{1}{2^k}[t_{k+1}^{n-1}(1-t_1^{n-1})+(1-t_{k+1}^{n-1})t_l^{n-1}].\tag{16}$$

由归纳法易证当 $m\geqslant1$ 时有

$$t_k^m=\varphi_m(x)t_{m+k}+\psi_m(x)(1-t_{m+k}).\tag{17}$$

事实上，$m=1$ 的情况可以直接验证. 今设当 $m=n$ 时(17)成立. 由(15)有

$$t_k^{n+1}=t_{k+1}^n(1-t_1^n)-(1-t_{k+1}^n)t_1^n.\tag{18}$$

易知，不论 $t_1=0$ 或 1，当 $\sigma_n(x)$ 为偶数时. $t_n=0$，当 $\sigma_n(x)$ 为奇数时，$t_n=1$. 如果 $\sigma_n(x)$ 与 $\sigma_{n+1}(x)$ 均为偶数，那么 $t_n=t_{n+1}=0$，于是由归纳法假设有

$$t_1^n=t_{n+1}=0,\qquad t_{k+1}^n=t_{n+k+1}.\tag{19}$$

由(18)与(19)有

$$t_k^{n+1}=t_{k+1}^n=t_{n+k+1};\tag{20}$$

如果 $\sigma_n(x)$ 为奇数，$\sigma_{n+1}(x)$ 为偶数，那么 $t_n=1$，$t_{n+1}=0$，于是由归纳法假设有

$$t_1^n=1-t_{n+1}=1,\qquad t_{k+1}^n=1-t_{n+k+1}.\tag{21}$$

由(18)与(21)有

$$t_k^{n+1}=1-t_{k+1}^n=t_{n+1+k}.\tag{22}$$

类似可证当 $\sigma_{n+1}(x)$ 为奇数时有

$$t_k^{n+1}=1-t_{n+1+k}. \tag{23}$$

由(20)(22)与(23)知当 $m=n+1$ 时(17)成立.

由(14)与(17)有

$$\begin{aligned}\frac{1}{n}\sum_{m=1}^{n}x_m &= \frac{1}{n}\sum_{m=1}^{n}\sum_{k=1}^{+\infty}\frac{1}{2^k}t_k^m \\ &= \frac{1}{n}\sum_{m=1}^{n}\sum_{k=1}^{+\infty}\frac{1}{2^k}[\varphi_m(x)t_{m+k}+\psi_m(x)(1-t_{m+k})] \\ &= \sum_{k=1}^{+\infty}f_k(x,n),\end{aligned} \tag{24}$$

其中 $f_k(x,n)=\dfrac{1}{n2^k}\sum\limits_{m=1}^{n}[\varphi_m(x)t_{m+k}+\psi_m(x)(1-t_{m+k})].$ (25)

由(11)及(25)有

$$\lim_{n\to+\infty}f_k(x,\ n)=\frac{\alpha}{2^k},\ x\in D_k(\alpha). \tag{26}$$

由(25)有 $f_k(x,\ n)\leqslant\dfrac{1}{2^k}$，故 $\sum\limits_{k=1}^{+\infty}f_k(x,n)$ 关于 $n$ 一致收敛，于是由(24)(26)与(12)有

$$\lim_{m\to+\infty}\frac{1}{n}\sum_{m=1}^{n}x_m=\sum_{k=1}^{+\infty}\lim_{n\to+\infty}f_k(x,n)=\alpha,x\in D(\alpha). \tag{27}$$

定理证毕.

**引理1** 设 $\varphi_m(x)$与 $\psi_m(x)$分别由(8)与(9)定义，则

$$\lim_{n\to+\infty}\frac{1}{n}\sum_{m=1}^{n}\varphi_m(x)=\frac{1}{2}\quad\text{a. e. }, \tag{28}$$

$$\lim_{n\to+\infty}\frac{1}{n}\sum_{m=1}^{n}\psi_m(x)=\frac{1}{2}\quad\text{a. e. }. \tag{29}$$

证明从略.

**注** $\sum\limits_{m=1}^{n}\varphi_x(x)$ 与 $\sum\limits_{m=1}^{n}\psi_m(x)$ 分别表示 $\sigma_1(x)$，$\sigma_2(x)$，…，$\sigma_n(x)$中偶数和奇数的个数.

**定理 2** 设 $D_k\left(\frac{1}{2}\right)$由(11)定义，则 $\mu\left(D_k\left(\frac{1}{2}\right)\right)=1$($\mu$ 为 Lebesgue 测度).

**证** 令
$$D_k^1(\alpha)=\left\{x:\lim_{m\to+\infty}\frac{1}{n}\sum_{m=1}^{n}\varphi_m(x)t_{m+k}=\frac{\alpha}{2}\right\},\tag{30}$$

$$D_k^2(\alpha)=\left\{x:\lim_{n\to+\infty}\frac{1}{n}\sum_{m=1}^{n}\psi_m(x)(1-t_{m+k})=\frac{\alpha}{2}\right\}.\tag{31}$$

先来证明 $\mu\left(D_k^1\left(\frac{1}{2}\right)\right)=\mu\left(D_k^2\left(\frac{1}{2}\right)\right)=1$. 令

$$I_{t_1t_2\cdots t_m}=\{x:\ x\in[0.]\text{且其二进展式的前 } m \text{ 位小数为 } t_1,\ t_2,\ \cdots,\ t_m\}.\tag{32}$$

$I_{t_1t_2\cdots t_m}$称为 $m$ 阶 $I$-区间，显然

$$\mu(I_{t_1t_2\cdots t_m})=\frac{1}{2^m},\tag{33}$$

且 $\varphi_m(x)$在每个 $m$ 阶 $I$-区间上取常值. 设 $0<\lambda<1$ 为常数，定义函数 $\lambda_m(x)$如下：

$$\lambda_m(x)=\begin{cases}\lambda, & \varphi_m(x)=1,\\ \dfrac{1}{2}, & \varphi_m(x)=0.\end{cases}\tag{34}$$

$\lambda_m(x)$在每个 $I$-区间 $I_{t_1t_2\cdots t_k}$ 上为常数. 构造各阶 $J$-区间如下：当 $1\leqslant m\leqslant k$ 时，令

$$J_{t_1t_2\cdots t_m}=I_{t_1t_2\cdots t_m}.\tag{35}$$

按比例$[1-\lambda_1(x)]$：$\lambda_1(x)(x\in I_{t_1})$将每个 $k$ 阶 $J$-区间 $J_{t_1t_2\cdots t_k}$ 分成两个区间 $J_{t_1t_2\cdots t_k^0}$ 与 $J_{t_1t_2\cdots t_k^1}$ 就得到 $k+1$ 阶 $J$-区间. 一般，按比例$[1-\lambda_m(x)]$：$\lambda_m(x)(x\in I_{t_1t_2\cdots t_m},\ m\geqslant 1)$将每个 $k+m-1$ 阶 $J$-区间 $J_{t_1t_2\cdots t_{k+m-1}}$ 分成两个区间 $J_{t_1t_2\cdots t_{m-k-1}^0}$ 与 $J_{t_1t_2\cdots t_{k+m}^1}$ 就得到$k+m$ 阶 $J$-区间. 易知

$$\mu(J_{t_1t_2\cdots t_{k+m}})=\frac{1}{2^k}\prod_{m=1}^{n}\lambda_m^{t_{k+m}}(1-\lambda_m)^{1-t_{k+m}},x\in I_{t_1t_2\cdots t_{k+n}}.\tag{36}$$

根据 $I$-区间 $I_{t_1t_2\cdots t_n}$ 与 $J$-区间 $J_{t_1t_2\cdots t_n}$ 的一一列应，可在[0，1]上定义一个单调函数 $g_\lambda$，使得

$$g_\lambda(I^+_{t_1t_2\cdots t_n})-g_\lambda(I^-_{t_1t_2\cdots t_n})=J^+_{t_1t_2\cdots t_n}-J^-_{t_1t_2\cdots t_n}=\mu(J_{t_1t_2\cdots t_n}), \tag{37}$$

其中 $I^+_{t_1t_2\cdots t_n}$，$I^-_{t_1t_2\cdots t_n}$，$J^+_{t_1t_2\cdots t_n}$，$J^-_{t_1t_2\cdots t_n}$ 分别表示 $I_{t_1t_2\cdots t_n}$ 与 $J_{t_1t_2\cdots t_n}$ 的右、左端点．事实上，设各阶 $I$-区间的端点的集合为 $Q$，先在 $Q$ 上定义函数 $g_\lambda$：

$$g_\lambda(I^-_{t_1t_2\cdots t_n})=J^-_{t_1t_2\cdots t_n},\qquad g_\lambda(I^+_{t_1t_2\cdots t_n})=J^+_{t_1t_2\cdots t_n}, \tag{38}$$

然后令 $g_\lambda(x)=\sup\{g_\lambda(t),\ t\leqslant x,\ t\in Q\}$，$x\in[0,1]-Q$，

$$\tag{39}$$

则 $g_\lambda(x)$是[0，1]上的增函数，且满足(37)．设 $x\in[0,1]$，$I_{t_1t_2\cdots t_{k+n}}(n\in\mathbf{N}^*)$是包含 $x$ 的 $k+n$ 阶 $I$-区间，令

$$T_n(\lambda,x)=\frac{g_\lambda(I^+_{t_1t_2\cdots t_{k+n}})-g_\lambda(I^-_{t_1t_2\cdots t_{k+n}})}{I^+_{t_1t_2\cdots t_{k+n}}-I^-_{t_1t_2\cdots t_{k+n}}}=\frac{\mu(J_{t_1t_2\cdots t_{k+n}})}{\mu(I_{t_1t_2\cdots t_{k+n}})}. \tag{40}$$

设 $g_\lambda$ 的可微点的全体为 $A(\lambda)$．由单调函数可微性定理(参见[3]，P424)有 $\mu(A(\lambda))=1$．根据导数的一个性质(参见[3]，P423)，由(40)有

$$\lim_{n\to+\infty}T_n(\lambda,x)=g'_\lambda(x)<+\infty,\quad x\in A(\lambda). \tag{41}$$

由(38)有 $$\limsup_{n\to+\infty}\frac{1}{n}\ln T_n(\lambda,x)\leqslant 0,\qquad x\in A(\lambda). \tag{42}$$

由(30)(36)与(40)有

$$\begin{aligned}T_n(\lambda,x)&=2^n\prod_{m=1}^n\lambda_m^{t_{k+m}}(1-\lambda_m)^{1-t_{k-m}}\\&=\prod_{m=1}^n\left(\frac{\lambda_m}{1-\lambda_m}\right)^{t_{k+m}}(2-2\lambda_m),x\in I_{t_1t_2\cdots t_{k+n}}.\end{aligned} \tag{43}$$

由(43)与(34)有

$$T_n(\lambda,x)=\prod_{\substack{m=1\\ \varphi_m(x)=1}}^n\left(\frac{\lambda_m}{1-\lambda_m}\right)^{t_{k+m}}(2-2\lambda_m)$$

$$= \prod_{m=1}^{n}\left(\frac{\lambda}{1-\lambda}\right)^{\varphi_m(x)t_{k+m}}(2-2\lambda)^{\varphi_m(x)}. \qquad (44)$$

由(44)与(42)有

$$\lim_{n\to+\infty}\sup\frac{1}{n}\sum_{m=1}^{n}\left[\varphi_m(x)t_{k+m}\ln\frac{\lambda}{1-\lambda}+\varphi_m(x)\ln(2-2\lambda)\right]$$

$$\leqslant 0, x\in A_k(\lambda). \qquad (45)$$

利用上极限性质

$$\lim_{n\to+\infty}\sup(a_n-b_n)\leqslant 0\Rightarrow\lim_{n\to+\infty}\sup a_n\leqslant\lim_{n\to+\infty}\sup b_n.$$

由(45)有

$$\lim_{n\to+\infty}\sup\frac{1}{n}\sum_{m=1}^{n}\varphi_m(x)t_{k+m}\ln\frac{\lambda}{1-\lambda}$$

$$\leqslant\lim_{n\to+\infty}\sup\frac{1}{n}\sum_{m=1}^{n}\left[-\varphi_m(x)\ln(2-2\lambda)\right],\quad x\in A_k(\lambda) \qquad (46)$$

当$\frac{1}{2}<\lambda<1$时由(46)与(28)有

$$\lim_{n\to+\infty}\sup\frac{1}{n}\sum_{m=1}^{n}\varphi_m(x)t_{k+m}$$

$$\leqslant\frac{\ln(2-2\lambda)}{2[\ln(1-\lambda)-\ln\lambda]},\quad x\in A_k(\lambda). \qquad (47)$$

取$\frac{1}{2}<\lambda_i<1$($i\in\mathbf{N}^*$)使$\lambda_i\to\frac{1}{2}$($i\to+\infty$)，并令$A^*(k)=\bigcap_{i=1}^{+\infty}A_k(\lambda)$，则对一切$i$由(47)有

$$\lim_{n\to+\infty}\sup\frac{1}{n}\sum_{m=1}^{n}\varphi_m(x)t_{k+m}\leqslant\frac{\ln(2-2\lambda_t)}{2[\ln(1-\lambda_t)-\ln\lambda_t]},\quad x\in A^*(k). \qquad (48)$$

由于$\lim_{t\to+\infty}\frac{\ln(2-2\lambda_t)}{\ln(1-\lambda_t)-\ln\lambda_t}=\frac{1}{2}$，故由(48)有

$$\lim_{n\to+\infty}\sup\frac{1}{n}\sum_{m=1}^{n}\varphi_m(x)t_{k+m}\leqslant\frac{1}{4}, x\in A^*(k). \qquad (49)$$

类似，取 $0<\tau_i<\frac{1}{2}$（$i\in\mathbf{N}^*$）使 $\tau_i\to\frac{1}{2}$（$i\to+\infty$），并令 $A_*(k)=\bigcap_{i=1}^{+\infty}A_k(\tau_\lambda)$，利用当 $0<\lambda<\frac{1}{2}$ 时的(45)可证

$$\liminf_{n\to+\infty}\frac{1}{n}\sum_{m=1}^{n}\varphi_m(x)t_{k+m}\geqslant\frac{1}{4},x\in A_*(k).\tag{50}$$

令 $A_k=A^*(k)\cap A_*(k)$，由(49)与(50)得

$$\lim_{n\to+\infty}\frac{1}{n}\sum_{m=1}^{n}\varphi_m(x)t_{k+m}=\frac{1}{4},\quad x\in A_k.\tag{51}$$

由（51）与（30）知 $A_k\subset D_k^1\left(\frac{1}{2}\right)$. 由于 $\mu(A_k)=1$，故 $\mu\left(D_k^1\left(\frac{1}{2}\right)\right)=1$.

将(34)中 $\lambda_m(x)$ 的定义改为

$$\lambda_m(x)=\begin{cases}\lambda, & \psi_m(x)=1,\\ \frac{1}{2}, & \psi_m(x)=0.\end{cases}\tag{52}$$

依照以上的推导. 即可证明 $\mu\left(D_k^2\left(\frac{1}{2}\right)\right)=1$. 因为 $D_k^1\left(\frac{1}{2}\right)\cap D_k^2\left(\frac{1}{2}\right)\subset D_k\left(\frac{1}{2}\right)$. 故有 $\mu\left(D_k\left(\frac{1}{2}\right)\right)=1$. ■

**参考文献**


[1] 卢侃，等编译. 混沌动力学. 上海：上海远东出版社，1990.

[2] 郝柏林. 从抛物线谈起：混沌动力学引论. 上海：上海科技教育出版社，1993.

[3] Billingsley P. Measure and Probability. New York: Wiley, 1986.

# The Conditions for the Cesaro Mean Convergence of a Class of Iterative Sequences

**Abstract** In this paper the conditions for the Cesaro mean convergence of the iterative sequences generated by the tent map are given, and its relations with metric properties of the binary expansions of the real numbers are studied.

**Keywords** Tent map; iterative sequence; Cesaro mean convergence.

Chinese Science Bulletin, 1999, 44(5)

# Multi-Parameter Infinite-Dimensional $(r, \boldsymbol{\delta})$-OU Process①

**Abstract** The definition of $n$-parameter infinite-dimensional $(r, \delta)$-Ornstein-Uhlenbeck process $\{X_t(\cdot)\}$ ($(r, \delta)-\mathrm{OUP}_n^{+\infty}$ for short) is given. The absolute continuity of distribution $\mu_t$ of $X_t(\cdot)$ and the limit of $X_t(\cdot)$ when $|\boldsymbol{t}| \to +\infty$ is discussed.

**Keywords** multi-parameter; $(r, \boldsymbol{\delta})$-$\mathrm{OUP}_n^{+\infty}$; absolute continuity in hierarchy.

Let $(W, \mathscr{B}w)$ be Wiener space; $W=C([0, 1], \mathbf{R})$, the set of all real continuous functions defined on $[0, 1]$; $\mathscr{B}w$, the $\sigma$-algebra generated by all cylinders in $W$; $R_n$-the $n$-dimensional Euclidean space, $\mathbf{R}_{\boldsymbol{\delta}}^n: =(\boldsymbol{t}: \boldsymbol{t}=(t_1, t_2, \cdots, t_n);$ all $t_i>\delta_i)$. To each $\boldsymbol{t}\in \mathbf{R}_{\boldsymbol{\delta}}^n$ there exists a random variable $X_t(\cdot)$ with values in $W$. We say that $\{X_t(\cdot), \boldsymbol{t}\in \mathbf{R}_{\boldsymbol{\delta}}^n\}$ is $(r, \boldsymbol{\delta})-\mathrm{OUP}_n^{+\infty}$, if

① Received: 1998-04-22.

$$X_t(\cdot) = \mathrm{e}^{-\alpha\cdot-\boldsymbol{\beta t}}\left[X_r + \sigma\int_r^{\cdot}\int_{\boldsymbol{\delta}}^{t}\mathrm{e}^{\alpha a+\boldsymbol{\beta b}}\boldsymbol{B}(\mathrm{d}a + \mathrm{d}\boldsymbol{b})\right], \tag{1}$$

where • is a variable in $[0, 1]$, $a\in\mathbf{R}$, $\boldsymbol{b}\in\mathbf{R}^n$, $\alpha>0$, $\sigma>0$, $r\leqslant 0$ are given constants ($r$ may be $-\infty$), $\boldsymbol{\beta}=(\beta_1, \beta_2, \cdots, \beta_n)$ $(\beta_i>0)$, $\boldsymbol{\delta}=(\delta_1, \delta_2, \cdots, \delta_n)(-\infty\leqslant\delta_i\leqslant 0)$ are $n$-dimensional vectors, $\boldsymbol{\beta t} = \sum_{i=1}^{n}\beta_i t_i$ $\{\boldsymbol{B}(A), \mathrm{A}\in\mathscr{B}^{n+1}\}$ is white noise[1,2], defined on some probability space $(\Omega, \mathscr{F}, P)$. It is a random set function on the Borel $\sigma$-algebra $\mathscr{B}^{n+1}$ of $\mathbf{R}^{n+1}$, satisfying the conditions: $\boldsymbol{B}(A)$ is a $N(0, L(A))$ random variable, where $L$ is $n+1$-dimensional Lebesgue measure; if $A\cap C\neq\varnothing$, the $\boldsymbol{B}(A)$ and $\boldsymbol{B}(C)$ are independent and $\boldsymbol{B}(A\cup C)=\boldsymbol{B}(A)+\boldsymbol{B}(C)$. $X_r$ is normal random variable with mean 0; if $r=-\infty$, put $X_{-\infty}=0$. Since $\boldsymbol{B}(A):=\boldsymbol{B}(A, \omega)$, $\omega\in\Omega$, we have $X_t(\cdot)=X_t(\cdot, \omega)$. For fixed $\boldsymbol{t}$, $\omega$, $X_t(\cdot\ \omega)$ is a continuous function of $\cdot\in[0, 1]$. We denote the distribution of $X_t(\cdot)$ in $(W, \mathscr{B}_W)$ by $\mu_t$.

The special case $r=0$, $\boldsymbol{\delta}=\mathbf{0}=(0, 0, \cdots, 0)_n$ was considered in ref. [3], where the absolute continuity in hierarchy of $\mu_t$ is proved: $\mu_t$ and $\mu_t{}^{\mathrm{T}}$ are absolutely continuous $(\mu_t\Leftrightarrow\mu_t{}^{\mathrm{T}})$ if $\boldsymbol{t}$ and $\boldsymbol{t}^{\mathrm{T}}$ belong to the same hierarchy (or set). The result is generalized here. We discover that the absolute continuity depends on $\boldsymbol{\delta}$. If $\boldsymbol{\delta}=-\boldsymbol{\infty}=(-\infty, -\infty, \cdots, -\infty)_n$, the hierarchy disappears and all $\mu_t(\boldsymbol{t}\neq\boldsymbol{\delta})$ are absolutely continuous; moreover if $r=-\infty$, then $\mu_t=\mu$ independent of $\boldsymbol{t}(\neq\boldsymbol{\delta})$. We shall see that the distribution of $X_t$ in (1) converges weakly as $|\boldsymbol{t}|\to+\infty$, and if all $t_i\to+\infty$, $r=-\infty$, the limit distribution is just $\mu$ mentioned above.

**Lemma 1** For fixed $\boldsymbol{t}\in \mathbf{R}_{\delta}^{n}$ the correlation function of the process $X_t(s)(s>r)$ is

$$R_t(u, v)=EX_t(u)X_t(v)=\mathrm{e}^{-\alpha(u+v)-2\boldsymbol{\beta t}}EX_r^2+\sigma^2\frac{\mathrm{e}^{-\alpha|u-v|}-\mathrm{e}^{-\alpha(u+v-2r)}}{2\alpha}\prod_{i=1}^{n}\frac{1-\mathrm{e}^{-2\beta_i(t_i-\delta_i)}}{2\beta_i}. \tag{2}$$

**Proof** $$R_t(u,v)=\mathrm{e}^{-\alpha(u+v)-2\boldsymbol{\beta t}}E\left\{\left[X_r+\sigma\int_r^u\int_{\boldsymbol{\delta}}^{\boldsymbol{t}}\right]\left[X_r+\sigma\int_r^v\int_{\boldsymbol{\delta}}^{\boldsymbol{t}}\right]\right\}, \tag{3}$$

where $$\int_r^u\int_{\boldsymbol{\delta}}^{\boldsymbol{t}}:=\int_r^u\int_{\boldsymbol{\delta}}^{\boldsymbol{t}}\mathrm{e}^{\alpha a+\boldsymbol{\beta b}}\boldsymbol{B}(\mathrm{d}a,\mathrm{d}\boldsymbol{b}).$$

By the independence of $X_r$ and $\{\boldsymbol{B}(A)\}$, we have

$$E\left(X_r\int_r^v\int_{\boldsymbol{\delta}}^{\boldsymbol{t}}\right)=EX_r\cdot E\int_r^v\int_{\boldsymbol{\delta}}^{\boldsymbol{t}}=0;\qquad E\left(X_r\int_r^u\int_{\boldsymbol{\delta}}^{\boldsymbol{t}}\right)=0. \tag{4}$$

Supposing $u\leqslant v$,

$$E\left(\int_r^u\int_{\boldsymbol{\delta}}^{\boldsymbol{t}}\cdot\int_r^v\int_{\boldsymbol{\delta}}^{\boldsymbol{t}}\right)=E\left[\int_r^u\int_{\boldsymbol{\delta}}^{\boldsymbol{t}}\cdot\left(\int_r^u+\int_u^v\right)\int_{\boldsymbol{\delta}}^{\boldsymbol{t}}\right],$$

$$\begin{aligned}&E\left(\int_r^u\int_{\boldsymbol{\delta}}^{\boldsymbol{t}}\cdot\int_u^v\int_{\boldsymbol{\delta}}^{\boldsymbol{t}}\right)\\&=E\left[\int_r^v\int_{\boldsymbol{\delta}}^{\boldsymbol{t}}I_a[\boldsymbol{r},\boldsymbol{u}]\mathrm{e}^{\alpha a+\boldsymbol{\beta b}}\boldsymbol{B}(\mathrm{d}a,\mathrm{d}\boldsymbol{b})\cdot\int_r^v\int_{\boldsymbol{\delta}}^{\boldsymbol{t}}I_a[\boldsymbol{u},\boldsymbol{v}]\mathrm{e}^{\alpha a+\boldsymbol{\beta b}}\boldsymbol{B}(\mathrm{d}a,\mathrm{d}\boldsymbol{b})\right]\\&=\int_r^v\int_{\boldsymbol{\delta}}^{\boldsymbol{t}}I_a[\boldsymbol{r},\boldsymbol{u}]I_a[\boldsymbol{u},\boldsymbol{v}]\mathrm{e}^{2\alpha a+2\boldsymbol{\beta b}}\mathrm{d}a\mathrm{d}\boldsymbol{b}=0,\end{aligned}$$

where $I_a$ is the indicator. Therefore

$$\begin{aligned}E\left(\int_r^u\int_{\boldsymbol{\delta}}^{\boldsymbol{t}}\cdot\int_r^v\int_{\boldsymbol{\delta}}^{\boldsymbol{t}}\right)&=E\left(\int_r^u\int_{\boldsymbol{\delta}}^{\boldsymbol{t}}\cdot\int_r^u\int_{\boldsymbol{\delta}}^{\boldsymbol{t}}\right)=\int_r^u\int_{\boldsymbol{\delta}}^{\boldsymbol{t}}\mathrm{e}^{2\alpha a+2\boldsymbol{\beta b}}\mathrm{d}a\mathrm{d}\boldsymbol{b}\\&=\frac{\mathrm{e}^{2\alpha u}-\mathrm{e}^{2\alpha r}}{2\alpha}\prod_{i=1}^{n}\frac{\mathrm{e}^{2\beta_i t_i}-\mathrm{e}^{2\beta_i\delta_i}}{2\beta_i}.\end{aligned} \tag{5}$$

From (3)(4) and (5), we get

$$R_t(u,v)=\mathrm{e}^{-\alpha(u+v)-2\boldsymbol{\beta t}}\left\{EX_r^2+\sigma^2\frac{\mathrm{e}^{2\alpha u}-\mathrm{e}^{2\alpha r}}{2\alpha}\prod_{i=1}^{n}\frac{\mathrm{e}^{2\beta_i t_i}-\mathrm{e}^{2\beta_i\delta_i}}{2\beta_i}\right\},$$

which is (2). If $v\leqslant u$, we get (2) similarly. ■

Now we decompose the parameter space $\mathbf{R}_{\boldsymbol{\delta}}^{n}$ into the sum of "hierarchies": $\mathbf{R}_{\boldsymbol{\delta}}^{n}=\bigcup_{0<l\leqslant 1} G_{\boldsymbol{\delta}}^{l}$, where

$$G_{\boldsymbol{\delta}}^{l}=(s:s\in\mathbf{R}_{\boldsymbol{\delta}}^{n},\prod_{i=1}^{n}(1-\mathrm{e}^{-2\beta_i(S_i-\delta_i)})=l). \qquad (6)$$

Consider the "sphere" $S(r)$ and the "ball" $B(r)$ with radius $r>0$ in $W$:

$$S(r)=\left(f:f\in W,\lim_{m\to+\infty}\sum_{k=1}^{2^m}\left|f\left(\frac{k}{2^m}\right)-f\left(\frac{k-1}{2^m}\right)\right|^2=r^2\right),$$

$$B(r)=\bigcup_{0\leqslant u\leqslant r}S(u).$$

**Theorem 1** For fixed $\boldsymbol{t}\in\mathbf{R}_{\boldsymbol{\delta}}^{n}$, $\boldsymbol{t}^{\mathrm{T}}\in\mathbf{R}_{\boldsymbol{\delta}}^{n}$, $\boldsymbol{t}\neq\boldsymbol{\delta}$, $\boldsymbol{t}^{\mathrm{T}}\neq\boldsymbol{\delta}$, $\mu_t\Leftrightarrow\mu_{t^{\mathrm{T}}}$ iff there exist $0<l\leqslant 1$, such that $\boldsymbol{t}$, $\boldsymbol{t}^{\mathrm{T}}$ belong to the same $G_{\boldsymbol{\delta}}^{l}$, i. e.

$$\prod_{i=1}^{n}(1-\mathrm{e}^{-2\beta_i(t_i-\delta_i)})=\prod_{i=1}^{n}(1-\mathrm{e}^{-2\beta_i(t_i'-\delta_i)})=l. \qquad (7)$$

then $\mu_t(X_t(\cdot)\in S(A_{t,\boldsymbol{\delta}}))=1$, i. e.

$$\mu_t\left(\lim_{m\to+\infty}\sum_{k=1}^{2^m}\left|X_t\left(\frac{k}{2^m}\right)-X_t\left(\frac{k-1}{2^m}\right)\right|^2=A_{t,\boldsymbol{\delta}}^2\right)=1, \qquad (8)$$

where

$$A_{t,\boldsymbol{\delta}}^2=\sigma^2\prod_{i=1}^{n}\frac{1-\mathrm{e}^{2\beta_i(t_i-\delta_i)}}{2\beta_i}=\sigma^2 l\prod_{i=1}^{n}\frac{1}{2\beta_i}. \qquad (9)$$

**Proof** Denote $D=\mathrm{e}^{-2\boldsymbol{\beta}t}EX_r^2$. Rewrite (2) as

$$R_t(u,\ v)=D\mathrm{e}^{-\alpha(u+v)}+A_{t,\boldsymbol{\delta}}^2\frac{\mathrm{e}^{-\alpha|u-v|}-\mathrm{e}^{-\alpha(u+v-2r)}}{2\alpha}. \qquad (10)$$

By calculation

$$p_t(u)=\lim_{v\downarrow u}\frac{\partial R_t(u,\ v)}{\partial u}=-\alpha D\mathrm{e}^{-2\alpha u}+A_{t,\boldsymbol{\delta}}^2\frac{1+\mathrm{e}^{-2\alpha(u-r)}}{2},$$

$$q_t(u)=\lim_{v\uparrow u}\frac{\partial R_t(u,\ v)}{\partial u}=-\alpha D\mathrm{e}^{-2\alpha u}+A_{t,\boldsymbol{\delta}}^2\frac{-1+\mathrm{e}^{-2\alpha(u-r)}}{2},$$

$$D_t(u)=p_t(u)-q_t(u)=A_{t,\boldsymbol{\delta}}^2,$$

where $\boldsymbol{t}$, $\boldsymbol{t}^{\mathrm{T}}$ belong to the same $G_{\boldsymbol{\delta}}^{l}$ if and only if

$$D_t(u) = D_t^{\mathrm{T}}(u) = \sigma^2 l \prod_{i=1}^{n} \frac{1}{2\beta_i}. \tag{11}$$

By hypothesis $EX_r = 0$ and (1), $EX_t(s) = EX_t^{\mathrm{T}}(s) = 0 (s \geqslant r)$. From (2) $R_t(0, 0)$ and $R_t^{\mathrm{T}}(0, 0)$ are either all 0, or all not 0. By Theorem 5.2.6 of ref. [4], $\mu_t \Leftrightarrow \mu_t^{\mathrm{T}}$ if and only if $D_t(u) = D_{t^{\mathrm{T}}}(u)$. This proves the first conclusion. From Theorem 20. 4 of ref. [5] we know that $\mu_t$ concentrates on the "sphere" with radius $\int_0^1 D_t(u) \mathrm{d}u = A_{t,\boldsymbol{\delta}}^2$ so that (8) and (9) are proved. ■

By (8) the support of $\mu_t$, $\operatorname{supp}(\mu_t) \subset S(A_{t,\boldsymbol{\delta}})$, hence $\bigcup_{t>\boldsymbol{\delta}}$ $\operatorname{supp}(\mu_t) \subset B\left(\sigma \prod_{i=1}^{n} \frac{1}{\sqrt{2\beta_i}}\right)$.

If $n = 1$, $\boldsymbol{\delta} \neq -\boldsymbol{\infty}$, then $\mu_t$ and $\mu_{t^{\mathrm{T}}}$ are singular $(\boldsymbol{t} \neq \boldsymbol{t}^{\mathrm{T}})$, i. e. $\mu_t \perp \mu_{t^{\mathrm{T}}}$; because the equation $1 - \mathrm{e}^{-2\boldsymbol{\beta}(t-\boldsymbol{\delta})} = l$ $(l \neq 1)$ has only one solution for $\boldsymbol{t}$, it is impossible $\mu_t \Leftrightarrow \mu_{t^{\mathrm{T}}}$, by the normality of $\mu_t$ and $\mu_{t^{\mathrm{T}}}$, we have $\mu_t \perp \mu_{t^{\mathrm{T}}}$.

Consider the four special cases:

(i) $r = -\infty$, $\boldsymbol{\delta} = -\boldsymbol{\infty}$;

(ii) $r = 0$, $\boldsymbol{\delta} = -\boldsymbol{\infty}$;

(iii) $r = -\infty$, $\boldsymbol{\delta} = \mathbf{0}$;

(iv) $r = 0$, $\boldsymbol{\delta} = \mathbf{0}$.

In cases (i) and (ii), for and $\boldsymbol{t} \neq \boldsymbol{\delta}$, $\boldsymbol{t}^{\mathrm{T}} \neq \boldsymbol{\delta}$, $\mu_t \Leftrightarrow \mu_{t^{\mathrm{T}}}$ by (7) and taking $l = 1$; $\mu_t$ concentrates on "sphere" with radius $\sigma \prod_{i=1}^{n} \frac{1}{\sqrt{2\beta_i}}$, independent of $\boldsymbol{t}$.

In cases (iii) and (iv), the absolute continuity in hierarchy holds, $\mu_t \Leftrightarrow \mu_{t^{\mathrm{T}}}$ when $\boldsymbol{t}$, $\boldsymbol{t}^{\mathrm{T}}$ belong to the same $G_{\boldsymbol{\delta}}^{l}$; $\mu_t$ concentrates on "sphere" with radius $\sigma \prod_{i=1}^{n} \sqrt{\frac{1-\mathrm{e}^{-2\beta_i t_i}}{2\beta_i}} = \sigma\sqrt{l} \prod_{i=1}^{n} \frac{1}{\sqrt{2\beta_i}}$.

In cases (i) and (iii), by hypothesis $X_{-\infty}=0$ and (2), $R_t(u,\ v) = C\mathrm{e}^{-\alpha|u-v|}$ (the constant $C$ is $\frac{\sigma^2}{2\alpha}\prod_{i=1}^{n}\frac{1}{2\beta_i}$ or $\frac{\sigma^2}{2\alpha}\prod_{i=1}^{n}\frac{1-\mathrm{e}^{-2\beta_i t_i}}{2\beta_i}$ separately). $X_t(\cdot)$ is a stationary, normal and Markov process.

Case (i) is more interesting for the correlation function

$$R_t(u,v) = \frac{\sigma^2}{2\alpha}\prod_{i=1}^{n}\frac{\mathrm{e}^{-\alpha|u-v|}}{2\beta_i} \qquad (u,v\in\mathbf{R}), \tag{12}$$

independent of $\boldsymbol{t}$. Noting $EX_t(u)=0$, the distribution $\mu_t=\mu$ on $W$ is also independent of $\boldsymbol{t}$, i. e. the distribution $\mu$ of process

$$X_t(\cdot) = \sigma\mathrm{e}^{-\alpha\cdot-\boldsymbol{\beta t}}\int_{-\infty}^{\cdot}\int_{-\infty}^{t}\mathrm{e}^{\alpha a+\boldsymbol{\beta b}}\boldsymbol{B}(\mathrm{d}a,\mathrm{d}\boldsymbol{b}) \tag{13}$$

is independent of $\boldsymbol{t}\in\mathbf{R}^n$.

**Corollary 1** For fixed $\boldsymbol{t}\in\mathbf{R}_{\boldsymbol{\delta}}^{n}$, the processes $\{X_t(u),\ u\geqslant r\}$ and $\{Y_t(u),\ u\geqslant r\}$

$$Y_t(u) = \mathrm{e}^{-\alpha u}\left[\mathrm{e}^{-\boldsymbol{\beta t}}X_r + \sigma\prod_{i=1}^{n}\sqrt{\frac{1-\mathrm{e}^{-2\beta_i(t_i-\delta_i)}}{2\beta_i}}\int_r^u \mathrm{e}^{\alpha a}\,\mathrm{d}B(a)\right] \tag{14}$$

are identically distributed.

This follows from

$$EY_t(u)Y_t(v) = \mathrm{e}^{-\alpha(u+v)}\left\{\mathrm{e}^{-2\boldsymbol{\beta t}}EX_r^2 + \sigma^2\prod_{i=1}^{n}\frac{1-\mathrm{e}^{-2\beta_i(t_i-\delta_i)}}{2\beta_i}\int_r^{u\wedge v}\mathrm{e}^{2\alpha a}\,\mathrm{d}a\right\},$$

which is the same as (2).

**Corollary 2** If $t_i\to+\infty(i=1,\ 2,\ \cdots,\ n)$, then $X_t(\cdot)\xrightarrow{\text{weak}}$

$X(\cdot)$, where $X(\cdot)$ is a normal random element in Wiener space W and $EX(u)=0$,

$$EX(u)X(v) = \frac{\sigma^2}{2\alpha}\prod_{i=1}^{n}\frac{1}{2\beta_i}\left[e^{-\alpha|u-v|} - e^{-\alpha(u+v-2r)}\right]. \tag{15}$$

Moreover, if $r=-\infty$, $X(\cdot)$ reduces to a normal process $X(s)$, $s\in[0, 1]$, with mean 0 and correlation function (12).

**Proof** Let all $t_i\to+\infty$ in (2) we get (15). Hence the finite dimensional distribution converges to that of $X(\cdot)$. We see from (2) the boundness of $R_t(u, v)$ in positive $\boldsymbol{t}$; and since $\mu_t$ is normal, it follows the tightness of $\{\mu_t\}$[6]. Therefore $X_t(\cdot)\xrightarrow{\text{weak}}X(\cdot)$ or $\mu_t\xrightarrow{\text{weak}}\mu$($\mu$ is the distribution of $X(\cdot)$ in $W$). ■

Now consider the $d$-dimensional Wiener space $W^d=C([0, 1], \mathbf{R}^d)$. Take white noises $\boldsymbol{B}_i$ and normal, mean 0 random variables $X_r^{(i)}$ ($i=1, 2, \cdots, d$; $X_{-\infty}^{(i)}=0$). Suppose that $\{\boldsymbol{B}_i, X_r^{(i)}, i=1, 2, \cdots, d\}$ are independent. Define

$$X_t^{(i)}(\cdot) = e^{-\alpha\cdot-\boldsymbol{\beta t}}\left[X_r^{(i)} + \sigma\int_r^{\cdot}\int_{\boldsymbol{\delta}}^{\boldsymbol{t}} e^{\alpha a+\boldsymbol{\beta b}}\boldsymbol{B}_i(\mathrm{d}a, \mathrm{d}\boldsymbol{b})\right]. \tag{16}$$

Then $Z_t(\cdot):=(X_t^{(1)}(\cdot), X_t^{(2)}(\cdot), \cdots, X_t^{(d)}(\cdot))$ is a random element with values in $W^d$. We call $\{Z_t(\cdot), \boldsymbol{t}\in\mathbf{R}_{\boldsymbol{\delta}}^n\}$ then $n$-parameter $+\infty^d$-dimentional $(r, \boldsymbol{\delta})$-Ornstein-Uhlenbeck process ($(r, \boldsymbol{\delta})-\mathrm{OUP}_n^{+\infty\, d}$). For fixed $\boldsymbol{t}$, let $\overline{\mu_t}$ be the distribution of $Z_t(\cdot)$ in $W^d$. By independence

$$\overline{\mu_t}=\mu_t\times\mu_t\times\cdots\times\mu_t:=\mu_t^n. \tag{17}$$

**Lemma 2** Let $P$, $Q$ be two finite measures on a measurable space $(E, \mathscr{B})$. Then $P\Leftrightarrow Q$ if and only if for some (or for all) positive integer $n$, the product measures $P^n\Leftrightarrow Q^n$.

The lemma follows from the following fact which can be easily proved by $\lambda-\pi$ method[7]: if $\frac{\mathrm{d}P}{\mathrm{d}Q}=f(x)$, then $\frac{\mathrm{d}P^n}{\mathrm{d}Q^n}=\prod_{i=1}^{n} f(x_i)(x,x_i\in E)$; inversely if $\frac{\mathrm{d}P^n}{\mathrm{d}Q^n}=g(x_1, x_2, \cdots, x_n)$, then $\frac{\mathrm{d}P}{\mathrm{d}Q}=\frac{f(x)}{(P(E))^{n-1}}$, where

$$f(x)=\int_E\cdots\int_E g(x,x_2,x_3,\cdots,x_n)Q(\mathrm{d}x_2)\cdots Q(\mathrm{d}x_n).$$

From Theorem 1 and Lemma 2 we have

**Theorem 2** For fixed $\boldsymbol{t}\in\mathbf{R}_{\boldsymbol{\delta}}^n$, $\boldsymbol{t}^{\mathrm{T}}\in\mathbf{R}_{\boldsymbol{\delta}}^n$, $\boldsymbol{t}\neq\boldsymbol{\delta}$, $\boldsymbol{t}^{\mathrm{T}}\neq\boldsymbol{\delta}$, $\bar{\mu}_t\Leftrightarrow\bar{\mu}_{t^{\mathrm{T}}}$ iff

$$\prod_{i=1}^{n}(1-\mathrm{e}^{-2\beta_i(t_i-\delta_i)})=\prod_{i=1}^{n}(1-\mathrm{e}^{-2\beta_i(t_i-\delta_i)(t_i^{\mathrm{T}}-\delta_i)}).$$

Take nonempty set $A\subset(1, 2, \cdots, n)$.

**Theorem 3** If $t_i\to+\infty(i\in A)$, then $Z_t(\cdot)\xrightarrow{\text{weak}}Z(\cdot)$, where $Z(\cdot)=(X^{(1)}(\cdot), X^{(2)}(\cdot), \cdots, X^{(d)}(\cdot))$ is a normal element with values in $W^d$,

$$EZ(u)=0,$$

$$E(Z^{\mathrm{T}}(u)Z(v))=(EX^{(k)}(u)X^{(l)}(v))$$

$$=\sigma^2\frac{\mathrm{e}^{-\alpha|u-v|}-\mathrm{e}^{-\alpha(u+v-2r)}}{2\alpha}\prod_{i\in A}\frac{1}{2\beta_i}\prod_{j\notin A}\frac{1-\mathrm{e}^{-2\beta_j(t_j-\delta_j)}}{2\beta_j}I_d, \tag{18}$$

where $I_d$ is the unit matrix $(\delta_{ij})$ of order $d$.

Moreover, if $A=(1, 2, \cdots, n)$, then

$$E(Z^{\mathrm{T}}(u)Z(v))=\frac{\sigma^2}{2\alpha}\prod_{i=1}^{n}\frac{1}{2\beta_i}\mathrm{e}^{-\alpha|u-v|}I_d,$$

which reduces to (12) when $d=1$.

**Proof** $Z_t(\cdot)$ is a random normal element in $W^d$, $EZ_t(u)=0$. Correlation matrix is

$$EZ_t^{\mathrm{T}}(u)Z_t(v)=(EX_t^{(k)}(u)X_t^{(l)}(v))=(r_t^{k,l}(u,\ v)).$$

Using the same method as in (2) we calculate $r_t^{k,l}(u,\ v)$.

$$r_t^{k,l}(u,v)=E\left\{\mathrm{e}^{-\alpha u-\boldsymbol{\beta t}}\left[X_r^{(k)}+\sigma\int_r^u\int_{\boldsymbol{\delta}}^{\boldsymbol{t}}\mathrm{e}^{\alpha a+\boldsymbol{\beta b}}\boldsymbol{B}_k(\mathrm{d}a,\mathrm{d}\boldsymbol{b})\right].\right.$$

$$\left.\mathrm{e}^{-\alpha v-\boldsymbol{\beta t}}\left[X_r^{(l)}+\sigma\int_r^v\int_{\boldsymbol{\delta}}^{\boldsymbol{t}}\mathrm{e}^{\alpha a+\boldsymbol{\beta b}}\boldsymbol{B}_l(\mathrm{d}a,\mathrm{d}\boldsymbol{b})\right]\right\}.$$

By the independence of $\{X_r^{(l)},\ B_l(\cdot),\ l=1,\ 2,\ \cdots,\ d\}$ and $EX_r^{(l)}=0$, for $k\neq l$, three terms involving integrals are 0, so that

$$r_t^{k,l}(u,\ v)=A_tEX_r^{(k)}X_r^{(l)},$$

where $A_t=\mathrm{e}^{-\alpha(u+v)-2\boldsymbol{\beta t}}$. Denote

$$\sum_{t,r}=\sigma^2\,\frac{\mathrm{e}^{-\alpha|u-v|}-\mathrm{e}^{-\alpha(u+v-2r)}}{2\alpha}\prod_{i=1}^{n}\frac{1-\mathrm{e}^{-2\beta_i(t_i-\delta_i)}}{2\beta_i}. \tag{19}$$

The elements on the diagonal are

$$r_t^{k,k}(u,v)=A_tE(X_r^{(k)})^2+\sum_{t,r},$$

therefore

$$EZ_t^{\mathrm{T}}(u)Z_t(v)=A_t(EX_r^{(k)}X_r^{(l)})I_d+\sum_{t,r}I_d. \tag{20}$$

When $t_i\to+\infty\ (i\in A)$, $A_t\to 0$, and by (19) $\sum_{t,r}I_d$ approaches the right side of (18), so that $Z_t(\cdot)\to Z(\cdot)$ in the sense of convergence of finite dimensional distributions. Since $r_t^{k,l}(u,\ v)$ is bounded in positive $\boldsymbol{t}$, $Z_t(\cdot)\to Z_t(\cdot)$ weakly. ■

**Acknowledgement**

This work was supported by the National Natural Science Foundation of China (Grant No. 19671011) and the Doctor Foundation of the State Education commision of China.

## References

[1] Rozanov Yu A. Markov Random Fields. New York: Springer-Verlag, 1982.

[2] Walsh J B. An introduction to stochastic partial differential equations. Lecture Notes in Mathematics, New York: Springer-Verlag, 1986, 1 180: 267.

[3] Wang Zikun. Multi-parameter infinte dimensional OU process and Brownian motion. Acta Mathematica Scientia, 1993, 13(4): 455.

[4] Xia Daoxing. Measures and Integration on Infinite Dimensional Space (in Chinese). Shanghai: Shanghai Science and Technology Press, Vol. 1, 1965.

[5] Yeh J. Stochastic Processes and the Wiener Integral. New York: Marcel Dekker Inc. , 1973.

[6] Billingsley P. Convergence of Probability Measures. New York: John Wiley and Sons, 1968.

[7] Wang Zikun. Theory of Stochastic Processes (in Chinese). Beijing: Beijing Normal Univ. Press, 1996.

数学进展，1999，28(2)

# Measure-Valued Branching Processes and Immigration Processes①

**Abstract** This is a survey on the theory of measure-valued branching processes (Dawson-Watanabe superprocesses) and their associated immigration processes formulated by skew convolution semigroups. The following main topics are included: convergence of branching particle systems, basic regularities and limit theorems of superprocesses, non-linear differential equations, modifications of the branching models, skew convolution semigroups and entrance laws, construction of immigration processes from Kuznetsov processes.

**Keywords** branching process; measure-valued; particle system; immigration; skew convolution semigroup; entrance law; Kuznetsov measure.

---

① Received: 1997-10-13. Revised: 1998-04-10.

Research supported by the National Natural Science Foundation of China (Grant No. 19361060 and Grant No. 19671011) and the Mathematical Center of the State Education Commission of China.

本文与李增沪合作.

# § 1. Introduction

Suppose that $E$ is a Lusin topological space, i. e. , a homeomorphism of a Borel subset of a compact metric space, with the Borel $\sigma$-algebra $\mathcal{B}(E)$. Denote by $B(E)$ the set of bounded $\mathcal{B}(E)$ measurable functions on $E$, and $C(E)$ the subspace of $B(E)$ comprising continuous functions. The subsets of positive members of the function spaces are denoted by the superscript "+"; e. g. , $B(E)^+$, $C(E)^+$. Let $M(E)$ be the totality of finite measures on $(E, \mathcal{B}(E))$. We topologize $M(E)$ by the weak convergence topology, so it also becomes a Lusin space. Put $M(E)^\circ = M(E) \setminus \{0\}$, where 0 denotes the null measure on $E$. For $f \in B(E)$ and $\mu \in M(E)$, write $\mu(f)$ for $\int_E f \, \mathrm{d}\mu$. Suppose that $X$ is a Markov process in $M(E)$ with transition semigroup $(Q_t)_{t \geqslant 0}$. It is natural to call $X$ a *measure-valued branching process* (MB-process) provided

$$Q_t(\mu_1 + \mu_2, \cdot) = Q_t(\mu_1, \cdot) * Q_t(\mu_2, \cdot), \quad t \geqslant 0, \ \mu_1, \mu_2 \in M(E), \tag{1.1}$$

where " $*$ " denotes the convolution operation. For $f \in B(E)^+$ set

$$V_t f(x) = -\lg \int_{M(E)} \mathrm{e}^{-\nu(f)} Q_t(\delta_x, \mathrm{d}\nu), \quad t \geqslant 0, x \in E, \tag{1.2}$$

where $\delta_x$ denote the unit mass concentrated at $x \in E$. Throughout this paper we assume that, for every $l \geqslant 0$ and $f \in B(E)^+$, the function $V_t f(x)$ of $(t, x)$ restricted to $[0, l] \times E$ is bounded. We call $X$ a regular MB-process provided

$$\int_{M(E)} \mathrm{e}^{-\nu(f)} Q_t(\mu, \mathrm{d}\nu) = \exp\{-\mu(V_t f)\}, \quad t \geqslant 0, \mu \in M(E). \tag{1.3}$$

When this is satisfied, the operators $(V_t)_{t\geqslant 0}$ form a semigroup which is called the cumulant semigroup of $X$. See e.g. Silverstein (1969) and Watanabe (1968). That an MB-process is not necessarily regular was shown in Dynkin et al. (1994). In the sequel of this paper all MB-processes are assumed regular.

Suppose that $\xi = (\Omega, \mathcal{F}, \mathcal{F}_t, \xi_t, \mathbf{P}_x)$ is a Borel right process in $E$ with semigroup $(P_t)_{t\geqslant 0}$ and $\phi$ is a function on $E \times [0, +\infty)$ given by

$$\phi(x, z) = b(x)z + c(x)z^2 + \int_0^{+\infty} (\mathrm{e}^{-zu} - 1 + zu) m(x, \mathrm{d}u),$$
$$x \in E, z \geqslant 0, \tag{1.4}$$

where $b \in B(E)$, $c \in B(E)^+$ and $[u \wedge u^2] m(x, \mathrm{d}u)$ is a bounded kernel from $E$ to $(0, +\infty)$. From a general construction in Fitzsimmons (1988, 1992), the evolution equation

$$V_t f(x) + \int_0^t \mathrm{d}s \int_E \phi(y, V_s f(y)) P_{t-s}(x, \mathrm{d}y) = P_t f(x),$$
$$t \geqslant 0, \quad x \in E, \tag{1.5}$$

defines the cumulant semigroup $(V_t)_{t\geqslant 0}$ of an MB-process, which is called a Dawson-Watanabe superprocess with parameters $(\xi, \phi)$, or simply a $(\xi, \phi)$-superprocess. The $(\xi, \phi)$-superprocesses constitute a rich class of infinite dimensional processes currently under rapid development. Such processes first arose as the high density limits of branching particle systems; see Feller (1951), Jiřina (1958, 1964), Watanabe

(1968), etc. The development of this subject has been stimulated from different subjects including branching processes, interacting particle systems, stochastic partial differential equations and non-linear partial differential equations; see Dawson (1992, 1993). The study of MB-processes has also led to better understanding of some results in those subjects.

An MB-process describes the evolution of a population that evolves according to the law of chance. Typical examples of the model are biological populations in isolated regions, families of neutrons in nuclear reactions, cosmic ray showers and so on. If we consider a situation where there are some additional sources of population from which immigration occurs during the evolution, we need to consider measure-valued branching processes with immigration (MBI-processes). This type of modification is familiar from the branching process literature; see e.g. Athreya and Ney (1972), Dawson and Ivanoff (1978), Ivanoff (1981), Kawazu and Watanabe (1971), Li (1992b) and Shiga (1990). From the view point of applications to physical and biological sciences, the immigration processes are clearly of great importance. For instance, a typical unadulterated branching process started with a finite initial state goes either extinction or explosion at large times, which is not desired for the transformation process of particles in a nuclear reactor, but the situation can be changed if we consider a subcritical branching process and support it with immigration.

A class of immigration processes associated with the MB-process may be formulated as follows. Let $(N_t)_{t\geqslant 0}$ be a family of probability measures on $M(E)$. We call $(N_t)_{t\geq 0}$ a skew convolution semigroup associated with $X$ or $(Q_t)_{t\geq 0}$ if

$$N_{r+t}=(N_r Q_t) * N_t, \qquad r, t\geqslant 0. \tag{1.6}$$

The relation (1.6) holds if and only if

$$Q_t^N(\mu, \cdot):=Q_t(\mu, \cdot) * N_t, \qquad t\geqslant 0, \mu\in M(E) \tag{1.7}$$

defines a Markov semigroup $(Q_t^N)_{t\geq 0}$ on $M(E)$. If $Y$ is a Markov process in $M(E)$ having transition semigroup $(Q_t^N)_{t\geq 0}$, we call it an MBI-process, or simply an immigration process, associated with $X$. The intuitive meaning of the immigration process is clear from (1.7), that is, $Q_t(\mu, \cdot)$ is the distribution of descendants of the people distributed as $\mu\in M(E)$ at time zero and $N_t$ gives the distribution of descendants of the people immigrating to $E$ in the time interval $(0, t]$. The definition (1.7) is similar to the construction of a Lévy's transition semigroup from the usual convolution semigroup. If $Q_t(\mu, \cdot)\equiv$ unit mass at $\mu$, then $(N_t)_{t\geq 0}$ becomes a usual convolution semigroup. In this sense, the immigration process is a generalized form of the celebrated Lévy process.

The study of the immigration processes strongly depends on probabilistic potential theory. The skew convolution semigroup may be characterized in terms of an infinitely divisible probability entrance law for $(Q_t)_{t\geq 0}$. For the Dawson-Watanabe superprocess an infinitely divisible probability entrance law is determined uniquely by an infinitely divisible probability measure on the space of entrance laws for the underlying process. A general immigration process may be constructed using the Kuznetsov process determined by an entrance rule. The stationary distributions of immigration processes may be represented by excessive measures, and the abstract results in potential theory of excessive measures may be interpreted immediately in terms of stationary immigration processes. The MBI-processes involve more complicated trajectory structures than the processes without immigration. An immigration process associated with the Borel right superprocess does not always have a right continuous realization, and this irregularity is caused by the immigrants coming in from some boundary points of the underlying space $E$. For instance, if $\xi$ is a minimal (absorbing barrier) Brownian motion in $(0, +\infty)$, a non-right-continuous immigration process may be generated by cliques of immigrants with infinite mass entering from the origin. There are interesting central limit theorems for the stationary immigration processes, which give rise to a class of Ornstein-Uhlenbeck processes with distribution values.

The object of this paper is to give a brief introduction to the measure-valued branching processes and their associated immigration processes formulated by skew convolution semigroups. It is our hope that this would help the reader to pursue the lecture notes of Dawson (1993) and the extensive amount of original articles in the subject. The paper is written in English to use the TeX files of our previous papers. We hope that this will not bring much inconvenience to our Chinese readers. The paper is organized as follows. Section 2 contains some basic facts on classical branching processes. In Section 3 we introduce the branching particle systems which is a natural generalization of the classical continuous time branching processes. The Dawson-Watanabe superprocesses arise as high density, small particle approximation of the branching particle systems. The basic regularities and path structures of superprocesses are discussed in Section 4. In Section 5 we describe the work of Dynkin and Le Gall on applications of superprocesses and stochastic snakes to non-linear differential equations. The ergodic theory and asymptotic behavior of superprocess are discussed in Section 6. In Section 7 we describe some modifications of the Dawson-Watanabe superprocess. The skew convolution semigroups associated with MB-processes and branching particle systems are defined in Sections 8 and 9, respectively. In Section 10 we construct the sample paths of general immigration processes using Kuznetsov processes and consider the a. s. behavior of the latter. In Section 11, we discuss immigration processes over a minimal Brownian motion.

## § 2. Classical branching processes

A discrete time and state branching process (Galton-Watson process) is an integer-valued Markov chain $\{Z_n: n\in \mathbf{N}^*\}$ with transition probabilities $P(i, j)$ determined in terms of a given probability distribution $\{p_k: k\in \mathbf{N}^*\}$ by

$$P(i, j)=\begin{cases} p_j^{*i}, & \text{if } i\geqslant 1 \text{ and } j\geqslant 0, \\ \delta_{0j}, & \text{if } i=0 \text{ and } j\geqslant 0, \end{cases} \tag{2.1}$$

where $\{p_k^{*i}: k\in \mathbf{N}^*\}$ denotes the $i$-fold convolution of $\{p_k: k\in \mathbf{N}^*\}$.

The process $\{Z_n: n\in \mathbf{N}^*\}$ describes the evolution of a particle population. The population starts at time zero with $Z_0$ particles, each of which after a unit of time splits into a random number of offspring according to the law $\{p_k: k\in \mathbf{N}^*\}$. The total number $Z_1$ of offspring is then the sum of $Z_0$ random variables. These constitutes the first generation and go on to produce the second generation of $Z_2$ particles, and so on. It is assumed that the number of offspring produced by a single parent at any time is independent of the history of the population, and of other particles existing at present. The branching processes were first introduced to study the extinction of family names in the British peerage; see Watson and Galton (1874). Since then the study of these processes has gone a long history, interwoven with a number of applications in physical and biological sciences; see e. g. Harris (1963).

An important tool in the study of the branching process is the generating

$$f(s)=\sum_{k=0}^{+\infty}p_k s^k,\quad |s|\leqslant 1. \tag{2.2}$$

Define the iterates

$$f_0(s)=s \text{ and } f_n(s)=f(f_{n-1}(s)) \text{ for } n\geqslant 1. \tag{2.3}$$

Let $P_n(i,\ j)$ denote the $n$-step transition probabilities. Then we have

$$f_n(s)=\sum_{j=0}^{+\infty}P_n(1,j)s^j,\quad |s|\leqslant 1. \tag{2.4}$$

Moreover, by (2.1) and the Markov property one finds easily

$$\sum_{j=0}^{+\infty}P_n(i,j)s^j=\Big[\sum_{j=0}^{+\infty}P_n(1,j)s^j\Big]^i,\quad |s|\leqslant 1 \tag{2.5}$$

for all $i,\ n\in\mathbf{N}^*$. The above equation characterizes the basic branching property of the process.

In the Galton-Watson process, the lifetime of each particle is one unit of time. A natural generalization is to allow these lifetimes to be random variables. An integer -valued Markov process $\{Z_t:\ t\geqslant 0\}$ is called a continuous time branching process if its transition probabilities $P_t(i,\ j)$ satisfy

$$\sum_{j=0}^{+\infty}P_t(i,j)s^j=\Big[\sum_{j=0}^{+\infty}P_t(1,j)s^j\Big]^t,\quad t\geqslant 0\ |s|\leqslant 1 \tag{2.6}$$

for all $i\in\mathbf{N}^*$. From this property it follows that there exist

$$a>0,p_i\geqslant 0,\sum_{i=0}^{+\infty}p_i=1,$$

such that as $t\to 0$ we have

$$\begin{cases}P_t(i,\ j)=iap_{j-i+1}t+o(t), & \text{if } j\geqslant i-1 \text{ and } j\neq i,\\ P_t(i,\ i)=1-iat+o(t), & \\ P_t(i,\ j)=o(t), & \text{if } j<i-1.\end{cases} \tag{2.7}$$

The transition probabilities $P_t(i, j)$ can be characterized by $\{a, p_k: k \in \mathbf{N}^*\}$ as solutions of the Kolmogorov forward and backward equations. The sequence $\{a, p_k: k \in \mathbf{N}^*\}$ has clear probabilistic interpretations in terms of the branching process $\{Z_t: t \geqslant 0\}$. If a particle is alive a certain time, its additional life length is a random variable which is exponentially distributed with parameter $a > 0$. Upon its death it leaves $k \geqslant 0$ offspring with probability $p_k$. All the particles act independently of other particles, and of the history of the process.

For both the discrete and continuous time branching processes, the limit theorems constitute an important part of the theory. We refer the reader to Athreya and Ney (1972) for a unified treatment of the limit theorems for discrete state branching processes and for a representive selection from the extensive amount of original articles; see also Pakes (1997) for some recent developments of the theory.

# § 3. Branching particle systems

**3.1** Let us describe a generalization of the continuous time branching process. Let $N(E)$ be the subspace of $M(E)$ comprising integer-valued measures and let $N(E)^{\circ}=N(E)\setminus\{0\}$. Suppose that $X=(W,\ \mathcal{G},\ \mathcal{G}_t,\ X_t,\ Q_\sigma)$ is a Markov process in $N(E)$ with transition semigroup $(Q_t)_{t\geqslant 0}$. We call $X$ a branching particle system provided

$$Q_t(\sigma_1+\sigma_2,\ \cdot\ )=Q_t(\sigma_1,\ \cdot\ )*Q_t(\sigma_2,\ \cdot\ ),\quad t\geqslant 0,\ \sigma_1,\ \sigma_2\in N(E). \tag{3.1}$$

The process $X$ describes the evolution of a population of particles that migrate and propagate independently of each other in the space $E$. For $f\in B(E)^+$, let

$$U_t f(x)=-\lg\int_{N(E)}\mathrm{e}^{-\nu(f)}Q_t(\delta_x,\mathrm{d}\nu),\quad t\geqslant 0,x\in E. \tag{3.2}$$

From (3.1) and (3.2) it follows that

$$\int_{N(E)}\mathrm{e}^{-\nu(f)}Q_t(\sigma,\mathrm{d}\nu)=\exp\{-\sigma(U_t f)\},\quad t\geqslant 0,\sigma\in N(E). \tag{3.3}$$

The above formula can be regarded as a generalized form of (2.6). In the sequel, we shall always assume that for every $l\geqslant 0$ and $f\in B(E)^+$, the function $U_t f(x)$ of $(t,\ x)$ restricted to $[0,\ l]\times E$ is bounded.

**3.2** Let $\xi$ be a Borel right process in $E$ with conservative transition semigroup $(P_t)_{t\geqslant 0}$. Let $\gamma(\ \cdot\ )\in B(E)^+$ and $g(\ \cdot\ ,$

$\cdot) \in B(E\times[0, 1])^{+}$. Suppose that for each fixed $x\in E$, $\cdot\, g(x, \cdot)$ coincides on $[0, 1]$ with a probability generating function and that $g_z'(\cdot, 1^-)\in B(E)^{+}$. Set

$$\rho(r,t)=\exp\left\{-\int_r^t \gamma(\xi_s)\mathrm{d}s\right\}.$$

A branching particle system $X$ is called a$(\xi, \gamma, g)$-system if its transition probabilities are determined by (3.3) with $u_t(x)=U_tf(x)$ being the unique positive solution to the evolute equation

$$\begin{aligned}&\mathrm{e}^{-u_t(x)}\\&=P_x\rho(0,t)\mathrm{e}^{-f(\xi_t)}+P_x\left\{\int_0^t\rho(0,s)g(\xi_s,\exp\{-u_{t-s}(\xi_s)\})\gamma(\xi_s)\mathrm{d}s\right\}.\end{aligned}\tag{3.4}$$

The heuristic meaning of the $(\xi, \gamma, g)$-system is as follows. The particles in $E$ move randomly according to the laws given by the transition probabilities of $\xi$. For a particle which is alive at time $r$ and follows the path $\{\xi_s: s\geqslant r\}$, the conditional probability of survival during the time interval $[r, t]$ is $\rho(r, t)$. When the particle dies at a point $x\in E$, it gives birth to a random number of offspring according to the generating function $g(x, \cdot)$ and the offspring then move and propagate in $E$ in the same fashion as their parents. It is assumed that the migrations, the life times and the branchings of the particles are independent of each other. The equation (3.4) follows as we think about that if a particle starts moving from point $x$ at time zero, it follows a path of $\xi$ and does not branch before time $t\geqslant 0$, or it splits at time $s\in(0, t]$. See Dynkin (1991a) for a vigorous construction of the $(\xi, \gamma, g)$-system.

It is easy to check that

$$\int_0^t \rho(s,t)\gamma(\xi_s)\mathrm{d}s = 1-\rho(0,t), \quad t \geqslant 0. \tag{3.5}$$

Using (3.5) and the Markov property we have

$$\begin{aligned}
&\int_0^t P_x\{\gamma(\xi_s)P_{\xi_s}[\rho(0,t-s)\exp\{-f(\xi_{t-s})\}]\}\mathrm{d}s \\
&= \int_0^t P_x[\gamma(\xi_s)\rho(s,t)\exp\{-f(\xi_t)\}]\mathrm{d}s \\
&= P_x\{[1-\rho(0,t)]\exp\{-f(\xi_t)\}\}.
\end{aligned} \tag{3.6}$$

Similarly we have

$$\begin{aligned}
&\int_0^t \mathrm{d}s\int_0^{t-s} P_x\{\gamma(\xi_s)P_{\xi_s}[\rho(0,r)g(\xi_r,\exp\{-u_{t-s-r}(\xi_r)\})\gamma(\xi_r)]\mathrm{d}r\} \\
&= \int_0^t \mathrm{d}s\int_0^{t-s} P_x[\gamma(\xi_s)\rho(s,r+s)g(\xi_{r+s},\exp\{-u_{t-s-r}(\xi_{r+s})\})\gamma(\xi_{r+s})]\mathrm{d}r \\
&= \int_0^t \mathrm{d}s\int_0^{r} P_x[\gamma(\xi_s)\rho(s,r)g(\xi_r,\exp\{-u_{t-r}(\xi_r)\})\gamma(\xi_r)]\mathrm{d}s \\
&= \int_0^t P_x\{1-\rho(0,r)\gamma(\xi_r)g(\xi_r,\exp\{-u_{t-r}(\xi_r)\})\}\mathrm{d}r.
\end{aligned} \tag{3.7}$$

Adding up both sides of (3.6) and (3.7) and using (3.4) we get

$$\begin{aligned}
&\int_0^t P_x[\gamma(\xi_{t-s})\exp\{-u_s(\xi_{t-s})\}]\mathrm{d}s \\
&= P_x\exp\{-f(\xi_t)\} - \exp\{-u_t(x)\} + \\
&\int_0^t P_x[\gamma(\xi_{t-s})g(\xi_{t-s},\exp\{-u_s(\xi_{t-s})\})]\mathrm{d}s.
\end{aligned}$$

We shall simply write the above equation as

$$\mathrm{e}^{-u_t} = P_t\mathrm{e}^{-f} - \int_0^t P_{t-s}[\gamma(\mathrm{e}^{-u_s} - g(\mathrm{e}^{-u_s}))]\mathrm{d}s. \tag{3.8}$$

By Gronwall's inequality one sees that (3.8) has a unique solution, so it is an equivalent form of (3.4). See also Dawson (1993) and Dynkin (1991a). Let

$$J_t f(x) = 1 - \exp\{-U_t f(x)\}. \tag{3.9}$$

By (3.8) we have

$$J_t f(x) + \int_0^t \mathrm{d}s \int_E \varphi(y, J_s f(y)) P_{t-s}(x, \mathrm{d}y) = P_t(1 - \mathrm{e}^{-f})(x), \tag{3.10}$$

where

$$\varphi(x, z) = \gamma(x)[g(x, 1-z) - (1-z)], \qquad x \in E, \ 0 \leqslant z \leqslant 1, \tag{3.11}$$

The transition semigroup of the $(\xi, \gamma, g)$-system can also be determined by (3.3)(3.9) and (3.10). Clearly, this characterization of the system applies even for a non-conservative underlying semigroup $(P_t)_{t\geqslant 0}$.

**3.3** Suppose that we have a sequence of branching particle systems $\{X_t(k): t\geqslant 0\}$ with parameters $(\xi, \gamma_k, g_k)$, $k\in \mathbf{N}^*$. Then $\{X_t^{(k)} := k^{-1} X_t(k): t\geqslant 0\}$ is a Markov process in $M_k(E) := \left\{\frac{\sigma}{k}: \sigma\in N(E)\right\}$. By (3.3) and (3.5) the transition probabilities of $\{X_t^{(k)}: t \geqslant 0\}$ are determined by

$$\mathbf{Q}_\sigma^{(k)} \exp\{-X_t^{(k)}(f)\} = \exp\{-\sigma(k u_t^{(k)})\}, \tag{3.12}$$

where $u_t^{(k)}(x) \equiv u_t^{(k)}(x, f)$ is the solution to

$$\mathrm{e}^{-u_t^{(k)}} = P_t \mathrm{e}^{-\frac{f}{k}} - \int_0^t P_{t-s}[\gamma_k(\mathrm{e}^{-u_s^{(k)}} - g_k(\mathrm{e}^{-u_s^{(k)}}))]\mathrm{d}s. \tag{3.13}$$

Take $\mu\in M(E)$ and assume that $X_0(k)$ is a Poisson random measure on $E$ with intensity $k_\mu$. Let $\mathbf{Q}_{(\mu)}^{(k)}$ denote the conditional law of $\{X_t^{(k)}: t\geqslant 0\}$. Then we have

$$\mathbf{Q}_{(\mu)}^{(k)} \exp\{-X_t^{(k)}(f)\} = \exp\{-\mu(v_t^{(k)})\}, \tag{3.14}$$

with $v_t^{(k)}(x) \equiv v_t^{(k)}(x, f)$ defined by

$$v_t^{(k)}(x) = k[1 - \exp\{-u_t^{(k)}(x)\}]. \tag{3.15}$$

From (3.13) it follows that

$$v_t^{(k)}(x)+\int_0^t P_{t-s}[\phi_k(v_s^{(k)})]\mathrm{d}s = P_t k[1-\mathrm{e}^{-\frac{f}{k}}], \quad (3.16)$$

where

$$\phi_k(x, z)=k\gamma_k(x)\left[g_k\left(x, 1-\frac{z}{k}\right)-\left(1-\frac{z}{k}\right)\right], \quad 0\leqslant z\leqslant k. \quad (3.17)$$

Note that transition probabilities of the sequence $\{X_t^{(k)}: t\geqslant 0\}$ can also be characterized by (3.12)(3.15) and (3.16), which are applicable even when $(P_t)_{t\geqslant 0}$ is non-conservative.

**Lemma 3.1** (Li, 1991) Assume that for each $l\geqslant 0$, on the set $E\times[0, l]$ of $(x, z)$, the sequence $\phi_k(x, z)$ defined by (3.17) is uniformly Lipschitz in $z$ and $\phi_k(x, z)\to\phi(x, z)$ uniformly as $k\to+\infty$. Then $\phi(x, z)$ has the representation (1.4).

**Theorem 3.1** (Dynkin, 1991a) Under the conditions of Lemma 3.1, both $v_t^{(k)}(x, f)$ and $ku_t^{(k)}(x, f)$ converge as $k\to+\infty$ to the solution $V_t f(x)$ of (1.5) boundedly and uniformly on the set $[0, l]\times E$ of $(t, x)$ for every $l\geqslant 0$. Thus the finite-dimensional distributions of $\{X_t^{(k)}: t\geqslant 0\}$ under $\mathbf{Q}_{(\mu)}^{(k)}$ converge to those of the $(\xi, \phi)$-superprocess with initial state $\mu$.

## § 4. Dawson-Watanabe superprocesses

**4.1** The basic regularities of the general $(\xi, \phi)$-superprocess were studied in Fitzsimmons (1988, 1992); see also Dynkin (1993b). Let $W$ denote the space of all right continuous paths $\omega$: $[0, +\infty) \to M(E)$ with the coordinate process denoted by $\{X_t(\omega): t \geqslant 0\}$. Let $(\mathcal{G}^\circ, \mathcal{G}_t^\circ)$ denote the natural $\sigma$-algebras on $W$. Then we have

**Theorem 4.1** (Fitzsimmons, 1988) For each $\mu \in M(E)$ there is a unique probability measure $\mathbf{Q}_\mu$ on $(W, \mathcal{G}^\circ)$ such that $\mathbf{Q}_\mu\{X_0 = \mu\} = 1$ and $\{X_t: t \geqslant 0\}$ under $\mathbf{Q}_\mu$ is a Markov process with transition semigroup $(Q_t)_{t \geqslant 0}$. Furthermore, the system $(\mathrm{W}, \mathcal{G}, \mathcal{G}_t, X_t, \mathbf{Q}_\mu)$ is a Borel right process, where $(\mathcal{G}, \mathcal{G}_t)$ is the augmentation of $(\mathcal{G}^\circ, \mathcal{G}_{t+}^\circ)$ by the system $\{\mathbf{Q}_\mu: \mu \in M(E)\}$.

Let $A$ be the generator of $(P_t)_{t \geqslant 0}$. Then we may rewrite (1.5) into the equivalent differential form

$$\frac{\partial}{\partial t} V_t f(x) = A V_t f(x) - \phi(x, V_t f(x)),$$
$$V_0 f(x) = f(x), \quad t \geqslant 0, \ x \in E. \tag{4.1}$$

This leads through a formal calculation to the generator $L$ of the superprocess:

$$LF(\mu) = \int_E [AF'(\mu)(x) - b(x)F'(\mu, x)]\mu(\mathrm{d}x) +$$
$$\int_E c(x) F''(\mu, x)\mu(\mathrm{d}x) + \int_E \mu(\mathrm{d}x) \int_0^{+\infty} [F(\mu + u\delta_x) -$$

$$F(\mu) - uF'(\mu, x)]m(x, \mathrm{d}u), \tag{4.2}$$

where

$$F'(\mu,\ x) = \lim_{r\downarrow 0}\frac{1}{r}[F(\mu + r\delta_x) - F(\mu)]$$

and $F''(\mu,\ x)$ is defined by the limit with $F(\mu)$ replaced by $F'(\mu,\ x)$. It was proved in Fitzsimmons (1988) that $\{\mathbf{Q}_\mu:\ \mu\in M(E)\}$ is the unique solution of the martingale problem associated with the generator $L$. Based on this martingale characterization Fitzsimmons (1988) obtained the following

**Theorem 4.2** (Fitzsimmons, 1988) Suppose that $\xi$ is a conservative Hunt process and $m(x,\ \cdot) = 0$ for all $x \in E$. Then the process $\{X_t:\ t \geqslant 0\}$ is a. s. continuous under $\mathbf{Q}_\mu$ for every $\mu \in M(E)$.

The weighted occupation time $\int_0^t X_s \mathrm{d}s$ is a powerful tool in the study of the $(\xi,\ \phi)$-superprocess. For any $\mu\in M(E)$ and $f, g \in B(E)^+$ we have

$$\mathbf{Q}_\mu \exp\left\{- X_t(f) - \int_0^t X_s(g)\mathrm{d}s\right\} = \exp\{- \mu(V_t(f,g))\}, \tag{4.3}$$

Where $V_t(f,g)(x) \equiv u_t(x)$ is the unique bounded, positive solution to

$$u_t(x) + \int_0^t \mathrm{d}s \int_E \phi(y, u_s(y))P_{t-s}(x, \mathrm{d}y) = P_t f(x) + \int_0^t P_s g(x)\mathrm{d}s. \tag{4.4}$$

See e. g. Fitzsimmons (1988) and Iscoe (1986a). The joint distribution of $X_t$ and $\int_0^t X_s\ \mathrm{d}s$ are characterized by (4.3) and (4.4).

**4.2** In this paragraph we assume thaz $E$ is a locally compact metric space, $(P_t)_{t\geqslant 0}$ is a conservative Feller semigroup and $\phi(x, z)\equiv b(x)z+c(x)z^2$. By Theorem 4.2, the $(\xi, \phi)$-superprocess has a diffusion realization. This diffusion may be characterized by the martingale problem described as follows. Let $C([0, +\infty), M(E))$ be the subspace of $W$ of continuous paths. Then for each $\mu\in M(\mathbf{R}^d)$, $\mathbf{Q}_\mu$ is the unique probability measure on $C([0, +\infty), M(E))$ such that, for any $f\in \mathcal{D}(A)$,

$$M_t(f) := X_t(f) - \mu(f) - \int_0^t X_s(Af - bf)\mathrm{d}s, \quad t \geqslant 0 \qquad (4.5)$$

is a $\mathbf{Q}_\mu$-martingale starting at zero with quadratic variation process

$$\langle M(f)\rangle_t = \int_0^t X_s(cf^2)\mathrm{d}s, \quad t \geqslant 0. \qquad (4.6)$$

See e. g. Fitzsimmons (1988) and Roelly-Coppoletta (1986). Since (4.5) is linear in $f\in \mathcal{D}(A)$, one can extend the system $\{M_t(f): f\in \mathcal{D}(A), t\geqslant 0\}$ to a continuous orthogonal martingale measure $\{M_t(B): B\in \mathcal{B}(E), t\geqslant 0\}$ with covariant measure $c(x) X_s(\mathrm{d}x)\mathrm{d}s$ in the sense of Walsh (1986). See also Méléard and Roelly (1993). Let $M(\mathrm{d}s, \mathrm{d}x)$ denote the stochastic integral with respect to this martingale measure. By a standard argument, for any $t\geqslant 0$ and $f\in B(E)$ we have $\mathbf{Q}_\mu$-a. s.,

$$X_t(f) = X_0(P_tf) + \int_0^t\int_E P_{t-s}f(x)M(\mathrm{d}s,\mathrm{d}x) - \int_0^t X_s(bP_{t-s}f)\mathrm{d}s. \qquad (4.7)$$

It was proved in Konno and Shiga (1988) and Reimers (1989) that for $E=\mathbf{R}$ and a large class of admissible $\xi$ including the symmetric stable processes, $\{X_t: t>0\}$ is absolutely continuous with respect to the Lebesgue measure with continuous density $\{X_t(x): t>0, x\in\mathbf{R}\}$ which may be given by

$$X_t(x)=\int_{\mathbf{R}}p_t(z,x)X_0(\mathrm{d}z)+\int_0^t\int_{\mathbf{R}}p_{t-s}(z,x)M(\mathrm{d}s,\mathrm{d}z)-\int_0^t\mathrm{d}s\int_{\mathbf{R}}b(z)p_{t-s}(z,x)X_s(\mathrm{d}z),$$

where $p_t(z, x)$ is the transition density of $\xi$. In this case the martingale problem (4.5) and (4.6) can be reformulated into the stochastic partiail differential equation

$$\frac{\partial}{\partial t}X_t(x)=\sqrt{c(x)X_t(x)}\dot{W}_t(x)+A^*X_t(x)-b(x)X_t(x),\tag{4.8}$$

where $A^*$ is the adjoint of the generator $A$ and $\dot{W}_t(x)$ is a time-space white noise defined on an extension of the original probability space. See also Zhao (1994a) for related work. The pointwise uniqueness for the equation (4.8) still remains open; see Dawson (1993).

In the case where $\xi$ is a symmetric stable process in $E=\mathbf{R}^d$ with index $\alpha(0<\alpha\leqslant 2)$, $b(x)\equiv 0$ and $c(x)\equiv\text{const}$, it was proved in Dawson and Hochberg (1979) and Zähle (1988) that for each $t>0$ the Hausdorff dimension of the Borel support of $X_t$ is almost surely $d\wedge\alpha$. Therefore, if $d>\alpha$, the random measure $X_t$ is a. s. singular for each $t>0$. (For $d=\alpha$ the singularity of $X_t$ was proved in Dawson and Hochberg (1979) and Roelly-Coppoletta (1986) by different approaches.) Indeed, the singular measure $X_t$ spreads its mass over its Borel supports in a very uniform manner simultaneously for all times $t>0$. Let $\varphi_\alpha(z)=z^\alpha\lg^+\lg^+\frac{1}{z}$ with $\lg^+=(0\vee\lg)$ and let $\varphi_\alpha$-$m$ denote the $\varphi_\alpha$-Hausdorff measure. The following result was obtained in

Perkins (1988): When $d>\alpha$, there are $0<c(\alpha, d)\leqslant C(\alpha, d)<+\infty$ and a set-valued process $\{A_t: t>0\}$ such that a. s.

$$c(\alpha, d)\varphi_\alpha\text{-}m(\cdot\cap A_t)\leqslant X_t(\cdot)$$
$$\leqslant C(\alpha, d)\varphi_\alpha\text{-}m(\cdot\cap A_t)\quad\text{for all } t>0. \tag{4.9}$$

When $\alpha=2$, Perkins (1989) proved that (4.9) holds with $A_t$ replaced by supp $(X_t)$, the closed support of $X_t$. But, this extension is false fox $\alpha<2$; see Perkins (1990). Using the "historical process" as a tool, Dawson and Perkins (1991) showed $c(\alpha, d)=C(\alpha, d)$ (for fixed $t>0$) in the above results. One recent trend in this study is to analyze the multifractal structures of the superprocess; see e. g. Perkins and Taylor (1996).

**4.3** Suppose that $\xi$ is a Brownian motion in $\mathbf{R}^d$ generated by the Laplacian $\Delta$ and $\phi(x, z)\equiv z^2$. The $(\xi, \phi)$-superprocess $X$ becomes a critical super Brownian motion. Using a special case of the characterization give by (4.3) and (4.4), Iscoe (1988) proved that, if supp $(X_0)$ is bounded, the process $\{X_t: t\geqslant 0\}$ spends its entire "life" within a bounded (random) set in $\mathbf{R}^d$. See Dawson et al (1989) for more complete results on the path properties and hitting of the super Brownian motion. From the results of Iscoe (1988) it follows that, if $X_0(\cdot)\geqslant 0$ is a continuous function on $\mathbf{R}$ with compact support, the nonnegative solution $X_t(\cdot)$ to

$$\frac{\partial}{\partial t}X_t(x)=\sqrt{X_t(x)}\dot{W}_t(x)+\Delta X_t(x) \tag{4.10}$$

also has compact support for all $t>0$. In other words, the compact support property of the solution to (4.10) propagates with the passage of time. The propagation of compact supports of more general stochastic differential equations was studied in Mueller (1991) and Shiga (1994). Indeed, as observed by Shiga (1994), this property is due to the degeneracy at zero of the coefficient of the noise-term in the equation. The results of Shiga (1994) are proved by reducing the general equation to (4.10) and using the results of Iscoe (1988) on non-linear partial differential equations with singular boundary conditions.

Some of the results in Iscoe (1988) have been generalized to super Brownian motions over Riemannian manifolds in Tang (1997a, b). Consider the hyperbolic space $H^d = \{(x_1, x_2, \cdots, x_d, t) \in \mathbf{R}^{d+1}: t>0, x_1^2+x_2^2+\cdots+x_d^2=t^2-1\}$ with the Riemannian metric $r(\cdot, \cdot)$ induced by the Lorentz metric in $\mathbf{R}^{d+1}$. Choose $x^0=(0, \cdots, 0, 1) \in H^d$ as the pole and let $r(x)=r(x^0, x)$. For the super Brownian motion over $H^d$, Tang (1997a) proved that there is a constant $c=c(\varepsilon, d)>0$ such that

$$\begin{aligned}&\mathbf{Q}_{\delta_x}\{(X_t)_{t\geqslant 0}\text{ ever charges }\bar{B}(x^0;\varepsilon)\}\\&\sim 6r(x)^{-2},. \quad d=1,\\&\sim c\exp\{-(d-1)r(x)\}, \quad d\geqslant 2,\end{aligned}$$

extending a theorem of Iscoe (1988). See also Bao (1995) for some generalizations of the work of Iscoe (1988) to super Ornstein-Uhlenbeck processes.

## § 5. Non-linear differential equations

**5.1** The partial differential equations provide powerful tools for investigating the charging and hitting probabilities of superprocesses. On the other hand, the superprocesses can also be used to solve some problems on the differential equations. Let us describe some results on this topic. For simplicity we only consider the equation

$$\Delta u(x)=u(x)^2, \qquad x\in D, \tag{5.1}$$

where $D$ is an open set in $\mathbf{R}^d$. We assume tha $\xi$ is a Brownian motion in $\mathbf{R}^d$ generated by the Laplacian $\Delta$ and $\phi(x, z)\equiv z^2$. By modifying the construction of the super Brownian motion, we can obtain a family of random measures $\{X_\tau: \tau\in\mathcal{T}\}$, where $\mathcal{T}$ is a certain class of stopping times for the underlying Brownian motion including the first exit times from open sets. If $\tau$ is the first exit time from $D$, then $X_\tau$ is the mass distribution on $\partial D$ obtained by freezing each particle at its first exit time from $D$; see Dynkin (1991a, b).

**Theorem 5.1**(Dynkin, 1993a) Suppose that $D$ is a bounded regular domain and $f$ is a non-negative continuous function on $\partial D$. Then

$$u(x)=-\lg \mathbf{Q}_{\delta_x}\exp\{-X_\tau(f)\}, \qquad x\in D \tag{5.2}$$

defines the unique solution to (5.1) which satisfies the boundary condition

$$u(x)\to f(z) \text{ as } x\to z\in\partial D. \tag{5.3}$$

As observed by Loewer and Nirenberg (1974), (5. 1) has the maximal solution $v$ which tends to $+\infty$ at $\partial D$. Let $R$ denote the range of $X$, that is, the minimal closed set containing supp $(X_t)$ for all $t\geqslant 0$. It was proved by Dynkin (1993a) that the maximal solution to (5. 1) is given by

$$v(x)=-\lg \mathbf{Q}_{\delta_x}\{R\subset D\}, \qquad x\in D. \tag{5. 4}$$

A set $B\subset\mathbf{R}^d$ is said to be $R$-polar if $\mathbf{Q}_{\delta_x}\{R\cap B\neq\varnothing\}=0$ for all $x\notin B$. By the results of Brezis and Véron (1980), the maximal solution to (5. 1) in $\mathbf{R}^d\setminus\{0\}$ is trivial if $d\geqslant 4$ and it is $\frac{2(4-d)}{|x|^2}$ if $d<4$. It follows that, a singleton is $R$-polar if and only if $d\geqslant 4$.

**5. 2** The problem of describing all non-negative solutions to (5. 1) has not been solved in general. Some significant progresses have been made by Le Gall (1993a, b, 1995). We say a set $K$ in $\mathbf{R}^d$ has positive capacity if $K\neq\varnothing$ when $d=2$, and when $d\geqslant 3$ if $K$ supports a non-trivial measure $\nu$ such that

$$\int_{\mathbf{R}^d}\nu(\mathrm{d}y)\int_{\mathbf{R}^d}|y-z|^{3-d}\nu(\mathrm{d}z)<+\infty \text{ for } d\geqslant 4,$$

$$\int_{\mathbf{R}^d}\nu(\mathrm{d}y)\int_{\mathbf{R}^d}\lg(|y-z|^{-1})\nu(\mathrm{d}z)<+\infty \text{ for } d=3.$$

Otherwise, we say that $K$ has zero capacity. The following result had been conjectured by Dynkin (1993a).

**Theorem 5. 2** (Le Gall, 1995) Suppose that $D$ is a bounded and sufficiently smooth domain. Then the non-negative solution $u$ to (5. 1) bounded above by a harmonic function is in 1-1 correspondence with the finite measure $\nu$ on $\partial D$ that does not charge sets of zero capacity. The 1-1 correspondence is given by the equation

$$u(x) = \int_{\partial D} P(x,y)\nu(\mathrm{d}y) - \frac{1}{2}\int_D G(x,y)u(y)^2\mathrm{d}y, \quad x \in D, \tag{5.5}$$

where $P$ is the Poisson kernel and $G$ is the Green function of $D$. The first term on the right hand side of (5.5) gives the minimal harmonic function dominating $u$.

The proof of this result given by Le Gall (1995) is based on his path-valued process, or Brownian snake. In the special case where $D$ is the unit disc in $\mathbf{R}^2$, Le Gall (1993a) gave a representation for *all* non-negative solutions to (5.1) using the Brownian snakes. In terms of the super Brownian motion, the result can be stated as follows. Let $\tau$ be the first exit time from the unit disc $D$ in $\mathbf{R}^2$. Then $X_\tau$ is a. s. absolutely continuous with respect to the Lebesgue measure on $\partial D$ having continuous density $\rho_\tau$. For a closed subset $K$ of $\partial D$ let $Z_K=+\infty$ if $R\cap K\neq\varnothing$ and $Z_K=0$ if $R\cap K=\varnothing$. Then

$$u(x)=-\lg \mathbf{Q}_{\delta_x}\exp\{-Z_K-\nu(\rho_\tau)\}, \quad x\in D; \tag{5.6}$$

determines a 1-1 correspondence between the set of all non-negative solutions to (5.1) and the set $\mathcal{G}=\{(K,\ \nu):\ K\subset \partial D$ is closed and $\nu\in M(\partial D)$ satisfies $\nu(K)=0\}$; see Dynkin (1994). See Overbeck (1993, 1994) and Zhao (1994b, 1996) for some other topics in the potential theory of superprocesses.

**5.3** Let us give a brief description of the Brownian snake. A stopped path in $\mathbf{R}^d$ is a pair $(w,\ \zeta)$, where $\zeta\geqslant 0$ and $w$ is a continuous mapping from $[0,\ +\infty)$ into $\mathbf{R}^d$ that is constant over $[\zeta,\ +\infty)$. Fix a starting point $x\in\mathbf{R}^d$ and denote by $\boldsymbol{W}_x$ the set of all stopped paths with initial points $x$. A metric $d$ may be defined on $\boldsymbol{W}_x$ by

$d((w, \zeta), (w', \zeta'))=|\zeta-\zeta'|+\sup\{|w(s)-w'(s)|: s\geqslant 0\}$. The Bvownian snake starting at $x\in\mathbf{R}^d$ is the diffusion process $\{(B_t, \zeta_t): t\geqslant 0\}$ in $\boldsymbol{W}_x$ whose distribution is characterized by the following properties:

(i) The process $\{\zeta_t: t\geqslant 0\}$ is a reflecting Brownian in $[0, +\infty)$ with $\zeta_0=0$.

(ii) Given $\{\xi_t: t\geqslant 0\}$, the process $\{B_t(\cdot): t\geqslant 0\}$ is a time inhomogeneous Markov process such that, for any $t>r\geqslant 0$,

i) $B_t(s)=B_r(s)$ for all $0\leqslant s\leqslant m_{rt}:=\inf\{\zeta_u: r\leqslant u\leqslant t\}$; and

ii) $\{B_t(m_{rt}+s)-B_t(m_{rt}): s\geqslant 0\}$ is a standard Brownian motion in $\mathbf{R}^d$ stopped at $\zeta_t-m_{rt}$, independent of $\{B_r(s): s\geqslant 0\}$.

Heuristically, the process $\{B_t(s): s\geqslant 0\}$ is a standard Brownian motion stopped at a random time $\zeta_t$. The life time $\{\zeta_t: t\geqslant 0\}$ evolves according to the law of a reflecting Brownian. When $\zeta_t$ decreases, the path $B_t(\cdot)$ is erased from its final point, and when $\zeta_t$ increases it is extended according to the law of the standard Brownian motion, independently of the past path. Le Gall (1995) showed that the finite measure $\nu$ mentioned in Theorem 5.2 determines a functional of the Brownian snake and represented $u$ as the expectation of this functional with respect to an excursion law.

The connection of the Brownian snake and the super Brownian motion can be described as follows. It is well-known that there is a continuous two parameter process $\{l(t, s): t\geqslant 0, s\geqslant 0\}$ such that a. s.

$$l(t,s)=\lim_{\varepsilon\downarrow 0}\frac{1}{2\varepsilon}\int_0^t 1_{[s,s+\varepsilon]}(\zeta_u)\mathrm{d}u, \quad t\geqslant 0, s\geqslant 0.$$

The process $\{l(t, s): t \geqslant 0, s \geqslant 0\}$ is called the local time of the reflecting Brownian $\{\zeta_t: t \geqslant 0\}$. For any fixed $s \geqslant 0$, the process $\{l(t, s): t \geqslant 0\}$ is a. s. non-decreasing and determines a random measure $l(\mathrm{d}t, s)$ on $[0, +\infty)$ which is supported a. s. by $\{t \geqslant 0: \zeta_t = s\}$. Fix $\gamma > 0$ and let $\alpha(\gamma) = \inf\{t \geqslant 0: l(t, 0) \geqslant \gamma\}$. Define the measure-valued process $\{X_s: s \geqslant 0\}$ by

$$X_s(f) = \int_0^{\alpha(\gamma)} f(B_t(\zeta_t)) l(\mathrm{d}t, s), \quad s \geqslant 0, f \in B(\mathbf{R}^d). \tag{5.7}$$

Then $\{X_s: s \geqslant 0\}$ is the super Brownian motion starting from $\gamma\delta_x$; see Le Gall (1993a). Intuitively, $\{B_t(s): 0 \leqslant t \leqslant \alpha(\gamma), 0 \leqslant s \leqslant \zeta_t\}$ constitute exactly the historical paths of $\{X_s: s \geqslant 0\}$. Indeed, $\{X_s: s \geqslant 0\}$ is the projection to $M(\mathbf{R}^d)$ of the process $\{H_s: s \geqslant 0\}$ in $M(W_x)$ defined by

$$H_s(F) = \int_0^{\alpha(\gamma)} F(B_t) l(\mathrm{d}t, s), \quad s \geqslant 0, F \in B(\mathbf{W}_x), \tag{5.8}$$

which is the so-called historical super Brownian motion; see Dawson and Perkins (1991), Dynkin (1991b), Le Gall (1991), Watanabe (1997), etc.

## § 6. Extension of the state space

**6.1** The limit theorems constitute an important part of the branching process theory. Since Galton-Watson processes are unstable, people have derived limit theorems for them through devices such as modifying factors, conditioning, immigration, etc. A unified treatment of the limit theory of Galton-Watson processes is given in Athreya and Ney (1972). Some of the above mentioned techniques have also been used in the measure-valued setting to get limit theorems for Dawson-Watanabe superprocesses. See eg. Evans and Perkins (1990) and Krone (1995) for some limit theorems of the conditioned super-processes. Indeed, the superprocess provides a richer source for limit theorems. A well-known result of Dawson (1977) is that, if the underlying motion is a transient symmetric stable process, the critical continuous superprocess started with the Lebesgue measure converges to a non-trivial steady state. It was also shown in Dawson (1977) that that the steady random measure has an interesting spatial central limit theorems which lead to Gaussian random fields. Some limit theorems for the weighted occupation time of the super stable process were proved in Iscoe (1986a, b). Clearly, these results have no counterparts in Galton-Watson processes. To describe those limit theorems we need to extend the state space of the super-process to include some infinite measures.

Let $\xi$ be a Borel right process in $E$. Suppose $\beta > 0$ and $\rho \in C(E)^{++}$ is a $\beta$-excessive function for $\xi$. Let $\phi$ be a branching mechanism given by (1.4). Here we only assume $b \in B(E)+$, $\rho c \in B(E)^+$ and

$$\sup_{x\in E}\int_0^{+\infty} u \wedge [\rho(x)u^2] m(x, du) < +\infty. \tag{6.1}$$

Let $B_\rho(E)^+$ be the totality of non-negative Borel functions on $E$ bounded by $\rho\cdot$ const, and let $M_\rho(E)$ be the space of Borel measures $\mu$ on $E$ satisfying $\mu(\rho) < +\infty$. The topology on $M_\rho(E)$ is defined by the convention: $\mu_k \to \mu$ if and only if $\mu_k(f) \to \mu(f)$ for all continuous functions $f$ dominated by $\rho\cdot$ const. Let $W_\rho$ be the space of all right continuous paths $\omega$: $[0, +\infty) \to M_\rho(E)$ with the coordinate process $\{X_t(\omega): t \geqslant 0\}$, and let $(\mathcal{G}^\circ, \mathcal{G}_t^\circ)$ denote the natural $\sigma$-algebras on $W_\rho$. Suppose that $(V_t)_{t\geqslant 0}$ is defined by (1.5). Then we have the following

**Theorem 6.1** For each $\mu \in M_\rho(E)$ there is a unique probability measure $\mathbf{Q}_\mu$ on $(W_\rho, \mathcal{G}^\circ)$ such that $\mathbf{Q}_\mu\{X_0 = \mu\} = 1$ and $\{X_t: t \geqslant 0\}$ under $\mathbf{Q}_\mu$ is a Markov process with transition semigroup $(Q_t)_{t\geqslant 0}$ defined by

$$\int_{M_\rho(E)} e^{-\nu(f)} Q_t(\mu, d\nu) = \exp\{-\mu(V_t f)\},$$
$$\mu \in M_\rho(E), f \in B_\rho(E)^+. \tag{6.2}$$

Furthermore, the system $(W_\rho, \mathcal{G}, \mathcal{G}_t, X_t, \mathbf{Q}_\mu)$ is a Borel right process, where $(\mathcal{G}, \mathcal{G}_t)$ is the augmentation of $(\mathcal{G}^\circ, \mathcal{G}_{t+}^\circ)$ by the system $\{\mathbf{Q}_\mu: \mu \in M_\rho(E)\}$.

**Proof** We use an argument suggested in El Karoui and Roelly (1991). Since $\rho \in C(E)^{++}$ is a $\beta$-excessive function for $\xi$, we may define the transition semigroup $(T_t)_{t\geqslant 0}$ of a Borel right process $\eta$ on $E$ by $T_t f(x)=\mathrm{e}^{-\beta t}\rho(x)^{-1}P_t(\rho f)(x)$. Let $\psi(x, z)=\phi(x, z)-\beta z$. Then

$$\psi(x,z) = [b(x)-\beta]z + c(x)\rho(x)z^2 + \int_0^{+\infty}(\mathrm{e}^{-zu}-1+zu)\rho(x)^{-1}n(x,\mathrm{d}u), \qquad (6.3)$$

where $n(x, \mathrm{d}u)$ is the image of $m(x, \mathrm{d}u)$ under the mapping $u \mapsto \rho(x)u$. Under our hypotheses, $(u\wedge u^2)\rho(x)^{-1}n(x, \mathrm{d}u)$ is a bounded kernel from $E$ to $(0, +\infty)$. Let $(U_t)_{t\geqslant 0}$ be the solution to (1.5) with $(P_t)_{t\geqslant 0}$ and $\phi$ replaced by $(T_t)_{t\geqslant 0}$ and $\psi$, respectively. It is easy to check that $U_t f(x)=\rho(x)^{-1}V_t(\rho f)(x)$. Now Theorem 4.1 guarantee the existence of a Borel right $(\eta, \psi)$-superprocess $Y$ with state space $M(E)$ and cumulant semigroup $(U_t)_{t\geqslant 0}$. Since $\mu(\mathrm{d}x)\mapsto\rho(x)^{-1}\mu(\mathrm{d}x)$ determines a homeomorphism between $M(E)$ and $M_\rho(E)$, the theorem follows immediately by Sharpe (1988: P75).

**6.2** Let $\xi$ be a symmetric stable process with index $\alpha(0<\alpha\leqslant 2)$. Let $h_p(x)=(1+|x|^p)^{-1}$ for $x\in\mathbf{R}^d$ and $p>0$. From the discussions in Iscoe (1986a) it can be deduced that $h_p$ is a $\beta$-excessive function for the symmetric stable process for some $0<\beta<+\infty$. Write $M_p(\mathbf{R}^d)$ for $M_\rho(\mathbf{R}^d)$ with $\rho=h_p$. By Theorem 5.1, the state space of the super stable process can be extended to $M_p(\mathbf{R}^d)$. Now we can give the results of Dawson (1977); see also Dawson and Perkins (1991).

**Theorem 6.2**(Dawson, 1977) Let $\{X_t: t\geqslant 0\}$ be the super stable process with branching mechanism $cz^2$ $(c=\text{const}>0)$ and state space $M_p(\mathbf{R}^d)$. We take $p>d$, so the Lebesgue measure $\lambda$ belongs to $M_p(\mathbf{R}^d)$.

(i) Suppose that the underlying process is recurrent, i.e.

$\alpha \geqslant d$. If there is a constant $0 < \gamma < +\infty$ such that $\mu(B) \leqslant \gamma\lambda(B)$ for all bounded cube centered at the origin, then $\lim_{t \to +\infty} \mathbf{Q}_\mu\{X_t(K) > \varepsilon\} = 0$ for any $\varepsilon > 0$ and compact set $K \subset \mathbf{R}^d$.

(ii) Suppose that the underlying process is transient, i. e. $\alpha < d$. For any $0 < \theta < +\infty$, the distribution of $X_t$ under $\mathbf{Q}_{\theta\lambda}$ converges as $t \to +\infty$ to a probability measure $\mathbf{Q}^\theta$ on $M_p(\mathbf{R}^d)$ which is both a steady state for the super stable process and also invariant under spatial translation.

From Theorem 6. 2(i) it can be deduced that in low dimensions ($d \leqslant \alpha$) the only steady state with finite intensity for the super sable process $X$ is the empty state. Indeed, Bramson et al (1994) showed that the empty state is the only steady state of the process without any restriction on the intensity. By Theorem 6. 2(ii), in high dimensions ($d > \alpha$), $X$ has at least a family of steady states $\{\mathbf{Q}^\theta: 0 < \theta < +\infty\}$. An application of the results of Dynkin (1989) shows that every $\mathrm{Q}^\theta$ is an extremal steady state of X and it has no other extremal steady states in $M_p(\mathbf{R}^d)$. The ergodic theory for $X$ is interesting since it is quite similar to a wide class of processes such as branching particle systems, interacting diffusions, coupled random walk models, voter models, contact path processes, etc. See Bramson et al (1994), Cox and Griffeath (1986), Griffeath (1983) and the references therein. The renormalization theory for the steady states of $X$ was also studied in Dawson (1977).

**Theorem 6. 3** (Dawson, 1977) Suppose that $\alpha < d$. Let $X_{+\infty}$ be the steady state random measure of the super stable process with branching mechanism $cz^2$ ($c = \text{const} > 0$). For $k > 0$

and $B \in B(\mathbf{R}^d)$ let $X_{+\infty}^{(k)}(B)=X_\infty(\{kx: x\in B\})$. Then there are constants $a_k$ and $b_k$ such that $\frac{X_{+\infty}^{(k)}-a_k}{b_k}$ converges as $k \to +\infty$ to a Gaussian random fields with convariance kernel given by the potential kernel of the underlying stable process.

Some central limit theorems for the weighted occupation time process of the super stable process were given in Iscoe (1986a). Note that the central limit theorems of Dawson (1977) and Iscoe (1986a) only cover dimension numbers $d \geqslant 3$ in the case where $\xi$ is a standard Brownian motion.

**6.3** Let us consider the case where $\xi$ is a diffusion process in $\mathbf{R}^d$ generated by the differential operator

$$A=\sum_{i,j=1}^{n} a_{ij}(x)\frac{\partial^2}{\partial x_i\,\partial x_j}+\sum_{j=1}^{n} b_j(x)\frac{\partial}{\partial x_j}, \tag{6.4}$$

where $(a_{ij})$ is uniformly positive definite, bounded and continuous, and $(b_j)$ is bounded and continuous. Let $h_p$ be defined as in paragraph 6.2. Then we have

**Lemma 6.1** For some $\alpha \geqslant 0$, $h_p$ is an $\alpha$-excessive function for the diffusion process generated by the differential operator $A$.

**Proof** It is easy to check that for some $\alpha \geqslant 0$ we have $Ah_p(x) \leqslant \alpha h_p(x)$, so

$$\frac{\partial}{\partial t}P_t h_p(x)=P_t A h_p(x) \leqslant \alpha P_t h_p(x).$$

It follows that $P_t h_p(x) \leqslant \mathrm{e}^{\alpha t} P_t h_p(x)$. By the strong continuity of $(P_t)_{t\geqslant 0}$ we know that $h_p$ is $\alpha$-excessive.

The following theorem extends the results of Dawson (1977) and Dawson and Perkins (1991).

**Theorem 6. 4**(Wang, 1998) Let $\phi$ be given by (1. 4) with $b=0$, $c\geqslant 0$ and $m(\mathrm{d}u)$ all independent of $x\in\mathbf{R}^d$ and

$$\int_0^{+\infty}[u\vee u^2]\,m(\mathrm{d}u)<+\infty.$$

Let $X$ be the $(\xi,\ \phi)$-superprocess. Suppose that $\mu\in M_p(\mathbf{R}^d)$ is an invariant measure for $\xi$ and $\mu(\mathrm{d}x)=h(x)\lambda(\mathrm{d}x)$ for some $h\in C(\mathbf{R}^d)^+$.

(i) If $d\leqslant 2$, then $\lim\limits_{t\to+\infty}\mathbf{Q}_u\{X_t(K)>\varepsilon\}=0$ for any $\varepsilon>0$ and compact set $K\subset\mathbf{R}^d$.

(ii) If $d\geqslant 3$, then the distribution of $X_t$ under $\mathbf{Q}_\mu$ converges as $t\to+\infty$ to a probability measure on $M_p(\mathbf{R}^d)$ which is a steady state for the superprocess $X$.

## § 7. Modifications of the branching models

**7.1** The particle system considered in Section 3 only involves local branching, that is, all the offspring start migrating at the death sites of their parents. One may also consider the situation where the offspring are displaced randomly into the whole space, which can be formulated using a Markov kernel $\tau(x, \mathrm{d}\nu)$ from $E$ to $N(E)$ in the place of the generating function $g(x, z)$. By considering the convergence of the generalized branching particle systems one obtains a superprocess $X$ *with non-local branching*. In one typical case, the cumulant semigroup $(V_t)_{t\geqslant 0}$ of this superprocess is determined by

$$V_t f(x) = P_t f(x) - \int_0^t \mathrm{d}s \int_E [\phi(y, V_{t-s} f(y)) - \varphi(y, V_{t-s} f)] P_s(x, \mathrm{d}y), \tag{7.1}$$

where $\phi$ is given by (1.4), $\varphi$ is an operator on $B(E)^+$ having the representation

$$\varphi(x, f) = d(x, f) + \int_{M(E)^\circ} (1 - \mathrm{e}^{-\nu(f)}) n(x, \mathrm{d}\nu), \tag{7.2}$$

$d(x, \mathrm{d}y)$ is a bounded kernel on $E$ and $[1 \wedge \nu(E)] n(x, \cdot)$ is a bounded kernel from $E$ to $M(E)^\circ$. We may call $X$ a $(\xi, \phi, \varphi)$-superprocess if it is given by (1.3) and (7.1); see e.g. Dynkin (1993a). A class of multi-type Dawson-Watanabe superprocesses can be constructed by using the existence of a $(\xi, \phi, \varphi)$-superprocess; see Gorostiza et al (1992) and Li (1992a, 1993). The multi-type superprocesses have also been studied in

Gorostiza and Lopez-Mimbela (1990), Gorostiza and Roelly (1990), Wang (1996), Ye (1995), etc.

**7.2** Multi-level branching particle systems and superprocesses arise as mathematical models for hierarchically structured populations. Those models were introduced by Dawson and Hochberg (1991). Let $X^1$ be a $(\xi, \phi)$-superprocess (one-level) and let $\phi^1(\cdot, \cdot)$ be a branching mechanism on $M(E)$. Then the $(X^1, \phi^1)$-superprocess $X^2$ is called a two-level superprocess. We define the aggregated process $Z$ associated with the two-level superprocess by

$$Z_t(B) = \int_{M(E)} \nu(B) X_t^2(\mathrm{d}\nu), \quad t \geqslant 0, B \in \mathcal{B}(E).$$

One remarkable feature of the multi-level models is that its critical dimensions which separate the persistence and extinction long time behaviors is of higher order than the one-level model; see Etheridge (1993), Gorostiza (1996) and Wu (1993, 1994).

**7.3** A super Brownian motion with a single point catalyst, $X = \{X_t: t \geqslant 0\}$, over $\mathbf{R}$ was studied in detail in Dawson and Fleischmann (1994). The cumulant semigroup $(V_t)_{t\geqslant 0}$ of $X$ is given by

$$V_t f(x) = P_t f(x) - \int_0^t [V_{t-s} f(z)]^2 p_s(x, z) \mathrm{d}s, \quad t \geqslant 0, x \in \mathbf{R}, \tag{7.3}$$

where $z \in \mathbf{R}$ is fixed, and $(P_t)_{t\geqslant 0}$ is the semigroup of the Brownian motion in $\mathbf{R}$ with density $p_t(\cdot, \cdot)$. In this model, the branching is allowed only at the point catalyst at $z \in \mathbf{R}$. The process $X$ has a version such that a. s.

$$\int_0^t X_s(\mathrm{d}x)\mathrm{d}s = \eta(t,x)\mathrm{d}x, \quad t \geqslant 0, x \in \mathbf{R}$$

for a continuous process $\{\eta(t, x): t \geqslant 0, x \in \mathbf{R}\}$, which is non-decreasing in $t \geqslant 0$. The occupation density measures of this process, $\lambda_x(\mathrm{d}t) := \mathrm{d}\eta(t, x)$, is a. s. absolutely continuous provided $x \neq z$. On the other hand, the measure $\lambda_z(\mathrm{d}t)$ at the location of the catalyst is a. s. singular with carrying Hausdorff dimension one; see Dawson and Fleischmann (1994).

For the study of branching models with catalysts; see also Dawson and Fleischmann (1992), Fleischmann (1994), Fleischmann and Le Gall (1995), etc.

**7.4** Several kinds of interacting branching models have been constructed and studied as variations of the classical Dawson-Watanabe superprocesses. See e. g. Méléard and Roelly (1992, 1993), Perkins (1992). The processes studied in Méléard and Roelly (1993) involve mean field interactions in the sense that the migrating and branching of each particle is influenced by the entire population.

Recall that $C([0, +\infty), M(\mathbf{R}^d))$ is the space of all continuous paths $\omega_t: [0, +\infty) \to M(\mathbf{R}^d)$ with the coordinate process $X_t(\omega) = \omega_t$. We fix two bounded, continuous functions $c(\cdot, \cdot) \geqslant 0$ and $b(\cdot, \cdot)$ on the space $M(\mathbf{R}^d) \times \mathbf{R}^d$. Let $\{P_t(\mu): \mu \in M(\mathbf{R}^d)\}$ be a family of conservative Feller semigroups on $C(\mathbf{R}^d)$ with generators $\{A(\mu): \mu \in M(\mathbf{R}^d)\}$. Assume that $\{A(\mu): \mu \in M(\mathbf{R}^d)\}$ have domains that all contain a vector space $\mathcal{D}$ independent of $\mu$ and dense in $C(\mathbf{R}^d)$. Furthermore, we assume that, for each $f \in \mathcal{D}$,

(4A) there is a constant $K(f) > 0$ such that $\| A(\mu) f \| \leqslant$

$K(f)\mu(1)$;

(4B) $\mu(A(\mu)f)$ is continuous in $\mu\in M(\mathbf{R}^d)$.

It follows from the construction in Méléard and Roelly (1993) that for each $\mu\in M(\mathbf{R}^d)$ there is a probability measure $\mathbf{Q}_\mu$ on $C([0, +\infty), M(\mathbf{R}^d))$ such that, for any $f\in\mathcal{D}$,

$$M_t(f) := X_t(f) - \mu(f) - \int_0^t \mathrm{d}s \int_E [A(X_s)f(x) - b(X_s,x)f(x)]X_s(\mathrm{d}x), \quad t\geqslant 0, \tag{7. 4}$$

is a $\mathbf{Q}_\mu$-martingale starting at zero with quadratic variation process

$$\langle M(f)\rangle_t = \int_0^t\int_{\mathbf{R}^d} c(X_s,x)f(x)^2 X_s(\mathrm{d}x)\mathrm{d}s, \quad t\geqslant 0. \tag{7. 5}$$

(See (4. 5) and (4. 6). ) Let us call the process simply an interacting superprocess following Méléard and Roelly ( 1992, 1993). If $a$, $b$ and $c$ are all independent of $\mu$, this degenerates to the non- interacting superprocess and $\{\mathbf{Q}_\mu: \mu\in M(\mathbf{R}^d)\}$ is uniquely determined by (7. 4) and (7. 5); see Section 4. In general, the uniqueness of solutions to this martingale problem is still unknown.

We have mentioned that, when $d=1$, the non-interacting superprocess is absolutely continuous with respect to the Lebesgue measure on $\mathbf{R}$ for a large class of admissible generators $A$. The same result for the interacting superprocess was conjectured in Méléard and Roelly (1992) This has been proved by Zhao (1997); see also Li (1998c) and Liang and Li (1998).

The following results were proved in Méléard and Roelly (1993): If the underlying motion is a symmetric stable process with index $\alpha(0<\alpha\leqslant 2)$ independent of $\mu$, then for each $t>0$, the Hausdorff dimension of the Borel support of $X_t$ is a. s. not less than $d \wedge a$. Under the additional condition $c(\mu, x) \equiv$ const, Méléard and Roelly (1993) proved that the carrying Hausdorff dimension of $X_t$ is $d \wedge \alpha$ for all $t > 0$ a. s. Compared with what we have known about the non-interacting superprocess, the interacting one is much less understood. See Wang and Zhao (1996) for more complete survey on measure-valued branching processes with interaction.

# § 8. Skew convolution semigroups and entrance laws ( Ⅰ )

**8.1** Let $X$ be an MB-process with transition semigroup $(Q_t)_{t\geqslant 0}$. Recall that the family of probability measures $(N_t)_{t\geqslant 0}$ is called a skew convolution semigroup associated with $X$ or $(Q_t)_{t\geqslant 0}$ if

$$N_{r+t}=(N_rQ_t)*N_t, \qquad r, t\geqslant 0. \tag{8.1}$$

An immigration process $Y$ associated with $X$ is a Markov process in $M(E)$ with transition semigroup $(Q_t^N)_{t\geqslant 0}$ defined by

$$Q_t^N(\mu, \cdot):=Q_t(\mu, \cdot)*N_t, \qquad t\geqslant 0, \mu\in M(E) \tag{8.2}$$

for a skew convolution semigroup $(N_t)_{t\geqslant 0}$. Here $(N_t)_{t\geqslant 0}$ determines the immigration structures of $Y$. A family of $\sigma$-finite measures $(K_t)_{t>0}$ on $M(E)$ is called an entrance law for $X$ or its semigroup $(Q_t)_{t\geqslant 0}$ if $K_{r+t}=K_rQ_t$ for all $r, t>0$. It is called a probability entrance law if each $K_t$ is a probability measure on $M(E)$, an infinitely divisible probability entrance law if, in addition, each $K_t$ is infinitely divisible.

It is well-known that a usual convolution semigroup on the Euclidean space is uniquely determined by an infinitely divisible probability measure. The next theorem characterizes the skew convolution semigroups associated with an MB-process in terms of its infinitely divisible probability entrance laws.

**Theorem 8.1**(Li, 1996a) The family of probability measures $(N_t)_{t\geqslant 0}$ on $M(E)$ is a skew convolution semigroup associated with $(Q_t)_{t\geqslant 0}$ if and only if there is an infinitely divisible probability entrance law $(K_t)_{t>0}$ for $(Q_t)_{t\geqslant 0}$ such that

$$\lg\int_{M(E)} \mathrm{e}^{-\nu(f)} N_t(\mathrm{d}\nu) = \int_0^t \left[\lg\int_{M(E)} \mathrm{e}^{-\nu(f)} K_s(\mathrm{d}\nu)\right]\mathrm{d}s \quad (8.3)$$

for all $f\in B(E)^+$.

**8.2** Let $X$ be a $(\xi, \phi)$-superprocess and let $\mathcal{K}^1(Q)$ denote the set of probability entrance laws $K=(K_t)_{t>0}$ for the semigroup $(Q_t)_{t\geqslant 0}$ such that

$$\int_0^1 \mathrm{d}s \int_{M(E)^\circ} \nu(E) k_s(\mathrm{d}\nu) < +\infty. \quad (8.4)$$

Let $\mathcal{K}_m^1(Q)$ denote the subset of $\mathcal{K}^1(Q)$ comprising minimal elements. Denote by $(Q_t^\circ)_{t\geqslant 0}$ the restriction of $(Q_t)_{t\geqslant 0}$ to $M(E)^\circ$, and $\mathcal{K}(Q^\circ)$ the set of entrance laws $K$ for $(Q_t^\circ)_{t\geqslant 0}$ satisfying (8.4). Let $\mathcal{K}(P)$ be the set of entrance laws $\kappa=(\kappa_t)_{t>0}$ for the underlying semigroup $(P_t)_{t\geqslant 0}$ that satisfy $\int_0^1 \kappa_s(E)\mathrm{d}s < +\infty$. For $\kappa\in\mathcal{K}(P)$, set

$$S_t(\kappa, f) = \kappa_t(f) - \int_0^t \mathrm{d}s \int_E \phi(y, V_s f(y))\kappa_{t-s}(\mathrm{d}y). \quad (8.5)$$

Clearly, if $\kappa_t=\gamma P_t$ for some $\gamma\in M(E)$, then $S_t(\kappa, f)=\gamma(V_t f)$. The spaces $\mathcal{K}(P)$ and $\mathcal{K}_m^1(Q)$ are closely related:

**Theorem 8.2** (Li, 1996b) There is a one-to-one correspondence between $\kappa\in\mathcal{K}(P)$ and $K := l\kappa\in\mathcal{K}_m^1(Q)$, which is given by

$$\kappa_t(f) = \lim_{r\downarrow 0}\int_{M(E)} \nu(P_{t-r} f) K_r(\mathrm{d}\nu), \quad (8.6)$$

and

$$\int_{M(E)} \mathrm{e}^{-\nu(f)} K_t(\mathrm{d}\nu) = \exp\{-S_t(\kappa, f)\}. \quad (8.7)$$

If $\xi$ is conservative, each $\kappa\in\mathcal{K}(P)$ is uniquely determined by a measure $\kappa_0 \in M(E_D)$, where $E_D$ is the entrance space of $\xi$; see Sharpe (1988). In that case, Theorem 8.2 follows from a result of Fitzsimmons (1988). See also Dynkin (1989c) for the analogous results in the ease where $\phi(x, z) \equiv c(x)z^2$ but $\xi$ is allowed to be non-homogeneous and $X$ is allowed to take values in a space of $\sigma$-finite measures.

We can give a description for infinitely divisible probability entrance laws for the $(\xi, \phi)$-superprocess as follows.

**Theorem 8.3** (Li, 1996b, 1998b) The probability entrance law $K \in \mathcal{K}^1(Q)$ is infinitely divisible if and only if its Laplace functional has the representation

$$\int_{M(E)} \mathrm{e}^{-\nu(f)} K_t(\mathrm{d}\nu)$$

$$= \exp\left\{- S_t(\kappa, f) - \int_{\mathcal{K}(P)} (1 - \exp\{- S_t(\eta, f)\}) F(\mathrm{d}\eta)\right\}, \quad (8.8)$$

where $\kappa \in \mathcal{K}(P)$ and $F$ is a $\sigma$-finite measure on $\mathcal{K}(P)$ satisfying

$$\int_0^1 \mathrm{d}s \int_{\mathcal{K}(P)} \eta_s(1) F(\mathrm{d}\eta) < +\infty. \quad (8.9)$$

It follows by Theorems 8.1 and 8.3 that, under the first moment condition, the transition semigroup of a general immigration process associated with the $(\xi, \phi)$-superprocess is given by

$$\int_{M(E)} \mathrm{e}^{-\nu(f)} Q_t^N(\mu, \mathrm{d}\nu) = \exp\left\{- \mu(V_t f) - \int_0^t \left[S_r(\kappa, f) + \int_{\mathcal{K}(P)} (1 - \exp\{- S_r(\eta, f)\}) F(\mathrm{d}\eta)\right] \mathrm{d}r\right\}, \quad (8.10)$$

where $\kappa \in \mathcal{K}(P)$ and $F$ is a $\sigma$-finite measure on $\mathcal{K}(P)$ satisfying (8.9). Let us look at two examples of the immigration process; some other examples will be given latter.

**Example 8.1** Let $a>0$ and $d\geqslant 0$ be real constants. We consider the one-dimensional stochastic differential equation

$$\mathrm{d}Y_t=\sqrt{2a\mid Y_t\mid}\,\mathrm{d}B_t+d\mathrm{d}t, \tag{8.11}$$

where $\{B_t: t\geqslant 0\}$ is a Brownian motion starting from zero. The equation defines a unique conservative diffusion process $Y$ on $\mathbf{R}^+$ with generator $L^{a,d}$ such that

$$L^{a,d}f(x)=ax\frac{\mathrm{d}^2}{\mathrm{d}x^2}f(x)+d\frac{\mathrm{d}}{\mathrm{d}x}f(x)$$

and $\mathcal{D}(L^{a,d})=C_0^2(\mathbf{R}^+)$, twice continuously differentiable functions on $\mathbf{R}^+$ vanishing at infinity. The transition semigroup $(Q_t^{a,d})_{t\geqslant 0}$ of $Y$ is determined by

$$\int_0^{+\infty}\mathrm{e}^{-\lambda y}Q_t^{a,d}(x,\mathrm{d}y)=\exp\left\{-xv_t(\lambda)-\int_0^t dv_s(\lambda)\mathrm{d}s\right\},$$

where $v_t(\lambda)=\lambda/(at+1)$ is the solution to

$$\frac{\mathrm{d}v_t}{\mathrm{d}t}(\lambda)=-av_t(\lambda)^2,\qquad v_0(\lambda)=\lambda.$$

Therefore $Y$ is an MBI-process with the underlying space $E$ degenerating to a singleton, which is known as a continuous state branching process with immigration (CBI-process) in the literature. See e. g. Ikeda and Watanabe (1989; P235) and Kawazu and Watanabe (1971). Let $\{Y_t(d): t\geqslant 0\}$ be the solution to (8.11) with $a=2$. Then $\{Y_t(d)^{1/2}: t\geqslant 0\}$ is a Bessel diffusion process with parameter $d$. That is, the Bessel diffusion is essentially a particular case of the CBI-process. This connection between the Bessel diffusion and the immigration process was first noticed by Shiga and Watanabe (1973). The work of Pitman and Yor (1982) on "quadratic functionals" of Bessel bridges is essentially based on this connection.

**Example 8. 2** Let us recall the Ray-Knight theorem on Brownian local times. Suppose that $(\Omega, \mathcal{F}, \mathcal{F}_t, B_t, \mathbf{P}_x)$ is a one dimensional Brownian motion with the local times $\{l(t, x): t\geqslant 0, x\in \mathbf{R}\}$, which is a continuous two parameter process such that a. s.

$$2\int_A l(t,x)\mathrm{d}x = \int_0^t 1_A(B_s)\mathrm{d}s, \quad t\geqslant 0, \quad A\in B(\mathbf{R}).$$

For $b\geqslant 0$ and $\alpha\geqslant 0$, let $T_\alpha(-b)=\inf\{t>: l(t, -b)>\alpha\}$. Then the process $\{l(T_\alpha(-b), x): x\in\mathbf{R}\}$ under $\mathbf{P}_0$ is an inhomogeneous Markov process with continuous paths and $l(T_\alpha(-b), -b)=\alpha$. There are three homogeneity intervals, that is, $\{l(T_\alpha(-b), x): x\geqslant 0\}$ and $\{l(T_\alpha(-b), -b-x): x\geqslant 0\}$ have the same generator $L^{1,0}$ and $\{l(T_\alpha(-b), -b+x): 0\leqslant x\leqslant b\}$ has the generator $L^{1,1}$. See e. g. Knight (1981; P137).

# §9. Skew convolution semigroups and entrance laws (Ⅱ)

**9.1** Recall that a branching particle system is a Markov process in $N(E)$, the space of integer-valued measures on $E$. In this section $(Q_t)_{t\geqslant 0}$ denotes the semigroup of such a system, and $(Q_t^\circ)_{t\geqslant 0}$ denotes the restriction of $(Q_t)_{t\geqslant 0}$ to the subspace $N(E)^\circ = N(E) \setminus \{0\}$. The notion of skew convolution semigroup can also be introduced for branching particle systems, which we shall not repeat here; see Li (1998a). We have the following analogue of Theorem 8.1 for a branching particle system.

**Theorem 9.1** (Li, 1998a) Suppose that $(N_t)_{t\geqslant 0}$ is a family of probability measures on $N(E)$. Then $(N_t)_{t\geqslant 0}$ is a skew convolution semigroup associated with $(Q_t)_{t\geqslant 0}$ if and only if there is an entrance law $(H_t)_{t>0}$ for $(Q_t^\circ)_{t\geqslant 0}$ such that

$$\int_{N(E)} \mathrm{e}^{-\nu(f)} N_t(\mathrm{d}\nu) = \exp\left\{-\int_0^t \mathrm{d}s \int_{N(E)^\circ} (1-\mathrm{e}^{-\nu(f)}) H_s(\mathrm{d}\nu)\right\} \tag{9.1}$$

for all $f \in B(E)^+$.

The major difference between a $(\xi, \phi)$-superprocess and a branching particle system is that, started with any deterministic state, the former is infinitely divisible and the latter, which call only be started with an integer-valued measure, is not. These cause some technical difficulties for the description of entrance laws for the particle system. Indeed, the characterization of all entrance laws for a general branching particle system still remains open although some partial results have been given in Li (1998a).

**9. 2** Suppose that $D$ is a bounded domain in $\mathbf{R}^d$ with smooth boundary $\partial D$ and closure $\bar{D}$. Let $\xi$ be a minimal Brownian motion in $D$. Assume that both $g(x, z)$ and $[\mathrm{d}/\mathrm{d}z]g(x, z)$ can be extended to continuous functions on $\bar{D}\times[0, 1]$. It is well-known that the transition density of $\xi$ is continuously differentiable to the boundary $\partial D$; see e. g. Friedman (1984: p. 82). We use $\partial$ to denote the inward normal derivative operator at $\partial D$. In this paragraph, $\mathcal{K}(Q^\circ)$ denotes the space of entrance laws $K$ for the $(\xi, \gamma, g)$-system satisfying (8. 4) with $M(E)^\circ$ replaced by $N(D)^\circ$. Set $h(x)=\int_0^1 P_s 1(x)\mathrm{d}s$. Let $N_h(D)$ be the set of integer-valued measures $\sigma$ on $D$ satisfying $\sigma(h)<+\infty$, and $N_h(\bar{D})$ the set of measures $\mu$ on $\bar{D}$ such that $\mu_D := \mu|_D \in N_h(D)$ and $\mu_\partial := \mu|_{\partial D} \in M(\partial D)$. Then we have the following

**Theorem 9. 2**(Li, 1998a) In order that $(H_t)_{t>0}\in \mathcal{K}(Q^\circ)$ it is necessary and sufficient that its Laplace functional is given by

$$\int_{N(D)}(1-\mathrm{e}^{-\nu(f)})H_t(\mathrm{d}\nu)$$

$$=\gamma(\partial U_t f)+\int_{N_h(\bar{D})}(1-\exp\{-\nu_D(U_t f)-\nu_\partial(\partial U_t f)\})G(\mathrm{d}\nu), \tag{9. 2}$$

where $\gamma\in M(\partial D)$ and $G$ is a measure on $N_h(\bar{D})$ satisfying

$$\int_{N_h(\bar{D})}[\nu(h)+\nu(\partial h)]G(\mathrm{d}\nu)<+\infty.$$

## § 10. Immigration processes and Kuznetsov processes

**10. 1** The measure-valued immigration processes may be constructed from Kuznetsov processes determined by entrance rules for the original MB-process. Let us review some basic facts in potential theory. A family of $\sigma$-finite measures $(J_t)_{t\in\mathbf{R}}$ is called an entrance rule for $(Q_t^\circ)_{t\geqslant 0}$ if $J_s Q_{t-s}^\circ \leqslant J_t$ for all $t>s\in\mathbf{R}$ and $J_s Q_{t-s}^\circ \uparrow J_t$ as $s\uparrow t$. Let $W(M(E))$ denote the space of paths $\{w_t: t\in\mathbf{R}\}$ that are $M(E)^\circ$-valued and right continuous on an open interval $(\alpha(w), \beta(w))$ and take the value of the null measure elsewhere. The path $[0]$ constantly equal to the null measure corresponds to $(\alpha, \beta)$ being empty. Set $\alpha([0])=+\infty$ and $\beta([0])=-\infty$. Let $(\mathcal{H}^\circ, \mathcal{H}_t^\circ)_{t\in\mathbf{R}}$ be the natural $\sigma$-algebras on $W(M(E))$ generated by the coordinate process. Then to each entrance rule $(J_t)_{t\in\mathbf{R}}$ for $(Q_t^\circ)_{t\geqslant 0}$, there corresponds a unique $\sigma$-finite measure $\mathbf{Q}^J$ on $(W(M(E)), \mathcal{H}^\circ)$ under which $\{w_t: t\in\mathbf{R}\}$ is a Markov process with one-dimensional distributions $(J_t)_{t\in\mathbf{R}}$ and semigroup $(Q_t^\circ)_{t\geqslant 0}$, that is, for any $t_1<t_2<\cdots<t_n\in\mathbf{R}$, and $\nu_1, \nu_2, \cdots, \nu_n\in M(E)^\circ$,

$$\begin{aligned}&\mathbf{Q}^J\{\alpha<t_1, w_{t_1}\in \mathrm{d}\nu_1, w_{t_2}\in \mathrm{d}\nu_2, \cdots, w_{t_n}\in \mathrm{d}\nu_n, t_n<\beta\}\\ &=J_{t_1}(\mathrm{d}\nu_1)Q_{t_2-t_1}^\circ(\nu_1, \mathrm{d}\nu_2)\cdots Q_{t_n-t_{n-1}}^\circ(\nu_{n-1}, \mathrm{d}\nu_n). \qquad (10.1)\end{aligned}$$

The existence of this measure was proved by Kuznetsov (1974); see also Getoor and Glover (1987). The system $(W(M(E)), \mathcal{H}^\circ, \mathcal{H}_t^\circ, w_t, \mathbf{Q}^J)$ is commonly called the Kuznetsov process determined by $(J_t)_{t\in\mathbf{R}}$, and $\mathbf{Q}^J$ is called the Kuznetsov measure.

Recall that a probability measure $F$ is infinitely divisible if and only if its Laplace functional has the canonical representation

$$\int_{M(E)} e^{-\nu(f)} F(d\nu) = \exp\left\{-\eta(f) - \int_{M(E)^\circ} (1 - e^{-\nu(f)}) H(d\nu)\right\}, \tag{10.2}$$

where $\eta \in M(E)$ and $[1 \wedge \nu(E)]\ H(d\nu)$ is a finite measure on $M(E)^\circ$. We write $F = I(\eta, H)$ if $F$ is given by (10.2). From Theorem 8.1 it follows that, if $(N_t)_{t\geq 0}$ is a skew convolution semigroup, then $N_0 = \delta_0$ and each $N_t$ is infinitely divisible.

**Theorem 10.1**(Li, 2000) Suppose that $(N_t)_{t\geq 0}$ is a skew convolution semigroup with representation $N_t = I(\gamma_t, G_t)$. Define $G_t = 0$ for $t < 0$. Then $(G_t)_{t\in\mathbf{R}}$ is an entrance rule for $(Q_t^\circ)_{t\geq 0}$. Let $N^G(dw)$ be a Poisson random measure on $W(M(E))$ with intensity $\mathbf{Q}^G(dw)$ and define

$$I_t^G = \int_{W(M(E))} w_t N^G(dw), \quad t \geq 0. \tag{10.3}$$

Then $\{\gamma_t + I_t^G:\ t \geq 0\}$ is an immigration process corresponding to $(N_t)_{t\geq 0}$.

This shows that a general immigration prccess may be decomposed into two parts, one part is deterministic and the other part can be constructed from a Kuznetsov process. This type of constructions for immigration processes have keen discussed in Li (1996b), Li and Shiga (1995) and Shiga (1990). See also Evans (1993) a similar, but different, construction for conditioned $(\xi, \phi)$-superprocosses.

**10.2** A natural and realistic problem one would raise is "For a given immigration process, what is the largest possible space where all tile immigrants come from?" In view of Theorem 10. 1, this problem may be answered by studying the behaviors of the Kuznetsov process $\{w_t: \alpha<t<\beta\}$ near the birth time $\alpha=\alpha(w)$. We shall see that almost all those paths start propagation in some extension of $E$ which can be given explicitly as follows.

We consider a Doob's $h$-transform of the underlying semigroup $(P_t)_{t\geqslant 0}$. Set $h(x)=\int_0^1 P_s 1(x)\mathrm{d}s$. Since $h\in B(E)^+$ is an excessive function of $(P_t)_{t\geqslant 0}$,

$$T_t f(x) := h(x)^{-1}\int_E f(y)h(y)P_t(x,\mathrm{d}y) \tag{10. 4}$$

defines a Borel right semigroup $(T_t)_{t\geqslant 0}$ with state space $E$. See e. g. Sharpe (1988). Let $(T_t^\partial)_{t\geqslant 0}$ be a conservative extension of $(T_t)_{t\geqslant 0}$ *to* $E^\partial := E\cup\{\partial\}$, where $\partial$ is the cemetery point. Let $E_D^\partial$ be the entrance space of $(T_t^\partial)_{t\geqslant 0}$ and let $E_D^T=E_D^\partial\setminus\{\partial\}$. We endow $E_D^\partial$ and $E_D^T$ with the Ray topology of $(T_t^\partial)_{t\geqslant 0}$. Then we have

**Theorem 10. 2**(Li, 2000) Let $(J_t)_{t\in\mathbf{R}}$ be an entrance rule for $(Q_t^\circ)_{t\geqslant 0}$ such that

$$\int_r^t \mathrm{d}s\int_{M(E)^\circ}\nu(E)J_s(\mathrm{d}\nu)<+\infty,\quad r<t\in\mathbf{R}.$$

For $w\in W$ detine the $M(E_D^T)$-valued path $\{h\overline{w}_t: t>0\}$ by

$$h\overline{w}_t(E_D^T\setminus E)=0 \text{ and } h\overline{w}_t(\mathrm{d}x)=h(x)w_t(\mathrm{d}x) \text{ for } x\in E. \tag{10. 5}$$

Then for $\mathbf{Q}^J$-a. a. $w\in W(M(E))$, $\{h\overline{w}_t: t\in\mathbf{R}\}$ is right continuous in $M(E_D^T)^\circ$ on the interval $(\alpha(w), \beta(w))$ and $h\overline{w}_t\to$ some $h\overline{w}_\alpha\in M(E_D^T)$ as $t\downarrow\alpha(w)$. Moreover, for $\mathbf{Q}^J$-a. a. paths $w\in W(M(E))$ with $h\overline{w}_\alpha=0$, we have $w_t(h)^{-1}h\overline{w}_t\to\delta_{x(w)}$ for some $x(w)\in E_D^T$ as $t\downarrow\alpha(w)$.

# § 11. Immigration processes over the half line

**11.1** Let us consider the case where $E$ is the positive half line $H := (0, +\infty)$. Suppose that $\xi$ is the minimal Brownian motion in $H$. The transition semigroup $(P_t)_{t\geqslant 0}$ of $\xi$ is determined by

$$P_t f(x) = \int_H [g_t(x-y) - g_t(x+y)] f(y) \mathrm{d}y, \qquad (11.1)$$

where $g_t(x) = \dfrac{\exp\left\{-\dfrac{x^2}{2t}\right\}}{\sqrt{2\pi t}}$. We shall call the corresponding $(\xi, \phi)$-superprocess $X$ simply a super minimal Brownian motion. In this case, we may identify $E_D^T$ as $\mathbf{R}^+$. Let $\kappa \in \mathcal{K}(P)$ be defined by $\kappa_t(f) = \partial_0 P_t f$, where $\partial_0$ denotes the upward derivative at the origin. Then $S_t(\kappa, f) = \partial_0 V_t f$. Let $M_h(H)$ be the set of Borel measures $\mu$ on $H$ such that $\mu(h) < +\infty$.

**Lemma 11.1** (Li and Shiga, 1995) For each $\eta \in \mathcal{K}(P)$, there exist a constant $q \geqslant 0$ and a measure $m \in M_h(H)$ such that $\eta_t = mP_t + q\kappa_t$ for all $t > 0$.

If $\eta \in \mathcal{K}(P)$ is given as in the above lemma, then we have $S_t(\eta, f) = m(V_t f) + q\partial_0 V_t f$. Combining these with Theorems 8.1 and 8.3 gives a complete characterization of the immigration structures associated with the super minimal Brownian motion.

**11.2** Let us consider an immigration process with transition semigroup $({}^\kappa Q_t)_{t\geqslant 0}$ defined by

$$\int_{M(H)} e^{-\nu(f)}\ {}^{\kappa}Q_t(\mu, d\nu)$$

$$= \exp\left\{-\mu(V_t f) - \int_0^t (1 - \exp\{-\partial_0 V_s f\}) ds\right\}. \qquad (11.2)$$

Let $G_t = \int_0^t l\kappa_s ds$, where $l\kappa$ is defined by (8.7). Then $h\overline{w}_t \to h'(0^+)\delta_0$ and hence $w_t(H) \to +\infty$ as $t \downarrow \alpha$ for $\mathbf{Q}^G$-a. a., $w \in W(M(H))$, and the immigration process may be constructed by (10.3); see Li(1996b). This shows that the transformation $w_t \mapsto h\overline{w}_t$ in Theorem 10.2 is necessary if one hopes to get the limit $\lim_{t\downarrow\alpha} w_t$ for $w \in W(M(H))$ in some sense. Intuitively, the process is generated by cliques of immigrants with irfinite mass coming in $H$ from the original. The semigroup $({}^{\kappa}Q_t)_{t\geqslant 0}$ has no right continuous realization; see Li (1996b).

**11.3** Let us consider the super Brownian motion over $H$ with the branching mechanism $\phi(x, z) \equiv \frac{z^2}{2}$. Suppose that $\eta \in \mathcal{K}(P)$ is given as Lemma 11.1. Then

$$\int_{M(H)} e^{-\nu(f)} Q_t^{\eta}(\mu, d\nu)$$

$$= \exp\left\{-\mu(V_t f) - \int_0^t [m(V_s f) + q\,\partial_0 V_s f] ds\right\} \qquad (11.3)$$

defines the transition semigroup $(Q_t^{\eta})_{t\geqslant 0}$ of an immigration diffusion process $Y = (W, \mathcal{G}, \mathcal{G}_t, Y_t, Q_\mu^{\eta})$. Indeed, it was proved in Li and Shiga (1995) that any immigration diffusion process associated with the super Brownian motion has semigroup in the form (11.3).

**Theorem 11.2** (Li and Shiga. 1995) The process $\{Y_t(dx): t>0\}$ is $Q_\mu^{\eta}$-a. s., absolutely continuous relative to the Lebesgue measure on $H$ having continuous density $\{Y_t(x): t>0, x>0\}$ which satisfies $Y_t(0^+)\equiv 2q$ and solves the following stochastic partial differential equation with singular drift term:

$$\frac{\partial}{\partial t}Y_t(x)=\sqrt{Y_t(x)}\dot{W}_t(x)+\frac{1}{2}\Delta Y_t(x)+\dot{m}(x)+qd_0, \tag{11.4}$$

where $\dot{W}_t(x)$ is a time-space white noise, $\Delta$ is the Laplacian on $H$ with Dirichlet boundaly condition, $\dot{m}(x)$ is the generalized function given by the measure $m(\mathrm{d}x)$, and $-d_0$ is the derivative of the Dirac function at the origin. More precisely, $\langle \dot{m}, f\rangle = m(f)$ and $\langle d_{0,f}\rangle = f'(0^+)$ for all $f\in C^2_{00}(\mathbf{R}^+)$, twice continuously differentiable functions on $\mathbf{R}^+$ vanishing at zero and infinity.

**Theorem 11.3** (Li and Shiga, 1995) Suppose that the closed supports of $\mu\in M(H)$ and $m\in M_h(H)$ are bounded. Then $\mathbf{Q}^\eta_\mu$-a. s. $\{Y_t(\mathrm{d}x): t\geqslant 0\}$ have bounded closed supports. Let $R_t=\sup\{x>0: x\in \mathrm{supp}(X_s)$ for some $0\leqslant s\leqslant t\}$. Then the distribution of $t^{-\frac{1}{z^3}}Rt$ converges as $t\to+\infty$ to the Fréchet distribution given by $F(z)=\mathrm{e}^{-\frac{a}{z^3}}(z>0)$, where

$$\alpha=\frac{1}{18}\left[\frac{\Gamma\left(\frac{1}{3}\right)\Gamma\left(\frac{1}{6}\right)}{\Gamma\left(\frac{1}{2}\right)}\right]^3\left(q+\int_H xm(\mathrm{d}x)\right).$$

Some central limit theorems for the above immigration process were given in Li and Shiga (1995). See also Li et al (1993) and Ye (1993) for related results.

**Acknowledgements**

The content of this paper originated from lectures given by the authors at several conferences (April 1996 in Hangzhou;

October 1996 in Wuhan and August 1997 in Taian). It has also been used in some graduate courses at Beijing Normal University. It is our pleasure to thank the participants of those lectures for their comments and encouragement.

**References**

[1] Athreya K B, Ney P E. Branching Processes. Springer-Verlag, Berlin, 1972.

[2] Bao Y F. Supports of super Ornstein-Uhlenbeck processes. Chin. Sci. Bull. (English Edition) 1995, 140: 1 057-1 062.

[3] Bramson M, Cox J T, Greven A. Ergodicity of critical spatial branching processes in low dimensions. Ann. Probab., 1994, 121: 1 946-1 957.

[4] Brezis H, Véron L. Removable singularities of some nonlinear equations. Arch. Rational Mech. Anal., 1980, 175: 1-6.

[5] Cox J T, Griffeath D. Diffusive clustering in the two dimensional voter model. Ann. Probab., 1986, 114: 347-370.

[6] Dawson D A. The critical measure diffusion process. Z. Wahrsch. Verw. Geb., 1977, 140: 125-145.

[7] Dawson D A. Infinitely divisible random measures and superprocesses. In: Procedings of 1990 Workshop on Stochastic Analysis and Related Topics, Silivri, Turkey, 1992.

[8] Dawson D A. Measure-valued Markov processes.

Ecole d'Eté de Probabilités de Saint-Flour XXI-1991, Hennequin, P. L. ed., Lect. Notes Math., 1 541: 1-260. Springer-Verlag, Berlin, 1993.

[9] Dawson D A, Fleischmann K. Diffusion and reaction caused by point catalysts. SIAM J. Appl. Math., 1992, 152: 163-180.

[10] Dawson D A, Fleischmann K. A super Brownian motion with a single point catalyst. Stochastic Process. Appl., 1994, 49: 3-40.

[11] Dawson D A, Hochberg K J. The carrying dimension of a stochastic measure diffusion. Ann. Probab., 1979, 7: 693-703.

[12] Dawson D A, Hochberg K J. A multilevel branching model. Adv. Appl. Probab., 1991, 23: 701-715.

[13] Dawson D A, Lscoe I, Perkins E A. Super-Brownian motion: path properties and hitting probabilities. Probab. Theory Related Fields, 1989, 83: 135-205.

[14] Dawson D A, Lvanoff D. Branching diffusions and random measures. Advances in Probability and Related Topics 5, A. Joffe and P. Ney eds. 61-103.

[15] Dawson D A, Perkins E A. Historical processes. Mem. Amer. Math. Soc., 1991: 454.

[16] Dynkin E B. Three classes of infinite dimensional diffusion processes. J. Funct. Anal., 1989, 86: 75-110.

[17] Dynkin E B. Branching particle systems and superprocesses. Ann. Probab., 1991a, 19: 1 157-1 194.

[18] Dynkin E B. Path processes and historical superpro-

cesses. Probab. Theory Related Fields, 1991b, 90: 1-36.

[19] Dynkin E B. Superprocesses and partial differential equations. Ann. Probab., 1993a, 21: 1 185-1 262.

[20] Dynkin E B. On regularity of superprocesses. Probab. Theory Related Fields, 1993b, 95: 263-281.

[21] Dynkin E B. An introduction to branching measure-valued processes. Amer. Math. Soc., Providence, 1994.

[22] Dynkin E B, Kuznesov S E, Skorokhod A V. Branching measure-valued processes. Probab. Theory Related Fields, 1994, 99: 55-96.

[23] El Karoui N, Roelly S. Propriétés de martingales, explosion et representation de lévy-Khintchine d'une classe de processus de branchement *à* valeurs mesures. Stochastic Process. Appl., 1994, 38: 239-266.

[24] Etheridge A. Limiting behavior of two-level measure branching. Adv. Appl. Probab., 1993, 25: 773-782.

[25] Evans S. Two representations of conditioned superprocess. Proceedings of Royal Society of Edinburgh, 1993, 123A: 959-971.

[26] Evans S, Perkins E. Measure-valued Markov branching processes conditioned on non-extinction. Israel J. Math., 1990, 71: 329-337.

[27] Feller W. Diffusion processes in genetics. Proceedings of Second Berkley Symposum, 1952: 227-246, Berkley.

[28] Fitzsimmons P J. Construction and regularity of

measure-valued Markov branching processes. Israel J. Math., 1988, 64: 337-361.

[29] Fitzsimmons P J. On the martingale problem for measure-valued Markov branching processes. In: Seminar on Stoch. Proc. 1991, Cinlar, E. et al. eds., Birkhauser, 1992.

[30] Fleischmann K. Superprocesses in Catalytic Media. In: Measure-valued Processes, Stochastic Partial Differential Equations, and Interacting Systems, 5: 99-110, Dawson D. A. ed., CRM Proceedings and Lect. Notes, Montréal, 1994.

[31] Fleischmann K. Le Gall J F. A new approach to the single point catalyst super Brownian motion. Probab. Theory Related Fields, 1995, 102: 63-82.

[32] Friedman A. Partial Differential Equations of Parabolic Type. Englewood Cliffs, NJ, Prentice Hall, 1984.

[33] Getoor R K, Glover J. Constructing Markov processes with random times of birth and death. In: Seminar on Stochastic Processes 1986, Cinlar E. et al. eds., Birkhäuser, Basel, 1987.

[34] Gorostiza L G. Aymptotic fluctuations and critical dimension for a two-level branching system. Bernoulli, 1996, 2: 109-432.

[35] Gorostiza L G, Lopez-Mimbela J A. The multitype measure branching process. Adv. Appl. Probab., 1990, 22: 49-67.

[36] Gorostiza L G, Roelly S. Some properties of the

multitype measure branching process. Stochastic Process. Appl. , 1990, 37: 259-274.

[37] Gorostiza L G, Roelly S, Wakolbinger A. Persistence of critical multitype particle and measure branching process. Probab. Theory Related Fields, 1992, 92: 313-335.

[38] Griffeath D. The binary contact path process. Ann. Probab. , 1983, 11: 692-705.

[39] Harris T E. The Theory of Branching Processes. Springer-Verlag, 1963.

[40] Ikeda N, Watanabe S. Stochastic Differential Equations and Diffusion Processes, 2nd Ed. North-Holland, Amsterdam, 1989.

[41] Iscoe I. A weighted occupation time for a class of measure-valued branching processes. Probab. Theory Related Fields, 1986a, 71: 85-116.

[42] Iscoe I. Ergodic theory and local occupation time for measure-valued critical branching Brownian motion. Stochastics, 1986b, 18: 197-243.

[43] Iscoe I. On the supports of measure-valued branching Brownian motion. Ann. Probab. , 1988, 16: 200-201.

[44] Ikeda N, Watanabe S. Stochastic Differential Equations and Diffusion Processes, 2nd Ed. North-Holland, Amsterdam, 1989.

[45] Ivanoff D. The branching diffusion with immigration. J. Appl. Probab. , 1981, 17: 1-15.

[46] Jiřina M. Stochastic branching processes with contin-

uous state space. Czechoslovak Math. J., 1958, 8: 292-313.

[47] Jiřina M. Branching processes with measure-valued states. Trans. 3rd Prague Conf. Inf. Th., 1964: 333-357.

[48] Kawazu K, Watanabe S. Branching processes with immigration and related limit theorems. Theory Probab. Appl., 1971, 16: 34-51.

[49] Knight F. Essentials of Brownian Motion and Diffusions. Amer. Math. Soc., 1981, Providence.

[50] Konno N, Shiga T. Stochastic partial differention equations for some measure-valued diffusions. Probab. Theory Related Fields, 1988, 79: 34-51.

[51] Krone S M. Conditioned superprocesses and their weighted occupation times. Satistics Probab. Letters, 1995, 22: 59-69.

[52] Kuznetsov S E. Construction of Markov processes with random times of birth and death. Theory Probab. Appl., 1974, 18: 571-575.

[53] Le Gall J F. Brownian excursions, trees and measure-valued branching processes. Ann. Probab., 1991, 19: 1 399-1 439.

[54] Le Gall J F. A class of path-valued, Markov processes and its applications to superprocesses. Probab. Theorey Related Fields, 1993a, 95: 25-46.

[55] Le Gall J E. Solutions positives de $\Delta u = u^2$ dans le disqu unité. C. R. Acad. Sci. Paris Série I,

1993b，317：873-878.

[56] Le Gall J F. The Brownian snake and solutions of $\Delta u = u^2$ in a domain. Probab. Theorey Related Fields，1995，102：393-432.

[57] Li Zenghu. Integral representations of continuous functions. Chin. Sci. Bull. ( English Edition )，1991，36：979-983.

[58] Li Zenghu. A note on the multitype measure branching process. Adv. Appl. Probab.，1992a，24：496-498.

[59] Li Zenghu. Measure-valued branching processes with immigration. Stochastic Process. Appl.，1992b，43：249-264.

[60] Li Zenghu. Branching particle systems with immigration. In：Badrikian A. et al. eds. Probability and Statistic，Rencontres Franco Chinoises en Probabilités et Statistiques，1993：249-254.

[61] Li Zenghu. Convolution semigroups associated with measure-valued branching processes. Chin. Sci. Bull. (English Edition)，1996a，41：276-280.

[62] Li Zenghu. Immigration structures associated with Dawson-Watanabe superprocesses. Stochastic Process. Appl.，1996b，62：73-86.

[63] Li Zenghu. Immigration processes associated with branching particle systems. Adv. Appl. Probab.，1998a，30(3)：657-675.

[64] Li Zenghu. Entrance laws for Dawson-Watanabe superprocesses with non-local branching. Acta Mathematica

Scientia (Series A, English Edition), 1998b, 18(4): 449-456.

[65] Li Zenghu. Absolute continuity of measure branching processes with mean field interactions. Chin. J. Appl. Probab. Statistics, 1998, 14(3): 231-242.

[66] Li Zenghu. Measure-valued immigration processes and Kuznetsov processes. Sūrikaisekikenhyūsho Koky-ūroku, 2000, (1157): 17-38.

[67] Li Zenghu. Li Zhanbin, Wang Zikun. Asymptotic behavior of the measure-valued branching process with immigration. Science in China, Ser. A (English Edition), 1993, 36: 769-777.

[68] Li Zenghu, Shiga T. Measure-valued branchiag diffusions: immigrations, excursions and limit theorems. J. Math. Kyoto Univ., 1995, 35: 233-274.

[69] Liang Changqing, Li Zhanbin. Absolute continuity of the interacting measure branching process and its occupation time process. Chin. Sci. Bull. (Chinese Edition), 1998, 43(3): 197-200.

[70] Loewer C, Nirenberg L. Partial differential equations invariant under conformal or projective transformations. In: Ahlfors L. et al. eds. Contributions to Analysis, 1974: 255-272.

[71] Méléard M, Roelly S. Interacting branching measure processes. In: G. Da Prato, L. Tubaro eds., Stochastic Partial Différential Equations and Applications, PRNM 268, Harlow: Longman Scientific and

Technical，1992.

[72] Méléard M，Roelly S. Interacting measure branching processes; some bounds for the support. Stochastics，Stochastics Reports，1994，44：103-121.

[73] Mueller C. On the supports of solutions to the heat equation with noise. Stochastics，1991，37：225-246.

[74] Overbeck L. Conditioned super Brownian motion. Probab. Theory Related Fields，1993，96：545-570.

[75] Overbeck L. Pathwise construction of additive h-transforms of super Brownian motion. Probab. Theory Related Fields，1994，100：429-437.

[76] Pakes A G. Revisiting conditional limit theorems for mortal simple banching processes. Bernoulli，1999，5(6)：969-998.

[77] Perkins E. A space-time property of a class of measure-valued branching diffusions. Trans. Amer. Math. Soc.，1988，305：743-796.

[78] Perkins E. The Hausdorff measure of the closed support of super Brownian motion. Ann. Inst. Henri Poincaré，1989，25：205-224.

[79] Perkins E. Polar sets and multiple points of super Brownian motion. Ann. Probab.，1990，18：453-491.

[80] Perkins E. Measure-valued branching diffusions with spatial interactions. Probab. Theory Related Fields，1992，94：189-245.

[81] Perkins E，Taylor S J. The fractal analysis of super

Brownian motion. Stochastic Process. Appl., 1995, 59: 1-20.

[82] Pitman J, Yor M. A decomposition of Bessel bridges. Z. Wahrsch. Verw. Geb., 1982, 59: 425-457.

[83] Reimers M. One dimensional stochastic differential equations and the branching measure diffusion. Probab. Theory Related Fields, 1989, 81: 319-840.

[84] Roelly-Coppoletta S. A criterion of convergence ot measure-valued processes: Application to measure branching processes. Stochastics, 1986, 17: 43-65.

[85] Sharpe M J. General Theory of Markov Processes. Academic Press, New York, 1988.

[86] Shiga T. A stochastic equation based on a Poisson system for a class of measure-valued diffusion processes. J. Math. Kyoto Univ., 1990, 30: 245-279.

[87] Shiga T. Two contrastive properties of solutions for one-dimensional stochastic partial differential equations. Can. Math. Bull., 1994, 46: 415-437.

[88] Shiga T, Watanabe S. Bessell diffusions as a one-parameter family of diffusion processes. Z. Wahrsch. Verw. Geb., 1973, 27: 37-46.

[89] Silverstein M L. Continuous state branching semigroups. Z. Wahrsch. Verw. Geb., 1969, 9: 235-257.

[90] Tang Jiashan. An asymptotic result of super Brownian motion on hyperbolic space. Chin. Sci. Bull. (English Edition), 1997a, 42: 1 240-1 243.

[91] Tang Jiashan. On the support of super Brownian mo-

tion on hyperbolic space. Chin. Sci. Bull., 1997b, 42：1 240-1 244.

[92] Walsh J B. An Introduction to Stochastic Partial Differential Equations. Ecole d'Eté de Probabilités de Saint-Flour XIV-1984, Lect. Notes Math., Springer-Verlag. 1989, 1180：265-439.

[93] Wang Yongjin. A proof of the persistent criterion of a class of superprocesses. J. Appl. Probab., 1996, 34：559-564.

[94] Wang Yongjin. Criterion on the limits of superprocesses. Sci. Chin. Ser. A(English Edition), 1998, 41：849-858.

[95] Wang Zikun. Power series expansion of a superprocess. Acta Mathematica Scientia (Ser. A), 1991, 10：361-364.

[96] Wang Zikun, Zhao Xuelei. Measure-valued branching processes with interactions. Chinese J. Appl. Probab. Statistics, 1996, 12：313-322.

[97] Watanabe S. A limit theorem of branching processes and continuous state branching processes. J. Math. Kyoto Univ., 1968, 8：141-167.

[98] Watanabe S. Branching diffusions (superdiffusions) and random snakes. Trends in Prob. Relat. Anal., Proc. Sep. 1996, World Scientific, 1997, 289-304.

[99] Wu Yadong. Multilevel birth and death particle system and its continuous diffusion. Adv. Appl. Probab., 1993, 25：549-569.

[100] Wu Yadong. Asymptotic behavior of two level measure branching processes. Ann. Probab., 1994, 22: 854-874.

[101] Ye Jun. Limiting behavior of a superprocess with immigration. Chin. Sci. Bull. (Chinese Edition), 1993, 38: 405-408.

[102] Ye Jun. Construction of two-type superprocesses. Acta Mathematica Sinica, 1995, 38: 360-870.

[103] Zähle U. The fractal character of localizable measure-valued processes Ⅲ; Fractal carry set of branching diffusions. Math. Nachr., 1988, 138: 293-311.

[104] Zhang Xinsheng. Martingale characterization of general superprocsses. Acta Mathematica Scientia (Ser. A, Chinese Edition), 1994, 14: 223-230.

[105] Zhao Xuelei. Some absolute continuity of superdiffusions and superstable processes. Stochastic Process. Appl., 1994a, 50: 21-86.

[106] Zhao Xuelei. Excessive functions of a class of DW-superprocesses. Acta Mathematica Scientia (Series A, English Edition), 1994b, 14: 393-410.

[107] Zhao Xuelei. Harmonic functions of superprocesses and conditioned superprocesses. Sci. Chin., (Ser. A, English Edition), 1996, 39: 1 268-1 279.

[108] Zhao Xuelei. The absolute continuity for interacting measure-valued branching Brownian motions. Chin. Ann. Math., 1997, 18B: 47-64.

# 测度值分支过程与移民过程

**摘要**　本文介绍了测度值分支过程(Dawson-Watanabe 超过程)和由斜卷积半群定义的伴随移民过程的基本理论和研究现状．主要内容包括：分支粒子系统的收敛；超过程的基本正则性和极限定理；非线性微分方程；广义分支模型；斜卷积半群和进入律；用 Kuznetsov 过程构造移民过程等．

**关键词**　分支过程；测度值；粒子系统；移民；斜卷积半群；进入律．

中国科学，1999，29(12)

# 催化介质中的移民过程①

**摘要** 研究了催化介质中移民过程的渐近行为，得到了其大数定律($d\leqslant 3$)及中心极限定理($d=3$).

**关键词** 移民过程；分支速度函数；Brown 相遇局部时；催化超 Brown 运动.

测度值分支过程，也称超过程，刻画了按一定规律演化的粒子模型. 若在演变的过程中同时有外来粒子的迁入，相应地，便需要考虑带移民的超过程，或简称为移民过程[1,2]. 文献[3，4]中对这一过程证明了一些极限定理，近些年来，随机环境中的超过程备受关注，文献[5]通过将分支速度函数随机化，构造了催化介质中的超 Brown 运动($d\leqslant 3$)，或称为催化超 Brown 运动，其分支速度函数由 Brown 相遇时(BCLT)给出，BCLT 是底运动的一个可加泛函，由另一超 Brown 运动(称为介质过程)的轨道确定[5]. 文献[6]中证明了催化超 Brown 运动占位时

---

① 收稿日期：1999-04-10.

国家自然科学基金(批准号：19671011)、教育部博士点基金和教育部数学中心资助项目

本文与洪文明合作.

的中心极限定理.

本文讨论随机介质中的移民过程，即带移民的催化超 Brown 运动，考虑它的渐近性质. 在移民速度是 Lebesgue 测度的情形，对所有维数($d\leqslant 3$)得到了它的遍历定理，在 $d=3$ 时证明了中心极限定理，并且对其占位时过程也得到了相应的结果.

## §1. 主要结果

设 $C(\mathbf{R}^d)$表示 $\mathbf{R}^d$ 上的连续有界函数空间. 固定一个常数 $p>d$，$\phi_p(x):=(1+|x|^2)^{-\frac{p}{2}}$，$x\in\mathbf{R}^d$，$C_p(\mathbf{R}^d):=\{f\in C(\mathbf{R}^d)$：$|f(x)|\leqslant\text{const}\circ\phi_p(x)\}$. 设

$M_p(\mathbf{R}^d):=\Big\{\mu:\mu$ 是 $\mathbf{R}^d$ 上的 Radon 测度，$\langle\mu,f\rangle:=\int f(x)\mu(\mathrm{d}x)<+\infty$ 对任意 $f\in C_p(\mathbf{R}^d)\Big\}$.

在 $M_p(\mathbf{R}^d)$上装备 $p$-淡拓扑，即 $\mu_k\to\mu$ 当且仅当$\langle\mu_k, f\rangle\to\langle\mu, f\rangle$对任意 $f\in C_p(\mathbf{R}^d)$. 本文恒设 $\lambda$ 表示 $\mathbf{R}^d$ 上的 Lebesgue 测度.

设 $W=[w_t, t\geqslant 0, \Pi_{r,a}]$是 $\mathbf{R}^d$ 中的标准 Brown 运动，$(P_t)_{t\geqslant 0}$ 是它的半群，$\rho:=[\rho_t, \Omega_1, P_{s,\mu}, t\geqslant s\geqslant 0, \mu\in M_p(\mathbf{R}^d)]$是通常的临界分支超 Brown 运动(介质过程). $d\leqslant 3$ 时，文献[5]证明了 Brown 相遇局部时 $L_{[w,\rho]}(\mathrm{d}r)$的存在性，且是一个(随机的)分支速度函数，对 $f\in C_p(\mathbf{R}^d)^+$.

$$\Pi_{s,a}\int_s^t L_{[w,\rho]}(\mathrm{d}r)f(w_r)=\int_s^t\mathrm{d}r\int\rho_r(\mathrm{d}b)p(r-s,a,b)f(b). \tag{1.1}$$

给定介质过程 $\rho$ 的条件下，记 $X^\rho:=[X_t^\rho, \Omega_2, P_{\mu,\nu}^\rho, t\geqslant 0, \mu, \nu\in M_p(\mathbf{R}^d)]$为(初值是 $\mu$ 移民速度是 $\nu$ 的)带移民的催化

超 Brown 运动，在概率律 $P^{\rho}_{\mu,\nu}$ 下，$X^{\rho}$ 的 Laplace 泛函是

$$\begin{aligned}&P^{\rho}_{\mu,\nu}\exp(-\langle X^{\rho}_t, f\rangle)\\&=\exp\left\{-\langle\mu,\nu(0,t,\circ)\rangle-\int_0^t \mathrm{d}s\langle\nu,v(s,t,\circ)\rangle\right\},\end{aligned} \tag{1.2}$$

其中 $f\in C_p^+$，$v(\circ, t, \circ)$是下列方程的唯一正解[1,2]：

$$v(s,t,a)=\Pi_{s,a}\left[f(w_t)-\int_s^t L_{[w,\rho]}(\mathrm{d}r)v^2(r,t,w_t)\right]. \tag{1.3}$$

考虑 $\mu=\nu=\lambda$ 的情形. 令

$$Q^{(\circ)}:=\int P^{\rho}_{\lambda,\lambda}(\circ)P_{\lambda}(\mathrm{d}\rho).$$

下面是本文的主要结果：

**定理 1** 设 $d\leqslant 3$，$f\in \mathrm{M}_p(\mathbf{R}^d)$，则依概率律 $Q$，

$$t^{-1}\langle X^{\rho}_t, f\rangle\to\langle\lambda, f\rangle.$$

设 $\mathscr{S}(\mathbf{R}^d)$是 $\mathbf{R}^d$ 上无穷次可微、且其偏导数仍是无穷次可微的速降函数空间，$\mathscr{S}'(\mathbf{R}^d)$是 $\mathscr{S}(\mathbf{R}^d)$的对偶空间. 定义. $\mathscr{S}'(\mathbf{R}^d)$-值过程$\{\overline{X}^{\rho}_t: t\geqslant 0\}$如下：

$$\langle\overline{X}^{\rho}_t, f\rangle:=t^{-\frac{1}{2}}[\langle X^{\rho}_t, f\rangle-\langle\lambda, f\rangle-t\langle\lambda, f\rangle],\ f\in\mathscr{S}(\mathbf{R}^d). \tag{1.4}$$

**定理 2** 设 $d=3$，则依分布有

$$\overline{X}^{\rho}_t\to\overline{X}_{+\infty},$$

其中 $\overline{X}_{+\infty}$是 $\mathscr{S}'(\mathbf{R}^d)$值中心化 Gauss 随机变量，其协方差为

$$\mathrm{cov}(\langle\overline{X}_{+\infty}, f\rangle, \langle\overline{X}_{+\infty}, g\rangle)=\langle\lambda, fGg\rangle,$$

$f$，$g\in\mathscr{S}(\mathbf{R}^d)$. $G$ 表示 Brown 运动的位势算子.

## §2. 定理的证明

**引理1** 设 $f\in M_p(\mathbf{R}^d)$，则依概率律 $P_\lambda$ 有

(i) $d\leqslant 3$ 时，关于 $s$ 一致地有

$$a_d(t)^{-1}\left[\int_s^t \mathrm{d}r\int \rho_r(\mathrm{d}b)(P_{t-r}f(b)^2)-\int_s^t \mathrm{d}r\int (P_{t-r}f(b))^2\mathrm{d}b\right]\to 0,$$

其 $a_1(t)=t^\alpha\left(\alpha>\dfrac{3}{4}\right)$，$a_2(t)=t^\beta$，$a_3(t)=t^\gamma$，$\beta$，$\gamma>0$.

(ii) $d=3$，$a\in\mathbf{R}^3$ 时，

$$t^{-1}\left[\int_s^t \mathrm{d}r\int \rho_r(\mathrm{d}b)p(r-s,a,b)(P_{t-r}f(b))^2-\right.$$

$$\left.\int_s^t \mathrm{d}r\int p(r-s,a,b)(P_{t-r}f(b))^2\mathrm{d}b\right]\to 0.$$

**证** 只证(i)，类似地可以证明(ii). 考虑 $\rho$ 的占位时的 Laplace 泛函

$$P_\lambda\exp\left\{-\int_0^t\langle\rho_r,f\rangle\mathrm{d}r\right\}=\exp\{-\langle\lambda,u(0,t,\circ)\rangle\},\quad(2.1)$$

其中 $u(\circ,t,\circ)$是下列方程的解：

$$u(s,t,a)=\int_s^t P_{r-s}f(a)\mathrm{d}r-\int_s^t P_{r-s}u(r,t,a)^2\mathrm{d}r.\quad(2.2)$$

注意到 $\|P_sf\|\leqslant C\circ(1\wedge s^{-\frac{d}{2}})$，经计算得

$$P_\lambda\int_s^t \mathrm{d}r\int\rho_r(\mathrm{d}b)(P_{t-r}f(b))^2=\int_s^t \mathrm{d}r\int(P_{t-r}f(b))^2\mathrm{d}b,$$

$$\mathrm{var}_\lambda\int_s^t \mathrm{d}r\int\rho_r(\mathrm{d}b)(P_{t-r}f(b))^2\leqslant 2\int_0^t \mathrm{d}t\int \mathrm{d}b\left[\int_s^t \mathrm{d}hP_{h-r}(P_{t-h}f)^2(b)\right]\leqslant$$

$$C\circ\int_0^t \mathrm{d}r\left[\int_r^t \mathrm{d}h(1\wedge(t-h)^{-\frac{d}{2}})\right]^2\circ\langle\lambda,(P_{t-r}f)^2\rangle\leqslant$$

$$C\circ\int_0^t(1\wedge r^{-\frac{d}{2}})\mathrm{d}r\circ\left[\int_0^t(1\wedge r^{-\frac{d}{2}})\mathrm{d}r\right]^2\leqslant$$

$$\begin{cases} C \circ t^{\frac{3}{2}}, & d=1, \\ C \circ (\lg t)^3, & d=2, \\ C, & d=3. \end{cases}$$

根据 Chebyshev 不等式，对任意 $\varepsilon>0$，关于 $s$ 一致地有

$$P_\lambda\left\{a_d(t)^{-1} \left| \int_s^t \mathrm{d}r \int \rho_r(\mathrm{d}b)(P_{t-r}f(b))^2 - \int_s^t \mathrm{d}r \int (P_{t-r}f(b))^2 \mathrm{d}b \right| \geqslant \varepsilon\right\} \leqslant$$

$$\varepsilon^{-2} a_d(t)^{-2} \circ \mathrm{var}_\lambda \int_s^t \mathrm{d}r \int \rho_r(\mathrm{d}b)(P_{t-r}f(b))^2 \leqslant O(t^{-c(d)}) \to 0 \quad (t \to +\infty).$$

其中 $c(1)=2\alpha-\left(\frac{3}{2}\right)>0$，$c(2)=2\beta-\eta(\beta>\eta>0)$，$c(3)=2\gamma$.

**定理 1 的证** 只需证明

$$\lim_{t\to+\infty} Q\exp(-t^{-1}\langle x_t^\rho, f\rangle)=\exp(-\langle\lambda, f\rangle). \tag{2.3}$$

设 $f_t := t^{-1}f$，由(1.1)～(1.3)，$t^{-1}X_t^\rho$ 依概率律 $Q$ 的 Laplace 泛函是

$$Q\exp\{-t^{-1}\langle X_t^\rho, f\rangle\}=\exp\{-\langle\lambda, f_t\rangle-t\langle\lambda, f_t\rangle\} \circ$$

$$P_\lambda \exp\left\{\int_0^t \mathrm{d}r \int \rho_r(\mathrm{d}b) v(r,t,b)^2 + \int_0^t \mathrm{d}s \int_s^t \mathrm{d}r \int \rho_r(\mathrm{d}b) v(r,t,b)^2\right\}, \tag{2.4}$$

其中 $v(\circ, t, \circ)$ 由(1.3)式给出($f$ 由 $f_t$ 替换). 但

$$\int_0^t \mathrm{d}s \int_s^t \mathrm{d}r \int \rho_r(\mathrm{d}b) v(r,t,b)^2 \leqslant \int_0^t \mathrm{d}s \int_s^t \mathrm{d}r \int \rho_r(\mathrm{d}b)(P_{t-r}f_t(b))^2, \tag{2.5}$$

由控制收敛定理及引理 1，依概率律 $P_\lambda$ 有

$$\lim_{t\to+\infty}\int_0^t \mathrm{d}s \int_s^t \mathrm{d}r \int \rho_r(\mathrm{d}b)(P_{t-r}f_t(b))^2$$

$$= \lim_{t\to+\infty}\int_0^t \mathrm{d}s \left[t^{-2}\int_s^t \mathrm{d}r \int \rho_r(\mathrm{d}b)(P_{t-r}f(b))^2\right]$$

$$= \lim_{t\to+\infty} t^{-2}\int_0^t \mathrm{d}s\int_s^t \mathrm{d}r\int \mathrm{d}b(P_{t-r}f_t(b))^2$$

$$\leqslant \lim_{t\to+\infty} t^{-2}\circ\int_0^t \langle\lambda,f\rangle \mathrm{d}s\circ\int_0^t (1\wedge r^{-\frac{d}{2}})\mathrm{d}r\to 0,$$

即

$$\lim_{t\to+\infty}\int_0^t \mathrm{d}s\int_s^t \mathrm{d}r\int \rho_r(\mathrm{d}b)v(r,t,b)^2 = 0. \tag{2.6}$$

类似地可以证明

$$\lim_{t\to+\infty}\int_0^t \mathrm{d}r\int \rho_r(\mathrm{d}b)v(r,t,b)^2 = 0. \tag{2.7}$$

由(2.6)和(2.7)，从(2.4)便得到(2.3).

**定理2的证** 令 $f_t := t^{-\frac{1}{2}}f$，由(1.2)(1.3)，$\overline{X}_t^\rho$ 依概率律 $Q$ 的 Laplace 泛函为

$$Q\exp(-\langle\overline{X}_t^\rho,f\rangle)$$

$$= P_\lambda\exp\left\{\int_0^t \mathrm{d}r\int \rho_r(\mathrm{d}b)v(r,t,b)^2 + \int_0^t \mathrm{d}s\int_s^t \mathrm{d}r\int \rho_r(\mathrm{d}b)v(r,t,b)^2\right\}, \tag{2.8}$$

其中 $v(\circ,t,\circ)$ 是(1.3)的解（以 $f_t$ 替换 $f$）. 由于 $t\to+\infty$时，

$$\int_0^t \mathrm{d}r\int (P_{t-r}f_t(b))^2 \leqslant t^{-1}\int_0^t (1\wedge r^{-\frac{3}{2}})\circ\langle\lambda,f\rangle\to 0, \tag{2.9}$$

据引理1及控制收敛定理，依概率律 $P_\lambda$ 有

$$\lim_{t\to+\infty}\int_0^t \mathrm{d}r\int \rho_r(\mathrm{d}b)v(r,t,b)^2 \leqslant \lim_{t\to+\infty}\int_0^t \mathrm{d}r\int \rho_r(\mathrm{d}b)(P_{t-r}f_t(b))^2 = 0, \tag{2.10}$$

$$\lim_{t\to+\infty}\int_0^t \mathrm{d}s\int_s^t \mathrm{d}r\int \rho_r(\mathrm{d}b)(P_{t-r}f_t(b))^2$$

$$= \lim_{t\to+\infty}\int_0^t \mathrm{d}s\left[t^{-1}\int_s^t \mathrm{d}r\int \rho_r(\mathrm{d}b)(P_{t-r}f(b))^2\right]$$

$$= \lim_{t\to+\infty} t^{-1}\int_0^t \mathrm{d}s\int_s^t \mathrm{d}r\int (P_{t-r}f(b))^2\mathrm{d}b$$

$$= \int_0^{+\infty} \mathrm{d}r \int (P_r f(b))^2 \mathrm{d}b = \langle \lambda, fGf \rangle, \tag{2.11}$$

其中 $G$ 是 Brown 运动的位势算子. 由(1.3),

$$(P_{t-r} f_t(b))^2 - (v(r,t,b))^2$$
$$\leqslant 2(P_{t-r} f_t(b)) \circ \int_r^t \mathrm{d}h \int \rho_h(\mathrm{d}x) v(h,t,x)^2 p(h-r,b,x).$$

根据引理 1 及 Hölder 不等式，得到当 $t \to +\infty$时，

$$0 \leqslant \lim_{t\to+\infty} \int_0^t \mathrm{d}s \int_s^t \mathrm{d}r \int \rho_r(\mathrm{d}b) [(P_{t-r} f_t(b))^2 - (v(r,t,b))^2]$$
$$= \lim_{t\to+\infty} \int_0^t \mathrm{d}s \int_s^t \mathrm{d}r \int \mathrm{d}b [(P_{t-r} f_t(b))^2 - (v(r,t,b))^2]$$
$$\leqslant 2 \lim_{t\to+\infty} \int_0^t \mathrm{d}s \int_s^t \mathrm{d}r \int \mathrm{d}b (P_{t-r} f_t(b)) \circ$$
$$\int_r^t \mathrm{d}h \int \rho_h(\mathrm{d}x) v(h,t,x)^2 p(h-r,b,x)$$
$$\leqslant 2 \lim_{t\to+\infty} \left[ \int_0^t \mathrm{d}s \int_s^t \mathrm{d}r \int \mathrm{d}b (P_{t-r} f_t(b))^2 \right]^{\frac{1}{2}} \circ$$
$$\left\{ \int_0^t \mathrm{d}s \int_s^t \mathrm{d}r \int \mathrm{d}b \left[ \int_r^t \mathrm{d}h \int \rho_h(\mathrm{d}x) v(h,t,x)^2 p(h-r,b,x) \right]^2 \right\}^{\frac{1}{2}}$$
$$\leqslant C \circ \lim_{t\to+\infty} \left\{ \int_0^t \mathrm{d}s \int_s^t \mathrm{d}r \int \mathrm{d}b \left[ \int_r^t \mathrm{d}h \int \mathrm{d}x (P_{t-h} f_t(x))^2 \right.\right.$$
$$\left.\left. p(h-r,b,x) \right]^2 \right\}^{\frac{1}{2}}$$
$$\leqslant C \circ \lim_{t\to+\infty} \left[ \int_0^t \mathrm{d}s \int_s^t \mathrm{d}r \int \mathrm{d}b (P_{t-r} f_t(b))^2 \right]^{\frac{1}{2}} \circ$$
$$t^{-\frac{1}{2}} \int_0^t \mathrm{d}h (1 \wedge (t-h)^{-\frac{3}{2}})$$
$$= C \circ t^{-\frac{1}{2}} \int_0^t \mathrm{d}h (1 \wedge h^{-\frac{3}{2}}) \to 0. \tag{2.12}$$

结合(2.11)(2.12)有

$$\lim_{t\to+\infty} \int_0^t \mathrm{d}s \int_s^t \mathrm{d}r \int \rho_r(\mathrm{d}b) (v(r,t,b))^2 = \langle \lambda, fGf \rangle. \tag{2.13}$$

由(2.8)(2.10)(2.13)，便得

$$\lim_{t\to+\infty} Q\exp(-\langle \overline{X}_t^\rho, f\rangle)=\exp(\langle\lambda, fGf\rangle),$$

即为所证[7].

设 $Y_t^\rho :=\int_0^t X_r^\rho \mathrm{d}r$ 是催化介质中移民过程的占位时过程，类似于定理1和定理2，可以证明

**定理 3** 设 $d\leqslant 3$，则对任意 $f\in M_p(\mathbf{R}^d)$，依概率 $Q$ 有

$$2t^{-2}\langle Y_t^\rho, f\rangle\to(\lambda, f).$$

令

$$\langle \overline{Y}_t^\rho, f\rangle :=t^{-\frac{5}{4}}[\langle Y_t^\rho, f\rangle - t\langle\lambda, f\rangle - t^2\langle\lambda, f\rangle],\ f\in\mathscr{S}(\mathbf{R}^d),\tag{2.14}$$

**定理 4** 设 $d=3$，则在 $\mathscr{S}'(\mathbf{R}^3)$中，依概率 $Q$ 有

$$\overline{Y}_t^\rho\to\overline{Y}_{+\infty},$$

其中 $\overline{Y}_{+\infty}$是 $\mathscr{S}'(\mathbf{R}^3)$中的中心化 Gauss 随机变量，它的协方差是

$$\mathrm{cov}(\langle\overline{Y}_{+\infty}, f\rangle, \langle\overline{Y}_{+\infty}, g\rangle)=c\circ\langle\lambda, f\rangle\langle\lambda, g\rangle,$$

其中 $f, g\in\mathscr{S}(\mathbf{R}^3)$，$c=\dfrac{8(\sqrt{2}-1)}{15\pi^{\frac{3}{2}}}$.

## 参考文献


[1] Dawson D A. Measure-valued Markov Processes. Lecture Notes in Math, Vol 1 541. Berlin: Springer-Verlag, 1993.

[2] Li Z H. Wang Z K. Measure-valued branching processes and immigration processes. Adv in Math, 1999, 28(2): 105-134.

[3] Li Z H, Li Z B, Wang Z K. Asymplotic behavior of the measure-valued branching process with immigra-

tion. Science in China, Ser A, 1993, 36: 769-777.

[4] Li Z H, Shiga T. Measure-valued branching diffusions: immigrations, excursions and limit theoroms. J Math Kyolo Univ, 1995, 35: 233-274.

[5] Dawson D A, Flei Schmann K. A continuous super-Brownian motion in a super-Brownian medium. J Th Probab, 1997, 10(1): 213-276.

[6] Hong Wenming, Central limit theorem for the occupation time of catalytic super-Brownian motion. Chin Sci Bull, 1998, 43(24): 2 035-2 040.

[7] Iseoe L. A weighted occupation time for a class of measure-valued critical branching Brownian motion. Probab Theory Relat Fields, 1986, 71: 85-116.

Infinite Dimensional Analysis, Quantum Probability
and Related Topics, 2004, 7(4)

# Generalized Mehler Semigroups and Ornstein-Uhlenbeck Processes Arising from Superprocesses over the Real Line①

We study the fluctuation limits of a class of superprocesses with dependent spatial motion on the real line, which give rise to some new Ornstein-Uhlenbeck processes with values of Schwartz distributions.

**Keywords** superprocess with dependent spatial motion; fluctuation limit; Ornstein-Uhlenbeck process; generalized Mehler semigroup.

---

① 本文与李增沪合作.

Received: 2003-01-21.
Communicated by T. Hida.

# § 1. Introduction

To put the investigation into perspectives, we first give a brief review of some recent progresses in the study of generalized Mehler semigroups and Ornstein-Uhlenbeck processes. Suppose that $(S, +)$ is a Hausdorff topological semigroup and $(Q_t)_{t\geqslant 0}$ is a transition semigroup on $S$ satisfying

$$Q_t(x_1+x_2, \cdot)=Q_t(x_1, \cdot) * Q_t(x_2, \cdot),\quad t\geqslant 0,\ x_1,\ x_2\in S, \tag{1.1}$$

where "$*$" denotes the convolution operation. A family of probability measures $(\mu_t)_{t\geqslant 0}$ on $S$ is called a skew convolution semigroup (SC-semigroup) associated with $(Q_t)_{t\geqslant 0}$ if it satisfies

$$\mu_{r+t}=(\mu_r Q_t) * \mu_t,\qquad r,\ t\geqslant 0. \tag{1.2}$$

This equation is of interest since it is satisfied if and only if

$$Q_t^\mu(x, \cdot):=Q_t(x, \cdot) * \mu_t(\cdot),\qquad t\geqslant 0,\ x\in S, \tag{1.3}$$

defines another transition semigroup $(Q_t^\mu)_{t\geqslant 0}$ on $S$. In the special case where $S$ is the space of all finite measures on some given measurable space, $(Q_t)_{t\geqslant 0}$ corresponds to a measure-valued branching process and $(Q_t^\mu)_{t\geqslant 0}$ corresponds to an immigration process. In this setting, it was proved in Ref. 24 that SC-processes are in one-to-one correspondence with infinitely divisible probability entrance laws for the semigroup $(Q_t)_{t\geqslant 0}$; see also Ref. 27. In Ref. 25, a characterization of such laws for the so-called Dawson-Watanabe superprocesses is given. With different formulations, measure-valued immigration processes corresponding to closable infinitely divisible probability entrance laws have been studied by a number of authors; see e. g. Refs. 6, 7, 12, 17, 21, 23, 34 and 35.

The second well-studied case is where $S=H$ is a real separable Hilbert space and $Q_t(x, \cdot) \equiv \delta_{T_t x}$ for a semigroup of bounded linear operators $(T_t)_{t\geqslant 0}$ on $H$. In this case, we can rewrite Eq. (1.2) as

$$\mu_{r+t}=(\mu_r \circ T_t^{-1}) * \mu_t, \qquad r, t\geqslant 0, \tag{1.4}$$

and the transition semigroup $(Q_t^\mu)_{t\geqslant 0}$ is given by

$$Q_t^\mu f(x) := \int_H f(T_t x + y)\mu_t(\mathrm{d}y), \quad x \in H, f \in B(H), \tag{1.5}$$

where $B(H)$ denotes the totality of bounded Borel measurable functions on $H$. The semigroup $(Q_t^\mu)_{t\geqslant 0}$ defined by (1.5) is called a generalized Mehler semigroup associated with $(T_t)_{t\geqslant 0}$, which corresponds to a generalized Ornstein-Uhlenbeck process (OU-process). This definition of the generalized OU-process was given in Ref. 1. The similarity between this formulation and that of the immigration process was first noticed by Gorostiza (1999, personal communication); see also Refs. 5 and 33. In the setting of cylindrical probability measures, it was proved in Ref. 1 that an SC-semigroup $(\mu_t)_{t\geqslant 0}$ is uniquely determined by an infinitely divisible probability measure on $H$ if the function $t \mapsto \hat{\mu}_t(a)$ is differentiable at $t=0$ for all $a\in H$, where $\hat{\mu}_t$ denotes the characteristic functional of $\mu_t$. Constructions of Gaussian and non-Gaussian generalized OU-processes with differentiable SC-semigroups were given respectively in Refs. 1 and 18. A characterization for general non-differentiable SC-semigroups was given in Ref. 9, where it was also observed that the corresponding OU-processes may have no right continuous realizations; see also Refs. 30 and 33 for the study of non-differentiable SC-semigroups. A general construction of such OU-processes was given in Ref. 8. Some powerful inequalities for differentiable generalized Mehler semigroups were proved recently in Ref. 32.

Another rich class of generalized OU-processes can also be formulated by (1.4) and (1.5) if we replace $H$ by the space of Schwartz distributions $\mathcal{S}'(\mathbf{R}^d)$. Some of the $\mathcal{S}'(\mathbf{R}^d)$-valued OU-processes arise as high density fluctuation limits of measure-valued branching processes with or without immigration; see e.g. Refs. 2, 3, 8, 14~16, 20, 26 and 36. As pointed out on p. 308 of Ref. 36, for sufficiently regular semigroup $(T_t)_{t\geqslant 0}$, the $\mathcal{S}'(\mathbf{R})$-valued generalized OU-process usually has an $L^2(\mathbf{R})$-valued version. Some of those processes can also be regarded as multi-parameter OU-processes and defined by stochastic integrals; see Refs. 36, 39 and 40. It was observed in Ref. 8 and 9 that OU-processes in $L^2(\mathbf{R})$ or $L^2(0, +\infty)$ corresponding to non-differentiable skew convolution semigroups may arise as fluctuation limits of superprocesses with measure-valued branching catalysts. In general, the $\mathcal{S}'(\mathbf{R}^d)$-valued OU-processes really live in the space of distributions when $d\geqslant 2$, and it is neither convenient nor natural to treat them as processes in Hilbert spaces. Therefore, generalized Mehler semigroups and OU-processes on the space $\mathcal{S}'(\mathbf{R}^d)$ with $d\geqslant 2$ need to be studied separately. Indeed, those distribution-valued OU-processes involve interesting mathematical structures. For example, in Refs. 4 and 5 the self-intersection local times of the $\mathcal{S}'(\mathbf{R}^d)$-valued generalized OU-processes were studied.

This work arose from the curiosity in whether or not an $\mathcal{S}'(\mathbf{R})$-valued generalized OU-process associated with the Brownian semigroup always has a well-defined $L^2(\mathbf{R})$-valued version. As a testing example, we study the fluctuation limits of the super-process with dependent spatial motion over the real line recently constructed in Refs. 10, 37 and 38. The model is described as follows. Let $M(\mathbf{R})$ be the space of finite Borel measures on $\mathbf{R}$ endowed with the weak convergence topology. Let $C(\mathbf{R})$ be the set of bounded continuous functions on $\mathbf{R}$. Let $c\geqslant 0$ be a non-negative constant and $\sigma(\cdot)$ a bounded non-negative Borel function on $\mathbf{R}$. Given a squareintegrable function $h\in C(\mathbf{R})$, let

$$\rho(x)=\int_{\mathbf{R}} h(y-x)h(y)\mathrm{d}y, \quad x\in\mathbf{R}, \tag{1.6}$$

and $a=c^2+\rho(0)$. We assume in addition that $h$ is continuously differentiable with square-integrable derivative $h'$. Then $\rho$ is twice continuously differentiable with bounded derivatives $\rho'$ and $\rho''$. Based on the results of Refs. 10, 37 and 38, we shall prove that there is an $M(\mathbf{R})$-valued diffusion process $\{X_t: t\geqslant 0\}$ such that, for each $\phi\in C^2(\mathbf{R})$,

$$M_t(\phi)=\langle\phi,X_t\rangle-\langle\phi,X_0\rangle-\frac{1}{2}a\int_0^t\langle\phi'',X_s\rangle\mathrm{d}s, \quad t\geqslant 0, \tag{1.7}$$

is a continuous martingale with quadratic variation process

$$\langle M(\phi)\rangle_t=\sigma\int_0^t\langle\phi^2,X_s\rangle\mathrm{d}s+\int_0^t\mathrm{d}s\int_{\mathbf{R}}\langle h(z-\cdot)\phi',X_s\rangle^2\mathrm{d}z. \tag{1.8}$$

we call $\{X_t: t\geqslant 0\}$ a superprocess with dependent spatial motion (SDSM) with parameters $(a, \rho, \sigma)$, where $a$ represents the speed of the underlying motion, $\rho$ represents the interaction of migration between the"particles"and $\sigma$ represents the branching density. Clearly, the SDSM reduces to the usual super-Brownian motion with independent spatial motion when $\rho(\cdot)\equiv 0$; see e. g. Ref. 6. The SDSM is also related with McKean-Vlasov type interacting diffusion systems and superprocess arising from stochastic flows; see e. g. Refs. 22 and 28.

In the study of high density fluctuation limits of measure-valued branching processes with independent spatial motion, techniques of Laplace functionals play an important role; see e. g. Refs. 9, 15, 16 and 20. Since the Laplace functionals are not neatly represented for the SDSM, we have to find some replacements. Our approach is to embed the fluctuation processes into a family of continuous martingales and observe those martingales as time changed Brownian motions. By a weak law of large numbers, we show that the quadratic variation processes of the martingales converge to a deterministic increasing process, from which we get the central limit theorem of the finite-dimensional distributions. The tightness of the fluctuation processes is proved using a criterion of Ref. 13. Our fluctuation limit theorems lead to a class of $\mathcal{S}'(\mathbf{R})$-valued generalized OU-processes. Those processes have differentiable skew convolution semigroups, but we cannot define the function-valued versions for some of them in the natural way. Therefore, it is not convenient to deal with their function-valued versions even they do exist. This phenomenon seems new and shows that the study of generalized Mehler semigroups and OU-processes on the space $\mathcal{S}'(\mathbf{R}^d)$ for all dimension numbers $d \geqslant 1$ is of interest. The complete description of all generalized Mehler semigroups on the space $\mathcal{S}'(\mathbf{R}^d)$ is still a challenging open problem.

**Notation 1.1** Let $C^n(\mathbf{R}^m)$ denote the set of continuous functions on $\mathbf{R}^m$ with bounded continuous partial derivatives up to the $n$th order. Let $\phi_p(x)=(1+x^2)^{-p}$ for $x \in \mathbf{R}$ and $p>0$. Let $C_p(\mathbf{R}^m)$ be the set of functions $f \in C(\mathbf{R}^m)$ with $\left\| \frac{f}{\phi_p^{\otimes m}} \right\| < +\infty$, where $\phi_p^{\otimes m}(x_1, x_2, \cdots, x_m)=\phi_p(x_1)\phi_p(x_2)\cdots\phi_p(x_m)$. Let $C_p^2(\mathbf{R})$ denote the set of twice continuously differentiable functions $f \in C_p(\mathbf{R})$ with $\left\| \frac{f'}{\phi_p} \right\| + \left\| \frac{f''}{\phi_p} \right\| < +\infty$. In particular, we have $\phi_p \in C_p^2(\mathbf{R})$. We use the superscript "+" to denote the subsets of non-negative elements of the function spaces, e.g. $C^2(\mathbf{R})^+$. We also write $C(E)$ for the totality of all bounded continuous functions on a general topological space $E$. For a function $f$ and measure $\mu$, we write $\langle f, \mu \rangle$ for $\int f \mathrm{d}\mu$ if the integral is meaningful. Let $M_p(\mathbf{R})$ be the set of all $\sigma$-finite Borel measures on $\mathbf{R}$ satisfying $\langle \mu, \phi_p \rangle < +\infty$. We define a topology on $M_p(\mathbf{R})$ by the convention that $\mu_n \to \mu$ if and only if $\langle \mu_n, f \rangle \to \langle \mu, f \rangle$ for all $f \in C_p(\mathbf{R})$. Let $\mathcal{S}(\mathbf{R})$ denote the Schwartz space on $\mathbf{R}$; see e.g. p. 305 of Ref. 19, and let $\mathcal{S}'(\mathbf{R})$ denote the dual space of $\mathcal{S}(\mathbf{R})$. We also write $\langle \cdot, \cdot \rangle$ for the duality on $(\mathcal{S}'(\mathbf{R}), \mathcal{S}(\mathbf{R}))$. Let $(T_t)_{t \geqslant 0}$ denote the transition semigroup of a standard Brownian motion.

Because of the presence of the derivative $\phi'$ in the variation process (2. 2), it is not obvious how to extend the definition of $\{M_t(\phi): t\geqslant 0\}$ to a general function $\phi\in C(\mathbf{R})$. However, following the method of Ref. 36, we can still define the stochastic integral

$$\int_0^t\int_{\mathbf{R}}\phi(s,x)M(\mathrm{d}s,\mathrm{d}x),\quad t\geqslant 0,\tag{1.9}$$

if both $\phi(s, x)$ and $\phi_x'(s, x)$ belong to $C([0, +\infty)\times\mathbf{R})$.

In Sec. 2 we recall some basic characterizations of the SDSM. The convergence of finite dimensional distributions is established in Sec. 3. In Sec. 4 we discuss tightness and weak convergence on the path space. Two extreme cases are discussed in Sec. 5.

## § 2. Characterizations of the SDSM

We here recall the existence and some characterizations of the SDSM given in Ref. 10. For a function $F$ on $M(\mathbf{R})$ let

$$\frac{\delta F(\mu)}{\delta \mu(x)}=\lim_{r\to 0^+}\frac{1}{r}[F(\mu+r\delta_x)-F(\mu)], \qquad x\in\mathbf{R}, \tag{2.1}$$

if the limit exists. Let $\frac{\delta^2 F(\mu)}{\delta\mu(x)\delta\mu(y)}$ be defined in the same way with $F$ replaced by $\frac{\delta F}{\delta\mu(y)}$ on the right-hand side. Define the operator $\mathcal{L}$ by

$$\begin{aligned}\mathcal{L}F(\mu) = {} & \frac{a}{2}\int_{\mathbf{R}}\frac{\mathrm{d}^2}{\mathrm{d}x^2}\frac{\delta F(\mu)}{\delta\mu(x)}\mu(\mathrm{d}x)+ \\ & \frac{1}{2}\int_{\mathbf{R}^2}\rho(x-y)\frac{\mathrm{d}^2}{\mathrm{d}x\mathrm{d}y}\frac{\delta^2 F(\mu)}{\delta\mu(x)\delta\mu(y)}\mu(\mathrm{d}x)\mu(\mathrm{d}y)+ \\ & \frac{1}{2}\int_{\mathbf{R}}\sigma(x)\frac{\delta^2 F(\mu)}{\delta\mu(x)^2}\mu(\mathrm{d}x),\end{aligned} \tag{2.2}$$

which acts on a class of continuous functions on $M(\mathbf{R})$. The domain of the generator $\mathcal{L}$ defined by (2.2) includes all functions of the form $F_{m,f}(\mu):=\langle f, \mu^m\rangle$ with $f\in C^2(\mathbf{R}^m)$ and all functions of the form $F_{f,\phi}(\mu):=f(\langle\phi, \mu\rangle)$ with $f\in C^2(\mathbf{R})$ and $\phi\in C^2(\mathbf{R})$. Let $\mathcal{D}(\mathcal{L})$ denote the collection of all those functions, which is a subset of the domain of $\mathcal{L}$. By Theorems 2.2 and 5.2 in Ref. 10 we have:

**Theorem 2.1** There is an $M(\mathbf{R})$-valued diffusion process $(X_t, \mathcal{G}_t, \mathbf{Q}_\mu)$ with transition semigroup $(Q_t)_{t\geqslant 0}$ generated by the closure of $(\mathcal{L}, \mathcal{D}(\mathcal{L}))$.

The diffusion process given by the above theorem is the so-called SDSM. A useful martingale characterization of the SDSM is given in the following:

**Theorem 2.2** A continuous $M(\mathbf{R})$-valued process $\{X_t: t\geqslant 0\}$ is a diffusion process with semigroup $(Q_t)_{t\geqslant 0}$ if and only if for each $\phi\in C^2(\mathbf{R})$,

$$M_t(\phi) := \langle \phi, X_t\rangle - \langle \phi, X_0\rangle - \frac{a}{2}\int_0^t \langle \phi'', X_s\rangle \mathrm{d}s, \quad t\geqslant 0, \tag{2.3}$$

is a continuous martingale with quadratic variation process

$$\langle M_t(\phi)\rangle_t = \int_0^t \langle \sigma\phi^2, X_s\rangle \mathrm{d}s + \int_0^t \mathrm{d}s\int_{\mathbf{R}} \langle h(z-\bullet)\phi', X_s\rangle^2 \mathrm{d}z. \tag{2.4}$$

**Proof** Suppose that $\{X_t: t\geqslant 0\}$ is a solution of the $(\mathcal{L}, \mathcal{D}(\mathcal{L}))$-martingale problem, i. e.

$$F(X_t) - F(X_0) - \int_0^t \mathcal{L}F(X_s)\mathrm{d}s, \quad t\geqslant 0, \tag{2.5}$$

is a continuous martingale for every $F\in\mathcal{D}(\mathcal{L})$. Comparing the martingales related to the functions $\mu\mapsto\langle\phi, \mu\rangle$ and $\mu\mapsto\langle\phi, \mu\rangle^2$ and using Itô's formula we see that (2.3) is a continuous martingale with quadratic variation process (2.4). Conversely, suppose that $\mathbf{Q}_\mu$ is a probability measure on $C([0, +\infty), M(\mathbf{R}))$ under which (2.3) is a continuous martingale with quadratic variation process (2.4) for each $\phi\in C^2(\mathbf{R})$. If

$$F_{f,\{\phi_i\}}(\nu) := f(\langle\phi_1, \nu\rangle, \langle\phi_2, \nu\rangle, \cdots, \langle\phi_n, \nu\rangle)$$

for $f\in C^2(\mathbf{R}^n)$ and $\{\phi_i\}\subset C^2(\mathbf{R})$, we have

$$\mathcal{L}F_{f,\{\phi_i\}}(\nu) = \frac{1}{2}\rho(0)\sum_{i=1}^n f'_i(\langle\phi_1,\nu\rangle, \langle\phi_2,\nu\rangle, \cdots, \langle\phi_n,\nu\rangle)\langle\phi''_i,\nu\rangle +$$

$$\frac{1}{2}\sum_{i,j=1}^{n} f''_{ij}(\langle\phi_1,\nu\rangle,\langle\phi_2,\nu\rangle,\cdots,\langle\phi_n,\nu\rangle)$$

$$\int_{\mathbf{R}^2}\rho(x-y)\phi'_i(x)\phi'_j(y)\mu(\mathrm{d}x)\mu(\mathrm{d}y)+$$

$$\frac{1}{2}\sigma\sum_{i,j=1}^{n} f''_{ij}(\langle\phi_1,\nu\rangle,\langle\phi_2,\nu\rangle,\cdots,\langle\phi_n,\nu\rangle)\langle\phi_i\phi_j,\nu\rangle.$$

By Itô's formula we see that (2.5) is a continuous martingale if $F=F_{f,\{\phi_i\}}$. Then the theorem follows by an approximation of an arbitrary $F\in\mathcal{D}(\mathcal{L})$. ■

The following theorem can be proved by similar arguments as Lemma 4.6 of Ref. 10.

**Theorem 2.3** For $t\geqslant 0$ and $\phi\in C^1(\mathbf{R})$ we have a. s.

$$\langle\phi,X_t\rangle=\langle T_{at}\phi,X_0\rangle+\int_0^t\int_{\mathbf{R}} T_{a(t-s)}\phi(x)M(\mathrm{d}s,\mathrm{d}x). \qquad (2.6)$$

To study the fluctuation limits of the SDSM, we need the following moment estimate.

**Lemma 2.1** Let $\beta(p)=\left\|\frac{\phi'_p}{\phi_p}\right\|+\left\|\frac{\phi''_p}{\phi_p}\right\|$ and let $\alpha=\frac{\beta(p)^2(c^2+\|\rho\|)}{2}$. Then for any $f\in C_p(\mathbf{R}^m)$ and any integer $m\geqslant 1$,

$$\int_{M(\mathbf{R})}\langle f,\nu^m\rangle Q_t(\mu,\mathrm{d}\nu)$$

$$\leqslant m^{2m}e^{\alpha m^2 t}(1+\|\sigma\|^m)\left\|\frac{f}{\phi_p^{\otimes m}}\right\|\sum_{k=1}^{m}\langle\phi_p,\mu\rangle^k, \qquad (2.7)$$

where $\|\cdot\|$ denotes the supremum norm.

**Proof** *Let* $(P_t^m)_{t\geqslant 0}$ be the transition semigroup on $\mathbf{R}^m$ generated by the differential operator

$$G^m:=\frac{a}{2}\sum_{i=1}^{m}\frac{\partial^2}{\partial x_i^2}+\frac{1}{2}\sum_{i,j=1,i\neq j}^{m}\rho(x_i-x_j)\frac{\partial^2}{\partial x_i\,\partial x_j}. \qquad (2.8)$$

It is easy to check that $|G^m \phi_p^{\otimes m}(x)| \leqslant \alpha m^2 \phi_p^{\otimes m}(x)$, and hence

$$\frac{\mathrm{d}}{\mathrm{d}t} P_t^{\otimes m} \phi_p^{\otimes m} = P_t^{\otimes m} G^m \phi_p^{\otimes m} \leqslant \alpha m^2 \phi_p^{\otimes m}.$$

By a comparison theorem we get $P_t^m \phi_p^{\otimes m} \leqslant e^{\alpha m^2 t} \phi_p^{\otimes m}$ for all $t \geqslant 0$. As in the proof of Lemma 2.1 of Ref. 10 we have

$$\begin{aligned} & \int_{M(\mathbf{R})} \langle f, \nu^m \rangle Q_t(\mu, \mathrm{d}\nu) \\ \leqslant & \left\| \frac{f}{\phi_p^{\otimes m}} \right\| \int_{M(\mathbf{R})} \langle \phi_p^{\otimes m}, \nu^m \rangle Q_t(\mu, \mathrm{d}\nu) \\ \leqslant & \mathrm{e}^{\alpha m^2 t} \left\| \frac{f}{\phi_p^{\otimes m}} \right\| \sum_{k=0}^{m-1} 2^{-k} m^k (m-1)^k \|\sigma\|^k \langle \phi_p, \mu \rangle^{m-k}, \end{aligned}$$

from which the desired estimate follows. ■

## § 3. A fluctuation limit theorem

We fix the constant $p>\frac{1}{2}$. For each $\theta\geqslant 1$, let $\rho_\theta(\cdot)$ be defined by (1.1) with $h(\cdot)$ replaced by $\frac{h(\cdot)}{\sqrt{\theta}}$ and let $a_\theta=c^2+\frac{\rho(0)}{\theta}$. Let $\mathcal{L}_\theta$ be defined by (2.2) with a and $\rho(\cdot)$ replaced respectively by $a_\theta$ and $\rho_\theta(\cdot)$. Let $(\Omega, \mathcal{A}, \mathbf{P})$ be a complete probability space on which an SDSM $\{X_t^{(\theta)}: t\geqslant 0\}$ is defined with generator $\mathcal{L}_\theta$ and initial state $X_0^{(\theta)}=\mu_\theta\in M(\mathbf{R})$. We define the $\mathcal{S}'(\mathbf{R})$-valued process $\{Z_t^{(\theta)}: t\geqslant 0\}$ by

$$\langle\phi, Z_t^{(\theta)}\rangle=\frac{\langle\phi, X_t^{(\theta)}\rangle-\theta\langle\phi, \lambda\rangle}{\sqrt{\theta}}, \quad \phi\in\mathcal{S}(\mathbf{R}). \tag{3.1}$$

The following lemma establishes a weak law of large numbers for $\{X_t^{(\theta)}: t\geqslant 0\}$.

**Lemma 3.1** Suppose that $\frac{\mu_\theta}{\theta}\to\mu\in M_p(\mathbf{R})$ as $\theta\to+\infty$. Then for $t\geqslant 0$ and $\phi\in C_p^2(\mathbf{R})$, we have $\langle\frac{\phi}{\theta}, X_t^{(\theta)}\rangle\to\langle T_t^c\phi, \mu\rangle$ in $L^2(\Omega, \mathbf{P})$ as $\theta\to+\infty$, where $T_t^c=T_{c^2t}$.

**Proof** Let $M^{(\theta)}(\mathrm{d}s, \mathrm{d}x)$ denote the stochastic integral with respect to the martingale measure determined by (2.3) with $\{X_t: t\geqslant 0\}$ replaced by $\{X_t^{(\theta)}: t\geqslant 0\}$. Then for fixed $t>0$ and $\phi\in C_p^2(\mathbf{R})$,

$$M_{t,u}^{(\theta)}(\phi):=\int_0^{t\wedge u}\int_{\mathbf{R}}T_{a_\theta(t-s)}\phi(x)M^{(\theta)}(\mathrm{d}s,\mathrm{d}x), \quad u\geqslant 0 \tag{3.2}$$

is a continuous martingale with quadratic variation process

$$\langle M_t^{(\theta)}(\phi)\rangle_u = \int_0^{t\wedge u}\langle\sigma(T_{a_\theta(t-s)}\phi)^2, X_s^{(\theta)}\rangle\mathrm{d}s + \int_0^{t\wedge u}\mathrm{d}s\int_{\mathbf{R}}\left\langle h(z-\bullet)T_{a_\theta(t-s)}(\phi'), \frac{X_s^{(\theta)}}{\sqrt{\theta}}\right\rangle^2\mathrm{d}z. \quad (3.3)$$

It follows that

$$\mathbf{E}\{\langle M_t^{(\theta)}(\phi/\theta)\rangle_t\} = \frac{1}{\theta}\int_0^t\mathbf{E}\left\{\left\langle\frac{\sigma[T_{a_\theta(t-s)}\phi]^2}{\theta}, X_s^{(\theta)}\right\rangle\right\}\mathrm{d}s + \frac{1}{\theta}\int_0^t\mathrm{d}s\int_{\mathbf{R}}\mathbf{E}\left\{\left\langle\frac{h(z-\bullet)T_{a_\theta(t-s)}(\phi')}{\theta}, X_s^{(\theta)}\right\rangle^2\right\}\mathrm{d}z. \quad (3.4)$$

Observe that $\phi_p''(x)\leqslant(4p+6)\phi_p(x)$. Thus there is a constant $C_t\geqslant 0$ such that

$$|T_{a_\theta(t-s)}\phi_p(x)|\leqslant C_t\phi_p(x),\quad x\in\mathbf{R},\quad \theta\geqslant 1,\ 0\leqslant s\leqslant t.$$

Then we get by Lemma 2.1 that

$$E\left\{\left\langle\frac{\sigma[T_{a_\theta(t-s)}\phi]^2}{\theta}, X_s^{(\theta)}\right\rangle\right\}\leqslant C_t\left\|\frac{\sigma\phi^2}{\phi_p}\right\|\mathbf{E}\left\{\left\langle\frac{\phi_p}{\theta}, X_s^{(\theta)}\right\rangle\right\} \leqslant C_t\left\|\frac{\sigma\phi^2}{\phi_p}\right\|\mathrm{e}^{at}(1+\|\sigma\|)\left\langle\frac{\phi_p}{\theta}, \mu_\theta\right\rangle. \quad (3.5)$$

By Schwarz' inequality and a similar procedure as the above one finds that

$$\int_{\mathbf{R}}\mathbf{E}\left\{\left\langle\frac{h(z-\bullet)T_{a_\theta(t-s)}(\phi')}{\theta}, X_s^{(\theta)}\right\rangle^2\right\}\mathrm{d}z$$
$$\leqslant\int_{\mathbf{R}}\mathbf{E}\left\{\left\langle\frac{T_{a_\theta(t-s)}(\phi')}{\theta}, X_s^{(\theta)}\right\rangle\left\langle\frac{h(z-\bullet)^2T_{a_\theta(t-s)}(\phi')}{\theta}, X_s^{(\theta)}\right\rangle\right\}\mathrm{d}z$$
$$\leqslant\rho(0)C_t^2\left\|\frac{\phi'}{\phi_p}\right\|^2\mathbf{E}\left\{\left\langle\frac{\phi_p}{\theta}, X_s^{(\theta)}\right\rangle^2\right\}$$

$$\leqslant\rho(0)C_t^2\left\|\frac{\phi'}{\phi_p}\right\|^2\mathrm{e}^{4at}(1+\|\sigma\|^2)\left[\left\langle\frac{\phi_p}{\theta},\ \mu_\theta\right\rangle+\left\langle\frac{\phi_p}{\theta},\ \mu_\theta\right\rangle^2\right]. \quad (3.6)$$

Combining (3.4), (3.5) and (3.6) we see that

$$\mathbf{E}\left\{\left[\left\langle\frac{\phi}{\theta},\ X_t^{(\theta)}\right\rangle-\left\langle\frac{T_{a_\theta t}\phi}{\theta},\ \mu_\theta\right\rangle\right]^2\right\}=\mathbf{E}\left\{\left\langle M_t^{(\theta)}\left(\frac{\phi}{\theta}\right)\right\rangle_t\right\}\to 0$$

uniformly on each finite interval of $t\geqslant 0$ as $\theta\to+\infty$. Observe also that

$$\left|\left\langle\frac{T_{a_\theta t}\phi}{\theta},\ \mu_\theta\right\rangle-\langle T_t^c\phi,\ \mu\rangle\right|$$

$$\leqslant\int_{c^2t}^{a_\theta t}\left\langle\frac{T_s\mid\phi''\mid}{\theta},\ \mu_\theta\right\rangle\mathrm{d}s+\left|\left\langle\frac{T_t^c\phi}{\theta},\ \mu_\theta\right\rangle-\langle T_t^c\phi,\ \mu\rangle\right|$$

$$\leqslant\|\phi''/\phi_p\|\int_{c^2t}^{\left(c^2+\frac{\rho(0)}{\theta}\right)t}\left\langle\frac{T_s\phi_p}{\theta},\ \mu_\theta\right\rangle\mathrm{d}s+\left|\left\langle\frac{T_t^c\phi}{\theta},\ \mu_\theta\right\rangle-\langle T_t^c\phi,\ \mu\rangle\right|.$$

Clearly, the right-hand side also goes to zero as $\theta\to+\infty$. Consequently,

$$\mathbf{E}\left\{\left[\left\langle\frac{\phi}{\theta},\ X_t^{(\theta)}\right\rangle-\left\langle\frac{T_t^c\phi}{\theta},\ \mu\right\rangle\right]^2\right\}\to 0$$

uniformly on each finite interval of $t\geqslant 0$ as $\theta\to+\infty$. ■

**Theorem 3.1** Suppose that $\sigma\in C^2(\mathbf{R})^+$ and $h\in C^2(\mathbf{R})$. If $\zeta_\theta := \frac{\mu_\theta-\theta\lambda}{\sqrt{\theta}}\to\zeta\in\mathcal{S}'(\mathbf{R})$ as $\theta\to+\infty$, then the distribution of $Z_t^{(\theta)}$ converges to a probability measure $\widetilde{Q}_t(\zeta,\ \cdot)$ on $\mathcal{S}'(\mathbf{R})$ determined by

$$\int_{\mathcal{S}'(\mathbf{R})}\mathrm{e}^{\mathrm{i}\langle\phi,\nu\rangle}\widetilde{Q}_t(\zeta,\mathrm{d}\nu)=\exp\left\{\mathrm{i}\langle T_t^c\phi,\zeta\rangle-\frac{1}{2}\int_0^t\langle\sigma(T_s^c\phi)^2,\lambda\rangle\mathrm{d}s-\frac{1}{2}\int_0^t\mathrm{d}s\int_{\mathbf{R}}\langle h'(z-\cdot)T_s^c\phi,\lambda\rangle^2\mathrm{d}z\right\}. \quad (3.7)$$

**Proof** We use the notation introduced in the proof of Lemma 3. 1. By (2. 6) and (3. 2) we have

$$M_{t,t}^{(\theta)}\left(\frac{\phi}{\sqrt{\theta}}\right)=\frac{\langle \phi,\ X_t^{(\theta)}\rangle-\langle T_{a_\theta t}\phi,\ \mu_\theta\rangle}{\sqrt{\theta}},\qquad t\geqslant 0.$$

It follows that

$$\begin{aligned}&\langle \phi,\ Z_t^{(\theta)}\rangle\\ &=M_{t,t}^{(\theta)}\left(\frac{\phi}{\sqrt{\theta}}\right)+\frac{\langle T_{a_\theta t}\phi,\ \mu_\theta\rangle-\langle T_t^c\phi,\ \mu_\theta\rangle}{\sqrt{\theta}}+\langle\ T_t^c\phi,\ \zeta_\theta\rangle.\end{aligned}\tag{3.8}$$

That is, the main part of $\langle \phi,\ Z_t^{(\theta)}\rangle$ can be embedded into the continuous martingale (3. 2). By (3. 3),

$$\begin{aligned}\left\langle M_t^{(\theta)}\left(\frac{\phi}{\sqrt{\theta}}\right)\right\rangle_u &=\int_0^{t\wedge u}\left\langle \sigma(T_{a_\theta(t-s)}\phi)^2,\frac{X_s^{(\theta)}}{\theta}\right\rangle \mathrm{d}s+\\ &\int_0^{t\wedge u}\mathrm{d}s\int_{\mathbf{R}}\left\langle h(z-\bullet)T_{a_\theta(t-s)}(\phi)',\frac{X_s^{(\theta)}}{\theta}\right\rangle^2\mathrm{d}z.\end{aligned}\tag{3.9}$$

Under the assumptions, we have $\frac{\mu_\theta}{\theta}\to\lambda$. Thus by Lemma 3. 1,

$$\begin{aligned}&\left\langle M_t^{(\theta)}\left(\frac{\phi}{\sqrt{\theta}}\right)\right\rangle_u\\ &\to\int_0^{t\wedge u}\langle\sigma(T_{t-s}^c\phi)^2,\lambda\rangle\mathrm{d}s+\int_0^{t\wedge u}\mathrm{d}s\int_{\mathbf{R}}\langle h(z-\bullet)T_{t-s}^c(\phi'),\lambda\rangle^2\mathrm{d}z\end{aligned}\tag{3.10}$$

in $L^2(\Omega,\ \mathbf{P})$ as $\theta\to+\infty$. By a representation of continuous martingales, there is a standard Brownian motion $\{B_{t,\phi}^{(\theta)}(u):\ u\geqslant 0\}$ defined on an extension of $(\Omega,\ \mathcal{A},\ \mathbf{P})$ such that $M_{t,u}^{(\theta)}\left(\frac{\phi}{\sqrt{\theta}}\right)=B_{t,\phi}^{(\theta)}\left[\left\langle M_t^{(\theta)}\left(\frac{\phi}{\sqrt{\theta}}\right)\right\rangle_u\right]$ for all $u\geqslant 0$; see e. g. P171 of Ref. 31. Thus (3. 10) implies that the distribution of $M_{t,t}^{(\theta)}\left(\frac{\phi}{\sqrt{\theta}}\right)$ converges to the Gaussian distribution with mean zero and variance

$$\begin{aligned}&\int_0^t\langle\sigma(T_{t-s}^c\phi)^2,\lambda\rangle\mathrm{d}s+\int_0^t\mathrm{d}s\int_{\mathbf{R}}\langle h(z-\bullet)T_{t-s}^c(\phi'),\lambda\rangle^2\mathrm{d}z\\&=\int_0^t\langle\sigma(T_{t-s}^c\phi)^2,\lambda\rangle\mathrm{d}s+\int_0^t\mathrm{d}s\int_{\mathbf{R}}\langle h(z-\bullet)(T_{t-s}^c\phi)',\lambda\rangle^2\mathrm{d}z\\&=\int_0^t\langle\sigma(T_{t-s}^c\phi)^2,\lambda\rangle\mathrm{d}s+\int_0^t\mathrm{d}s\int_{\mathbf{R}}\langle h'(z-\bullet)T_{t-s}^c\phi,\lambda\rangle^2\mathrm{d}z.\end{aligned}\tag{3.11}$$

On the other hand, observe that

$$\begin{aligned}\frac{1}{\sqrt{\theta}}\mid\langle T_{a_\theta t}\phi;\mu_\theta\rangle-\langle T_t^c\phi,\mu_\theta\rangle\mid&\leqslant\frac{1}{\sqrt{\theta}}\int_{c^2t}^{a_\theta t}\langle T_s\mid\phi''\mid,\mu_\theta\rangle\mathrm{d}s\\&\leqslant\frac{1}{\sqrt{\theta}}\left\|\frac{\phi''}{\phi_p}\right\|\int_{c^2t}^{(c^2+\frac{\rho(0)}{\theta})t}\langle T_s\phi_p,\mu_\theta\rangle\mathrm{d}s.\end{aligned}\tag{3.12}$$

The right-hand side clearly goes to zero as $\theta\to+\infty$. In view of (3.8), the distribution of $\langle\phi, Z_t^{(\theta)}\rangle$ converges to the Gaussian distribution with mean $\langle T_t^c\phi, \zeta\rangle$ and variance (3.11), giving the desired result. ■

It is easy to see that (3.7) defines a transition semigroup $(\widetilde{Q}_t)_{t\geqslant0}$ on $\mathcal{S}'(\mathbf{R})$. Clearly, Theorem 3.1 implies that the finite dimensional distributions of $\{Z_t^{(\theta)}: t\geqslant0\}$ converge as $\theta\to+\infty$ to those of an $\mathcal{S}'(\mathbf{R})$-valued Markov process $\{Z_t: t\geqslant0\}$ with transition semigroup $(\widetilde{Q}_t)_{t\geqslant0}$. Note that $N_t=\widetilde{Q}_t(0, \cdot)$ satisfies

$$N_{r+t}=(T_t^cN_r)*N_t,\quad r\geqslant0,\ t\geqslant0,\tag{3.13}$$

where $T_t^cN_r$ denotes the image of $N_r$ under the adjoint operator of $T_t^c$ on $\mathcal{S}'(\mathbf{R})$. That is, $(\widetilde{Q}_t)_{t\geqslant0}$ is a generalized Mehler semigroup associated with $(T_t^c)_{t\geqslant0}$. In view of (3.7), the characteristic functional of $N_t$ is differentiable for any testing function $\phi\in\mathcal{S}(\mathbf{R})$.

# § 4. Weak convergence and generalized OU—diffusions

In this section, we prove that the process $\{Z_t^{(\theta)}: t \geqslant 0\}$ defined by (3.1) converges weakly on the space $C([0, +\infty), \mathcal{S}'(\mathbf{R}))$. Therefore, the limiting generalized OU-process $\{Z_t: t \geqslant 0\}$ has a diffusion realization.

**Lemma 4.1** Suppose that $\zeta_\theta := \dfrac{\mu_\theta - \theta\lambda}{\sqrt{\theta}} \to \zeta \in \mathcal{S}'(\mathbf{R})$ as $\theta \to +\infty$. Then $\{Z_t^{(\theta)}: t \geqslant 0; \theta \geqslant 1\}$ is a tight family in $C([0, +\infty), \mathcal{S}'(\mathbf{R}))$.

**Proof** We use the notation introduced in the proof of Lemma 3.1. By (3.9),

$$\mathbf{E}\left\{M_{t,t}^{(\theta)}\left(\frac{\phi}{\sqrt{\theta}}\right)^2\right\} = \int_0^t \mathbf{E}\left\{\left\langle \frac{\sigma(T_{a_\theta(t-s)}\phi)^2}{\theta}, X_s^{(\theta)}\right\rangle\right\} \mathrm{d}s + \int_0^t \mathrm{d}s \int_{\mathbf{R}} \mathbf{E}\left\{\left\langle h(z-\bullet) T_{a_\theta(t-s)}\left(\frac{\phi'}{\theta}\right), X_s^{(\theta)}\right\rangle^2\right\} \mathrm{d}z.$$

In view of (3.5) and (3.6), this value is bounded above by a locally bounded function $C_1(\phi, t)$ of $t \geqslant 0$. From (3.8) we see that $\mathbf{E}\{\langle \phi, Z_t^{(\theta)}\rangle^2\}$ is bounded above by a locally bounded function $C_2(\phi, t)$ of $t \geqslant 0$. Similarly,

$$\mathbf{E}\left\{M_t^{(\theta)}\left(\frac{\phi}{\sqrt{\theta}}\right)^2\right\}$$

$$= \mathbf{E}\left\{\left\langle M^{(\theta)}\left(\frac{\phi}{\sqrt{\theta}}\right)\right\rangle_t\right\}$$

$$= \int_0^t \left\langle \frac{\sigma\phi^2}{\theta}, \mu_\theta \right\rangle \mathrm{d}s + \int_0^t \mathrm{d}s \int_{\mathbf{R}} \mathbf{E}\left\{ \left\langle \frac{h(z-\bullet)\phi'}{\theta}, X_s^{(\theta)} \right\rangle^2 \right\} \mathrm{d}z$$

is bounded above by a locally bounded function $C_3(\phi, t)$ of $t \geqslant 0$. For each $\phi \in \mathcal{S}(\mathbf{R})$ we have $\phi' \in \mathcal{S}(\mathbf{R})$ and hence $\langle \phi'', \lambda \rangle = 0$. Then we get from (2.3) that

$$\langle \phi, Z_t^{(\theta)} \rangle - \langle \phi, \zeta_\theta \rangle = M_t^{(\theta)}\left(\frac{\phi}{\sqrt{\theta}}\right) + \frac{a_\theta}{2}\int_0^t \langle \phi'', Z_s^{(\theta)} \rangle \mathrm{d}s, \quad t \geqslant 0. \tag{4.1}$$

For $u > 0$ and $\eta > 0$ we have

$$\mathbf{P}\left\{ \sup_{0 \leqslant t \leqslant u} | \langle \phi, Z_t^{(\theta)} \rangle - \langle \phi, \zeta_\theta \rangle | \geqslant \eta \right\}$$

$$\leqslant \frac{1}{\eta^2}\mathbf{E}\left\{ \sup_{0 \leqslant t \leqslant u} | \langle \phi, Z_t^{(\theta)} \rangle - \langle \phi, \zeta_\theta \rangle |^2 \right\}$$

$$\leqslant \frac{2}{\eta^2}\mathbf{E}\left\{ \sup_{0 \leqslant t \leqslant u} \left| M_t^{(\theta)}\left(\frac{\phi}{\sqrt{\theta}}\right) \right|^2 \right\} + \frac{a_\theta^2 u}{2\eta^2}\int_0^u \mathbf{E}\{ \langle \phi'', Z_s^{(\theta)} \rangle^2 \} \mathrm{d}s$$

$$\leqslant \frac{8}{\eta^2}\mathbf{E}\left\{ \left\langle M^{(\theta)}\left(\frac{\phi}{\sqrt{\theta}}\right) \right\rangle_u \right\} + \frac{a_\theta^2 u}{2\eta^2}\int_0^u \mathbf{E}\{ \langle \phi'', Z_s^{(\theta)} \rangle^2 \} \mathrm{d}s.$$

The right-hand side goes to zero as $\eta \to +\infty$. Then $\{Z_t^{(\theta)}(\phi): t \geqslant 0\}$ satisfy the compact containment condition of Ref. 13 (p. 142). For $f \in C^2(\mathbf{R})$ we consider the function $F(\mu) := f\left(\frac{\langle \phi, \mu \rangle - \theta \langle \phi, \lambda \rangle}{\sqrt{\theta}}\right)$ on $M(\mathbf{R})$. Let

$$\mathcal{L}^{(\theta)} F(\mu) = \frac{1}{2} f'\left(\frac{\langle \phi, \mu \rangle - \theta \langle \phi, \lambda \rangle}{\sqrt{\theta}}\right) \frac{\langle \phi'', \mu \rangle - \theta \langle \phi'', \lambda \rangle}{\sqrt{\theta}} +$$

$$\frac{1}{2\theta^2} f''\left(\frac{\langle \phi, \mu \rangle - \theta \langle \phi, \lambda \rangle}{\sqrt{\theta}}\right)$$

$$\int_{\mathbf{R}^2} \rho(y-x) \phi'(x) \phi'(y) \mu(\mathrm{d}x) \mu(\mathrm{d}y) +$$

$$\frac{1}{2\theta} f''\left(\frac{\langle \phi, \mu \rangle - \theta \langle \phi, \lambda \rangle}{\sqrt{\theta}}\right) \langle \sigma\phi^2, \mu \rangle.$$

Then

$$f(\langle\phi,Z_t^{(\theta)}\rangle)-f(\langle\phi,\zeta_\theta\rangle)-\int_0^t \mathcal{L}^{(\theta)}F(X_s^{(\theta)})\mathrm{d}s,\quad t\geqslant 0, \tag{4.2}$$

is a martingale. By Lemma 2.1 and the proof of Theorem 3.1, it is not difficult to find that $\mathbf{E}\{\mathcal{L}^{(\theta)}F(X_s^{(\theta)})^2\}$ is a locally bounded function of $s\geqslant 0$. By Ref. 13 (P142～145), the family $\{\langle\phi, Z_t^{(\theta)}\rangle: t\geqslant 0;\ \theta\geqslant 1\}$ is tight in $C([0,+\infty),\mathbf{R})$, which is a closed subset of $D([0,+\infty),\mathbf{R})$. The tightness of $\{Z_t^{(\theta)}: t\geqslant 0;\ \theta\geqslant 1\}$ then follows by a theorem of Ref. 29. ■

By Lemma 4.1 and the observations at the end of the last section we get the following weak convergence on the path space, which also gives the existence of a diffusion realization of the limiting generalized OU-process.

**Theorem 4.1** Assume in addition that $\sigma\in C^2(\mathbf{R})^+$ and $h\in C^2(\mathbf{R})$. If $\zeta_\theta:=\dfrac{\mu_\theta-\theta\lambda}{\sqrt{\theta}}\to\zeta\in\mathcal{S}'(\mathbf{R})$ as $\theta\to+\infty$, then the distribution of $\{Z_t^{(\theta)}: t\geqslant 0\}$ on $C([0,+\infty),\mathcal{S}'(\mathbf{R}))$ converges as $\theta\to+\infty$ to that of a generalized OU-diffusion process $\{Z_t: t\geqslant 0\}$ with initial value $Z_0=\zeta$ and transition semigroup $(\widetilde{Q}_t)_{t\geqslant 0}$ given by (3.7).

## § 5. Two extreme cases

Suppose that $\sigma \in C^2(\mathbf{R})^+$ and $h \in C^2(\mathbf{R}) \cap L^2(\mathbf{R}, \lambda)$ with $h' \in L^2(\mathbf{R}, \lambda)$. It is not hard to check that $(\widetilde{Q}_t)_{t \geqslant 0}$ has generator $\mathcal{J}$ given by

$$\begin{aligned}\mathcal{J}F(\mu) = &\frac{1}{2}c^2\left\langle \frac{\Delta \delta F(\mu)}{\delta \mu(\cdot)}, \mu \right\rangle + \\ &\frac{1}{2}\int_{\mathbf{R}^2} \rho(x-y)\, \frac{d^2}{dx dy}\, \frac{\delta^2 F(\mu)}{\delta \mu(x) \delta \mu(y)} \mathrm{d}x \mathrm{d}y + \\ &\frac{1}{2}\int_{\mathbf{R}} \sigma(x)\, \frac{\delta^2 F(\mu)}{\delta \mu(x)^2} \mathrm{d}x,\end{aligned} \tag{5.1}$$

where $\dfrac{\delta F(\mu)}{\delta \mu(x)}$ is defined as in (2.1). Let us consider two extreme cases separately.

**Example 5.1** Assume that $h \equiv 0$ and $\sigma \in L^1(\mathbf{R}, \lambda)$ is nontrivial. In this case, the corresponding $\mathcal{S}'(\mathbf{R})$-valued generalized OU-diffusion process $\{Z_t: t \geqslant 0\}$ satisfies the following Langevin equation:

$$\langle \phi, Z_t \rangle = \langle \phi, Z_0 \rangle + \langle \phi, W_t \rangle + \frac{1}{2}c^2 \int_0^t \langle \phi'', Z_s \rangle \mathrm{d}s, \quad t \geqslant 0, \tag{5.2}$$

where $\{W_t: t \geqslant 0\}$ is an $\mathcal{S}'(\mathbf{R})$-valued Wiener process such that

$$\langle W(\phi) \rangle_t = t \langle \sigma \phi^2, \lambda \rangle; \tag{5.3}$$

see Refs. 2, 15, 16 and 26. Let $W(\mathrm{d}s, \mathrm{d}x)$ denote the stochastic integral determined by the process $\{W_t: t \geqslant 0\}$. Then for $t \geqslant 0$ and $\phi \in \mathcal{S}(\mathbf{R})$ we have a. s.

$$\langle \phi, Z_t \rangle = \langle T_t^c \phi, Z_0 \rangle + \int_0^t \int_{\mathbf{R}} T_{t-s}^c \phi(x) W(\mathrm{d}s, \mathrm{d}x). \tag{5.4}$$

Let $g_t^c(x, y)$ denote the density of $T_t^c(x, \mathrm{d}y)$ for $t>0$. It is easy to check that

$$\int_{\mathbf{R}} \mathrm{d}y \int_0^t \langle \sigma g_{t-s}^c(\cdot, y)^2, \lambda\rangle \mathrm{d}s \leqslant \langle \sigma, \lambda\rangle \int_0^t \frac{1}{\sqrt{2\pi(t-s)}} \mathrm{d}s < +\infty. \tag{5.5}$$

In view of (5.4) and (5.5), if $Z_0 \in L^2(\mathbf{R}, \lambda)$,

$$Z_t(y) := \langle g_t^c(\cdot, y) Z_0\rangle + \int_0^t \int_{\mathbf{R}} g_{t-s}^c(x, y) W(\mathrm{d}s, \mathrm{d}x),$$
$$t \geqslant 0, x \in \mathbf{R}, \tag{5.6}$$

defines an $L^2(\mathbf{R}, \lambda)$-valued version of the generalized OU-process $\{Z_t: t\geqslant 0\}$.

**Example 5.2** Assume that $\sigma \equiv 0$ and $h$ is nontrivial. In this case, (5.2) is valid if we replace (5.3) by

$$\langle W(\phi)\rangle_t = t\int_{\mathbf{R}} \langle h(z-\cdot)\phi', \lambda\rangle^2 \mathrm{d}z = t\int_{\mathbf{R}} \langle h'(z-\cdot)\phi, \lambda\rangle^2 \mathrm{d}z. \tag{5.7}$$

But, now (5.6) is not well-defined since

$$\begin{aligned}
&\int_{\mathbf{R}} \mathrm{d}y \int_{\mathbf{R}} \langle h'(z-\cdot) g_{t-s}^c(\cdot, y), \lambda\rangle^2 \mathrm{d}z \\
&= \int_{\mathbf{R}} \mathrm{d}y \int_{\mathbf{R}} \mathrm{d}z \int_{\mathbf{R}} h'(z-x_1)\mathrm{d}x_1 \int_{\mathbf{R}} h'(z-x_2) g_{t-s}^c(x_1, y) g_{t-s}^c(x_2, y) \mathrm{d}x_2 \\
&= \int_{\mathbf{R}} \mathrm{d}z \int_{\mathbf{R}} h'(z-x_1)\mathrm{d}x_1 \int_{\mathbf{R}} h'(z-x_2) g_{2(t-s)}^c(x_1, x_2)\mathrm{d}x_2 \\
&= -\int_{\mathbf{R}} \mathrm{d}x_1 \int_{\mathbf{R}} \rho''(x_2-x_1) g_{2(t-s)}^c(x_2-x_1)\mathrm{d}x_2 \\
&= -\int_{\mathbf{R}} T_{2(t-s)}^c \rho''(0)\mathrm{d}x_1 \\
&= +\infty.
\end{aligned}$$

This is very different from the situation observed in Ref. 36 and shows that it is not convenient to deal with the function-valued version of $\{Z_t: t>0\}$ even it does exist. Actually, we expect that the process $\{Z_t: t>0\}$ only lives in a Sobolev space of negative index. Therefore, it is a nontrivial problem to look into the existence of local times or intersection local times of the process following Refs. 4 and 5.

**Acknowledgement**

This work was supported by NSFC (No. 10131040 and 10071008).

**References**

[1] Bogachev V I, Röckner M, Schmuland B. Generalized Mehler semigroups and applications. Probab. Th. Rel. Fields, 1996, 105: 193-225.

[2] Bojdecki T, Gorostiza L G. Langevin equation for $\mathcal{S}'$-valued Gaussian processes and fluctuation limits of infinite particle systems. Probab. Th. Rel. Fields, 1986, 73: 227-244.

[3] Bojdecki T, Gorostiza L G. Gaussian and non-Gaussian distribution-valued Ornstein-Uhlenbeck processes. Can. J. Math. 1991, 43: 1 136-1 149.

[4] Bojdecki T, Gorostiza L G. Self-intersection local time for some $\mathcal{S}'(\mathbf{R}^d)$-Ornstein-Uhlenbeck processes related to inhomogeneous fields. Math. Nachr. 2001, 228: 47-83.

[5] Bojdecki T, Gorostiza L G. Self-intersection local time for $\mathcal{S}'(\mathbf{R}^d)$-Ornstein-Uhlenbeck processes arising from immigration systems. Math. Nachr., 2002, 238: 37-61.

[6] Dawson D A. Measure-valued Markov processes. in Lect. Notes. Math., Vol. 1 541, Springer-Verlag, 1993: 1-260.

[7] Dawson D A, Ivanoff D. Branching diffusions and random measures. In: Branching Processes. Adv. Probab. Related Topics. Vol. 5, Joffe, A., Ney P. eds. Marcel Dekker 1978: 61-103.

[8] Dawson D A, Li Z H. Non-differentiable skew convolution semigroups and related Ornstein-Uhlenbeck processes. Potential Anal., 2004, 20: 285-302.

[9] Dawson D A, Li Z H, Schmuland B, Sun W. Generalized Mehler semigroups and catalytic branching processes with immigration. Potential Anal., 2004, 21: 75-97.

[10] Dawson D A, Li Z H, Wang H. Superprocesses with dependent spatial motion and general branching densities. Elect. J. Probab., 2001, 6: 1-33.

[11] Dawson D A, Vaillancourt J. Stochastic McKean-Vlasov equations. No DEA Nonlinear Diff. Equa. Appl., 1995, 2: 199-229.

[12] Dynkin E B. Branching particle systems and superprocesses. Ann Probab., 1991, 19: 1 157-1 194.

[13] Ethier S N, Kurtz T G. Markov Processes: Characterization and Convergence. Wiley, 1986.

[14] Gorostiza L G. Asymptotic fluctuations and critical dimension for a two-level branching system. Bernoulli, 1996, 2: 109-132.

[15] Gorostiza L G, Li Z H. Fluctuation limits of measure-valued immigration processes with small branching. In: Stochastic Models. Guanajuato, 1998, Sobretiro de Aportaciones Matermáticas, Modelos Estocásticos, Vol. 14, Gonzalez-Barrios J M, Gorostiza L G. eds. Soc. Mat. Mexicana, 1998: 261-268.

[16] Gorostiza L G, Li Z H. High density fluctuations of immigration branching particle systems. In: Stochastic Model. Ottawa, Ontario, 1998, CMS Conference Proceedings Series, Vol. 26, Gorostiza L G, Ivanoff B G. eds. AMS, 2000: 159-171.

[17] Gorostiza L G, Lopez-Mimbela J A. The multitype measure branching process. Adv. Appl. Probab., 1990, 22: 49-67.

[18] Fuhrman M, Röckner M. Generalized Mehler semigroups: the non-Gaussian case. Potential Anal., 2000, 12: 1-47.

[19] Hida T. Brownian Motion. Springer-Verlag, 1980.

[20] Holley R, Stroock D W. Generalized Ornstein-Uhlenbeck processes and infinite particle branching Brownian motions. Publ. RIMS Kyoto Univ., 1978, 14: 741-788.

[21] Konno N, Shiga T. Stochastic partial differential equations for some measure-valued diffusions. Probab. Th. Rel. Fields, 1988, 79: 201-225.

[22] Kotelenez P. A class of quasilinear stochastic partial differential equations of McKean-Vlasov type with

mass conservation. Probab. Th. Rel. Fields, 1995, 102: 159-188.

[23] Li Z H. Measure-valued branching processes with immigration. Stoch. Process. Appl., 1992, 43: 249-264.

[24] Li Z H. Convolution semigroups associated with measure-valued branching processes. Chin. Sci. Bull. (Chinese edition), 1995, 40: 2 018-2 021; (English edition), 1996, 41: 276-280.

[25] Li Z H. Immigration structures associated with Dawson-Watanabe superprocesses. Stoch. Process. Appl., 1996, 62: 73-86.

[26] Li Z H. Measure-valued immigration diffusions and generalized Ornstein-Uhlenbeck diffusions. Acta Math. Appl. Sin., 1999, 15: 310-320.

[27] Li Z H. Skew convolution semigroups and related immigration processes. Th. Probab. Appl., 2002, 46: 274-296.

[28] Ma Z M, Xiang K N. Superprocesses of stochastic flows. Ann. Probab., 2001, 29: 317-343.

[29] Mitoma I. Tightness of probabilities on $C([0, 1], \mathcal{S}')$ and $\mathcal{D}([0, 1], \mathcal{S}')$. Ann. Probab., 1983, 11: 989-999.

[30] van Neerven J M A M. Continuity and representation of Gaussian Mehler semigroups. Potential Anal., 2000, 13: 199-211.

[31] Revuz D, Yor M. Continuous Martingales and Brownian Motion. Springer-Verlag, 1994.

[32] Röckner M, Wang F Y. Harnack and functional ine-

qualities for generalized Mehler semigroups. J. Funct. Anal., 2003, 203: 237-261.

[33] Schmuland B, Sun W. On the equation $\mu_{t+s}=\mu_s * T_s\mu_t$. Statist. Probab. Lett., 2001, 52: 183-188.

[34] Stannat W. Spectral properties for a class of continuous state branching processes with immigration. J. Funct. Anal., 2003: 201: 185-227.

[35] Stannat W. On transition semigroups of $(A, \Psi)$-superprocesses with immigration. Ann. Probab., 2003, 31: 1 377-1 412.

[36] Walsh J B. An Introduction to Stochastic Partial Differential Equations, Lect. Notes Math., Vol. 1 180, Springer-Verlag, 1986: 265-439.

[37] Wang H. State classification for a class of measure-valued branching diffusions in a Brownian medium. Probab. Th. Rel. Fields, 1997, 109: 39-55.

[38] Wang H. A class of measure-valued branching diffusions in a random medium. Stoch. Anal. Appl., 1998, 16: 753-786.

[39] Wang Z K. Two-parameter Ornstein-Uhlenbeck processes. Acta Math. Sci. (English edition), 1984, 4: 1-12.

[40] Wang Z K. Multi-parameter infinite-dimensional $(\gamma, \delta)$-OU process. Chin. Sci. Bull. (English edition), 1999, 44: 418-423.

*Journal of Mathematical Research & Exposition*, 2009, 29(1)

# Brief Introduction to and Review on *Elements of Computational Statistics*[①]

**Abstract** A brief introduction and review of new book about the *Elements of Computational Statistics* is given.

**Keywords** James E. Gentle; *Elements of Computational Statistics*; computationally intensive; Monte Carlo methods.

## § 1. Briefing on terms about computational statistics and introduction of the background

Recently, the selected books of mathematics famous series from abroad have come out by the Committee of Experts of China. These reprints have been authorized by Springer-Verlag for

① Received: 2006-09-18. Accepted: 2008-06-20.

本文与徐沥泉合作.

sale in the People's Republic of China. No doubt about it, the *Elements of Computational Statistics*[1] among them is a book that gives ample evidence of the author's scholarship. It helps the statistical workers keep abreast of current development in the field and the complete picture at home and broad.

In recent years, statistics and computer science advance in paralleled columns each assisting and stimulating the other-the computer science or the "computational" sciences are called into play when requiring the mass data storage and processing technology in statistics and they depend upon visualization of many projections of the data; on the other hand, application of computers in statistics stimulate its development and broaden its foundation. Therefore, many new developments of statistics rely on the development of computer science and technology. Many of the interesting statistical methods are in vogue now, among them are the computationally intensive methods. The theories which have computationally intensive characteristic statistical methods and support of these constituted a curriculum which is called "Computational Statistics". "Computational Statistics" is different from "statistical computing", but it is indissolubly linked with that of the statistical computing methods. From a statistician's point of view, it means "computational methods, including numerical analysis, for himself". Its domain involved duplicate sampling, classification, and multiple transform of datasets, maybe yet to make use of artificial data random generating, and so on. The computationally intensive methods of modern statistics can not do without the development of general statistical computing methods and numerical analysis.

With other computational sciences, such as computational physics, computational biology, etc. , computational statistics have two characteristics: one of which is a characteristic of the methodology, i. e. , computationally intensive, and the other is the nature of the tools of discovery. The general methods of science discovery are deductive reasoning (logical method) or plausible reasoning (involving observation, experiment, and conjecture etc.), or the combination of both. In addition, computer simulation has become a new means of discovery to use computer exploring greater number of specific events at present. This method is similar to experimentation in some respects.

The development and progress in computing hardware and software are changing now or have changed the nature of routine work of statisticians. Those data analysts and applied statisticians make use of computers for storage of data, analysis of the data, and making analysis reports. The statisticians and even probabilists make use of computers for symbolic manipulations, evaluation of expressions, ad hoc simulations, and production of research reports and papers. Statistics is only to pay close attention to the collections and analysis of scientific data among the mathematics sciences. In recent years, every advanced statistician can sense the impact of remarkable increase brought by the amount of dada. Undoubtedly, the affect of data is sensitive for statisticians, such as the change from the use of "critical values" of test statistics and the use of "p-values". Nevertheless, there are some essential elements more than the former, such as making use of multivariate and/or nonlinear models to substitute univariate linear models, etc. They will play a more important role in mathematical statistics. Perhaps we merely focus on how to compute their approximation of interested data, i. e. , how to compute easier? Then it would be better to give consideration of effects after the computers are put into service now. Recently, computational inference using Monte Carlo methods has been replacing asymptotic approximations. "Another major effect that developments in computing have had on the practice of statistics is that many Bayesian methods that were formerly impractical have entered the mainstream of statistical applications. "[1]

The development and efficiency in computing technology in the 1990's makes the Bayesian methods be able to be realized in very wide models. The challenges in the coming decades are to fully research and develop the vital nexus linking the Bayesian methods and modern nonparametric as well as semi-parametric statistics methods, involving the research combining the Bayesian methods with frequency theory methods as much as possible.

An apparel result is that the conceptions of unbiasedness and approximate unbiasedness will be utterly useless in regard of a great deal of multivariable data models with enormous capacity, for example, MLE (maximum likelihood estimation). Because the connotative conception of data integrated in statistical methods shall become meaningless with the complexity and variability of unbiased methods. It is for this reason that we need wider or more comprehensive "biased estimate theories" and other new theories to process a great deal of multivariable tremendous amounts of data. Besides increasing of Monte Carlo methods in modeling practices, obviously an in-depth study of Monte Carlo methods used in deduction is needed as well.

The experimentation has entered into statisticians' "toolbox". The emergence of a large scale of computing system makes statisticians come to understand the essence of discovery in a new light. Science always develops with its new discovery. Exploratory data analysis has been widely used all over the world; data mining techniques (i. e. seeking for information and knowledge from material) have enabled statisticians to increase the rate of finding things that are not being sought.

Data mining is a cross subjects, concentrated by distinct subjects and domain such as database, artificial intelligence, and statistics, visualization, and parallel computing, etc.. It has caused wide public. concern over the recent years. The aims of data mining are to find laws behind them or relationship between them from a great quantity data, so that it serves decisionmaking. The display of large quantities of data is an important aspect of data mining. As far as visualization of the data system is concerned, the analysts are easily confused in face of the data. Visualized tool of data mining is able to path through fruitful starting point of exploration, and present data through proper metaphor, which provides good assistance for data analysts. The advent of the data mining provides a whole new application area for statistics, and it also brought forward fresh subjects for theoretical research of statistics. It will undoubtedly promote vigorous development of statistics[2,3].

The computing has been taken as a means of discovering in the statistics. The computer plays a role of not only storing data, performing computing tasks, and producing pictures and tables, etc.; furthermore, it provides the scientists models and theories to choose from. The displayed graphic exhibitions offered by given data set usually reflects the general character of computational statistics. Another significant characteristic of computational statistics is the intensivism of computational methods. Even for those data sets of medium size, high-performance computers may be required to perform the computations, because the multiple analyses may result in a large number of computations. How to distinguish size of datasets? Reinhold Huber's categories about size in 1994 may sound cliché, but it is a fact of life: very small $10^2$, small $10^4$, medium $10^6$, big $10^8$, very big $10^{10}$, where the unit is bit. For example, in the Center of Stanford Linear Accelerator, the size of a database is about $5\times10^{15}$ bits while making a uniparticle physical test by using BaBar detector[2]. At present, what is the most pressing is to be accustomed to meet the demand of such database for the modern statistics, because they are so complex and so huge that new ideas and methods are required.

## § 2. Briefing on the book *Elements of Computational Statistics*

James E. Gentle, author of the book *Elements of Computational Statistics*, is a Prof. of Dept. of CALC-Sta., George Mason University and a member of the American Statistical Association (ASA) and International Statistical Association. He owns several of national level firms in ASA; he is subeditor of the journal ASA and editors of several well-known journals on statistics and computational sciences around the world, as well. Moreover, he is author of the book "Numerical Linear Algebra for Applications in Statistics and Random Number Generation and Monte Carlo Methods". The second edition is greatly improved on the first edition[4,5].

James E. Gentle emphasized application methods and technology of Computational Statistics in this book, chiefly concerning some applications in every direction such as the density estimation, confirming data structures, and model building so on. Although there are no expositions particularly of statistical computing methods, this book expounded in all fields of data conversion, approximating functions, and numerical technique of data optimization. The author points up: "The book grew out of a semester course in 'Computational Statistics' and various courses called 'Topics in Computational Statistics' that I have offered at George Mason University over the past several years. The book is part of a much larger tome that also covers many topics in numerical analysis. See http：// www. science. gmu. edu/jgentle/cmpstbk/. Many of the topics addressed in this book could easily be (and are) subjects for full-length books"([1], Preface). In this book, the author laid particular emphasis on exploring a general manner and commonalities among the data processing system. "An example of a basic tool used in a variety of settings in computational statistics is the decomposition of a function so that it has a probability density as a factor." This technique is arranged in Chapter 2 (Monte Carlo Methods for Statistical Inference, see page 52), in Chapters 6 and 9 (function estimation), and in Chapter 10 (projection pursuit ).

This book discussed mainly statistical methods and their applications are computationally intensive. This is the reason why we think of the domain is called Computational Statistics. However as we have mentioned above, statistical analysis that people work on is of the characteristic of statistical computing. The computing usually considers an experiment, and the computer has been used as a powerful mean for discovery.

The first part of this book describes a general method and technique. Chapter 1 reviewed some points of the basic ideas and the computing methods. We may regard a data-generating process as the subject of statistical analysis; the direct analytic object is a dataset brought out from this process. We may use too many normative statistical means to make analysis for the data, proceeding to deduction for the process. Simulation of the data-generating process is one of the most important means on computational statistics. To deduce for computing by simulating, some of standard principles of statistical inference are employed in computational inference.

The second chapter is about Monte Carlo Methods for statistical inference and its application in computational inference, including Monte Carlo tests. Markov chain Monte Carlo (MCMC) is important method on analogy computing. The research in MCMC theory sets up a broad prospect for practical applications of statistical model. Since the 1990s, many application problems suffer from the difficulties in analyzing complicated subjects and figuring out model's structure. According to MCMC theory at present, a lot of the complex nature of the problems can be solved by means of a special software system to simulate MCMC. In addition, benefited from MCMC theory, the use of Bayes statistics is restored to a flourishing state. The previous statistical methods believed impossible for computing have now become common[2,3].

Chapters 3 and 4 are focused on computational inference using resampling and partitioning of a given dataset. These methods include randomization tests, jackknife techniques, and bootstrap methods, and the Monte Carlo sampling. Chapter 5 discusses methods of projecting multidimensional data onto lower dimensions; Chapter 6 covers some of the general issues in function estimation and numerical technique in data optimization; and Chapter 7 presents a brief overview of some graphical methods, especially those concerned with multidimensional data. The more complicated the structure of the data and the higher the dimension, the more ingenuity is required for visualization of the data; however, in this case graphics is most important. The orientation of the discussion on graphics is that of computational statistics; the emphasis is on discovery; and the important issues that should be considered in making presentation graphics are not addressed. The tools discussed in Chapter 5 will also be used for clustering and classification, and, in general, for exploring structure in data.

Identification of interesting features, or "structure", in data is an important activity in computational statistics. In part Ⅱ, the author considered the problem of identification of structure and the general problems of estimation of probability densities. The most useful and complete description of a random data generating process is the associated probability density, if it exists. Estimation of this special type of function is the topic of chapters 8 and 9, building on general methods discussed in earlier chapters, especially Chapter 6. If the data follow a parametric distribution, or rather, if we are willing to assume that the data follow a parametric distribution, identification of the probability density is accomplished by estimation of the parameters. Nonparametric density estimation is considered in chapter 9[1],Preface.

Although the CDF in some ways is more fundamental in characterizing a probability distribution (it always exists and is defined the same for both continuous and discrete distributions), the density probability function is more familiar to most data analysts. Important properties such as skewness, modes, and so on, can be seen more readily from a plot of the probability density function than from a plot of the CDF. We are therefore usually more interested in estimating the density $p$, than the CDF P. Some methods of estimating the density, however, are based on estimates of the CDF. The simplest estimate of the CDF is the empirical cumulative distribution function, the ECDF, which is defined as

$$P_n(y) = \frac{1}{n}\sum_{i=1}^{n} I_{(-\infty,y)}(y_i).$$

As we know, the ECDF is pointwise unbiased for the CDF.

The derivative of the ECDF is called the empirical probability density function(EPDF),

$$p_n(y) = \frac{1}{n}\sum_{i=1}^{n} \delta(y - y_i).$$

where $\delta$ is the Dirac delta function, which is just a series of spikes at points corresponding to the observed values. It is not very useful as an estimator of the probability density. It is, however, unbiased for the probability density function at any point.

In the absence of assumptions about the form of the density $p$, the estimation problem may be computationally intensive. A very large sample is usually required in order to get a reliable estimate of density. The goodness of the estimate depends on the dimension of the random variable. Heuristically, the higher the dimension, the larger the sample required to provide adequate representation of the sample space[1],P194.

Observing data from various perspectives often involves

transformations such as projections onto multiple lower-dimensional spaces. Features of interest in data include clusters of observation and relationships among variables that allow a reduction in the dimension of the data.

A new theory is to use "encapsulate"(compressing) as an instructional method in data analysis. An ideal structure to comprehend data easily is that it is not only used in compression, stored data but also used in unwrap compression and almost back to original information, the wavelets is un-optimization, e. g. , in images, signal, and the field of data, actually when it shows and compresses curve boundary in images. This will require us to need new representation system in order to compress better. Chapter 5 summarized some of the fundamental measuring methods, on this basis, chapter 10 specifically discussed again the methods of identification of structure. Higher-dimensional data have some surprising and counterintuitive properties, and the author discussed some of the interesting characteristics of higher dimensions.

Chapter 11 discussed asymmetric relationship among variables. For such problems, the objective is often to estimate or forecast the given dataset or predictive variables, or to identify the type to which objects observed belong. The approach is to use a given datasets to develop a model or a set of rules that can be applied to new data. Because of the number of possible existing forms or because of the recursive partitioning of the data used in selecting a model, the statistical modeling is considered possible computationally intensive. In computational statistics, the emphasis is on building a model rather than just estimating the parameters in the model. Parametric estimation of course plays an important role in building models.

In Chapters 10 and 11, the author discussed also the development of the clustering and classification methods in various disciplines. The author held this opinion, i. e. , by means of a model to describe a generation mechanism for data: using the model to simulate artificial data, and then using the model to analyze data; examining the artificial data for conformity to our expectations or to some available real data. It helps us understand the role of the individual component of the model: its functional form, the parameters, and the nature of the stochastic component.

In the research literature Monte Carlo methods are widely used to evaluate properties of statistical methods. Appendix A addresses some of the considerations that apply to this kind of study. It is emphasized that the study uses an experiment, and the principles of scientific experimentation to be observed. Appendix B describes some of the software and programming issues that may be relevant to conducting a Monte Carlo study[1],Preface.

Above we give a brief summary of the basic content of the book. Just as the author mentioned in Preface, still many contents relating to computational statistics have not been mentioned in this book. Details of many chapters and sections of this book which are capable of being dispensed with or done without were omitted. A few details are provided by his students in class, or else, some of details were worked out by students themselves. This way may be more effective. Some important topics such as FFTs and wavelets are only mentioned in this book. Other topics, such as the bootstrap, classification methods, and model-building, are discussed only in an introductory manner, the first is most obvious of all. If somebody is going to engage in thorough discussions for these topics, then a greater number of new books will be published followed by the book *Elements of Computational Statistics*. His goal has been to introduce a number of topics and devote an appropriate proportion of pages for each. He makes a series references list so that his students might carry out notes for the class successfully and more widely this includes computational statistics with other computational sciences.

In the book, many exercises are needed to be processed by computer because in some cases routine calculations or experiments on simulated data are to be performed. The exercises range from the trivial or merely mechanical to the very challenging though the author has not attempted to indicate specifically. Some of the Monte Carlo studies suggested in the exercises were arranged for innovative research and publications.

He stated further that the text covers more material than can reasonably be included in a one-semester course. However, it will be an effective way to use it step by step at the beginning and proceed sequentially. For students with more background in statistics, Chapter I can be skipped. The book can be served as text for two courses in computational statistics if more emphasis is placed on the student projects and/or on numerical computations.

In most classes the author has been teaching computational statistics, giving exercises A. 3 in Appendix A (see the original page 348, the reprint page 348) as a term project. "It is to replicate and extend a Monte Carlo study reported in some recent journal articles. Each student picks out some material to use. The statistical methods studied in the article must be ones that the students understand, but that is the only requirement as to the area of statistics addressed in the article. Teacher has varied the way in which the project is carried out, but it usually involves more than one student working together. A simple way is for each student to referee another student's first version (due midway through the term) and to provide a presentation. Each student is both an author and a referee. In another variation, the students are required to work in pairs. One student selects the article and designs and performs the Monte Carlo experiment, and the other one writes the article, in which the main content is description and analysis of the Monte Carlo experiment."[1].Preface

This is really a "teaching methods of investigative learning", and also a convincing model which teaches content associated closely with its organizational form (i. e., combinatory pedagogics of combining class, group and individual person). It fully embodies teaching principle of learning while teaching, and "teaching, research in step with discovery", which will promote the growth of students' intelligence (if you are interested in such information, refer to the paper. Li Zhuyu. To Promote the Combinatory Pedagogics, and Completely Increase the Student's Character in statistics. Education on Statistics, 2006, 4: 4-5 (in Chinese).

When talking about the software resource which this book uses, the author emphasizes:

The first, what software systems a person needs to use depends on the kinds of problems addressed and what systems are available. In this book, it is not intended to teach any software system. Though we cannot presume one is competent with any particular system, software system are not explained, however, examples from various systems, primarily S-Plus, are provided. Most of the code fragments will also work in R.

Secondly, some exercises suggest or require a specific software system. In some cases, the required software can be obtained from either statlib or netlib (see the Bibliography). The online help system should provide sufficient information about the software system required. As with most aspects of computer usage, a spirit of experimentation and adventure makes the effort easier and more rewarding.

Finally the author mentioned specially two seminars, which reminded him of Friday afternoon seminars on computational statistics, in particular, during the visit of Cliff Sutton, for enjoyable discussions on statistical methodology, both during the seminar and in post-seminar visits to local pubs. For the past few years, he has enjoyed pleasant Tuesday lunches with Ryszard Michalski, and he is sure some of their discussions have affected parts of this book. He is convinced that these discussions have exerted an influence for writing this book. Hence one can see the importance of the "seminars" in promoting achievements in scientific research.

Material relating to courses he teaches in computational sciences is available over the World Wide Web at the URL,

http: //www. science. gmu. edu/

Notes on this book, including errata, are available at

http: //www. science. gmu. edu/~jgentle/cmstbk/

From what we mentioned above, we can see clearly that James E. Gentle the author of this book is not only highly skilled in sphere of learning, but also hitherto unreached by anybody else in statistical teaching research and scientific methodology.

## § 3. Comparison of *Elements of Computational Statistics* with those of other books and its influence on statistics

According to the above introduction as have elucidated in the foregoing, we have already sketched the outline of the subject of computational statistics.

Computational statistics is a specialized distinct field of statistics, it must be built on the basis of mathematics theories and statistical methods. A lot of computing methods among them are built on such traditional statistics fields as mathematical statistics, linear model, sampling survey, and time series, etc. , which deal with data mining, numerical computation methods of statistical analysis ( statistical computing), and bootstrap methods, and Monte-Carlo Methods (MCMC theories), data simulation, discovering technique of data structure, and data storage with enormous capacity and processing technology, and involving significant research projects which build statistical models and statistical computing methods boasting "computer science" characteristics (for example curve fitting). It is generally much more hands-on exploring statistical computing methods. The computationally intensive method sorts through those enormous, nonlinear, and multidimensional data and turns up interesting and useful knowledge and decision; an important part is establishment and evaluation of models among them.

As we have known, many statistical computing methods have been developed in the application field relating closely to it. Some of statisticians with masterly skill or technique in specific application of statistics have made important contributions to this field, but this does not rule out scientists of other subject areas in statistics application and theoretical research. The basic tasks of statistical research are to develop or invent new tools to allow it for use as the frontiers of science and technology.

Since the 1950s, the statisticians, mostly from the United States, have made some outstanding achievements in this field, whose representative is C. R. Rao from Pennsylvania State University. He has many of pioneering contribution in the multivariate statistical analysis, and has solved the problem on researching multi-dimensional data of complex structure. Another master is Princeton's J. Tukey, who is considered the father of modern data analysis. With help of computers, the most successful methods at the end of the 20th century, such as the bootstrap methods and proportional hazards model, collect more numerous or more complex data in expressive power, which give us the future with all exciting, challenging, and more fundamental results. Not many books can be found in our country, however. The following are broadly representative works from abroad, relating to computational statistics.

Ⅰ. Principles of Data Mining, David Hand, Heikki Mannila and Padhraic Smyth, The MIT Press, 2001. The Chinese version, the translators, Zhang Yinkui, etc. China Machine

Press，2003. This book is a scholarly treatise on data mining from a statistical point of view，where the definition of data mining technology is given as follows：

It is a science which refines the useful information from huge datasets or large databases. This book introduces the elementary knowledge of data mining，the component and algorithm of data mining.

Ⅱ. Trevor Hastie，Robert Tibshirani，Jerome Friedman. The Elements of Statistical Learning：Data Mining，Inference，and Prediction. Springer，2001. Chinese version：China Electronic industry Press，2003. The translators，FAN Min，etc. This book introduces such important concepts of new domains as data mining，Machine Learning，and Bioinformatics，and so on. It contains subjects on a wide range of neural networks，support vector machine，and classification tree and lifting，etc.，which are most fully explained among others of its kind. The authors are all statistics professors of Stanford University，who have made outstanding contribution in this field.

Ⅲ. An Introduction to Markov Chain Monte Carlo Methods and their Actuarial Applications. By David P. M. Scollnik. Department of Mathematics and Statistics，University of Calgary. Please log in：www.casact.org/pubs/proceed/proceed96/96114.pdf. The Courses of MCMC from Britain and the United States. MCMC have been chiefly used in physics in the past，but at present，settlement of a greater mass of bioinformatical problems are all related to the theories of MCMC.

Ⅳ. Simulation. By Sheldon M. Ross. Copyright ©2006.

Fourth Edition. Elsevier Inc. From a book series entitled"Turing Mathematical Statistics". The reprint of P. R. China: Simulation ( Statistical Simulation ). China Posts & Telecom Press, Feb, 2007. This book introduces some of practical methods and techniques on statistical simulation, and analysis data, such as Bootstrap Methods, the variance reduction techniques, etc.. It introduces how to use statistical simulation to judge if the random model fits the actual data, MCMC theories and some of most up-to-date technology and thesis on statistical simulation.

Ⅴ. Monte Carlo Strategies in Scientific Computing (Hardcover). by Jun S. Liu (Author). ©2001 Springer-Verlag New York, Inc. The reprint of P. R. China. Copyright ©2005-06-01 haotushu. com. The Monte Carlo method is a statistical spline method based on computer used to solve numerical problems. The author is a professor at Harvard University and the Changjiang Scholar of Beijing University, who won the top honor of American Statistical Association, the President Medal, U. S. This book expounded completely and systematically Monte Carlo methods and its fundamental rules, sequential Monte Carlo theories, the functioning of sequential Monte Carlo methods, Metrololis algorithm and other, Gibbs sampling, cluster sampling used in Ising model, average condition sampling, molecular dynamics and mixed Monte Carlo methods, multilevel sampling and optimization methods, the Monte Carlo methods based on potulation, Markov Chain and convergence, collection of selected theoretical thesis, the fundamental theories of mathematical statistics.

Ⅵ. Computational Statistics, Geof H. Givens, Jennifer A. Hoeting, John Wiley and Sons, Inc. February 2005. It casts light on the relations and distinction between modern statistical computing with computational statistics, and provides some of daily application software for us.

Ⅶ. An Introduction to Statistical Methods and Data Analysis. R. Lyman Ott, Micheal T. Longnecker, Duxbury Press, 2001. The Chinese version. This book is in two volumes, China Science Press, June 2003. The translators, ZHANG Zhongzhan, etc. The book brings together a large mass of figures and examples to help readers understand the basic thoughts and features to do with statistical method, understand the characteristic of data, summarize data's methods, and try to get the essence of statistical methods and models. The author attached importance to the role of statistics in solving practical problems. Reading the book does not need the other respects of advanced mathematics.

We list a series of reference books one by one because it is not hard to see that their authors did not consciously draw up a complete and perfect scientific system of computational statistics, although these books belong to the computational statistics category. The domains above arc obviously overlapping one another. The common traits or characteristics are quantization, complexity, and modifiability of data. Computing (usually including drawing shapes) has become an important aspect of realizing every thought. James E. Gentle, author of *Elements of*

*Computational Statistics* made it different. He not only conducted research on the core domain of computational statistics, such as applications of computationally intensive, the density, confirming data structures, model building and estimating, etc. , but also made statement with such an addition in general statistical methods, which deals with data conversion, approximating functions, and numerical technique of data optimization. The object of author is to try to establish the basic assumptions or principles of the subject, its concepts and general methods(including calculating devices, too). No matter what we say, these methods are all based on a basic theory framework; this theory has been developed in order to respond to the needs of other sentient fields.

The book introduced comprehensively and systematically mathematical theories of the latest development. It embraces major content on computational statistics. It has established the theory of this subject, and is real "elements" of computational statistics. We firmly believe that its publication will help greatly promote the development of the applications of methods of computational statistics in various fields of research. Though the book is a scholarly treatise, the method of presentation is entirely applicable to all other "computational" sciences. Not only will it, definitely promote the further development of statistical science in such practical realm as Bioinformatics, Climatology, intrusion detection system (IDS) and finance; but also it is conducive to the development of computational physics, computational biology, and so on. Its content has covered almost all effective statistical computing methods, up to now.

Another prominent feature of the book is that there is a lot of useful information at the back of the book, including examples, exercises, and Web sites or email address relating to text, as well as ALGQL (algorithmic language) relating to computing method, and the appropriate applications software. It merges technicality, maneuverability, and exploratory into one whole, which play an essential role in the realm. As we have already said, this book is characteristic of both teaching methodology and research methodology. Of course, it is also a distinguishing feature or characteristic in American and European statistics teaching that they concern themselves with training professional knowledge and grasping of depth, breadth and skill of knowledge, and developing their ability to solve practical problems. They advocate the Combinatory Pedagogics on statistical professionals in light of the characteristics of training personnel, which will benefit students, be able to effectively develop a vision of the future, exploit one's self-potential, stay open-minded, never stop absorbing new knowledge and apply it to the areas of science and technology. Only in this way can we contribute to cultivating multi-functional talents who master statistical professional knowledge.

## References

[1] Gentle J E. Elements of computational statistics. Springer-Verlag, New York, 2002.

[2] Lindsay B G, Kettenring J, Siegmund D D. A report on the future of statistics. With comments. Statist. Sci., 2004, 19(3): 387-413.

[3] David Hand, Hcikki Mannila and Padhraic Smyth. Principles of data mining. The MIT Press, 2001. The Chinese version, the translators, Zhang Yinkui, etc. China Machine Press, 2003.

[4] Gentle J E. Numerical linear algebra for applications in statistics. Springer-Verlag, New York, 1998.

[5] Gentle J E. Random number generation and Monte Carlo methods. Springer-Verlag, New York, 2003.

[6] Liu J S. Monte Carlo strategies in scientific computing. Springer-Verlag, New York, 2001.

保定学院学报，2010，23(3)

# 生灭过程的构造与泛函分布[①]

**摘要** 综述生灭过程中的构造以及此类过程的积分型泛函的分布，当过程中断时，构造出全部过程，证明全体生灭过程与全体特征数列间存在一一对应. 研究依赖于过程的轨道的积分型泛函，给出这种泛函分布的 Laplace 变换的递推关系，特别，对停留时求出其分布函数的表达式.

**关键词** 生灭过程；构造；泛函分布.

## §1. 生灭过程的构造

**定义 1** 取值于 $E=\mathbf{N}$ 的齐次马氏过程 $X=\{x(t),\ t\geqslant 0\}$ 为生灭过程. 如果其转移概率 $P(t)=\{p_{ij}(t),\ i,\ j\in E\}$ 满足条件：当 $t\to 0$ 时有

$$\begin{cases}p_{ii+1}(t)=b_i t+o(t),\\ p_{ii-1}(t)=a_i t+o(t),\\ p_{ii}(t)=1-(a_i+b_i)t+o(t),\end{cases}\tag{1.1}$$

① 收稿日期：2010-01-01.

其中 $a_0=0$，$a_i>0$，$b_i>0$，$i\geqslant 0$. 令 $c_i=a_i+b_i$，称

$$
\boldsymbol{Q}=\begin{pmatrix}
-c_0 & b_0 & 0 & \cdots & 0 & 0 & 0 & \cdots \\
a_1 & -c_1 & b_1 & \cdots & 0 & 0 & 0 & \cdots \\
\vdots & \vdots & \vdots & & \vdots & \vdots & \vdots & \\
0 & 0 & 0 & \cdots & a_n & -c_n & b_n & \cdots \\
\vdots & \vdots & \vdots & & \vdots & \vdots & \vdots &
\end{pmatrix} \tag{1.2}
$$

为过程 $X$ 的密度矩阵或 $\boldsymbol{Q}$-矩阵. 引进数字

$$
\begin{aligned}
& m_0=\frac{1}{b_0}, m_i=\frac{1}{b_i}+\sum_{k=0}^{i-1} \frac{a_i a_{i-1} \cdots a_{i-k}}{b_i b_{i-1} \cdots b_{i-k} b_{i-k-1}} \quad (i \geqslant 0) ; \\
& e_i=\frac{1}{a_i}+\sum_{k=0}^{+\infty} \frac{b_i b_{i+1} \cdots b_{i+k}}{a_i a_{i+1} \cdots a_{i+k} a_{i+k+1}} \quad (i>0), \\
& R=\sum_{i=0}^{+\infty} m_i, S=\sum_{i=1}^{+\infty} e_i ; \\
& Z_0=0, Z_n=1+\sum_{k=1}^{n-1} \frac{a_1 a_2 \cdots a_k}{b_1 b_2 \cdots b_k} \quad (n>1), \\
& Z=\lim _{n \rightarrow+\infty} Z_n ; \quad c_{m 0}=\frac{Z-Z_m}{Z} .
\end{aligned} \tag{1.3}
$$

凡有形如(1.1)且转移概率相同的马氏过程，均视为同一马氏过程，不失一般性，不妨设 $X$ 为可分，Borel 可测，右下半连续的强马氏过程. 质点沿 $X$ 的轨道，如自 $i$ 出发，在 $i$ 停留一段指数分布时间 $\tau_1$ 后，只能跳到 $i+1$ 或 $i-1$，概率分别为 $\frac{b_i}{c_i}$ 及 $\frac{a_i}{c_i}$；再停留时间 $\tau_2$ 后，又发生跳跃，如前继续运动……

令 $\zeta=\sum\limits_{i=1}^{+\infty}\tau_i$，可以证明概率 $P(\zeta=+\infty)=1$ 或 0. 若 $P(\zeta=+\infty)=1$，则 $X$ 的轨道由 $\boldsymbol{Q}$(及一开始分布)完全决定. 若 $P(\zeta<+\infty)=1$，则 $\boldsymbol{Q}$ 不能唯一决定 $X$(或 $P(t)$)，J. L. Doob

证明，这时必有无穷多个不同的马氏过程，具有相同的密度矩阵 $\boldsymbol{Q}$，称其中任何一个为 $Q$-过程．Doob 还构造出一些 $Q$-过程，称之为 Doob$(Q, V)$-过程，其中 $V=(v_0, v_1, \cdots)$为任一概率分布．质点沿$(Q, V)$-过程的运动行为如下：质点从 $i$ 出发，如上所述，作无穷次跳跃后，到达时刻 $\zeta$，但 $x(\zeta)$的分布不能由 $Q$ 给出．Doob 取它为 $V$，即令 $P(x(\zeta)=i)=v_i(i\in E)$．这样，质点又回到 $E$ 中，于是又可按如上方式运动．然而，Doob 所构造的只是一部分 $Q$-过程．如何构造出全部 $Q$-过程，这就是过程构造论所要解决的问题．

还可把构造问题讲得更形象些．设已给出 $\boldsymbol{Q}$，用(1.3)定义 R. Dobrushin 发现：$R$ 等于从 0 出发，沿 $Q$-过程的轨道，运动至 $\zeta$ 时的平均时长，即 $R=E_0\zeta$．他还发现，$R<+\infty$的充分必要条件是 $P(R<+\infty)=1$．如 $\zeta<+\infty$，由可分性假设 $x(\zeta-)=\lim\limits_{t\to\zeta}x(t)=+\infty$．但$+\infty\notin E$．质点如何自$+\infty$返回到 $E$？这不是 $\boldsymbol{Q}$ 能回答的，除 $\boldsymbol{Q}$ 外，还必须给出一列新的特征数，即 $p$，$q$，$r_i$，$i\in\mathbf{N}$，它们决定质点自$+\infty$回到 $E$ 的全部可能的方式(上述 Doob 方式只是其中的一种)．回到 $E$ 后仍如上述正常运动．这样，直观地说，构造问题实际是要刻画全部自$+\infty$返回 $E$ 的方式．结果发现，只有 3 种基本方式：连续流入：瞬间作无穷次跳跃后回到 $E$；立刻跳入 $E$(Doob 方式)．分别相当于 $p=0$：$\sum\limits_{i=0}^{+\infty}r_i=+\infty$；$\sum\limits_{i=0}^{+\infty}r_i<+\infty$，以及这 3 种方式的组合．

构造问题还可换为另一种等价的分析提法：已给矩阵 $\boldsymbol{Q}$，如 $R<+\infty$，试求下列无穷个微分方程组

$$\begin{cases}\boldsymbol{P}'(t)=\boldsymbol{Q}\boldsymbol{P}(t)\\ \boldsymbol{P}(0)=\boldsymbol{I}(\text{其中 }\boldsymbol{I}\text{ 为单位矩阵})\end{cases}$$

的一切满足(1.1)的解．

构造问题是一重要而又深刻的理论问题，1958 年王梓坤用他首创的概率方法——过程轨道的极限过渡法，求出了全部 $Q$-过程，其基本思想是：先构造一列比较简单的 Doob($Q$，$V^{(m)}$)-过程，然后用它们逼近任一 $Q$-过程．差不多同时，概率论大家 W. Feller 也研究了生灭过程的构造，他应用分析方法找出许多 $Q$-过程，但非全部．苏联教授 A. A Youshkevich 评论说："W. Feller 用分析方法构造了生灭过程的不同延拓……同时王梓坤构造了全部延拓."分析方法简洁，但概率意义不清楚；概率方法则概率意义非常清晰，但叙述冗长．其后杨向群对于生灭过程建立了这两种方法之间的联系，并兼用这两种方法对更广泛的 $Q$ 而收到了更多更好的效果．

我们从研究 $S$ 的概率意义着手，猜想它应是粒子沿 $X$ 的轨道自 $+\infty$ 到达 0 的平均时间，而 $S=+\infty$ 是自 $+\infty$ 不能连续流入 $E$ 的充分必要条件．但什么叫"自 $+\infty$ 出发"？什么是"连续流入"？为证明这一猜想苦思了许多时间，其次是要定义特征数，它们必须依赖过程在 $\zeta$ 后的行为．令

$$\beta^{(n)}=\inf(t: t\geqslant\zeta,\ x(t)\leqslant n),\quad v_i^{(n)}=P(x(\beta^{(n)})=i).$$

今定义过程 $X$ 的特征数列 $\{p,\ q,\ r_n,\ n\geqslant 0\}$ 如下：

$$p=\lim_{n\to+\infty}\frac{\sum_{i=0}^{n-1}v_i^{(n)}c_{i0}}{\sum_{i=0}^{n}v_i^{(n)}c_{i0}};\quad q=\lim_{n\to+\infty}\frac{v_n^{(n)}c_{n0}}{\sum_{i=0}^{n}v_i^{(n)}c_{i0}};$$

如果一切 $v_n^{(n)}=1(n\geqslant 0)$，定义 $r_n=0(n\geqslant 0)$；如果存在 $k$，使 $v_i^{(n)}=1(i\leqslant k)$，但 $v_{k+1}^{(k+1)}<1$，那么先任取一正常数 $r_k$；定义 $r_n=\frac{v_n^{(m)}r_k}{v_k^{(m)}}$（不依赖于 $m>\max(n,k)$）．除差一正常数因子外，$p$，$q$，$\{r_n\}$ 被过程 $X$ 唯一决定，它们非负，且满足条件

$$\begin{cases} p+q=1; q=0, s=+\infty; \\ 0<\sum_{i=0}^{+\infty} r_i R_i<+\infty, p>0, R_i=\sum_{j=i}^{+\infty} m_j; \\ r_n=0(n \geqslant 0), p=0. \end{cases} \tag{1.4}$$

今设已给一形如(1.2)的矩阵 $\boldsymbol{Q}$，满足 $R<+\infty$，全体 $Q$-过程的集合记为 $B$；另一方面，全体满足条件(1.4)的非负数列记为 $C$，可以证明，在 $B$ 与 $C$ 之间存在一一对应，更精确些，有以下定理：

**$\boldsymbol{Q}$-过程构造定理**

(i) 任一 $Q$-过程的特征数列 $p$，$q$，$\{r_n\}$必满足条件(1.4).

(ii) 反之，任给一满足条件(1.4)的非负数列 $p$，$q$，$\{r_n\}$，必存在唯一 $Q$-过程，其特征数列重合于此已给数列；而且此$Q$-过程的转移概率$\{p_{ij}(t)\}$可如下求出

$$p_{ij}(t)=\lim_{n \to +\infty} p_{ij}^{(n)}(t),$$

其中$\{p_{ij}^{(n)}(t)\}$是 Doob($Q$，$V^{(n)}$)-过程的转移概率，这里分布 $V^{(n)}=(v_0^{(n)}, v_1^{(n)}, \cdots, v_n^{(n)})$，其中

$$v_i^{(n)}=X_n \frac{r_j}{A_n}(0 \leqslant j<n), \quad v_n^{(n)}=Y_n+X_n \frac{\sum_{l=n}^{+\infty} r_l c_{ln}}{A_n},$$

$$0<A_n=\sum_{l=0}^{+\infty} r_l c_{ln}<+\infty,$$

$$X_n=\frac{pA_n(Z-Z_n)}{pA_n(Z-Z_n)+qA_0 Z},$$

$$Y_n=\frac{qA_0 Z}{pA_n(Z-Z_n)+qA_0 Z}.$$

# §2. 生灭过程的积分型泛函分布

这是笔者在生灭过程方面的另一项工作，并运用于排队论，特别是对停留时得到了彻底的结果.

设 $v(i)\geqslant 0$ 为定义在 $E$ 上不恒为 0 的函数，考虑随机泛函 $\xi^{(n)}=\int_0^{\eta_n} V(x(t))\mathrm{d}t$，其中 $\eta_n=\inf(t: t>0, x(t)=n)$ 为 $n$ 的首达时，下面 $P_k$ 表示过程于 $t=0$ 时刻从 $k$ 出发的概率分布，而 $E_k$ 表示关于 $P_k$ 取的数学期望. 试求 $\xi^{(n)}$ 分布 $F_{kn}(x)=P_k(\xi^{(n)}\leqslant x)$. 为此考虑其 Laplace 变换

$$\phi_{kn}(\lambda)=E_k\mathrm{e}^{-\lambda\xi^{(n)}}=\int_0^{+\infty}\mathrm{e}^{-\lambda_x}\mathrm{d}F_{kn}(x).$$

王梓坤求得

$$\phi_{kn}(\lambda)=\frac{b_k b_{k+1}\cdots b_{n-1}L_k(\lambda)}{L_n(\lambda)},\quad k<n,$$

其中 $L_m(\lambda)$ 是次数不超过 $m$ 的多项式，由下列递推式给出，

$$L_0(\lambda)=1,\ L_1(\lambda)=\lambda V(0)+b_0,$$

$$L_m(\lambda)=[\lambda V(m-1)+c_{m-1}]L_{m-1}(\lambda)-a_{m-1}b_{m-2}L_{m-2}(\lambda),\quad m>1.$$

进一步，考虑 $\xi^{(n)}\uparrow\xi=\int_0^{\xi}V(x(t))\mathrm{d}t$. 得到了 0-1 律：对任何 $k$ 有 $P_k(\xi<+\infty)\equiv 0$ 或 $P_k(\xi<+\infty)\equiv 1$，视 $E_0(\xi)=+\infty$ 或 $E_0(\xi)<+\infty$ 而定，当 $V\equiv 1$ 时化为上述 R. Dobrushin 的著名结果.

考虑在首达 $n+k$ 之前，过程停留在状态集$(0, 1, 2, \cdots, n-1)$中之逗留时 $J_{nk}$. 为此，只要令

$$V(i)=1(0\leqslant i<n),\quad J_{nk}=\int_0^{\eta_{n+k}}V(x(t))\mathrm{d}t.$$

结果证明了：$J_{nk}$ 自 $m(m<n)$出发的分布 $F_{m,nk}(x)$是混合指数型

的，有密度为

$$f_{m,nk}(x)=\sum_{i=1}^{n}\frac{b_m b_{m+1}\cdots b_{n+k-1}S_m(-\lambda_i^{(n+k)})}{S'_{n+k}(-\lambda^{(n+k)})}\mathrm{e}^{-\lambda_i^{(n+k)}x},$$

这里 $S_i(\lambda)(i=m,\ n+k)$是多项式

$$S_m(\lambda)=\begin{cases}\prod\limits_{i=1}^{m}(\lambda+\lambda_i^{(m)}),m\leqslant n;\\ \prod\limits_{i=1}^{n}(\lambda+\lambda_i^{(m)}),n<m\leqslant n+k.\end{cases}$$

其中 $0<\lambda_i^{(m)}<\lambda_2^{(m)}<\cdots$可由矩阵 $\boldsymbol{Q}$ 中的元素 $a_i$，$b_i$ 表达，$S'$表导数. 特别，首达 $n$ 的时刻为 $J_{n0}$，故自 $m(m<n)$出发，$J_{n0}$有分布密度为 $f_{m,n0}(x)$.

在极限情形，可以得到更有趣的结果：只有两种可能，极限分布或者是指数型的或者是混合指数型的，即

(i) 若 $Z=+\infty$，则 $\lim\limits_{k\to+\infty}P_0\left(\dfrac{J_{nk}}{E_0J_{nk}}\leqslant x\right)=1-\mathrm{e}^{-x}$；

(ii) 若 $Z<+\infty$，则 $\lim\limits_{k\to+\infty}P_0\left(\dfrac{J_{nk}}{E_0J_{nk}}\leqslant x\right)=\int_0^x\sum\limits_{j=1}^{n}A_{nj}\,\mathrm{e}^{-a_{nj}I}\,\mathrm{d}t$，

其中 $A_{nj}$，$a_{nj}>0$ 是常数，可由 $a_i$，$b_i$ 表达.

## 参考文献

[1] 王梓坤. 生灭过程停留时间与首达时间的分布. 中国科学，1980，10(2)：109-117.

[2] Wang Zikun，Yang Xiangqun. Birth and death processes and markov chains. Springer-Verlag Press，Science Press，1992.

[3] 王梓坤. 随机过程与今日数学. 北京：北京师范大学出版社，2005.

# Construction Theory and Distributions of Functional for Birth and Death Processes

**Abstract** Firstly, this is a survey of construction theory and the distributions of functional for birth and death processes. We construct all birth and death processes, it shows that there is a 1-1 correspondence between all birth and death and all characteristic sequences. Secondly, we study the integral functional of the sample functions; the recurrent relations between the Laplace transforms of these distributions are obtained, especially, we find the explicit formulas of the distribution density.

**Keywords** birth and death processes; construction; distribution of function.

数学物理学报，2010，30A(5)

# 布朗运动数学研究中的若干进展[①]
## ——纪念李国平院士、吴新谋教授100周年诞辰

**摘要** 该文综述布朗运动数学研究中的若干新进展，主要讨论高维布朗运动首中与末离的分布；趋于无穷远的行为；以及多参数无穷维布朗运动的一些性质.

**关键词** 首中；末离；极大游程；多参数.

## §1. 引　言

1828年前后，植物学家R. Brown(1773—1858)观察到介质(气体或液体……)中悬浮的微粒(如花粉)在作永无休止而且极不规则的运动，但不了解运动的原因. 后来人们知道这是由于微粒受到介质的大量分子冲击而成的. 1905年A. Einstein首次提出了布朗运动的数学模型. 以 $x_t$ 表 $t$ 时粒子位置的一个坐标，以 $p_t(x)$ 表位于 $x$ 的分布密度，$p_t(x)$ 应满足的偏微分方程为

① 收稿日期：2010-04-22.

$$\frac{\partial p_t(x)}{\partial t}=D\frac{\partial^2 p_t(x)}{\partial x^2},$$

其中 $D$ 为某常数，称为扩散系数，依赖于温度及介质与微粒的性质.

1923 年，N. Wiener 给出了布朗运动的严格数学定义，本文所研究的就是这种数学定义下的布朗运动.

设$\{B_t,\ t\geqslant 0\}$为定义在概率空间$(\Omega,\ \mathcal{F},\ P)$上的实值随机过程. 称它为布朗运动(或 Wiener 过程)，如它具有下列性质

(i) 独立增量

若 $0\leqslant t_0<t_1<\cdots<t_n$，则 $B_{t_0}$，$B_{t_1}-B_{t_0}$，…，$B_{t_n}-B_{t_{n-1}}$ 相互独立；

(ii) 正态增量

若 $s<t$，则 $B_t-B_s$ 有均值为 0、方差为 $t-s$ 的正态分布；

(iii) 连续轨道

$B_t$ 是 $t$ 的连续函数.

由此可见，若 $B_0=0$，则 $EB_sB_t=\min(s,\ t):=s\wedge t$.

以$\{B_t^1,\ t\geqslant 0\}$，$\{B_t^2,\ t\geqslant 0\}$，…，$\{B_t^d,\ t\geqslant 0\}$表 $d$ 个相互独立的布朗运动，$d=1,\ 2,\ \cdots$. 记 $\mathbf{B}_t=(B_t^1,\ B_t^2,\ \cdots,\ B_t^d)$，并称$\{\mathbf{B}_t,\ t\geqslant 0\}$为 $d$ 维布朗运动，取值于 $d$ 维实向量空间 $\mathbf{R}^d$.

# § 2. $d$ 维布朗运动

$d=1$ 时，布朗运动是点常返的(Point recurrent)，即从 $\mathbf{R}^d$ 中任一点 $x$ 出发，以概率 1 回到 $x$ 无穷多次.

$d=2$ 时，布朗运动是邻域常返的，即从任一点 $x$ 出发，回到 $x$ 的任一邻域中无穷多次的概率为 1，但不能回到点 $x$.

$d\geqslant 3$ 时，布朗运动是暂留的(Transient)，即

$$P(|\mathbf{B}_t|\to 0)=1 \quad (t\to+\infty).$$

但趋于∞的行为如何依赖于 $d$? 上面已看到，当 $d=1$，2 时，布朗运动都是常返的，但常返的意义不同，点常返比邻域常返更强. 因此，容易想到，$d\geqslant 3$ 时，布朗运动都是暂留的，但暂留的程度也应有所不同，可以设想：空间的维数 $d$ 越高，趋于 $+\infty$ 的速度也越快，如何刻画“快”的程度，下面试讨论这一问题.

$\mathbf{R}^d$ 中 Borel $\sigma$-代数记为 $\mathcal{B}^d$. 固定 $A\in\mathcal{B}^d$.

集 $A$ 的首中时 $h_A$ 定义为

$h_A=\inf(t>0, \mathbf{B}_t\in A)$，如右方 $t$-集非空；否则令 $h_A=+\infty$，并称 $\mathbf{B}(h_A)$ 为 $A$ 的首中点. 类似，定义 $A$ 的末离时 $l_A$ 为

$l_A=\sup(t>0, \mathbf{B}_t\in A)$，如右方 $t$-集非空；否则令 $l_A=0$，并称 $\mathbf{B}(l_A)$ 为 $A$ 的末离点.

简记球面 $S_r:=(x: |x|=r)(r>0)$ 的首中时 $h_{s_r}$ 为 $h_r$，末离时 $l_{s_r}$ 为 $l_r$. 试求 $h_r$，$\mathbf{B}(h_r)$，$l_r$，$\mathbf{B}(l_r)$的分布.

i) 设 $|x|<r$，前人已求出[1]

$$P_x(\mathbf{B}(h_r)\in D)=\int_D \frac{r^{d-2}\,||x|^r-r^2|}{|x-y|^d}U_r(\mathrm{d}y),$$

$$P_0(\mathbf{B}(h_r)\in D)=U_r(D),$$

$D\subset S_r$，$U_r$ 为 $S_r$ 上的均匀分布.

ii)

$$P_0(h_r > a) = \sum_{i=1}^{+\infty} \xi_{d_i} \exp\left(-\frac{q_{d_i}}{2r^2}\right) a,$$

其中 $q_{d_i}$ 为 Bessel 函数 $J_v(z)$，$v=\frac{d}{2}-1$ 的正根，且

$$\xi_{d_i} = \frac{q_{d_i}^{v-1}}{2^{v-1}} \Gamma(v+1) J_{v+1}(q_{d_i}) \text{（见文献[2]）}.$$

以下主要讨论末离时与末离点，我们得到下列 11 项结果.

(i) 从首中点到末离点 设 $A\in \mathcal{B}^d$ 相对紧，则

$$L_A(x,\ \mathrm{d}y)=g(x,\ y) \lim_{|z|\to+\infty} \frac{H_A(z,\ \mathrm{d}y)}{g(z,\ y)} \quad \text{（弱收敛）},$$

其中 $g(x,\ y)=\dfrac{\Gamma\left(\frac{d}{2}-1\right)}{2\pi^{\frac{d}{2}}\ |x-y|^{d-2}}$，$\Gamma$ 为 Gamma 函数.

$$L_A(x,\ C)=P_x(\mathbf{B}(l_A)\in C,\ l_A>0),$$

$$H_A(x,\ C)=P_x(\mathbf{B}(h_A)\in C),$$

从而末离点之分布可用首中点之分布来表示.

(ii) 球面末离点的分布　设 $x\in B_r(0)=(y:\ |y|\leqslant r)$，$D\subset S_r$，$D\in \mathcal{B}^d$，则

$$P_x(\mathbf{B}(l_r) \in D) = \int_D \frac{r^{d-2}}{|x-y|^{d-2}} U_r(\mathrm{d}y),$$

$$P_0(\mathbf{B}(l_r)\in D)=U_r(D),$$

由此及 i)可见，从 0 出发，球面首中点与球面末离点同分布，皆为球面上均匀分布. 这也许令人惊奇，为何两者同分布？但若如下直观考虑，则甚为自然，球面 $S_r(0)$把 $\mathbf{R}^d$ 分为两部分

$$\mathbf{R}^d=B_r(0)\cup B_{+\infty}(+\infty),$$

$B_{+\infty}(+\infty)$是 $B_r(0)$的补集，也可看成为一球，球心在$+\infty$远而半径为$+\infty$大. 此两球有公共边界 $S_r(0)$. 自 0 出发的布朗

运动，对$S_r(0)$的末离点，可视为自$+\infty$出发的布朗运动对$S_r(0)$的首中点，但首中点有均匀分布，故末离点也如此.

(iii) $l_r$ 与 $\mathbf{B}(l_r)$的联合分布

$$P_x(\mathbf{B}(l_r)\in D,l_r>t)$$
$$=\frac{1}{(2\pi t)^{\frac{d}{2}}}\int_{\mathbf{R}^d}\mathrm{e}^{-\frac{|x-y|^2}{2t}}\int_D\left|\frac{r}{y-z}\right|^{d-2}U_r(\mathrm{d}z)\mathrm{d}y.$$

(iv) $l_r$ 的分布绝对连续

$$P_0(l_r\leqslant t)=\int_0^t f(s)\mathrm{d}s,$$

$$f(s)=\frac{r^{d-2}}{2^{\frac{d}{2}-1}\Gamma\left(\frac{d}{2}-1\right)}s^{-\frac{d}{2}}\mathrm{e}^{-\frac{r^2}{2s}}\quad(s>0),$$

此分布也许是首次出现. R. K. Getoor 也几乎同时得到此结果. 特别，若 $r=1$，则 $f(s)$是随机变量 $Y^{-1}$ 的分布密度，而 $Y$ 有$\chi^2(d-2)$分布.

(v) 当且仅当 $m<\frac{d}{2}-1$ 时，$E_0(l_r^m)<+\infty$. 更精确些

$$E_0(l_r^m)=\frac{r^{2m}}{(d-4)(d-6)\cdots(d-2m-2)}\quad(d>4).$$

由此可见，$d=3$，4 时 $l_r$ 的各阶矩皆不存在；$d=5$，6 时，1 阶矩存在，但更高阶矩不存在；$d=7$，8 时，2 阶矩存在，但更高阶矩不存在……一般，$d=2k-1$，$2k$ 时，$k-2$ 阶矩存在，但更高阶矩不存在. 由此知，当空间维数 $d$ 增加时，存在 $l_r$ 的更多阶的矩. 从而 $l_r$ 越小. 但 $l_r$ 是末离 $S_r$ 的时刻，这意味着布朗运动更快地永远告别 $S_r$(或 $B_r$). 这也许能给出前面提出的问题的一种答案，再者，我们有

$$\frac{E_0h_r}{E_0l_r}=\frac{r^2}{d}\div\frac{r^2}{d-4}=\frac{d-4}{d}\to 1\quad(d\to+\infty),$$

因此，可设想如维数 $d$ 充分大，布朗运动首中 $S_r$ 后，几乎立刻

就永远离开 $S_r$. 这一事实还可加强为

$$E_0(l_r^m)\downarrow 0\quad (d\to+\infty),$$

这从上述 $E_0(l_r^m)$ 的表达式中可以看出.

末离时 $l_r$ 的矩有成双性质，即当 $d=2k-1$，$2k$ 时，都存在 $k-2$ 阶矩，如何区别 $2k-1$ 与 $2k$ 维布朗运动，将在(x)中给出一答案.

(vi) 首中点 $\mathbf{B}(h_r)$ 与末离点 $\mathbf{B}(l_r)$ 的联合分布　对 $x\in B_r$，有

$$P_x(\mathbf{B}(h_r)\in A,\mathbf{B}(l_r)\in C)$$

$$=\int_A\int_C \frac{r^{2d-4}\,\big|\,|x|^2-r^2\,\big|}{|y-x|^d\,|y-z|^{d-2}}U_r(\mathrm{d}y)U_r(\mathrm{d}z),$$

$$P_0(\mathbf{B}(h_r)\in A,\mathbf{B}(l_r)\in C)$$

$$=\int_A\int_C\left|\frac{r}{y-z}\right|^{d-2}U_r(\mathrm{d}y)U_r(\mathrm{d}z)$$

$$=P_0(\mathbf{B}(h_r)\in C,\ \mathbf{B}(l_r)\in A)\quad(\text{关于 } A,\ C \text{ 对称}),$$

$$P_0(\mathbf{B}(l_r)\in \mathrm{d}z\mid \mathbf{B}(h_r)=y)$$

$$=\left|\frac{r}{y-z}\right|^{d-2}U_r(\mathrm{d}y)=P_0(\mathbf{B}(h_r)\in \mathrm{d}y\mid \mathbf{B}(l_r)=z).$$

(vii) Dirac 函数的类似　由上式启发，可引入一新的函数 $f(y,\ z)$

$$\left|\frac{r}{y-z}\right|^{d-2}\to f(y,\ z)=\begin{cases}+\infty & |y-z|<r;\\ 1 & |y-z|=r;\\ 0 & |y-z|>r,\end{cases}$$

其中 $y,\ z\in S_r^{+\infty}:=(x:x=(x_1,x_2,\cdots),\sum_{i=1}^{+\infty}x_i^2=r^2)\subset l_2$.

(viii) 4 元的联合分布　设 $B_r$ 为开球，则对 $x\in B_r$，$s>0$，$t>0$，$A\subset S_r$，$C\subset S_r$，有

$$P_x(h_r>s,\ \mathbf{B}(h_r)\in A,\ l_r-h_r>t,\ \mathbf{B}(l_r)\in C)$$

$$=k(d,r)\sum_n \mathrm{e}^{-\lambda_n s}\varphi_n(x)\int_{z\in C}\int_{y\in A}\phi_n(y,r)T(t,y,z)U_r(\mathrm{d}y)U_r(\mathrm{d}z),$$

其中 $k(d,\ r)=\dfrac{2\pi^{\frac{d}{2}}r^{2d-4}}{\Gamma\left(\dfrac{d}{2}-1\right)}$，$\lambda_n$ 及 $\varphi_n$ 为 $\dfrac{\Delta}{2}$ 在 $(|x|<r)$ 上的特征值与对应的特征函数，且

$$\phi_n(y,r)=\int_{|x|<r}\varphi_n(v)\frac{||v|^2-r^2|}{|v-y|^d}\mathrm{d}v,$$

$$T(t,y,z)=\int_t^{+\infty}p(u,y,z)\mathrm{d}u,$$

$$p(u,\ y,\ z)=(2\pi u)^{-\frac{1}{2}}\exp\left(-\frac{|y-z|^2}{2u}\right).$$

(ix) 极限定理　对任意有界 $B\in\mathcal{B}^d$ 及紧集 $A$，有

$$R(s)R(t)P_x(h_B>s,\ \mathbf{B}(h_B)\in A,\ l_B-h_B>t,\ \mathbf{B}(l_B)\in C)$$

$$\to\mu_B(C)\mu_B(A)P_x(h=+\infty)\quad(t\to+\infty,\ s\to+\infty)$$

$$\to\mu_B(C)\mu_B(A)\quad(|x|\to+\infty),$$

其中 $R(t)=(2\pi)^{\frac{d}{2}}\left(\dfrac{d}{2}-1\right)t^{\frac{d}{2}-1}$，$\mu_B$ 为集 $B$ 的平衡测度.

(x) 极大游程　定义 $M_r:=\max\limits_{0\leqslant t<l_r}|\mathbf{B}_t|$，则对任 $x$，$|x|<r$，有

$$P_x(M_r\leqslant a)=\begin{cases}0, & a\leqslant r;\\ 1-\left(\dfrac{r}{a}\right)^{d-2}, & a>r,\end{cases}$$

$E_0(M_r^m)=\dfrac{d-2}{d-m-2}r^m$，当且仅当 $m<d-2$，$E_0(M_r^m)<+\infty$. 故 $d=3$ 时 $M_r$ 的一切矩不存在；$d=4$ 时存在 1 阶矩，更高阶矩不存在；$d=5$ 时存在 2 阶矩，更高阶矩不存在……

一般，对 $d$ 维布朗运动存在 $M_r$ 的 $d-3$ 阶矩，更高阶矩不存在. 这回答了(v)中提出的问题，在区别高维布朗运动趋于

$+\infty$的行为时，$M_r$ 更优于 $l_r$. 由于当 $|x|\leqslant r$，$d>4$ 时，有

$$E_x(M_r)=\frac{d-2}{d-3}r,\text{方差 } D_x(M_r)=\frac{d-2}{(d-3)^2(d-4)}r^2,$$

故对 $|x|\leqslant r$ 有

$$\lim_{d\to+\infty}P_x\left(\frac{M_r-r}{\sqrt{D_xM_r}}\leqslant a\right)=\begin{cases}1-\mathrm{e}^{-a}, & a>0,\\ 0, & a\leqslant 0,\end{cases}$$

(xi) 趋于无穷远的方式. 以上通过对末离时和极大游程的研究，我们对高维布朗运动逃逸的速度有了大概的了解. 另一重要而又有趣的问题是：$d(\geqslant 3)$维布朗运动是如何趋于无穷的？譬如说，是否自某一时刻起，它便永远在某一无界集内(例如 $\mathbf{R}_+^d$ 或 $x_1>0$)内趋向无穷？结论是否定的，它必须通过一切方向，绕无穷远点作无穷次徘徊以趋向$+\infty$. 这不仅对布朗运动，而且对相当一般的暂留马尔可夫过程也成立，见[6]～[8].

本文所述结果的证明都可在参考文献特别是[7][8]中找到.

## §3. 多参数无穷维布朗运动

$n$ 个参数为 $t_1$，$t_2$，…，$t_n$，$t_i \geqslant 0$.

记 $\boldsymbol{t}=(t_1, t_2, \cdots, t_n)$. 全体如此之 $\boldsymbol{t}$ 构成集 $\mathbf{R}_+^n$. 今设对每 $\boldsymbol{t} \in \mathbf{R}_+^n$，在概率空间$(\Omega, \mathcal{F}, P)$上，有一实值随机变量 $B_t(\omega)$，$\omega \in \Omega$ 与之对应. 称$\{B_t, \boldsymbol{t} \in \mathbf{R}_+^n\}$为 $n$ 参数布朗运动，如它为正态，样本函数连续，而且

$$EB_t = 0, EB_sB_t = \prod_{i=1}^{n} s_i \wedge t_i.$$

今考虑 $n+1$ 参数布朗运动：$B_{s,t} := B_{s,t}(\omega)$. 我们把参数 $s$，$\boldsymbol{t}$ 分成两部分：$s \in [0, 1]$，$\boldsymbol{t}=(t_1, t_2, \cdots, t_n) \in \mathbf{R}_+^n$. 对固定的 $t_0 \in \mathbf{R}_+^n$ 及 $\omega_0 \in \Omega$，$B_{s,t_0}(\omega_0)$是 $s \in [0, 1]$的连续函数. 对固定的 $\boldsymbol{t} \in \mathbf{R}_+^n$，$B_{\cdot,t}$是 Wiener 空间 $C([0, 1])$中的随机元，而$\{B_{\cdot,t}, \boldsymbol{t} \in \mathbf{R}_+^n\}$是取值于 Wiener 空间的 $n$ 参数随机过程，称此过程为 $n$ 参数无穷维布朗运动，记为$(n, +\infty)$布朗运动.

固定 $\boldsymbol{t}$，以 $\mu_t$ 表 $B_{\cdot,t}$的分布. 试研究何时 $\mu_t \Leftrightarrow \mu_{t'}$（绝对连续）？它们的支集(Support)在哪里？

**定理** 设$\{B_{\cdot,t}, \boldsymbol{t} \in \mathbf{R}_+^n\}$为$(n, +\infty)$布朗运动，固定 $\boldsymbol{t}=(t_1, t_2, \cdots, t_n)$，$\boldsymbol{t}'=(t_1', t_2', \cdots, t_n')$. 则

(i) $\mu_t \Leftrightarrow \mu_{t'}$ 当且仅当 $t_1 t_2 \cdots t_n = t_1' t_2' \cdots t_n'$；

(ii) $\mu_t\left(\lim\limits_{n \to +\infty} \sum\limits_{k=1}^{2n} \left| B_t\left(\frac{k}{2^n}\right) - B_t\left(\frac{k-1}{2^n}\right) \right|^2 = t_1 t_2 \cdots t_n\right) = 1$；

(iii) $\mu_t$ 的支集为

$$S_t = \left(f \in C[0,1], \lim_{n \to +\infty} \sum_{k=1}^{2^n} \left| f\left(\frac{k}{2^n}\right) - f\left(\frac{k-1}{2^n}\right) \right|^2 = t_1 t_2 \cdots t_n\right);$$

(iv) 若 $n=1$，则一切 $\mu_t \perp \mu_{t'}$（奇异），$\boldsymbol{t} \neq \boldsymbol{t}'$.

## 参考文献

[1] Port S C，Stone C J. Brownian Motion and Classical Potential Theory. New York：Academic Press，1978.

[2] Ciesielski Z，Taylor S J. First passage times and sojourn times for Brownian motion in space and the exact Hausdorff measure of the sample path. Tran Amer Math Soc，1962，103：434-450.

[3] 王梓坤. 布朗运动的末遇分布与极大游程. 中国科学，1980，10(10)：933-940；Wang Zikun. Last exit distributions and maximum excursion for Brownian motion. Scientia Sinica，1981，24(3)：324-331.

[4] 王梓坤. 布朗运动的首中与末离的联合分布. 科学通报，1994，39(13)：1 168-1 173；Wang Zikun. The joint distributions of first hitting and last exit for Brownian motion. Chinese Science Bulletin，1995，40(6)：451-457.

[5] 王梓坤. 多参数无穷维 OU 过程与布朗运动. 数学物理学报. 1993，13(4)：455-459.

[6] 王梓坤，暂留马尔可夫过程向无穷远的徘徊. 北京师范大学学报(自然科学版)，1986，(3)：161-164.

[7] 王梓坤. 马尔可夫过程和今日数学. 长沙：湖南科学技术出版社，1999.

[8] 王梓坤. 随机过程与今日数学. 北京：北京师范大学出版社，2005.

# Some Topics in the Mathematical Theory of Brownian Motion

**Abstract** The paper is a survey of some new results for Brownian Motion, including the joint distributions of first hitting, last exit, maximum excursion; the behavior of approach to infinity; and some properties of multiparameter infinite dimensional Brownian Motion.

**Keywords** first hitting; last exit; maximum excursion; multiparameter.

# 后　记

王梓坤教授是我国著名的数学家、数学教育家、科普作家、中国科学院院士。他为我国的数学科学事业、教育事业、科学普及事业奋斗了几十年，做出了卓越贡献。出版北京师范大学前校长王梓坤院士的8卷本文集（散文、论文、教材、专著，等），对北京师范大学来讲，是一件很有意义和价值的事情。出版数学科学学院的院士文集，是学院学科建设的一项重要的和基础性的工作。

王梓坤文集目录整理始于2003年。

北京师范大学百年校庆前，我在主编数学系史时，王梓坤老师很关心系史资料的整理和出版。在《北京师范大学数学系史（1915～2002）》出版后，我接着主编5位老师（王世强、孙永生、严士健、王梓坤、刘绍学）的文集。王梓坤文集目录由我收集整理。我曾试图收集王老师迄今已发表的全部散文，虽然花了很多时间，但比较困难，定有遗漏。之后《王梓坤文集：随机过程与今日数学》于2005年在北京师范大学出版社出版，2006年、2008年再次印刷，除了修订原书中的错误外，主要对附录中除数学论文外的内容进行补充和修改，其文章的题目总数为147篇。该文集第3次印刷前，收集补充散文目录，注意到在读秀网（http：//www.duxiu.com），可以查到王老师的散文被中学和大学语文教科书与参考书收录的一些情况，但计算机显示的速度很慢。

出版《王梓坤文集》，原来预计出版 10 卷本，经过测算后改为 8 卷。整理 8 卷本有以下想法和具体做法。

《王梓坤文集》第 1 卷：科学发现纵横谈。在第 4 版内容的基础上，附录增加收录了《科学发现纵横谈》的 19 种版本目录和 9 种获奖名录，其散文被中学和大学语文教科书、参考书、杂志等收录的 300 多篇目录。苏步青院士曾说：在他们这一代数学家当中，王梓坤是文笔最好的一个。我们可以通过阅读本文集体会到苏老所说的王老师文笔最好。其重要体现之一，是王老师的散文被中学和大学语文教科书与参考书收录，我认为这是写散文被引用的最高等级。

《王梓坤文集》第 2 卷：教育百话。该书名由北京师范大学出版社高等教育与学术著作分社主编谭徐锋博士建议使用。收录的做法是，对收集的散文，通读并与第 1 卷进行比较，删去在第 1 卷中的散文后构成第 2 卷的部分内容。收录 31 篇散文，30 篇讲话，34 篇序言，11 篇评论，113 幅题词，20 封信件，18 篇科普文章，7 篇纪念文章，以及王老师写的自传。1984 年 12 月 9 日，王梓坤教授任校长期间倡议在全国开展尊师重教活动，设立教师节，促使全国人民代表大会常务委员会在 1985 年 1 月 21 日的第 9 次会议上作出决定，将每年的 9 月 10 日定为教师节。第 2 卷收录了关于在全国开展尊师重教月活动的建议一文。散文《增人知识，添人智慧》没有查到原文。在文集中专门将序言列为收集内容的做法少见。这是因为，多数书的目录不列序言，而将其列在目录之前. 这需要遍翻相关书籍。题词定有遗漏，但数量不多。信件收集的很少，遗漏的是大部分。

《王梓坤文集》第 3～4 卷：论文（上、下卷）。除了非正式发表的会议论文：上海数学会论文，中国管理数学论文集论文，以及在《数理统计与应用概率》杂志增刊发表的共 3 篇论文外，其余数学论文全部选入。

《王梓坤文集》第 5 卷：概率论基础及其应用。删去原书第 3 版的 4 个附录。

《王梓坤文集》第 6 卷：随机过程通论及其应用（上卷）。第 10章及附篇移至第 7 卷。《随机过程论》第 1 版是中国学者写的第一部随机过程专著（不含译著）。

《王梓坤文集》第 7 卷：随机过程通论及其应用（下卷）。删去原书第 13～17 章，附录 1～2：删去内容见第 8 卷相对应的章节。《概率与统计预报及在地震与气象中的应用》列入第 7 卷。

《王梓坤文集》第 8 卷：生灭过程与马尔可夫链。未做调整。

王梓坤的副博士学位论文，以及王老师写的《南华文革散记》没有收录。

《王梓坤文集》第 1～2 卷，第 3～4 卷，第 5～8 卷，分别统一格式。此项工作量很大。对文集正文的一些文字做了规范化处理，第 3～4 卷论文正文引文格式未统一。

将数学家、数学教育家的论文、散文、教材（即在国内同类教材中出版最早或较早的）、专著等，整理后分卷出版，在数学界还是一个新的课题。

本套王梓坤文集列入北京师范大学学科建设经费资助项目(项目编号 CB420)。本书的出版得到了北京师范大学出版社的大力支持，得到了北京师范大学出版社高等教育与学术著作分社主编谭徐锋博士的大力支持，南开大学王永进教授和南开大学数学科学学院党委书记田冲同志提供了王老师在《南开大学》(校报)上发表文章的复印件，同时得到了王老师的夫人谭得伶教授的大力帮助，使用了读秀网的一些资料，在此表示衷心的感谢。

李仲来

2016-01-18

**图书在版编目（CIP）数据**

论文．下卷/王梓坤著；李仲来主编．—北京：北京师范大学出版社，2018.8(2019.12重印)
（王梓坤文集；第4卷）
ISBN 978-7-303-23663-3

Ⅰ.①论… Ⅱ.①王… ②李… Ⅲ.①概率论—文集
Ⅳ.①O211-53

中国版本图书馆CIP数据核字（2018）第090387号

营销中心电话 010—58805072 58807651
北师大出版社高等教育与学术著作分社 http://xueda.bnup.com

Wang Zikun Wenji
出版发行：北京师范大学出版社 www.bnupg.com
北京市海淀区新街口外大街19号
邮政编码：100875
印　　刷：鸿博昊天科技有限公司
经　　销：全国新华书店
开　　本：890 mm ×1240 mm 1/32
印　　张：18
字　　数：405千字
版　　次：2018年8月第1版
印　　次：2019年12月第2次印刷
定　　价：88.00元

策划编辑：谭徐锋　岳昌庆　　责任编辑：岳昌庆
美术编辑：王齐云　　装帧设计：王齐云
责任校对：陈　民　　责任印制：马　洁